DS SOLIDWORKS

SOLIDWORKS® 公司官方指定培训教程
CSWP 全球专业认证考试培训教程

SOLIDWORKS® 工程图教程

（2019版）

[美] DS SOLIDWORKS®公司 著

陈超祥 胡其登 主编

杭州新迪数字工程系统有限公司 编译

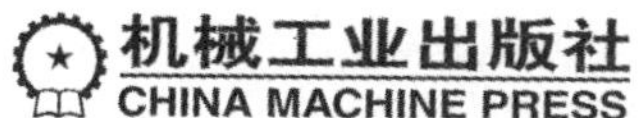

《SOLIDWORKS®工程图教程（2019版）》是根据DS SOLIDWORKS®公司发布的《SOLIDWORKS® 2019：SOLIDWORKS Drawings》编译而成的，着重介绍了使用SOLIDWORKS软件创建工程图及出详图的基本方法和相关技术。本教程提供练习文件下载，详见“本书使用说明”。本教程提供3D模型和350min高清语音教学视频，扫描书中二维码即可免费观看。

本教程在保留了英文原版教程精华和风格的基础上，按照中国读者的阅读习惯进行编译，配套教学资料齐全，适合企业工程设计人员和大专院校、职业技术院校相关专业师生使用。

图书在版编目（CIP）数据

SOLIDWORKS®工程图教程：2019版/美国DS SOLIDWORKS®公司著；陈超祥，胡其登主编. —10版. —北京：机械工业出版社，2019.3（2020.1重印）

SOLIDWORKS®公司官方指定培训教程　CSWP全球专业认证考试培训教程

ISBN 978-7-111-62297-0

Ⅰ.①S…　Ⅱ.①美…②陈…③胡…　Ⅲ.①工程制图-计算机制图-应用软件-技术培训-教材　Ⅳ.①TB237

中国版本图书馆CIP数据核字（2019）第050730号

机械工业出版社（北京市百万庄大街22号　邮政编码100037）
策划编辑：张雁茹　责任编辑：张雁茹
封面设计：陈　沛　责任校对：李锦莉　刘丽华
责任印制：李　昂
北京京丰印刷厂印刷
2020年1月第10版·第2次印刷
184mm×260mm·21印张·519千字
8 001—11 500册
标准书号：ISBN 978-7-111-62297-0
定价：69.80元

凡购本书，如有缺页、倒页、脱页，由本社发行部调换

电话服务	网络服务
服务咨询热线：010-88361066	机 工 官 网：www.cmpbook.com
读者购书热线：010-68326294	机 工 官 博：weibo.com/cmp1952
	金 书 网：www.golden-book.com
封面无防伪标均为盗版	教育服务网：www.cmpedu.com

序

尊敬的中国 SOLIDWORKS 用户：

DS SOLIDWORKS®公司很高兴为您提供这套最新的 SOLIDWORKS®中文官方指定培训教程。我们对中国市场有着长期的承诺，自从 1996 年以来，我们就一直保持与北美地区同步发布 SOLIDWORKS 3D 设计软件的每一个中文版本。

我们感觉到 DS SOLIDWORKS®公司与中国用户之间有着一种特殊的关系，因此也有着一份特殊的责任。这种关系是基于我们共同的价值观——创造性、创新性、卓越的技术，以及世界级的竞争能力。这些价值观一部分是由公司的共同创始人之一李向荣（Tommy Li）所建立的。李向荣是一位华裔工程师，他在定义并实施我们公司的关键性突破技术以及在指导我们的组织开发方面起到了很大的作用。

作为一家软件公司，DS SOLIDWORKS®致力于带给用户世界一流水平的3D 解决方案（包括设计、分析、产品数据管理、文档出版与发布），以帮助设计师和工程师开发出更好的产品。我们很荣幸地看到中国用户的数量在不断增长，大量杰出的工程师每天使用我们的软件来开发高质量、有竞争力的产品。

目前，中国正在经历一个迅猛发展的时期，从制造服务型经济转向创新驱动型经济。为了继续取得成功，中国需要最佳的软件工具。

SOLIDWORKS® 2019 是我们最新版本的软件，它在产品设计过程自动化及改进产品质量方面又提高了一步。该版本提供了许多新的功能和更多提高生产率的工具，可帮助机械设计师和工程师开发出更好的产品。

现在，我们提供了这套中文原版培训教程，体现出我们对中国用户长期持续的承诺。这套教程可以有效地帮助您把 SOLIDWORKS® 2019 软件在驱动设计创新和工程技术应用方面的强大威力全部释放出来。

我们为 SOLIDWORKS 能够帮助提升中国的产品设计和开发水平而感到自豪。现在您拥有了最好的软件工具以及配套教程，我们期待看到您用这些工具开发出创新的产品。

Gian Paolo Bassi

DS SOLIDWORKS®公司首席执行官

2019 年 3 月

陈超祥　现任DS SOLIDWORKS®公司亚太区资深技术总监

陈超祥先生早年毕业于香港理工学院机械工程系，后获英国华威大学制造信息工程硕士和香港理工大学工业及系统工程博士学位。多年来，陈超祥先生致力于机械设计和CAD技术应用的研究，已发表技术文章20余篇，拥有多个国际专业组织的专业资格，是中国机械工程学会机械设计分会委员。陈超祥先生曾参与欧洲航天局“猎犬2号”火星探险项目，是取样器4位发明者之一，拥有美国发明专利（US Patent 6，837，312）。

前言

DS SOLIDWORKS®公司是一家专业从事三维机械设计、工程分析、产品数据管理软件研发和销售的国际性公司。SOLIDWORKS软件以其优异的性能、易用性和创新性，极大地提高了机械设计工程师的设计效率和设计质量，目前已成为主流3D CAD软件市场的标准，在全球拥有超过600万的用户。DS SOLIDWORKS®公司的宗旨是：to help customers design better products and be more successful——让您的设计更精彩。

“SOLIDWORKS®公司官方指定培训教程”是根据DS SOLIDWORKS®公司最新发布的SOLIDWORKS® 2019软件的配套英文版培训教程编译而成的，也是CSWP全球专业认证考试培训教程。本套教程是DS SOLIDWORKS®公司唯一正式授权在中国大陆出版的官方指定培训教程，也是迄今为止出版的最为完整的SOLIDWORKS®公司官方指定培训教程。

本套教程详细介绍了SOLIDWORKS® 2019软件的功能，以及使用该软件进行三维产品设计、工程分析的方法、思路、技巧和步骤。值得一提的是，SOLIDWORKS® 2019软件不仅在功能上进行了600多项改进，更加突出的是它在技术上的巨大进步与创新，从而可以更好地满足工程师的设计需求，带给新老用户更大的实惠！

《SOLIDWORKS®工程图教程（2019版）》是根据DS SOLIDWORKS®公司发布的《SOLIDWORKS® 2019：SOLIDWORKS Drawings》编译而成的，着重介绍了使用SOLIDWORKS软件创建工程图及出详图的基本方法和相关技术。

胡其登　现任DS SOLIDWORKS®公司大中国区技术总监

胡其登先生毕业于北京航空航天大学，先后获得“计算机辅助设计与制造（CAD/CAM）”专业工学学士、工学硕士学位。毕业后一直从事3D CAD/CAM/PDM/PLM技术的研究与实践、软件开发、企业技术培训与支持、制造业企业信息化的深化应用与推广等工作，经验丰富，先后发表技术文章20余篇。在引进并消化吸收新技术的同时，注重理论与企业实际相结合。在给数以百计的企业进行技术交流、方案推介和顾问咨询等工作的过程中，对如何将3D技术成功应用到中国制造业企业的问题上，形成了自己的独到见解，总结出了推广企业信息化与数字化的最佳实践方法，帮助众多企业从2D平滑地过渡到了3D，并为企业推荐和引进了PDM/PLM管理平台。作为系统实施的专家与顾问，以自身的理论与实践的知识体系，帮助企业成为3D数字化企业。

胡其登先生作为中国最早使用SOLIDWORKS软件的工程师，酷爱3D技术，先后为SOLIDWORKS社群培训培养了数以百计的工程师，目前负责SOLIDWORKS解决方案在大中国区全渠道的技术培训、支持、实施、服务及推广等全面技术工作。

本套教程在保留了英文原版教程精华和风格的基础上，按照中国读者的阅读习惯进行编译，使其变得直观、通俗，让初学者易上手，让高手的设计效率和质量更上一层楼！

本套教程由DS SOLIDWORKS®公司亚太区资深技术总监陈超祥先生和大中国区技术总监胡其登先生担任主编，由杭州新迪数字工程系统有限公司副总经理陈志杨负责审校。承担编译、校对和录入工作的有陈志杨、张曦、李鹏、胡智明、肖冰、王靖等杭州新迪数字工程系统有限公司的技术人员。杭州新迪数字工程系统有限公司是DS SOLIDWORKS®公司的密切合作伙伴，拥有一支完整的软件研发队伍和技术支持队伍，长期承担着SOLIDWORKS核心软件研发、客户技术支持、培训教程编译等方面的工作。本教程的操作视频由SOLIDWORKS高级咨询顾问李伟制作。在此，对参与本教程编译和视频制作的工作人员表示诚挚的感谢。

由于时间仓促，书中难免存在疏漏和不足之处，恳请广大读者批评指正。

陈超祥　胡其登

2019年3月

本书使用说明

关于本书

本书的目的是让读者学习如何使用 SOLIDWORKS 机械设计自动化软件来建立零件和装配体的参数化模型，同时介绍如何利用这些零件和装配体来建立相应的工程图。

SOLIDWORKS® 2019 是一个功能强大的机械设计软件，而本书章节有限，不可能覆盖软件的每一个细节和各个方面。所以，本书将重点给读者讲解应用 SOLIDWORKS® 2019 软件进行工作所必需的基本技术和主要概念。本书作为在线帮助系统的一个有益补充，不可能完全替代软件自带的在线帮助系统。读者在对 SOLIDWORKS® 2019 软件的基本使用技能有了较好的了解之后，就能够参考在线帮助系统获得其他常用命令的信息，进而提高应用水平。

前提条件

读者在学习本书之前，应该具备如下经验：

- 机械设计经验。
- 使用 Windows 操作系统的经验。
- 已经学习了《SOLIDWORKS®零件与装配体教程(2019 版)》。

编写原则

本书是基于过程或任务的方法而设计的培训教程，并不专注于介绍单项特征和软件功能。本书强调的是完成一项特定任务所遵循的过程和步骤。通过对每一个应用实例的学习来演示这些过程和步骤，读者将学会为完成一项特定设计任务所需采取的方法，以及所需要的命令、选项和菜单。

知识卡片

除了每章的研究实例和练习外，本书还提供了可供读者参考的“知识卡片”。这些“知识卡片”提供了软件使用工具的简单介绍和操作方法，可供读者随时查阅。

使用方法

本书的目的是希望读者在有 SOLIDWORKS 使用经验的教师指导下，在培训课中进行学习；希望读者通过“教师现场演示本书所提供的实例，学生跟着练习”的交互式学习方法掌握软件的功能。

读者可以使用练习题来应用和练习书中讲解的或教师演示的内容。本书设计的练习题代表了典型的设计和建模情况，读者完全能够在课堂上完成。应该注意到，学生的学习速度是不同的，因此，书中所列出的练习题比一般读者能在课堂上完成的要多，这确保了学习能力强的读者也有练习可做。

标准、名词术语及单位

SOLIDWORKS 软件支持多种工程图标准，如中国国家标准（GB）、美国国家标准（ANSI）、国际标准（ISO）、德国国家标准（DIN）和日本国家标准（JIS）。本书中的例子和练习基本上采用了中国国家标准（除个别为体现软件多样性的选项外）。为与软件保持一致，本书中一些名词术语、物理量符号和计量单位未与中国国家标准保持一致，请读者使用时注意。

练习文件下载方式

读者可以从网络平台下载本书的练习文件，具体方法是：微信扫描右侧或封底的“机械工人之家”微信公众号，关注后输入“2019GC”即可获取下载地址。

机械工人之家

视频观看方式

扫描书中二维码在线观看视频，二维码位于章节之中的“操作步骤”处，如2页、14页、56页等。可使用手机或平板电脑扫码观看，也可复制手机或平板电脑扫码后的链接到计算机的浏览器中，用浏览器观看。

模板的使用

本书使用一些预先定义好配置的模板，这些模板也是通过有数字签名的自解压文件包的形式提供的。这些文件可从网址 http://swsft.solidworks.com.cn/ftp-docs/2019 下载。这些模板适用于所有 SOLIDWORKS 教程，使用方法如下：

1. 单击【工具】/【选项】/【系统选项】/【文件位置】。
2. 从下拉列表中选择文件模板。
3. 单击【添加】按钮并选择练习模板文件夹。
4. 在消息提示框中单击【确定】按钮和【是】按钮。

在文件位置被添加后，每次新建文档时就可以通过单击【高级】/【Training Templates】选项卡来使用这些模板（见下图）。

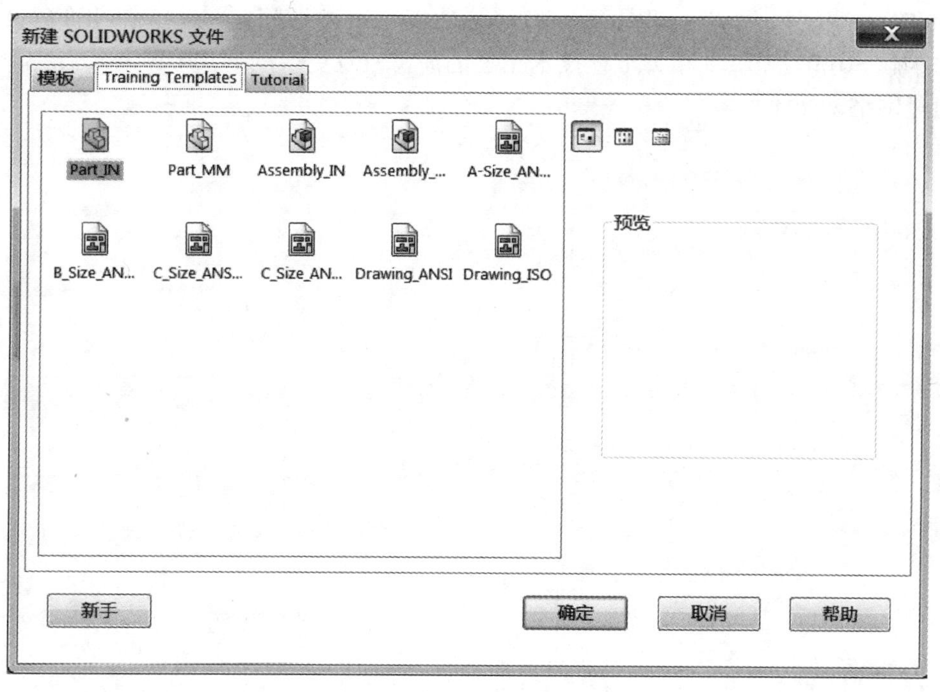

Windows 操作系统

本书所用的屏幕图片是 SOLIDWORKS® 2019 运行在 Windows® 7 和 Windows® 10 时制作的。

本书的格式约定

本书使用下表所列的格式约定：

约　定	含　义	约　定	含　义
【插入】/【凸台】	表示 SOLIDWORKS 软件命令和选项。例如，【插入】/【凸台】表示从菜单【插入】中选择【凸台】命令	注意	软件使用时应注意的问题
提示	要点提示	操作步骤 步骤 1 步骤 2 步骤 3	表示课程中实例设计过程的各个步骤
技巧	软件使用技巧		

关于色彩的问题

SOLIDWORKS® 2019 英文原版教程是采用彩色印刷的，而我们出版的中文版教程则采用黑白印刷，所以本书对英文原版教程中出现的颜色信息做了一定的调整，以便尽可能地方便读者理解书中的内容。

更多 SOLIDWORKS 培训资源

my. solidworks. com 提供更多的 SOLIDWORKS 内容和服务，用户可以在任何时间、任何地点，使用任何设备查看。用户也可以访问 my. solidworks. com/training，按照自己的计划和节奏来学习，以提高 SOLIDWORKS 技能。

用户组网络

SOLIDWORKS 用户组网络（SWUGN）有很多功能。通过访问 swugn. org，用户可以参加当地的会议，了解 SOLIDWORKS 相关工程技术主题的演讲以及更多的 SOLIDWORKS 产品，或者与其他用户通过网络来交流。

目　录

第1章 基础知识

学习目标

- 理解 SOLIDWORKS 工程图中的系统选项
- 使用工程视图调色板
- 创建基本的工程视图，如模型视图、剖面视图（即“剖视图”）、局部视图和移除的剖面视图等
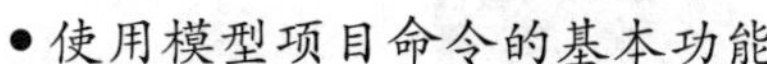
- 使用模型项目命令的基本功能
- 在工程视图中使用快速尺寸选择器标注尺寸
- 使用尺寸调色板的基本功能
- 为装配体工程图创建材料明细表（BOM）和零件序号
- 创建基本注解，如中心符号线、中心线和注释等

1.1 基础回顾

读者可以从《SOLIDWORKS®零件与装配体教程（2019 版）》一书中了解 SOLIDWORKS 工程图文档的一些基本功能。在本章中，读者将创建图 1-1 所示的工程图文档，回顾一些基本的工程图相关知识。

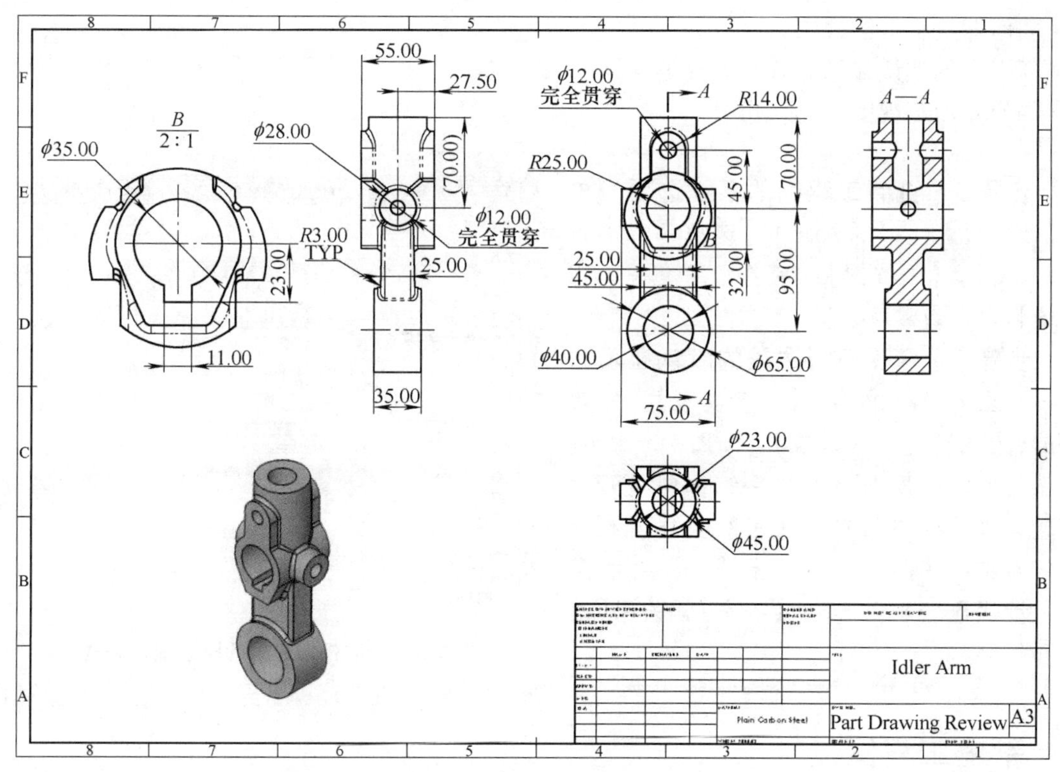

图 1-1 创建工程图

操作步骤

步骤 1　打开零件　从 Lesson01 \ Case Study 文件夹内打开“Part Drawing Review”文件，如图 1-2 所示。

步骤 2　查看零件　此模型已经在 SOLIDWORKS 中设计完成，其中包含一些草图和特征尺寸。该零件有两个配置，其中的“Simplified”配置会将圆角特征压缩。

扫码看视频　　扫码看 3D

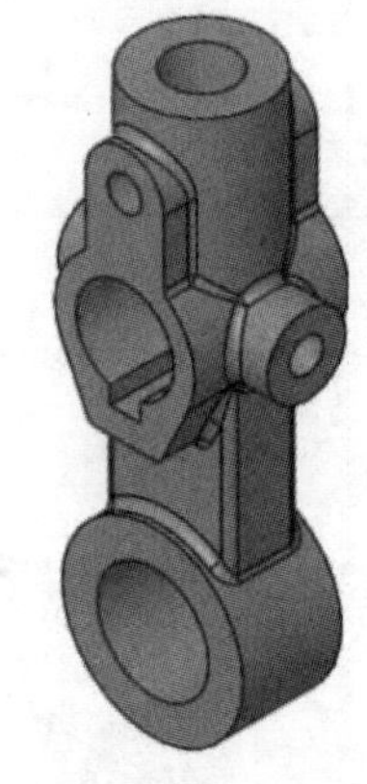

图 1-2　打开零件

1.2　工程图系统选项

在开始出详图项目之前，用户需要调整系统选项中的内容以符合相关的要求。系统选项中的设置会适用于所有的文档，并且会因计算机系统的不同而有所差异。因此，用户可以调整系统选项以反映该用户希望的工作方式。文档属性是由模板控制并保存在每个文档中的，作用于正在处理的文档，以反映公司标准和特定设置。

与工程图相关的 SOLIDWORKS 系统选项允许用户设置默认的首选项，例如：

- 如何缩放工程图视图。
- 新视图的默认显示样式是怎样的。
- 如何显示新视图的相切边线。

步骤 3　查看工程图的系统选项　单击【选项】⚙，在【系统选项】选项卡上单击【工程图】。【工程图】选项包括了有关工程图绘制方式的常规设置。

步骤 4　修改相切边线的默认显示方式　在左侧面板中单击【显示类型】，修改【相切边线】为【使用线型】，如图 1-3 所示。此设置可以确保在用户的系统上创建的所有新工程图视图均默认使用线型作为相切边线的显示样式。

步骤 5　确定　单击【确定】，关闭【选项】对话框。

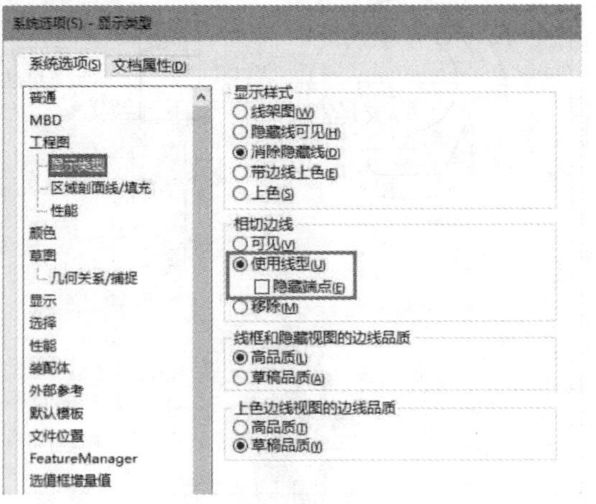

图 1-3　修改相切边线的默认显示方式

1.3　新建工程图

用户可以使用两种方法来创建新的工程图文档。

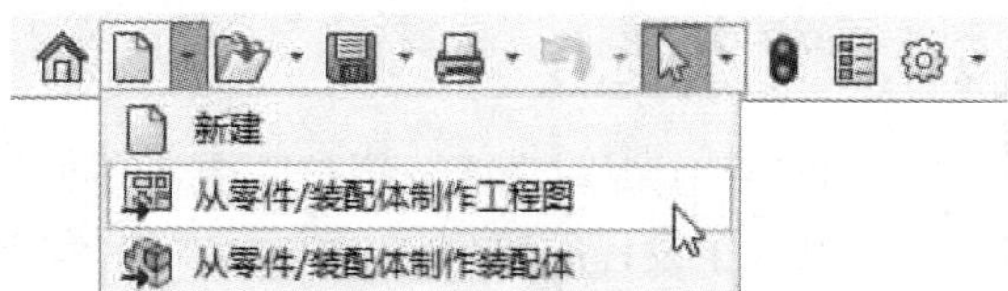

图1-4 【从零件/装配体制作工程图】命令

- 【新建】 选择【新建】命令将允许用户从任何可用的文档模板中进行选择。用户可以从SOLIDWORKS窗口顶部的菜单栏或【文件】菜单中访问此命令。
- 【从零件/装配体制作工程图】 选择【从零件/装配体制作工程图】命令将允许用户仅从工程图模板中进行选择。用户可以从打开的零件或装配体文档中启动此命令。使用该命令时，零件或装配体的视图将自动填充到工程图视图调色板中。用户可以从【新建】菜单或【文件】菜单中访问此命令，如图1-4所示。

步骤6 从零件创建新工程图文档 单击【从零件/装配体制作工程图】，在【Training Template】选项卡内选择“Drawing_ISO”模板，单击【确定】。在【图纸格式/大小】中选择【A3（ISO）】，如图1-5所示，单击【确定】。

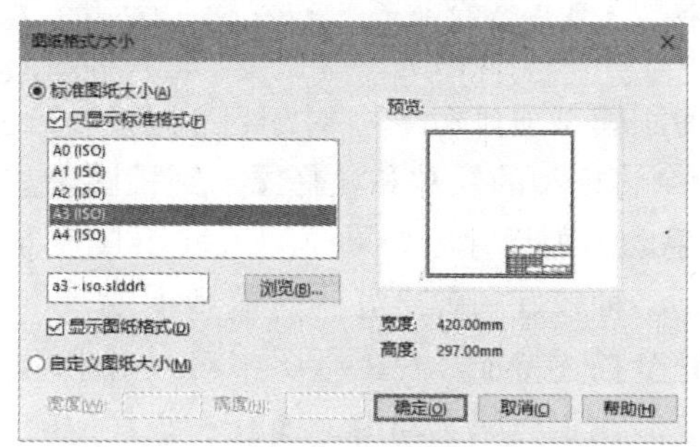

图1-5 选择图纸格式/大小

步骤7 查看结果 新的工程图文档已经打开，并且视图调色板中填充了模型的视图，如图1-6所示。

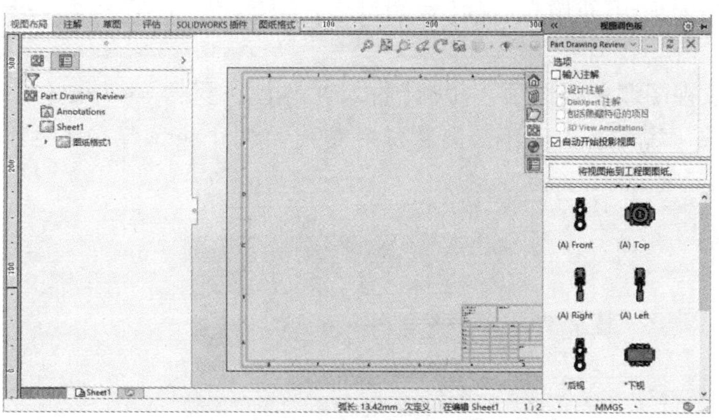

图1-6 查看结果

1.4 视图调色板和模型视图

视图调色板为用户提供了创建【模型视图】的快捷方式。模型视图是模型的独立工程图视图。当从工具栏或菜单中启动模型视图命令时，用户可以使用PropertyManager为视图选择方向和设置选项。使用视图调色板是创建这些视图的便捷方法，因为其提供了可用方向的预览和选项列表。

技巧 视图调色板可以显示任何可用的模型。顶部的下拉菜单用于从打开的文档中选择模型，也可使用省略号按钮以浏览其他模型文件。

1.5 出详图技术

在创建工程图视图之前，用户需要考虑使用哪种出详图技术来传达模型的制造信息。对于在 SOLIDWORKS 中设计的模型，用户可以选择使用现有的草图和特征尺寸，或者手动添加尺寸。通常最有效的方法是使用这些出详图技术的组合。

1. 使用模型项目 若要使用 3D 模型中存在的尺寸和注解，方法包括：

- 在创建视图时输入注解 使用模型视图 PropertyManager 或视图调色板内的选项可在创建视图时自动添加【设计注解】。

技巧 视图调色板或模型视图 PropertyManager 中视图方向旁边的“（A）”表示该视图具有与其关联的注释，如图 1-7 所示。

- 使用模型项目命令 对于已经创建好的视图，用户可以使用【模型项目】命令将模型的尺寸和注释添加到视图中。

2. 手动添加尺寸 如果模型尺寸不代表制造信息或并不存在，手动添加尺寸则是一种较好的解决方法。模型中的尺寸通常需要在工程图中补充附加信息以完全描述特征。在工程图中对尺寸和注释的操作与在模型中的操作基本相同，但在工程图文档中，还有一些其他的工具可以提高出详图效率。

(A) Front

图 1-7 带有关联注释的视图

1.5.1 输入设计注解

在本示例中，将首先为第一个视图自动输入注释，然后讲解如何对现有视图使用【模型项目】命令以及如何在工程图中使用专有的【智能尺寸】工具。

步骤 8 修改视图调色板选项 勾选【输入注解】复选框，再勾选【设计注解】复选框，如图 1-8 所示。设计注解是在设计模型特征时创建的尺寸和注解。注意【自动开始投影视图】复选框默认处于勾选状态。

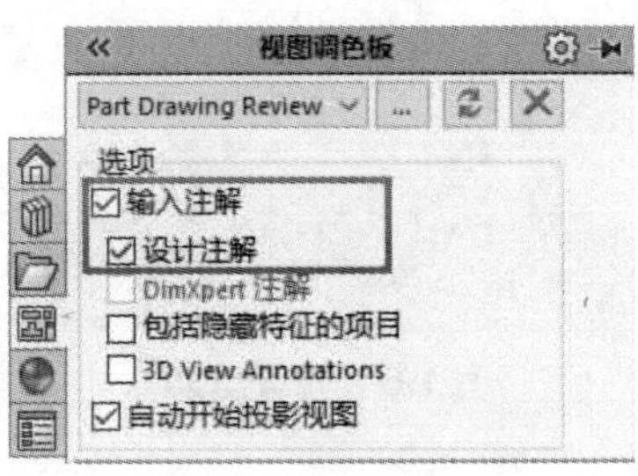

图 1-8 修改视图调色板选项

步骤 9 创建前视图 从视图调色板中拖动前视图“（A） Front”到工程图图纸区域。释放鼠标按键后，将创建带有注解的视图，并且投影视图命令被激活。

步骤 10 创建右视图 向左侧移动光标，在图纸上单击，创建右视图，如图 1-9 所示。

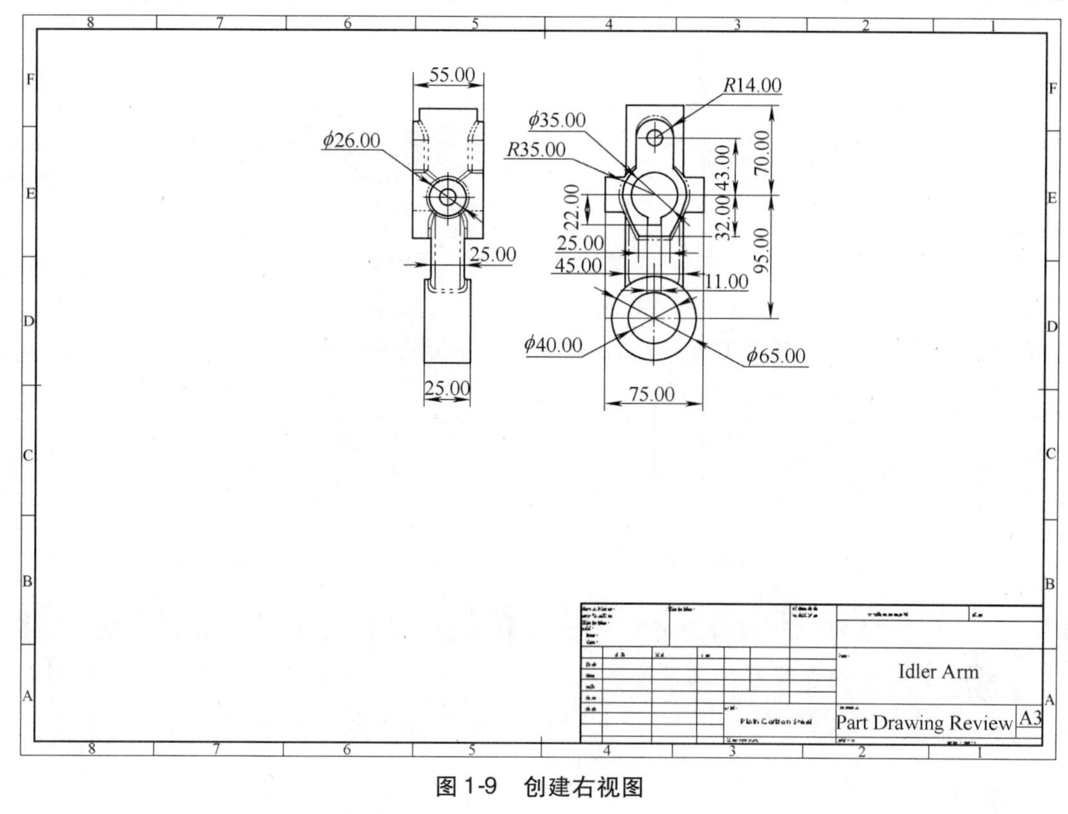

图 1-9 创建右视图

1.5.2 使用模型项目

在后续的投影视图中，将关闭输入注解选项，以便使用【模型项目】命令进行设置。

步骤 11 关闭输入注解 在投影视图的 PropertyManager 中，取消勾选【输入注解】复选框，如图 1-10 所示。

步骤 12 创建俯视图 向下侧移动鼠标，在图纸上单击，创建俯视图，如图 1-11 所示。

步骤 13 完成投影视图命令 单击【确定】✔，完成投影视图命令。

步骤 14 激活模型项目命令 在【注解】选项卡中单击【模型项目】。

步骤 15 选择俯视图 选择俯视图，将俯视图指定为【目标视图】，如图 1-12 所示。

步骤 16 为选择的特征添加尺寸 单击“Cut-Extrude2”和“Boss-Extrude2”特征的边线以添加相关尺寸，结果如图 1-13 所示。

技巧 将光标悬停在边线上可以显示指向相关特征的工具提示。

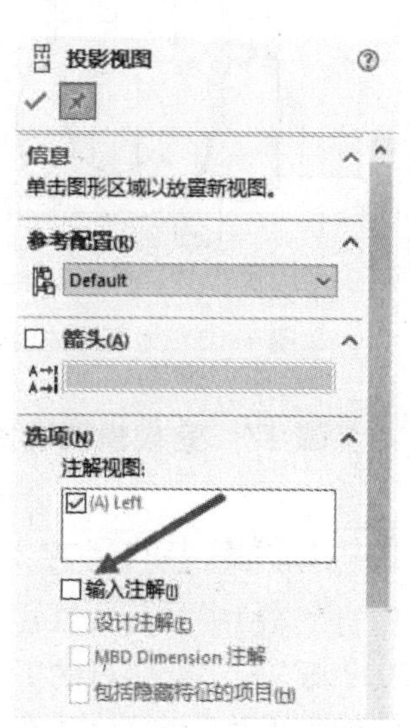

图 1-10 关闭输入注解

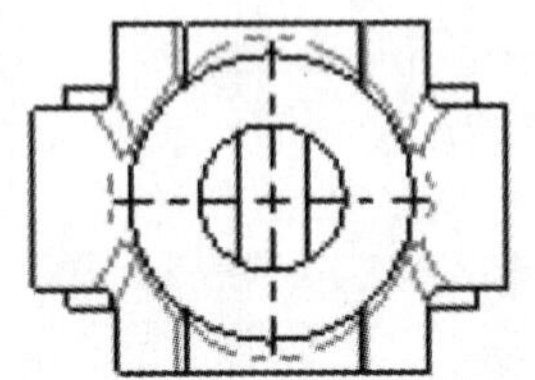

图 1-11　创建俯视图

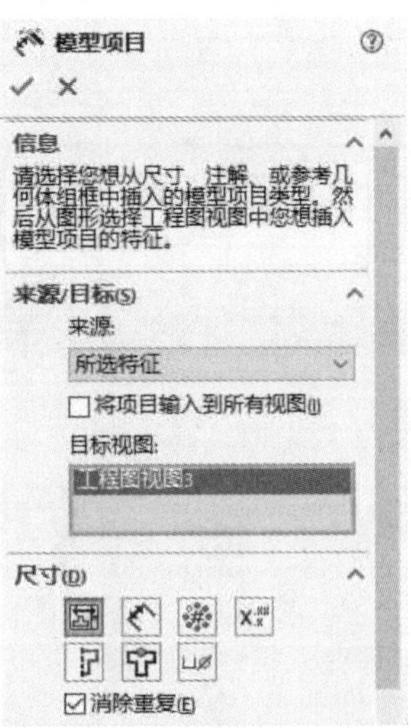

图 1-12　选择俯视图

提示

在【模型项目】命令中，【尺寸】的默认设置是【为工程图标注】。该属性可以从尺寸的快捷菜单中修改，如图 1-14 所示。该属性的默认状态由【选项】/【系统选项】/【工程图】中的设置控制，默认状态是打开的。

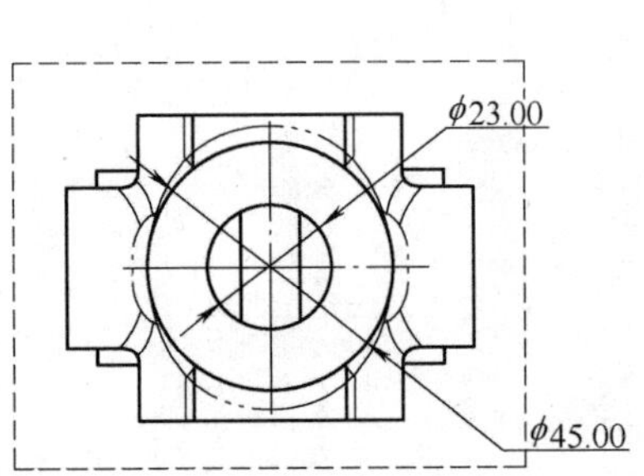

图 1-13　为选择的特征添加尺寸

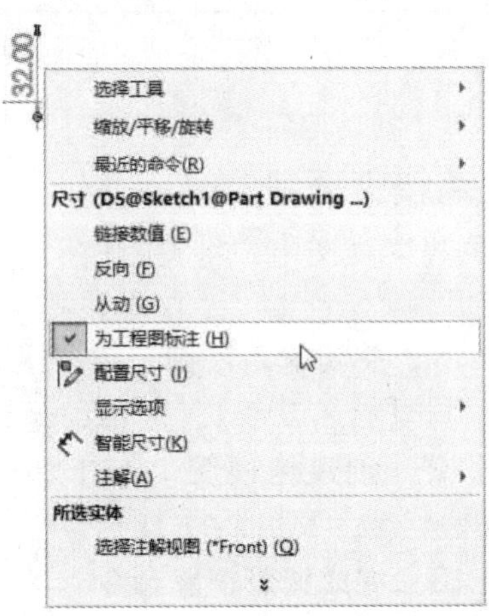

图 1-14　【为工程图标注】选项

步骤 17　完成模型项目命令　单击【确定】，完成模型项目命令。

1.5.3　工程图中的尺寸

工程图文档中的某些尺寸工具可专门用于辅助出详图。在《SOLIDWORKS®零件与装配体教程（2019 版）》中介绍过的工具有：

- 快速尺寸选择器　若在工程图中定义了智能尺寸，快速尺寸选择器就会出现在光标的下方，如图 1-15 所示。其提供了一种在工程图视图中放置尺寸的有效方法，并与现有的尺寸自动保持一定间距。

图 1-15　快速尺寸选择器

技巧 【快速尺寸标注】可以在尺寸 PropertyManager 中打开或关闭，以控制此工具的可用性。

- 尺寸调色板 【尺寸调色板】是一种在工程图中选择某个尺寸时便会出现的可展开对话框，其提供了有关尺寸的一些最常用属性的快捷访问方式，也包括用于排列和对齐尺寸的其他设置，见表1-1。

表1-1 尺寸调色板

 可扩展按钮 （翻转扩展）	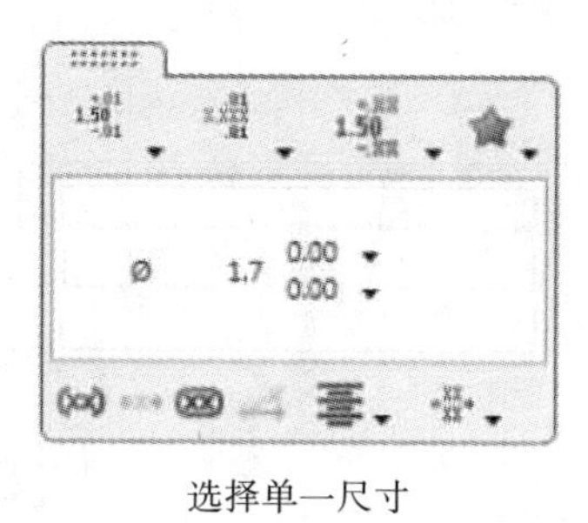 选择单一尺寸	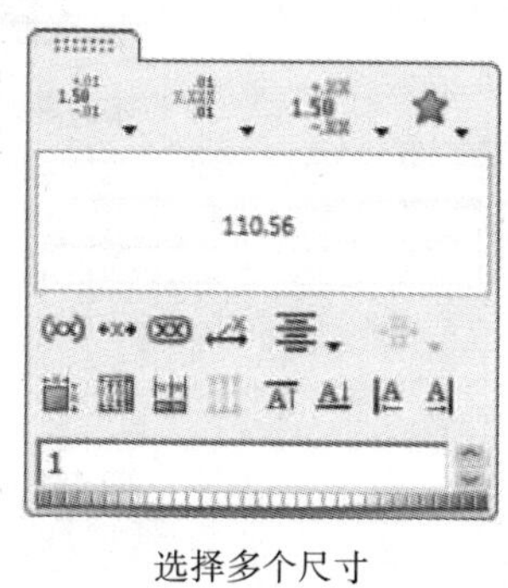 选择多个尺寸

下面将在示例工程图中添加一些尺寸以查看上述的工具。

步骤18 激活智能尺寸命令 单击【智能尺寸】，激活该命令。

步骤19 在右视图中添加尺寸 在右视图中，为孔添加位置尺寸，使用【快速尺寸选择器】放置尺寸，如图1-16所示。

技巧 用户可以选择孔的边线或中心符号线的垂直延长线以适当的定位尺寸。

提示 注意系统是如何重新定位已有的尺寸以创建适当的间距。

- 从动和驱动尺寸 灰色表示从动尺寸，用户无法更改从动尺寸，其值是由模型几何体“驱动”的。黑色表示驱动尺寸，用户可以修改驱动尺寸，其值是模型特征的“驱动”参数，更改这些值将更新零件几何体。这些颜色由【选项】/【系统选项】/【颜色】中的设置控制。

步骤20 添加另一个尺寸 在右视图中，为孔添加另一个尺寸，使用【快速尺寸选择器】放置尺寸，如图1-17所示。

步骤21 添加括号 使用【尺寸调色板】为尺寸【添加括号】，如图1-18所示。

技巧 在尺寸调色板以外单击，可以将其从视图中清除。

步骤22 添加半径尺寸 按图1-19所示为圆角添加半径尺寸。

技巧 用户可以使用〈G〉键将小的边线放大以方便选择，如图1-20所示。

步骤23 添加文本 为了表明该尺寸为典型的尺寸值，使用【尺寸调色板】在尺寸值的下方添加“TYP”文本，如图1-21所示。

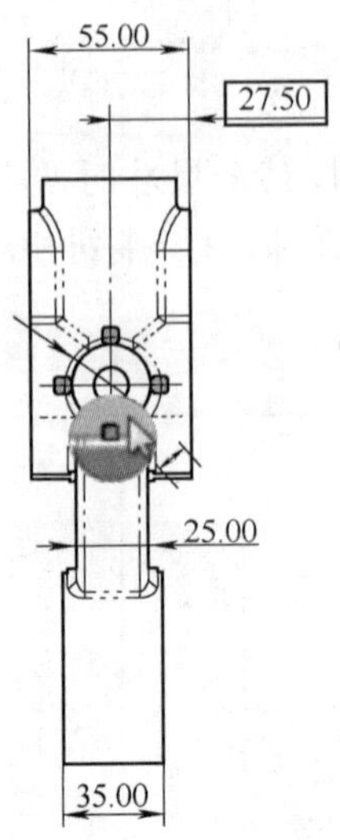

图 1-16 添加尺寸

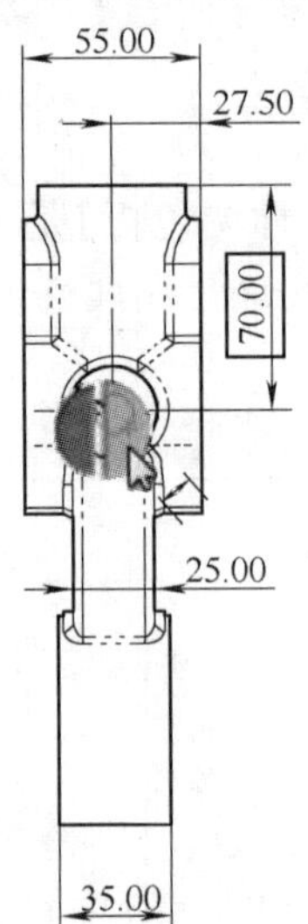

图 1-17 添加另一个尺寸

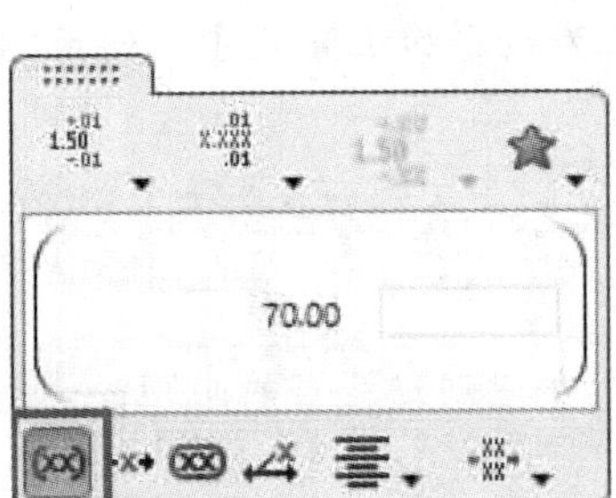

图 1-18 添加括号

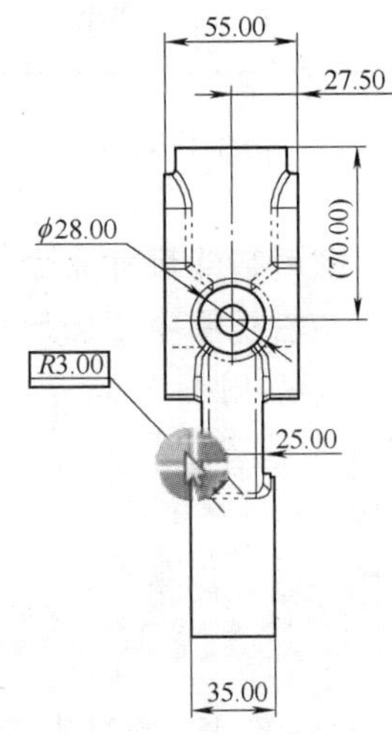

图 1-19 添加半径尺寸

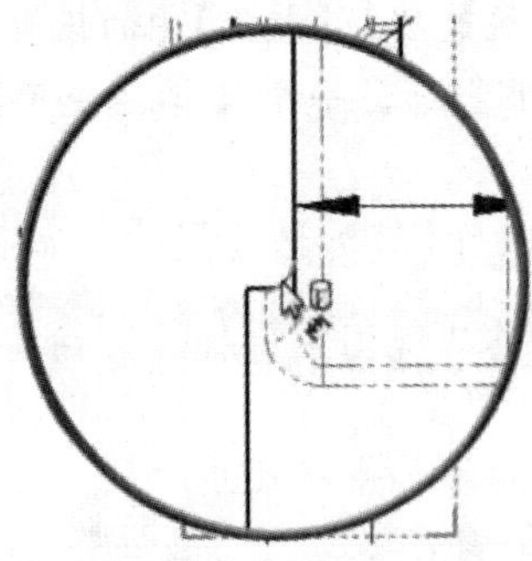

图 1-20 将小的边线放大

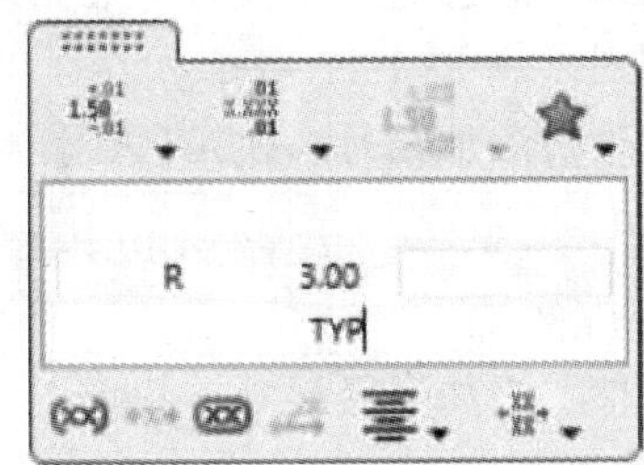

图 1-21 添加文本

步骤 24 添加孔标注 单击【孔标注】⌴⌀，为孔添加标注，如图 1-22 所示。

技巧 使用【模型项目】命令也可以添加孔标注。

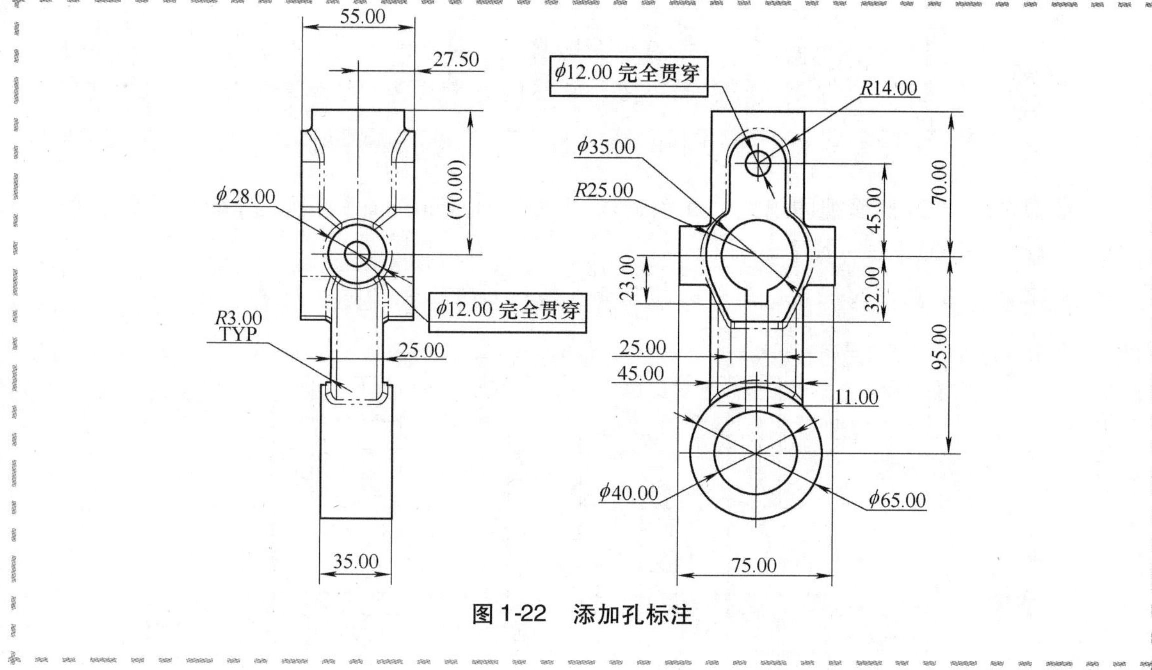

图 1-22　添加孔标注

1.6　剖面视图

用户可以创建剖面视图以帮助显示模型的内部细节。SOLIDWORKS 的【剖面视图】命令可在现有视图中自动生成切割线（即“剖面线”），并生成剖面视图以放置在工程图图纸上。在本示例中，将剖切前视图（即“主视图”）。

步骤 25　激活剖面视图命令　单击【剖面视图】，激活该命令。

步骤 26　定位切割线　在前视图上定位【竖直】切割线，如图 1-23 所示。

步骤 27　完成切割线　在剖面视图的弹出菜单中单击【确定】✔，如图 1-24 所示，完成切割线。

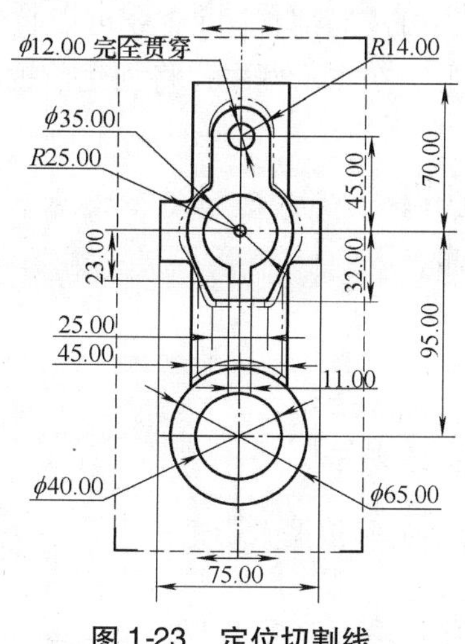

图 1-23　定位切割线

图 1-24　剖面视图的弹出菜单

提示 剖面视图的弹出菜单用于在切割线中创建偏移，在本示例中并不需要这类操作。想了解关于剖面视图切割线的更多信息，请参考“练习1-3 切割线选项”。

步骤28 修改剖面视图属性 在剖面视图PropertyManager中不勾选【输入注解】复选框，然后单击【反转方向】。

步骤29 放置剖面视图 在图纸上单击，放置剖面视图，如图1-25所示。

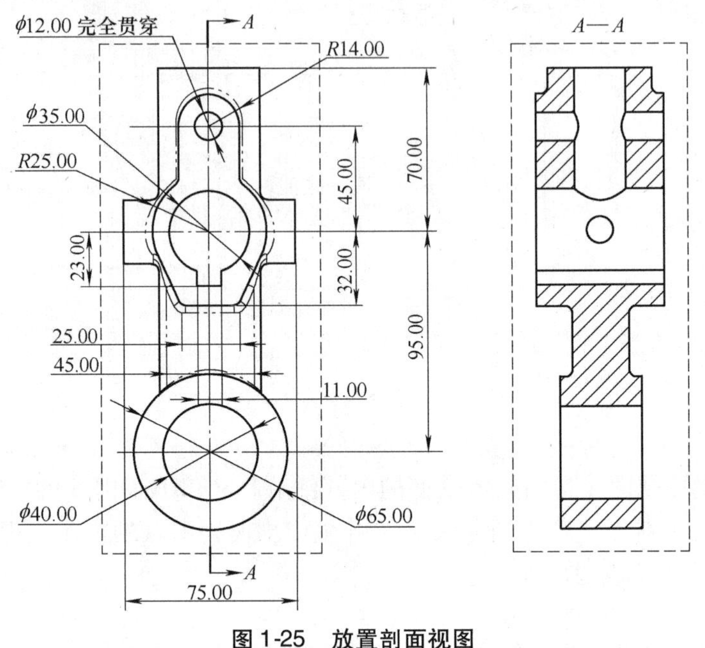

图1-25 放置剖面视图

1.7 局部视图

局部视图可显示现有视图的放大区域。SOLIDWORKS中的【局部视图】命令可以自动围绕要放大的区域绘制圆形草图，并生成局部视图以放置到图纸上。在本示例中，将创建前视图中键槽的局部视图。

技巧 如果要为局部视图使用圆形以外的其他形状，请先绘制闭合轮廓草图，然后在激活【局部视图】命令时选择自定义轮廓。

步骤30 激活局部视图命令 单击【局部视图】，激活该命令。

步骤31 绘制局部圆 绘制相似的局部圆，如图1-26所示。

技巧 在绘制草图时按住〈Ctrl〉键，可以防止添加草图关系。

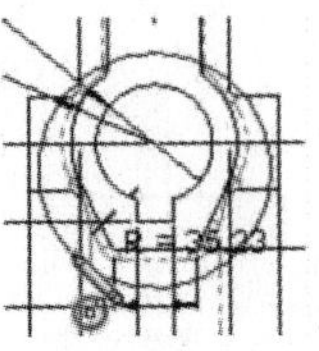

图1-26 绘制局部圆

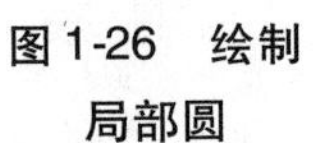

步骤32 放置局部视图 在图纸上单击，放置局部视图，如图1-27所示。

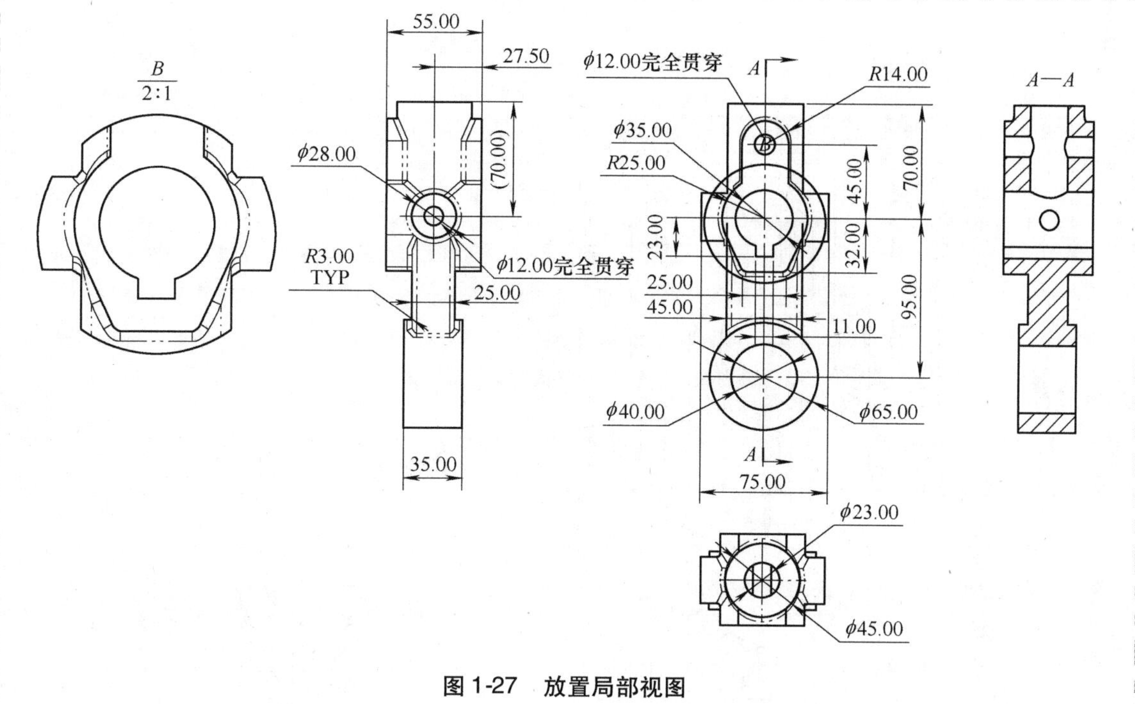

图 1-27　放置局部视图

1.8　移动工程图视图

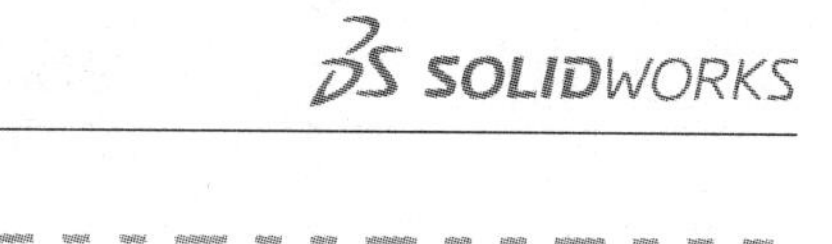

如果需要在工程图图纸上重新定位视图，可以通过视图边界框来拖动视图，或者按住〈Alt〉键选择视图边界框内的任何位置来拖动视图。这对于视图边界框重叠的拥挤工程图十分有用。

- 视图对齐　某些子视图（如投影视图和剖面视图等）将自动与其父视图对齐。如果需要修改对齐设置，可在视图边界框中单击右键，从弹出的快捷菜单中选择视图对齐的相关选项，如图 1-28 所示。

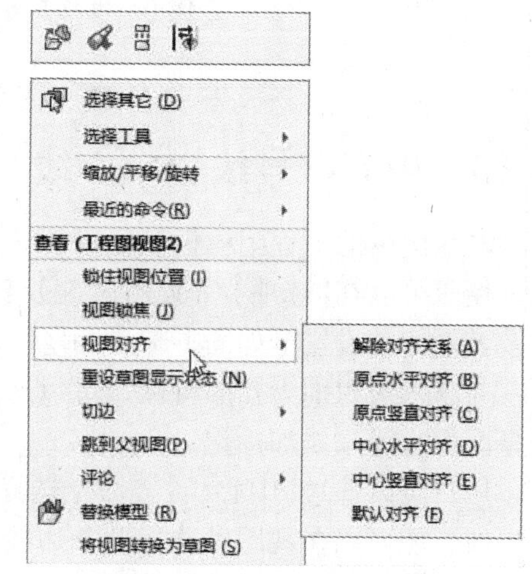

图 1-28　解除或创建视图对齐

有关对齐视图的示例，请参考"练习 1-2　工程图视图"。

1.9　移动尺寸

为了完成局部视图，下面将为键槽的切除特征添加尺寸。这些尺寸已经存在于前视图中，只需将它们从一个视图移动到另一个视图。可以通过以下方式移动或复制尺寸：

- 〈Ctrl〉+拖动＝复制尺寸
- 〈Shift〉+拖动＝移动尺寸

步骤 33　选择尺寸　使用〈Ctrl〉键选择图 1-29 所示的三个尺寸。

步骤 34　移动尺寸　按住〈Shift〉键，拖动已选择的尺寸到局部视图。

步骤 35　排列尺寸　拖动尺寸，将其放置到合适的位置，如图 1-30 所示。

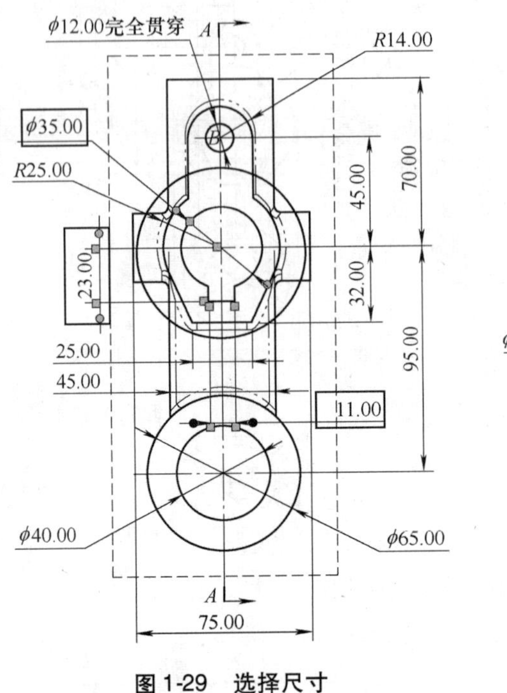

图 1-29　选择尺寸

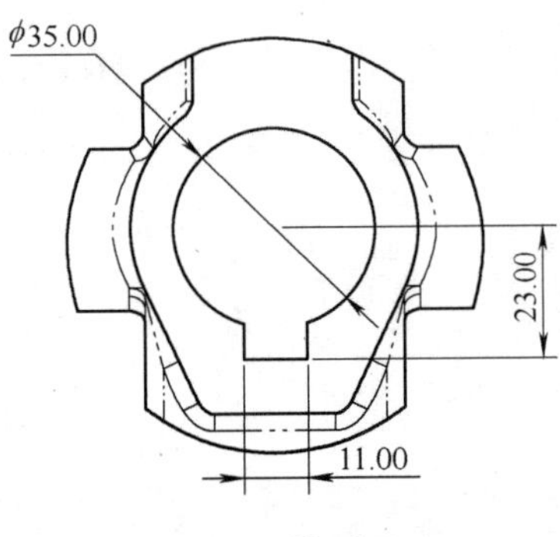

图 1-30　排列尺寸

1.10　中心符号线和中心线

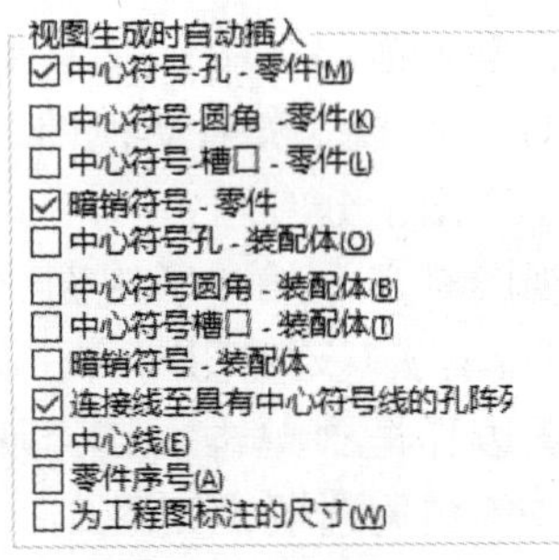

图 1-31　【出详图】设置

本示例中的工程图模板已经设置了为孔自动添加中心符号线。用户可以在【选项】/【文档属性】/【出详图】中找到此设置以及其他相关设置，如图 1-31 所示。

对于未被识别为孔的特征，可以通过【中心符号线】命令选择圆形边线来添加标记。

用户可以通过【中心线】命令选择圆柱面以向视图中添加中心线，还可以在视图中选择两条边线以在其中间位置创建中心线。

下面将为示例工程图视图添加其他中心符号线和中心线。

步骤 36　添加中心符号线　单击【中心符号线】，在前视图和局部视图的键槽切除特征上添加中心符号线，在剖面视图的孔上添加中心符号线，如图 1-32 所示。单击【确定】✔。

步骤 37　添加中心线　单击【中心线】，在右视图、俯视图和局部视图中选择圆柱面，添加中心线，如图 1-33 所示。单击【确定】✔。

步骤 38　整理工程图（可选步骤）　在适当的情况下，移动尺寸并修改延长线的位置。

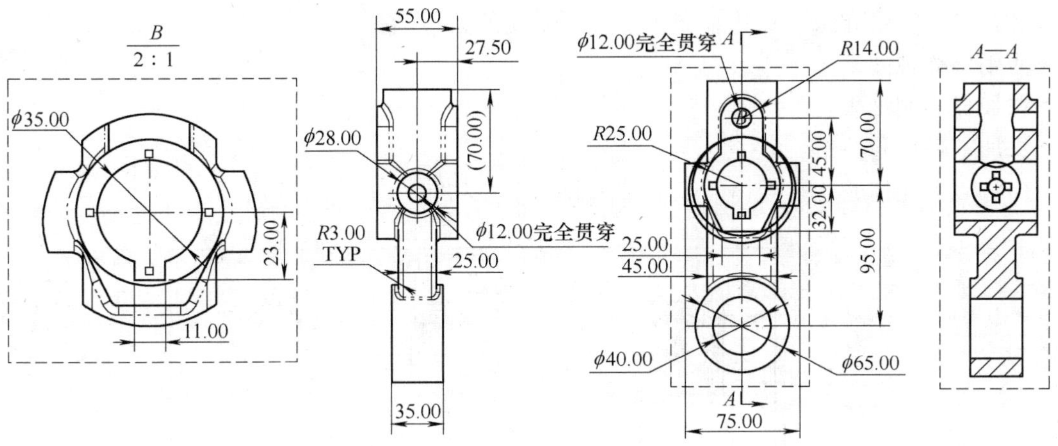

图1-32 添加中心符号线

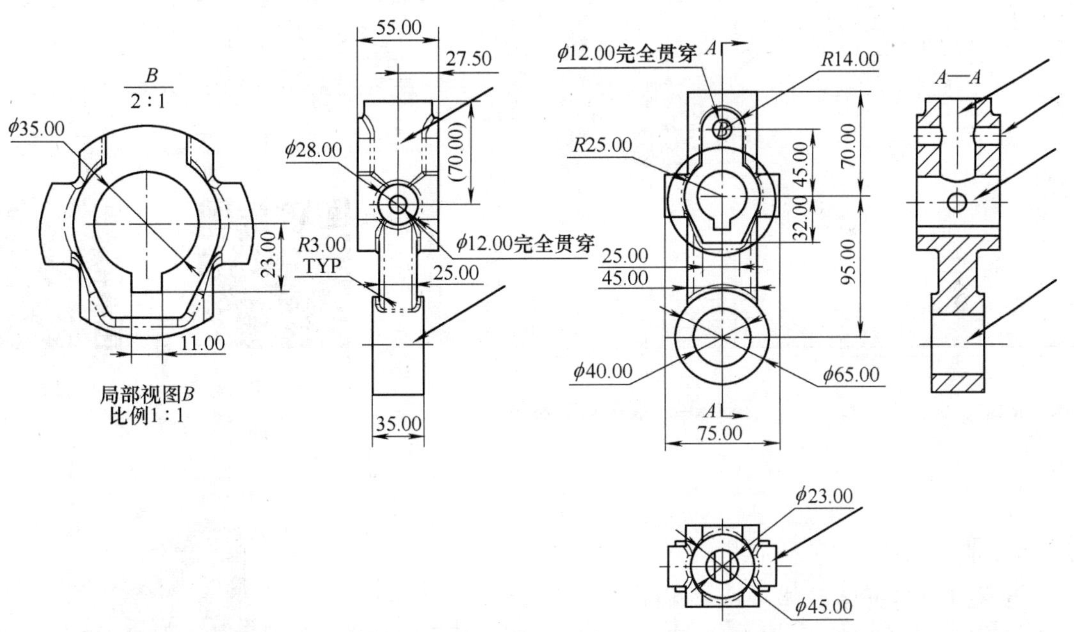

图1-33 添加中心线

步骤39 添加等轴测图 使用【视图调色板】或【模型视图】命令添加等轴测图，在工程图视图 PropertyManager 中更改【显示样式】为【带边线上色】。结果如图1-1所示。

步骤40 保存并关闭所有文件

1.11　装配体工程图

装配体工程图通常有一些不同于零件工程图的特殊要求。在《SOLIDWORKS®零件与装配体教程（2019 版）》中介绍了一些装配体工程图的功能，包括：

- 使用爆炸视图。
- 添加材料明细表。
- 添加零件序号注解。

下面将以创建齿轮箱装配体的工程图来复习上述功能，如图 1-34 所示。

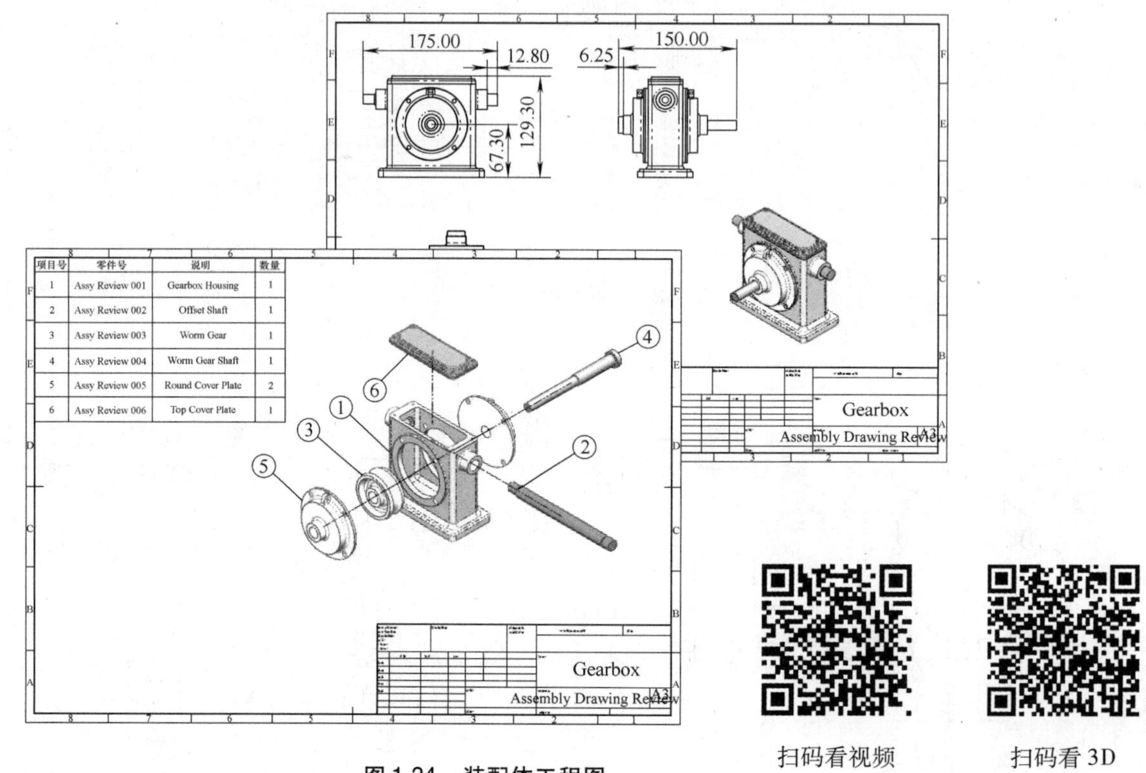

图 1-34　装配体工程图

操作步骤

步骤 1　打开装配体　从 Lesson01 \ Case Study 文件夹内打开“Assembly Drawing Review”文件，如图 1-35 所示。

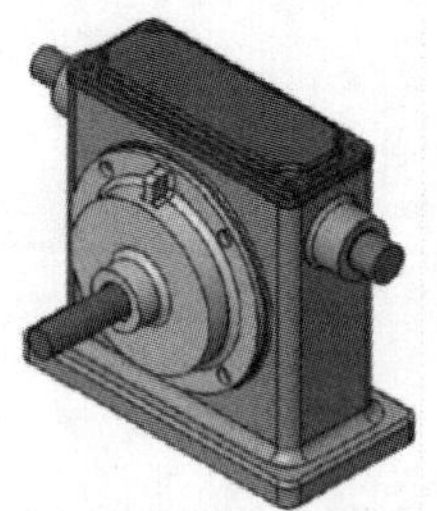

图 1-35　打开装配体

步骤 2　激活爆炸视图　单击【ConfigurationManager】并展开“Default”配置和“ExplView1”，此装配包括爆炸视图和爆炸直线草图。双击“ExplView1”以激活爆炸视图，如图 1-36 所示。

技巧　还可以通过右键单击 FeatureManager 设计树顶部的装配体名称，从弹出的快捷菜单中访问【爆炸】和【解除爆炸】命令。

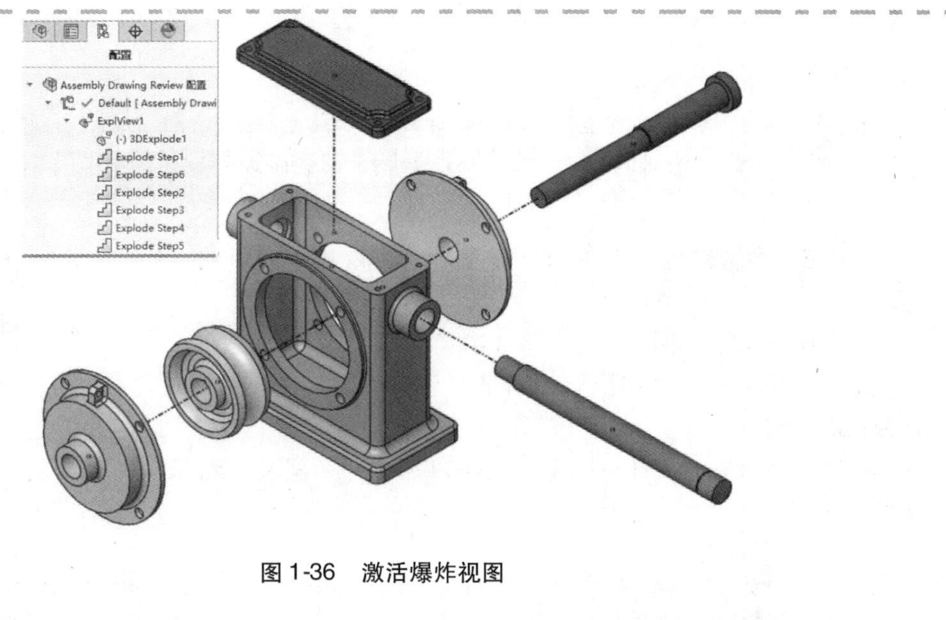

图 1-36 激活爆炸视图

1.11.1 材料明细表

用户可以在装配体模型或工程图文档中方便地创建材料明细表。在本示例中，先将材料明细表添加到3D模型，然后再将其复制到用于详细说明装配体的工程图中。

在创建材料明细表后，用户可以像处理电子表格一样对其进行修改，例如：

- 当表格处于激活状态时，将显示行标题和列标题，并可以通过拖动来重新排列表格。
- 用户可以拖动单元格边界以调整表格中的区域。
- 在表格中单击右键可以访问修改表格的选项。

步骤3 添加材料明细表 在【装配体】选项卡中单击【材料明细表】，按图1-37所示内容设置对应选项，单击【确定】。

步骤4 选择注解视图 在弹出的对话框中选择【现有注解视图】，从下拉菜单中选择【Notes Area】，如图1-38所示，单击【确定】。

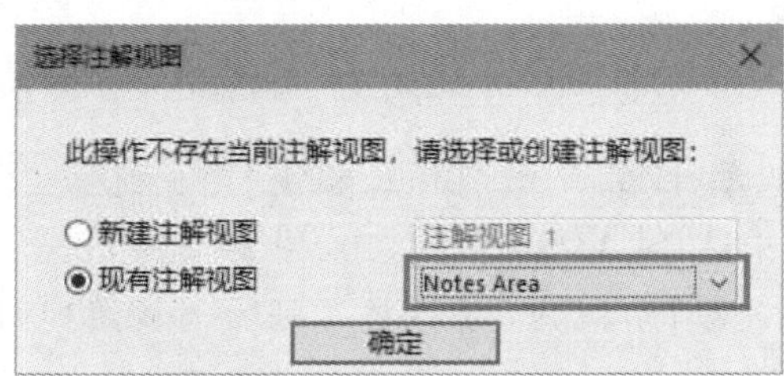

图 1-38 选择注解视图

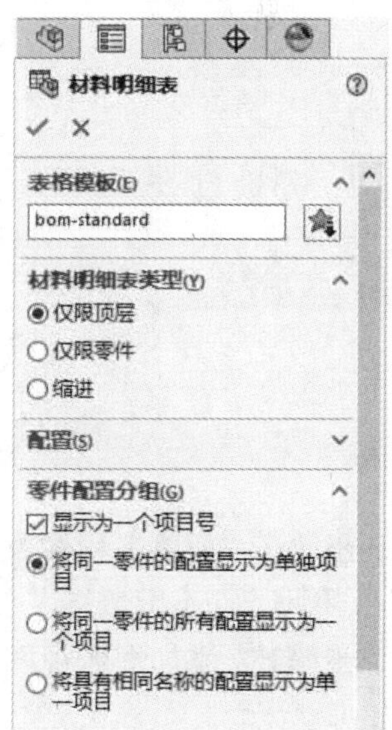

图 1-37 添加材料明细表

> **提示** 当旋转模型时，“Notes Area”注解视图的位置始终与屏幕保持不变。注解视图将在“第 7 章　注解视图”中详细介绍。

步骤 5　放置表格　在图形区域中单击，以放置材料明细表。

步骤 6　修改表格　单击表格左上角的图标以选择整个表格，如图 1-39 所示。使用【格式】工具栏将字体高度更改为 18，如图 1-40 所示。

图 1-39　表格左上角的图标

根据需要，拖动表格中的垂直边框以调整列的宽度。结果如图 1-41 所示。

图 1-40　更改字体高度

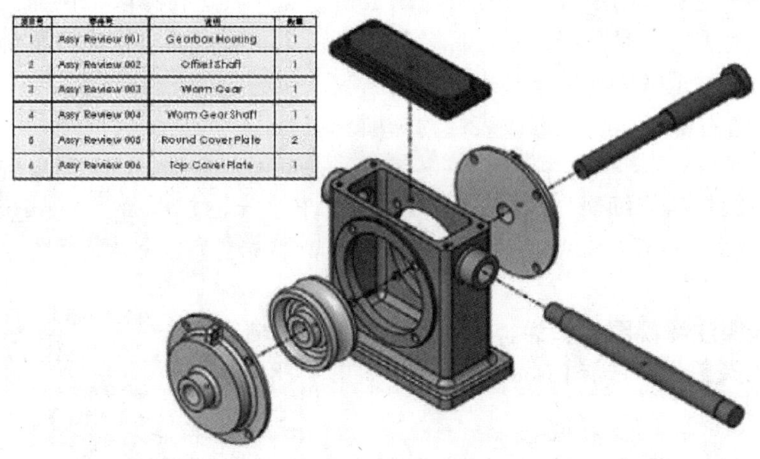

图 1-41　修改表格

步骤 7　新建工程图文档　单击【从零件/装配体制作工程图】，选择“Drawing_ISO”模板。在【图纸格式/大小】对话框中选择【A3（ISO）】，如图 1-42 所示。

步骤 8　添加爆炸视图　从【视图调色板】中拖放“*爆炸等轴测”视图到图纸上，如图 1-43 所示。

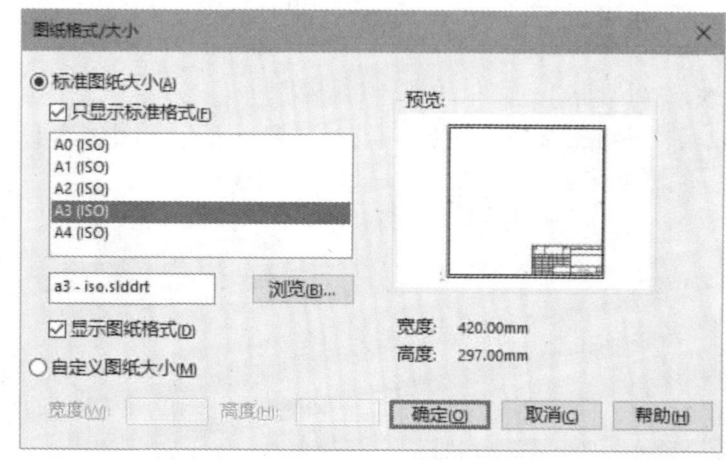

图 1-42 新建工程图文档

图 1-43 添加爆炸视图

提示 用户可以勾选 PropertyManager 中的【在爆炸或模型断开状态下显示】复选框，以将任何新的或现有的视图显示为爆炸，如图 1-44 所示。

步骤 9 修改视图属性 在工程图视图 PropertyManager 中更改【显示样式】为【带边线上色】，如图 1-45 所示。

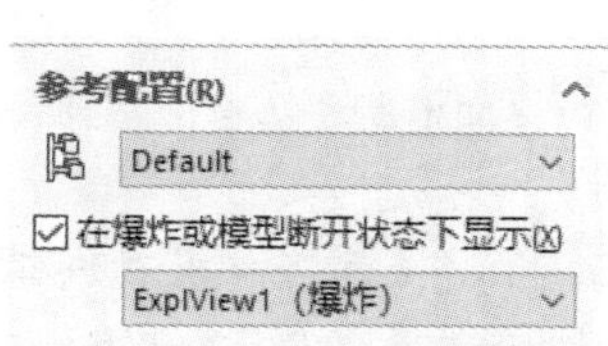

图 1-44 勾选【在爆炸或模型断开状态下显示】复选框

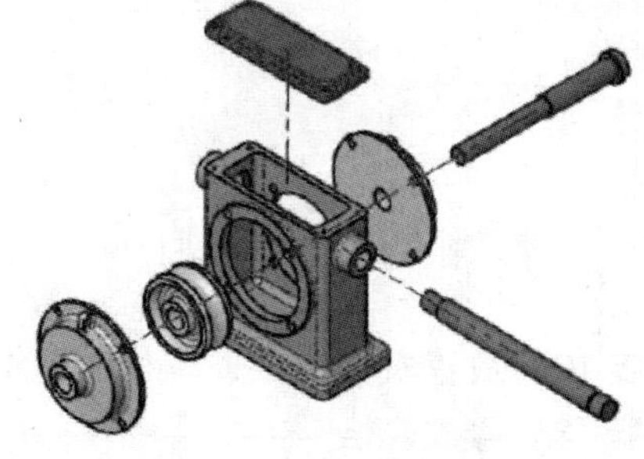

图 1-45 修改视图属性

- 修改比例 默认情况下，SOLIDWORKS 将根据模型的大小自动为工程图图纸设置适当的比例。图纸比例储存在图纸属性中，是图纸上所有新模型视图的默认比例。用户可以通过访问【图纸属性】对话框（右键单击图纸，选择【属性】）或使用状态栏中的快捷方式来修改图纸比例。

技巧 为防止 SOLIDWORKS 自动设置比例，可不勾选【选项】/【系统选项】/【工程图】/【自动缩放新工程视图比例】复选框。

对于此工程图，图纸比例应为 1∶2。根据创建工程图视图时模型的爆炸状态，需要调整比例。

步骤 10　修改图纸比例　使用状态栏中的菜单（在 SOLIDWORKS 窗口的右下角）修改图纸比例为 1:2，如图 1-46 所示。

步骤 11　添加材料明细表　在【注解】选项卡中单击【表格】/【材料明细表】。如有必要，需选择工程图视图以指定要填充表格的模型。在【材料明细表选项】中选择【复制现有表格】，如图 1-47 所示。单击【确定】。

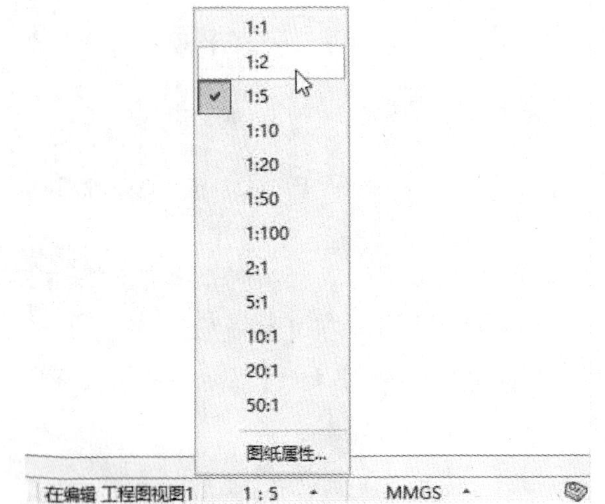

图 1-46　修改图纸比例

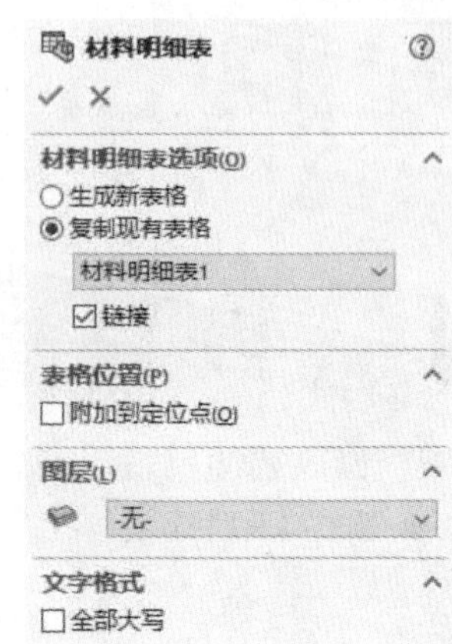

图 1-47　设置【材料明细表选项】

步骤 12　放置表格　单击工程图图纸边框的左上角，将表格放置在图纸上。

步骤 13　修改表格　单击表格左上角的图标以选择整个表格，使用【格式】工具栏将字体高度更改为 18，如图 1-48 所示。

图 1-48　更改字体高度

拖动表格右下角的图标，根据需要调整表格的大小，如图 1-49 所示。

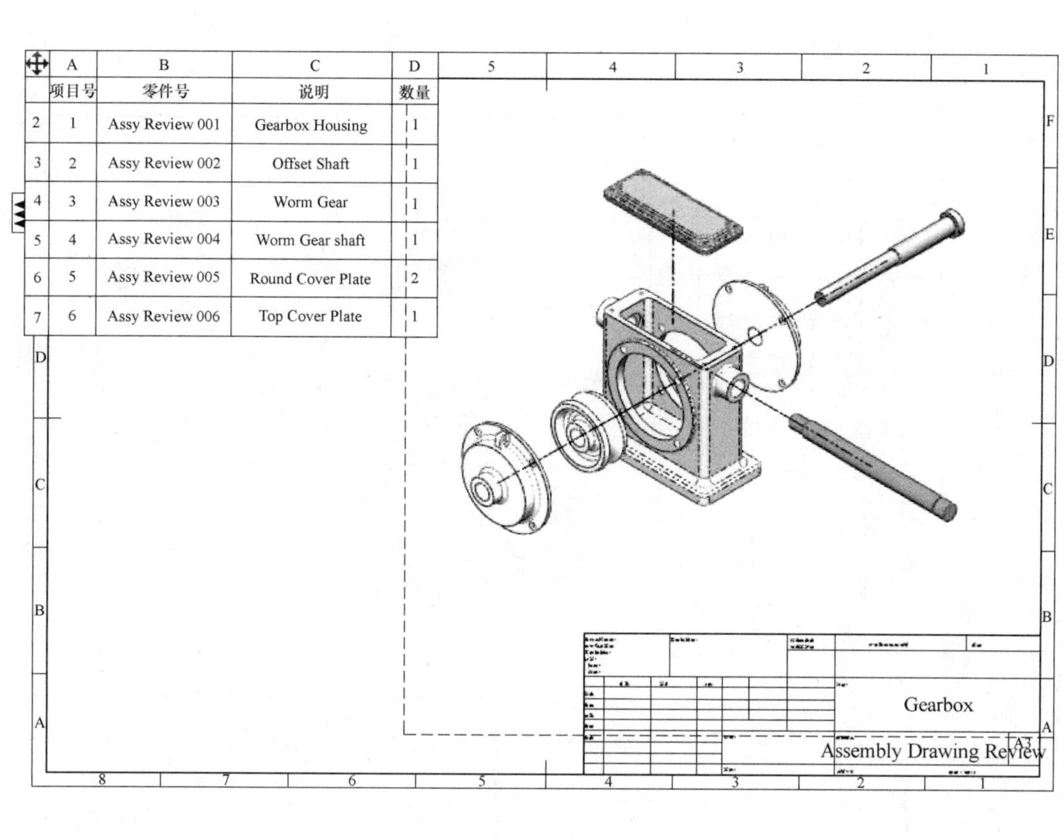

图 1-49 调整表格大小

1.11.2 添加零件序号

零件序号注解可用于标示材料明细表中的项目。在 SOLIDWORKS 中，用户可以通过将零件序号逐个附加到视图零部件的方式来手动添加零件序号，也可以使用【自动零件序号】命令自动创建和布置零件序号。

在本示例中，将使用【自动零件序号】命令将零件序号添加到爆炸视图中。

步骤 14 自动添加零件序号 单击【自动零件序号】，若有必要，从工程图视图中选择爆炸视图。在【零件序号布局】中选择【布置零件序号到圆形】的阵列类型，单击【确定】，结果如图 1-50 所示。

步骤 15 重新定位零件序号 根据需要，拖动零件序号以将其重新定位，如图 1-51 所示。

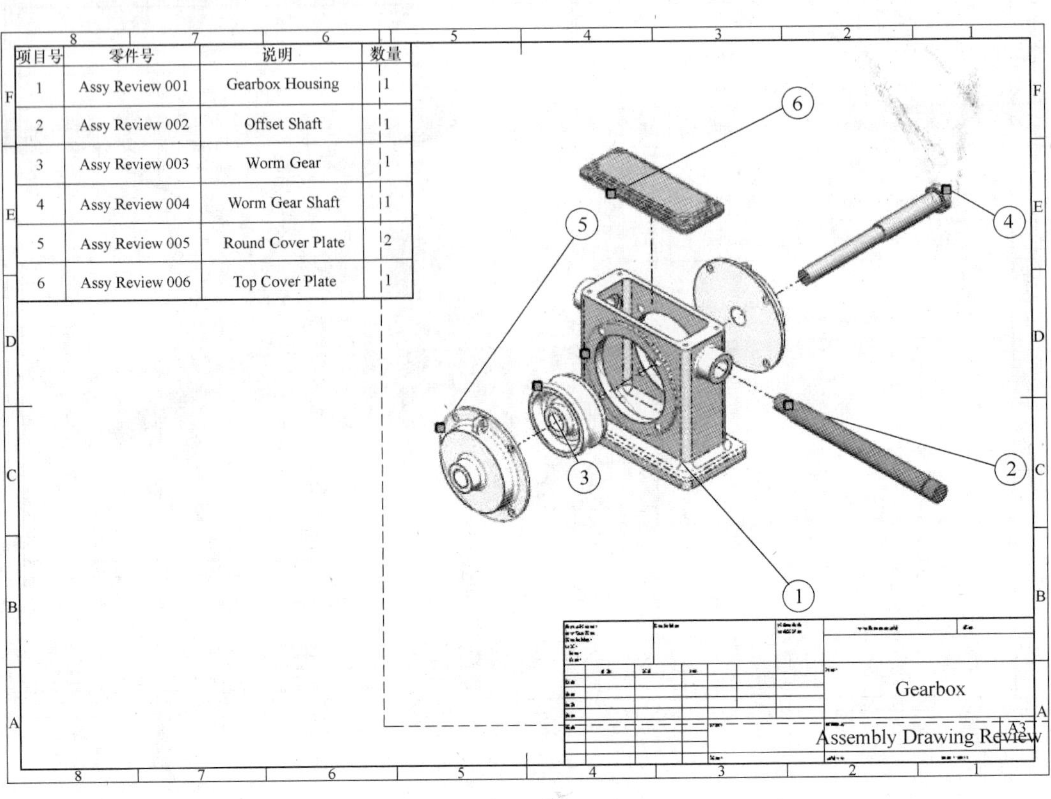

项目号	零件号	说明	数量
1	Assy Review 001	Gearbox Housing	1
2	Assy Review 002	Offset Shaft	1
3	Assy Review 003	Worm Gear	1
4	Assy Review 004	Worm Gear Shaft	1
5	Assy Review 005	Round Cover Plate	2
6	Assy Review 006	Top Cover Plate	1

图 1-50　自动添加零件序号

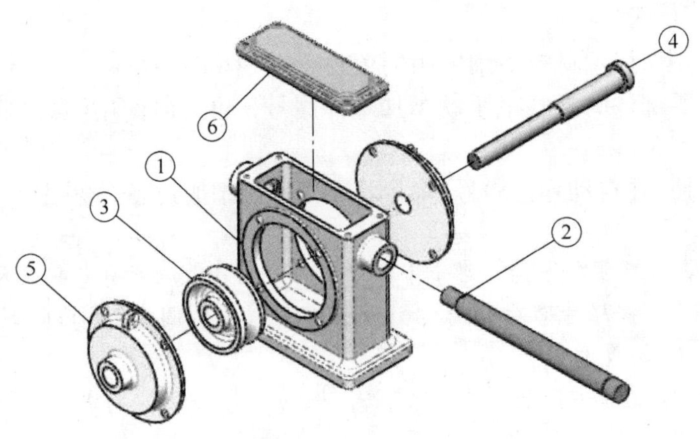

图 1-51　重新定位零件序号

1.12 添加图纸

为完成此装配体工程图，下面将添加一个显示解除爆炸状态的装配体图纸。用户可以使用左下角的【添加图纸】选项卡或右键单击工程图图纸并使用快捷菜单中的【添加图纸】命令，将新图纸添加到工程图中。

1.13 标准三视图

在工程图的第二张图纸中，需要显示三个标准工程图视图：前视图、上视图和侧视图。用户可以使用【标准三视图】命令自动创建这些视图。

步骤16 添加新图纸 单击【添加图纸】。

步骤17 添加三个标准视图 在【视图布局】选项卡中单击【标准三视图】命令。选择“Assembly Drawing Review”文件并单击【确定】✔。

步骤18 修改视图属性 此命令将使用模型的当前配置和爆炸状态。对于所有视图，不勾选【在爆炸或模型断开状态下显示】复选框，如图1-52所示。调整前视图的【比例】为【使用图纸比例】，结果如图1-53所示。

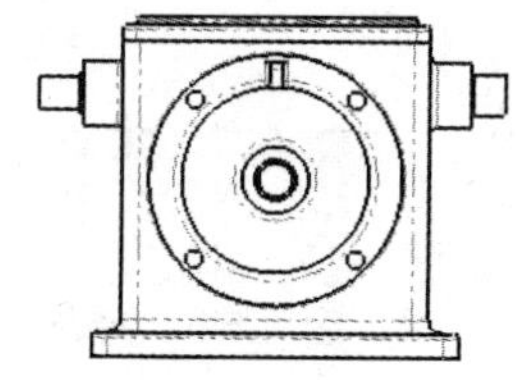

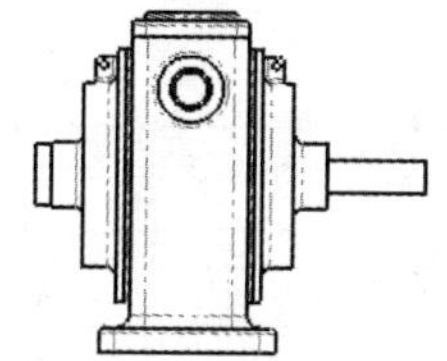

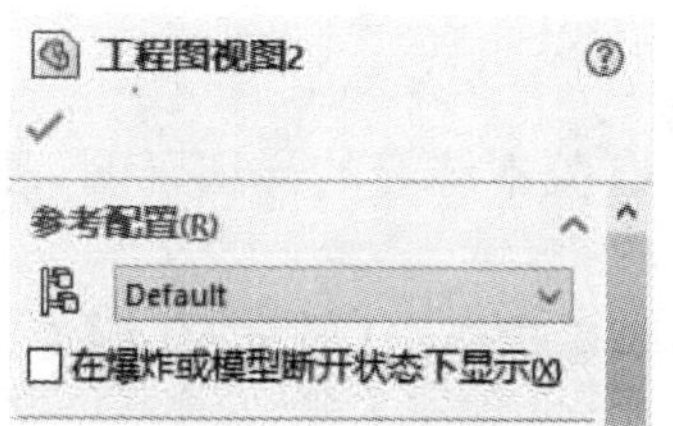

图1-52 不勾选【在爆炸或模型断开状态下显示】复选框

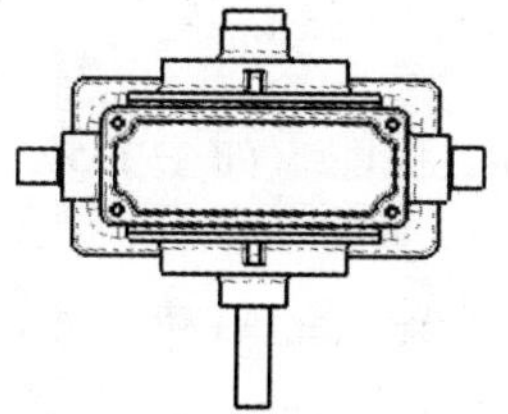

图1-53 修改比例

步骤19 完成工程图（可选步骤） 使用【视图调色板】或【模型视图】命令添加等轴测图，在工程图视图PropertyManager中更改【显示样式】为【带边线上色】。添加尺寸以显示装配体的总体尺寸和零部件位置。结果如图1-54所示。

步骤20 保存并关闭所有文件

图 1-54　完成工程图

练习 1-1　简单零件

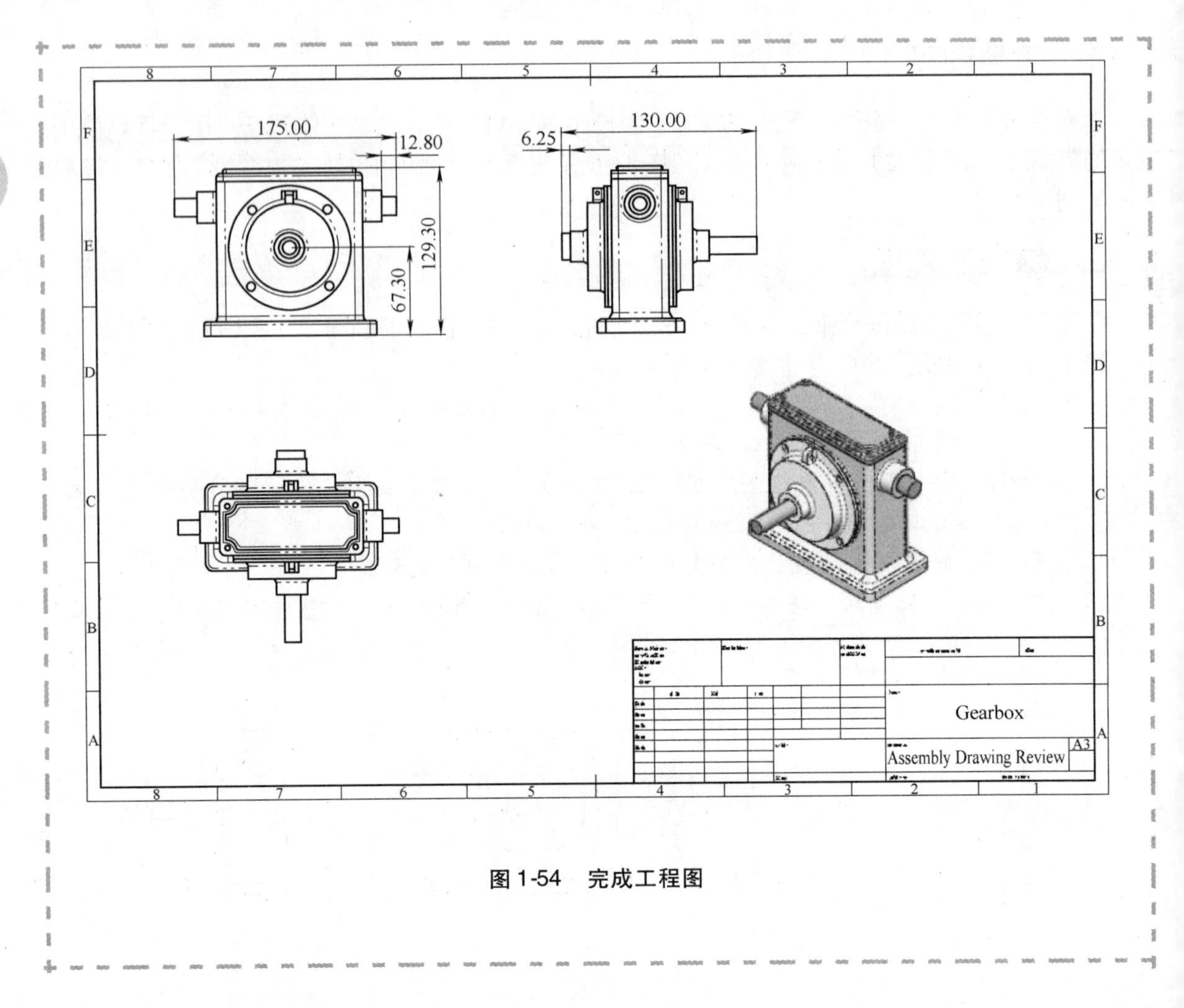

为已提供的零件创建详细的工程图，如图 1-55 所示。有关本练习的详细说明，请参考下面所提供的操作步骤。

工程图中的黑色尺寸是从模型导入的驱动尺寸。灰色尺寸是使用【智能尺寸】工具添加的从动尺寸。

本练习将使用以下技术：

- 工程图系统选项。
- 新建工程图。
- 视图调色板和模型视图。
- 输入设计注解。
- 移动工程图视图。
- 中心符号线和中心线。

扫码看 3D

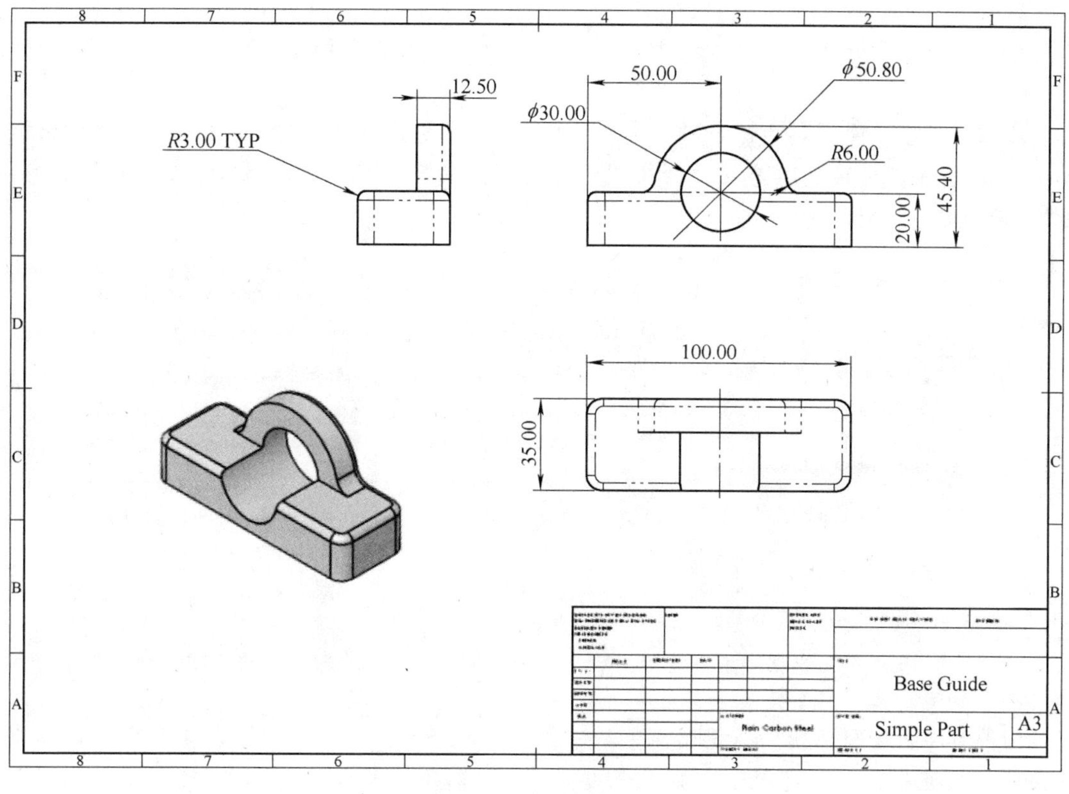

图1-55 创建工程图

操作步骤

步骤1 打开零件 从Lesson01\Exercises\Exercise01文件夹内打开“Simple Part”文件。在为此零件创建工程图之前，需要修改【系统选项】以定义视图显示样式的默认设置。

步骤2 查看工程图的系统选项 单击【选项】，在【系统选项】选项卡中单击【工程图】。

步骤3 修改相切边线的默认显示方式 在左侧面板中单击【显示类型】，修改【相切边线】为【使用线型】，如图1-56所示。此设置可以确保在用户的系统上创建的所有新工程图视图均默认使用线型作为相切边线的显示方式。

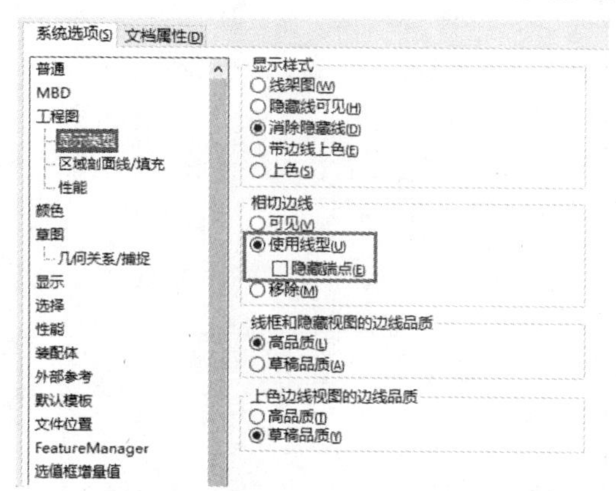

图1-56 修改相切边线的默认显示方式

步骤4 单击【确定】 单击【确定】，关闭【选项】对话框。

步骤5 从零件创建新工程图文档 单击【从零件/装配体制作工程图】，选择“Drawing_ISO”模板，单击【确定】。在【图纸格式/大小】中选择【A3（ISO）】，如图1-57所示。单击【确定】。

步骤 6　查看结果　新的工程图文档已经打开，并且在【视图调色板】中填充了该模型的视图。

步骤 7　修改视图调色板选项　勾选【输入注解】复选框，再勾选【设计注解】复选框，如图 1-58 所示。设计注解是在设计模型特征时创建的尺寸和注解。注意【自动开始投影视图】复选框默认处于勾选状态。

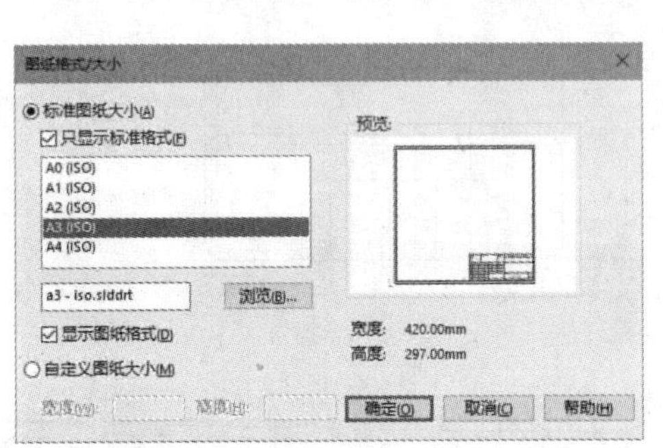

图 1-57　选择图纸格式/大小

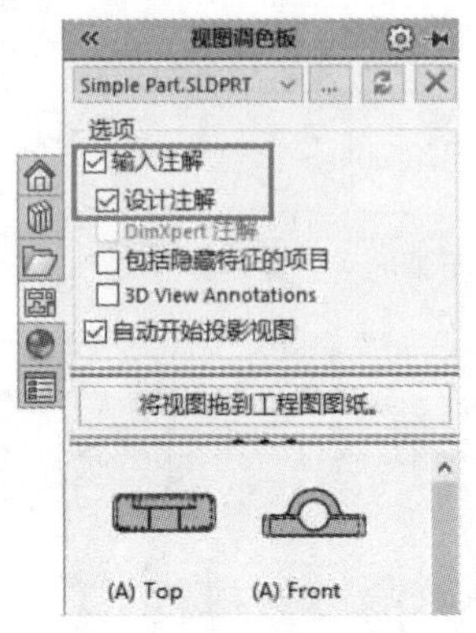

图 1-58　修改视图调色板选项

步骤 8　创建前视图　从视图调色板中拖动前视图“（A）Front”到工程图图纸区域。释放鼠标按键后，将创建带有注解的视图，并且投影视图命令被激活，如图 1-59 所示。

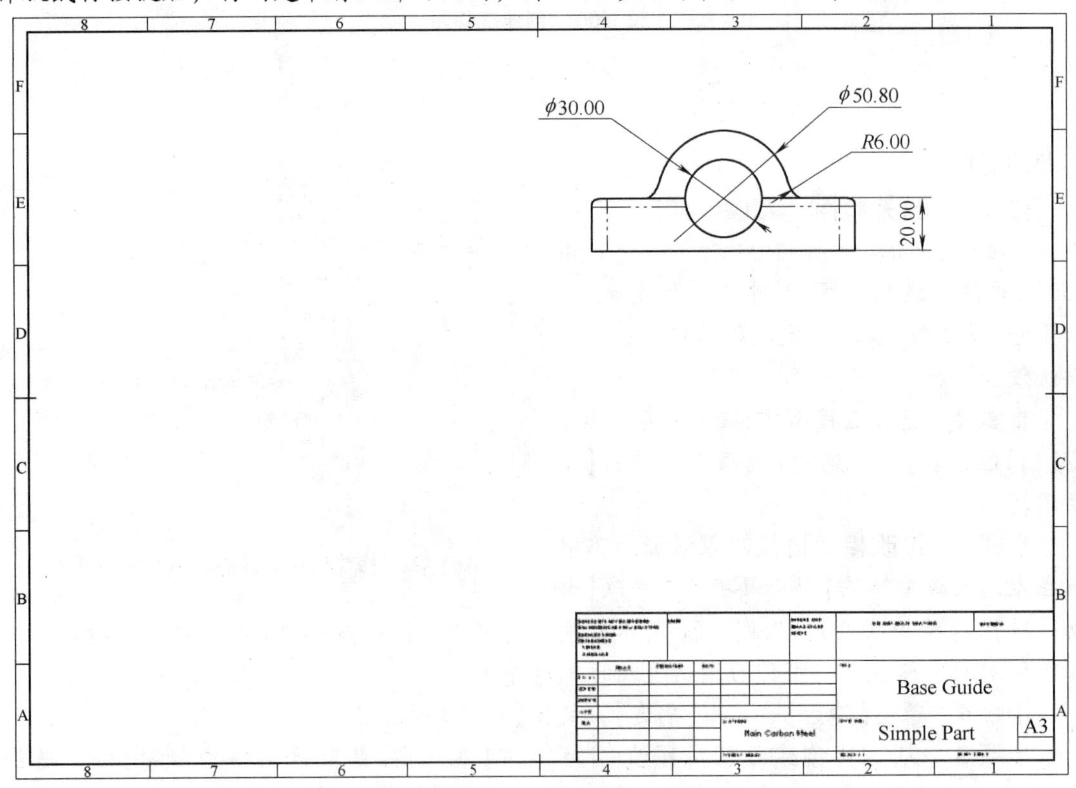

图 1-59　创建前视图

步骤 9　创建右视图　向左侧移动光标，在图纸上单击，创建右视图。

步骤10 创建俯视图 从前视图向下移动光标，在图纸上单击，创建俯视图，结果如图1-60所示。单击【确定】✔。

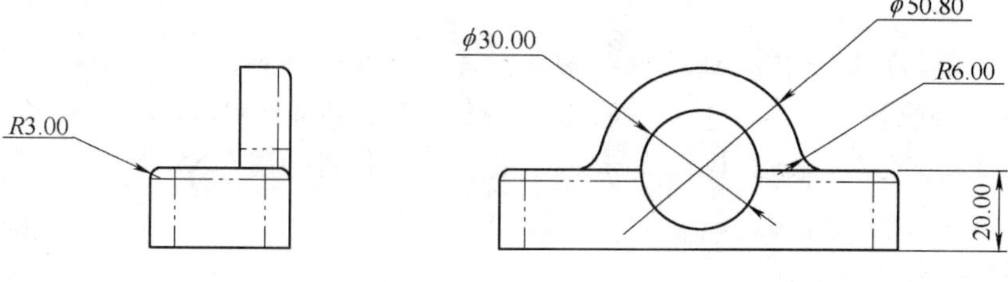

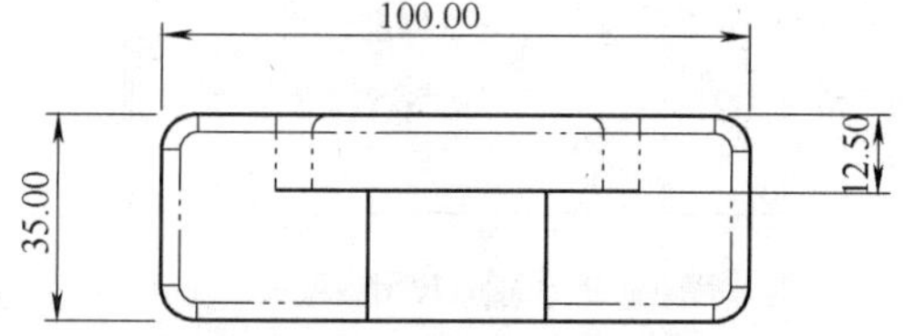

图1-60 创建其他视图

步骤11 创建带边线上色的等轴测图 使用【视图调色板】或【模型视图】命令创建等轴测图，修改视图属性，将【显示样式】改为【带边线上色】。

步骤12 添加注解 单击【中心符号线】和【中心线】，添加图1-61所示的注解。

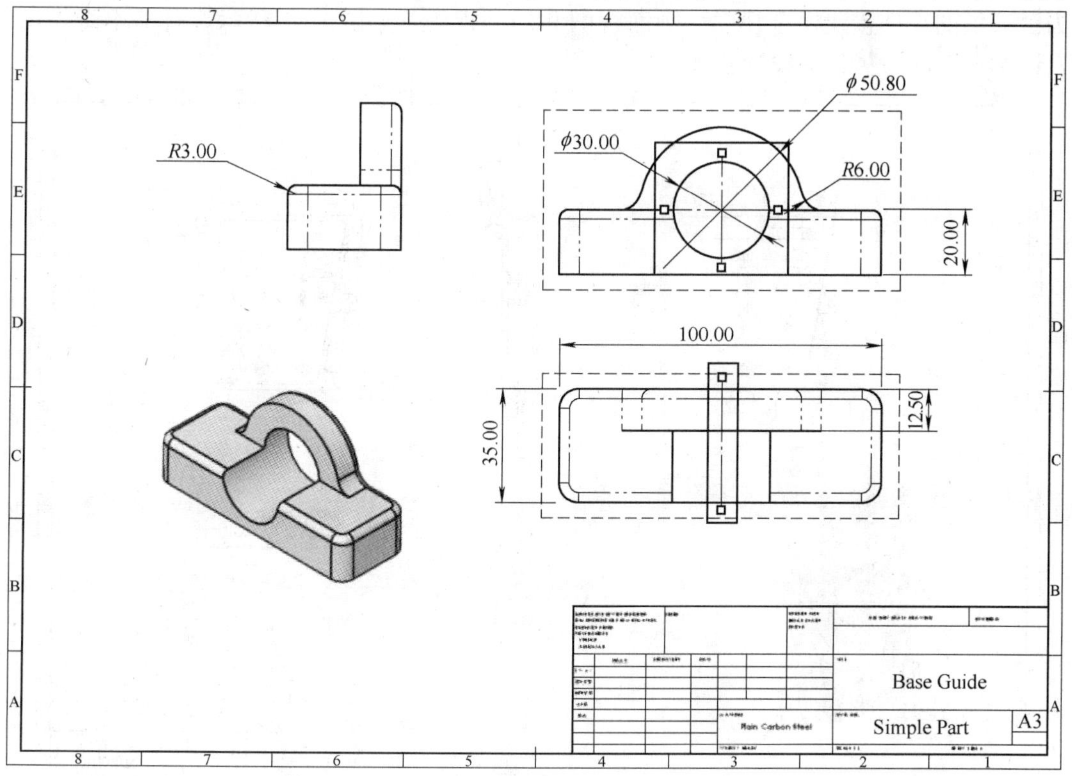

图1-61 添加注解

步骤 13　添加尺寸　使用【智能尺寸】在前视图中添加尺寸，如图 1-62 所示。

步骤 14　移动尺寸　在俯视图中选择尺寸 12.50，按住〈Shift〉键，将尺寸移动到右视图中。

步骤 15　重新定位尺寸　通过拖动以重新定位尺寸和延伸线。

步骤 16　修改尺寸　使用【尺寸调色板】或尺寸 PropertyManager，在尺寸 *R*3.00 的后面添加“TYP”文本，如图 1-63 所示。完成后的工程图如图 1-55 所示。

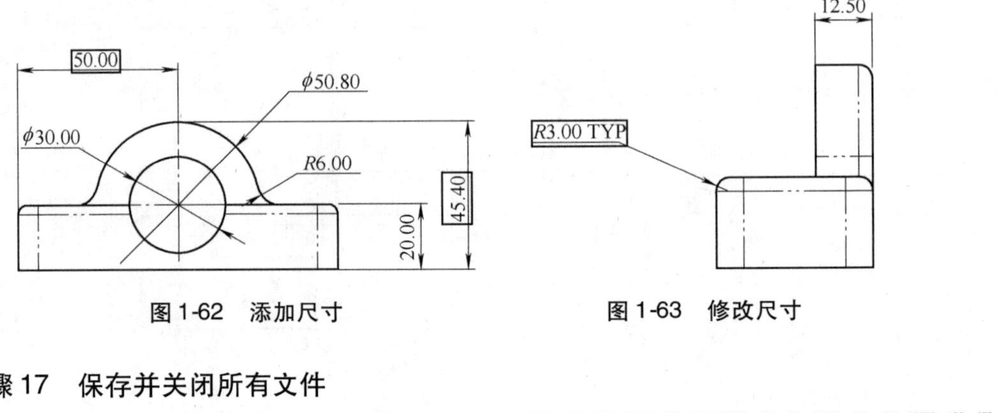

图 1-62　添加尺寸　　　图 1-63　修改尺寸

步骤 17　保存并关闭所有文件

练习 1-2　工程图视图

为已提供的零件创建模型视图、剖面视图和局部视图，如图 1-64 所示。有关本练习的详细说明，请参考下面所提供的操作步骤。

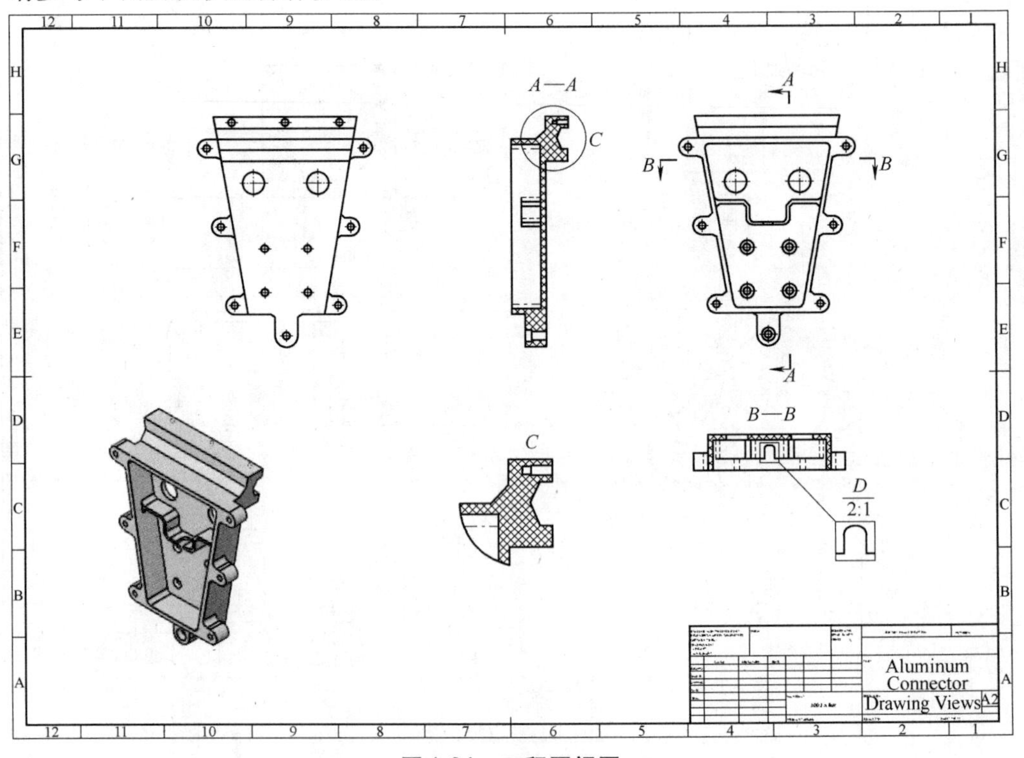

图 1-64　工程图视图

本练习将使用以下技术：

- 新建工程图。
- 视图调色板和模型视图。
- 剖面视图。
- 局部视图。
- 视图对齐。

扫码看 3D

操作步骤

步骤 1 打开零件 从 Lesson01 \ Exercises \ Exercise02 文件夹内打开“Drawing Views”文件，如图 1-65 所示。

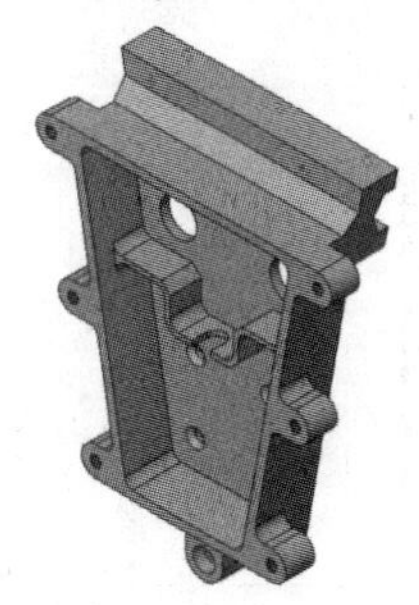

图 1-65 打开零件

步骤 2 从零件创建新工程图文档 单击【从零件/装配体制作工程图】，选择“Drawing_ISO”模板，单击【确定】。在【图纸格式/大小】中选择【A2 (ISO)】，如图 1-66 所示。单击【确定】。

步骤 3 查看结果 新的工程图文档已经打开，并且在视图调色板中填充了该模型的视图。

步骤 4 修改视图调色板选项 由于此工程图并不需要添加任何投影视图，因此不勾选【自动开始投影视图】复选框。取消勾选【输入注解】复选框，如图 1-67 所示。

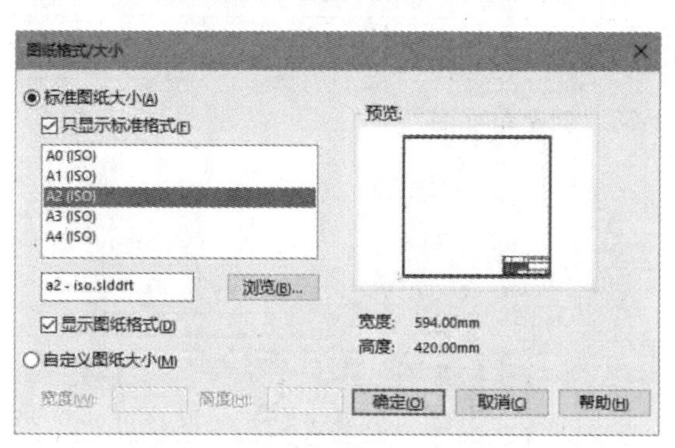

图 1-66 选择图纸格式/大小

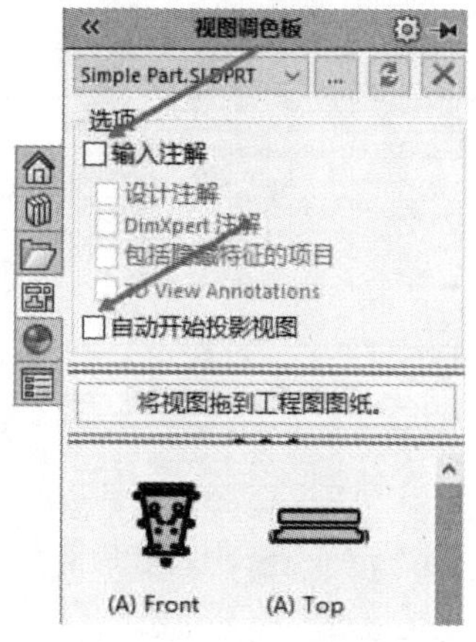

图 1-67 修改视图调色板选项

步骤 5 创建前视图 从视图调色板中拖动前视图“(A) Front”到工程图图纸区域，如图 1-68 所示。

步骤 6 激活剖面视图命令 单击【剖面视图】。

步骤 7 定位切割线 在前视图上定位【竖直】切割线，如图 1-69 所示。

步骤 8 完成切割线 在剖面视图的弹出菜单中单击【确定】✔，如图 1-70 所示，完成切割线。

步骤 9 放置剖面视图 在前视图的左侧单击，放置剖面视图。

步骤 10 创建另一个剖面视图 要详细说明内部加强筋上的 U 型切口特征，需要使用【水平】切割线来创建另一个剖面视图，结果如图 1-71 所示。

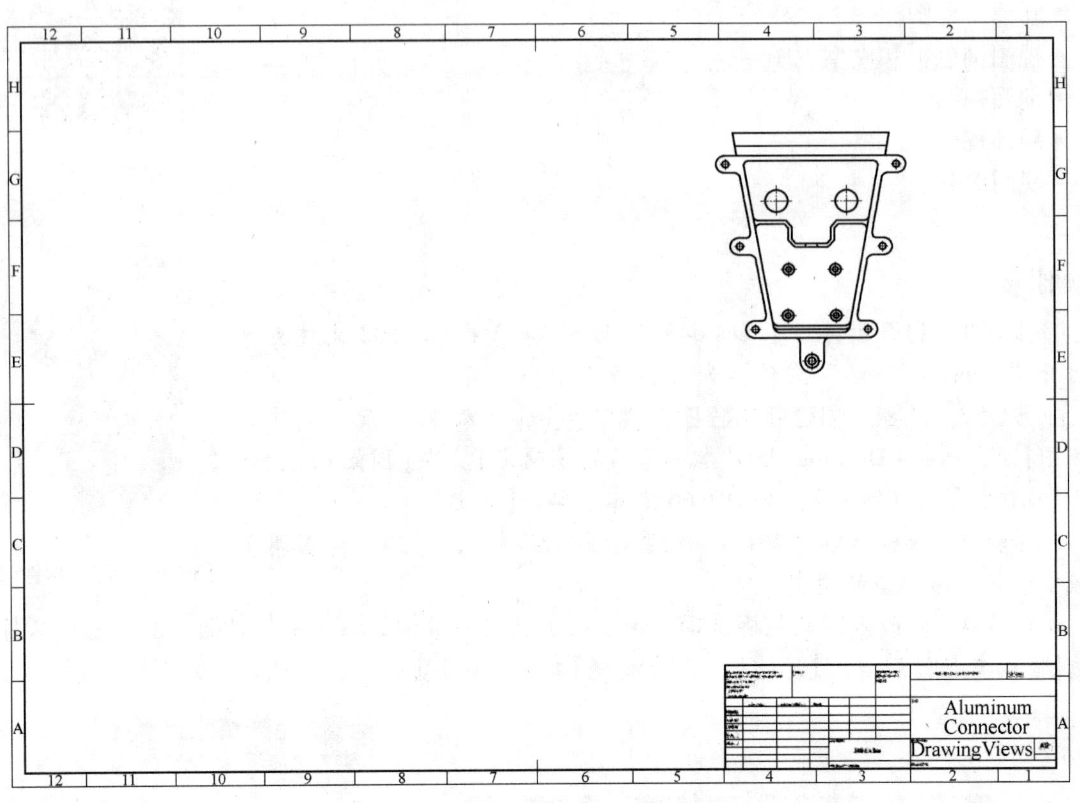

图 1-68　创建前视图

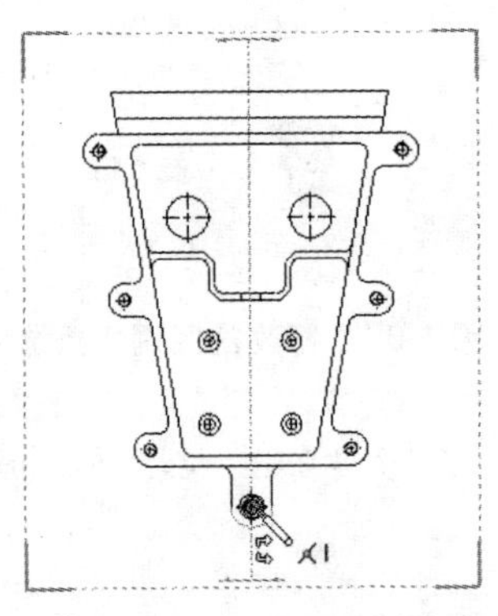

图 1-69　定位切割线

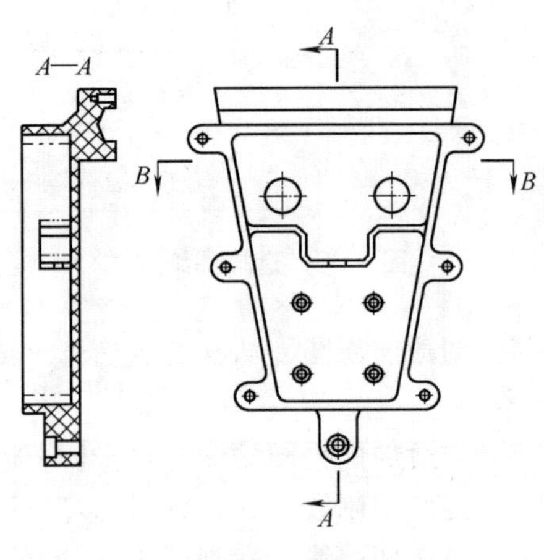

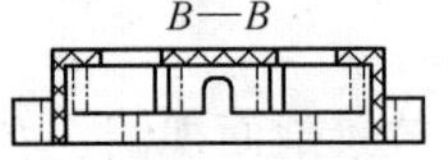

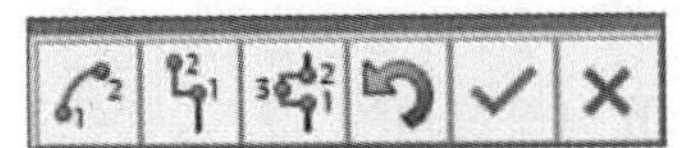

图 1-70　剖面视图的弹出菜单

图 1-71　创建另一个剖面视图

用户可以使用【翻转方向】来生成所需的视图。

• 对齐视图　下面将在图纸中添加后视图以作为模型视图。由于模型视图不是现有视图的子视图，因此不会自动与其他视图对齐。有两种方法可将模型视图与现有视图对齐：

1）从视图调色板中捕捉到对齐。当从视图调色板拖动正交视图时，可以将其捕捉到与图纸上现有的视图对齐。正交视图包括前视图（Front）、俯视图（Top）、左视图（Left）、右视图（Right）、后视图（Back）和下视图（即“仰视图”）（Bottom）。

2）从视图快捷菜单中使用对齐设置。创建视图后，在视图边界框内单击鼠标右键以访问对齐选项。先选择对齐视图方式，再选择想要与之对齐的视图。

为了练习使用对齐设置，下面将使用【模型视图】命令创建后视图，再使用视图快捷菜单来对齐视图。

步骤11　创建后视图　单击【模型视图】，在【要插入的零件/装配体】中，双击“Drawing Views”零件，或选择此零件后单击【下一步】。在【方向】中选择【*后视】，在工程图图纸中单击以放置视图，如图1-72所示。

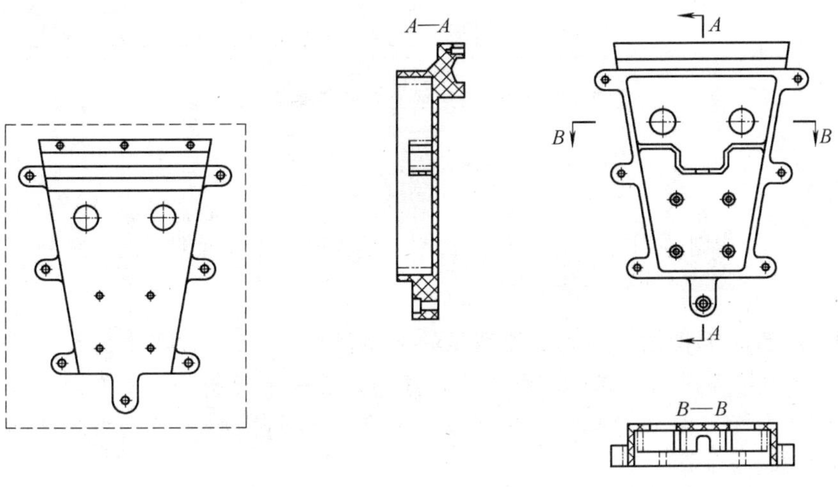

图1-72　创建后视图

步骤12　将后视图与剖面视图 A—A 对齐　在后视图边界框内单击右键，从弹出的快捷菜单中选择【视图对齐】/【原点水平对齐】。在图纸中选择剖面视图 A—A，将其指定为要与后视图对齐的视图。

步骤13　创建带边线上色的等轴测图　使用【视图调色板】或【模型视图】命令创建等轴测图，修改视图属性，将【显示样式】改为【带边线上色】，如图1-73所示。

步骤14　激活局部视图命令　单击【局部视图】。

步骤15　绘制局部圆　绘制相似的局部圆，如图1-74所示。

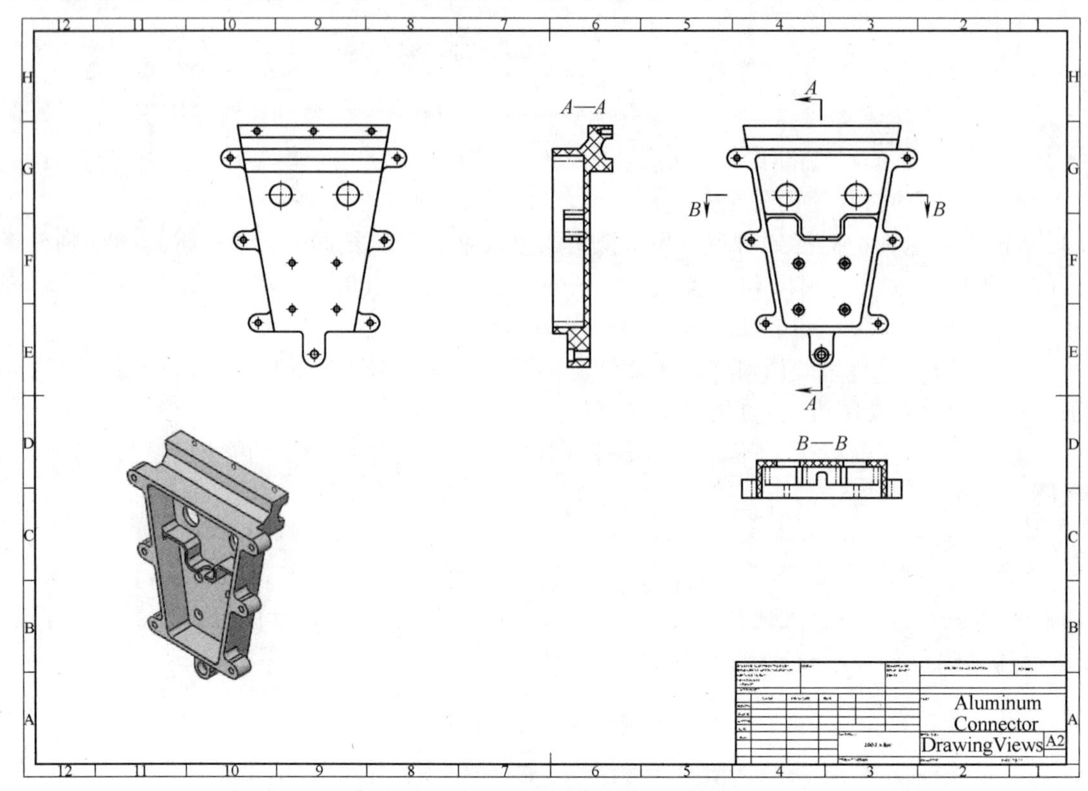

图 1-73　创建带边线上色的等轴测图

技巧　在绘制草图时按住〈Ctrl〉键，可以防止添加草图关系。

步骤 16　放置局部视图　在工程图图纸的剖面视图 A—A 下方单击，放置局部视图。

● 矩形轮廓的局部视图　在此工程图中创建的最后一个视图将是带有矩形轮廓的局部视图，如图 1-75 所示。要创建此类局部视图，必须先绘制轮廓草图。在选择草图几何体时，激活【局部视图】命令。

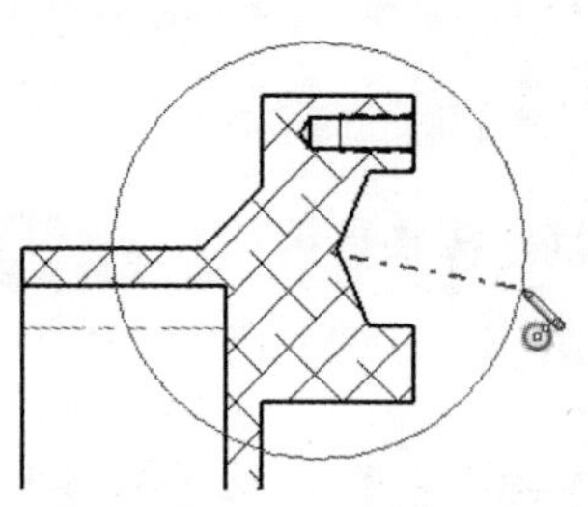

图 1-74　绘制局部圆

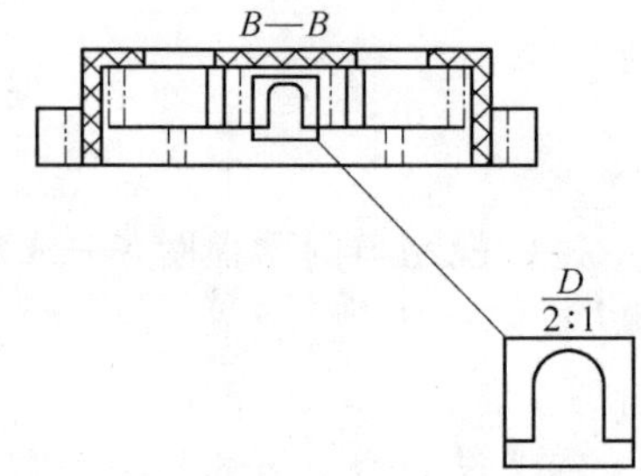

图 1-75　带有矩形轮廓的局部视图

此外，如果要在父视图上显示绘制的轮廓而不是标准的圆轮廓，则必须修改【局部视图图标】的视图设置。

步骤 17 绘制局部轮廓 在剖面视图 *B—B* 内绘制矩形，如图 1-76 所示。

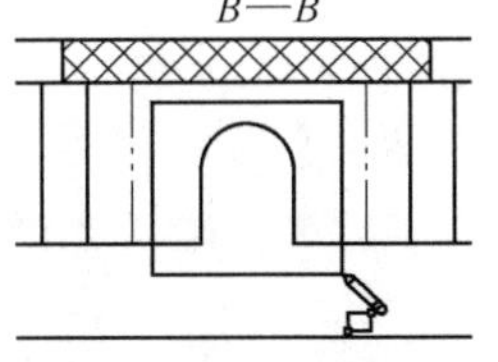

图 1-76 绘制局部轮廓

步骤 18 激活局部视图命令 如图 1-77 所示，选择矩形，然后单击【局部视图】。

步骤 19 放置局部视图 单击以将局部视图放置在工程图图纸上。

步骤 20 修改视图属性 在【局部视图图标】中选择【相连】和【轮廓】的样式，如图 1-78 所示。完成的工程图如图 1-64 所示。

提示 当选择【带引线】或【无引线】时，也可以使用【轮廓】选项。

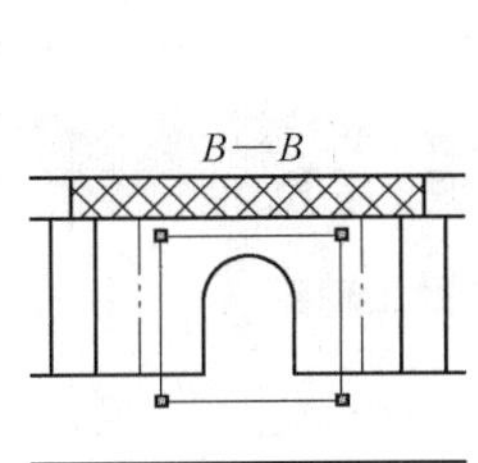

图 1-77 选择矩形

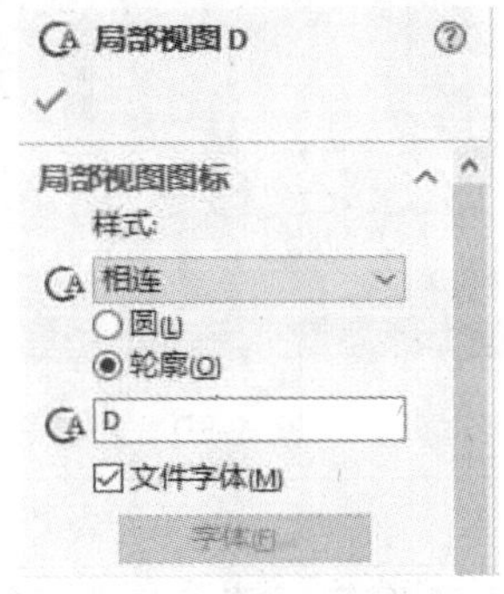

图 1-78 修改视图属性

步骤 21 保存并关闭所有文件

练习 1-3 切割线选项

剖面视图工具可以创建各种切割线以生成所需的视图。为了练习使用切割线选项，请创建图 1-79 所示模型的不同剖面视图。

本练习将使用以下技术：

- 剖面视图。

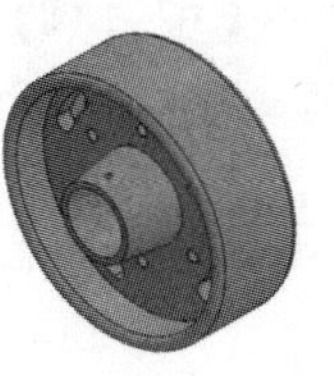
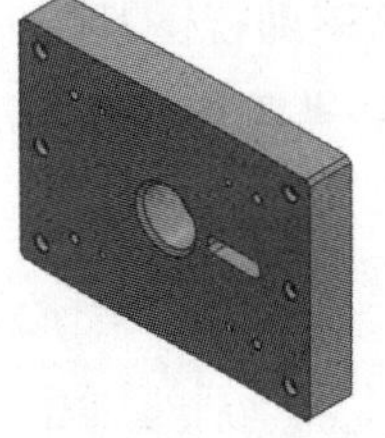

图 1-79 练习模型

操作步骤

步骤 1 打开已存在的工程图 从 Lesson01 \ Exercises \ Exercise03 文件夹内打开“Section Practice. SLDDRW” 文件。

提示 该工程图内有多张图纸，每张图纸将用于练习不同类型的剖面切割线，如图 1-80 所示。

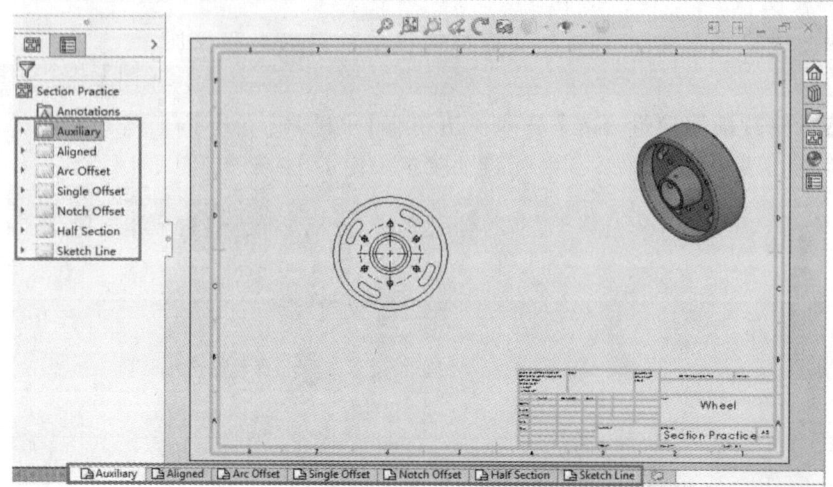

图 1-80　打开已存在的工程图

步骤 2　激活剖面视图命令　单击【剖面视图】。

步骤 3　查看切割线选项　切割线图标中的数字表示创建该切割线类型需要单击鼠标的次数。通过从【剖面视图】弹出菜单中添加偏移或者使用【编辑草图】选项，来进一步定义每种切割线的类型。

技巧 要关闭【剖面视图】弹出菜单和【编辑草图】选项，可以勾选【自动启动剖面实体】复选框。

步骤 4　创建辅助视图切割线　在【切割线】中单击【辅助视图】，如图 1-81 所示。单击图 1-82 中所示的孔中心以创建直线。由于无需对此切割线作进一步调整，因此在【剖面视图】弹出菜单中单击【确定】✔，如图 1-83 所示。

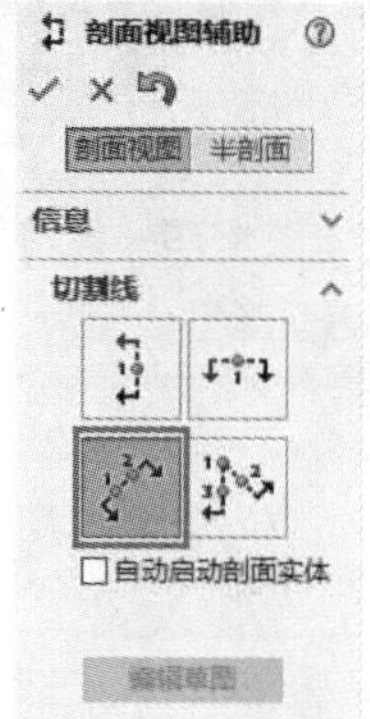

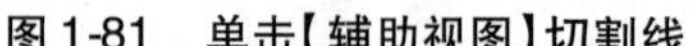

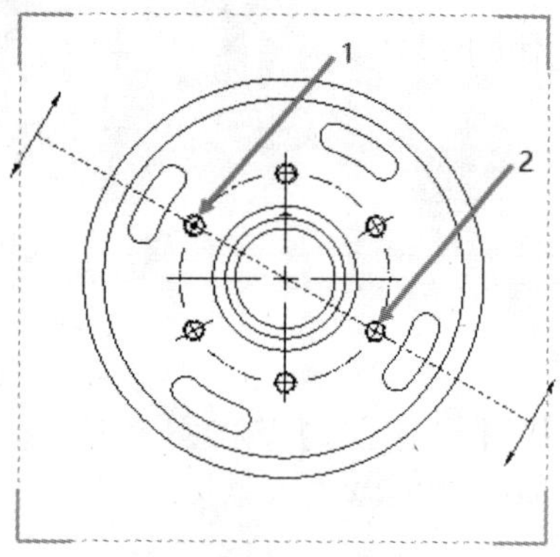

图 1-81　单击【辅助视图】切割线　　图 1-82　单击孔中心

步骤5 在图纸上放置视图 在图纸上单击以放置视图，若有需要，请使用 PropertyManager 中的【翻转方向】按钮。结果如图 1-84 所示。

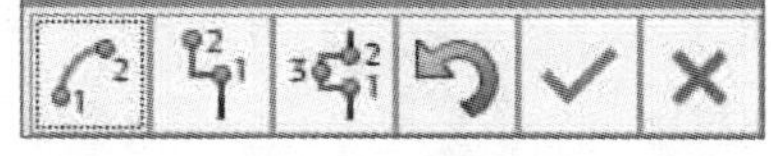

图 1-83 【剖面视图】弹出菜单

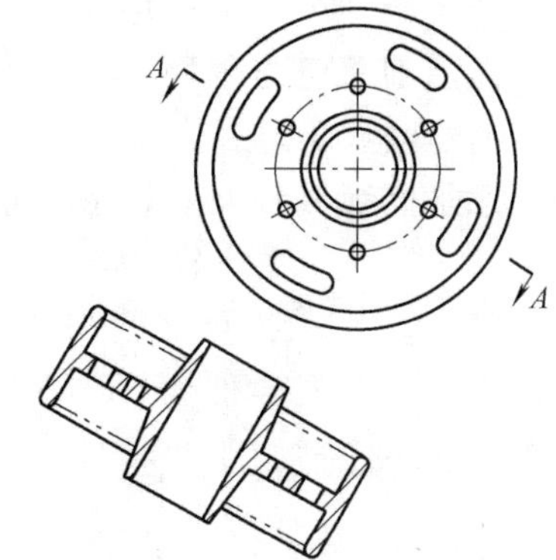

图 1-84 在图纸上放置视图

步骤6 切换至“Aligned”图纸

步骤7 激活剖面视图命令 单击【剖面视图】。

步骤8 创建对齐切割线 在【切割线】中单击【对齐】，如图 1-85 所示。单击图 1-86 中所示的孔中心以创建直线。在【剖面视图】弹出菜单中单击【确定】✔。

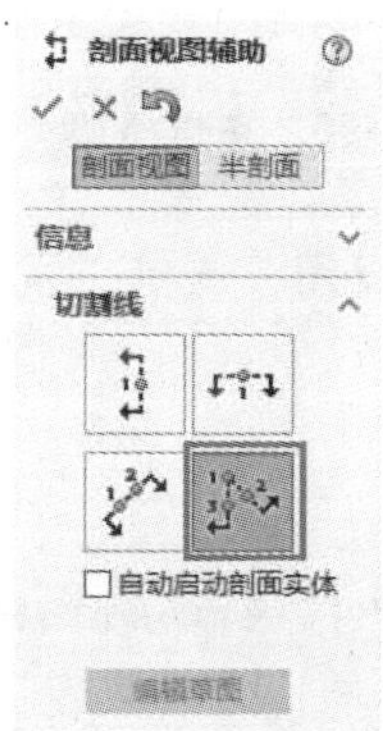

图 1-85 单击【对齐】切割线

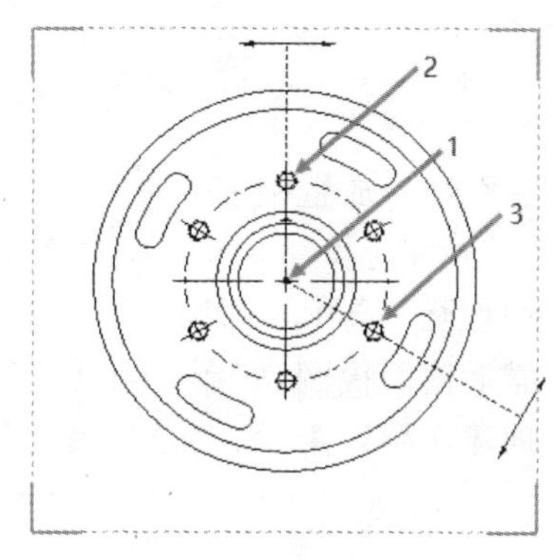

图 1-86 单击孔中心

技巧 【对齐】切割线的第一个线段确定了剖面视图的对齐方向。

步骤9 在图纸上放置视图 在图纸上单击以放置视图，若有需要，请使用 PropertyManager 中的【翻转方向】按钮，结果如图 1-87 所示。

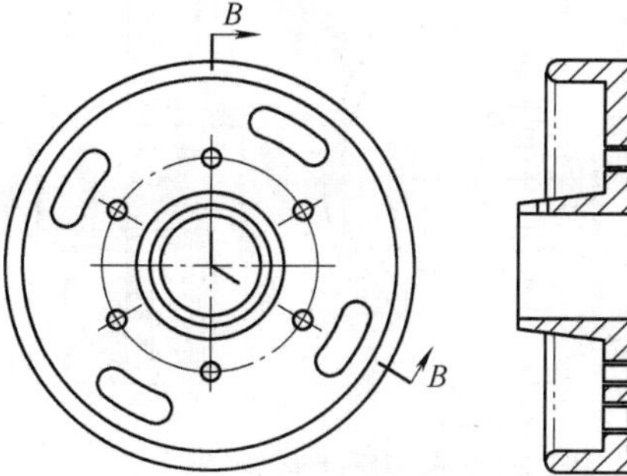

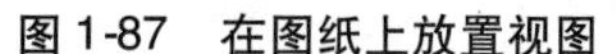

图 1-87 在图纸上放置视图

●创建偏移　下面将创建一些剖面视图，并使用【剖面视图】弹出菜单来定义切割线中的偏移。

步骤 10　切换至“Arc Offset”图纸

步骤 11　激活剖面视图命令　单击【剖面视图】。

步骤 12　创建竖直切割线　在【切割线】中单击【竖直】，将切割线放置到零件的中心。

步骤 13　添加圆弧偏移　在【剖面视图】弹出菜单中单击【圆弧偏移】，如图 1-88 所示。放置圆弧起点，如图 1-89 所示。单击槽口继续创建切割线，如图 1-90 所示。由于不需要其他偏移，在【剖面视图】弹出菜单中单击【确定】✔。

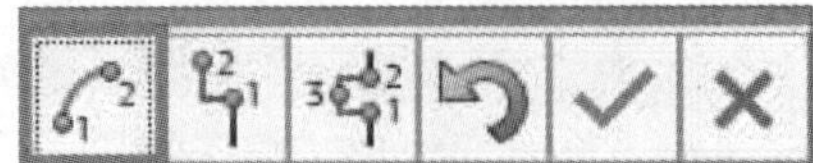

图 1-88　添加圆弧偏移

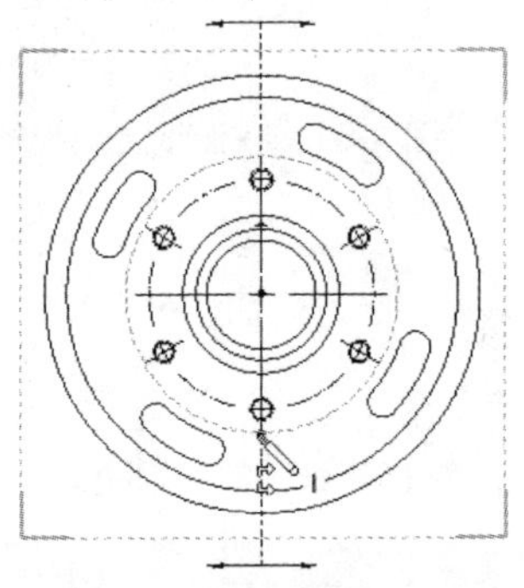

图 1-89　放置圆弧起点

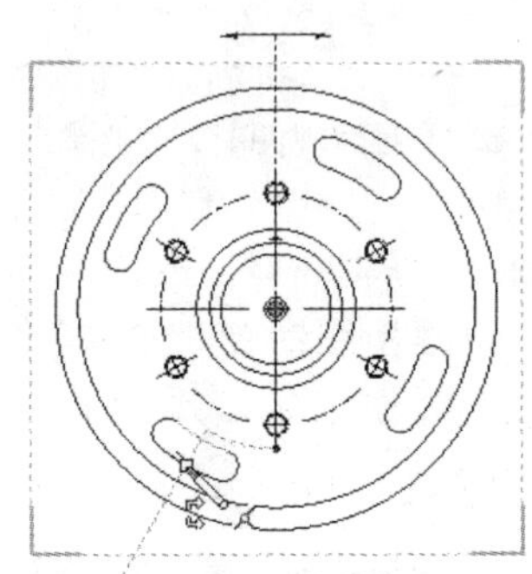

图 1-90　单击槽口

步骤 14　在图纸上放置视图　在图纸上单击以放置视图，若有需要，请使用 PropertyManager 中的【翻转方向】按钮，结果如图 1-91 所示。

步骤 15　切换至“Single Offset”图纸

步骤 16　激活剖面视图命令　单击【剖面视图】。

步骤 17　创建水平切割线　在【切割线】中单击【水平】，将切割线放置到图 1-92 所示的零件孔中心。

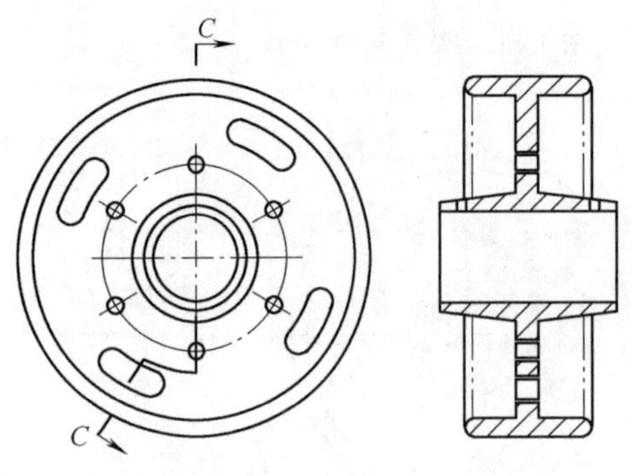

图 1-91　在图纸上放置视图

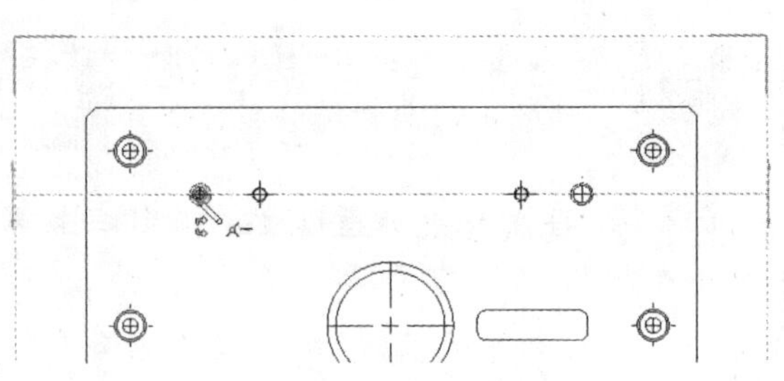

图 1-92　创建水平切割线

步骤 18　添加单偏移　在【剖面视图】弹出菜单中单击【单偏移】，如图 1-93 所示。单击偏移开始的位置，然后单击切割线继续的位置，如图 1-94 所示。在【剖面视图】弹出菜单中单击【确定】✔。

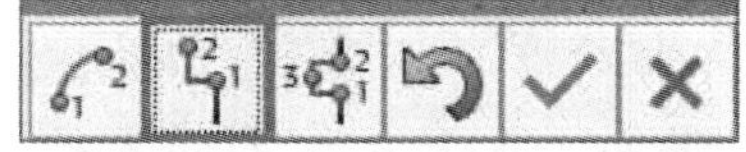

图 1-93　添加单偏移

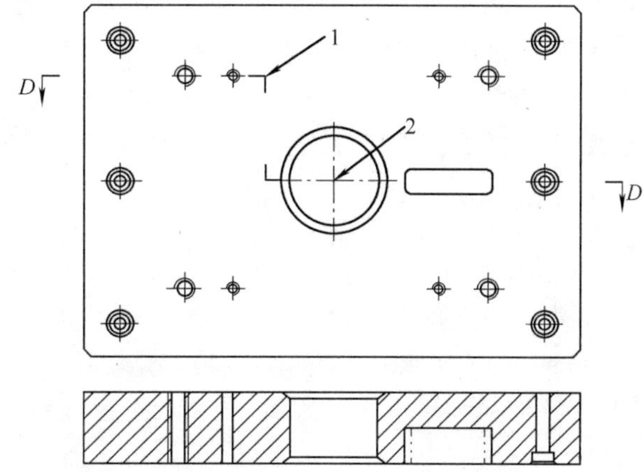

图 1-94　放置偏移的起点和继续点

步骤 19　在图纸上放置视图　在图纸上单击以放置视图，若有需要，请使用 PropertyManager 中的【翻转方向】按钮。

步骤 20　切换至“Notch Offset”图纸

步骤 21　激活剖面视图命令　单击【剖面视图】。

步骤 22　创建水平切割线　在【切割线】中单击【水平】，将切割线放置到零件的中心。

步骤 23　添加凹口偏移　在【剖面视图】弹出菜单中单击【凹口偏移】，如图 1-95 所示。单击凹口开始的位置，再单击凹口结束的位置，最后定义凹口的高度，如图 1-96 所示。在【剖面视图】弹出菜单中单击【确定】✔。

图 1-95　添加凹口偏移

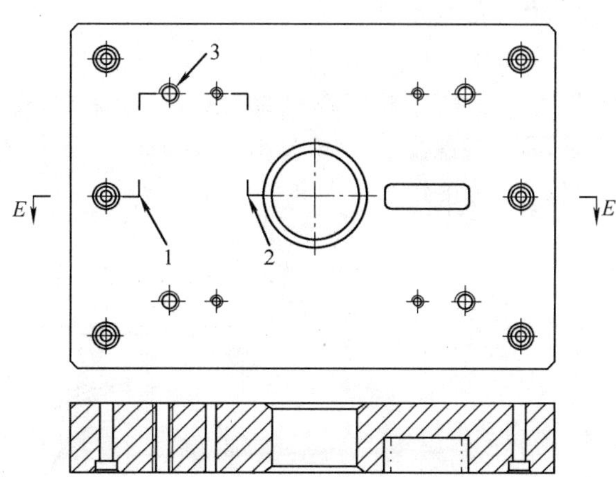

图 1-96　添加凹口的开始、结束和高度位置

步骤 24　在图纸上放置视图　在图纸上单击以放置视图，若有需要，请使用 PropertyManager 中的【翻转方向】按钮。

● 半剖面　剖面视图的 PropertyManager 中包含用于创建【半剖面】视图的选项。用户可以选择顶部的【半剖面】选项卡以访问这些选项。

步骤 25　切换至“Half Section”图纸

步骤 26　激活剖面视图命令　单击【剖面视图】。

步骤 27　创建半剖面　在【半剖面】中单击【顶部右侧】，如图 1-97 所示，单击直径中心以放置切割线。

步骤 28　放置视图　在图纸上放置视图，结果如图 1-98 所示。

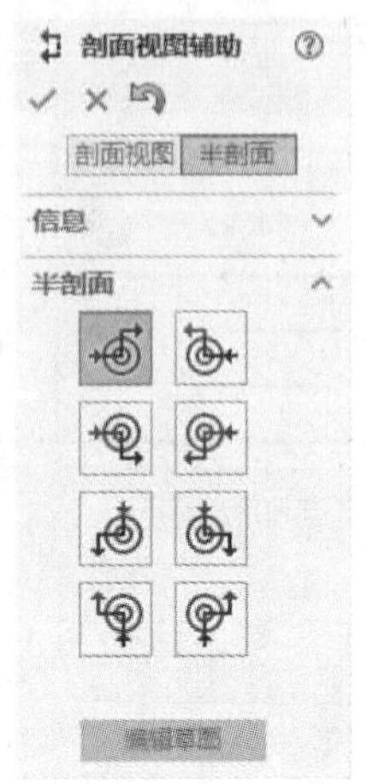

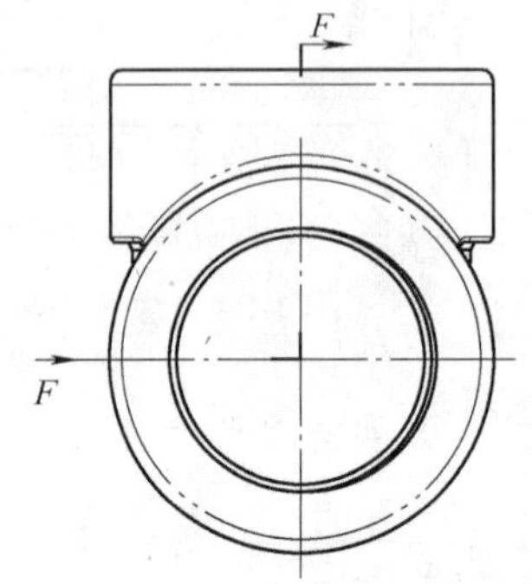

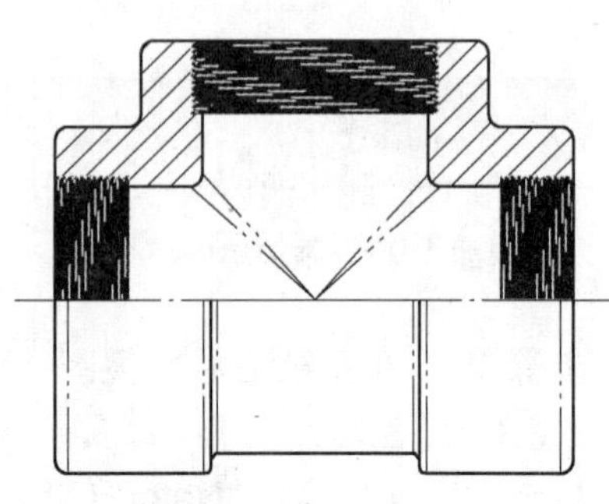

图 1-97　创建半剖面

图 1-98　放置视图

● 绘制切割线　【剖面视图】命令中的切割线选项实际上只是为用户自动绘制草图。若有需要，用户可以将切割线创建为标准草图，然后将其应用于【剖面视图】。这类似于为【局部视图】使用自定义轮廓文件：首先创建草图，然后在激活视图命令时选择该草图。

步骤 29　切换至“Sketch Line”图纸

步骤 30　绘制直线　单击【直线】。创建一条与直径中心重合的竖直直线，并贯穿整个零件，如图 1-99 所示。

步骤 31　使用直线作为剖面切割线　选择该直线后，单击【剖面视图】。

步骤 32　放置视图　在图纸上单击以放置视图，若有需要，请使用 PropertyManager 中的【翻转方向】按钮，结果如图 1-100 所示。

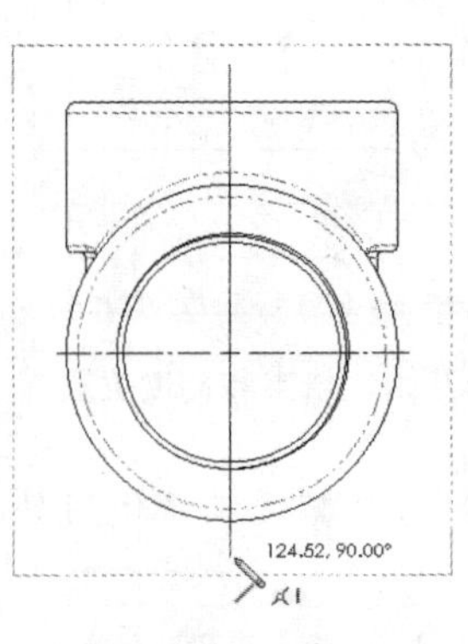

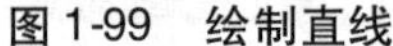

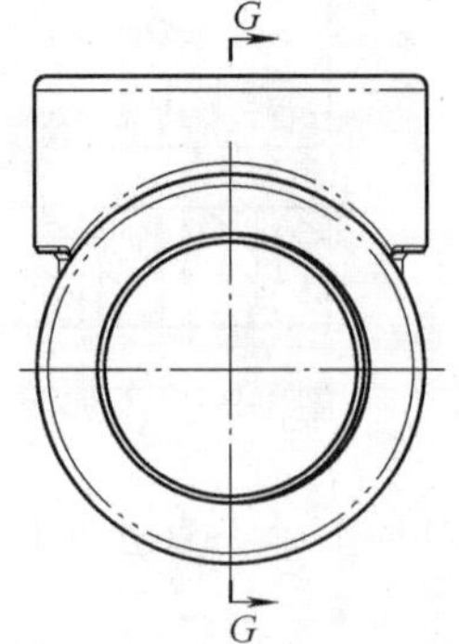

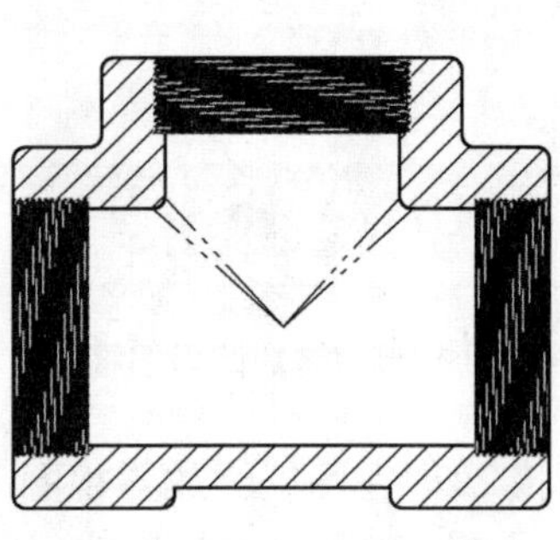

图 1-99　绘制直线

图 1-100　放置视图

- **编辑切割线** 创建剖面视图后，用户可以通过单击右键来修改切割线。【编辑切割线】选项将使剖面视图的 PropertyManager 可用于修改切割线类型或添加偏移。PropertyManager 中的【编辑草图】选项允许用户在草图环境中修改切割线。

步骤 33 切换至“Notch Offset”图纸

步骤 34 编辑切割线 右键单击切割线，选择【编辑切割线】。

步骤 35 编辑草图 在 PropertyManager 中单击【编辑草图】。

步骤 36 取消直线命令

步骤 37 删除几何关系 选择凹口顶部的水平直线，如图 1-101 所示。添加【重合】几何关系后将其删除。

步骤 38 修改凹口 拖动凹口，将其重新定位，如图 1-102 所示。

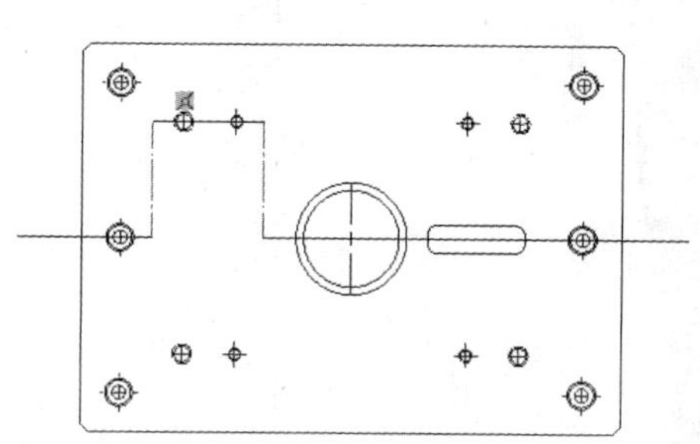

图 1-101 删除几何关系

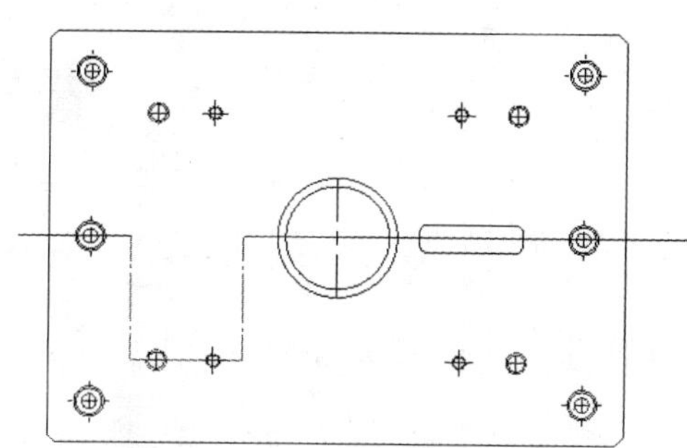

图 1-102 重新定位凹口

技巧 将凹口的角拖到孔中心以“唤醒”中心点，推理线可用于协助对齐草图。

步骤 39 退出草图 单击【退出草图】，如图 1-103 所示，以重建剖面视图，如图 1-104 所示。

图 1-103 退出草图

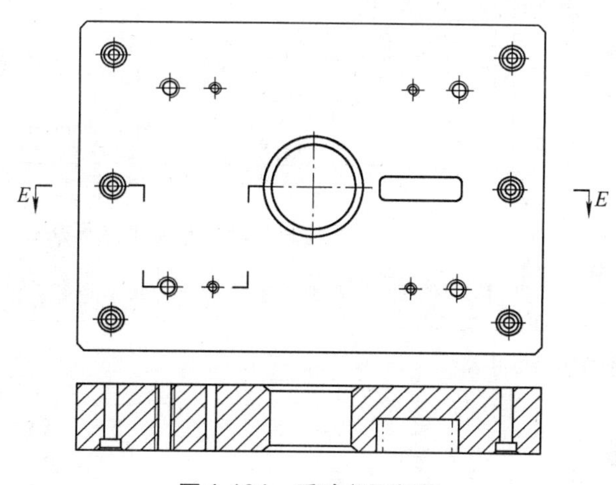

图 1-104 重建剖面视图

步骤 40 保存并关闭所有文件

练习 1-4　移除的剖面视图

移除的剖面视图是另一种类型的视图，在《SOLIDWORKS®电气基础教程（2017 版）》中有所介绍。通过添加移除的剖面和尺寸来完成图 1-105 所示的工程图。有关本练习的详细说明，请参考下面所提供的操作步骤。

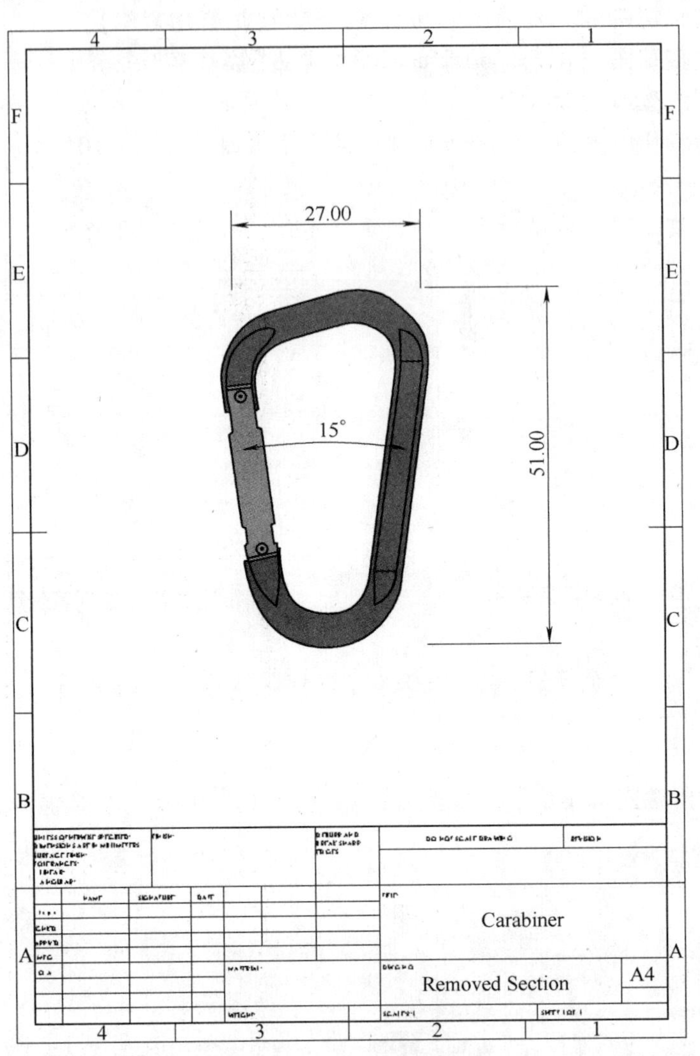

图 1-105　移除的剖面视图

本练习将使用以下技术：

- 工程图中的尺寸。

操作步骤

步骤 1　打开已存在的工程图　从 Lesson01 \ Exercises \ Exercise04 文件夹内打开“Removed Section. SLDDRW”文件。

步骤 2　激活移除的剖面命令　单击【移除的剖面】。

步骤3　选择相对的边　移除的剖面视图需要选择2个相对的边线。移除的剖面切割线将在所选的边线之间切割以创建视图。

对于登山扣模型，用户需选择的边线是侧影轮廓边线。SOLIDWORKS会通过图1-106所示的光标反馈来提示正在选择的侧影轮廓边线。

选择模型视图最右侧的侧影轮廓边线。在【相对的边】中选择图1-107所示的内侧轮廓的侧影轮廓边线。

图1-106　侧影轮廓边线的光标反馈

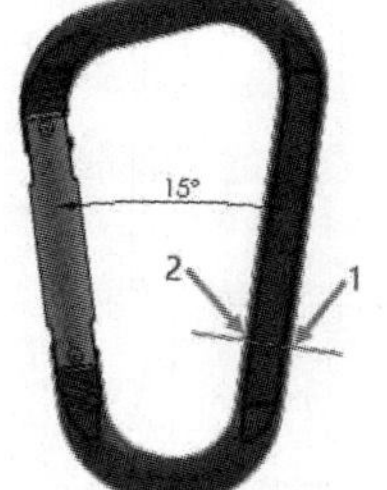

图1-107　选择相对的边线

步骤4　定位切割线　在【切割线放置】中选择【自动】，只需单击就可以放置切割线。

> **提示**　使用【手动】选项时，必须在每个相对的边上选择点以定义切割线。如果用户需要控制切割线的角度，此选项较为有用。

步骤5　在图纸上放置视图　在图纸上单击以放置移除的剖面视图。

步骤6　添加尺寸　使用【智能尺寸】工具添加图1-108所示的尺寸。

步骤7　添加第二个移除的剖面　重复步骤3到步骤6，在视图的顶部创建第二个移除的剖面，如图1-109所示。

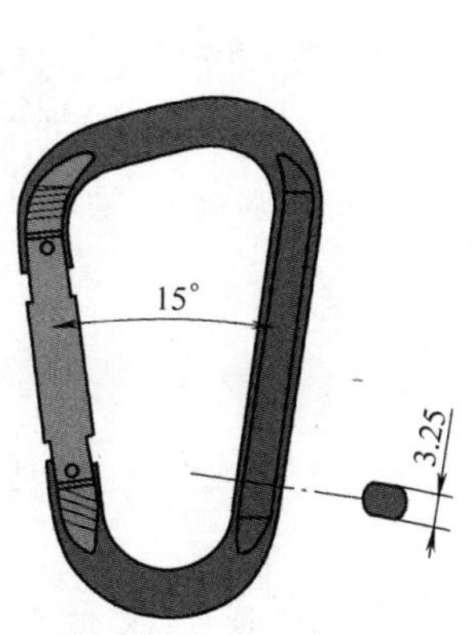

图1-108　添加尺寸

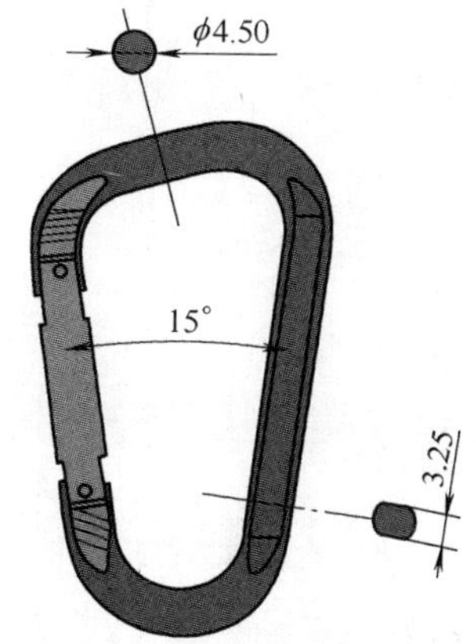

图1-109　添加第二个移除的剖面

步骤8　保存并关闭所有文件

练习 1-5　装配体练习

为提供的装配体模型创建工程图，如图 1-110 所示。有关本练习的详细说明，请参考下面所提供的操作步骤。

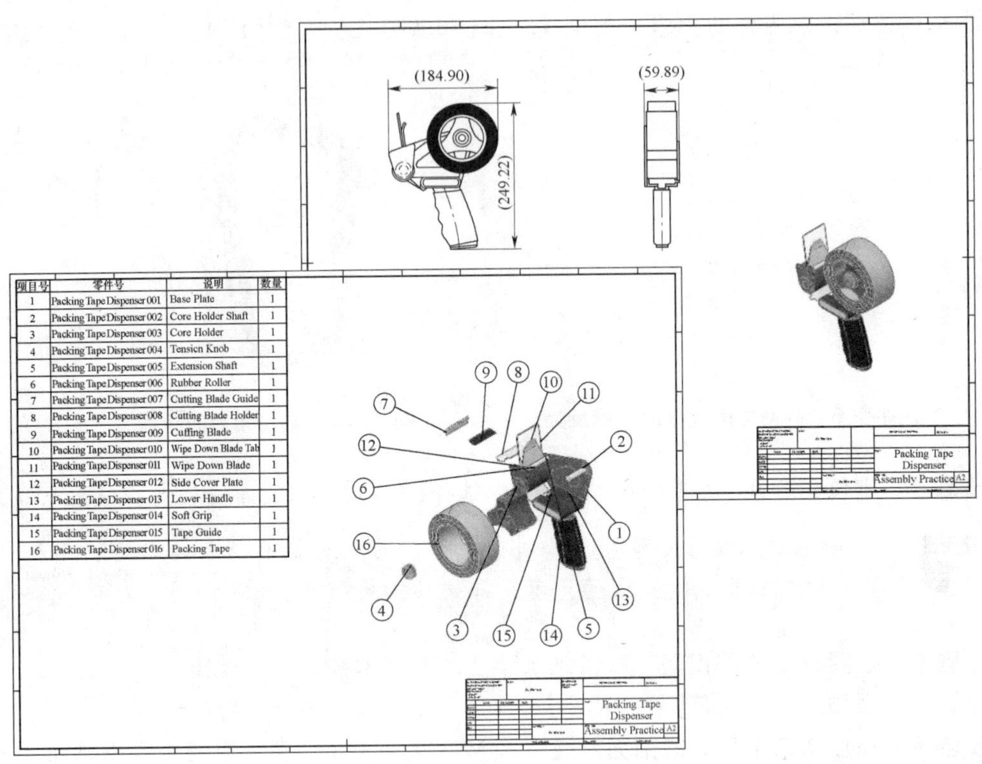

图 1-110　装配体练习

本练习将使用以下技术：

- 新建工程图。
- 材料明细表。
- 添加零件序号。
- 添加图纸。
- 标准三视图。

扫码看 3D

操作步骤

步骤 1　打开已存在的模型　从 Lesson01\Exercises\Exercise05 文件夹内打开“Assembly Practice. SLDASM”文件。

步骤 2　查看爆炸视图　单击【ConfigurationManager】并展开“Default”配置和“ExplView1”，此装配体中包含爆炸视图。双击“ExplView1”以激活爆炸视图，如图 1-111 所示。

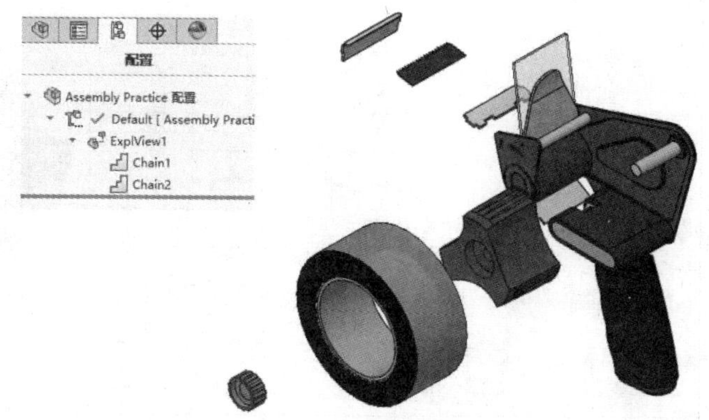

图1-111 查看爆炸视图

技巧 用户还可以通过右键单击FeatureManager设计树顶部的装配体名称，从弹出的快捷菜单中访问【爆炸】和【解除爆炸】命令。

步骤3 解除爆炸 双击“ExplView1”以解除爆炸视图，如图1-112所示。

步骤4 添加材料明细表 在【装配体】工具栏中单击【材料明细表】，在【材料明细表类型】中选择【仅限顶层】，如图1-113所示，单击【确定】✔。

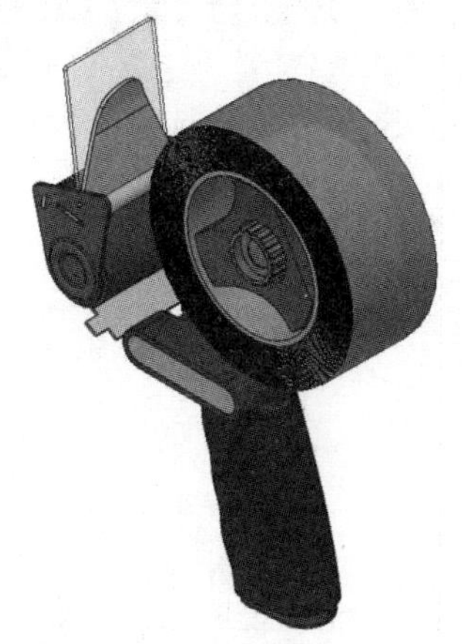

图1-112 解除爆炸

图1-113 添加材料明细表

技巧 想了解更多有关材料明细表的有关信息，请参考“第9章 材料明细表高级选项”。

步骤5 选择注解视图 在弹出的对话框中选择【现有注解视图】，从下拉菜单中选择“Notes Area”，如图1-114所示，单击【确定】。

步骤6 放置表格 在图形区域中单击，放置材料明细表，如图1-115所示。

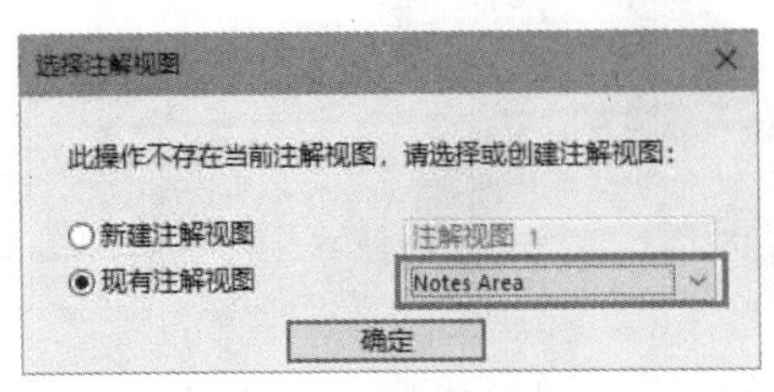

图 1-114　选择注解视图

项目号	零件号	说明	数量
1	Packing Tape Dispenser001	Base Plate	1
2	Packing Tape Dispenser002	Core Holder Shaft	1
3	Packing Tape Dispenser003	Core Holder	1
4	Packing Tape Dispenser004	Tension Knob	1
5	Packing Tape Dispenser005	Extension Shaft	1
6	Packing Tape Dispenser006	Rubber Roller	1
7	Packing Tape Dispenser007	Cutting Blade Guide	1
8	Packing Tape Dispenser008	Cutting Blade Holder	1
9	Packing Tape Dispenser009	Cutting Blade	1
10	Packing Tape Dispenser010	Wipe Down Blade Tab	1
11	Packing Tape Dispenser011	Wipe Down Blade	1
12	Packing Tape Dispenser012	Side Cover Plate	1
13	Packing Tape Dispenser013	Lower Handle	1
14	Packing Tape Dispenser014	Soft Grip	1
15	Packing Tape Dispenser015	Tape Guide	1
16	Packing Tape Dispenser016	Packing Tape	1

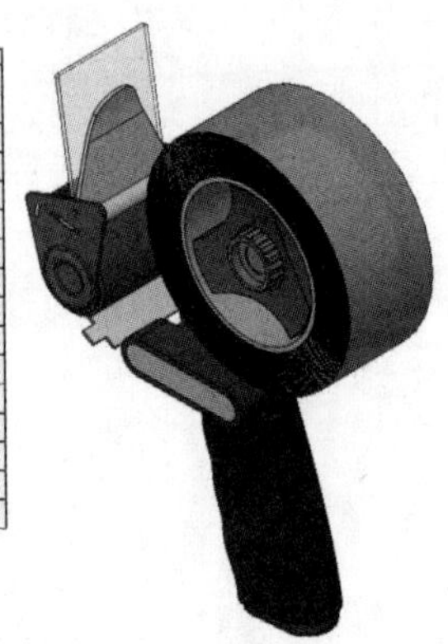

图 1-115　放置表格

步骤 7　格式化材料明细表　使用【格式】工具栏和快捷菜单中的可用工具修改材料明细表。

技巧　当选择材料明细表时，才会出现【格式】工具栏，如图 1-116 所示。用户可以通过右键单击表格中的选项来访问快捷菜单，快捷菜单也提供了一些格式化选项，如图 1-117 所示。

图 1-116　材料明细表的【格式】工具栏

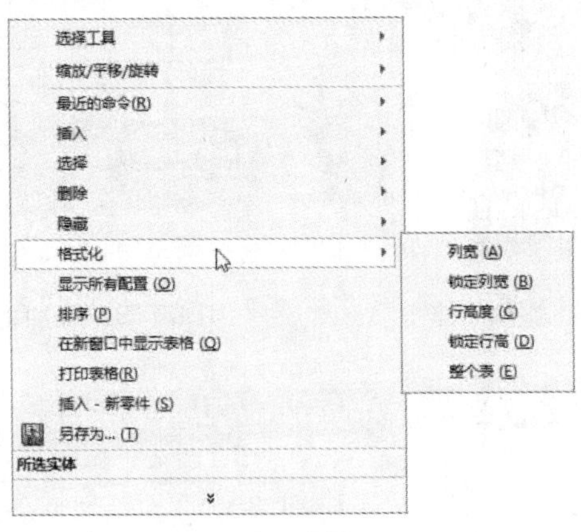

图 1-117　表格的快捷菜单

请按以下内容修改表格：

- 对于整个表格，将字体高度更改为 18。
- 对于整个表格，将【水平单元格填充】更改为 2mm。

- 对于 B 列，将【列宽】更改为 100mm。
- 对于 B 列和 C 列，将文本更改为【左对齐】。
- 对于列标题行，将文本更改为【居中】。

结果如图 1-118 所示。

项目号	零件号	说明	数量
1	Packing Tape Dispenser 001	Base Plate	1
2	Packing Tape Dispenser 002	Core Holder Shaft	1
3	Packing Tape Dispenser 003	Core Holder	1
4	Packing Tape Dispenser 004	Tension Knob	1
5	Packing Tape Dispenser 005	Extension Shaft	1
6	Packing Tape Dispenser 006	Rubber Roller	1
7	Packing Tape Dispenser 007	Cutting Blade Guide	1
8	Packing Tape Dispenser 008	Cutting Blade Holder	1
9	Packing Tape Dispenser 009	Cutting Blade	1
10	Packing Tape Dispenser 010	Wipe Down Blade Tab	1
11	Packing Tape Dispenser 011	Wipe Down Blade	1
12	Packing Tape Dispenser 012	Side Cover Plate	1
13	Packing Tape Dispenser 013	Lower Handle	1
14	Packing Tape Dispenser 014	Soft Grip	1
15	Packing Tape Dispenser 015	Tape Guide	1
16	Packing Tape Dispenser 016	Packing Tape	1

图 1-118 修改后的表格

步骤 8 新建工程图文档 单击【从零件/装配体制作工程图】，选择“Drawing_ISO”模板。在【图纸格式/大小】对话框中选择“A2（ISO）”，如图 1-119 所示。

步骤 9 添加爆炸视图 从【视图调色板】中拖放“*爆炸等轴测”视图到图纸上，如图 1-120 所示。

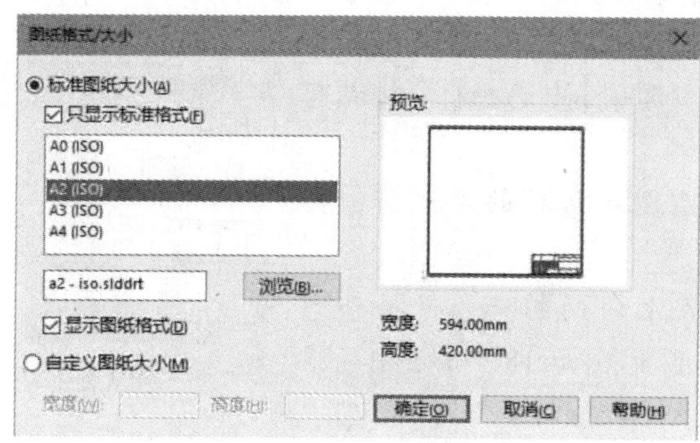

图 1-119 新建工程图文档

图 1-120 添加爆炸视图

步骤 10　修改视图属性　在工程图视图的 PropertyManager 中更改【显示样式】为【带边线上色】，如图 1-121 所示。

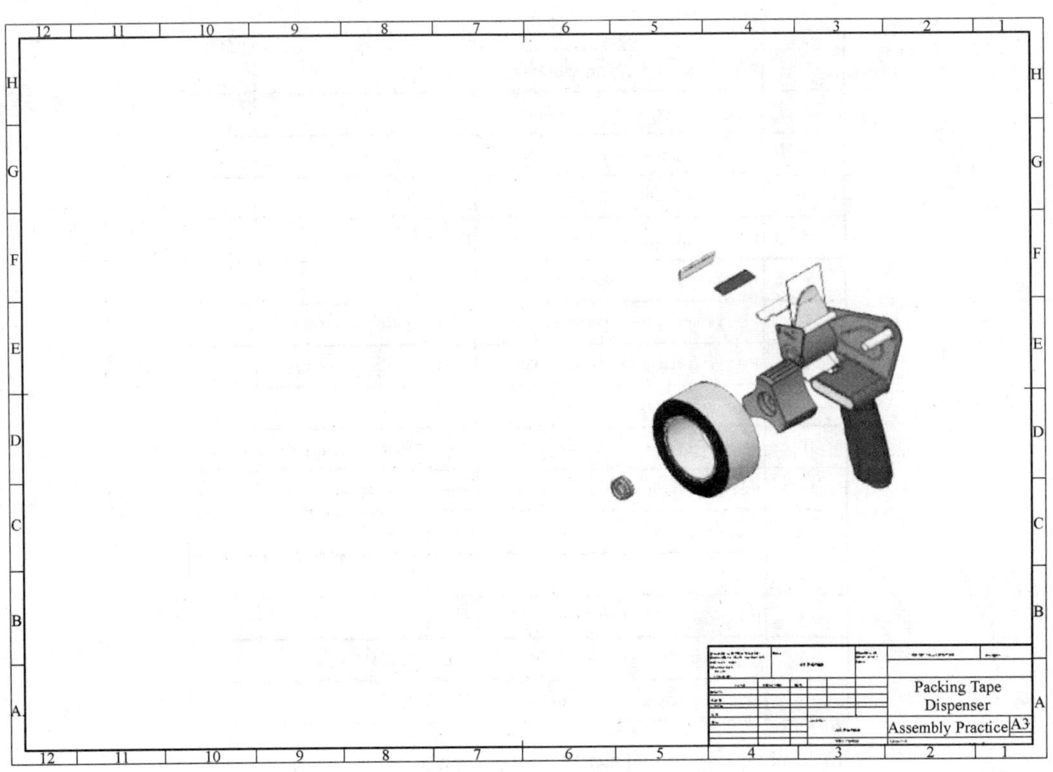

图 1-121　修改视图属性

步骤 11　修改图纸比例　对于此工程图，图纸比例应为 1∶2。当创建工程图视图时，应根据模型的爆炸状态适当调整比例。若有需要，请使用状态栏中的菜单修改图纸比例为 1∶2。

步骤 12　添加材料明细表　在【注解】工具栏中单击【表格】/【材料明细表】。如有需要，请选择工程图视图以指定要填充表格的模型。在【材料明细表选项】中选择【复制现有表】，如图 1-122 所示。单击【确定】。

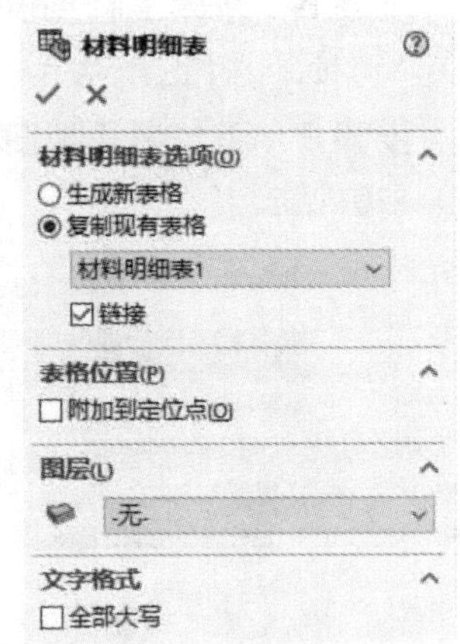

图 1-122　设置【材料明细表选项】

步骤 13　放置表格　单击工程图图纸边框的左上角，将表格放置在图纸上。

步骤 14　修改表格　单击表格左上角的图标以选择整个表格，使用【格式】工具栏将字体高度更改为 18，如图 1-123 所示。

拖动表格右下角的图标，根据需要调整表格的大小，如图 1-124 所示。

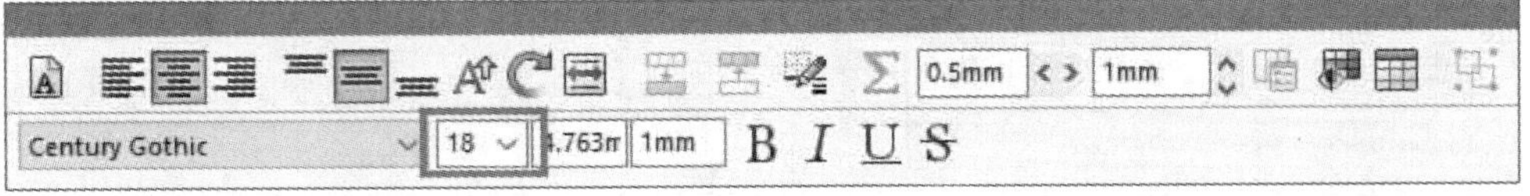

图 1-123 更改字体高度

项目号	零件号	说明	数量
1	Packing Tape Dispenser 001	Base Plate	1
2	Packing Tape Dispenser 002	Core Holder Shaft	1
3	Packing Tape Dispenser 003	Core Holder	1
4	Packing Tape Dispenser 004	Tension Knob	1
5	Packing Tape Dispenser 005	Extension Shaft	1
6	Packing Tape Dispenser 006	Bubber Roller	1
7	Packing Tape Dispenser 007	Cutting Blade Guide	1
8	Packing Tape Dispenser 008	Cutting Blade Holder	1
9	Packing Tape Dispenser 009	Cutting Blade	1
10	Packing Tape Dispenser 010	Wipe Down Blade Tab	1
11	Packing Tape Dispenser 011	Wipe Down Blade	1
12	Packing Tape Dispenser 012	Side Cover Plate	1
13	Packing Tape Dispenser 013	Lower Handle	1
14	Packing Tape Dispenser 014	Soft Grip	1
15	Packing Tape Dispenser 015	Tape Guide	1
16	Packing Tape Dispenser 016	Packing Tape	1

Packing Tape Dispenser

Assembly Practice A7

图 1-124 调整表格大小

步骤 15 自动添加零件序号 单击【自动零件序号】，若有必要，从工程图视图中选择爆炸视图。在【零件序号布局】中选择【布置零件序号到圆形】的阵列类型。拖动零件序号将布局定位到靠近视图，单击【确定】✔，结果如图 1-125 所示。

技巧 

默认情况下，零件序号位于工程图视图边界框的外部。当【自动零件序号】命令处于激活状态时，用户可以拖动布局中的任一零件序号以重新定位所有零件序号。但当完成命令后，仅可以通过拖动来重新定位单个零件序号。

步骤 16 重新定位零件序号 根据需要，拖动零件序号以将其重新定位，如图 1-126 所示。

步骤 17 添加新图纸 单击【添加图纸】。

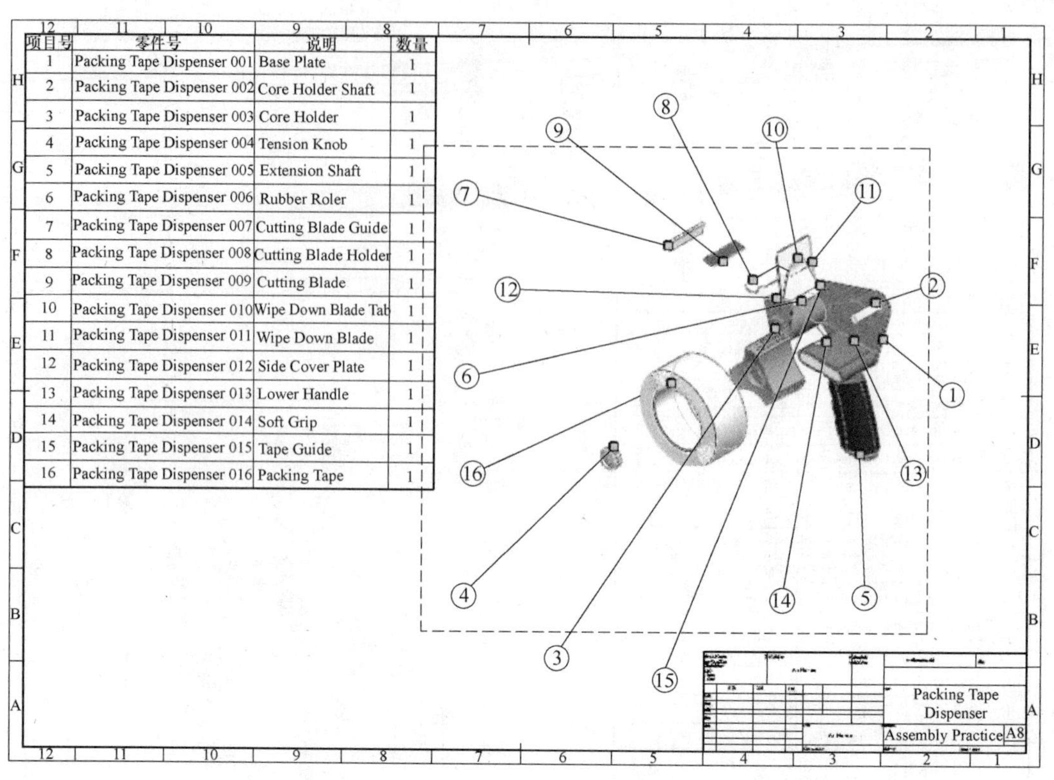

项目号	零件号	说明	数量
1	Packing Tape Dispenser 001	Base Plate	1
2	Packing Tape Dispenser 002	Core Holder Shaft	1
3	Packing Tape Dispenser 003	Core Holder	1
4	Packing Tape Dispenser 004	Tension Knob	1
5	Packing Tape Dispenser 005	Extension Shaft	1
6	Packing Tape Dispenser 006	Rubber Roler	1
7	Packing Tape Dispenser 007	Cutting Blade Guide	1
8	Packing Tape Dispenser 008	Cutting Blade Holder	1
9	Packing Tape Dispenser 009	Cutting Blade	1
10	Packing Tape Dispenser 010	Wipe Down Blade Tab	1
11	Packing Tape Dispenser 011	Wipe Down Blade	1
12	Packing Tape Dispenser 012	Side Cover Plate	1
13	Packing Tape Dispenser 013	Lower Handle	1
14	Packing Tape Dispenser 014	Soft Grip	1
15	Packing Tape Dispenser 015	Tape Guide	1
16	Packing Tape Dispenser 016	Packing Tape	1

图 1-125　自动添加零件序号

步骤 18　添加三个标准视图　在【视图布局】工具栏中单击【标准三视图】命令。选择“Assembly Practice”文档并单击【确定】，如图 1-127 所示。

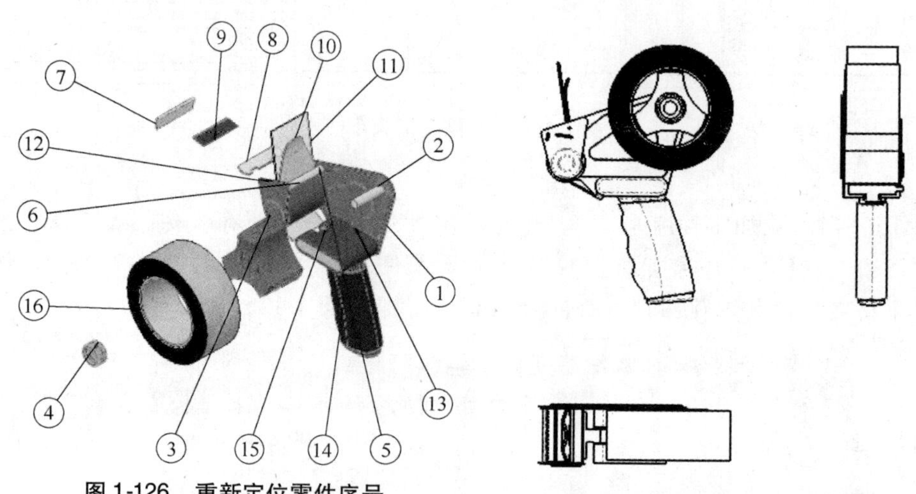

图 1-126　重新定位零件序号

图 1-127　添加三个标准视图

步骤 19　修改视图属性　调整前视图的【比例】为【使用图纸比例】。

步骤 20　添加等轴测图　使用【视图调色板】或【模型视图】命令添加等轴测图，更改【显示样式】为【带边线上色】，如图 1-128 所示。

步骤 21　添加尺寸（可选步骤）　添加尺寸以显示装配体的总体尺寸，结果如图 1-129 所示。

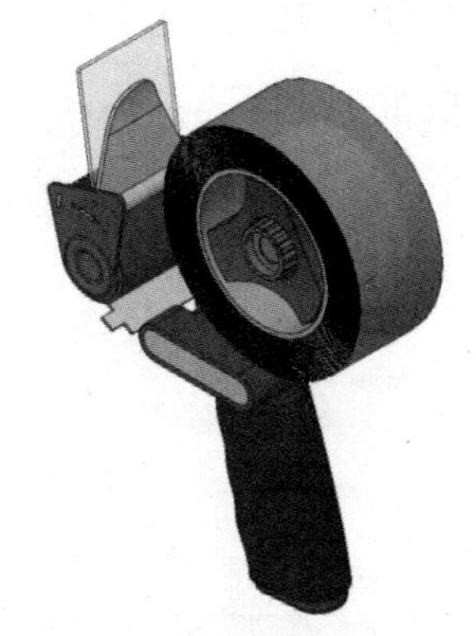

图 1-128　添加等轴测图

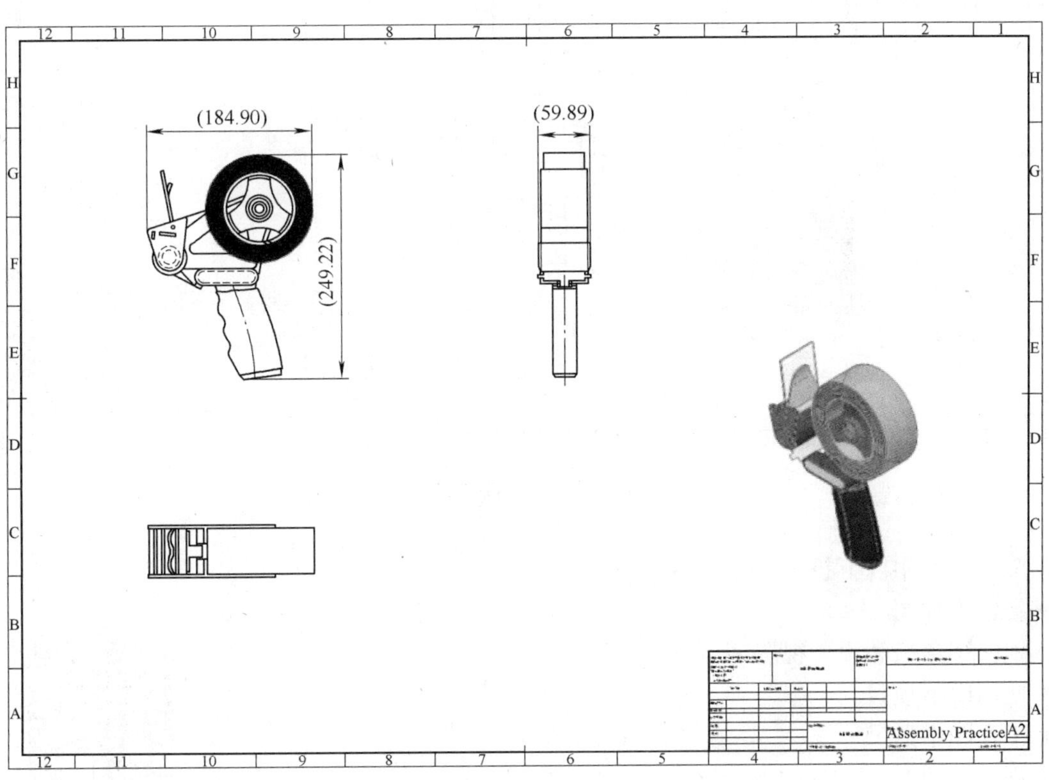

图 1-129　完成工程图

技巧　前视图中的尺寸使用了最大圆弧条件。用户可以通过在标注圆弧时按住〈Shift〉键或通过修改尺寸的【圆弧条件】属性来实现最大圆弧条件，如图 1-130 所示。【圆弧条件】属性可以在尺寸 PropertyManager 的【引线】选项卡中找到。

圆弧条件
第一圆弧条件:
○中心(C)　○最小(I)　◉最大(A)
第二圆弧条件:
○中心(C)　○最小(I)　◉最大(A)

图 1-130　【圆弧条件】属性

步骤 22　保存并关闭所有文件

练习 1-6　添加注解

为提供的零件模型创建工程图视图和必要的注解，如图 1-131 所示。此工程图还包括【注释】注解命令。有关本练习的详细说明，请参考下面所提供的操作步骤。

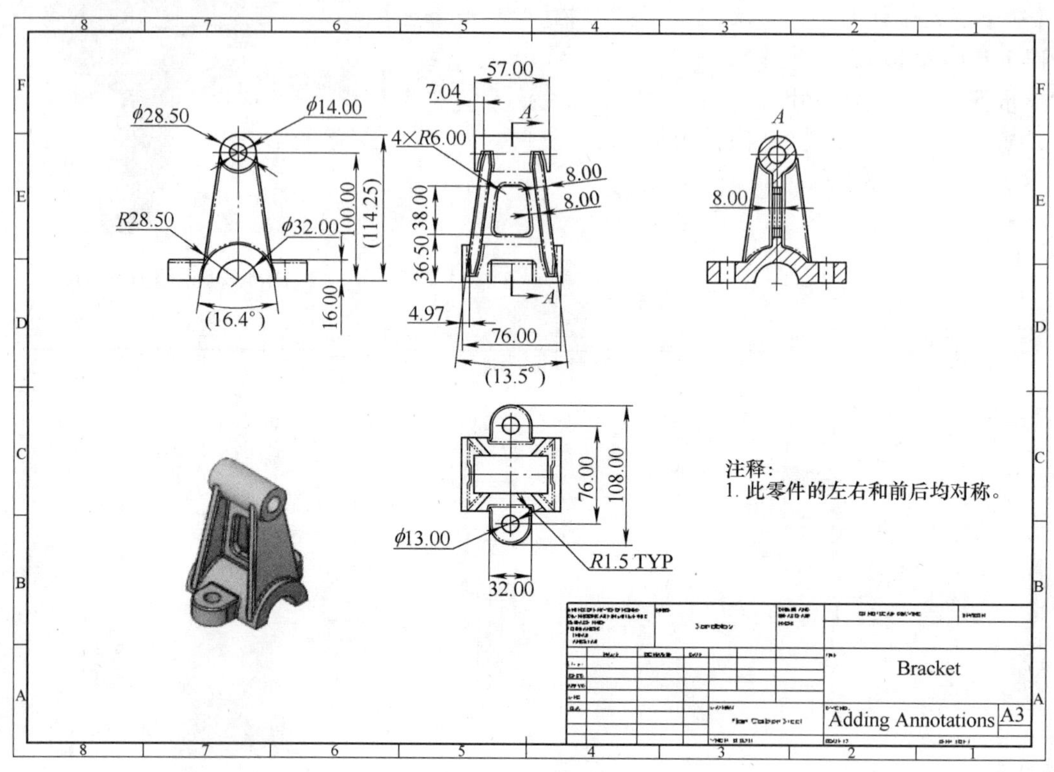

图 1-131　添加注解

本练习将使用以下技术：

- 新建工程图。
- 视图调色板和模型视图。
- 使用模型项目。
- 工程图中的尺寸。
- 剖面视图。
- 中心符号线和中心线。
- 移动尺寸。

扫码看 3D

操作步骤

步骤 1　打开已存在的工程图　从 Lesson01 \ Exercises \ Exercise06 文件夹内打开“Adding Annotations. SLDPRT” 文件。

步骤 2　创建工程图和视图　使用“Drawing_ ISO”模板和“A3 (ISO)”图纸格式创建工程图，并添加工程图视图，如图 1-132 所示。

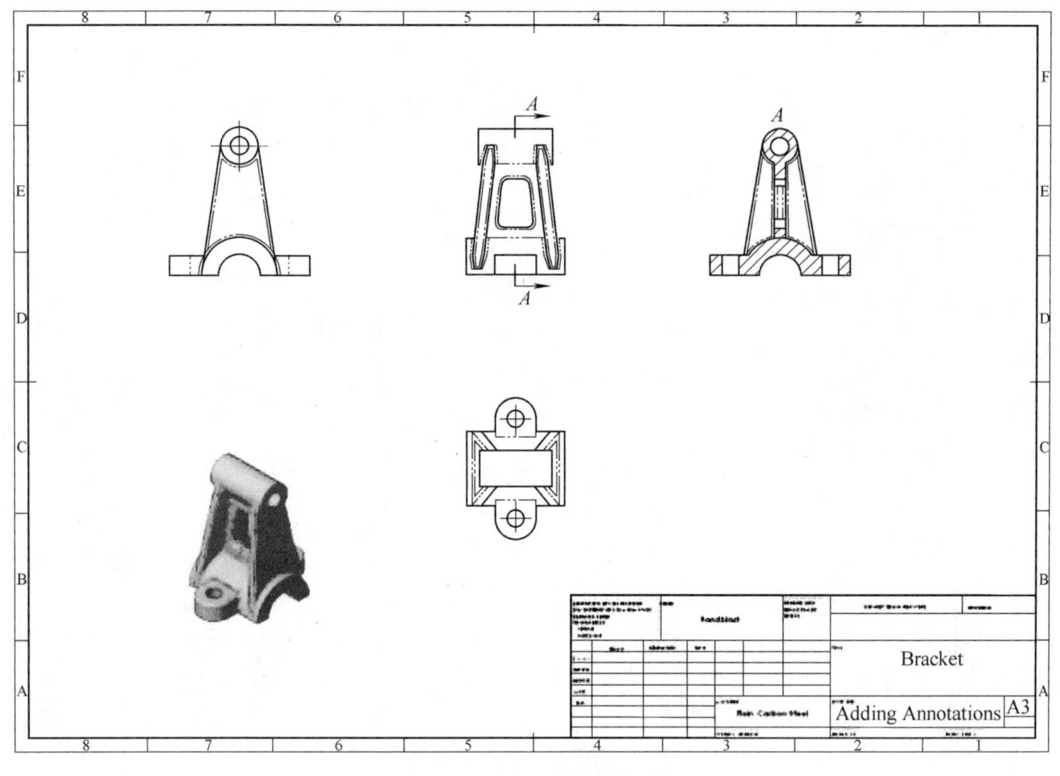

图 1-132　创建工程图

步骤 3　在剖面视图 *A* 中添加中心符号线　使用【中心符号线】命令在剖面视图中添加中心符号线，如图 1-133 所示，单击【确定】。

步骤 4　通过向右视图中添加中心符号线创建中心线　单击【中心符号线】，更改【手工插入选项】为【线性中心符号线】，不勾选【使用文档默认值】和【延伸直线】复选框，如图 1-134 所示。添加图 1-135 所示的中心符号线，单击【确定】。

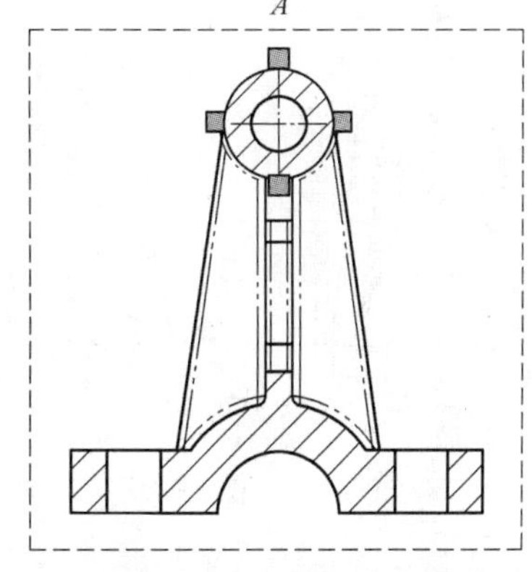

图 1-133　在剖面视图 *A* 中添加中心符号线

步骤 5　通过向俯视图和剖面视图中添加中心符号线创建中心线　重复步骤 4，向俯视图和剖面视图 *A* 中添加中心符号线，如图 1-136 所示。

> **技巧**　【中心线】工具也可用于创建这些中心线。用户可以在工程图视图中选择 2 条边线来指定它们之间的中心线位置。

步骤 6　添加中心线　使用【中心线】工具向图 1-137 所示的视图中添加中心线。

步骤 7　向标准视图中添加模型项目　单击【模型项目】，在【来源】中选择【整个模型】，在【目标视图】中选择前视图、俯视图和右视图，如图 1-138 所示。单击【确定】，结果如图 1-139 所示。

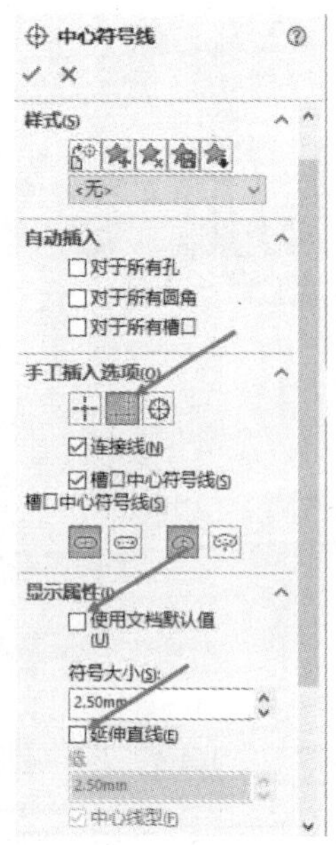

图 1-134 【中心符号线】的设置

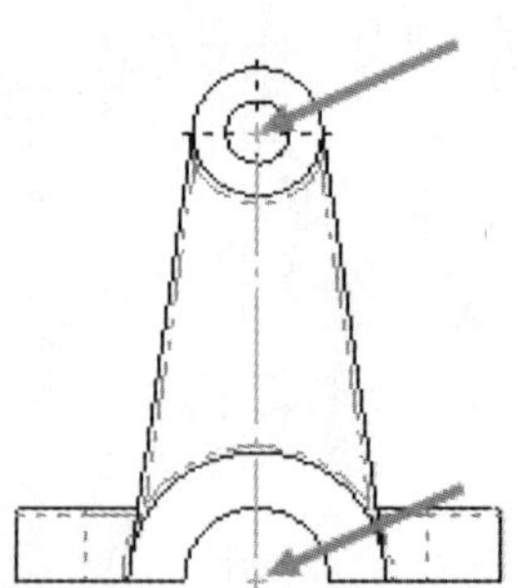

图 1-135 添加中心符号线

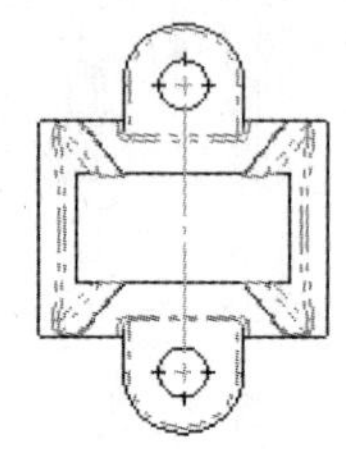

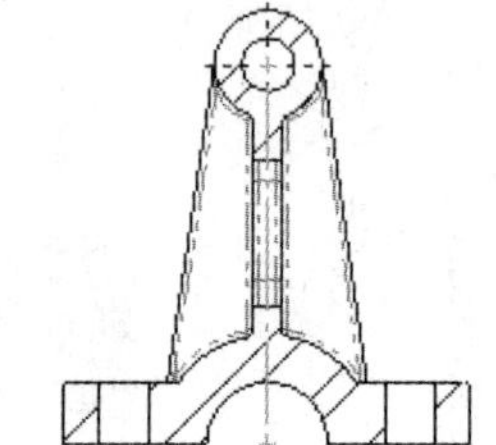

图 1-136 向俯视图和剖面视图中添加中心符号线

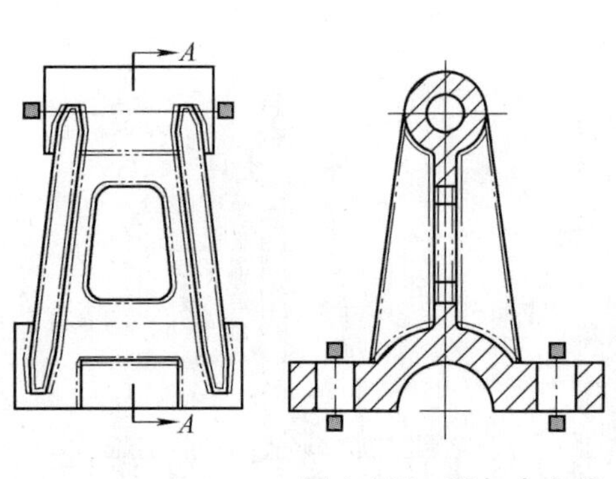

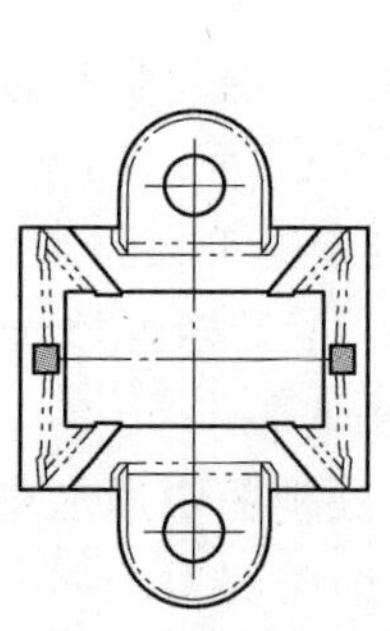

图 1-137 添加中心线

图 1-138 【模型项目】设置

步骤 8 向剖面视图中添加模型项目 单击【模型项目】，在【来源】中选择【所选特征】，在【目标视图】中选择“剖面 *A*”视图，如图 1-140 所示。选择“Boss-Extrude4”特征的一条边线，单击【确定】✔。若有需要，可重新定位尺寸，结果如图 1-141 所示。

技巧 将光标悬停在边线上，可显示其所属特征的工具提示。

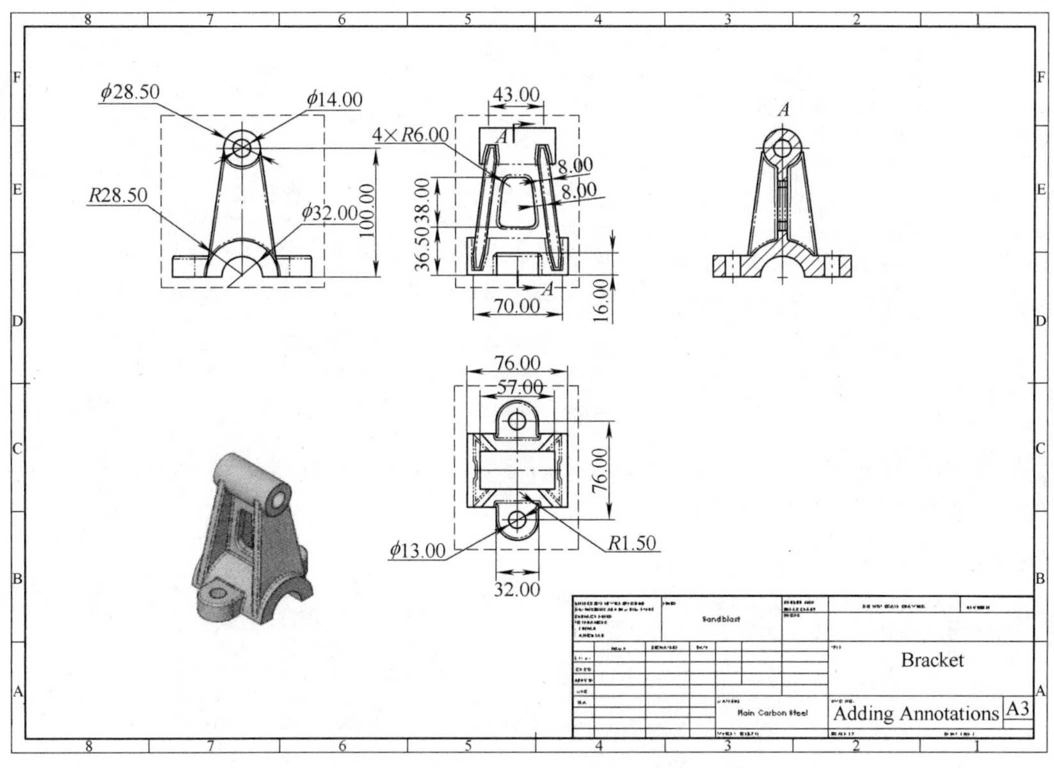

图 1-139 向标准视图中添加模型项目

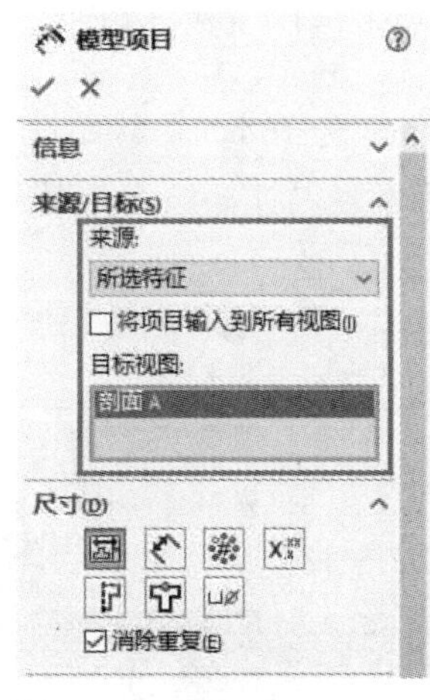

图 1-140 【模型项目】设置

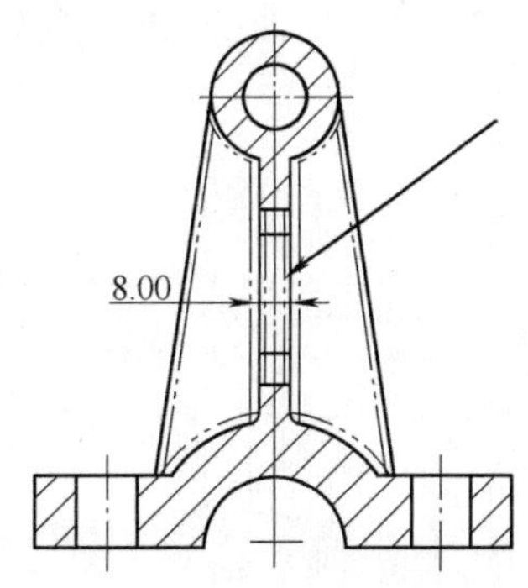

图 1-141 向剖面视图中添加模型项目

步骤 9 完成右视图 将尺寸 16mm 从前视图移动到右视图，并根据需要重新定位尺寸。通过【智能尺寸】添加其他尺寸并修改其属性，如图 1-142 所示。

技巧 图 1-42 中显示的角度尺寸的【单位精度】已经被修改。用户可以使用【尺寸调色板】或尺寸的 PropertyManager 修改尺寸属性，如图 1-143 所示。

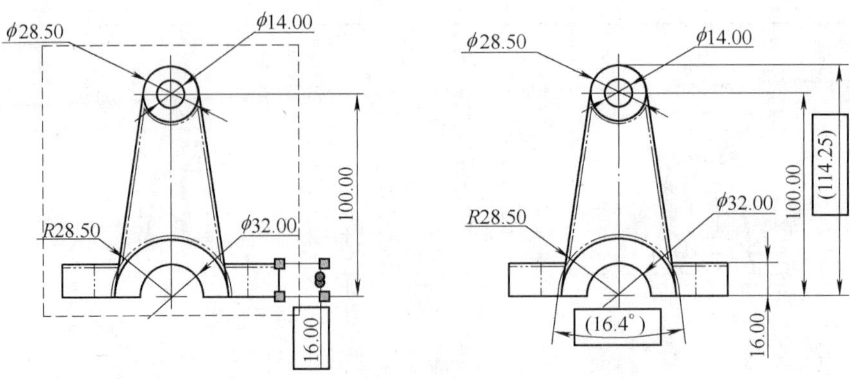

图1-142　完成右视图

步骤10　完成俯视图　将水平尺寸57mm和76mm从俯视图移动到前视图，添加尺寸并修改尺寸属性，如图1-144所示。

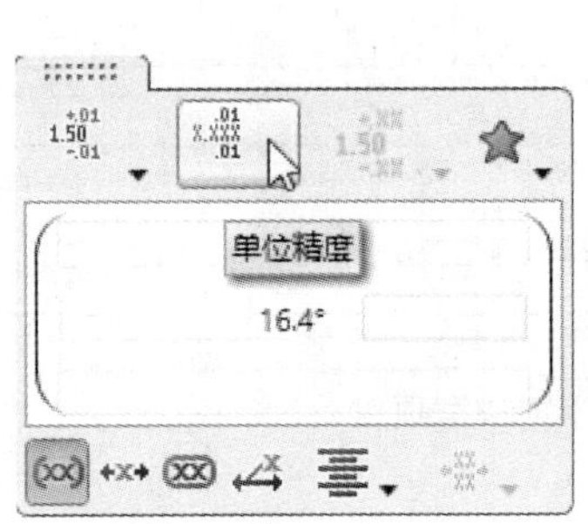

图1-143　尺寸调色板

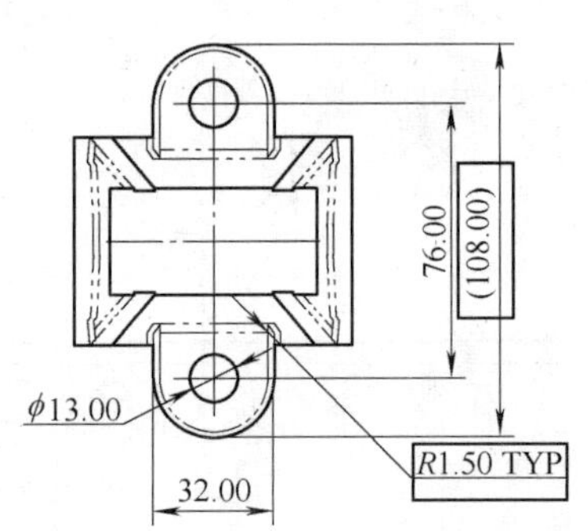

图1-144　完成俯视图

步骤11　完成前视图　根据需要重新定位尺寸57mm和76mm，如图1-145所示。隐藏尺寸43mm和70mm，如图1-146所示。添加其他尺寸并修改尺寸属性，如图1-147所示。

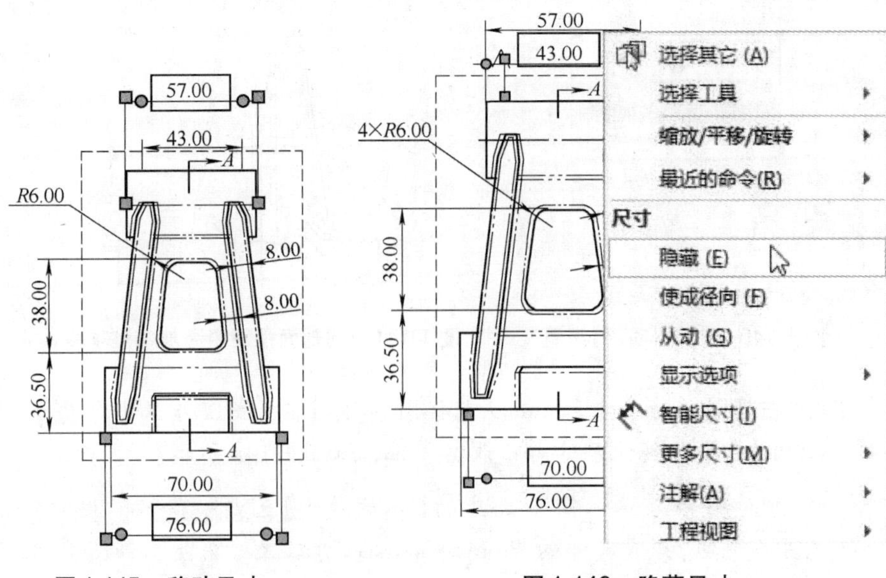

图1-145　移动尺寸　　　图1-146　隐藏尺寸

步骤 12　添加注释　单击【注释】A，单击图纸的右下角以放置注释，并输入图1-148所示的文本。

可以通过拖动其中一个红色控标来调整注释文本框的大小，如图1-149所示。单击【确定】✔。

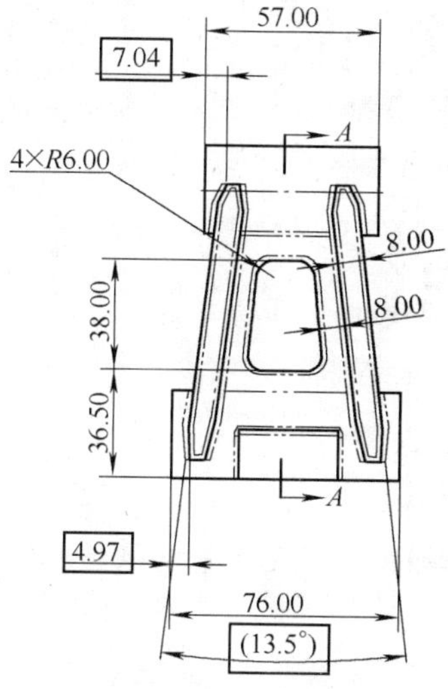

图1-147　完成前视图

注释:
1.　此零件的左右和前后均对称。

图1-148　添加注释

注释:
1.　此零件的左右和前后
均对称。

图1-149　调整注释文本框大小

技巧　可以通过【格式】工具栏应用【数字】格式，如图1-150所示。

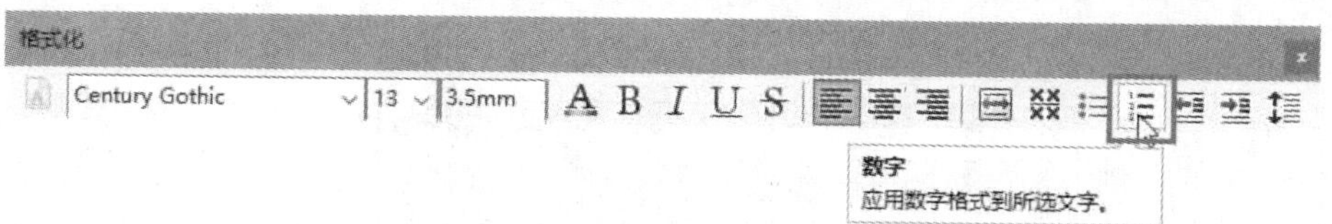

图1-150　使用【数字】格式

步骤 13　保存并关闭所有文件　完成的工程图如图1-131所示。

第 2 章　工程图模板

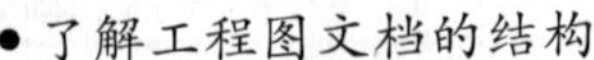

学习目标

- 了解工程图文档的结构
- 了解创建工程图模板和图纸格式的步骤
- 设计不包含图纸格式文件的工程图模板
- 定义自定义文档模板的文件位置

2.1　工程图文档的结构

本章的目的是让用户更加深入地了解 SOLIDWORKS 工程图文档和模板的结构。新的工程图文档包含两个主要部分：工程图图纸和图纸格式。这两个元素共同组成工程图的纸质图纸、标题栏和边框。

工程图文档、工程图图纸和图纸格式均包含不同的属性和信息，如图 2-1 所示。

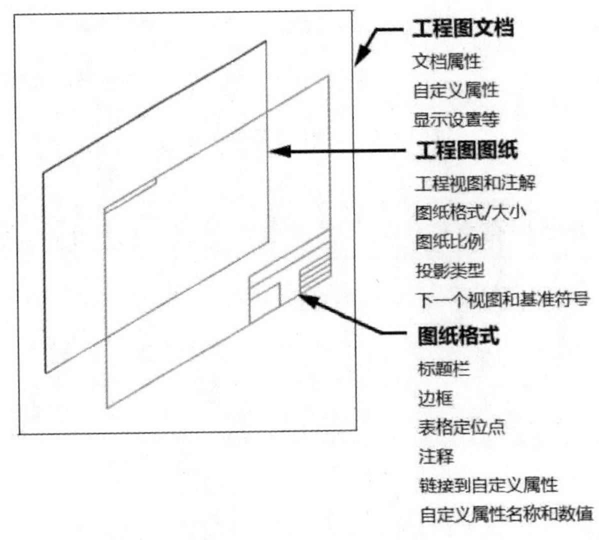

图 2-1　工程图文档的结构

2.2　工程图文档

工程图文档是指整个工程图文件。一个工程图文档可以包含多张工程图图纸，每张图纸可以具有不同的图纸格式。

工程图的文档属性（【选项】/【文档属性】）包含了适用于文档中所有图纸的重要设置，如单位和绘图标准等。工程图的默认文档属性由保存在工程图模板中的设置决定。

其他元素，如存在于文档级别的显示设置和自定义属性，也会储存在模板中。这些内容将在本章的后续部分讲解。

2.3　工程图图纸

工程图图纸代表了纸张大小，是执行出详图任务时图纸的活动区域。图纸包含了在工程中创建的工程视图、注解和表格等。每张图纸都包含了属性，可以通过【图纸属性】对话框来修改这些属性。

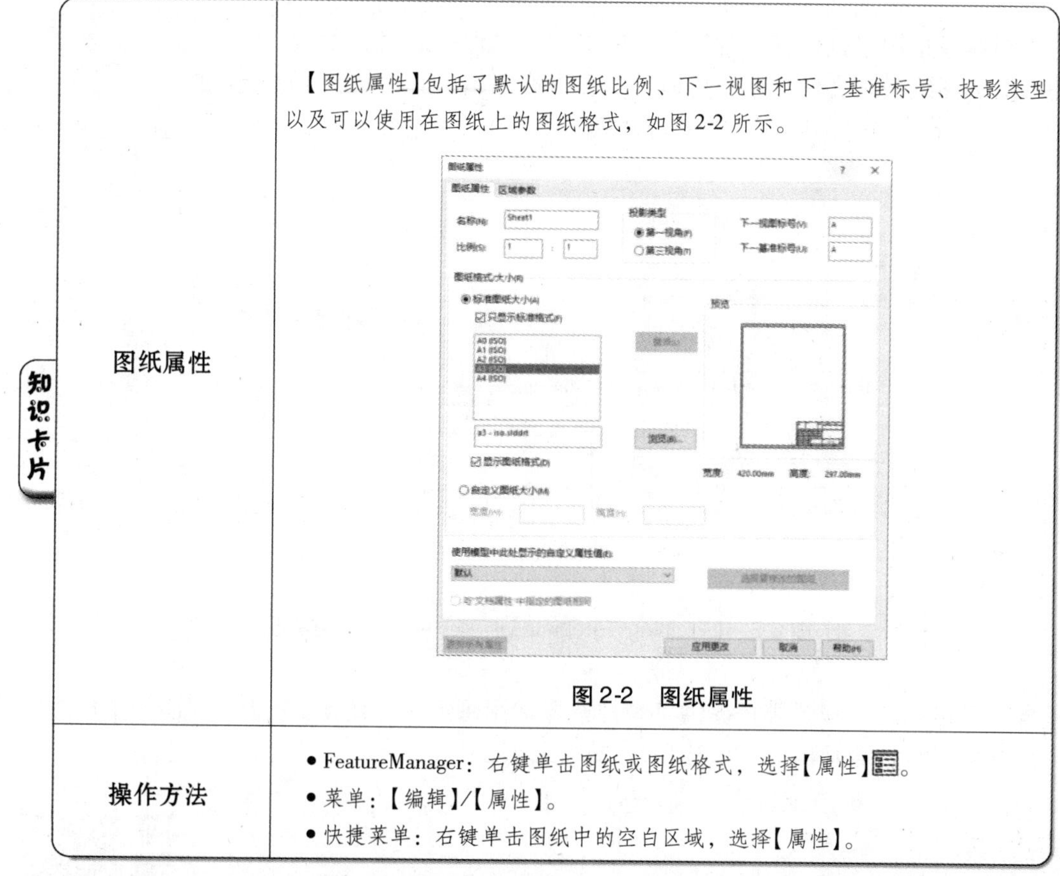

知识卡片

图纸属性	【图纸属性】包括了默认的图纸比例、下一视图和下一基准标号、投影类型以及可以使用在图纸上的图纸格式，如图2-2所示。 图2-2　图纸属性
操作方法	• FeatureManager：右键单击图纸或图纸格式，选择【属性】。 • 菜单：【编辑】/【属性】。 • 快捷菜单：右键单击图纸中的空白区域，选择【属性】。

技巧：用户在图纸的快捷菜单中访问图纸属性时，需要展开菜单。若想始终在此处查看到【属性】选项，需使用【自定义菜单】选项进行设置。

2.4　图纸格式

图纸格式包含标题栏和边框等元素，也可以控制图纸的大小。图纸格式中的顶点可定义为表格的默认定位点。图纸格式的标题栏区域通常包含注释，其中许多注释可链接到自定义属性信息。

自定义属性数据也可以保存在图纸格式内，以确保在使用此格式时会在工程图文档中创建正确的属性。想要了解有关属性的更多信息，请参考“4.1　图纸格式属性”。

图纸格式作为单独的文件存在，可以应用于工程图图纸。图纸格式文件的扩展名为*.slddrt。

在图纸上执行出详图任务时，是无法访问图纸格式的。用户要访问图纸格式，必须使用【编辑图纸格式】命令。

知识卡片	编辑图纸格式	• CommandManager：【图纸格式】/【编辑图纸格式】。 • FeatureManager：右键单击图纸或图纸格式，选择【编辑图纸格式】。 • 菜单：【编辑】/【图纸格式】。 • 快捷菜单：右键单击图纸中的空白区域，选择【编辑图纸格式】。

2.5　理解工程图模板

工程图模板是用于创建新工程图文档的文件，文件扩展名为*.drwdot。工程图模板通常包括工程图图纸和图纸格式文件，用户可以选择在没有图纸格式的情况下创建模板。

【Training Template】选项卡中的工程图模板有些包含图纸格式，有些则不包含，如图 2-3 所示。

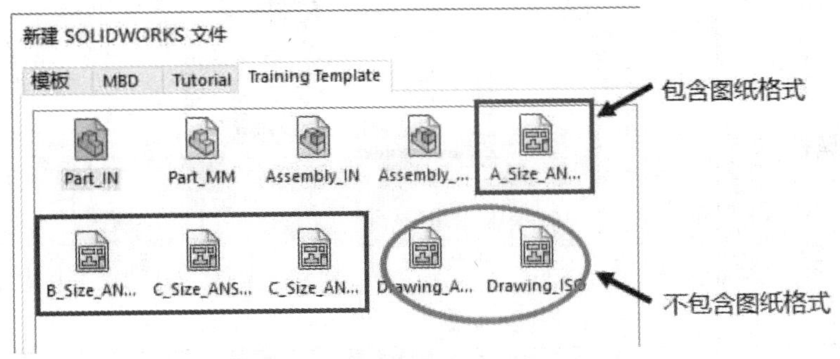

图 2-3　【Training Template】选项卡中的工程图模板

包含图纸格式的工程图模板提供了一种选择常用图纸尺寸的便捷方法。当选定的工程图模板不包含图纸格式时，会弹出对话框让用户选择图纸尺寸。

操作步骤

扫码看视频

步骤 1　创建新文档　单击【新建】。

步骤 2　选择模板　在【Training Template】选项卡中选择“A_Size_ANSI_MM”工程图模板，单击【确定】。

步骤 3　查看结果　新工程图打开，未出现【图纸格式/大小】对话框的提示。结果如图 2-4 所示。

步骤 4　展开 FeatureManager 设计树　用户可以在 FeatureManager 设计树中查看工程图文档、工程图图纸和图纸格式之间的关系，如图 2-5 所示。

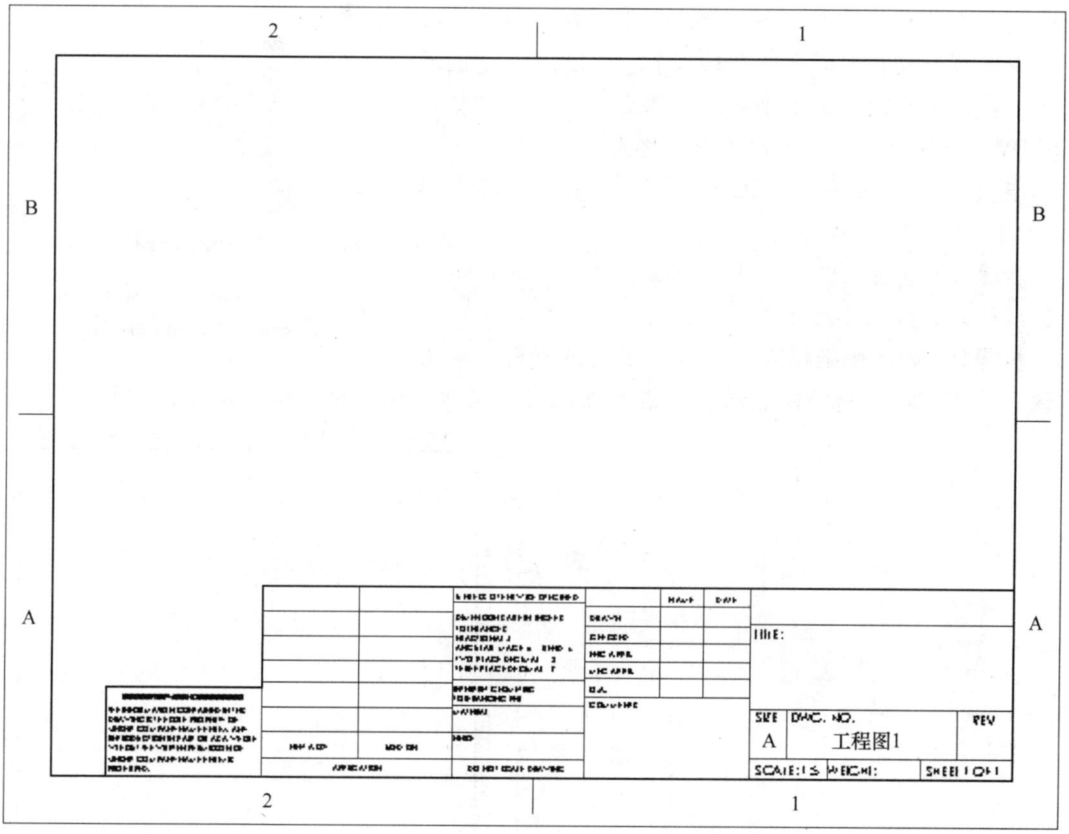

图 2-4　查看结果

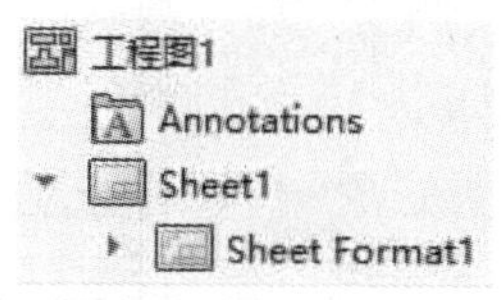

图 2-5　展开 FeatureManager 设计树

2.5.1　工程图结构化的原因

图纸格式作为外部文件单独存在，是为了在必要时可以轻松更改图纸大小、标题栏和边框信息。例如，如果用户一开始在 A4 图纸上进行出详图设计工作，但后续感觉 A3 图纸会更合适，就可以简单地修改图纸属性以选择新的格式。如果图纸格式和工程图模板融为一体，则必须将视图复制到新模板才能进行上述更改。

步骤 5　访问图纸属性　可以通过修改图纸属性来随时更改图纸格式，右键单击“Sheet1”并选择【属性】，如图 2-6 所示。

步骤 6　查看图纸格式　默认情况下，只有与文档的绘图标准关联的格式才会显示在【图纸格式/大小】选项组中。不勾选【只显示标准格式】复选框，通过滚动鼠标滚轮浏览可用的图纸格式，如图 2-7 所示。这些是 SOLIDWORKS 中均包含的默认图纸格式。

步骤 7　选择 A4（ISO）　在列表中选择【A4（ISO）】，单击【应用更改】。

步骤 8　查看结果　图纸大小已经更新，并显示新的图纸格式，如图 2-8 所示。

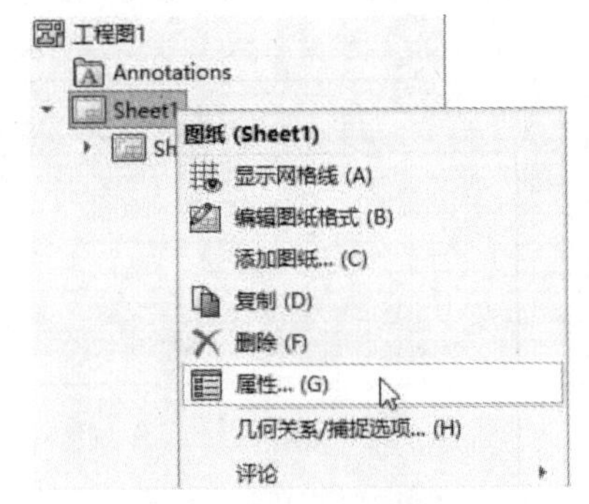

图 2-6　访问图纸属性

步骤 9　编辑图纸格式　在工程图图纸空白处单击右键，选择【编辑图纸格式】，查看此图纸格式文件中包含的内容，如图 2-9 所示。

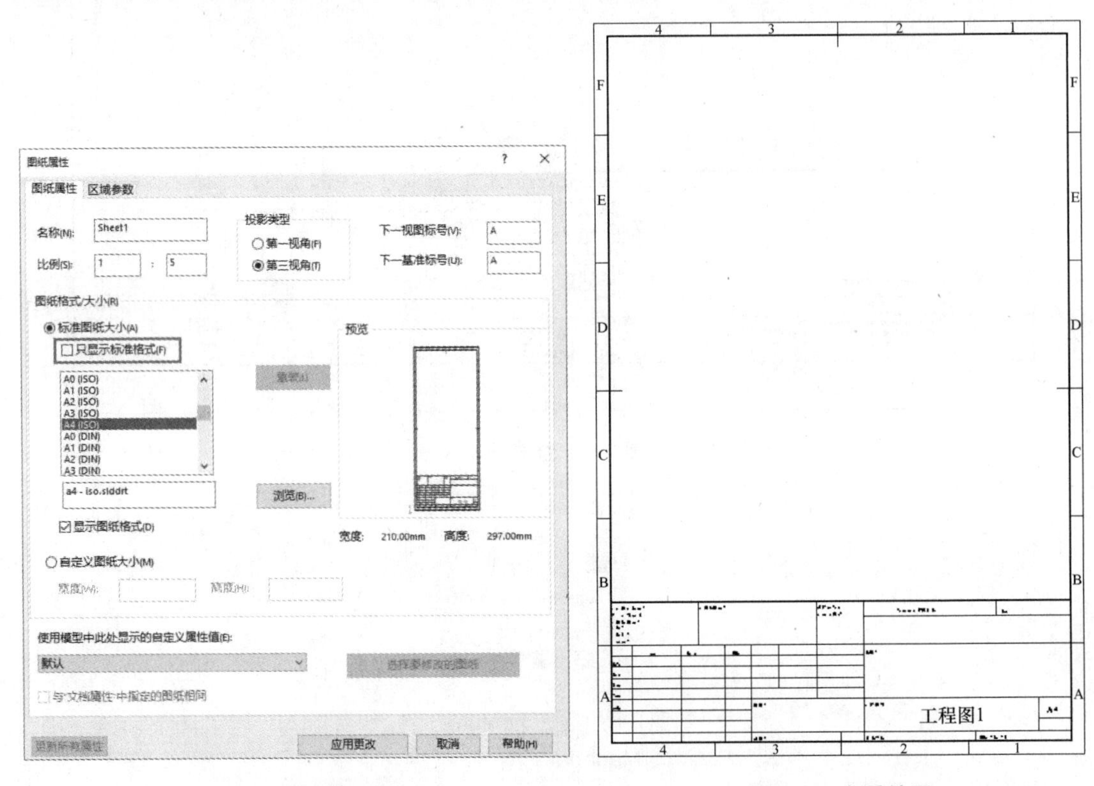

图 2-7　查看图纸格式

图 2-8　查看结果

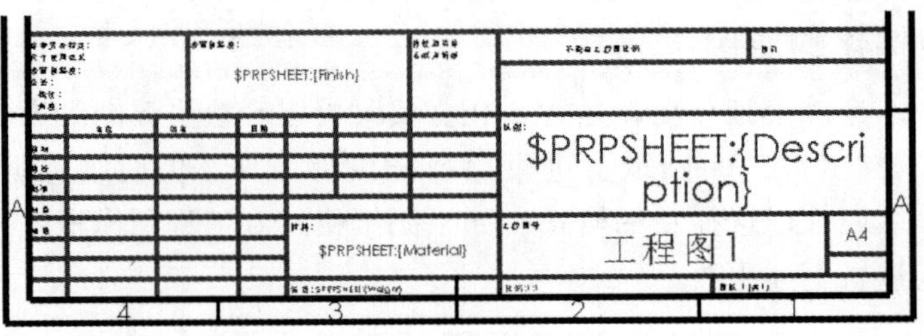

图 2-9　编辑图纸格式

2.5.2　图纸格式的特征

编辑图纸格式时，用户可以选择和修改图纸格式文件的特征。图纸格式的特征包括：

- 标题栏草图　标题栏区域由草图直线组成，这些草图直线可以像模型中的草图直线一样进行修改和约束。
- 注释　图纸格式通常包含静态文本注释以及链接到属性的注释。将注释链接到属性允许其自动填充与当前图形相关的信息。想要了解有关注释的更多信息，请参考“2.5.3　链接到属性的注释”。
- 边框　图纸格式边框包括图纸周围的边框以及区域线和标签。SOLIDWORKS 默认图纸格式中包含的边框是使用【自动边框】工具生成的。想要了解有关边框的更多信息，请参考“3.6　定义边框”。
- 插入图片　SOLIDWORKS 默认图纸格式不包含图片，但通常的做法是将公司徽标或其他图像添加到图纸格式中。想要了解有关插入图片的更多信息，请参考“3.5　添加公司徽标”。
- 定位点　定位点定义了插入表格时的默认位置。每种表格类型都可以在图纸格式中定位到不同位置。想要了解定位点的更多信息，请参考“3.7　设定定位点”。

2.5.3　链接到属性的注释

《SOLIDWORKS®零件与装配体教程（2019 版）》中已介绍了相关知识，即注释注解可以使用注释 PropertyManager 中的【链接到属性】选项来链接属性，如图 2-10 所示。

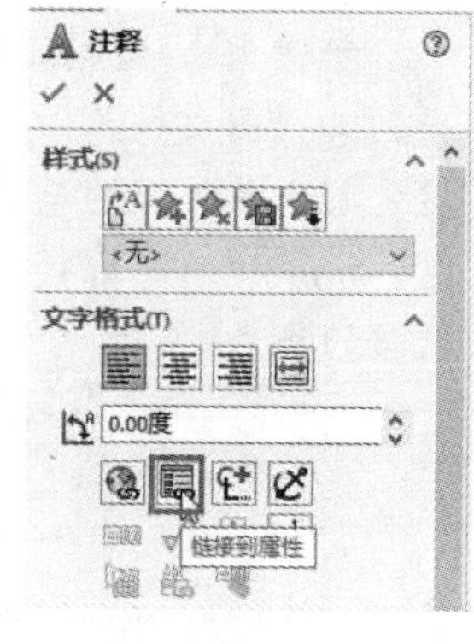

图 2-10　【链接到属性】选项

用户可以为当前文档自定义属性，引用模型的自定义属性或现有文件信息（如文件名称或文件夹名称）创建链接。在工程图标题栏中的各类属性链接格式有：

1）$ PRP：“属性名称”。使用此格式的属性链接是链接到当前文档的自定义属性，即工程图文档的自定义属性。这些属性可从工程图的【文件属性】对话框中访问。

2）$ PRPSHEET：“属性名称”。使用此格式的属性链接是链接到工程图图纸引用的模型的属性。这些属性可从工程图视图所使用的零件或装配体文档中的【文件属性】对话框访问。

提示　对于引用多个模型的工程图，用户可以使用【图纸属性】对话框选择适当的模型来填充这些属性链接，如图 2-11 所示。

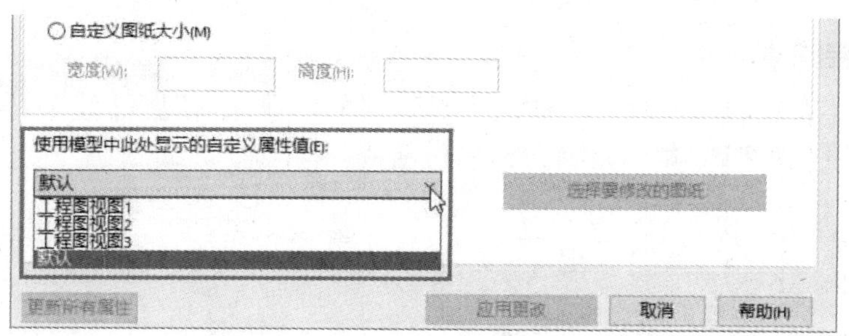

图 2-11　多个模型工程图中的属性链接

3）$ PRP：“SW-属性名称”或 $ PRPSHEET：“SW-属性名称”。以 SW 开头的属性称为 SOLIDWORKS 特殊属性。SOLIDWORKS 特殊属性是默认情况下存在于 SOLIDWORKS 文件中的属性，不需要用户创建或输入，如“SW-图纸比例（Sheet Scale）”或“SW-文件名称（File Name）”之类的属性。

• 查看属性链接　用户可以通过将光标悬停在注释上来查看链接到属性的注释格式。编辑图纸格式时，链接到属性的注释显示为蓝色，而静态注释显示为黑色。下面将查看当前正在编辑的图纸格式中包含的一些自定义属性链接。

步骤 10　查看 SOLIDWORKS 特殊属性链接　标题栏中属性值显示为蓝色的注释是链接到 SOLIDWORKS 特殊属性的。这类注释包括“工程图号”“大小”以及“比例”注释等。将光标悬停在这些字段上可查看属性链接的格式，如图 2-12 所示。

图 2-12　查看 SOLIDWORKS 特殊属性链接

步骤 11　查看模型属性链接　由于当前此图纸上没有引用的模型，因此链接到模型属性的注释显示为“$ PRPSHEET：{Material}”，如图 2-13 所示。

步骤 12　查看工程图属性链接　链接到工程图文档属性的注释当前不可见，这是因为其链接的属性并不存在，从而导致错误。想要了解有关注解链接错误的更多信息，请参考“2.5.4　注解链接错误”。将光标悬停在图 2-14 所示的区域上，查看其属性链接的格式。

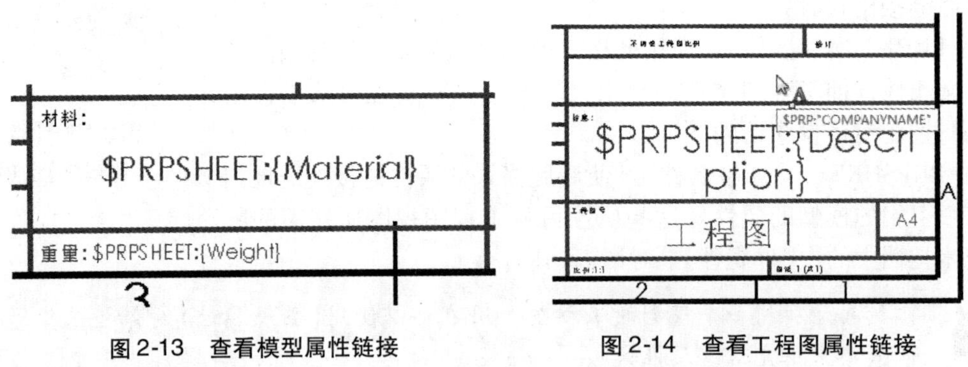

图 2-13　查看模型属性链接　　图 2-14　查看工程图属性链接

2.5.4　注解链接错误

当注释链接到不存在的属性时，会被认为是错误的。默认情况下【注解链接错误】会在视图中隐藏，用户可以从【视图】菜单中将这些错误显示。

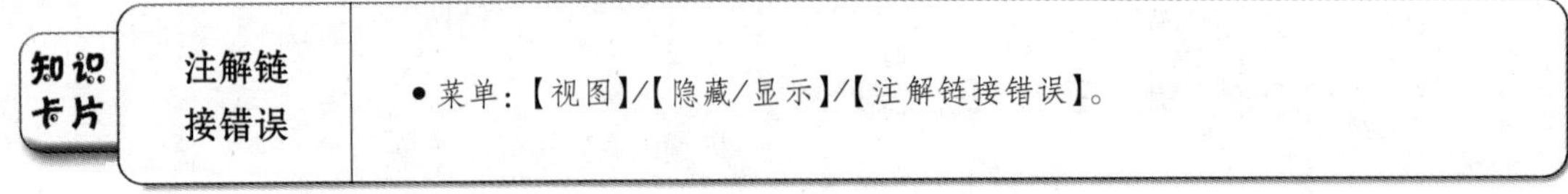

知识卡片	注解链接错误	• 菜单：【视图】/【隐藏/显示】/【注解链接错误】。

步骤13 显示注解链接错误 单击【视图】/【隐藏/显示】/【注解链接错误】，显示出链接到工程图自定义属性的所有注释，如图2-15所示。

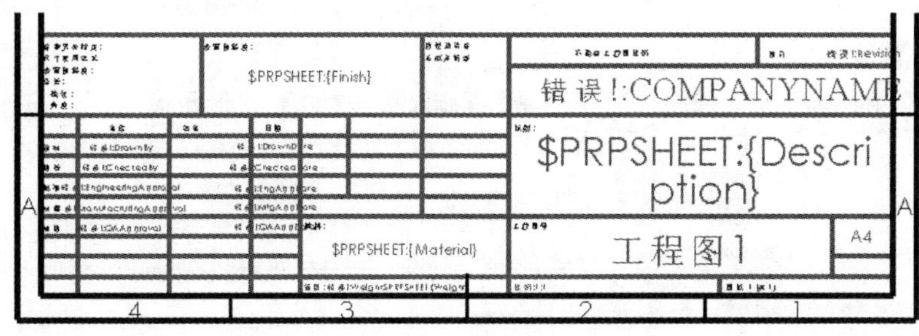

图2-15 显示注解链接错误

步骤14 关闭注解链接错误 单击【视图】/【隐藏/显示】/【注解链接错误】，再次隐藏所有错误。

- 浏览完成的工程图 为了查看此标题栏的所有相关属性信息，下面将打开一张现有的工程图。

步骤15 打开已存在的工程图 从Lesson02 \ Case Study文件夹内打开已存在的工程图“S-05505. SLDDRW”，如图2-16所示。

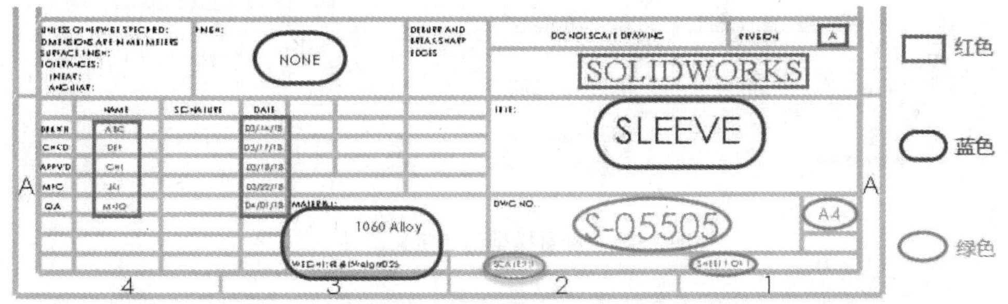

图2-16 打开已存在的工程图

此工程图上的注释已经涂色和标记，以反映填充属性的位置信息：

- 红色（矩形框）代表工程图自定义属性。
- 蓝色（圆角矩形框）代表模型自定义属性。
- 绿色（椭圆框）代表SOLIDWORKS特殊属性。

步骤16 查看工程图和模型的自定义属性（可选步骤） 在工程图文档中，单击菜单栏上的【文件属性】。在对话框中单击【自定义】选项卡，查看储存在工程图中的属性，如图2-17所示。

从图纸中选择一个工程图视图，然后单击【打开零件】。在零件文档中，单击【文件属性】后选择【自定义】选项卡，查看存储在模型中的属性，如图2-18所示。

步骤17 关闭文件 不保存并关闭所有文件。

摘要信息

摘要　自定义

材料明细表数量:　无　编辑清单(E)

删除(D)

	属性名称	类型	数值 / 文字表达	评估的值	
1	SWFormatSize	文字	279.4mm*215.9mm	279.4mm*215.9mm	
2	CompanyName	文字	SOLIDWORKS	SOLIDWORKS	
3	Revision	文字	A	A	
4	DrawnBy	文字	ABC	ABC	
5	DrawnDate	文字	03/14/18	03/14/18	
6	CheckedBy	文字	DEF	DEF	
7	CheckedDate	文字	03/17/18	03/17/18	
8	EngineeringApproval	文字	GHI	GHI	
9	EngAppDate	文字	03/18/18	03/18/18	
10	ManufacturingApproval	文字	JKL	JKL	
11	MfgAppDate	文字	03/22/18	03/22/18	
12	QAApproval	文字	MNO	MNO	
13	QAAppDate	文字	04/01/18	04/01/18	
14	<键入新属性>				

图 2-17　查看工程图的自定义属性

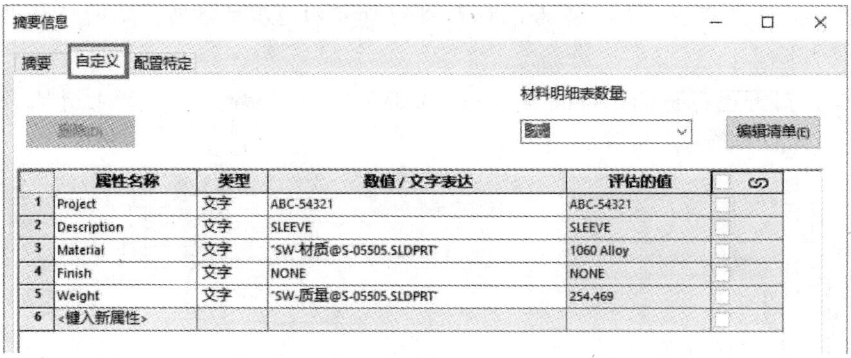

摘要信息

摘要　自定义　配置特定

材料明细表数量:　无　编辑清单(E)

删除(D)

	属性名称	类型	数值 / 文字表达	评估的值	
1	Project	文字	ABC-54321	ABC-54321	
2	Description	文字	SLEEVE	SLEEVE	
3	Material	文字	"SW-材质@S-05505.SLDPRT"	1060 Alloy	
4	Finish	文字	NONE	NONE	
5	Weight	文字	"SW-质量@S-05505.SLDPRT"	254.469	
6	<键入新属性>				

图 2-18　查看模型的自定义属性

2.6　工程图模板设计策略

现在已介绍了工程图文档和模板的结构，下面将介绍设计自定义工程图模板的过程。在 SOLIDWORKS 中创建自定义文档模板是提高设计效率的较好方法之一。创建零件和装配体模板的过程相对简单，但创建工程图模板是一个多步骤的操作过程，其中包括创建自定义图纸格式文件。

创建工程图模板和图纸格式的方法如下：

1）创建不含图纸格式文件的工程图模板，并在选项中定义文件位置。首先设置一个工程图模板，其中包括所有所需的文档属性、显示设置、图纸属性和自定义属性。

为了在【新建 SOLIDWORKS 文件】对话框中访问模板，用户必须在【选项】/【系统选项】/【文件位置】中为【文档模板】定义位置。

技巧　若要创建零件和装配体模板，请参考《SOLIDWORKS®零件与装配体教程（2019 版）》中有关“模型模板”的内容。

2）创建带有自定义属性的示例模型和工程图文档。创建所有自定义属性的示例模型和工程图文档，将会更加容易地创建带有自定义属性的链接，如图 2-19 所示。

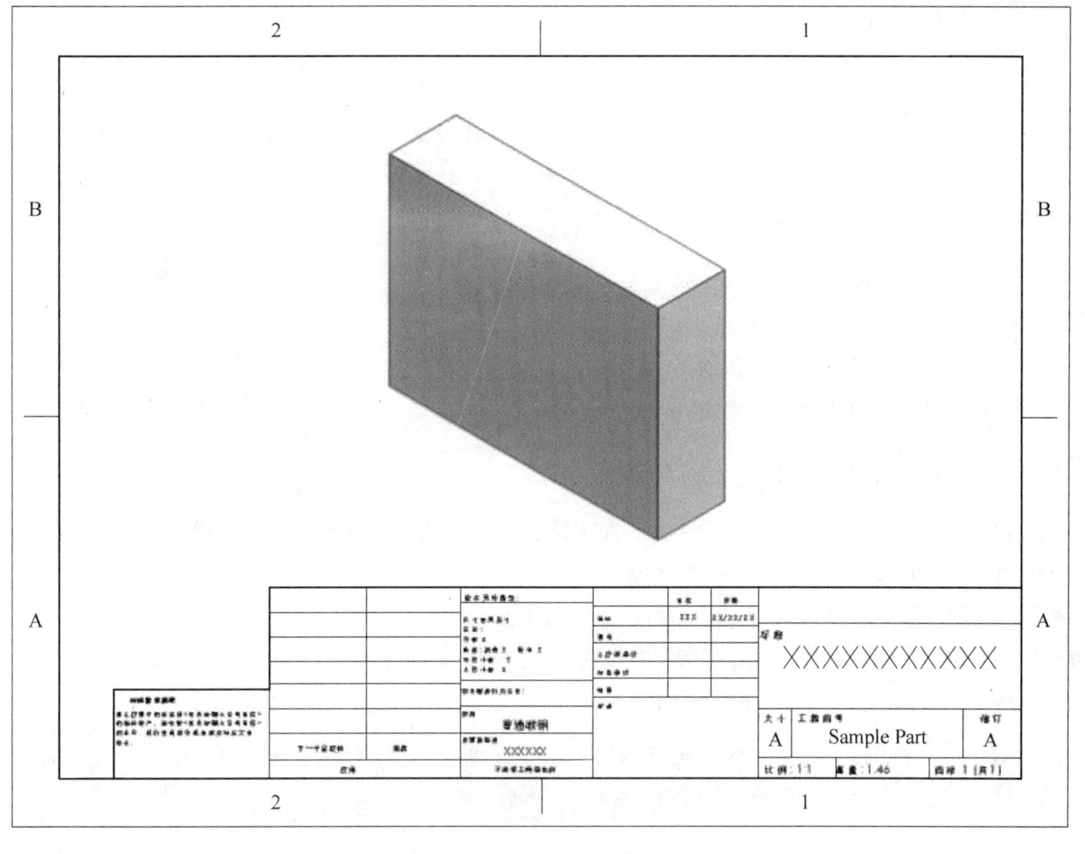

图 2-19　创建示例模型和工程图文档

3）创建/自定义图纸格式文件。用户可以从头开始创建图纸格式文件，也可以自定义现有图纸格式以满足需求。在选择常用的纸张尺寸后，可以使用以下步骤完成图纸格式的创建：

- 使用草图几何体设计标题栏区域。
- 添加所需的注释、属性链接和图像。
- 定义边框。
- 设定表格定位点。
- 定义可编辑的标题块字段（想了解有关该项的更多信息，请参考“3.9　标题块字段”）。

利用 SOLIDWORKS 默认图纸格式进行操作是设计自定义格式的较好方法。另一种方法是导入旧版 DXF 或 DWG 标题块以供使用。有关如何将 DXF 或 DWG 标题块转换到 SOLIDWORKS 中使用的更多信息，请参考 SOLIDWORKS 帮助文档。

4）保存图纸格式并在【选项】中定义其文件位置。为了使图纸格式中的更改可用于新工程图文档和图纸，必须将其保存。【文件】/【保存图纸格式】命令可用于创建或更新外部图纸格式文件，如图 2-20 所示。若要在系统对话框中选择自定义图纸格式，用户必须在【选项】⚙/【系统选项】/【文件位置】中为【图纸格式】定义位置。

5）测试图纸格式。使用保存的图纸格式创建新工程图，并测试所有标题栏字段是否正确填充并且格式正确。

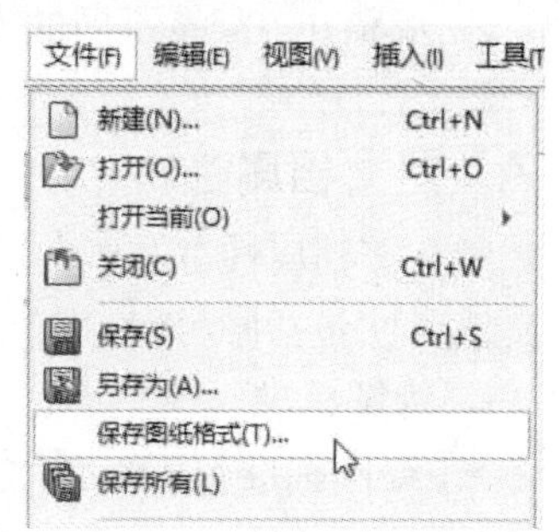

图 2-20　保存图纸格式

6）创建其他图纸格式。完成单个图纸格式文件后，可以重复使用它，以创建其他图纸尺寸的格式，如图 2-21 所示。

7）创建包含图纸格式的工程图模板（可选操作）。有些用户会选择没有保存图纸格式的通用工程图模板，有些用户会选择为常用的图纸尺寸创建几个合成的工程图模板，这些模板类似于培训模板，如图 2-22 所示。

SW A-横向.slddrt
SW A-纵向.slddrt
SW B-横向.slddrt
SW C-横向.slddrt
SW D-横向.slddrt

图 2-21　创建其他图纸格式

图 2-22　包含图纸格式的工程图模板

2.7　设计工程图模板

下面将首先创建一个不含图纸格式的工程图模板，其中包括用户希望作为标准的设置和属性。有两种方法可以创建新的工程图模板：

- 打开现有模板，修改设置，然后使用新名称进行保存。
- 使用【新建】，修改设置，然后将其保存为模板文件类型。

在本例中，将新建一个工程图文档并修改其设置，将其保存为模板文件类型。

技巧 在制作工程图模板时最好同时制作零件和装配体模板，因为它们通常会共享公共信息，如单位、绘图标准和自定义属性等。

提示 想了解零件和装配体模板的更多信息，请参考“2.7.7　模型模板”和“练习 2-2　设计模型模板”。在《SOLIDWORKS®零件与装配体教程（2019 版）》中也有关于模型模板知识的讲解。

操作步骤

步骤 1　新建工程图　单击【新建】，在对话框中选择“Drawing_ISO”模板。

步骤 2　取消【图纸格式/大小】对话框　由于不想为此工程图指定图纸格式，因此在对话框中单击【取消】。

步骤 3　访问文档属性　单击【选项】/【文档属性】。

步骤 4　查看不同的设置　在左侧窗格中选择不同类别的设置以查看可用的选项。

扫码看视频

2.7.1　文档属性

所有文档属性都与当前的文档储存在一起，并保存在文档模板中。用户需要考虑的几个重要的文档属性包括【绘图标准】和【单位】。

1. 绘图标准

- 【绘图标准】控制着【注解】和【尺寸】的样式与外观，如图 2-23 所示。
- 用户可以修改默认绘图标准并将其保存在外部，以应用到其他文档或工程图模板中。

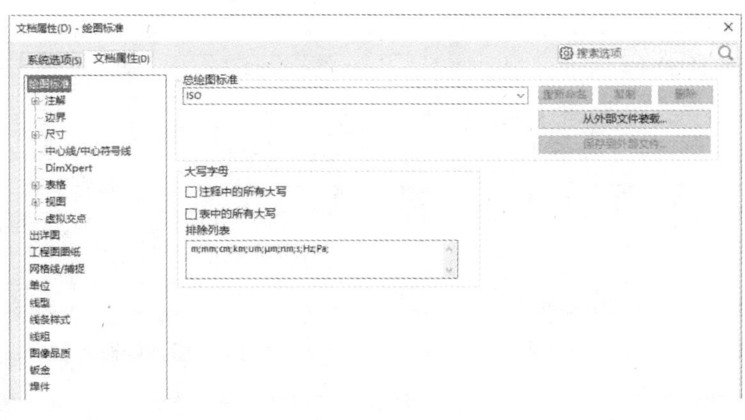

图 2-23　绘图标准

2. 单位

- 用户可以从【单位系统】中选择常用的标准单位系统，如图 2-24 所示。当选择【自定义】单位系统时，用户可以修改单位列表中的任一项目。
- 为了改变尺寸的精度，用户可以在【小数】单元格的下拉菜单中选择所需的小数位数。
- 如果需要使用分数，用户可以在【分数】单元格中输入所需分母，然后使用【更多】列定义其他的分数选项。
- 在【尺寸】类别中，用户可以修改各种尺寸类型的细节。

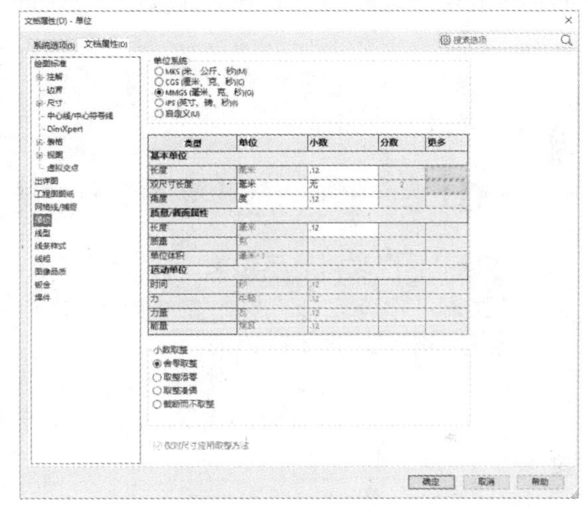

图 2-24　单位

> 提示：想了解有关定义单位的更多信息，请参考“练习 2-1　定义单位”。

对于本例中的自定义工程图模板，将对【绘图标准】和【单位】进行一些调整。这些设置将成为使用该模板创建的新工程图的默认设置。

步骤 5　修改绘图标准　单击【绘图标准】，勾选【注释中的所有大写】和【表中的所有大写】复选框，如图 2-25 所示。

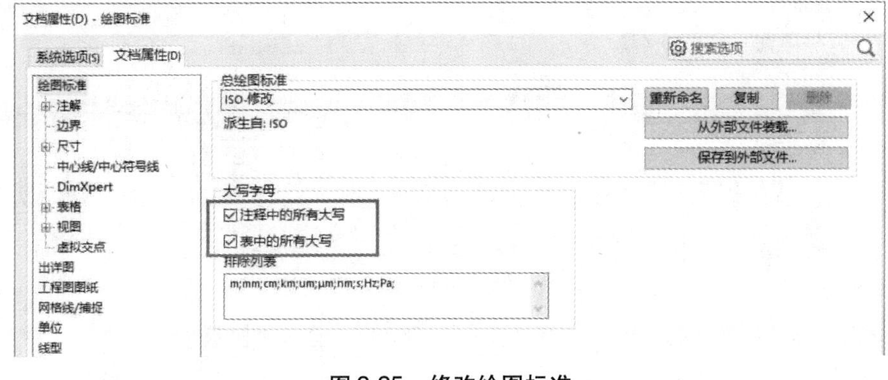

图 2-25　修改绘图标准

步骤 6　修改单位　单击【单位】，在【单位系统】中选择【自定义】。在下拉菜单中选择【公斤】作为【质量】的单位，如图 2-26 所示。

步骤 7　单击【确定】

类型	单位	小数	分数	更多
基本单位				
长度	毫米	.12		...
双尺寸长度	毫米	.12		...
角度	度	.12		
质量/截面属性				
长度	毫米	.12		
质量	公斤			
单位体积	毫米^3			
运动单位				

图 2-26　修改单位

2.7.2　模板中的显示设置

有一些文档显示设置储存在工程图模板中，这些设置可在【选项】对话框之外进行访问，如图形区域的视图设置和 FeatureManager 设计树的【树显示】设置。

步骤 8　修改视图设置　在前导工具栏中，单击【隐藏/显示】，打开【焊缝】的可见性，如图 2-27 所示。

技巧　通过在菜单中选择【视图】/【隐藏/显示】，也可以访问这些设置。

步骤 9　修改树显示设置　右键单击 FeatureManager 顶部的文件名，单击【树显示】，选择【仅有一个存在时，则不显示配置/显示状态名称】。再次访问【树显示】，选择【显示零部件说明】，如图 2-28 所示。

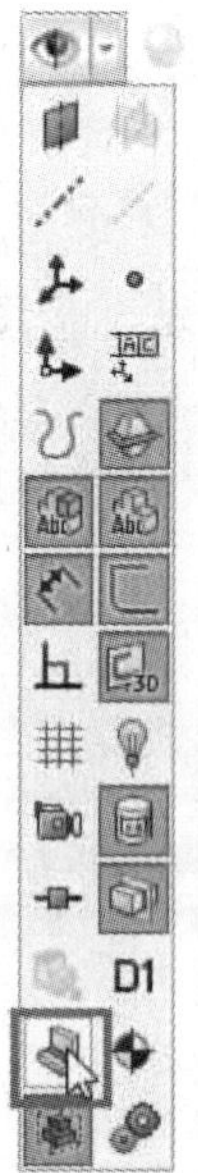

图 2-27　修改视图设置

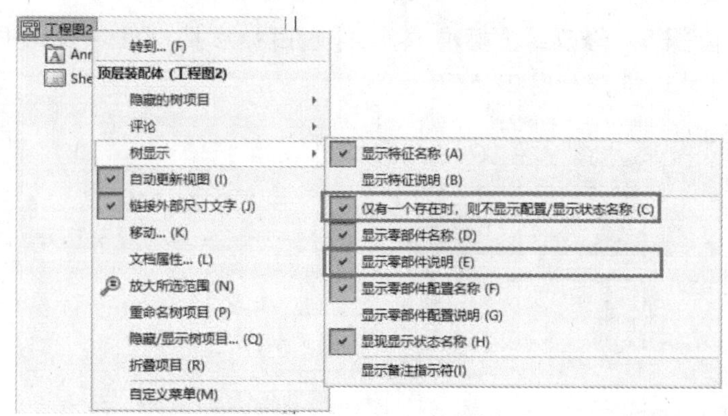

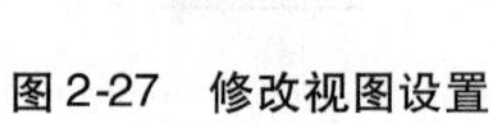

图 2-28　修改树显示设置

2.7.3 模板中的图纸属性

工程图模板中至少包含一张工程图图纸。每张图纸都有一些属性可以与文档模板一起储存。这些属性包括图纸名称、默认的图纸比例、投影类型以及是否将图纸格式应用于该图纸上等。

步骤 10　访问图纸属性　右键单击“Sheet1”，选择【属性】。

步骤 11　查看图纸属性　由于没有为该图纸选择图纸格式，其被设置为【自定义图纸大小】，与 B 尺寸大小一致，如图 2-29 所示。不作更改，单击【取消】。

提示：将其用作工程图模板时，如果为图纸选择了格式，系统将会自动调整图纸尺寸。

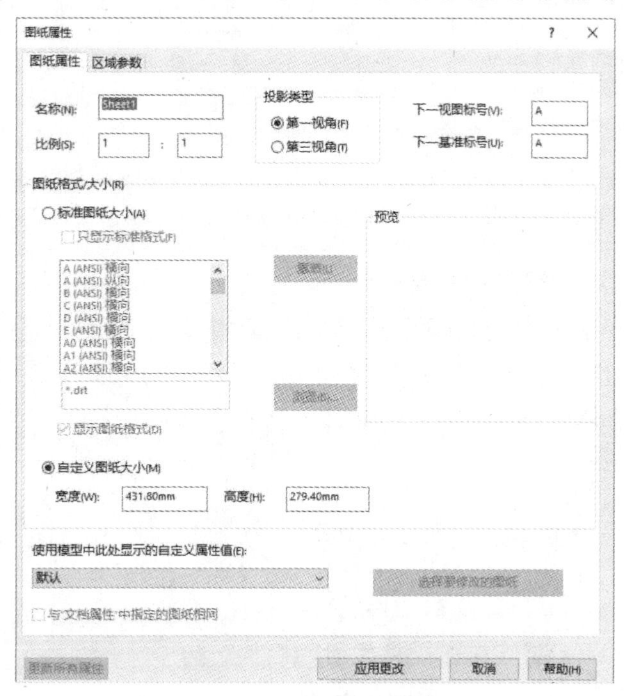

图 2-29　查看图纸属性

2.7.4 模板中的自定义属性

将自定义属性添加到文档中以传达有关文件的自定义数据。用户通过输入创建所需的属性名称和属性值。为了确保所有新文档中包含所需的自定义属性信息，可以将这些自定义属性储存到文档模板中。

步骤 12　访问文件属性　单击【文件属性】。

步骤 13　添加自定义属性名称　切换至【自定义】选项卡，在【属性名称】列中添加以下属性名称：

- Revision
- DrawnBy
- DrawnDate

步骤 14　添加默认值　用户可以将默认值添加到属性中。在本例中，将“Revision”属性的默认值定义为“A”，如图 2-30 所示。

步骤 15　单击【确定】

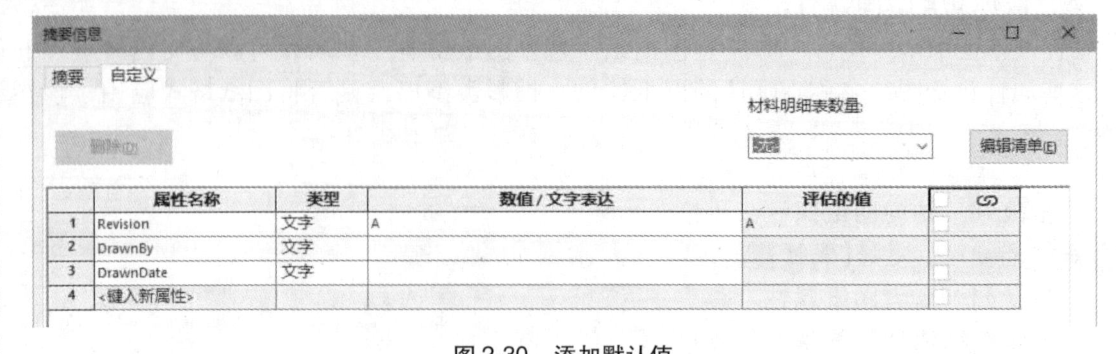

图 2-30　添加默认值

2.7.5　另存为模板

现在已经调整好设置和属性，下面将工程图另存为模板。自定义模板应储存在自定义文件位置，以便与默认模板分开管理。在多用户环境中，也可以将模板保存到网络位置以在用户之间共享。

本例中，在练习文件中包含一个“Custom Templates”文件夹，用于储存自定义模板和图纸格式。

步骤 16　另存为模板　单击【另存为】，更改【保存类型】为“工程图模板（*.drwdot）”。

> **提示**　该对话框将会自动定位到默认的 SOLIDWORKS 模板文件位置。

步骤 17　浏览到“Custom Templates”文件夹　浏览到“Custom Templates”文件夹。

步骤 18　另存为“Standard Drawing”　更改模板的名称为“Standard Drawing”，如图 2-31 所示。单击【保存】。

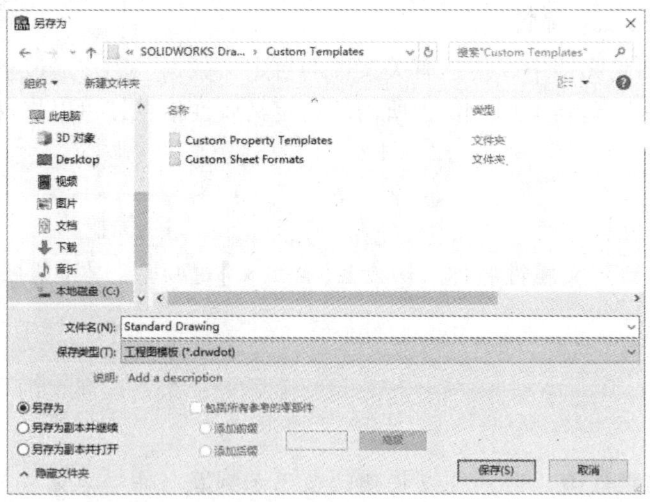

图 2-31　另存为“Standard Drawing”

步骤 19　关闭该工程图模板

2.7.6 定义模板位置

为了在【新建 SOLIDWORKS 文档】对话框中访问自定义模板，用户必须在【选项】中定义其位置。下面将把自定义模板文件夹 "Custom Templates" 添加为【文件模板】文件位置。此外，还会将其移动到列表顶部，以将此文件夹定义为新模板的默认位置。

步骤 20 为模板定义新的文件位置 单击【选项】/【系统选项】/【文件位置】。在【显示下项的文件夹】中，已经默认选择了【文件模板】。单击【添加】，浏览到 Custom Templates 文件夹后，单击【选择文件夹】。

技巧 系统应该会自动打开到上述位置。

步骤 21 将新位置指定为默认位置 使用【上移】按钮将新文件位置移动到列表顶部，如图 2-32 所示。单击【确定】后，再单击【是】以确认更改。

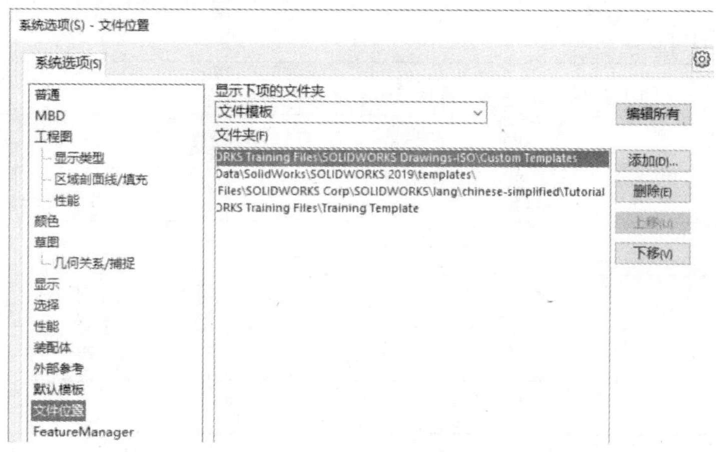

图 2-32 将新位置指定为默认位置

提示 表中列出的第一个文件位置将被识别为默认模板位置。当用户打开或保存模板时，也将定位到该文件夹位置。

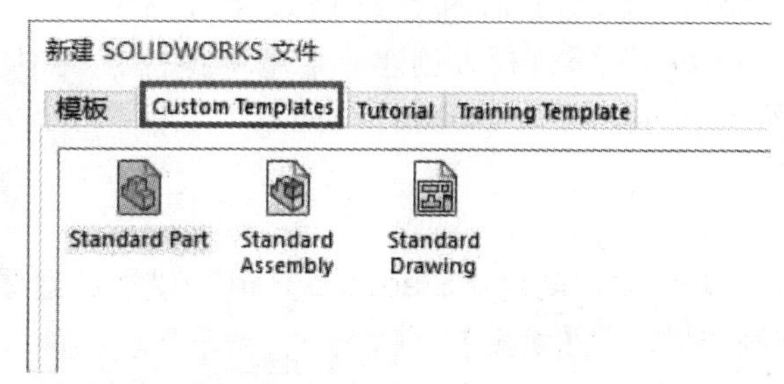

图 2-33 访问【新建 SOLIDWORKS 文件】对话框

步骤 22 访问【新建 SOLIDWORKS 文件】对话框 单击【新建】，在对话框中选择新的【Custom Templates】选项卡，如图 2-33 所示。

2.7.7 模型模板

自定义模板文件夹 "Custom Templates" 中包含了提前设置的零件模板和装配体模板。保存在工程图模板中的许多相同设置也包含在模型模板中，如文档属性、显示设置和自定义属性等。

此外，与 3D 环境相关的其他设置，也储存在模型模板中。

- 模板中的信息　表 2-1 总结了不同类型文档模板可以保存的内容。

表 2-1　不同类型文档模板可以保存的内容

		模板类型		
		零件	装配体	工程图
设置	【选项】/【文档属性】	✓	✓	✓
	【隐藏/显示】项目设置	✓	✓	✓
	FeatureManager【树显示】设置	✓	✓	✓
	【文件属性】	✓	✓	✓
	【显示样式】	✓	✓	
	【视图定向】	✓	✓	
	【DisplayManager】设置	✓	✓	
特征	【草图】	✓	✓	✓
	【特征】	✓		
	【材料】	✓		
	【配置】	✓	✓	
	【预定义视图】			✓
注解	【表格】	✓	✓	✓
	【注释】	✓	✓	✓

2.8　创建示例模型和工程图

在完成工程图模板和图纸格式文件后，下一步是创建示例模型和工程图。下面将使用“Standard Part”零件模板创建一个基本零件，其中包含用户希望成为标准的所有自定义属性信息。然后，再使用“Standard Drawing”工程图模板和默认的 SOLIDWORKS 图纸格式创建该零件的工程图。

步骤 23　使用“Standard Part”模板新建零件　选择“Standard Part”模板，如图 2-34 所示，单击【确定】。

步骤 24　查看“Standard Part”模板中的信息　创建的新零件继承了“Standard Part”模板中储存的所有设置。浏览【文档属性】、【隐藏/显示】项目、【树显示】和【文件属性】等项目，查看模板中包含的设置。

步骤 25　创建矩形拉伸特征　绘制【草图】，并创建【拉伸凸台/基体】特征，如图 2-35 所示。

步骤 26　添加材料　右键单击【材质】，选择【普通碳钢】。

图 2-34　“Standard Part”模板

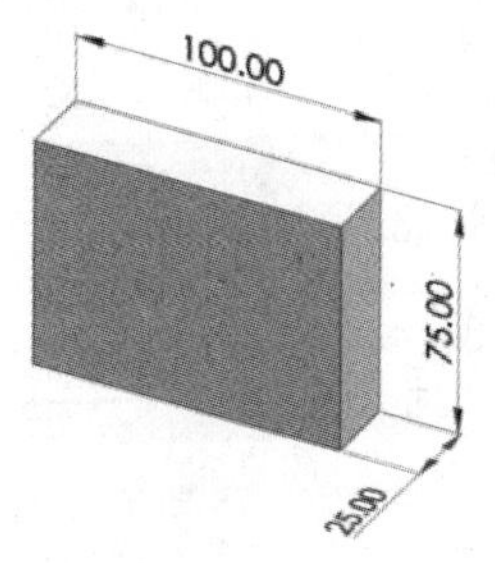

图 2-35　创建矩形拉伸特征

步骤 27　修改自定义属性　单击【文件属性】。此零件包含了用户希望在所有零件上都含有的几个标准自定义属性名称。某些属性链接到模型信息，如材质（Material）和重量（Weight）。下面将为其他属性添加一些图 2-36 所示的广义数值，以便查看其在图形中的显示方式。

摘要信息

摘要　自定义　配置特定

删除(D)　　材料明细表数量：-无-　　编辑清单(E)

	属性名称	类型	数值 / 文字表达	评估的值	
1	Project	文字	XXX-XXXXX	XXX-XXXXX	
2	Description	文字	XXXXXXXXXXX	XXXXXXXXXXX	
3	Material	文字	"SW-材质@零件1.SLDPRT"	普通碳钢	
4	Weight	文字	"SW-质量@零件1.SLDPRT"	1462.50	
5	Finish	文字	XXXXXX	XXXXXX	
6	<键入新属性>				

图 2-36　修改自定义属性

步骤 28　保存零件　将零件以“Sample Part”的名称保存到 Lesson02 \ Case Study 文件夹内。

步骤 29　新建工程图　单击【从零件/装配体制作工程图】，选择“Standard Drawing”模板，选择“A（ANSI）横向”作为图纸格式。

提示　通过修改此默认图纸格式文件来创建用户希望使用的自定义图纸格式。

图 2-37　添加等轴测图

步骤 30　添加等轴测图　在工程图图纸中添加“Sample Part”零件的等轴测图，如图 2-37 所示。在工程图视图 FeatureManager 中将【显示样式】修改为【带边线上色】。

步骤 31　添加工程图自定义属性　单击【文件属性】，为属性添加图 2-38 所示的广义数值，以便查看其在图形中的显示方式。

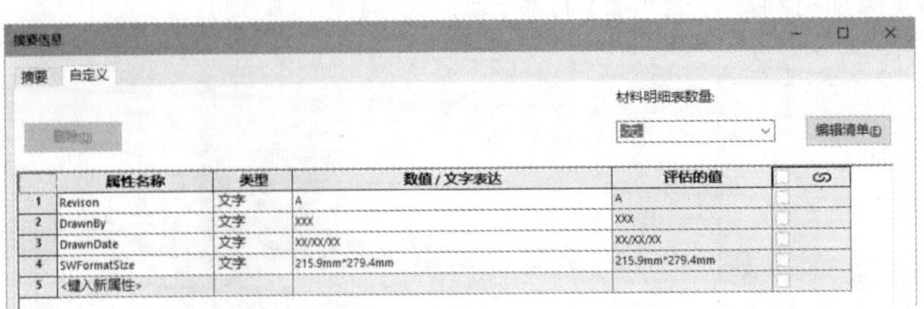

图 2-38　添加工程图自定义属性

步骤 32　保存工程图　完成的工程图如图 2-39 所示，最后将工程图以“Sample Drawing”的名称保存到 Lesson02 \ Case Study 文件夹内。

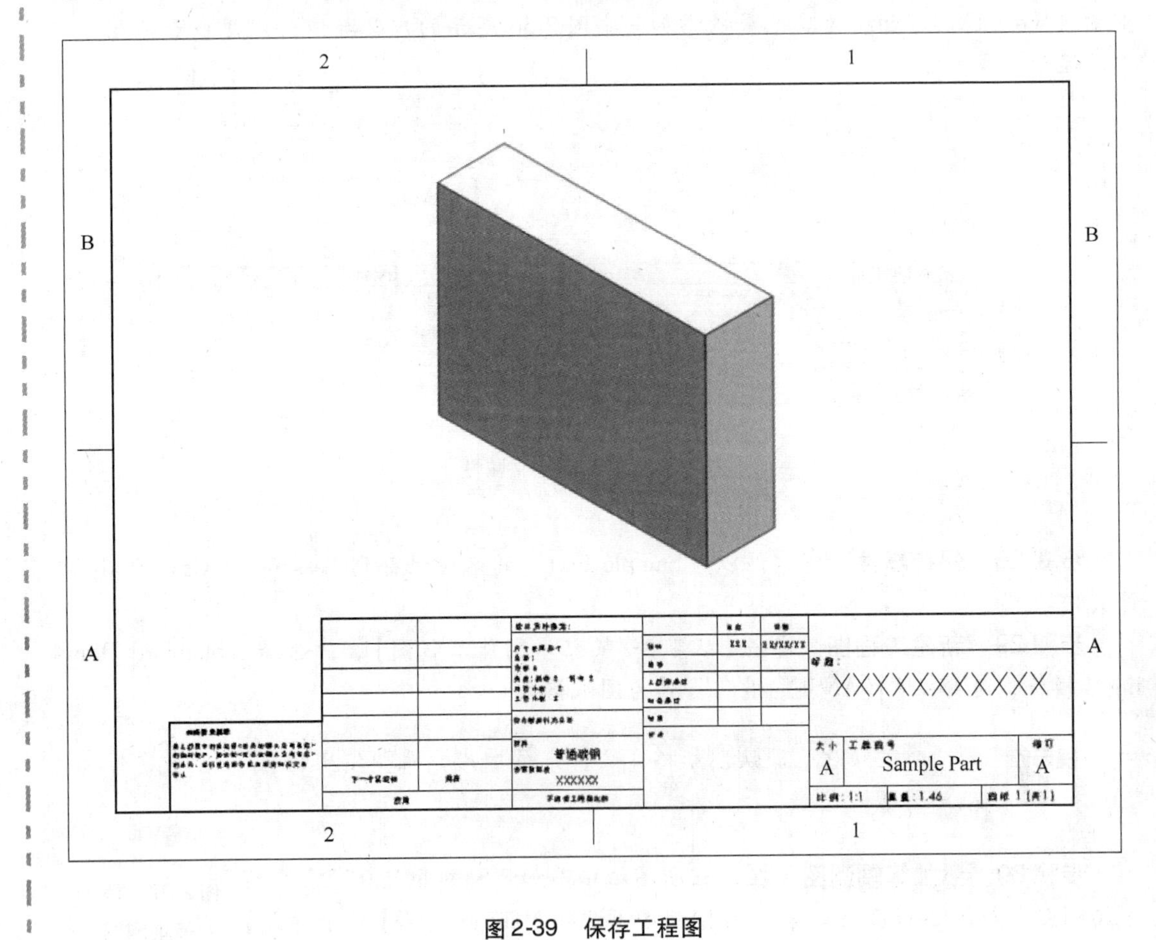

图 2-39　保存工程图

练习 2-1　定义单位

为了练习定义不同的单位，例如分数和双制尺寸等，下面将使用其他单位修改图 2-40 所示的工程图。用户在已提供的工程图文档中看到的单位设置与零件和装配体模型中可用的设置是相同的。

本练习将使用以下技术：

- 文档属性。

扫码看 3D

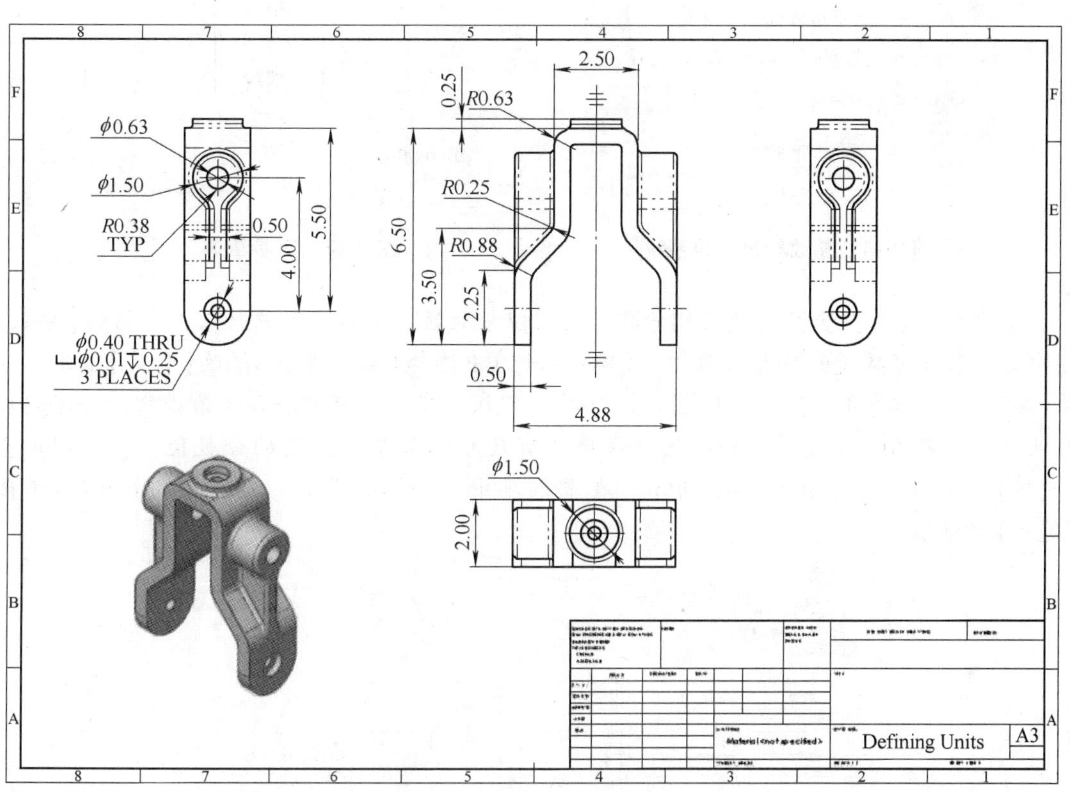

图 2-40　示例工程图

操作步骤

步骤 1　打开工程图　从 Lesson02 \ Exercises 文件夹内打开“Defining Units. SLDDRW”文件。

步骤 2　修改标准单位系统　文档属性可以设置文档的单位，但状态栏中提供了一种快捷方式，以用于在标准单位系统之间切换。在状态栏中激活单位菜单，其中显示当前的单位系统是【IPS（英寸、磅、秒）】，从列表中选择【MMGS（毫米、克、秒）】，如图 2-41 所示。

步骤 3　查看结果　工程图的尺寸和注解进行了更新，以毫米为单位显示，如图 2-42 所示。

步骤 4　编辑文档单位　再次激活状态栏的单位菜单，单击【编辑文档单位】。此选项将打开【选项】对话框，显示【文档属性】/【单位】页面。

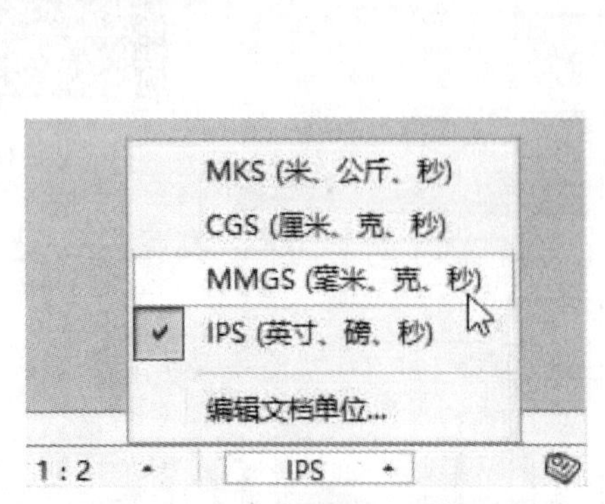

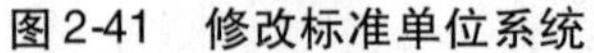

图2-41　修改标准单位系统

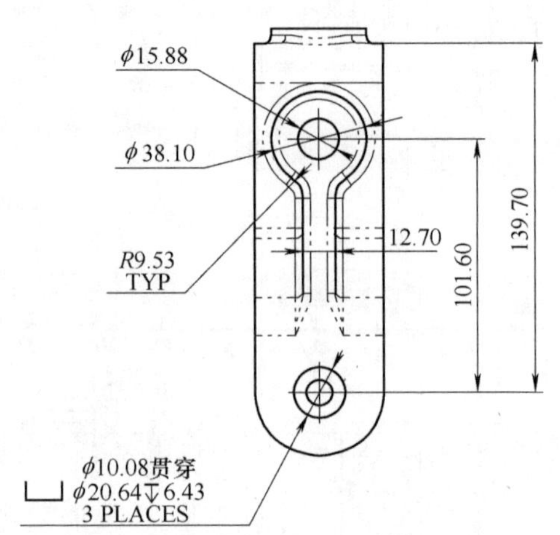

图2-42　查看结果

步骤5　将单位更改为英寸和分数　为了以分数显示单位，用户只需在表格的【分数】列中定义最低可接受的分母即可。在【单位系统】中选择【自定义】，修改【长度】基本单位为【英寸】，激活【分数】单元格并输入“64”。默认情况下，尺寸将显示为小数，并不转换或圆整到设定的分母尺寸。如果用户希望所有尺寸都圆整到最近的分数值，则可以调整【更多】列中的选项，如图2-43所示。在本练习中，并不需要作修改，单击【确定】关闭【选项】对话框。

单位系统
○MKS (米、公斤、秒)(M)
○CGS (厘米、克、秒)(C)
○MMGS (毫米、克、秒)(G)
○IPS (英寸、磅、秒)(I)
◉自定义(U)

类型	单位	小数	分数	更多
基本单位				
长度	英寸	无	64	...
双尺寸长度	英寸	.12		...
角度	度	.12		
质量/截面属性				

圆整到最近的分数值
从 2'4" 转成 2'-4" 格式

图2-43　将单位改为英寸和分数

步骤6　查看结果　工程图中的大部分尺寸都转换为分数。某些尺寸，如孔标注中的ϕ0.40，仍为小数，如图2-44所示。

步骤7　显示双制尺寸　下面将再次更改此工程图的设置以显示双制尺寸。此选项在【尺寸】设置中定义。从状态栏中单击【编辑文档单位】，在【单位系统】中选择【MMGS（毫米、克、秒）】，如图2-45所示。访问【尺寸】设置，在【双制尺寸】中，勾选【双制尺寸显示】和【为双显示显示单位】复选框，如图2-46所示。单击【确定】关闭【选项】对话框。

步骤8　查看结果　所有尺寸均显示为双制尺寸，如图2-47所示。

步骤9　根据需要排列尺寸（可选步骤）

步骤10　保存并关闭所有文件

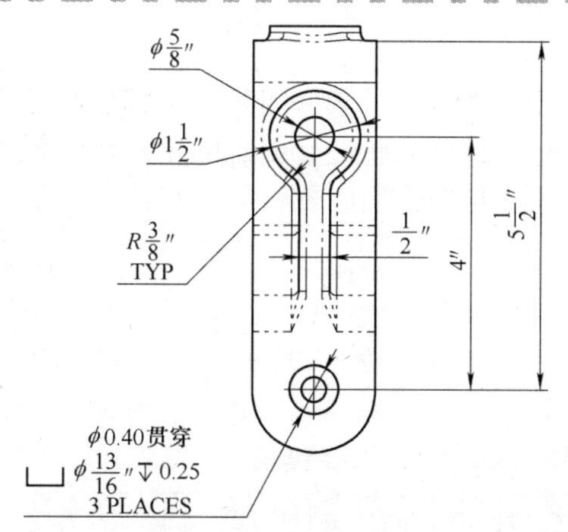

图 2-44　查看结果

单位系统
- ○ MKS (米、公斤、秒)(M)
- ○ CGS (厘米、克、秒)(C)
- ◉ MMGS (毫米、克、秒)(G)
- ○ IPS (英寸、磅、秒)(I)
- ○ 自定义(U)

类型	单位	小数	分数	更多
基本单位				
长度	毫米	.12		...
双尺寸长度	英寸	.12		...
角度	度	.12		
质量/截面属性				

图 2-45　修改单位系统

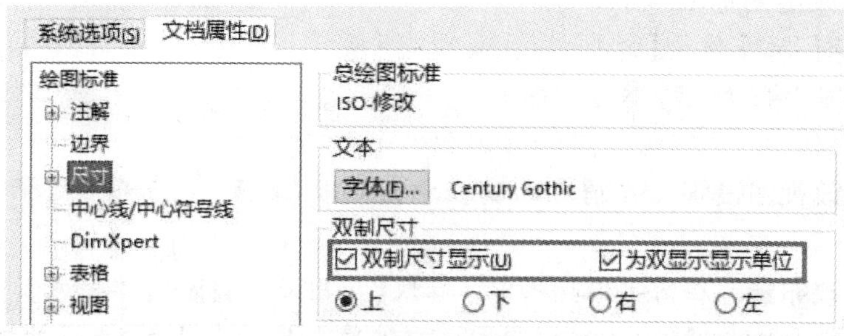

图 2-46　显示双制尺寸

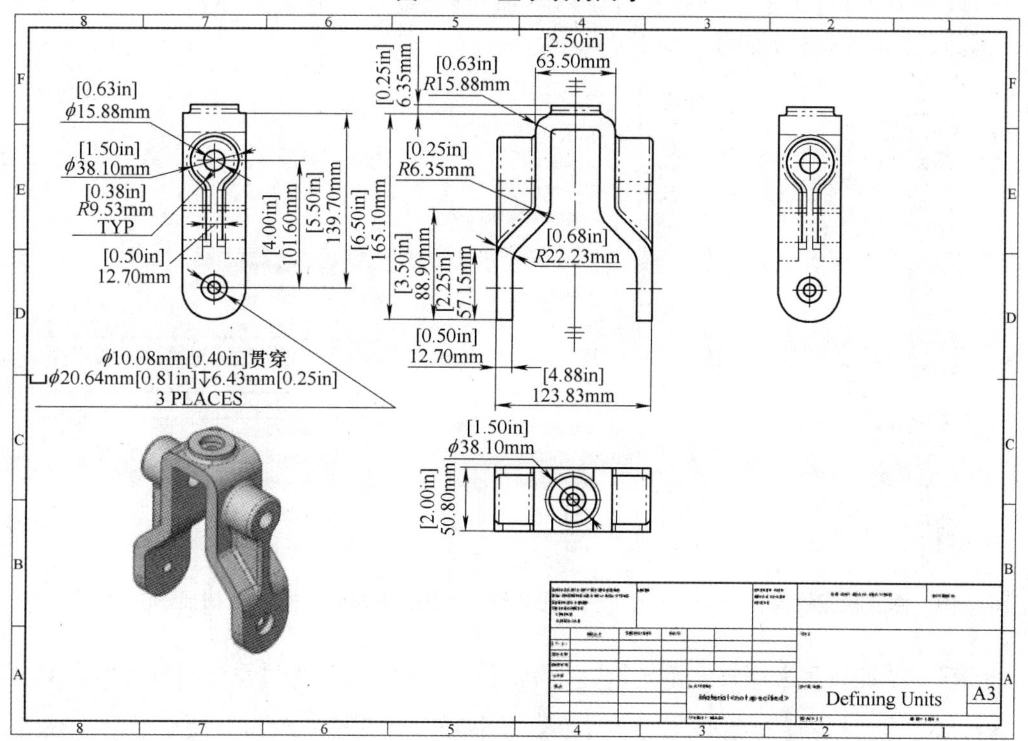

图 2-47　查看结果

练习 2-2　设计模型模板

本练习将完成练习文件中提供的“Standard Part”和“Standard Assembly”模型模板。创建前需要考虑在新文档中作为标准的文档属性、显示设置和自定义属性。创建的模板数量没有限制，因此用户可以设计具有不同设置的不同模板以满足使用需求。

本练习将使用以下技术：

- 模型模板。

操作步骤

步骤 1　创建新零件文档　单击【新建】，选择“Part_MM”零件模板。

步骤 2　访问文档属性　单击【选项】/【文档属性】。

步骤 3　修改绘图标准　从下拉菜单中选择【ISO】作为【总绘图标准】，如图 2-48 所示。单击【确定】。

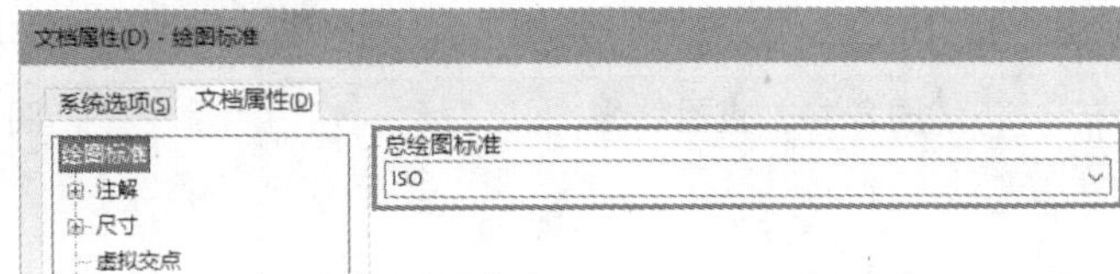

图 2-48　修改绘图标准

步骤 4　修改视图设置　在前导工具栏中，修改【隐藏/显示项目】，如图 2-49 所示。

步骤 5　修改布景　在前导工具栏中，修改【应用布景】为【单白色】。

步骤 6　调整 FeatureManager 树显示　右键单击 FeatureManager 设计树顶部的零件名称。选择【树显示】/【仅有一个存在时，则不显示配置/显示状态名称】，重新访问【树显示】，选择【显示零部件说明】，如图 2-50 所示。

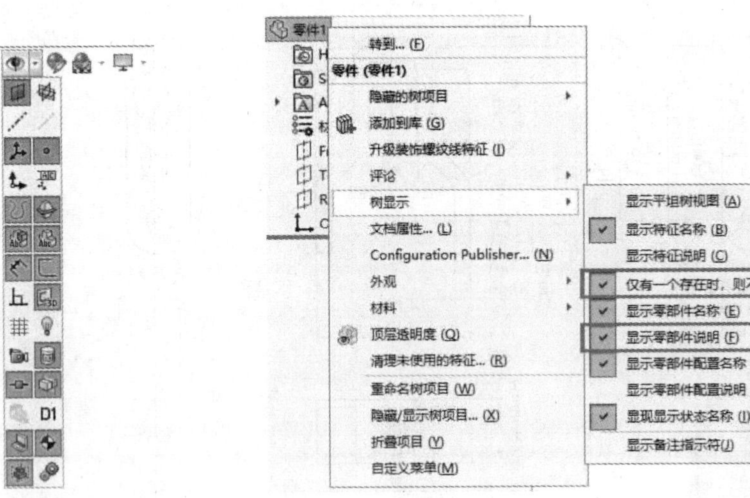

图 2-49　修改视图设置　　图 2-50　调整 FeatureManager 树显示

步骤7　添加自定义属性　单击【文件属性】，添加图 2-51 所示的属性名称和数值。

技巧　使用【数值/文字表达】单元格中的下拉菜单添加指向模型材料和质量的链接。

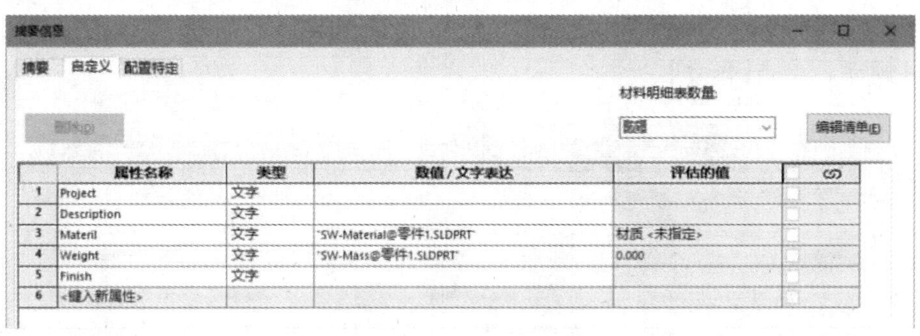

图 2-51 添加自定义属性

步骤 8 另存为模板 单击【另存为】，更改【保存类型】为"Part Templates (*.prtdot)"。

步骤 9 浏览到"Lesson02 \ Exercises"文件夹 浏览到"Lesson02 \ Exercises"文件夹。

步骤 10 另存为"Standard Part" 更改模板的名称为"Standard Part"，如图 2-52 所示，单击【保存】。

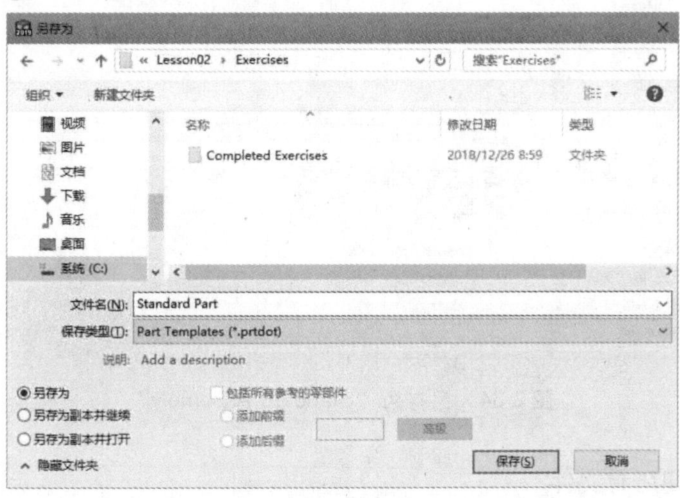

图 2-52 另存为"Standard Part"

步骤 11 关闭该零件模板

步骤 12 创建新装配体文档 单击【新建】，选择"Assembly_MM"装配体模板。

步骤 13 取消【开始装配体】命令

步骤 14 重复操作 重复与定义零件模板相同的操作（步骤 2～步骤 7），按图 2-53 所示添加自定义属性。

步骤 15 另存为模板 单击【另存为】，更改【保存类型】为"Assembly Templates (*.asmdot)"。

步骤 16 浏览到"Lesson02 \ Exercises"文件夹 浏览到"Lesson02 \ Exercises"文件夹。

步骤17　另存为“Standard Assembly”　更改模板的名称为“Standard Assembly”，如图2-54所示，单击【保存】。

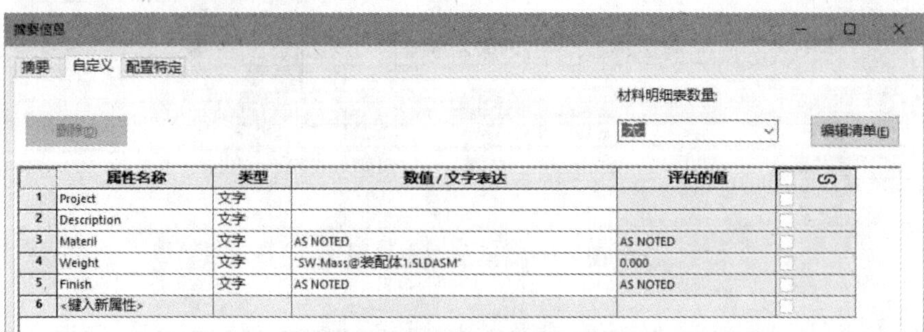

图2-53　添加自定义属性

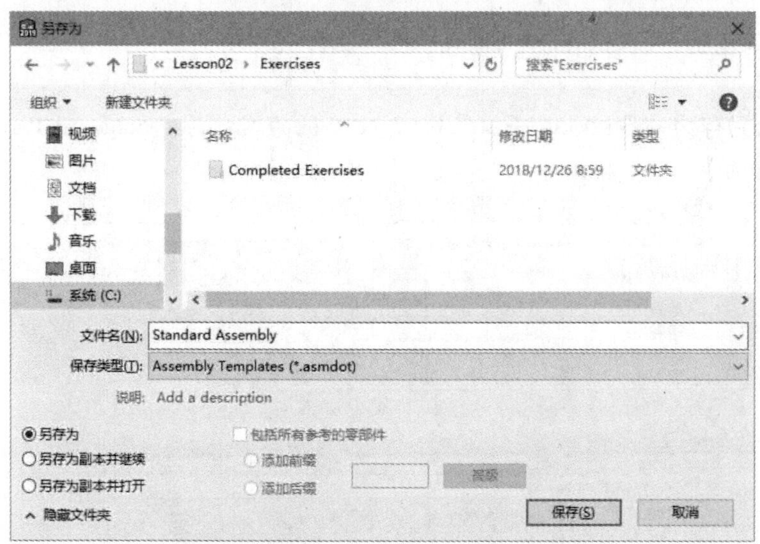

图2-54　另存为“Standard Assembly”

步骤18　关闭所有文件

第 3 章　自定义图纸格式

学习目标

- 创建自定义标题块
- 使用自动边界工具
- 设置表格定位点
- 定义可编辑的标题块字段

扫码看视频

3.1　概述

完成自定义模板的下一步工作是修改图纸格式以创建自定义标题栏和边框。为节省时间，练习文件提供了已经部分完成的图纸格式文件。下面将使用“Sample Drawing”文件完成所需的修改。

操作步骤

步骤 1　打开文件　使用在前面章节中创建的“Sample Drawing”文件或从 Lesson03\Case Study 文件夹内打开“Sample Drawing（L3）”文件，如图 3-1 所示。

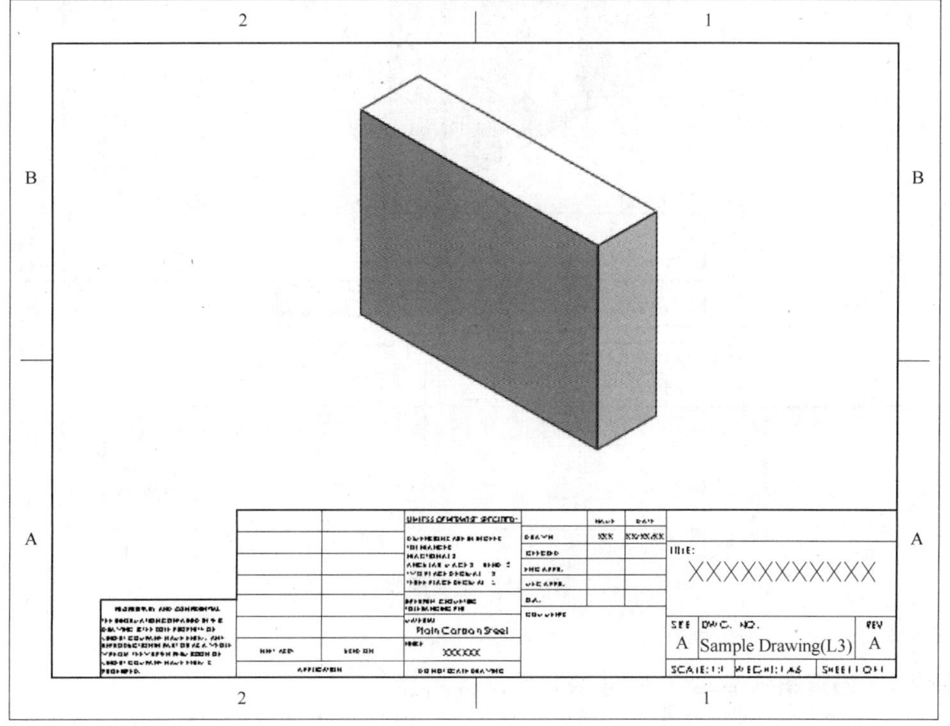

图 3-1　打开文件

步骤 2　访问图纸属性　按图 3-2 所示的方式访问图纸属性。

步骤 3　选择已存在的图纸格式　在对话框中的【图纸格式/大小】区域单击【浏览】，浏览到 Lesson03 \ Case Study 文件夹内，选择“SW A4-Landscape_Incomplete. slddrt”文件，如图 3-3 所示。单击【应用更改】，结果如图 3-4 所示。

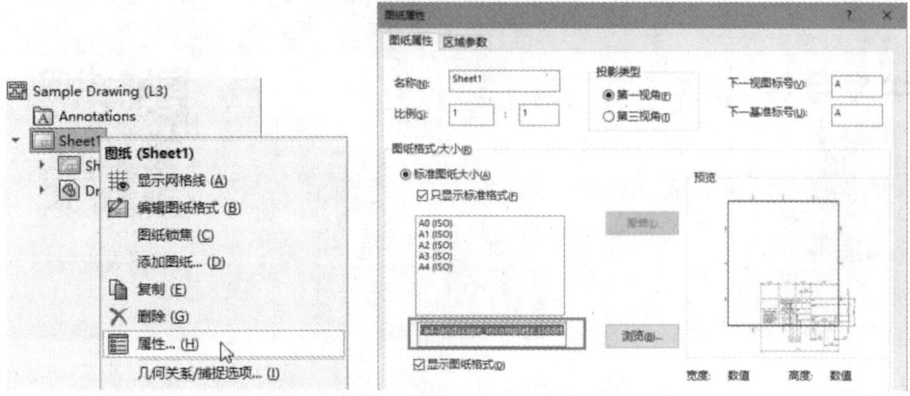

图 3-2　访问图纸属性　　　　图 3-3　浏览文件

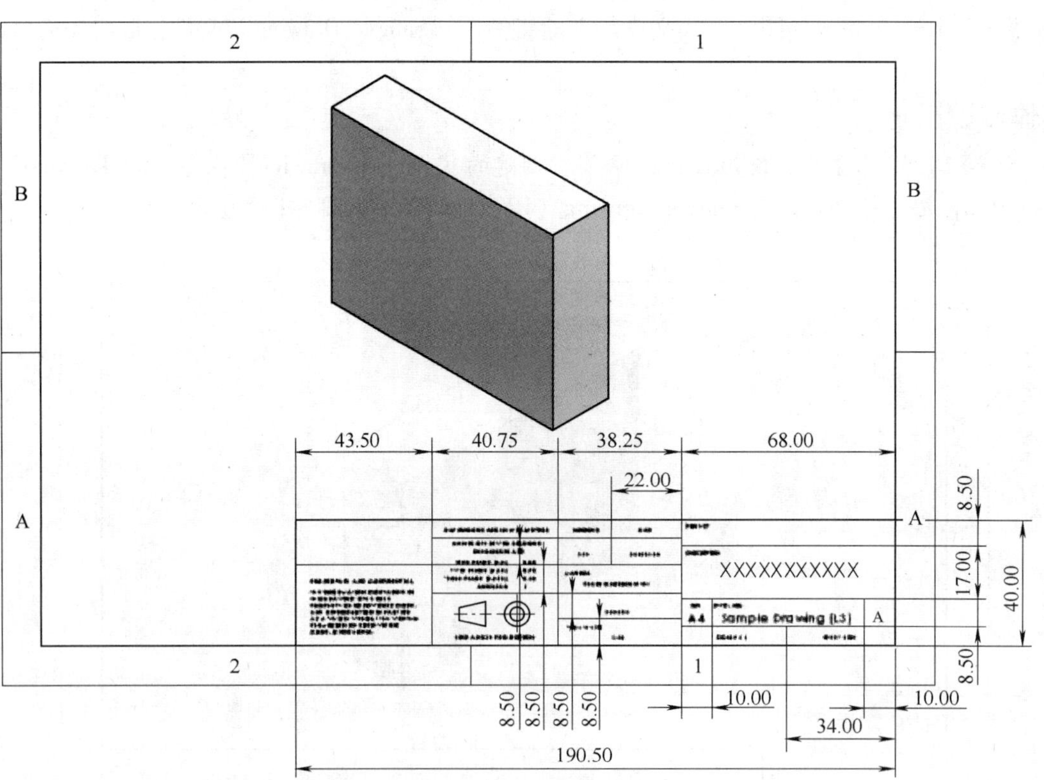

图 3-4　应用更改

步骤 4　编辑图纸格式　单击【编辑图纸格式】。

3.2 完成标题栏草图

此自定义标题栏是通过修改 SOLIDWORKS 默认的“A（ANSI）横向”图纸格式创建的。

现在已经修改了草图线段以形成所需的区域，并使用尺寸和草图关系进行了约束。标题栏的右下角已经固定到特定的 *X*－*Y* 坐标位置以完全定义草图，如图 3-5 所示。与此格式相关的纸张尺寸也已修改为 A4 大小。

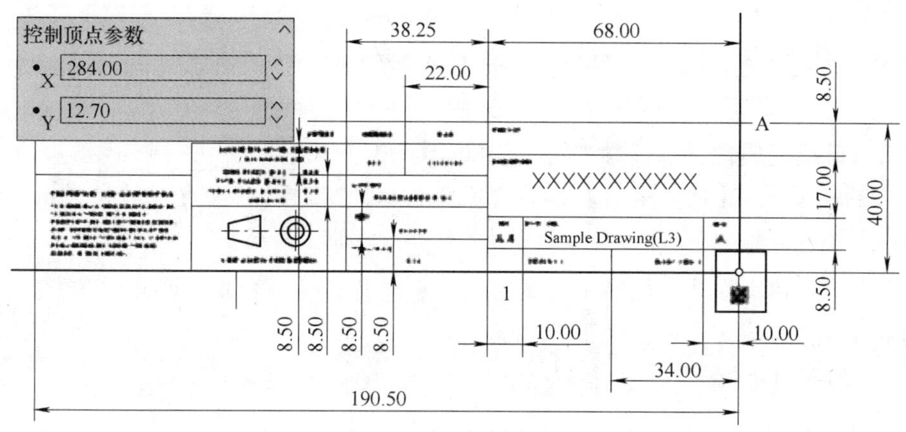

图 3-5 完全定义草图

为了保持标题栏尺寸的草图约束且在图形中不可见，用户可以将其隐藏。

技巧 为了快速选择所有尺寸，可以使用【选择过滤器】工具栏（〈F5〉键）来【过滤尺寸/孔标注】。

步骤 5 隐藏标题栏尺寸 选择所有标题栏尺寸，单击鼠标右键，从弹出的快捷菜单中选择【隐藏】。结果如图 3-6 所示。

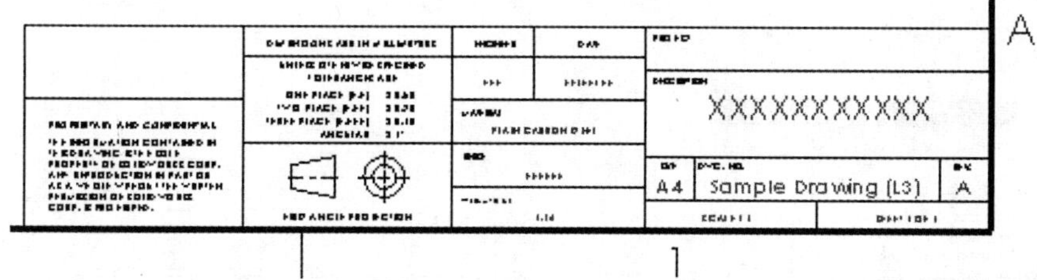

图 3-6 隐藏标题栏尺寸

技巧 如果需要访问隐藏的尺寸，可使用【隐藏/显示注解】命令。

3.3 完成标题栏注释

默认图纸格式中的许多注释已在自定义标题栏中重复使用。下面将首先修改链接到模型“Description”属性的注释，然后在标题栏的“Project”字段内添加新注释。

• 换行　如果描述的文本太长，则链接到模型“Description”属性的注释需要换到第二行。用户可以通过修改注释的【换行】选项来完成。使用【换行】为注释定义最大宽度，如果注释超出了定义的宽度，则文本将换到第二行。

步骤 6　修改注释　选择标题栏中“Description”字段的注释，在注释 PropertyManager 中找到【换行】选项，更改【换行宽度】为 65mm，如图 3-7 所示，单击【确定】✔。

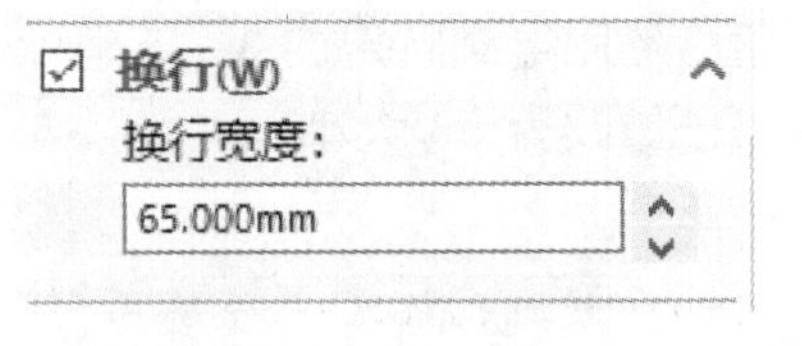

图 3-7　修改注释

步骤 7　新建注释　从【注解】选项卡中单击【注释】A。

步骤 8　链接到属性　在注释 PropertyManager 中单击【链接到属性】，在【使用来自此项的自定义属性】中选择【此处发现的模型】，在【属性名称】的下拉菜单中选择“Project”，如图 3-8 所示，单击【确定】。

> **技巧**　下拉菜单中提供了模型的现有自定义属性和 SOLIDWORKS 的特有属性。如果需要链接到当前不存在的属性，可以使用对话框中的【文件属性】按钮创建新属性。

步骤 9　格式化注释　在注释 PropertyManager 中，将文字格式设置为【居中】，并单击【无引线】。

步骤 10　放置注释　单击以将注释放在标题栏的 Project 字段中，如图 3-9 所示。

步骤 11　完成注释　在注释 PropertyManager 中单击【确定】✔。

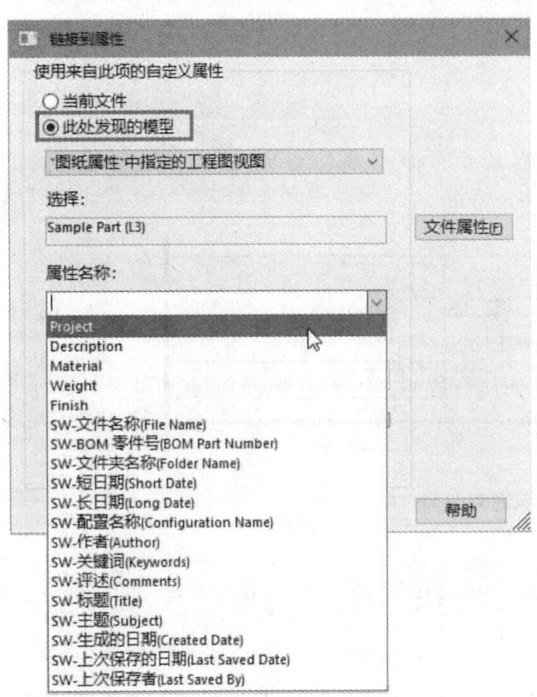

图 3-8　链接到属性

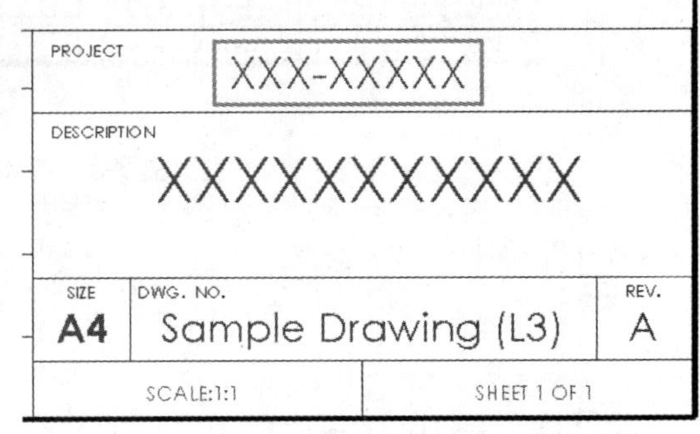

图 3-9　放置注释

3.4 定位注释的技巧

用户可能已经注意到图形区域中出现了推理线，以帮助在工程图图纸上放置注释。如果不希望注释与图形中的其他元素对齐，在放置或移动注释时按住〈Alt〉键即可。

对齐注释的另一种工具是【捕捉到矩形中心】命令，此工具对于将注释居中于标题栏的某个区域较为有用。右键单击一个注释，从快捷菜单中选择【捕捉到矩形中心】，然后选择四个草图线段，组成希望将注释放置于其中心的矩形边线。

下面将使用这些技巧来重新定位一些标题栏注释。

步骤 12 移动注释 拖动链接到“Project”自定义属性的注释，可看到其与其他可见注释关联的推理线和捕捉行为，如图 3-10 所示。拖动时按住〈Alt〉键，关闭推理线，以允许自定义放置注释。释放鼠标按键放置注释。

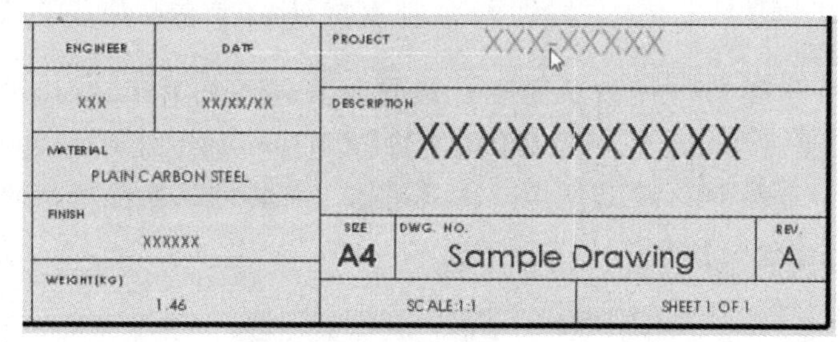

图 3-10 移动注释

步骤 13 捕捉到矩形中心

右键单击链接到“Project”自定义属性的注释，选择【捕捉到矩形中心】，选择图 3-11 所示的草图线段。在选择第四个线段后，注释将置于矩形中心。

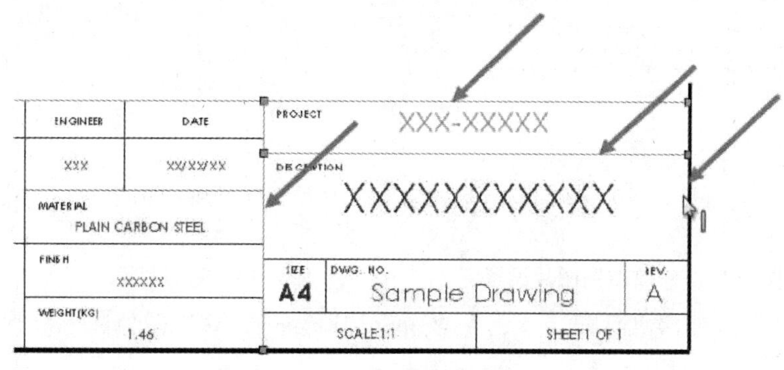

图 3-11 捕捉到矩形中心

提示 此命令不会创建任何几何关系，用户仍然可以通过拖动来移动注释。

3.5 添加公司徽标

下面将在标题栏中添加公司徽标。有以下几种方法可以将图片添加到图纸格式中：

- 【插入】/【图片】 此方法是将图像文件作为草图图片插入，该命令具有较高的稳定性。
- 【插入】/【对象】 如果【插入】/【图片】未达到所需的结果，则可将图像文件作为对象插入。
- 【复制】和【粘贴】 用户也可以直接从图像编辑器或其他文档复制(〈Ctrl + C〉)和粘贴(〈Ctrl + V〉)图片。

在本示例中，我们将使用【插入】/【图片】的方法添加徽标图像。

提示 草图图片在《SOLIDWORKS®高级零件教程（2018）》中有所介绍，以用于零件建模。此处只介绍插入和调整图像大小的基本功能。

步骤 14 插入图像 单击【插入】/【图片】，浏览到 Lesson03 \ Case Study 文件夹，选择“SW Logo. jpg”文件并单击【打开】，如图 3-12 所示。

图 3-12 插入图像

技巧 图像位于工程图的（0，0）处，即图纸的左下角。

步骤 15 修改草图图片设置 在草图图片 PropertyManager 中，不勾选【启用缩放工具】复选框。更改图像的【宽度】为 43mm，如图 3-13 所示。

步骤 16 移动图像 拖动图像，将其定位在标题栏的左上角区域中，如图 3-14 所示。单击【确定】✔。

图 3-13 修改草图图片设置

图 3-14 移动图像

技巧 若想再次访问草图图片 PropertyManager，双击图像即可。

3.6 定义边框

用户可以通过使用【自动边界】工具来定义边框。自动边界 PropertyManager 包含多个页面，要查看其他页面，可使用顶部的【下一步】和【上一步】按钮。

- 删除列表　第一页用于删除不需要的边框元素。从 DXF 或 DWG 文件导入的旧版 SOLIDWORKS 边框或图纸格式将由简单的草图直线和注释组成。在定义自动边框之前，应删除这些元素。
- 区域、边距和格式化　此页面用于定义图纸边框的边距、区域、线条和字体。

技巧 想了解每个选项的更多信息，请使用 PropertyManager 中的【帮助】按钮。

- 边距掩码　此页面用于定义边距掩码，这将隐藏掩码边界内的区域分隔线和标签，以便其他信息可以在边框中显示而不会重叠。

知识卡片	自动边界	• CommandManager：【图纸格式】/【自动边界】。 • 快捷菜单：在编辑图纸格式时单击右键，然后选择【自动边界】。

步骤 17　自动边界　单击【自动边界】。

步骤 18　调整区域格式　在【区域大小】选项组中，设置【列】为 4。在【区域格式化】选项组的【区域标签】中，勾选【使用文档字体】复选框，如图 3-15 所示。单击【下一步】。

步骤 19　添加边距掩码　单击“+”符号按钮，添加边距掩码。移动图形区域的边框并调整大小，生成图 3-16 所示的掩码。单击【确定】✔。

步骤 20　查看结果　系统更新了边框并隐藏了边距掩码中包含的信息。

下面将在使用了边距掩码的区域添加指向工程图文件位置的链接。

> **技巧**　当工程图中存在自动边界时，用户可以在【图纸属性】对话框中的【区域参数】选项卡内修改一些属性。

步骤 21　添加注释　单击【注释】A。在注释 PropertyManager 中，单击【右对齐】，不勾选【使用文档字体】复选框，将字体【高度】更改为 6。单击【无引线】。在图纸的右下角放置注释，输入“FILE LOCATION：”后加一个空格，如图 3-17 所示。

图 3-15　调整区域格式

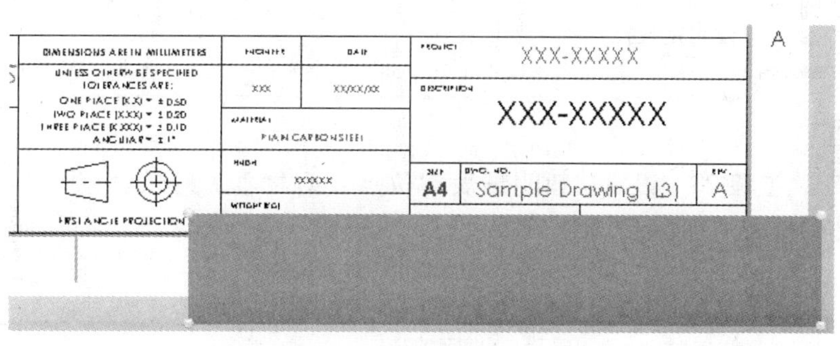

图 3-16　添加边距掩码

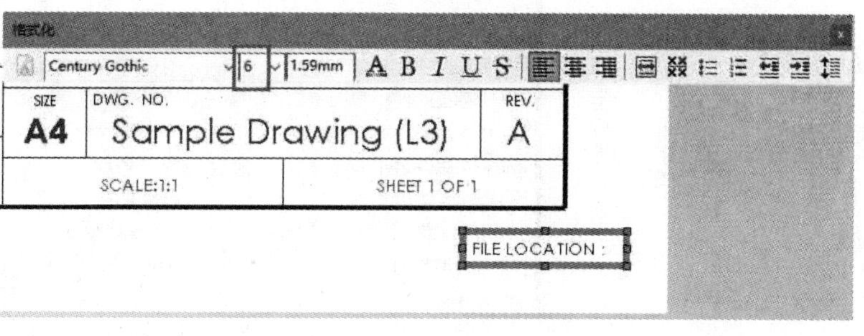

图 3-17　添加注释

步骤22　链接到属性　单击【链接到属性】，在【使用来自此项的自定义属性】中选择【当前文件】，在【属性名称】列表中选择“SW-文件夹名称（Folder Name）”，单击【确定】。在注释PropertyManager中单击【确定】✔，如图3-18所示。

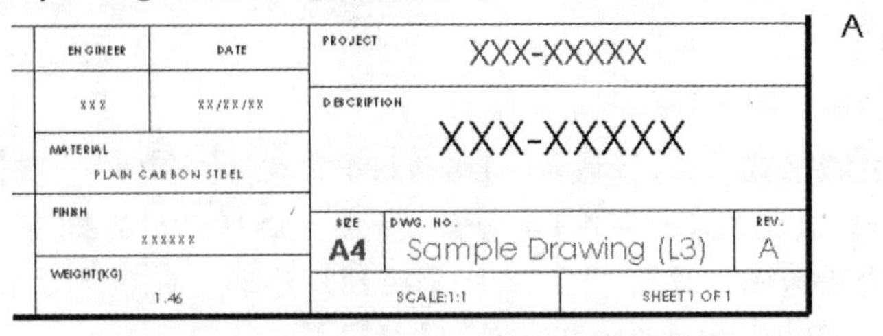

图3-18　链接到属性

3.7　设定定位点

表格定位点定义了不同类型表格的默认位置。在编辑图纸格式时，可以通过右键单击顶点来设定定位点。在编辑工程图图纸时，可以通过在FeatureManager设计树中右键单击所需的定位点特征来设定定位点。所有定位点都在FeatureManager设计树中作为图纸格式的特征列出。

知识卡片	设定定位点	• 快捷菜单：在编辑图纸格式时，右键单击一个顶点，选择【设定为定位点】，单击表格类型。 • FeatureManager：右键单击一个定位点，选择【设定定位点】。

步骤23　设定材料明细表定位点　右键单击图纸边框的左上角，选择【设定为定位点】/【材料明细表】，如图3-19所示。

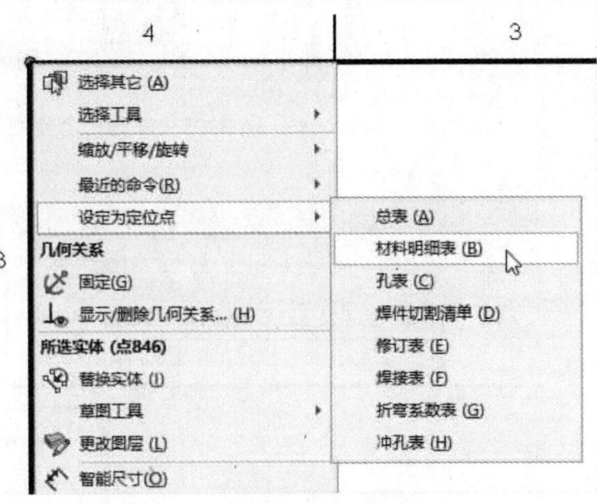

图3-19　设定材料明细表定位点

3.8　退出编辑图纸格式模式

在设定下一个定位点之前，将退出编辑图纸格式模式并返回到编辑工程图图纸页面，如图 3-20 所示。有几种方法可以返回到编辑工程图图纸模式，包括确认角落、CommandManager、【编辑】菜单和快捷菜单。

图 3-20　退出编辑图纸格式模式

知识卡片	退出编辑图纸格式	• 确认角落：单击【退出编辑图纸格式】。 • CommandManager：【图纸格式】/【编辑图纸格式】。 • 菜单：【编辑】/【图纸】。 • 快捷菜单：在工程图图纸中单击右键，选择【编辑图纸】。

步骤 24　退出编辑图纸格式模式

步骤 25　访问表格定位点　在 FeatureManager 中展开"Sheet1"和"Sheet Format1"，如图 3-21 所示。

步骤 26　查看当前定位点位置（可选步骤）　选择每个表格的定位点以查看它们当前设定的位置，大部分表格都将定位点设定到图纸边框的左上角。

下面将把修订表（Revision Table）的定位点设定到标题栏。

步骤 27　设定修订表定位点　右键单击"Revision Table Anchor1"，选择【设定定位点】，选择标题栏右上角的顶点，如图 3-22 所示。

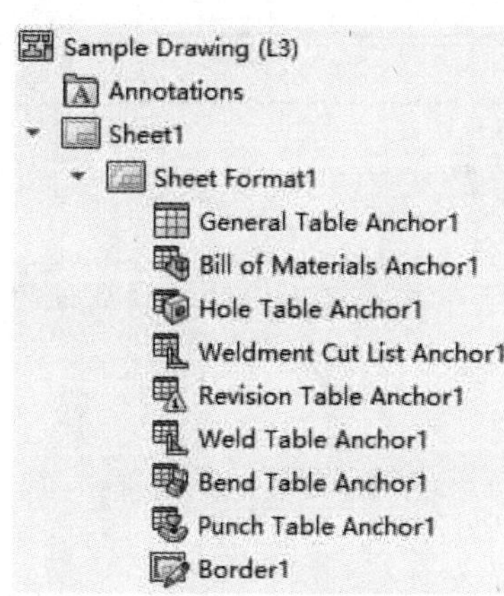

图 3-21　访问表格定位点

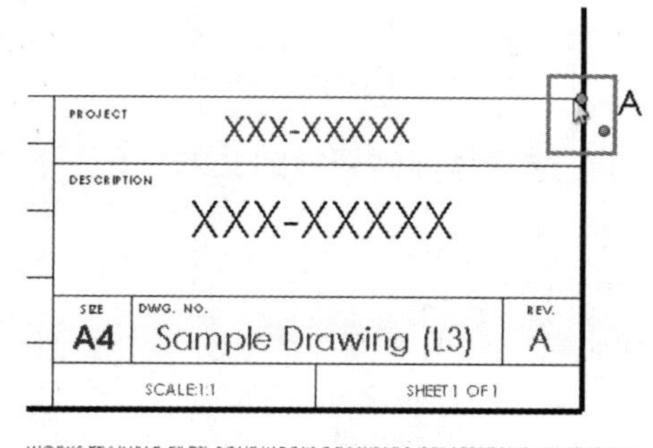

图 3-22　设定修订表定位点

提示　设定定位点时，将自动激活【编辑图纸格式】模式以允许选择图纸格式元素。

3.9 标题块字段

用于自定义图纸格式的可选元素可使用【标题块字段】工具定义为可编辑的标题栏字段。此工具允许用户在标题栏中定义可编辑的注释。选定的注释可以是静态文本注释或链接到属性的注释。通过直接在标题栏中输入文本，而无需编辑图纸格式或访问【文件属性】即可修改所选的注释。

只有在编辑图纸格式模式下才能访问【标题块字段】工具。

选择标题栏注释的顺序决定了输入信息时使用〈Tab〉键在字段间循环的顺序。用户可以使用标题块字段 PropertyManager 中的箭头调整所选注释的顺序。

知识卡片	标题块字段	• CommandManager：【图纸格式】/【“标题块”字段】。 • 快捷菜单：在编辑图纸格式时单击右键，选择【标题块字段】。

步骤 28　编辑图纸格式　单击【编辑图纸格式】。

步骤 29　访问标题块字段工具　单击【“标题块”字段】。

步骤 30　调整热点边框　显示在图形区域中的矩形用于定义热点的边框。该区域应包含可编辑的标题块字段。用户可以在热点内双击以访问字段。拖动矩形的手柄调整大小并将其定位到图 3-23 所示的位置。

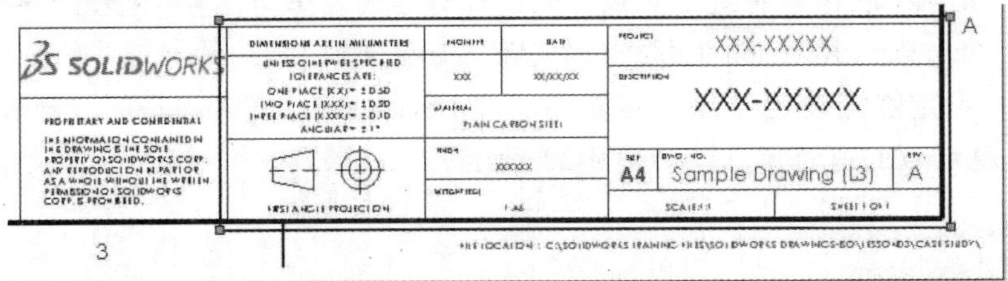

图 3-23　调整热点边框

步骤 31　选择链接到属性的文本字段　按以下顺序单击以选择链接到属性的注释：

- Project
- Description
- Revision
- DrawnBy
- DrawnDate
- Finish

步骤 32　选择带有静态文本的文本字段　按以下顺序选择单位和公差的静态文本注释：

- MILLIMETERS

- 0.50
- 0.20
- 0.10
- 1°
- （KG）

结果如图 3-24 所示。

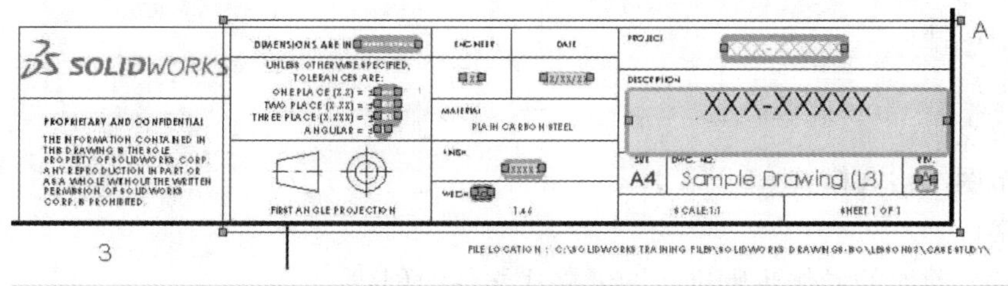

图 3-24　选择文本字段

提示　这些文本字段是作为单独的注释创建的，因此可以使用这种方式选择它们。用户无法使用此操作选择注释中的单个文本。

步骤 33　添加工具提示（可选步骤）　如果需要，用户可以为字段添加工具提示以对其进行识别。链接到属性的字段工具提示自动设置为属性名称。在选择框中选择“注释〈7〉(MILLIMETERS)”，激活【工具提示】字段，输入“单位”，如图 3-25 所示。

技巧　静态注释未链接到文档信息，因此更改“单位”字段中的文本不会影响文档中的单位设置。只有在【文档属性】/【单位】的设置发生更改时，才应修改此标题栏中的单位信息。

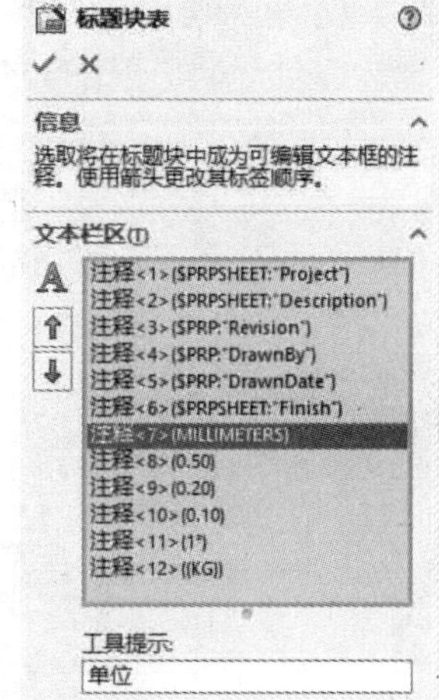

图 3-25　添加工具提示

步骤 34　单击【确定】✔

步骤 35　退出编辑图纸格式模式

步骤 36　查看结果　现在标题块表作为图纸格式的一个特征显示在 FeatureManager 中。将光标移动到标题栏区域上时，可以看到热点边框，如图 3-26 所示。

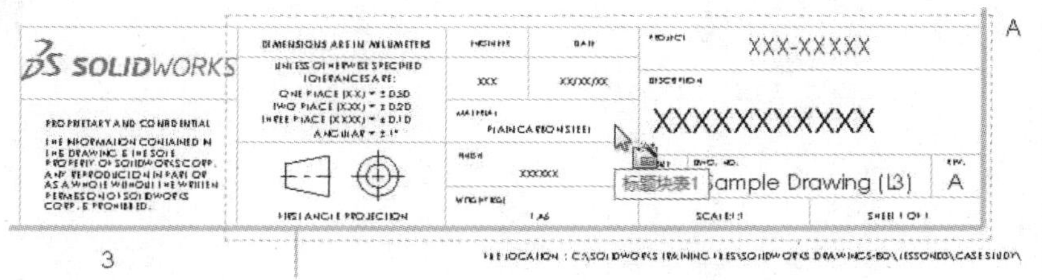

图 3-26　查看结果

练习 创建自定义图纸格式文件

本练习将使用 Lesson03 \ Exercises 文件夹中的“Sample Drawing（SF）”文件来创建自定义图纸格式文件。

本练习将使用以下技术：

- 完成标题栏草图。
- 完成标题栏注释。
- 添加公司徽标。
- 定义边框。
- 设定定位点。
- 退出编辑图纸格式模式。
- 标题块字段。

请参照本章节前面的操作步骤进行图纸格式文件的创建。

第4章　保存和测试图纸格式文件

学习目标

- 理解图纸格式的特性
- 保存图纸格式文件
- 重装图纸格式文件
- 在选项中定义新的图纸格式文件位置

扫码看视频

4.1　图纸格式属性

现在已经完成图纸格式，下面将对其进行保存和测试。在保存图纸格式文件之前，需务必查看和修改工程图自定义属性并进行必要的更改。

在保存图纸格式文件时，工程图文档中的任何现有自定义属性都将与其相关联，也包括现有的属性值。使用图纸格式储存自定义属性信息意味着无论何时将图纸格式应用于工程图图纸，都会在工程图文档中创建已经储存着的属性。这是确保工程图文件中存在适当工程图属性的有效方法，即使格式已更改。

在本示例中，无论何时使用“A4-横向”格式，用户都要确保在工程图中创建【修订】、【绘制者】和【绘制日期】属性。此外还将把【修订】属性的默认值设置为“A”，但其他属性无任何默认值。

提示　在工程图中，图纸格式属性值不会覆盖现有的属性值。当应用格式时，只有工程图文档中不存在这些属性的值时，才会使用以图纸格式保存的属性值。想了解关于该项目的更多信息，请查看“4.5　测试图纸格式属性”。

操作步骤

步骤1　打开文件　使用在前面章节中创建的“Sample Drawing”文档或从Lesson04\Case Study文件夹内打开“Sample Drawing（L4）”文件，如图4-1所示。

步骤2　修改工程图属性　单击【文件属性】，删除“DrawnBy”和“DrawnDate”属性的数值，结果如图4-2所示。

- SWFormatSize　名为“SWFormatSize”的自定义属性是与图纸格式关联的默认属性。系统根据保存图纸格式时的图纸大小自动调整“SWFormatSize”属性的值。其提供了工程图图纸尺寸的验证，并在首次将图纸格式应用于工程图图纸时自动生成，此属性仅供参考。如果用户更改了图纸格式，该属性值并不会自动更新。

图4-2中的“SWFormatSize”属性值源自于首次应用的“A（ANSI）横向”格式。

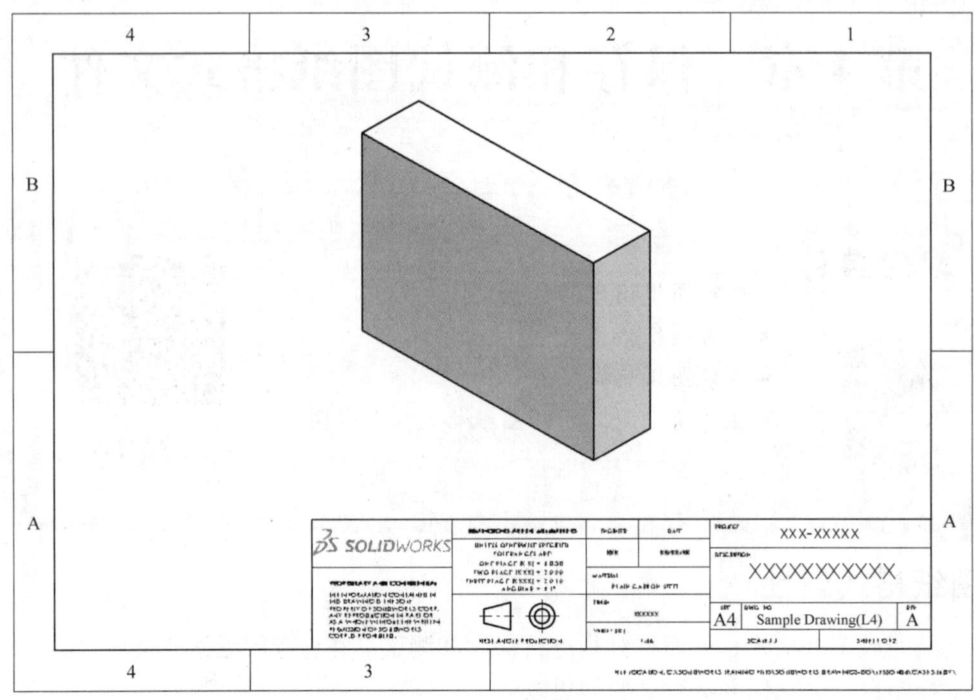

图 4-1　打开文件

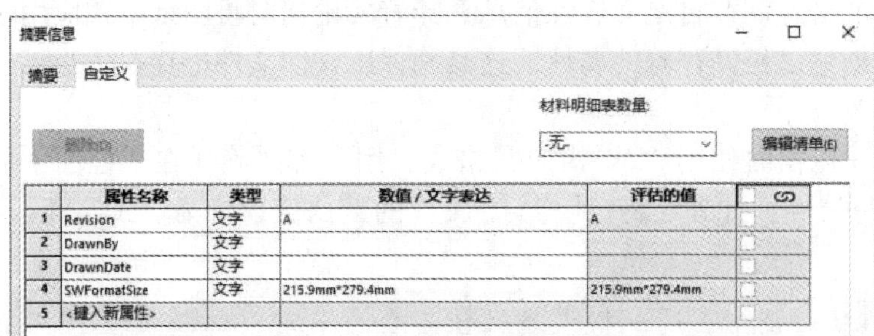

图 4-2　修改工程图属性

步骤 3　删除“SWFormatSize”属性　选择“SWFormatSize”属性的行标题，单击【删除】，如图 4-3 所示。

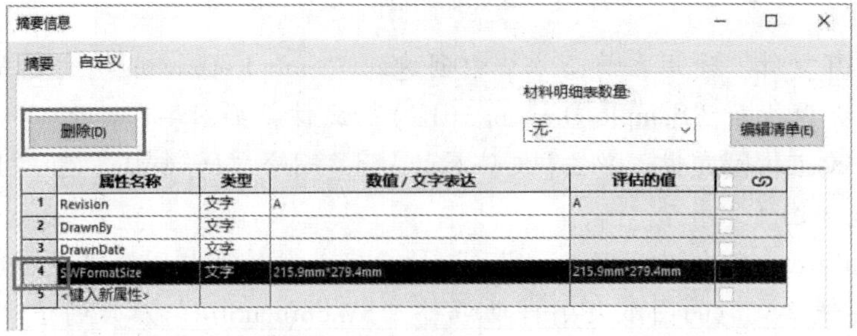

图 4-3　删除“SWFormatSize”属性

步骤 4　完成【摘要信息】对话框　单击【确定】。

步骤 5　保存文件

4.2　图纸格式特性

将图纸格式应用于工程图图纸时，格式信息将复制到工程图中，而不是引用或嵌入。这代表着两个文件之间没有保留直接链接。因此，更改图纸格式并执行【保存】只会保存当前工程图文档中的更改。为了将图纸格式保存到外部文件，必须使用【保存图纸格式】命令。

在本示例中，由于尚未在外部保存图纸格式文件，因此用户所做的更改仅存在于“Sample Drawing”文档中。如果在新图纸或新工程图中使用“SW A4-Landscape_Incomplete”格式，则用户所做的更改不会包含在内。

提示　图纸属性的确储存了已经应用于工程图图纸的图纸格式文件的路径。这样，相同的图纸格式可以应用到工程图中的新图纸上，或者必要时从外部文件重新加载。想了解有关该项目的更多信息，请查看“4.3.1　重装图纸格式”。

• 图纸格式文件的特性为何如此　将图纸格式信息复制到工程图文档中，以便不需要图纸格式文件即可查看工程图。例如，用户在向同事发送 SOLIDWORKS 工程图时必须包含模型，该模型是工程图引用的文件，但并不需要将已经复制到工程图中的图纸格式文件包含在内。

如果在示例工程图中添加新的图纸，将会看到这种特性。

步骤 6　添加新图纸　单击【添加图纸】。

步骤 7　查看结果　从外部图纸格式文件加载“SW A4-Landscape_Incomplete”格式。由于在“Sheet1”图纸上所做的更改尚未保存到外部文件，因此可以看到旧版本的格式，如图 4-4 所示。

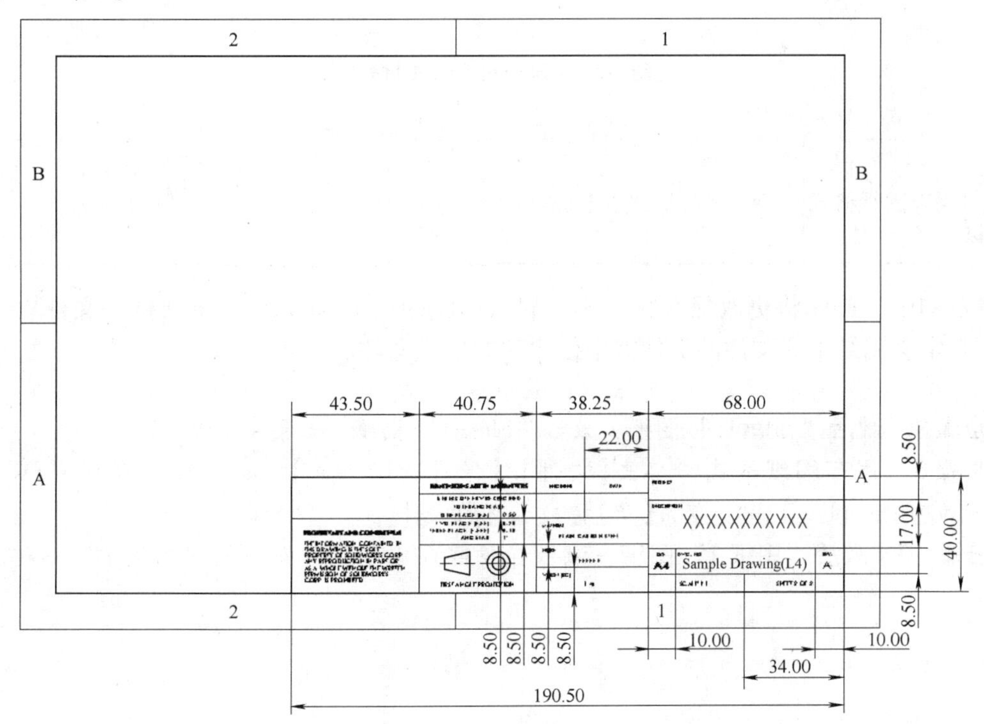

图 4-4　查看结果

技巧

SOLIDWORKS 的默认操作是在后续图纸中使用与“Sheet1”图纸相同的图纸格式文件。用户可以在【选项】/【文档属性】/【工程图图纸】中修改此设置。

4.3 保存图纸格式

用户可以从【文件】菜单访问【保存图纸格式】命令，如图 4-5 所示。使用此命令可以创建新的图纸格式文件，或将更改保存到图纸上正在使用的外部图纸格式文件。

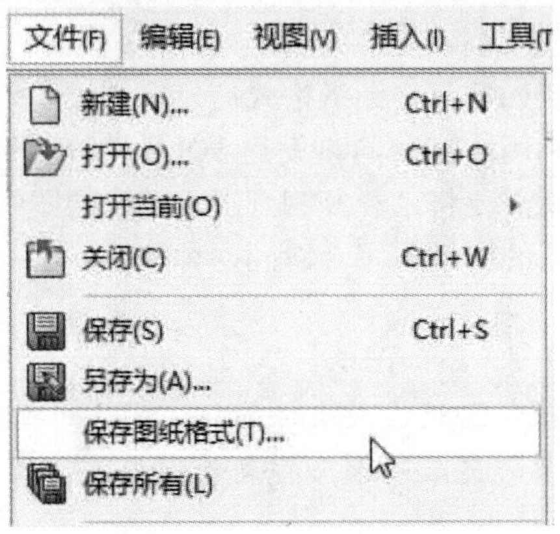

图 4-5 【保存图纸格式】命令

知识卡片	保存图纸格式	• 菜单：【文件】/【保存图纸格式】。

在本示例中，首先将更改保存到“SW A4-Landscape_Incomplete”图纸格式文件中。然后，再在储存自定义图纸格式文件的文件夹中创建新的格式文件。

步骤 8　激活“Sheet1”图纸　激活“Sheet1”图纸，如图 4-6 所示。

步骤 9　保存图纸格式　单击【文件】/【保存图纸格式】，将更改保存到“SW A4-Landscape_Incomplete”中。单击【是】替换已有的文件。

步骤 10　激活“图纸 1”图纸　激活在步骤 6 中添加的新图纸“图纸 1”，如图 4-7 所示。

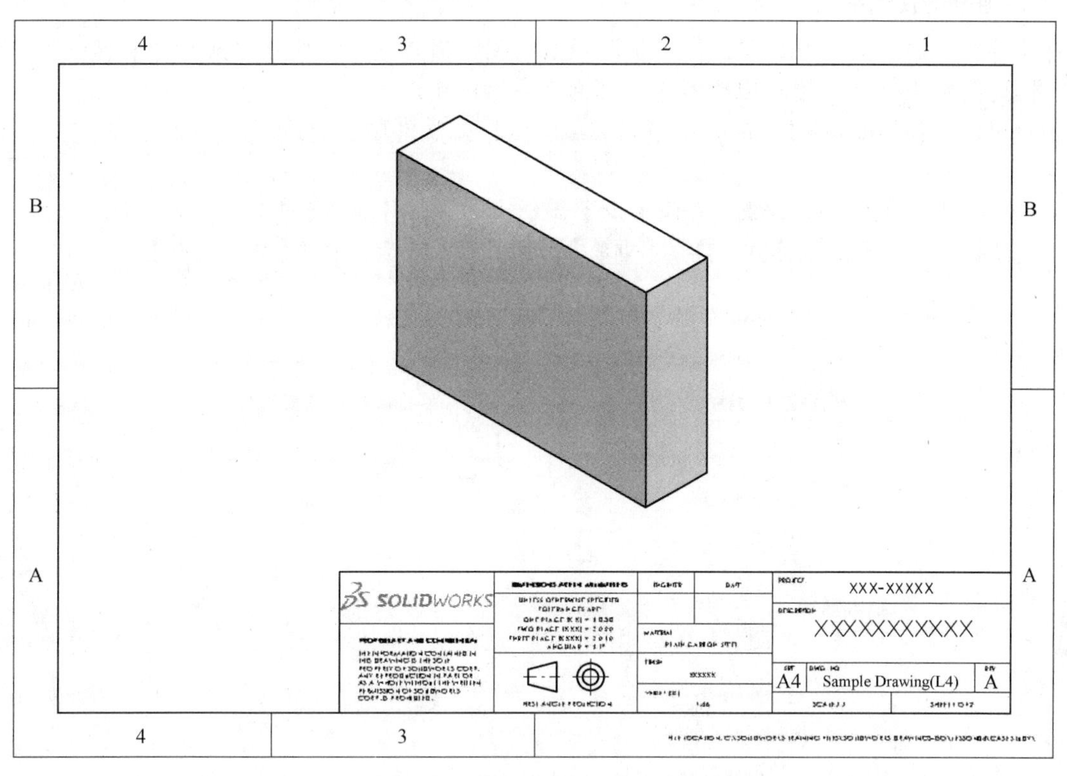

图 4-6　激活 “Sheet1” 图纸

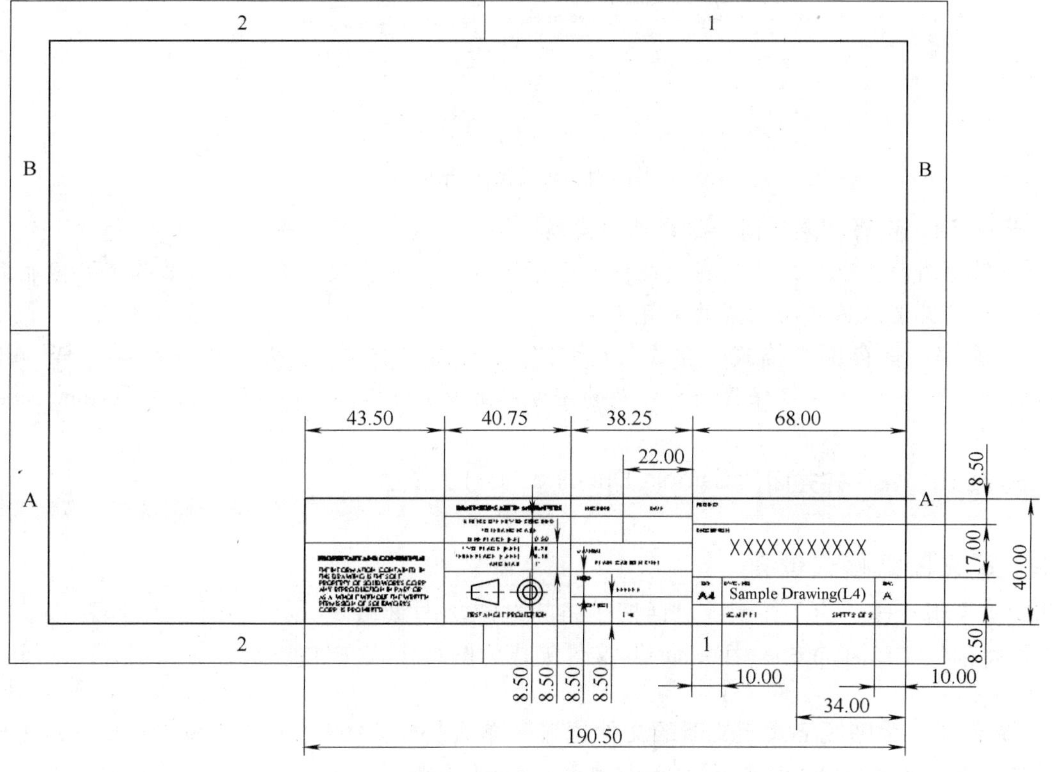

图 4-7　激活 “图纸 1” 图纸

4.3.1 重装图纸格式

在步骤 6 中添加的“图纸 1”仍显示旧版本的图纸格式文件。由于格式文件信息已复制到图形中，因此需要重新装载格式以查看对外部文件所做的更改。

用户可以从【图纸属性】对话框中重新装载图纸格式文件中的更改。

步骤 11　访问图纸属性　右键单击“图纸 1”，选择【属性】。

步骤 12　重装图纸格式　单击【重装】，如图 4-8 所示，单击【应用更改】。

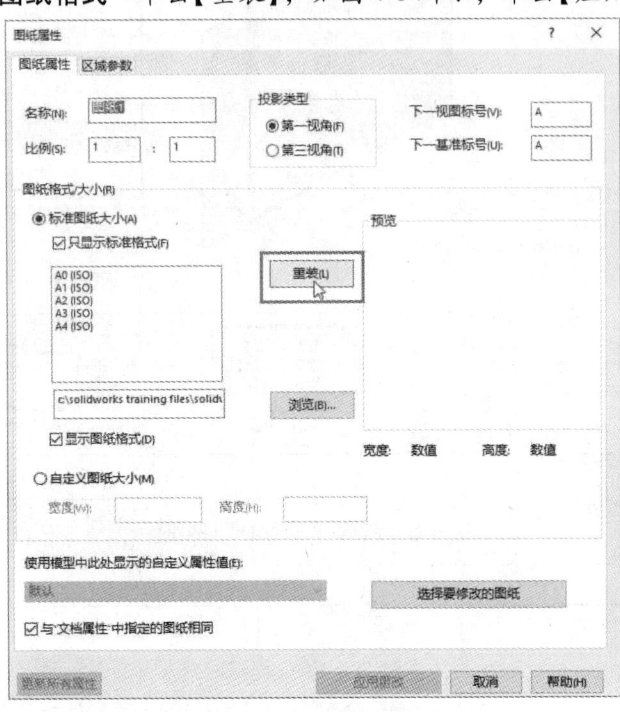

图 4-8　重装图纸格式

步骤 13　查看结果　图纸格式已经更新。

- 保存新的图纸格式　现在图纸格式已经完成，下面将使用更合适的名称将其保存到为储存自定义图纸格式而设置的文件夹中。

步骤 14　保存图纸格式　单击【文件】/【保存图纸格式】，将图纸格式以“SW A4-Landscape. slddrt”文件名保存到自定义的图纸格式文件夹 Custom Templates \ Custom Sheet Format 中。

步骤 15　保存并关闭“Sample Drawing（L4）”文件

4.3.2 定义图纸格式位置

与文档模板一样，为了在系统对话框中访问自定义图纸格式，必须在【选项】中定义其位置。下面将添加“Custom Sheet Formats”文件夹作为图纸格式文件的位置。

步骤 16　为图纸格式定义新的文件位置　单击【选项】/【系统选项】/【文件位置】。在【显示下项的文件夹】中选择【图纸格式】。单击【添加】，浏览到 Custom Templates \ Custom Sheet Formats 文件夹后，单击【选择文件夹】。

步骤 17　将新位置指定为默认位置　使用【上移】按钮将新文件夹移动到列表顶部，如图 4-9 所示。单击【确定】后，再单击【是】以确认更改。

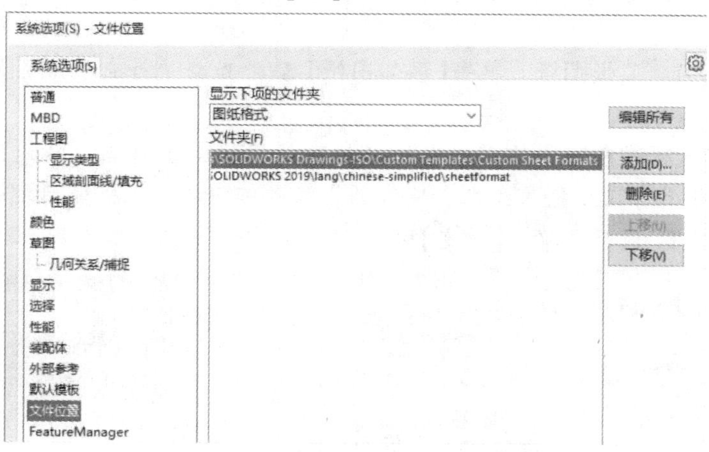

图 4-9　将新位置指定为默认位置

4.4　测试图纸格式

为了测试图纸格式，请在新工程图中使用并测试以下方面：

- 应用图纸格式时，是否按预期创建自定义属性和数值。
- 将模型视图添加到图纸时，模型属性链接是否正确地填充。
- 将新图纸添加到工程图中时，是否使用了适当的图纸格式。
- 注释是否正确换行。
- 如果已经定义了标题块字段，其是否可以被编辑并按预期向属性添加数值。

注意

如果在引用的模型中不存在链接到模型属性的属性名称，则在标题块字段输入的数据将导致创建【配置特定】的属性。如果需要自定义属性，请确保在模型模板中包含适当的属性名称。提供的“Standard Part”和“Standard Assembly”模板包含了“SW A4-Landscape”格式中链接引用的所有自定义属性名称。

步骤 18　使用“SW A4-Landscape”图纸格式创建新工程图　单击【新建】，选择“Standard Drawing”模板并单击【确定】。不勾选【只显示标准格式】复选框，滚动到列表底部，然后选择“SW A4-Landscape”图纸格式，如图 4-10 所示，单击【确定】。

步骤 19　添加模型视图　添加“Sample Part (L4)”零件的一个模型视图。视图的方向并不重要，目的是为了验证零件属性是否正确地出现在标题栏中。

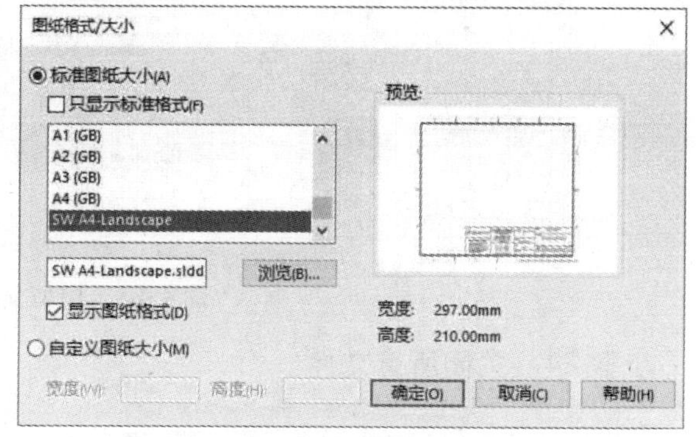

图 4-10　使用“SW A4-Landscape”图纸格式创建新工程图

步骤 20　保存工程图　将工程图以“Sheet Format Test”文件名保存到 Lesson04 \ Case Study 文件夹内。单击【重建】，验证文件夹名称是否填充到图纸掩码区域(图纸的右下角)中。

步骤 21　添加第二张图纸　单击【添加图纸】，查看是否正确地应用了格式并更新了页数。

步骤 22　输入标题块字段数值　在标题栏区域中，双击热点边界内的内容。根据需要在蓝色突出显示的字段中输入文本。输入的内容并不重要，但需使用较长的文本来测试自动换行，如图 4-11 所示。单击【确定】✔。

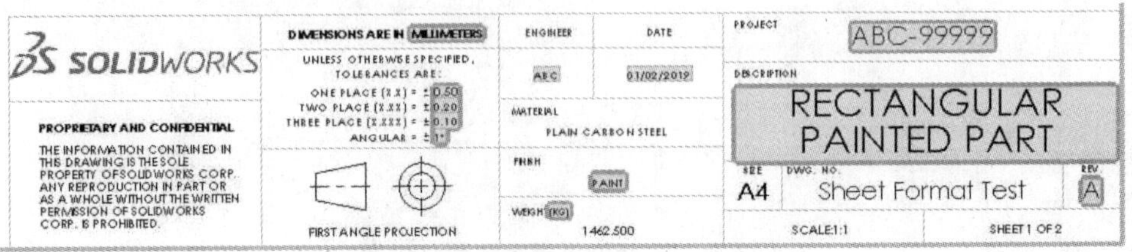

图 4-11　输入标题块字段数值

步骤 23　查看工程图和模型的属性　在工程图和零件中分别单击【文件属性】，查看是否从标题块字段正确地填充了数值，如图 4-12 和图 4-13 所示。

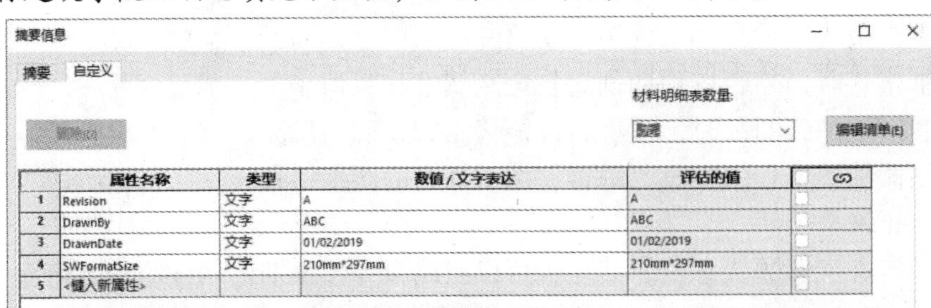

	属性名称	类型	数值 / 文字表达	评估的值	
1	Revision	文字	A	A	
2	DrawnBy	文字	ABC	ABC	
3	DrawnDate	文字	01/02/2019	01/02/2019	
4	SWFormatSize	文字	210mm*297mm	210mm*297mm	
5	<键入新属性>				

图 4-12　工程图文件属性

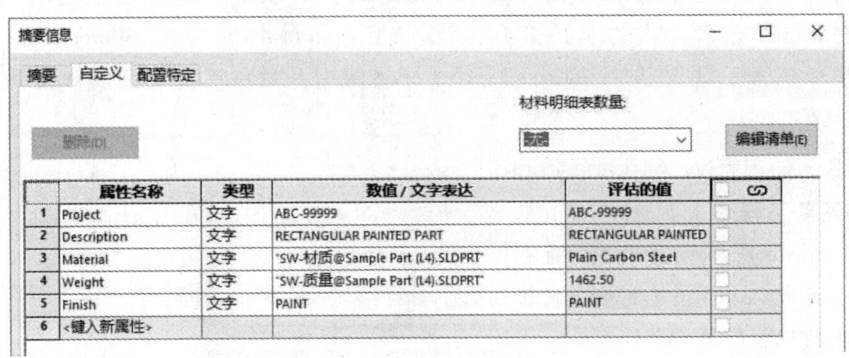

	属性名称	类型	数值 / 文字表达	评估的值	
1	Project	文字	ABC-99999	ABC-99999	
2	Description	文字	RECTANGULAR PAINTED PART	RECTANGULAR PAINTED	
3	Material	文字	"SW-材质@Sample Part (L4).SLDPRT"	Plain Carbon Steel	
4	Weight	文字	"SW-质量@Sample Part (L4).SLDPRT"	1462.50	
5	Finish	文字	PAINT	PAINT	
6	<键入新属性>				

图 4-13　模型文件属性

步骤 24　关闭所有文件

4.5　测试图纸格式属性

为了帮助用户更好地理解与图纸格式关联的自定义属性的特性，下面将创建一个新工程图并进行进一步测试。在“Training Template”文件位置中的工程图模板没有任何自定义属性，因此可以用来了解在加载工程图格式时文档中的自定义属性将如何变化。

操作步骤

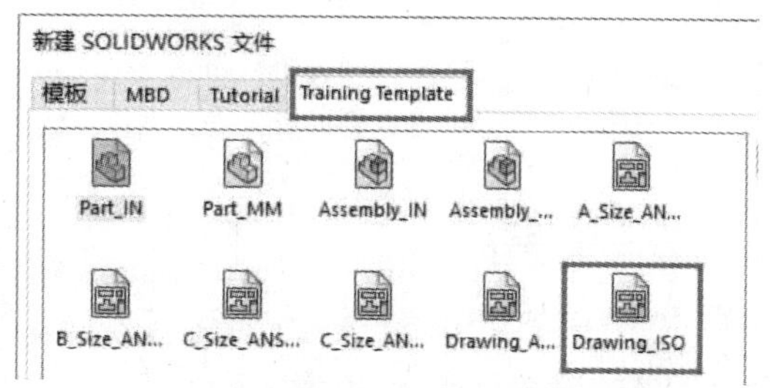

图 4-14 新建工程图

步骤 1 新建工程图 单击【新建】，在【新建 SOLIDWORKS 文件】对话框中的【Training Template】选项卡内选择“Drawing_ISO”模板，如图 4-14 所示。单击【确定】。

步骤 2 取消【图纸格式/大小】对话框 单击【取消】。在应用格式之前，先查看图纸中现有的自定义属性。

步骤 3 查看文件属性 单击【文件属性】，当前工程图文件中不存在自定义属性，如图 4-15 所示。单击【确定】以关闭对话框。下面将应用用户创建的自定义图纸格式文件。

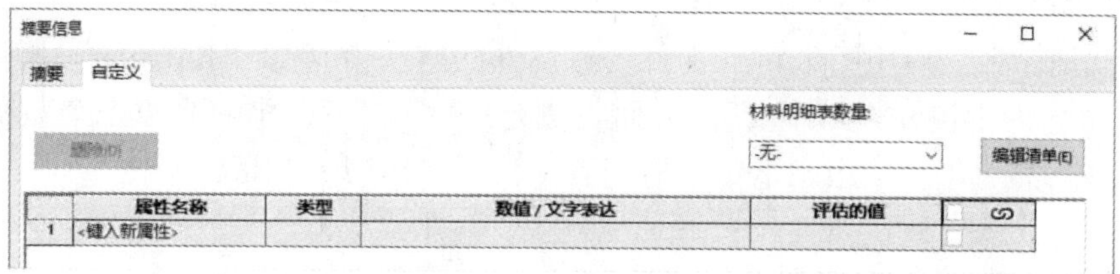

图 4-15 查看文件属性

步骤 4 访问图纸属性 右键单击“Sheet1”，选择【属性】。

步骤 5 添加图纸格式文件 单击【标准图纸大小】，选择“SW A4-Landscape”，如图 4-16 所示。单击【应用更改】。

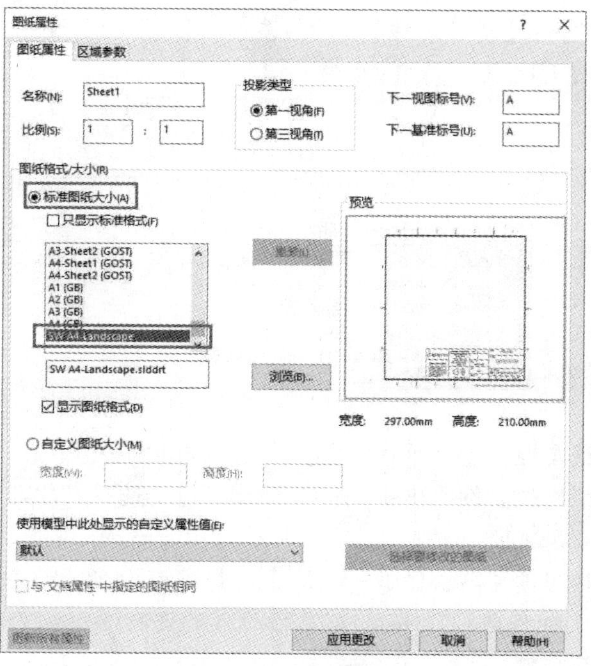

图 4-16 添加图纸格式文件

步骤 6　查看文件属性　单击【文件属性】，如图 4-17 所示。系统已将保存在图纸格式文件中的自定义属性数据应用到文档中。单击【确定】。

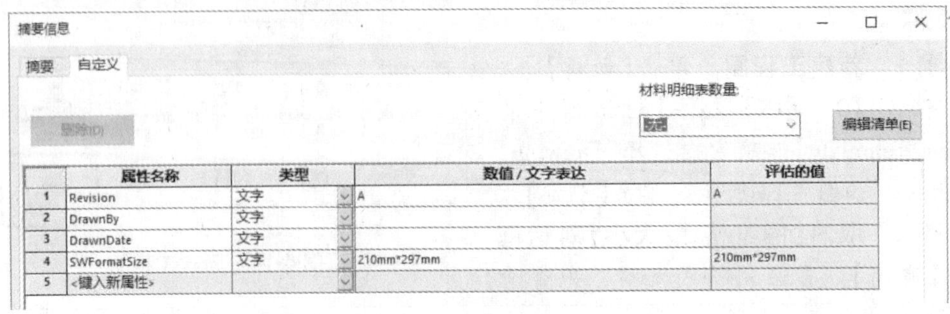

图 4-17　查看文件属性

• 测试默认属性值　应用图纸格式文件后，属性的默认值（如“Revision”属性的值“A”）不会覆盖现有值。为了测试此项内容，下面将创建一个新工程图并添加一个数值为“C”的“Revision”属性。然后，在应用图纸格式后查看工程图文档的属性是否变化。

操作步骤

步骤 1　新建工程图　单击【新建】，选择“Drawing_ISO”模板。

步骤 2　取消【图纸格式/大小】对话框　单击【取消】。在应用格式之前，添加一个带有自定义值的“Revision”属性。

步骤 3　查看文件属性　单击【文件属性】。

步骤 4　添加属性　在【属性名称】列内，添加“Revision”属性，并将【数值/文字表达】设置为“C”，如图 4-18 所示。单击【确定】。

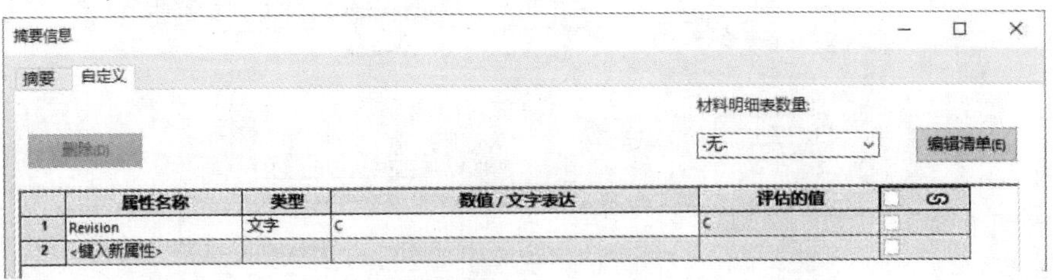

图 4-18　添加属性

步骤 5　访问图纸属性　右键单击“Sheet1”，选择【属性】。

步骤 6　添加图纸格式文件　单击【标准图纸大小】，选择“SW A4-Landscape”，如图 4-19 所示。单击【应用更改】。

步骤 7　查看文件属性　单击【文件属性】，如图 4-20 所示。系统将创建与图纸格式文件关联的其他属性，并保留“Revision”属性的自定义值。

步骤 8　关闭所有文件

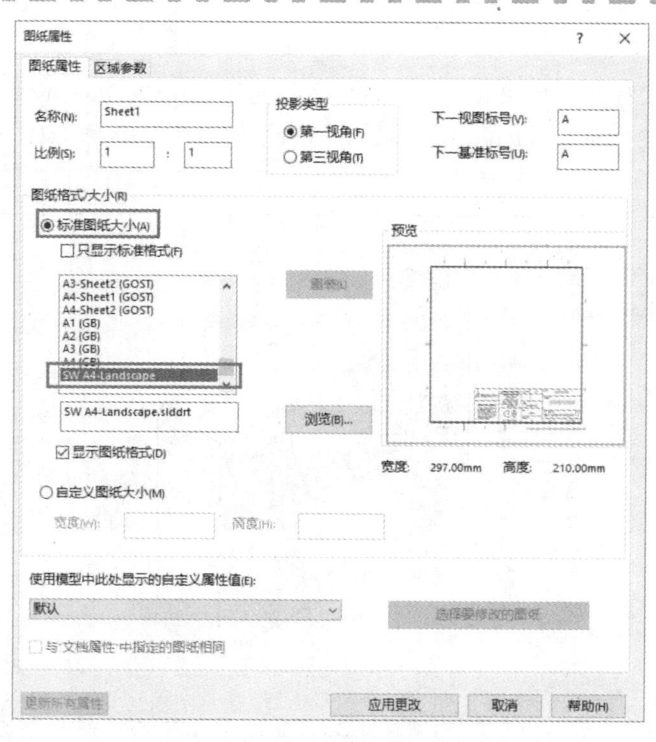

图 4-19　添加图纸格式文件

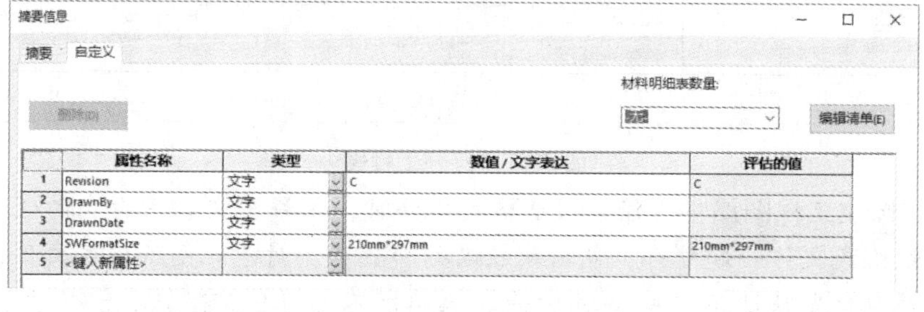

图 4-20　查看文件属性

练习　保存和测试图纸格式

在本练习中，将保存并测试之前创建的图纸格式文件。练习中提供的步骤将介绍创建和测试图纸格式文件的过程，该图纸格式文件与在本章讲解中用到的文件相同。用户也可以对已经创建的任何自定义图纸格式文件执行相同的操作。

本练习将使用以下技术：

- 图纸格式属性。
- 保存图纸格式。
- 测试图纸格式。

操作步骤

步骤1　打开工程图　使用在前面章节中创建的“Sample Drawing”文档或从Lesson04\Exercises文件夹内打开“Sample Drawing（SAVE）”文件，如图4-21所示。

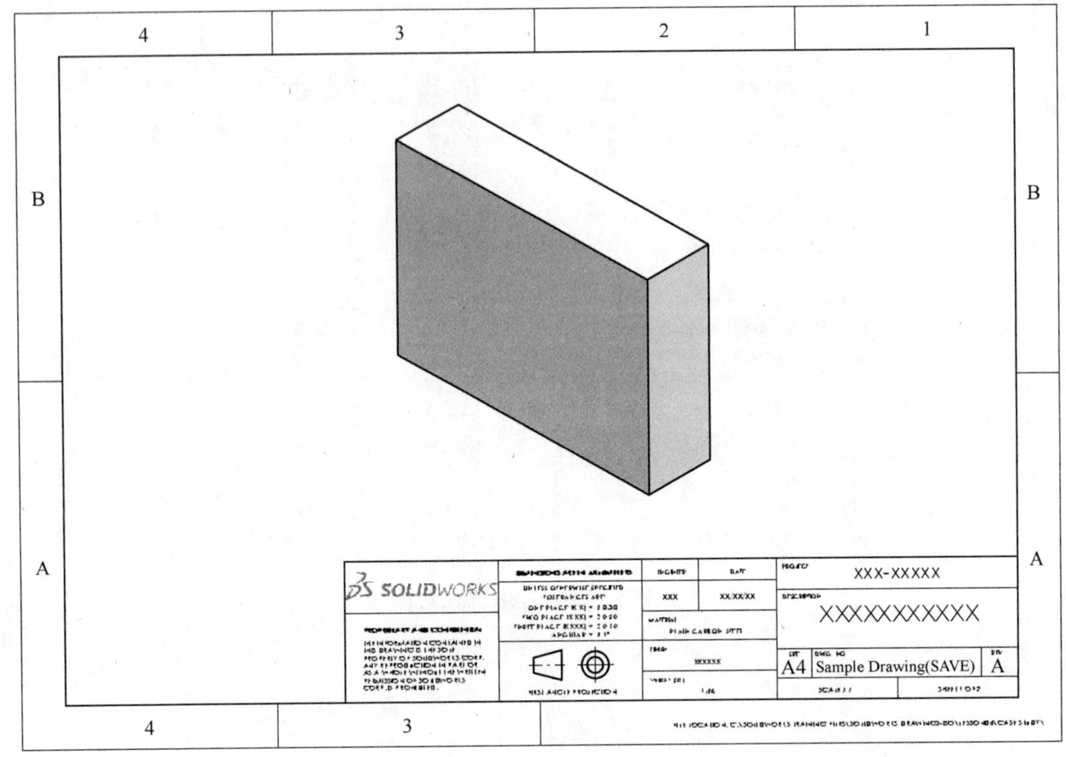

图4-21　打开工程图

步骤2　修改工程图属性　保存图纸格式文件时，工程图文档中存在的任何自定义属性都将与图纸格式文件一起储存，包括属性名称和数值。对于此图纸格式文件，下面将为“Revision”属性保留默认值“A”，同时使其他属性不具有任何默认值。单击【文件属性】，删除“DrawnBy”和“DrawnDate”属性的数值，如图4-22所示。

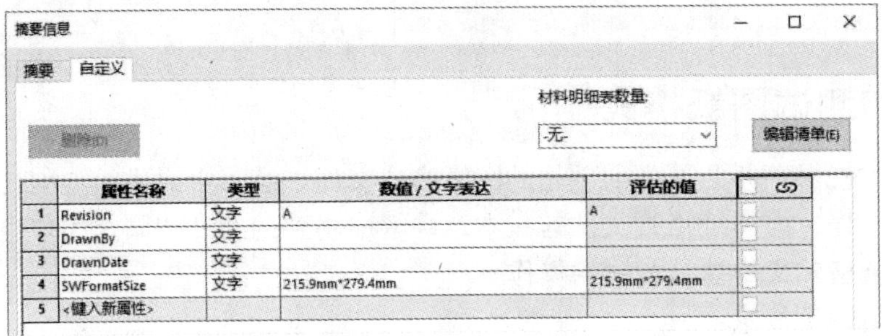

图4-22　修改工程图属性

步骤3　完成【摘要信息】对话框　单击【确定】完成【摘要信息】对话框。

步骤4　保存文件

步骤 5　保存图纸格式　为了使此图纸格式可应用于新的工程图图纸和工程图文档，必须将其保存为外部文件。单击【文件】/【保存图纸格式】，如图 4-23 所示。

步骤 6　浏览到自定义图纸格式文件夹　将图纸格式以“SW A-Landscape. slddrt”文件名保存到“Custom Templates \ Custom Sheet Formats”文件夹中。

步骤 7　保存并关闭“Sample Drawing (SAVE)”文件

步骤 8　为图纸格式定义新的文件位置　单击【选项】/【系统选项】/【文件位置】。在【显示下项的文件夹】中选择【图纸格式】。单击【添加】，浏览到 Custom Templates \ Custom Sheet Formats 文件夹后，单击【选择文件夹】。

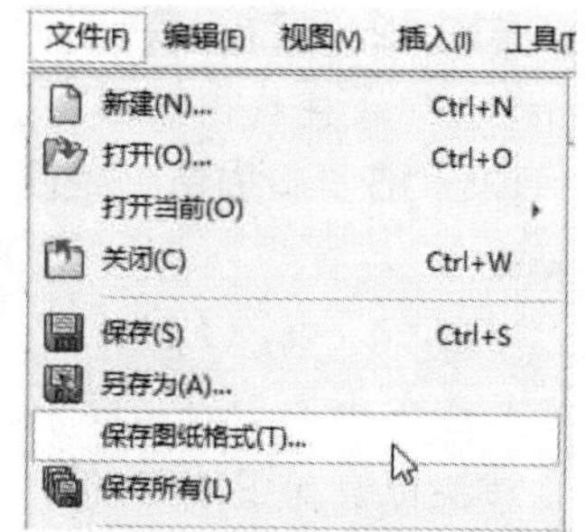

图 4-23　保存图纸格式

步骤 9　将新位置指定为默认位置　使用【上移】按钮将新文件夹移动到列表顶部，如图 4-24 所示。单击【确定】后，再单击【是】以确认更改。

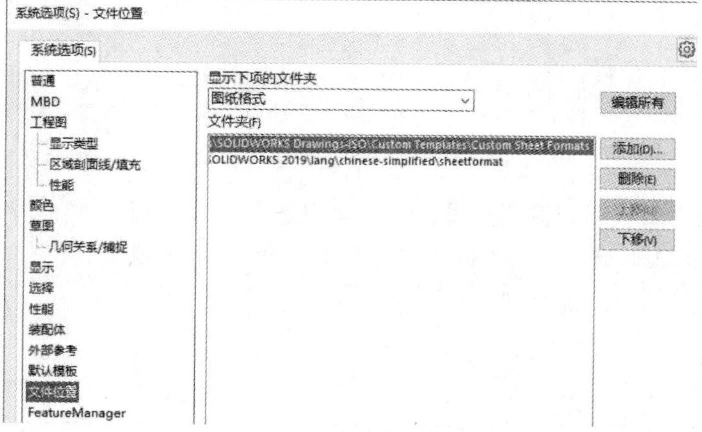

图 4-24　将新位置指定为默认位置

步骤 10　使用“SW A-Landscape”图纸格式创建新工程图　为了测试图纸格式，需要在新的工程图中使用该格式。单击【新建】，选择“Standard Drawing”模板并单击【确定】。不勾选【只显示标准格式】复选框，滚动到列表底部，然后选择“SW A-Landscape”图纸格式，如图 4-25 所示，单击【确定】。

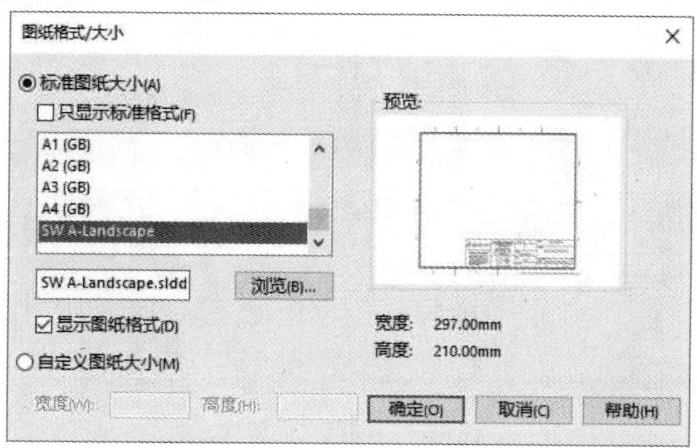

图 4-25　使用“SW A-Landscape”图纸格式创建新工程图

步骤 11　添加模型视图　添加“Sample Part (SAVE)”零件的一个模型视图。视图的方向并不重要，目的是为了验证零件属性是否正确地出现在标题栏中。

步骤 12　保存工程图　将工程图以“Sheet Format Test”文件名保存到“Lesson04\Exercises”文件夹内。单击【重建】，验证文件夹名称是否填充到图纸掩码区域中。

步骤 13　添加第二张图纸　单击【添加图纸】，查看是否正确地应用了格式并更新了页数。

步骤 14　输入标题块字段数值　在标题栏区域中，双击热点边界内的内容。根据需要在蓝色突出显示的字段中输入文本。输入的内容并不重要，但需要使用较长的文本来测试自动换行，如图 4-26 所示。单击【确定】。

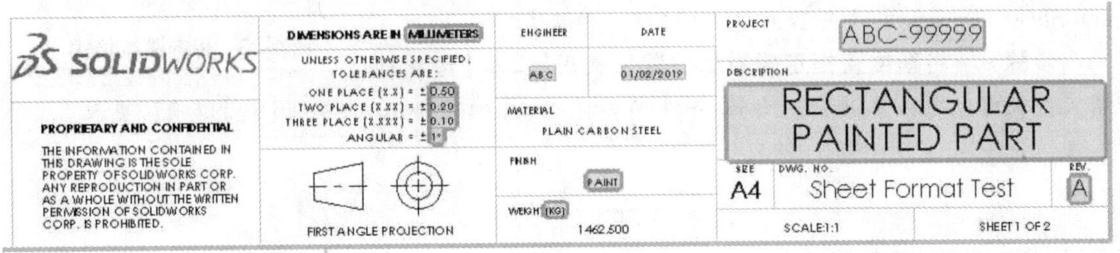

图 4-26　输入标题块字段数值

步骤 15　查看工程图和模型的属性　在工程图和零件中分别单击【文件属性】，查看是否从标题块字段正确地填充了数值，如图 4-27 和图 4-28 所示。

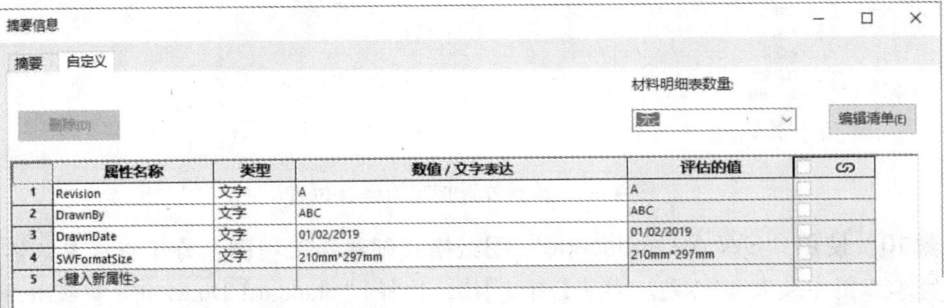

	属性名称	类型	数值 / 文字表达	评估的值
1	Revision	文字	A	A
2	DrawnBy	文字	ABC	ABC
3	DrawnDate	文字	01/02/2019	01/02/2019
4	SWFormatSize	文字	210mm*297mm	210mm*297mm
5	<键入新属性>			

图 4-27　工程图文件属性

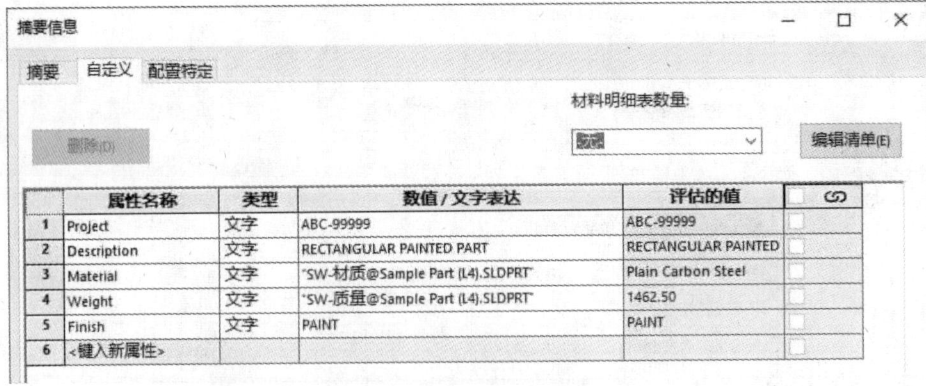

	属性名称	类型	数值 / 文字表达	评估的值
1	Project	文字	ABC-99999	ABC-99999
2	Description	文字	RECTANGULAR PAINTED PART	RECTANGULAR PAINTED
3	Material	文字	"SW-材质@Sample Part (L4).SLDPRT"	Plain Carbon Steel
4	Weight	文字	"SW-质量@Sample Part (L4).SLDPRT"	1462.50
5	Finish	文字	PAINT	PAINT
6	<键入新属性>			

图 4-28　模型文件属性

步骤 16　关闭所有文件

第 5 章　创建其他图纸格式和模板

学习目标

- 使用现有的图纸格式文件创建新尺寸的图纸格式
- 创建包含图纸格式文件的工程图文档模板
- 使用属性标签编制程序
- 理解自定义属性文件

5.1　创建其他图纸格式

在完成单个图纸格式文件后，可以轻松地重复使用它来生成其他尺寸的图纸格式。重复使用单个图纸格式生成不同尺寸图纸格式文件的步骤如下：

1）使用现有图纸格式创建工程图。

2）修改工程图的【图纸属性】来定义【自定义图纸大小】。

3）编辑图纸格式。

- 如有必要，编辑【自动边界】以进行更新。
- 根据需要使用【移动实体】命令移动标题栏草图中的实体。
- 如有必要，编辑标题块字段热点以正确定位。

扫码看视频

4）将表格定位点设置到适当的顶点。

5）使用新名称保存图纸格式。

在下面步骤中，将使用“SW A4-Landscape”图纸格式来创建新的A3图纸格式。

操作步骤

步骤1　新建工程图　单击【新建】，从【Custom Templates】选项卡中选择“Standard Drawing”模板，单击【确定】。选择“SW A4-Landscape”图纸格式，单击【确定】。

步骤2　访问图纸属性　右键单击“Sheet1”，选择【属性】。

步骤3　设置自定义图纸大小　单击【自定义图纸大小】，在【宽度】内输入420mm，在【高度】内输入297mm，如图5-1所示。单击【应用更改】。

图5-1　设置自定义图纸大小

步骤 4　查看结果　图纸已调整了大小并更新了边框，如图 5-2 所示。用户需要修改图纸格式元素以完成新的格式文件。

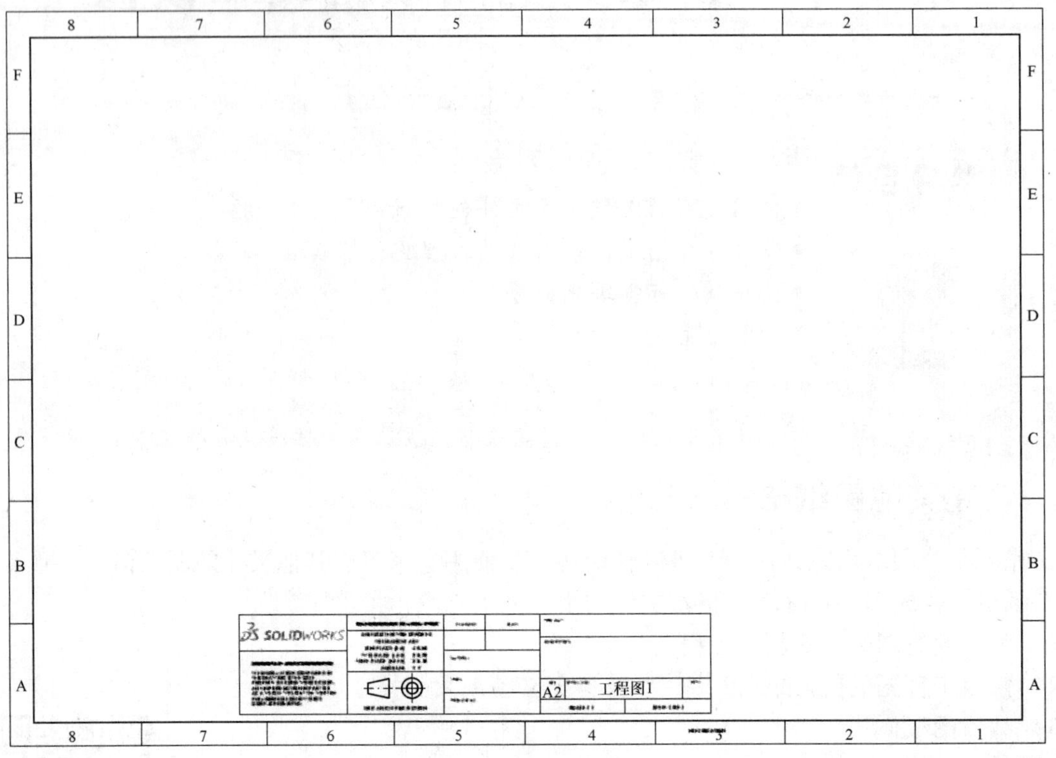

图 5-2　查看结果

步骤 5　编辑图纸格式　在图纸空白处单击右键，选择【编辑图纸格式】。

步骤 6　编辑边框　在图纸空白处单击右键，选择【自动边界】。修改【区域大小】中的【行】为 4，修改【边距】中的所有值为 12.70mm，如图 5-3 所示。添加图 5-4 所示的【边距掩码】。单击【确定】✔。

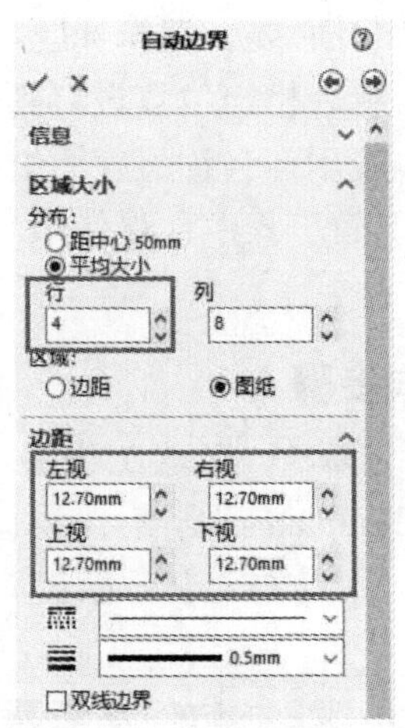

图 5-3　调整【区域大小】和【边距】

步骤 7　移动标题栏草图实体和注释　选择标题栏的右下角，并【删除】✕其中的【固定】关系。框选所有标题栏草图实体和注释。单击鼠标右键，选择【草图】/【移动实体】，选择标题栏的右下角作为【起点】，如图 5-5 所示。单击边框的右下角作为要移动到的位置，如图 5-6 所示。

步骤 8　添加固定关系　选择标题栏的右下角，并添加【固定】关系以完全定义草图，如图 5-7 所示。

步骤 9　移动草图图片　双击徽标草图图片，将其拖放到标题栏中，如图 5-8 所示。单击【确定】✔。

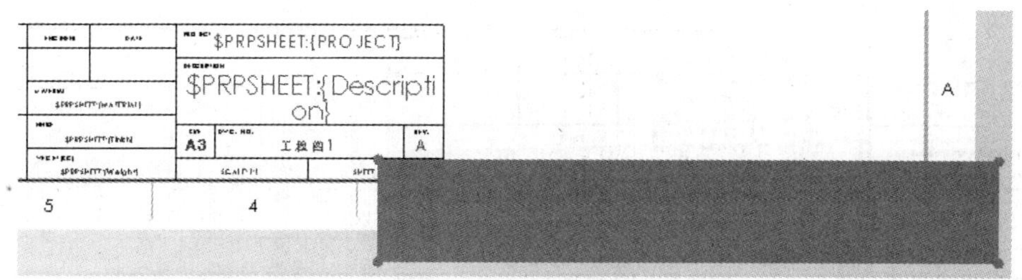

图 5-4　添加【边距掩码】

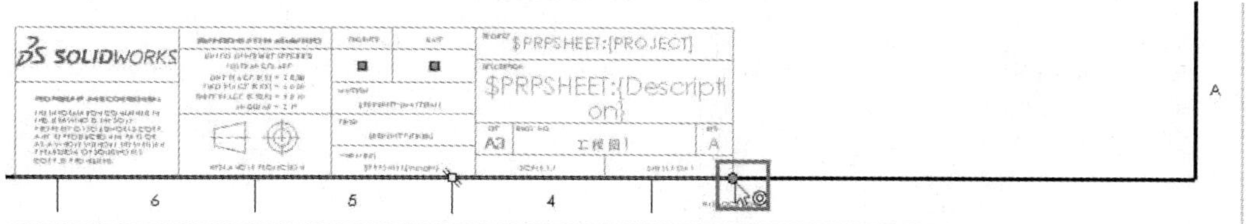

图 5-5　选择【起点】

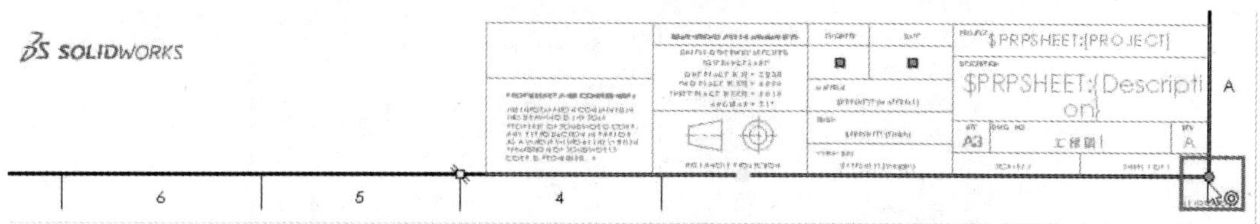

图 5-6　选择终点

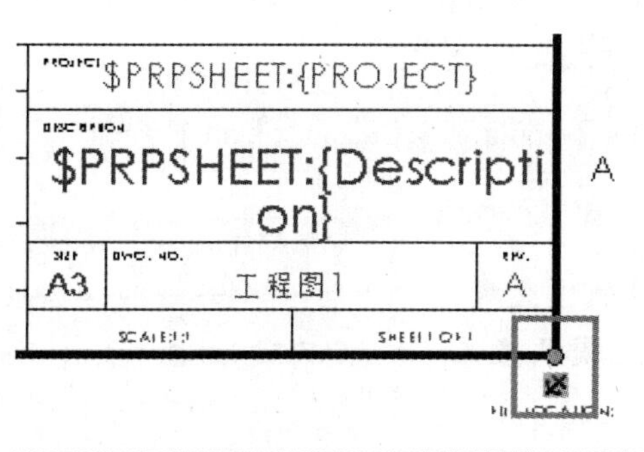

图 5-7　添加固定关系

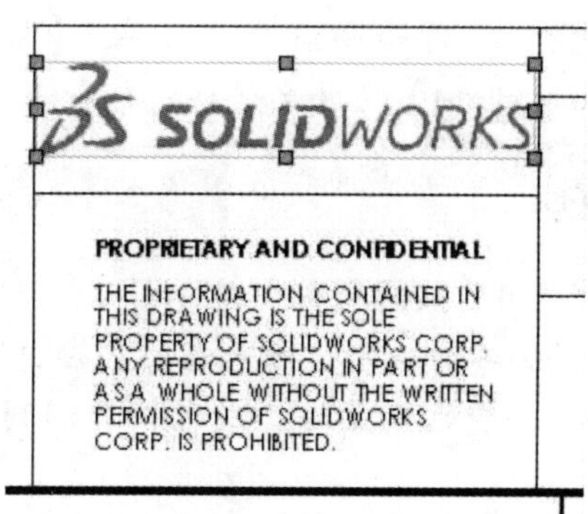

图 5-8　移动草图图片

步骤 10　编辑标题块字段　单击【“标题块”字段】，移动热点边框，将其定位到图 5-9 所示的位置。单击【确定】✔。

步骤 11　退出编辑图纸格式模式

步骤 12　设定表格定位点　在 FeatureManager 设计树中查看表格定位点，如图 5-10 所示。将“修订表格定位点1”设定为标题栏右上角的顶点，如图 5-11 所示。将其他定位点设定为图纸格式的左上角。

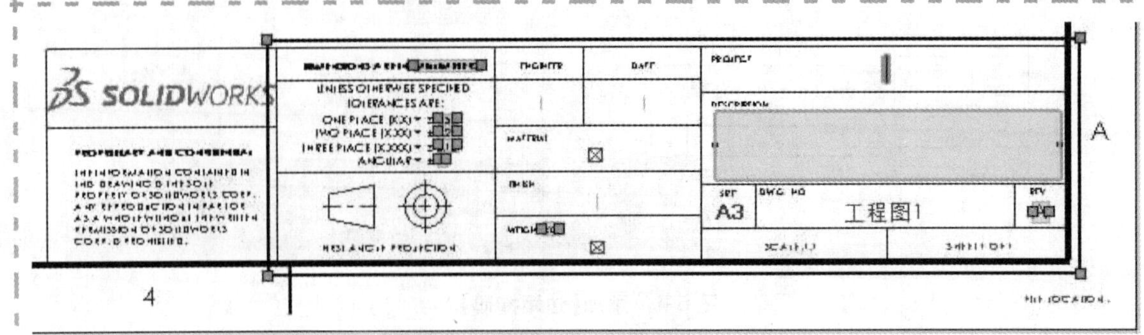

图 5-9　编辑标题块字段

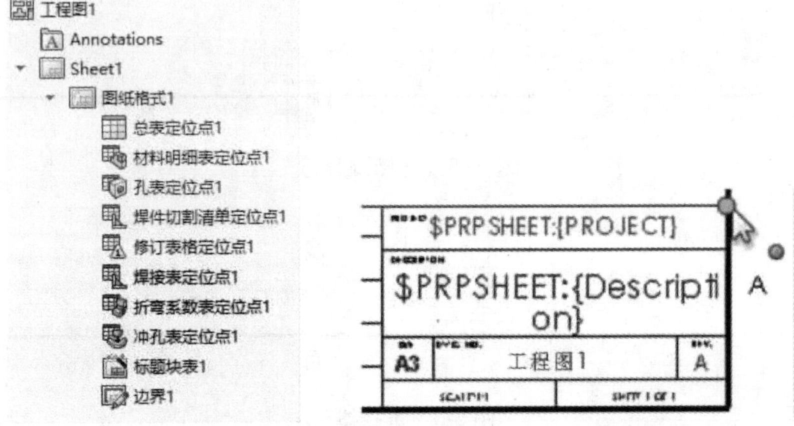

图 5-10　查看表格定位点　　　　图 5-11　设定修订表格定位点

步骤 13　保存图纸格式　单击【文件】/【保存图纸格式】，将图纸格式以“SW A3-Landscape. slddrt”文件名保存到自定义的图纸格式文件夹中。

技巧　此文件夹的默认位置是 Custom Templates \ Custom Sheet Formats。

步骤 14　关闭所有文件

- **复制其他格式**　为完成用户的自定义图纸格式集，下面会将一些已完成的格式文件复制到自定义图纸格式目录中。

步骤 15　浏览已存在的图纸格式文件　使用 Windows 资源管理器，浏览到 Lesson05 \ Case Study \ Completed Sheet Formats folder 文件夹。

SW A1-Landscape.slddrt
SW A2-Landscape.slddrt
SW A3-Landscape.slddrt
SW A4-Landscape.slddrt
SW A4-Portrait.slddrt

图 5-12　复制/粘贴格式

步骤 16　复制/粘贴格式　选择图纸格式文件并复制(〈Ctrl + C〉)，粘贴(〈Ctrl + V〉)到 Custom Templates \ Custom Sheet Formats 文件夹内，如图 5-12 所示。

5.2　带有图纸格式的工程图模板

如果需要，用户可以为经常使用的图纸创建带有图纸格式的工程图模板。在下面的步骤中，将使用用户创建的“SW A4-Landscape”和“SW A3-Landscape”图纸格式制作 A4 和 A3 工程图模板。

扫码看视频

操作步骤

步骤 1　新建工程图　单击【新建】，选择“Standard Drawing”模板，选择“SW A4-Landscape”图纸格式。

步骤 2　查看设置和属性（可选步骤）　查看随模板一起保存的信息。对于工程图，包括文档属性、显示设置、图纸属性和自定义属性等。

由于希望 A4 模板中包含与“Standard Drawing”模板相同的设置，因此不需要做任何更改。

步骤 3　另存为模板　单击【另存为】，更改【保存类型】为“工程图模板（*.drwdot）”。

> **提示**　该对话框会自动定位到模板的默认文件位置，即“Custom Templates”文件夹。

步骤 4　另存为“A4 Drawing”　更改模板的名称为“A4 Drawing”，单击【保存】。

步骤 5　创建 A3 模板　编辑新模板的【图纸属性】，选择“SW A3-Landscape”图纸格式。单击【另存为】，更改【保存类型】为“工程图模板（*.drwdot）”。更改模板的名称为“A3 Drawing”，单击【保存】。

步骤 6　关闭所有文件

步骤 7　查看新模板　单击【新建】，查看对话框中可用的新模板，如图 5-13 所示。

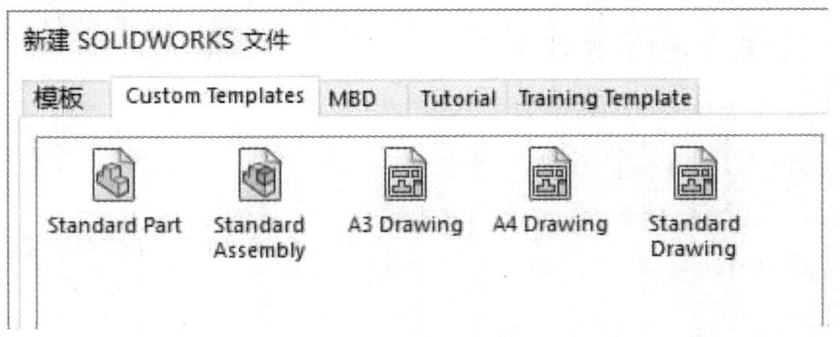

图 5-13　查看新模板

5.3　其他工程图模板项目

如果需要，工程图模板也可以包含其他项目，例如：

- 表格和注释　如果每张使用模板的工程图上都有表格或注释，则可以将它们添加到工程图图纸中，并与模板一起保存。
- 预定义视图　预定义视图允许模型视图自动化。所有工程图视图属性（如方向、显示样式和比例等）都在视图中定义，并可以与模板一起保存。当将模板用于工程图时，将自动填充预定义的视图。

技巧 具有预定义视图的模板可用于使用【SOLIDWORKS Task Scheduler】工具自动创建的工程图中。想了解预定义视图的更多信息，请参考“练习 预定义视图”。

5.4 属性标签编制程序

SOLIDWORKS 还有一种附加的模板类型，可以用于标准化 SOLIDWORKS 数据和提高工作效率。【属性标签编制程序】是 SOLIDWORKS 的一种工具，用于为自定义属性数据的输入提供友好的用户界面。用户可以从任务窗格的【自定义属性】选项卡访问由【属性标签编制程序】生成的模板。

扫码看视频

知识卡片 属性标签编制程序	• 任务窗格：切换至【SOLIDWORKS 资源】选项卡，单击【属性标签编制程序】。 • 任务窗格：切换至【自定义属性】选项卡，单击【现在生成...】。 • Windows 开始菜单：【SOLIDWORKS 工具 2019】/【属性标签编制程序 2019】。

下面将讲解如何为工程图自定义属性创建简单的属性标签模板，然后再用一个完整示例来查看零件更复杂的属性标签模板。

操作步骤

步骤 1 新建 A4 工程图 单击【新建】，选择“A4 Drawing”模板。

步骤 2 访问【自定义属性】选项卡 在任务窗格中单击【自定义属性】，如图 5-14 所示。

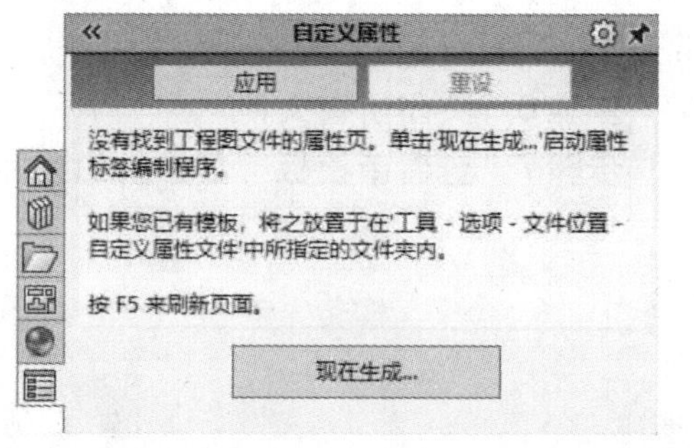

图 5-14 访问【自定义属性】选项卡

提示 由于目前没有任何属性标签模板，因此该页面提供了有关如何创建它们以及如何定义其位置的说明。

步骤 3 加载属性标签编制程序工具 单击【现在生成...】，加载属性标签编制程序工具。

5.4.1 属性标签编制程序界面

属性标签编制程序界面包含 3 个窗格，如图 5-15 所示。

- 表单建造块 该窗格中的项目可以通过拖动添加到模板预览窗格中。
- 模板预览 该窗格显示模板的预览。模板预览中的活动元素显示为灰色边框。
- 表单控制选项 该窗格提供了活动模板元素的属性和选项。

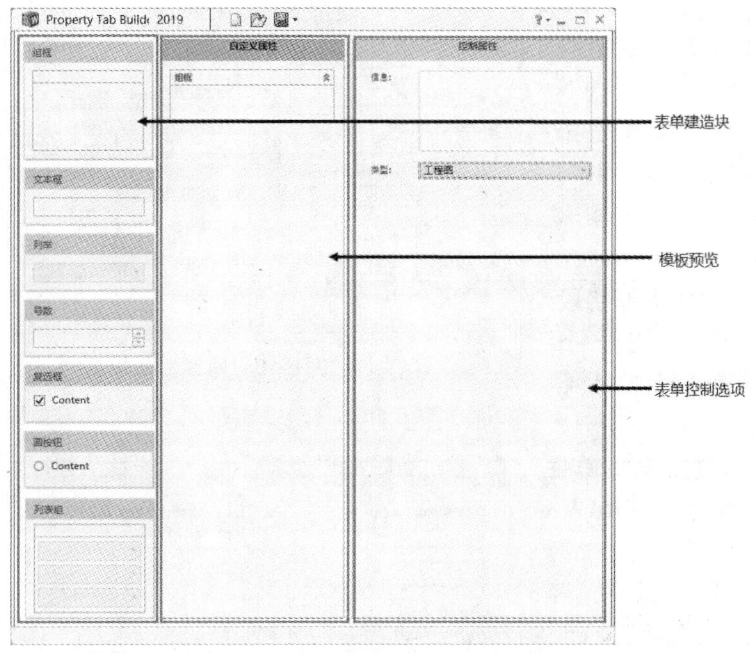

图 5-15　属性标签编制程序界面

步骤 4　更改模板类型　展开右侧窗格中的下拉菜单，选择【工程图】作为模板类型，如图 5-16 所示。

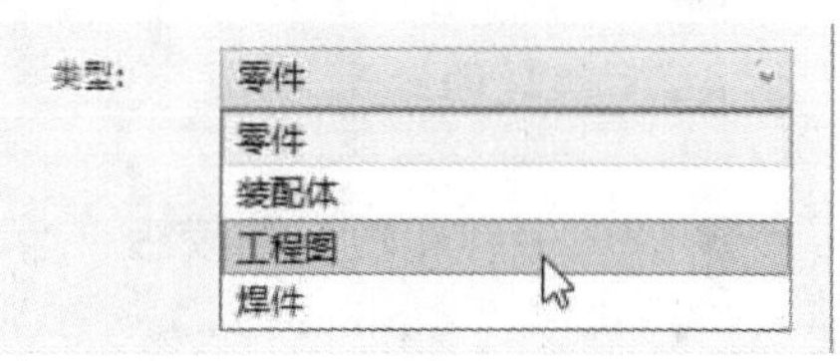

图 5-16　更改模板类型

步骤 5　修改组框　在中间窗格中，选择【组框】以访问其属性，在【标题】中输入"DRAWING DATA"，如图 5-17 所示。

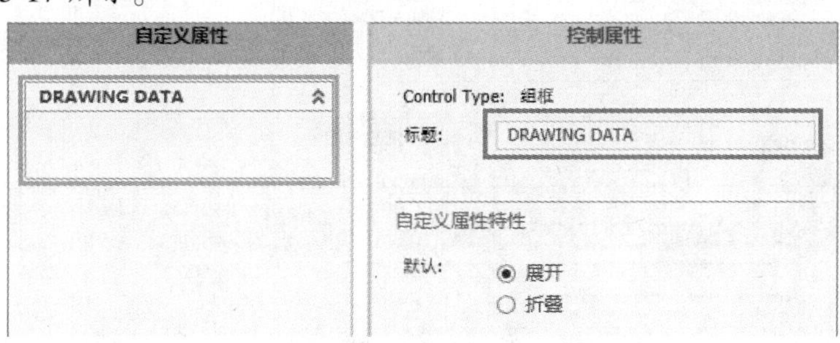

图 5-17　修改组框

步骤 6　添加文本框字段　从左侧窗格中，将【文本框】拖放到【DRAWING DATA】组框中。

步骤 7　修改文本框属性　在【标题】中输入"REVISION"，从【自定义属性特性】中的【名称】字段下拉菜单中选择【Revision】，如图 5-18 所示。

步骤 8　添加列举字段　从左侧窗格中，将【列举】拖放到【DRAWING DATA】组框中。

步骤 9 修改列举属性 在【标题】中输入“DRAWN BY”，为属性的【名称】选择【DrawnBy】，在【数值】中输入图 5-19 所示的内容，并勾选【允许自定义数值】复选框。

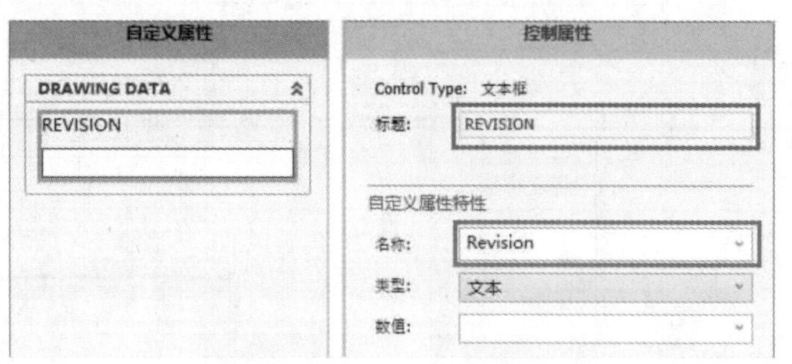

图 5-18 修改文本框属性

步骤 10 添加文本框字段 从左侧窗格中，将另一个【文本框】拖放到【DRAWING DATA】组框中。

步骤 11 修改文本框属性 在【标题】中输入“DRAWN DATE”，为属性的【名称】选择【DrawnDate】，在【类型】中选择【日期】，如图 5-20 所示。

提示 选择【日期】作为【类型】，系统将生成供用户选择的日历。

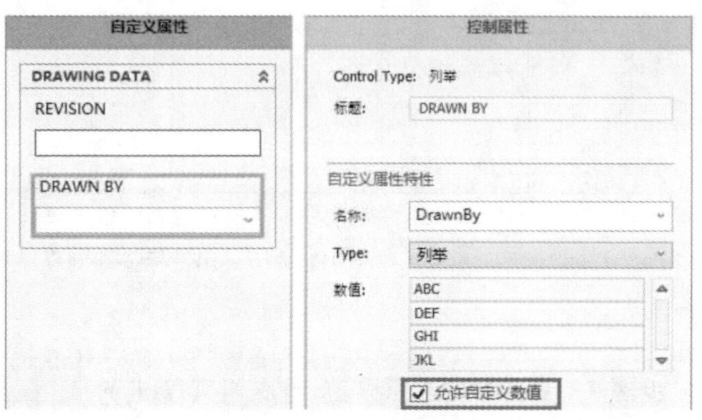

图 5-19 修改列举属性

步骤 12 保存属性标签模板 单击【保存】，将模板以“DRW Properties”名称保存到 Custom Templates \ Custom Property Templates 文件夹中。

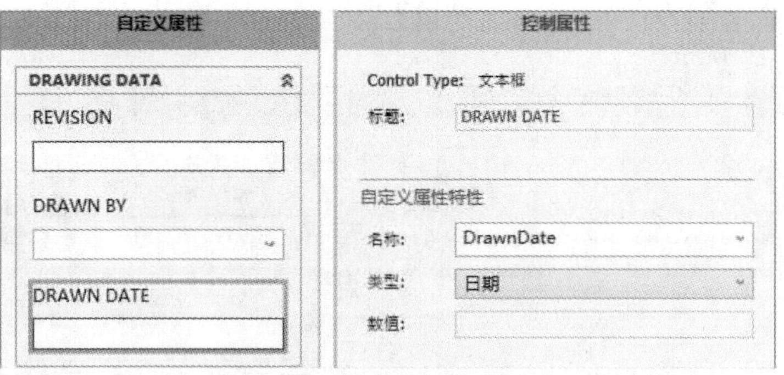

图 5-20 修改文本框属性

5.4.2 定义属性标签模板位置

与文档模板文件一样，用户必须在【选项】中定义属性标签模板的位置，以使其在 SOLIDWORKS 中可用。属性标签模板的文件位置被指定为【自定义属性文件】的文件夹。

【自定义属性文件】只允许一个文件位置，因此在添加自定义位置之前必须删除默认文件位置。

技巧

属性标签模板并不是 SOLIDWORKS 唯一可识别的自定义属性文件类型。为了达到所需的操作，可能需要在自定义文件位置中包含其他的自定义属性文件。想了解有关属性模板的更多信息，请参考“5.5　properties. txt 文件”。

步骤 13　查看自定义属性模板文件夹　打开 Custom Templates \ Custom Property Templates 文件夹，已完成的零件和装配属性标签模板以及刚创建的 DRW 属性文件存在该文件夹中，如图 5-21 所示。

ASSY Properties.asmprp
DRW Properties.drwprp
PART Properties.prtprp

图 5-21　查看自定义属性模板文件夹

步骤 14　在选项中添加【自定义属性文件】位置　单击【选项】/【系统选项】/【文件位置】。在【显示下项的文件夹】中选择【自定义属性文件】。选择已存在的文件位置，单击【删除】。单击【添加】，浏览到 Custom Templates \ Custom Property Templates 文件夹后，单击【选择文件夹】。单击【确定】。

步骤 15　测试工程图属性模板　在任务窗格中单击【自定义属性】选项卡。如有必要，可按〈F5〉键来刷新页面，根据需要添加其他数值，如图 5-22 所示，单击【应用】。

提示

表单可以识别现有属性值，如“REVISION”属性的“A”值。

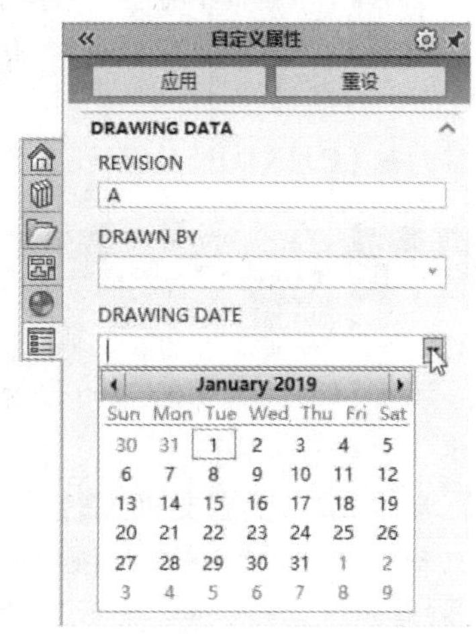

图 5-22　测试工程图属性模板

步骤 16　查看结果　属性值已经添加到工程图文档中，并在标题栏中显示。

5. 4. 3　其他属性标签选项

虽然创建的工程图属性标签模板相对简单，但有些模板可能非常复杂。为了查看属性标签模板的其他选项，下面将学习练习文件中包含的已有零件属性模板。

步骤 17　新建零件　单击【新建】，选择“Standard Part”模板。

步骤 18　查看当前的自定义属性　单击【文件属性】。该零件包括几个属性名称，其中一些属性链接到模型信息，如图 5-23 所示。单击【确定】。

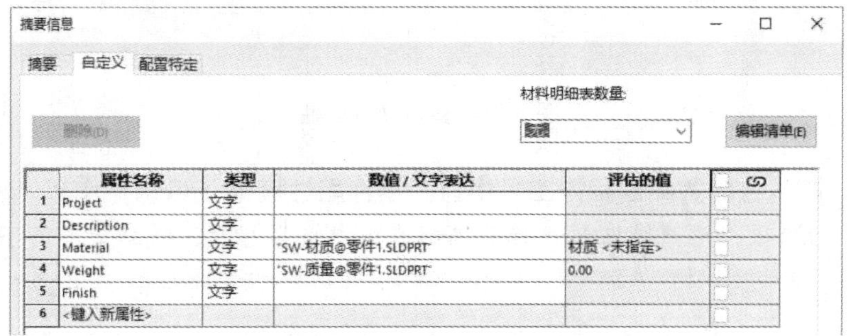

图 5-23　查看当前的自定义属性

步骤 19　访问零件属性模板　在任务窗格中单击【自定义属性】选项卡，现有的“PART Properties”模板已经从指定的文件位置中调用，并填充了选项卡。

步骤 20　添加模型和项目属性　根据需要，在【MODEL DETAILS】和【PROJECT INFO】组框中添加属性。

步骤 21　添加制造属性　为【MATERIAL】属性选择【普通碳钢】，该材料会应用到模型上。为【FINISH】选择【PAINT】。

> 提示　当选择【PAINT】属性时，表单中的另一个字段变为可见。

勾选【PAINT IN HOUSE】复选框。

> 提示　当勾选该属性时，另一个字段变为可用。

添加【COLOR SPEC】的值为“BLU-123”，如图 5-24 所示。单击【应用】。

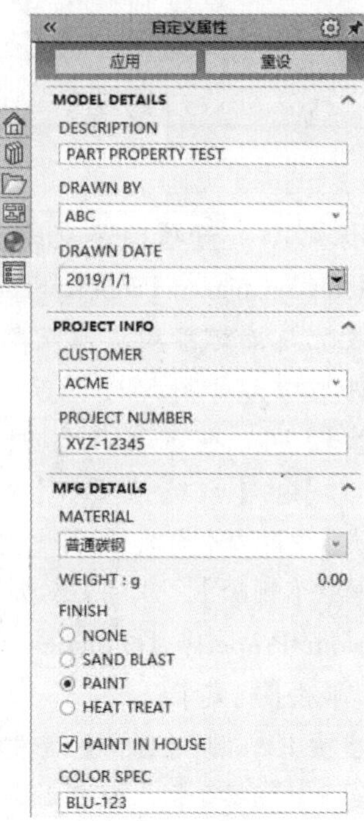

图 5-24　添加零件相关属性

步骤 22　查看文件属性　单击【文件属性】。系统已使用相关信息填充了现有的属性名称，并创建了新的属性名称和填充数值，如图 5-25 所示。

	属性名称	类型	数值 / 文字表达	评估的值	
1	Project	文字	XYZ-12345	XYZ-12345	
2	Description	文字	PART PROPERTY TEST	PART PROPERTY TEST	
3	Material	文字	"SW-材质@零件1.SLDPRT"	普通碳钢	
4	Weight	文字	"SW-质量@零件1.SLDPRT"	0.00	
5	Finish	文字	PAINT	PAINT	
6	DrawnBy	文字	ABC	ABC	
7	DrawnDate	日期	2019/1/1	2019/1/1	
8	Customer	文字	ACME	ACME	
9	PAINT IN HOUSE	文字	YES	YES	
10	Paint Color	文字	BLU-123	BLU-123	
11	<键入新属性>				

图 5-25　查看文件属性

步骤 23　在属性标签编制程序工具中打开零件属性模板（可选操作）　要查看零件属性标签模板中的选项，用户可在属性标签编制程序中将其打开，并浏览不同字段的属性。

5.5 properties. txt 文件

SOLIDWORKS 使用的另一种自定义属性文件是“properties. txt”文件。该文本文件定义了显示在系统对话框下拉列表中的属性名称，如图 5-26 所示。用户可以修改属性名称列表，但文档名称必须保持不变，并且必须位于【自定义属性文件】的文件位置。

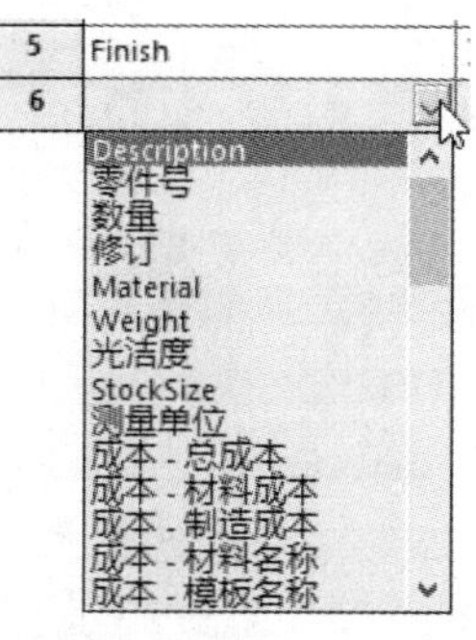

图 5-26　下拉列表中的属性名称

提示　“properties. txt”文件的默认位置是 C:\ ProgramData \ SOLIDWORKS \ SOLIDWORKS 2019 \ lang \ Chinese-Simplified。

技巧　默认情况下，在 Windows 中的“ProgramData”文件夹是隐藏文件夹。用户可能需要调整文件资源管理器窗口的视图设置才能访问此文件夹。

在本示例中，先将默认的“properties. txt”文件复制到新的自定义属性文件位置，然后再对其进行修改。

步骤 24　尝试添加新属性名称　尝试激活属性名称单元格中的下拉菜单，该菜单不可用，如图 5-27 所示。这是因为在指定为【自定义属性文件】的文件位置中没有“properties. txt”文件。单击【确定】关闭对话框。

步骤 25　查看默认的“properties. txt”文件　打开 C:\ ProgramData \ SOLIDWORKS \ SOLIDWORKS 2019 \ lang \ Chinese-Simplified 文件夹。

步骤 26　复制文件　复制“properties. txt”文件，粘贴到 Custom Templates \ Custom Property Templates 文件夹中，如图 5-28 所示。

9
PAINT IN HOUSE
文字
10
Paint Color
文字
11

图 5-27　尝试添加新属性名称

ASSY Properties.asmprp
DWG Properties.drwprp
PART Properties.prtprp
properties

图 5-28　复制文件

步骤 27　编辑文本文件　打开“properties. txt”文件，通过删除或修改部分属性名称来编辑文本文件，如图 5-29 所示。

技巧　如果需要，用户也可以添加其他自定义属性。

步骤 28　保存并关闭文本文件　单击【文件】/【保存】后，关闭“properties. txt”文件。

步骤 29　查看文件属性　在 SOLIDWORKS 中，单击【文件属性】。

步骤 30　查看下拉菜单中的属性名称　激活属性名称单元格中的下拉菜单，修改后的“properties. txt”文件已被用于填充该列表，如图 5-30 所示。

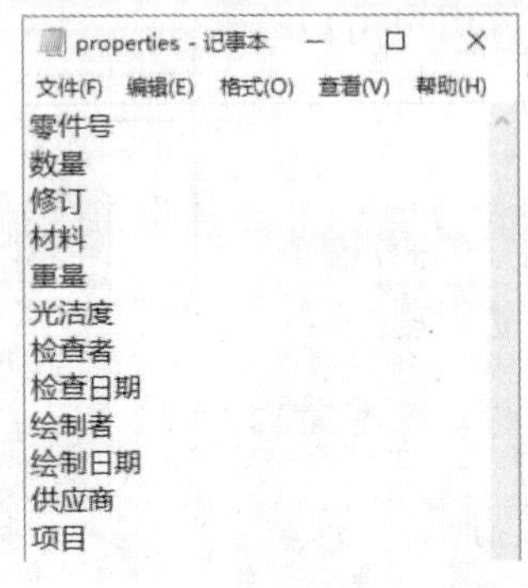

图 5-29　编辑文本文件

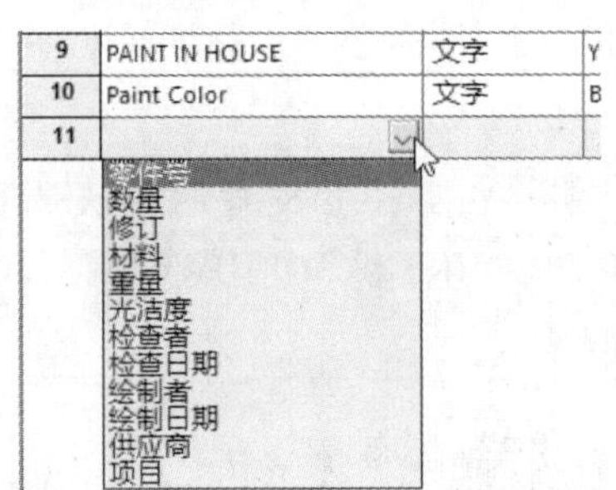

图 5-30　查看下拉菜单中的属性名称

步骤 31　关闭所有文件

练习　预定义视图

预定义视图是即将要插入模型视图的占位符，其可以包含在模板中，以便自动创建视图。在本练习中，将创建具有预定义视图的新模板，如图 5-31 所示，然后使用该模板创建工程图并填充预定义视图。

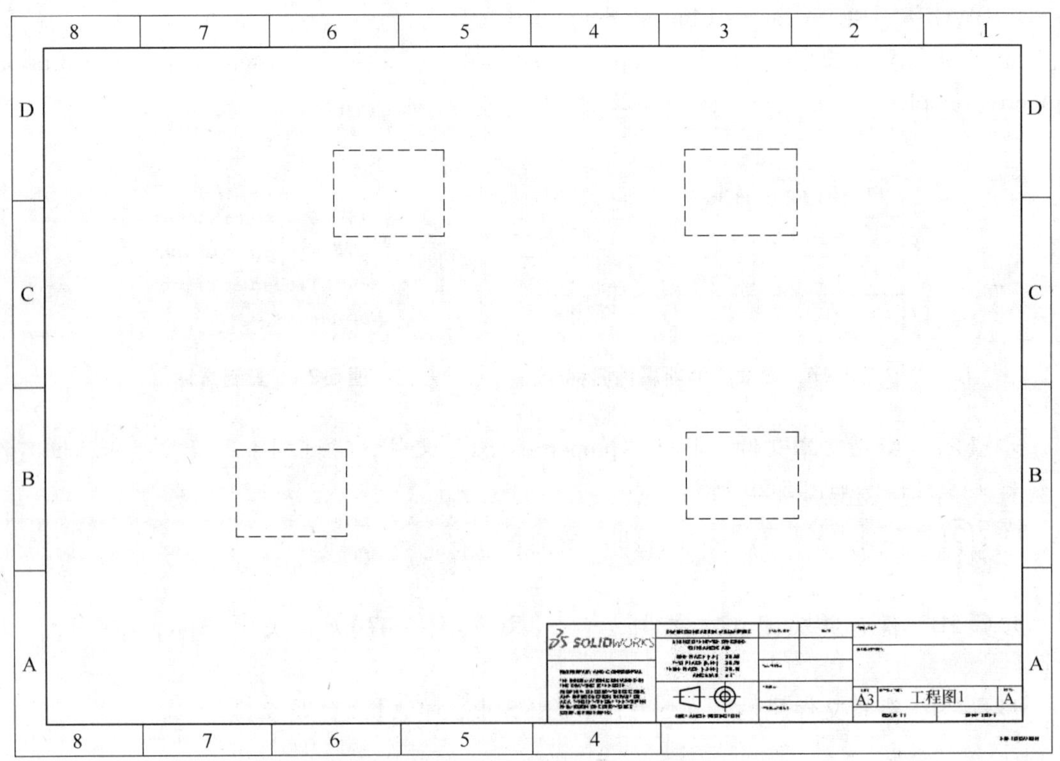

图 5-31　具有预定义视图的模板

本练习将使用以下技术：
- 其他工程图模板项目。
- 预定义视图。

操作步骤

步骤1　新建工程图　单击【新建】，从对话框中选择“A3 Drawing”模板。

- 预定义视图　预定义视图允许用户为空视图定义属性。当使用【从零件/装配体制作工程图】命令时，将自动填充模板中的预定义视图。用户也可以使用视图的 PropertyManager 或快捷菜单中的【插入模型】命令填充预定义视图。预定义视图提供了一种将添加到图纸中的视图进行标准化的方法。此外，用户还可以使用 SOLIDWORKS Task Scheduler 程序自动填充具有预定义视图的模板。想了解有关该程序的更多信息，请参考“11.4　SOLIDWORKS Task Scheduler”。

知识卡片	预定义视图	• 菜单：【插入】/【工程图视图】/【预定义的视图】。 • 快捷菜单：右键单击工程图图纸，选择【工程视图】/【预定义的视图】。

步骤2　添加预定义视图　单击【预定义的视图】，将视图放置在工程图图纸的右上角。按图5-32所示调整视图属性。单击【确定】✔。
- 方向：【前视】。
- 显示样式：【消除隐藏线】。
- 比例：【使用图纸比例】。

步骤3　重命名视图　在 FeatureManager 设计树中将视图重命名为“FRONT”。

步骤4　添加投影视图　单击【投影视图】，使用预定义的 FRONT 视图投影创建右视图和俯视图，如图5-33所示。在 FeatureManager 设计树中将视图重命名为“RIGHT”和“TOP”，如图5-34所示。

步骤5　添加等轴测图　单击【预定义的视图】，放置视图，如图5-35所示。

步骤6　修改视图属性　按图5-36所示调整视图属性，单击【确定】✔。
- 方向：【等轴测】。
- 显示样式：【带边线上色】。
- 比例：【使用图纸比例】。

步骤7　重命名视图　在 FeatureManager 设计树中将视图重命名为“ISOMETRIC”。

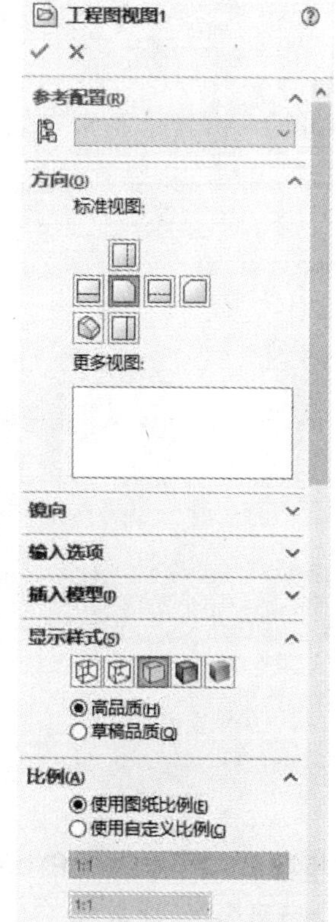

图5-32　添加预定义视图

步骤8　另存为模板　将工程图保存为模板。单击【另存为】，更改【保存类型】为“工程图模板（*.drwdot）”。确认指向的文件夹为 Custom Templates。

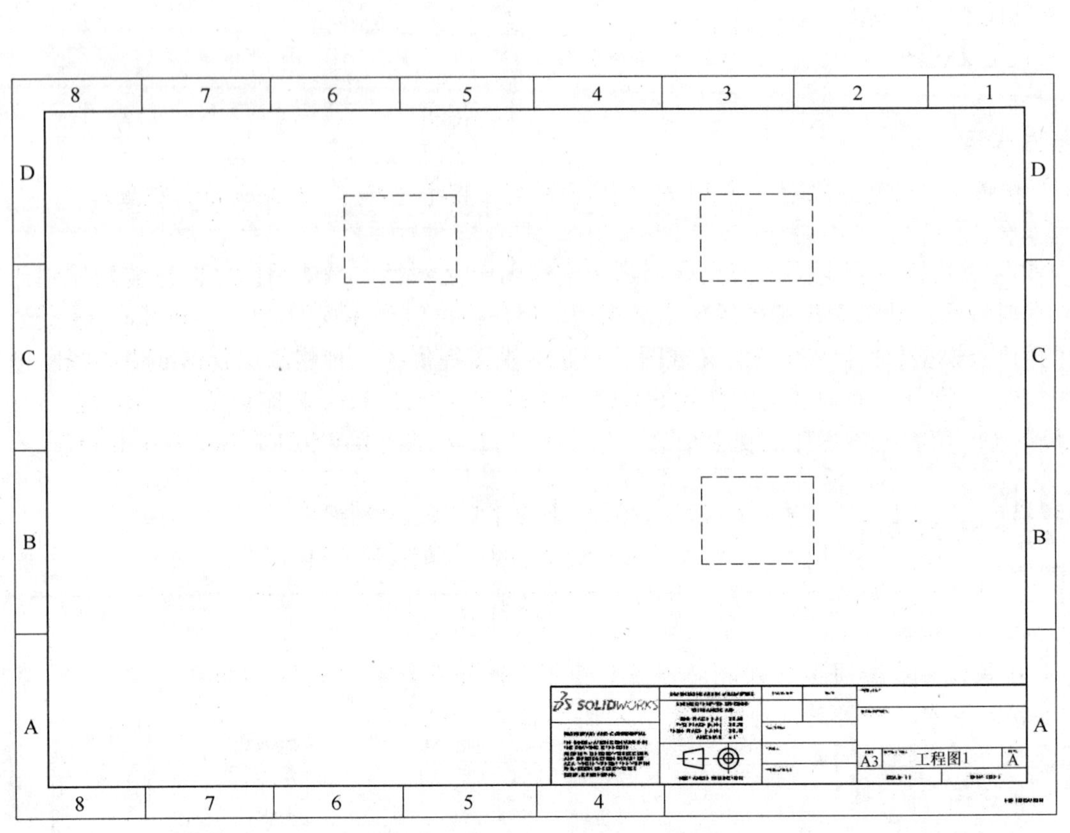

图 5-33　添加投影视图

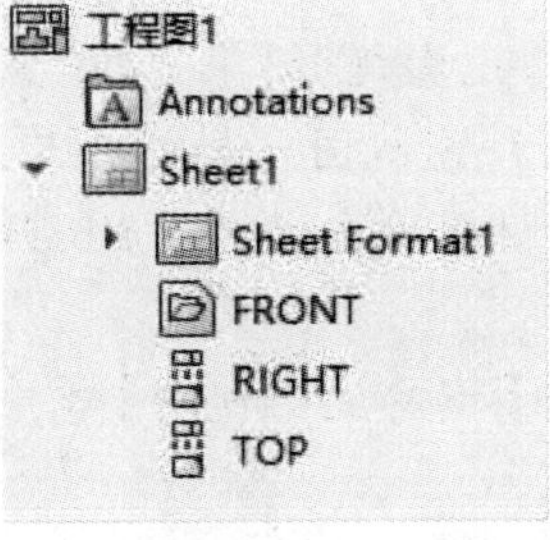

图 5-34　重命名视图

步骤 9　另存为“Predefined A3”　更改模板的名称为“Predefined A3”，单击【保存】，如图 5-37 所示。

步骤 10　关闭工程图模板

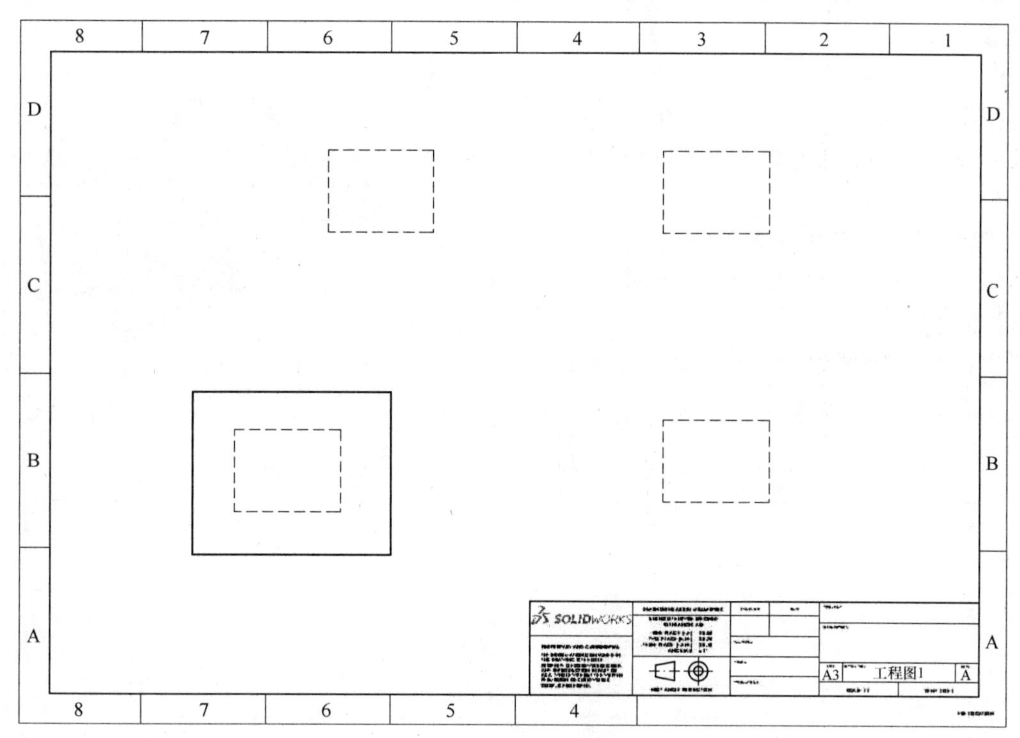

图 5-35　添加等轴测图

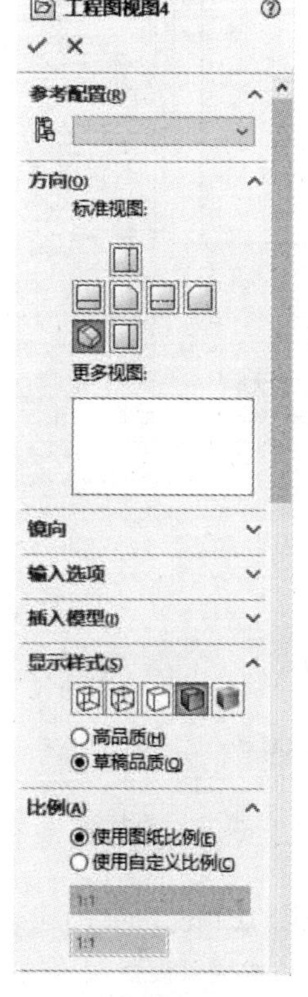

图 5-36　修改视图属性

扫码看 3D

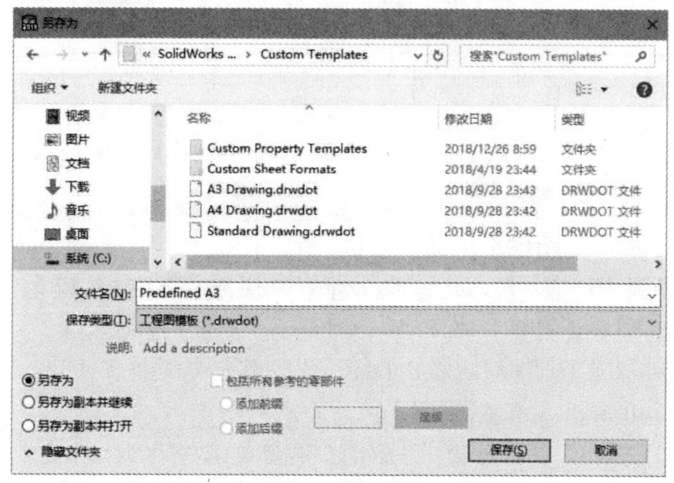

图 5-37　另存为“Predefined A3”

• 测试模板　下面首先使用【从零件/装配体制作工程图】命令测试模板，然后介绍如何使用【插入模型】命令。

步骤 11　打开零件　从 Lesson05 \ Exercises 文件夹内打开“Predefined Test. SLDPRT”零件，如图 5-38 所示。

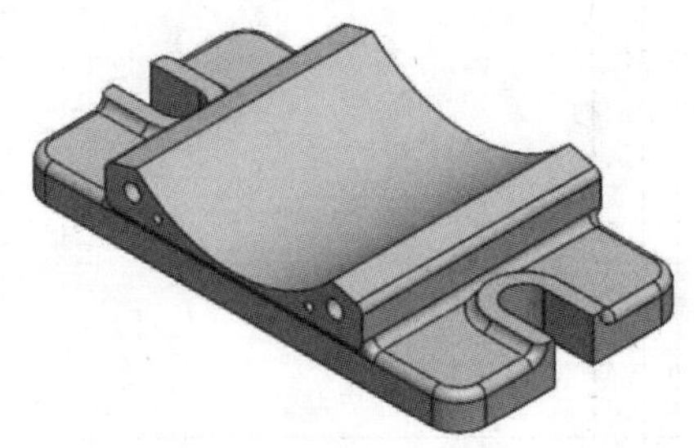

图 5-38　打开零件

步骤 12　从零件制作工程图　单击【从零件/装配体制作工程图】，选择“Predefined A3”模板，单击【确定】。

步骤 13　查看结果　模型自动填充预定义视图，创建了新工程图，如图 5-39 所示。

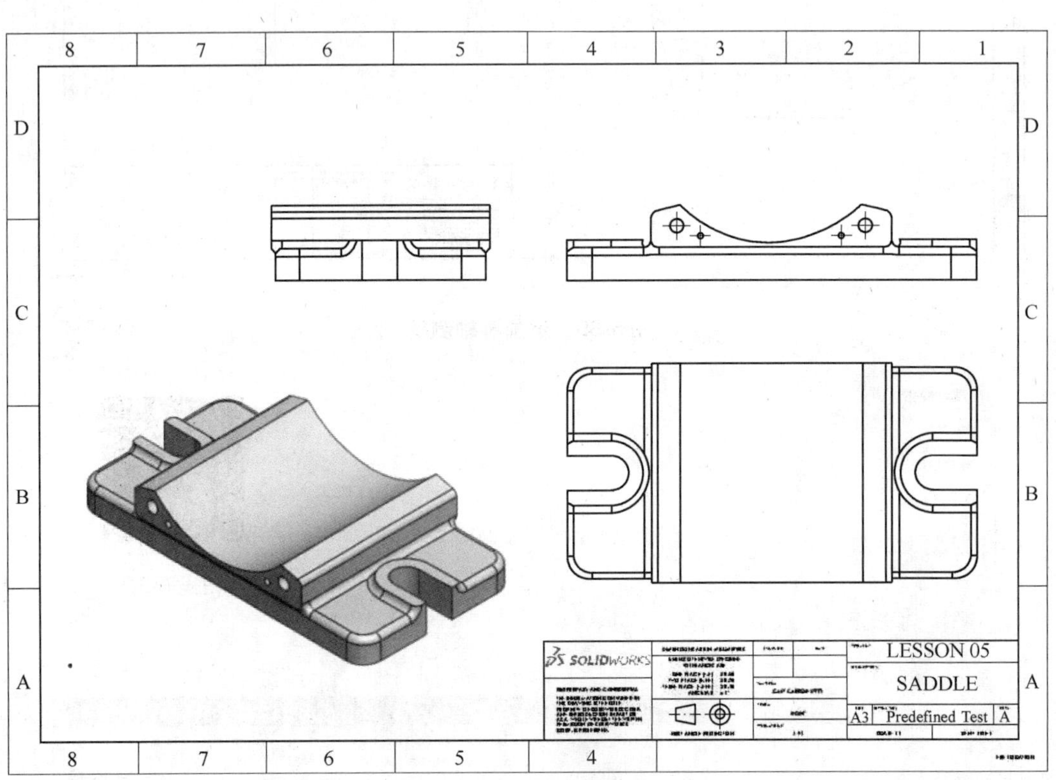

图 5-39　查看结果

步骤 14　新建工程图　单击【新建】，选择“Predefined A3”模板，单击【确定】。

步骤 15　从 PropertyManager 中插入模型　选择 FRONT 预定义视图，在 PropertyManager 中使用【插入模型】选项来装载“Predefined Test”零件到预定义视图中，如图 5-40 所示。单击【确定】✔。

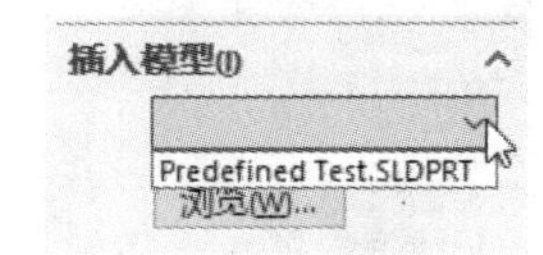

图 5-40　从 PropertyManager 中插入模型

步骤 16　查看结果　FRONT 视图及其子投影视图已经使用该模型进行了填充，如图 5-41 所示。

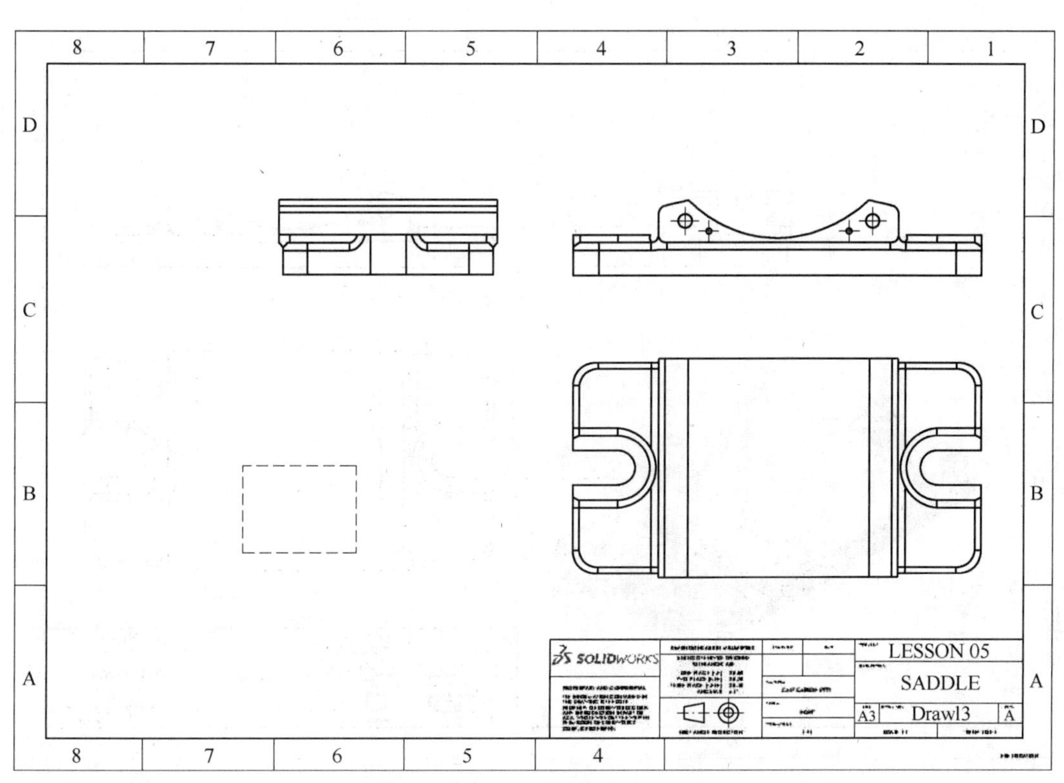

图 5-41　查看结果

步骤 17　从快捷菜单中插入模型　通过右键单击视图，从快捷菜单中也可以将模型插入到预定义视图中。右键单击 ISOMETRIC 预定义视图，选择【插入模型】，选择“Predefined Test”零件，如图 5-42 所示。单击【确定】✔。

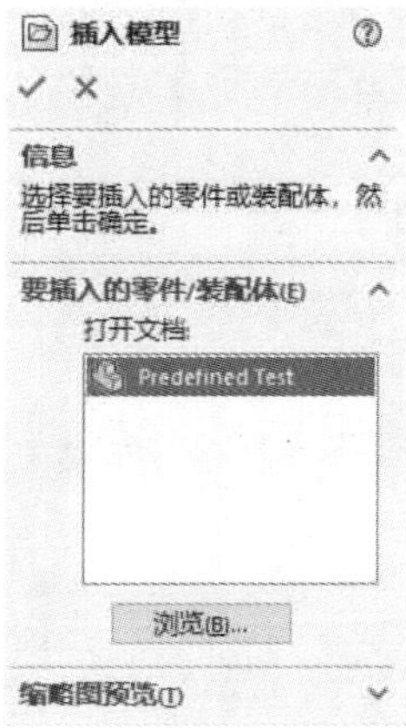

图 5-42　从快捷菜单中插入模型

步骤 18　查看结果　已经使用该模型填充了视图，如图 5-43 所示。

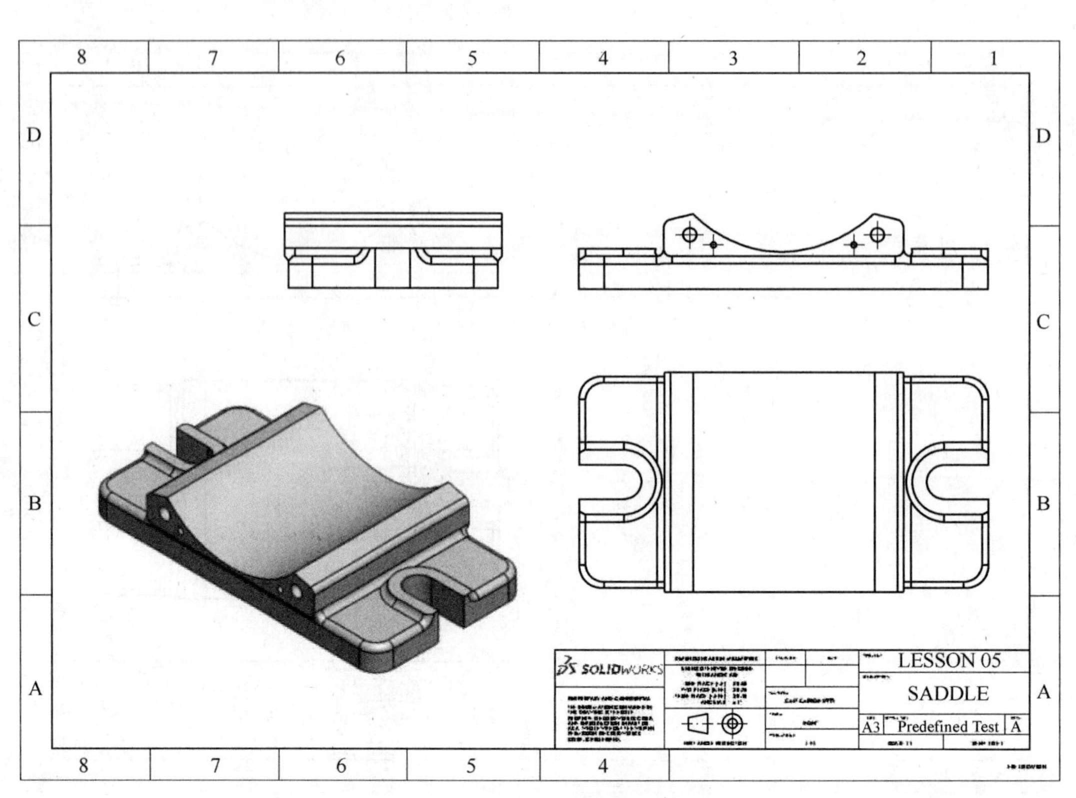

图5-43　查看结果

步骤19　保存并关闭所有文件

第 6 章　工程图视图的高级选项

学习目标

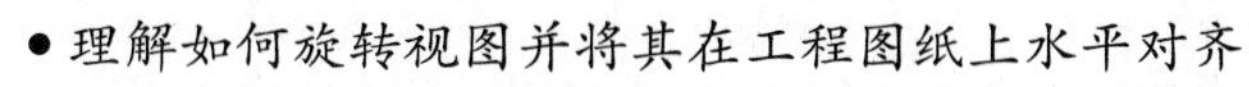

- 控制视图中隐藏边的可视性
- 创建高级视图类型，如断开的剖视图（即“局部剖视图”）、辅助视图、剪裁视图（即“局部视图”）和交替位置视图
- 理解如何旋转视图并将其在工程图纸上水平对齐
- 理解如何控制视图焦点
- 为装配体剖视图指定剖面（即“剖切面”）范围
- 为工程图视图创建自定义视图方向

6.1　高级工程图视图

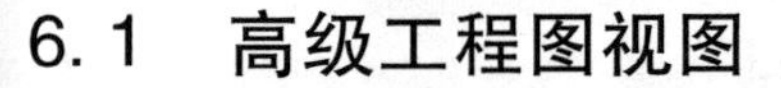

前几章已经讲解了 SOLIDWORKS 工程图的基本功能。在本章中，将继续介绍一些更高级的工程图视图命令。下面将创建图 6-1 所示的工程图，并使用该工程图来介绍一些新的视图类型和选项，包括：

- 单个边线显示的选项

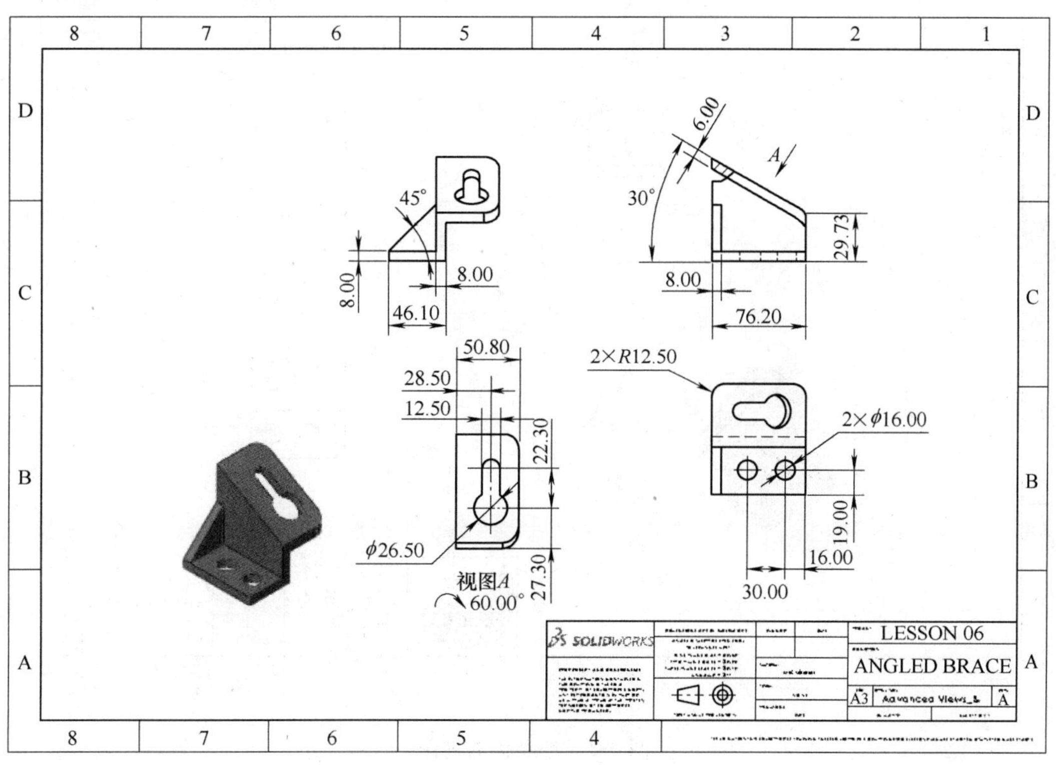

图 6-1　创建工程图

- 断开的剖视图
- 辅助视图

- 定向工程图视图的选项
- 剪裁视图

扫码看视频

扫码看3D

操作步骤

步骤1　打开零件　从Lesson06\Case Study文件夹内打开“Advanced Views. SLDPRT”文件，如图6-2所示。

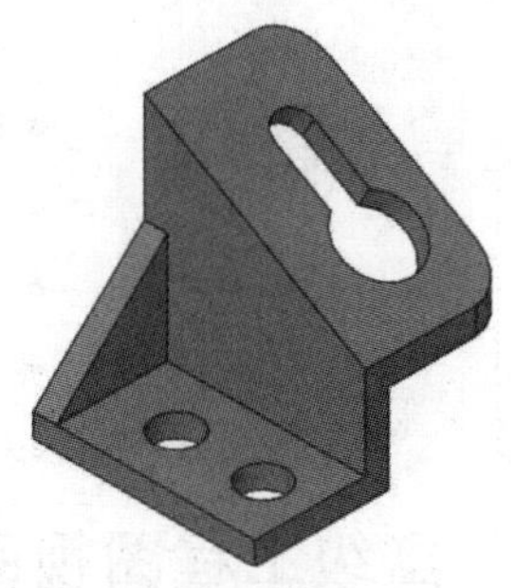
图6-2　打开零件

步骤2　从零件创建新工程图文档　单击【从零件/装配体制作工程图】，选择“A3 Drawing”模板，单击【确定】。

步骤3　创建标准视图　不勾选【输入注解】复选框，创建模型的前视图（Front），并投影出右视图（Right）和俯视图（Top）。创建等轴测图，更改其【显示样式】为【带边线上色】，如图6-3所示。

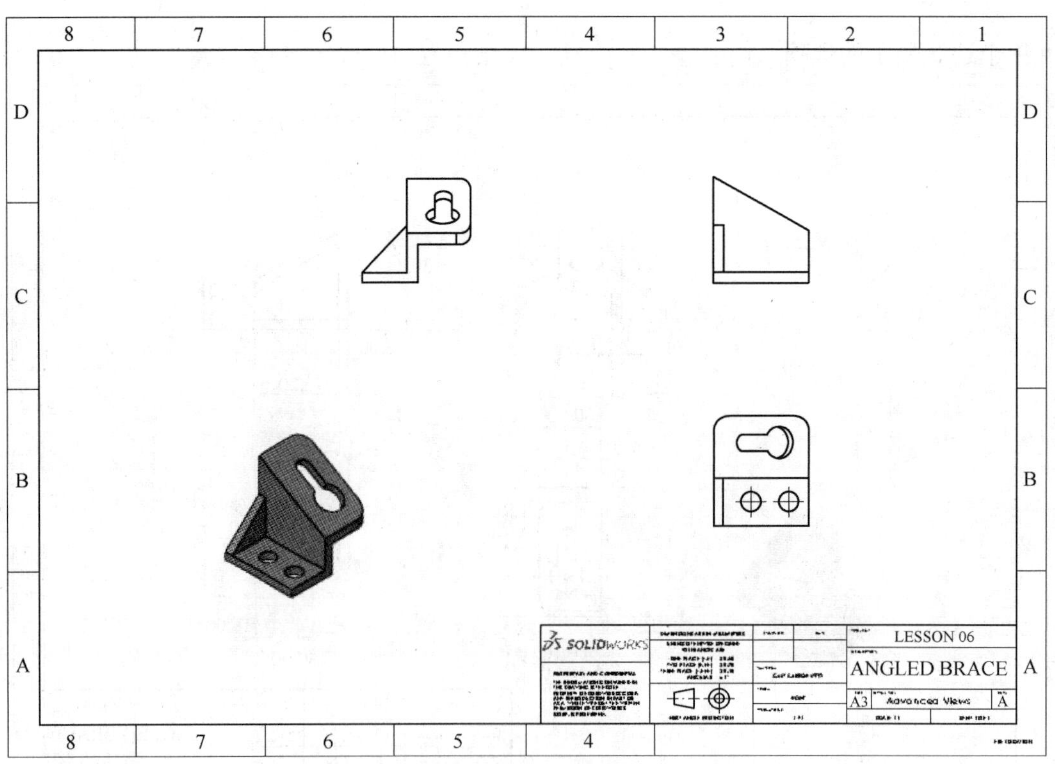

图6-3　创建标准视图

步骤 4　重命名视图　重命名 FeatureManager 设计树中的视图，以便于识别，如图 6-4 所示。

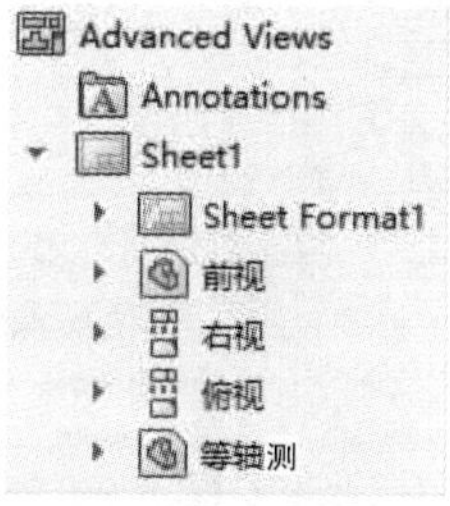

图 6-4　重命名视图

6.2　显示隐藏的边线

下面将在本示例工程图的前视图和俯视图中显示一些隐藏的边线，以更好地说明零件的某些特征。注意要选择单独的特征来显示边线，而不是使用【隐藏线可见】的【显示状态】。这将产生比显示所有边线更加清晰的视图。

SOLIDWORKS 包含几种控制工程图视图中边线可见性的选项：

- 【工程视图属性】对话框　使用【工程视图属性】对话框中的【显示隐藏的边线】选项卡。此处的选择框可用于选择要显示边线的单个元素。
- 在 FeatureManager 中显示/隐藏　右键单击相应视图中的特征，然后选择【显示/隐藏】/【显示隐藏的边线】。
- 在上下文工具栏中隐藏/显示边线　选择一条边线并在上下文工具栏中单击【隐藏/显示边线】。

下面将使用以上方法在“Advanced Views”工程图中显示所需的边线。

【工程视图属性】对话框中包含了视图 PropertyManager 中不能体现的可用属性，其具有其他显示的设置，包括显示隐藏的边线和实体的功能，如图 6-5 所示。

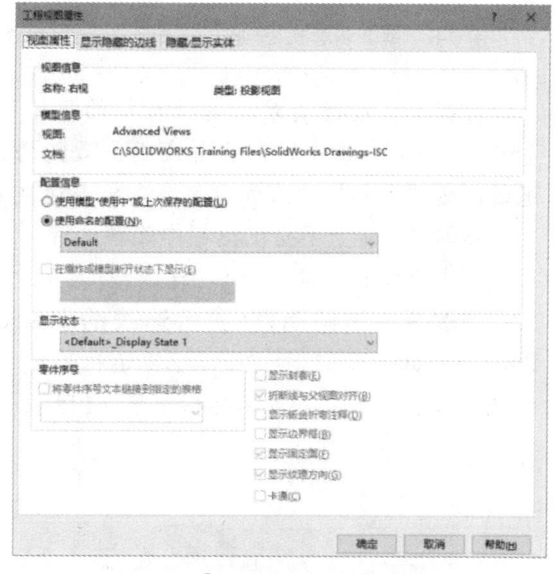

图 6-5　【工程视图属性】对话框

知识卡片	【工程视图属性】对话框	• 视图 PropertyManager：拖动滚动条到底部，单击【更多属性】按钮。 • 快捷菜单：右键单击工程图视图，选择【属性】。

步骤 5　访问前视图的属性　选择前视图，在视图 PropertyManager 中单击【更多属性】。

步骤 6　显示隐藏的边线　单击【显示隐藏的边线】选项卡，激活 FeatureManager 设计树，选择“Angled Boss”和“Base Holes”特征，如图 6-6 和图 6-7 所示。单击【确定】。

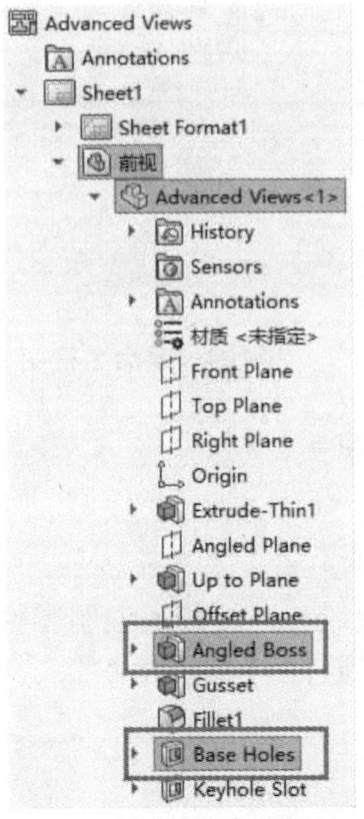

图 6-6　展开树并选择特征

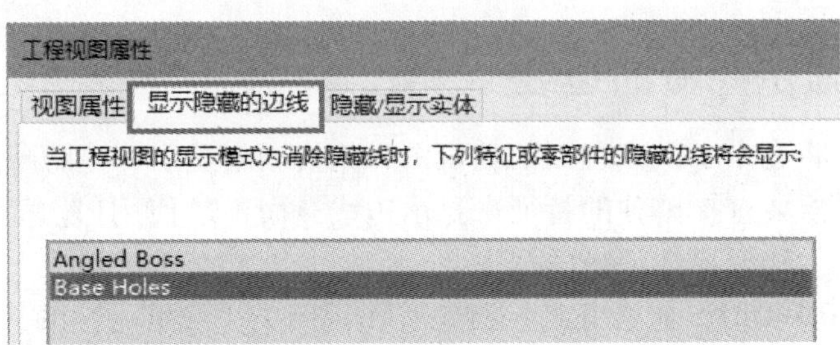

图 6-7　【显示隐藏的边线】中选择的特征

步骤 7　查看结果　选择特征的隐藏边线在工程图中显示。与“Angled Boss”相关的一些边线不是必需的，如图 6-8 所示。下面将通过隐藏圆角相切边线和特征底部重叠边线来进一步清理视图。

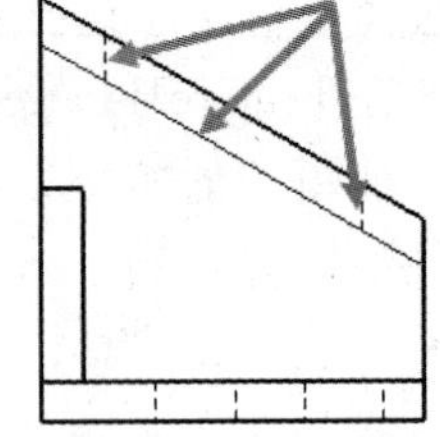

图 6-8　查看结果

步骤 8　从上下文工具栏中隐藏边线　选择一个圆角相切的垂直边线，在上下文工具栏中单击【隐藏/显示边线】，如图 6-9 所示。

步骤 9　访问隐藏/显示边线的 PropertyManager　若要使用 PropertyManager 来选择要隐藏/显示的边线，请单击前视图边界框内的任意位置，从上下文工具栏中单击【隐藏/显示边线】，如图 6-10 所示。

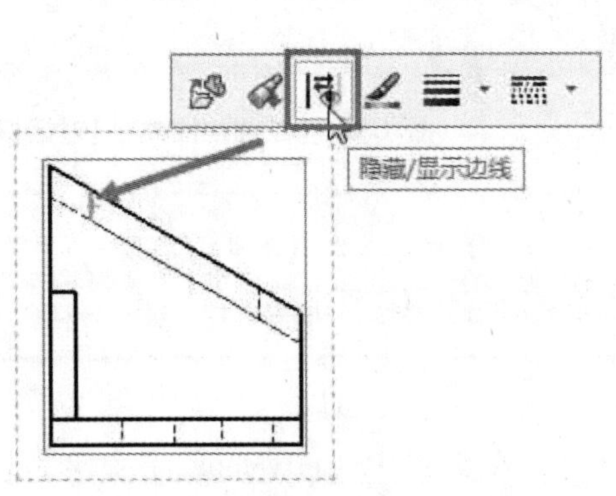

图 6-9　从上下文工具栏中隐藏边线

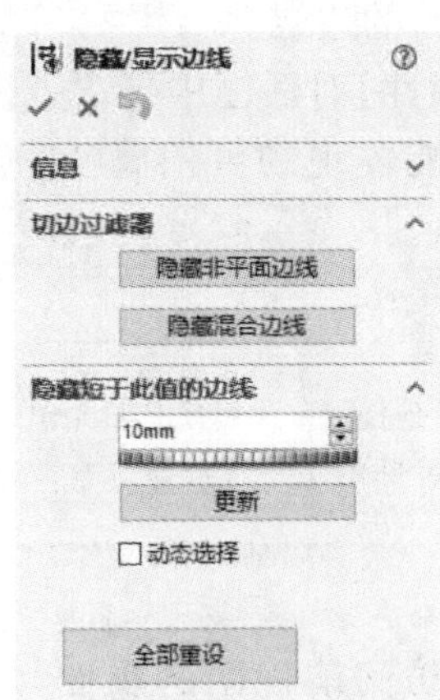

图 6-10　访问隐藏/显示边线的 PropertyManager

提示　PropertyManager 可用于显示之前隐藏的边线，使用过滤器自动选择边线和多选边线。

步骤 10　选择需隐藏的边线　单击其他圆角相切边线和特征底部的重叠边线，如图 6-11 所示，单击【确定】✔。

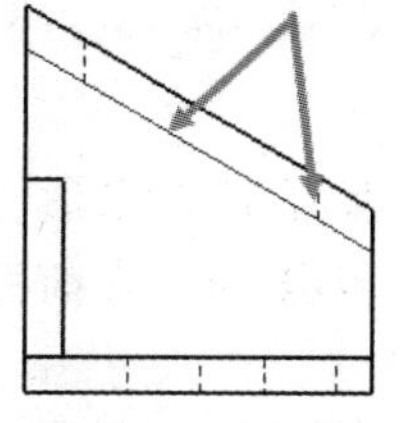

图 6-11　选择需隐藏的边线

步骤 11　从 FeatureManager 中显示边线　为了在俯视图中显示边线，在 FeatureManager 中展开视图和零件树，右键单击“Extrude-Thin1”特征，选择【显示/隐藏】/【显示隐藏的边线】，如图 6-12 所示。

步骤 12　查看结果　选择特征的隐藏边线在工程图中显示，如图 6-13 所示。

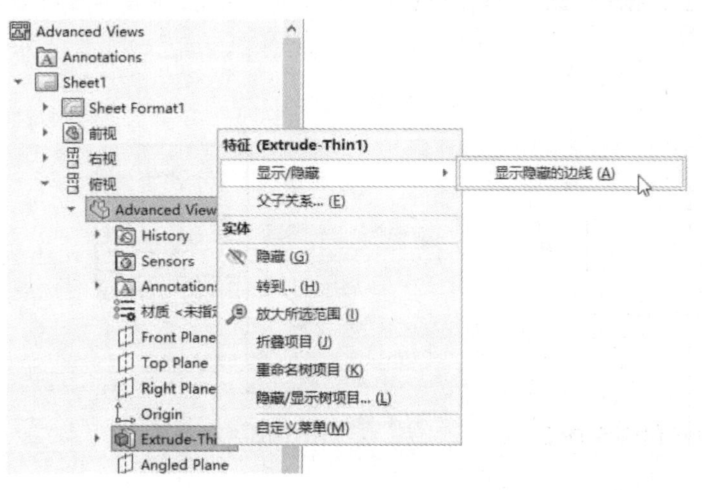

图 6-12　从 FeatureManager 中显示边线

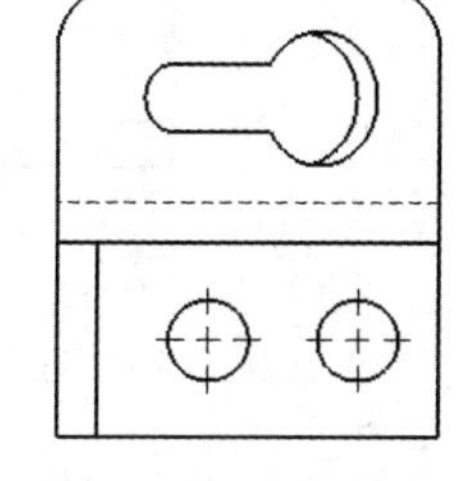

图 6-13　查看结果

提示　此操作会在【工程视图属性】对话框的【显示隐藏的边线】选项卡中添加特征。

技巧　这种方法也可在装配体工程图视图中隐藏/显示零部件。

6.3　断开的剖视图

接下来将在前视图中添加断开的剖视图，以便为“Angled Boss”特征添加厚度尺寸，而不是对隐藏的边线进行尺寸标注。断开的剖视图在某些方面与局部视图的特性类似：它们都将自动调用草图工具并需要一个在父视图上的轮廓。

对于断开的剖视图，默认的草图工具是样条曲线。完成闭合样条曲线后，必须定义截面切割的深度。用户可以通过指定特定距离或选择边线来定义深度。当通过选定边线来定义深度时，用户可以从图纸上的任何视图中选择边线。若选择圆形边线，将以圆心定义截面深度。

与局部视图相同，如果用户需要使用替代工具来创建断开的剖面轮廓，则需要在激活命令之前创建草图。

知识卡片	断开的剖视图	CommandManager：【视图布局】/【断开的剖视图】。 • 菜单：【插入】/【工程图视图】/【断开的剖视图】。 • 快捷菜单：右键单击工程图视图或图纸，然后选择【工程视图】/【断开的剖视图】。

步骤 13　激活【断开的剖视图】命令　单击【断开的剖视图】。

步骤 14　在前视图中绘制轮廓　创建如图 6-14 所示的封闭样条曲线。

技巧　通过放置样条曲线型值点来创建样条曲线。图 6-14 中的样条曲线是使用 5 个样条曲线型值点创建的。想了解有关绘制样条曲线的更多信息，请参考《SOLIDWORKS®高级零件教程（2018 版）》。

步骤 15　定义深度　通过选择右视图中的边线来定义剖切的深度，如图 6-15 所示。

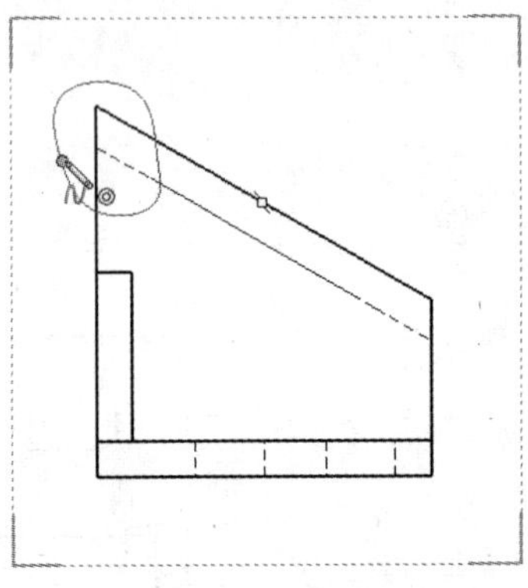

图 6-14　在前视图中绘制轮廓

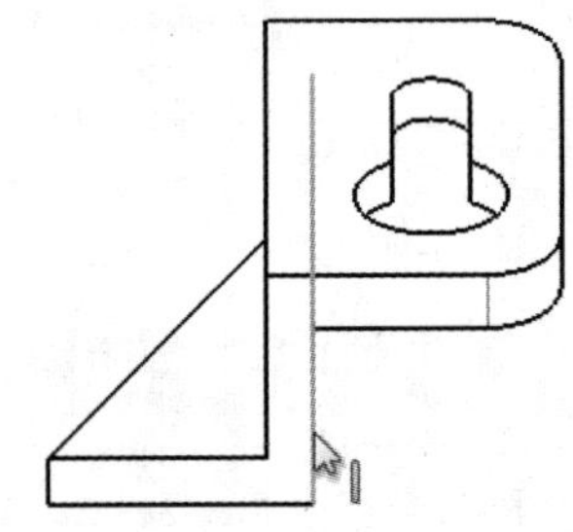

图 6-15　定义深度

技巧　使用边线作为深度，可以确保当模型更改后该剖面的深度仍然是合适的。

步骤 16　预览剖视图　勾选【预览】复选框，查看工程图图纸上的切割线和视图预览，如图 6-16 所示。

步骤 17　单击【确定】✔

• 编辑断开的剖视图　断开的剖视图被看作其父视图的一个特征。因此，若要查看 FeatureManager 设计树中的断开的剖视图，必须展开父视图，如图 6-17 所示。

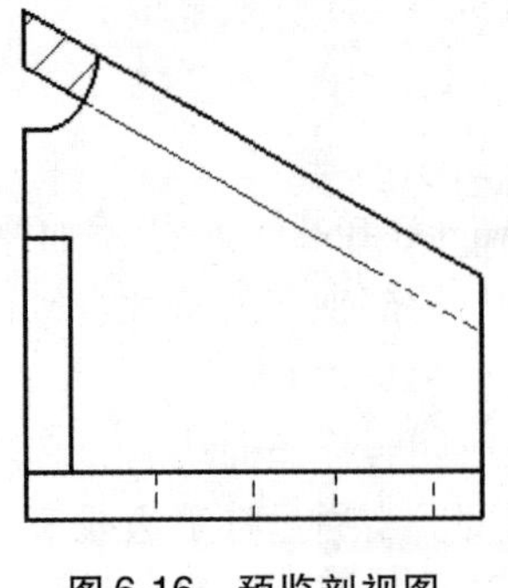

图 6-16　预览剖视图

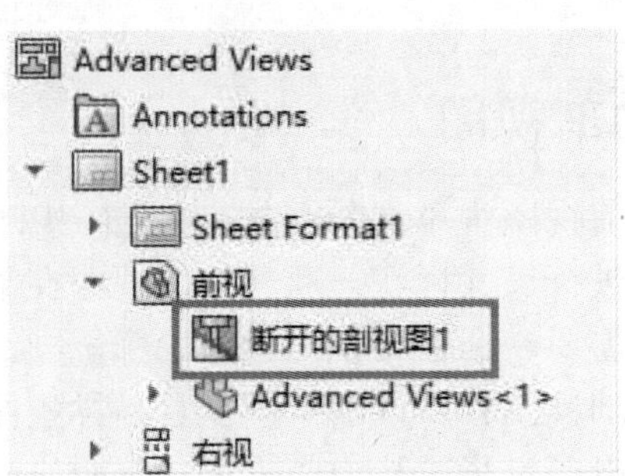

图 6-17　查看断开的剖视图

若要编辑断开的剖视图的剖面或深度，可右键单击 FeatureManager 中的视图或右键单击视图中的断开边线，然后选择【编辑草图】或【编辑定义】。

6.4　辅助视图

若要正确详细地显示零件倾斜面上的锁孔槽特征，需要添加辅助视图，如图 6-18 所示。

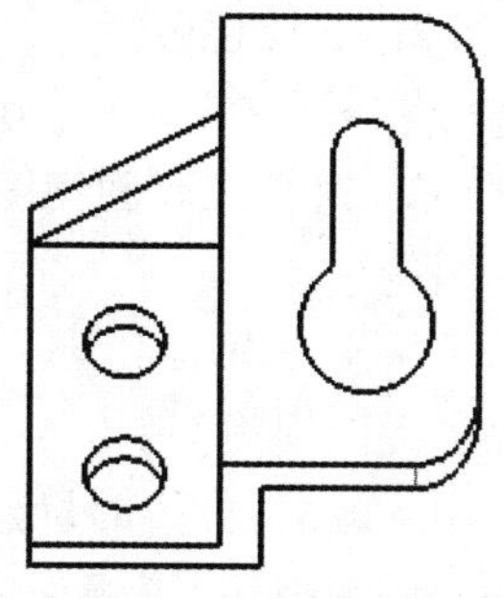

图 6-18　辅助视图

知识卡片

辅助视图	【辅助视图】可以创建垂直于所选边线的投影视图。其主要用于详细描绘倾斜面上的特征。通过激活命令，然后选择现有视图中的边线作为投影垂直的方向来创建辅助视图。
操作方法	• CommandManager：【视图布局】/【辅助视图】。 • 菜单：【插入】/【工程图视图】/【辅助视图】。 • 快捷菜单：右键单击工程图视图或图纸，选择【工程视图】/【辅助视图】。

步骤 18　激活【辅助视图】命令　单击【辅助视图】。

步骤 19　选择参考边线　在前视图中选择顶部的边线作为参考边，如图 6-19 所示。

步骤 20　放置视图　为避免视图与父视图保持对齐，在将视图放置在图纸上时需要按住 <Ctrl> 键，如图 6-19 所示。

步骤 21　重命名视图(可选步骤)　将辅助视图重命名为“视图 A”。

步骤 22　修改父视图中的标签　将参考边线的标签拖动到更靠近前视图的位置，如图 6-20 所示。

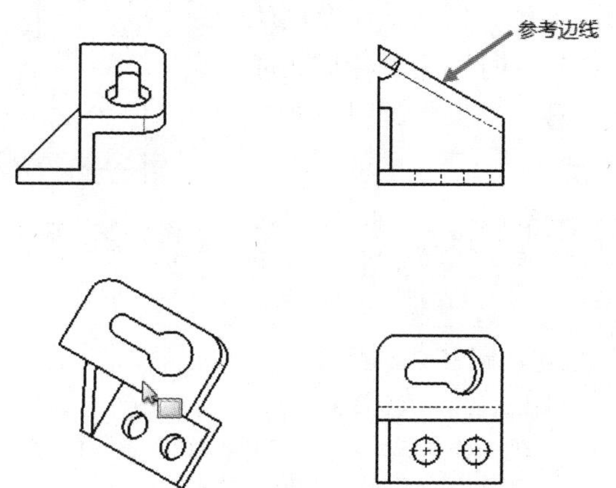

图 6-19　选择参考边线和放置视图

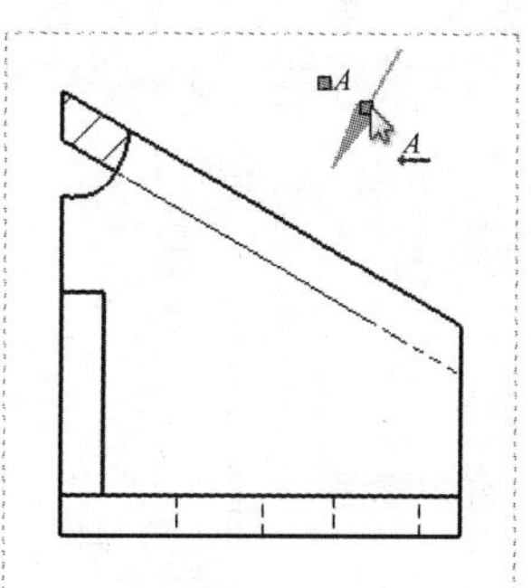

图 6-20　修改父视图中的标签

6.5 旋转视图

为了更清楚地显示“Keyhole Slot”特征，下面将旋转“视图 *A*”，以使“Angled Boss”的面在图纸上垂直和水平。有以下几种方法可以对齐工程图视图。

1. 旋转视图 【旋转视图】命令可用于指定旋转的角度。可通过右键单击视图，然后选择【缩放/平移/旋转】/【旋转视图】来访问该命令。

2. 对齐工程图视图 【对齐工程图视图】工具包括可在图纸上轻松创建“水平”或“垂直”视图的选项。这些选项包括：

- 水平/竖直边线 在视图中选择要对齐的边线作为水平或垂直边线，然后单击【工具】/【对齐工程图视图】/【水平边线】或【竖直边线】。
- 顺时针/逆时针水平对齐图纸 要在图纸上自动将视图旋转为水平，可以使用【工具】/【对齐工程图视图】/【顺时针水平对齐图纸】或【逆时针水平对齐图纸】。用户也可以从视图的快捷菜单中访问这些选项。

下面将使用快捷菜单中的【对齐工程图视图】/【顺时针水平对齐图纸】选项来旋转“视图 *A*”。

步骤 23 旋转工程图视图 在“视图 *A*”边界框内单击右键，选择【对齐工程图视图】/【顺时针水平对齐图纸】，如图 6-21 所示。

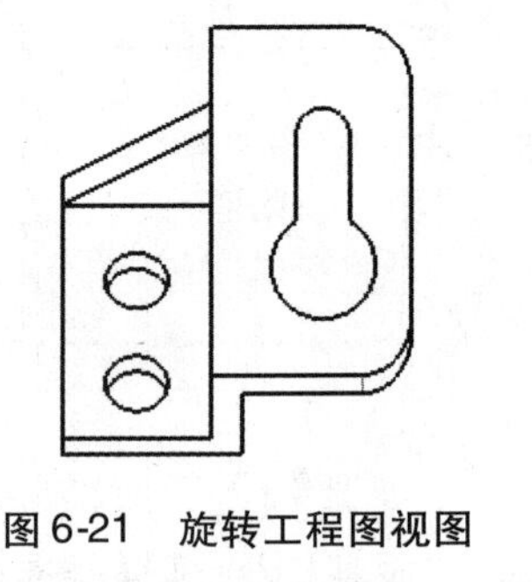

图 6-21 旋转工程图视图

6.6 剪裁视图

若要在“视图 *A*”中仅关注“Keyhole Slot”特征，则需要剪裁视图，如图 6-22 所示。

【剪裁视图】的特别之处在于其需要一个草图轮廓，但与默认草图工具并无关联。用户必须先创建轮廓，并且在激活命令时选中该轮廓，才能创建【剪裁视图】。封闭的轮廓应包围在视图剪裁后仍旧保持可见的部分。

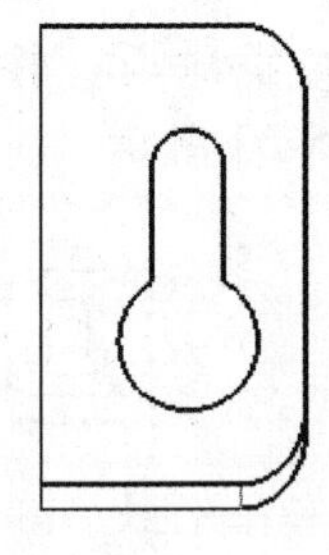

图 6-22 剪裁视图

提示 这与为断开的剖视图使用自定义轮廓时所需的工作流程相同。

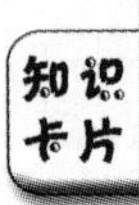

知识卡片

剪裁视图	• CommandManager：【视图布局】/【剪裁视图】。 • 菜单：【插入】/【工程图视图】/【剪裁视图】。 • 快捷菜单：右键单击工程图视图或图纸，然后选择【工程视图】/【剪裁视图】。

6.7　视图焦点

要将草图用于视图轮廓，必须将其与父视图关联。为了将草图或注解元素与视图相关联，系统的“焦点”必须在草图绘制时位于视图上。通常，这是通过光标的位置自动完成的。视图边界框的实心角落指示出了系统当前聚焦的位置，如图 6-23 所示。

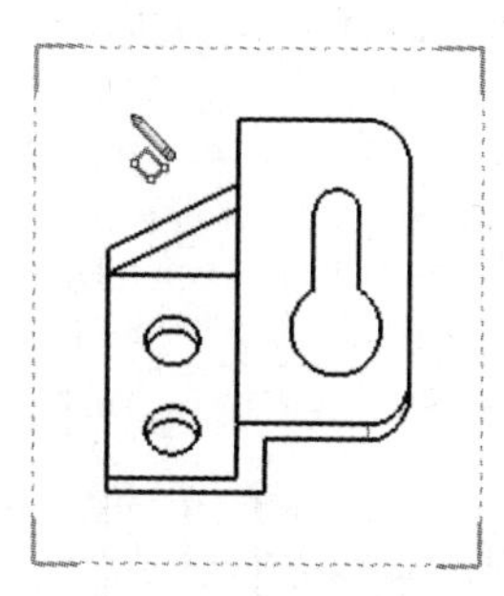

图 6-23　边界框的实心角落指示焦点位置

默认情况下，在绘制草图或放置注解时，焦点将根据光标位置移动。但有时可能需要在视图边界框外部开始绘制草图，或者存在重叠视图，或者草图或注解需要独立于任何视图并简单地放置在图纸上。在这些情况下，用户可以手动地将焦点锁定在选定视图或工程图图纸上。

要锁定或解锁焦点，需双击所需的视图或图纸，也可使用快捷菜单中的【视图锁焦】/【解除视图锁焦】或【图纸锁焦】/【解除图纸锁焦】命令。锁定焦点的边界框将带有实心角落，且保持可见。

> **提示**　在绘制视图轮廓和放置注解时要注意系统焦点，以确保它们与希望的视图或工程图图纸相关联。想了解有关视图焦点的更多信息，请参考“练习 6-6 壳体”。

步骤 24　绘制 3 点边角矩形　单击【3 点边角矩形】，绘制如图 6-24 所示的矩形。

> **提示**　确保焦点在“视图 *A*”上，以保证草图与视图相关联。在视图边界框中创建草图时，这将会自动执行。

步骤 25　添加草图几何关系　在矩形边线和视图边线上添加【共线】几何关系，如图 6-25 所示。

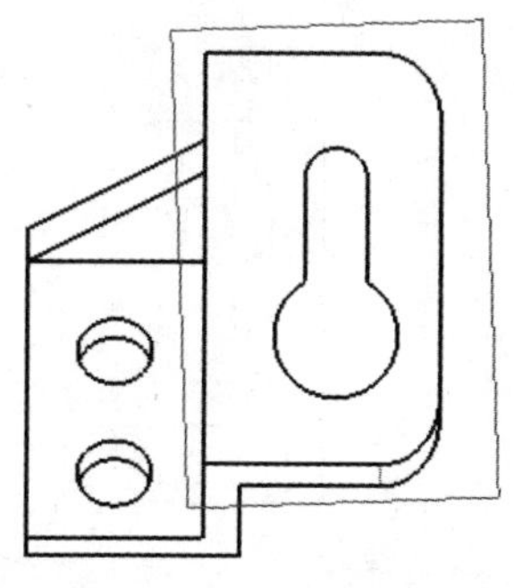

图 6-24　绘制 3 点边角矩形

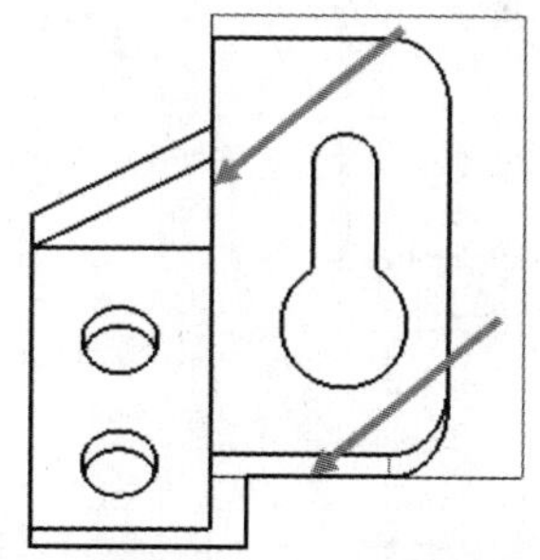

图 6-25　添加草图几何关系

步骤 26　选择封闭轮廓　选择矩形的一条边线。

步骤 27　创建剪裁视图　单击【剪裁视图】。

步骤 28　查看结果　视图被剪裁，移除了轮廓之外的所有元素，如图 6-26 所示。在 FeatureManager 设计树中，“视图 *A*”的图标变为【剪裁视图】。

● 编辑剪裁视图　用户若想编辑或移除已经存在的剪裁视图，可在图纸或 FeatureManager 中右键单击该视图，快捷菜单中提供了【编辑剪裁视图】和【移除剪裁视图】选项，【编辑剪裁视图】可用于修改轮廓草图，如图 6-27 所示。

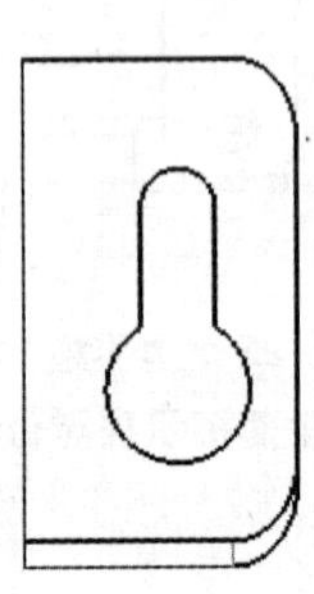

图 6-26　查看结果

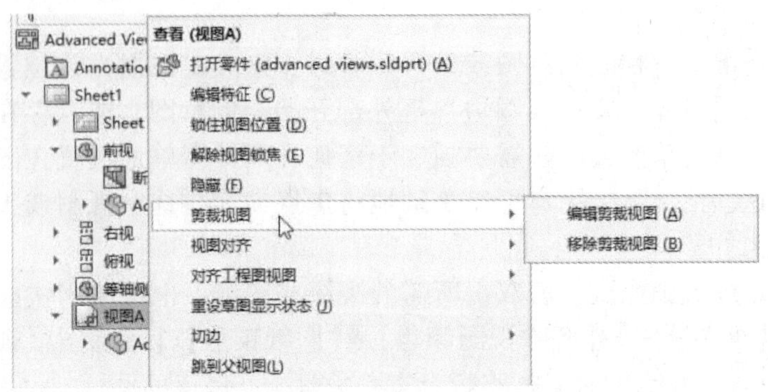

图 6-27　编辑剪裁视图

步骤 29　在“视图 A”中添加模型项目　为了完成该工程图，将添加模型项目。单击【模型项目】，在【来源】中选择【所选特征】，单击“视图 A”作为【目标视图】，如图 6-28 所示。

步骤 30　选择特征　在“视图 A”中，选择“Keyhole Slot”和“Angled Boss”特征的边线，单击【确定】✔。排列尺寸后，如图 6-29 所示。

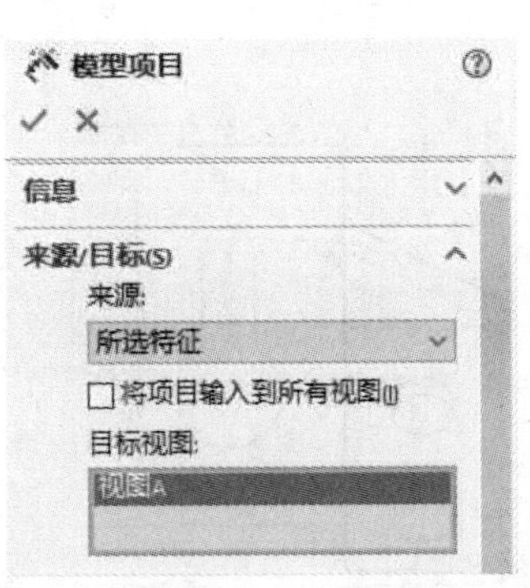

图 6-28　在“视图 A”中添加模型项目

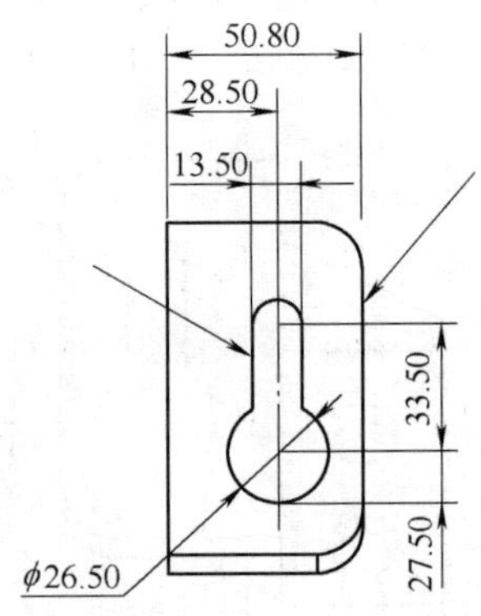

图 6-29　选择特征

步骤 31　为剩余视图添加模型项目　单击【模型项目】，在【来源】中选择【整个模型】，并勾选【将项目输入到所有视图】复选框。单击【确定】✔。

步骤 32　排列尺寸和添加注解（可选步骤）　移动尺寸位置，以更好地排列和显示图形中的尺寸。在“视图 A”中添加【线性中心符号线】。结果如图 6-1 所示。

步骤 33　保存并关闭所有文件

6.8　装配体高级视图

上述示例中讲解的所有功能都适用于装配体和零件模型。此外，装配体模型还具有一些独特的视图和视图选项。下面将完成图 6-30 所示的工程图，以介绍一些装配体的特定视图选项，包括：

扫码看 3D

- 剖面范围
- 交替位置视图
- 使用配置

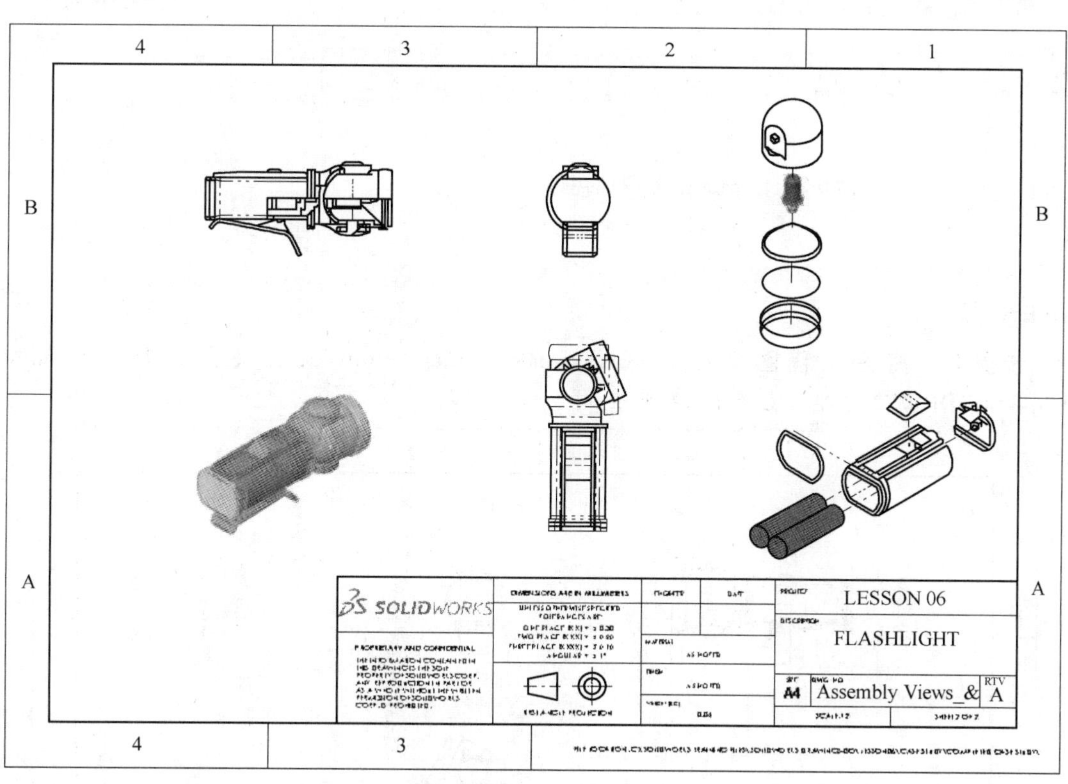

图 6-30　装配体工程图

6.9　剖面范围

装配体模型的剖面视图和断开的剖视图包含了用于定义剖面范围的附加对话框，如图 6-31 所示。

使用【剖面范围】选项卡，可以指定剖面切除时需要忽略的组件。用户可以在创建视图后使用【工程视图属性】对话框修改剖面范围。

剖面视图

剖面范围

以下零部件/筋特征清单将会被排除在剖切范围之外:

不包括零部件/筋特征(E)

Assembly Views_&<52>/Assembly Views 002<1>/Assembly Vie

不剖切所有实例(C)

自动打剖面线(A)

随机化比例

不包括扣件(F)

显示排除的扣件(H)

反转方向(D)

确定 取消 帮助(H)

扫码看视频

图 6-31 【剖面范围】对话框

操作步骤

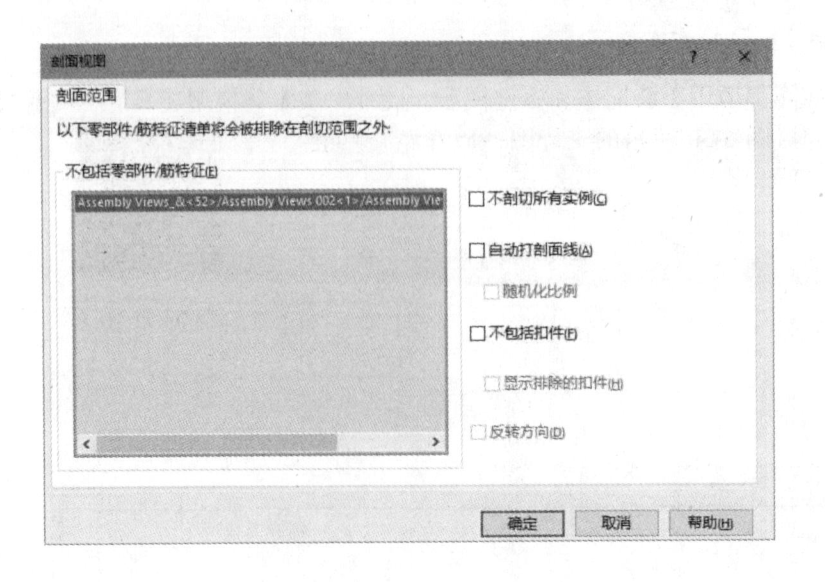

步骤1　打开工程图文件　从 Lesson06 \ Case Study 文件夹内打开“Assembly Views. SLDDRW”文件，如图 6-32 所示。

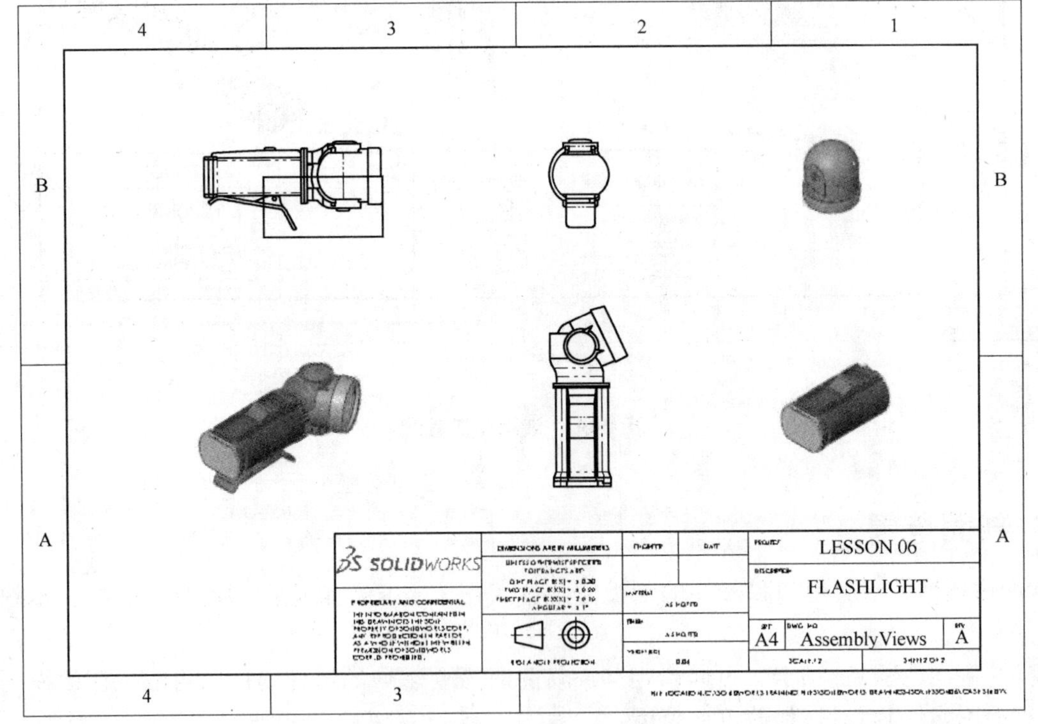

图 6-32 打开工程图文件

步骤 2　选择已存在的断开的剖视图轮廓　从右视图中选择矩形草图中的一条线段，如图 6-33 所示。

步骤 3　定义剖面范围　单击断开的剖视图。在工程图视图中选择带夹部件（Assembly Views 006）作为【剖面范围】，如图 6-34 所示。单击【确定】。

步骤 4　完成断开的剖视图　在【深度】中选择圆形边线，如图 6-35 所示。单击【确定】✔。

技巧　选择圆形边线将剖切到其圆心处。

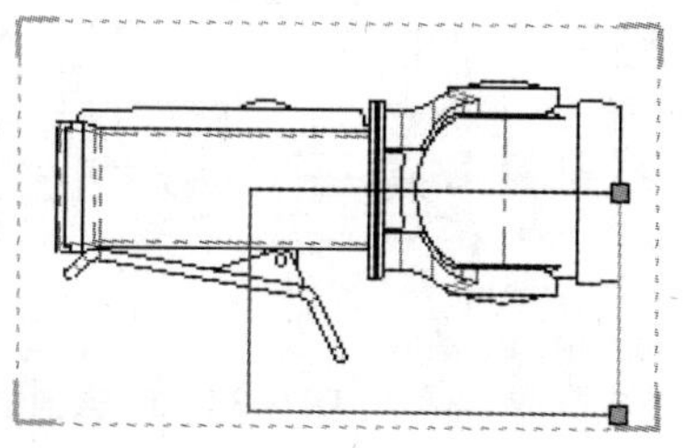

图 6-33　选择已存在的断开的剖视图轮廓

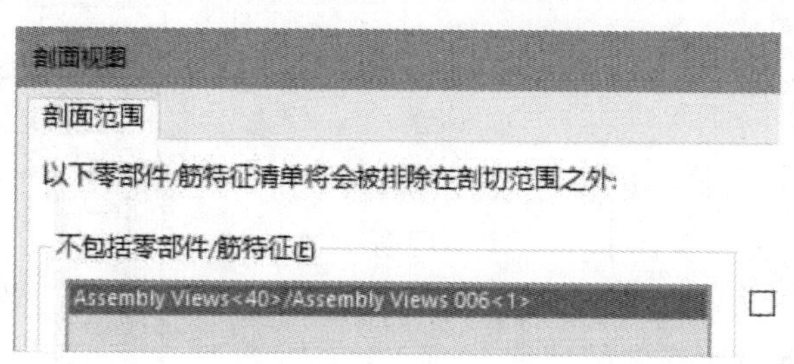

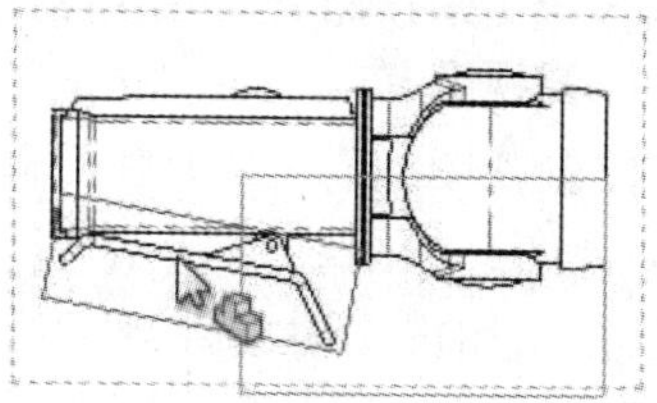

图 6-34　定义剖面范围

步骤 5　查看结果　完成剖面切割，但带夹部件被忽略，如图 6-36 所示。

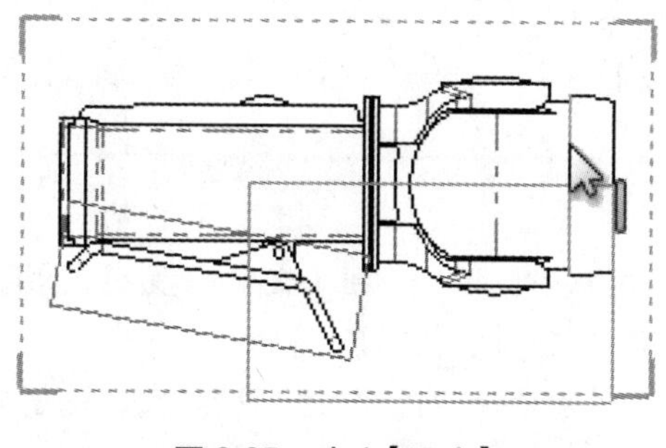

图 6-35　定义【深度】

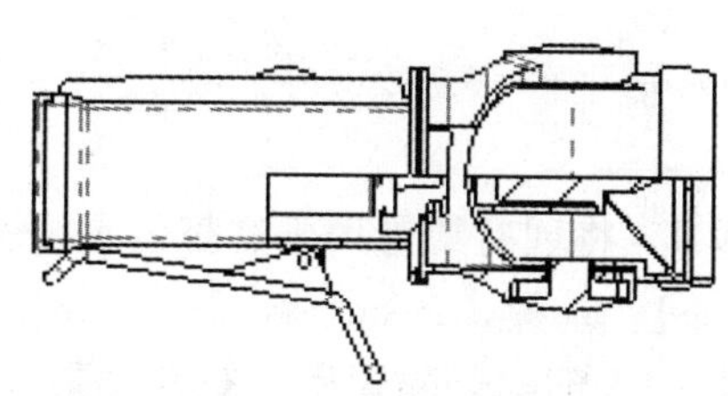

图 6-36　查看结果

步骤 6　访问断开的剖视图属性　为了将灯泡部件添加到剖面范围中，下面将访问断开的剖面工程图视图属性。在 FeatureManager 中展开右视图，右键单击“断开的剖视图 1”，然后选择【属性】。

步骤 7　编辑剖面范围　在【工程视图属性】对话框中，单击【剖面范围】选项卡，从视图或 FeatureManager 中选择灯泡部件（Assembly Views 002b），如图 6-37 所示。单击【确定】。

步骤 8　查看结果　此时剖面切除中灯泡部件被忽略，如图 6-38 所示。

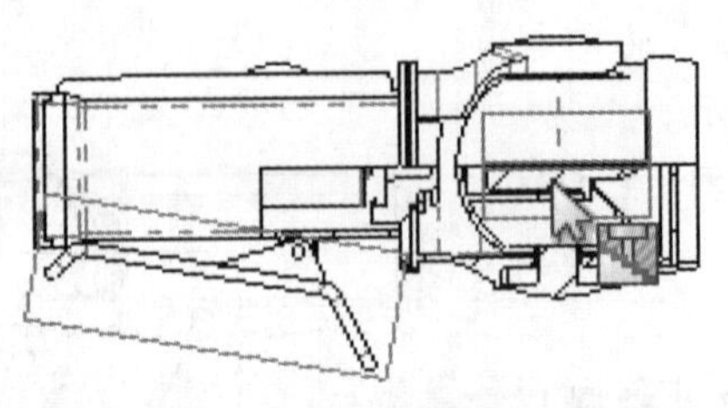
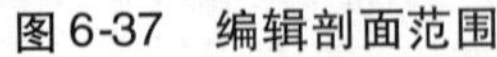

图 6-37 编辑剖面范围

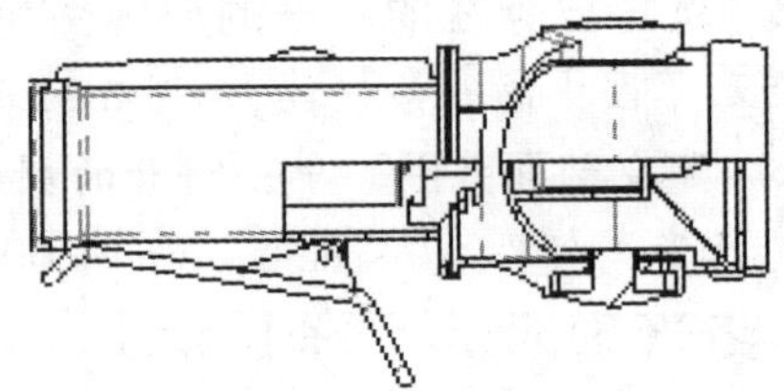

图 6-38 查看结果

6.10 交替位置视图

为了显示手电筒旋转头的不同位置，下面将在工程图的俯视图中添加【交替位置视图】。

【交替位置视图】仅适用于装配体模型，其可以创建装配体在不同位置的叠加视图，如图 6-39 所示。【交替位置视图】可以基于现有的配置，也可以在添加视图时创建新的配置。为了创建新配置，需在装配体中启动【移动零部件】命令，以便为新配置定义新的位置。

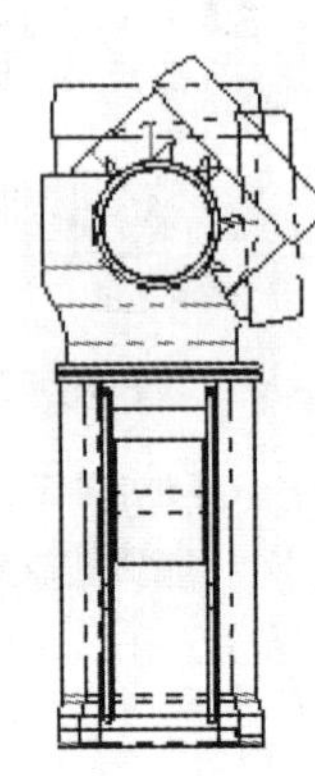

图 6-39 交替位置视图

技巧：创建新配置时，创建的配置将是父工程图视图中参考配置的副本。因此，父视图中使用的配置必须具有一定的移动自由度。

知识卡片	
交替位置视图	• CommandManager：【视图布局】/【交替位置视图】。 • 菜单：【插入】/【工程图视图】/【交替位置视图】。 • 快捷菜单：右键单击工程图视图或图纸，然后选择【工程视图】/【交替位置视图】。

步骤 9 将现有配置用于交替位置视图 选择俯视图，单击【交替位置视图】。单击【现有配置】，选择“Head Straight”，如图 6-40 所示。单击【确定】✔。

步骤 10 创建新配置用于交替位置视图 选择俯视图，单击【交替位置视图】。单击【新配置】，命名为“Head Down”，如图 6-41 所示。单击【确定】✔。

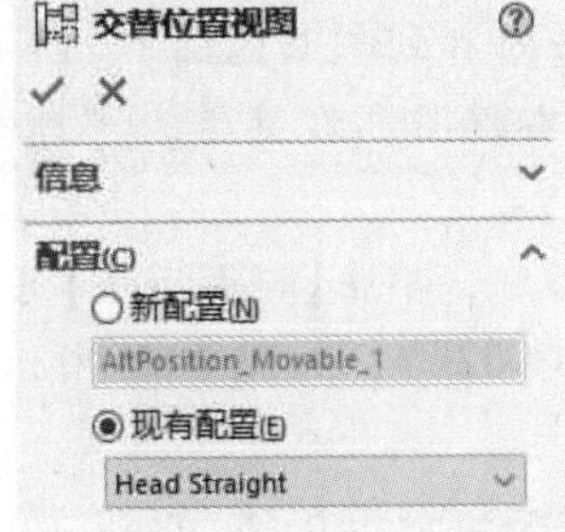

图 6-40 将现有配置用于交替位置视图

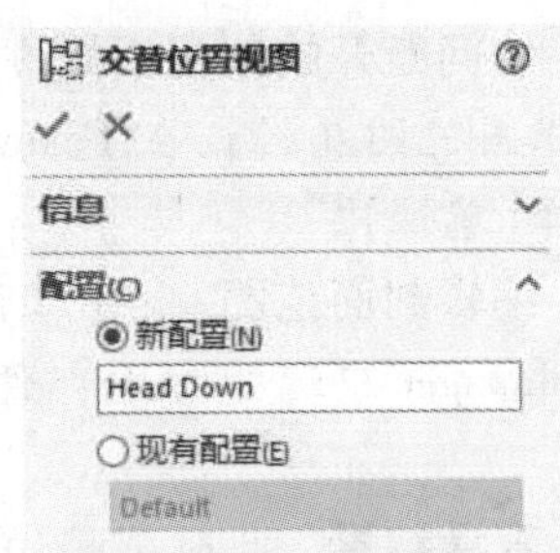

图 6-41 创建新配置用于交替位置视图

步骤11 移动零部件 装配体文件被打开，【移动零部件】命令处于激活状态。展开【选项】，选择【碰撞检查】，勾选【碰撞时停止】复选框。向下拖动手电筒头部，直到其与旋转底座碰撞，如图6-42所示。单击【确定】✔。

步骤12 查看结果 在新位置创建了新的"Head Down"配置，并应用于【交替位置视图】。

• 编辑交替位置视图 交替位置视图被视为创建它的父视图的特征。因此，要在FeatureManager设计树中访问交替位置视图，必须展开父视图，如图6-43所示。

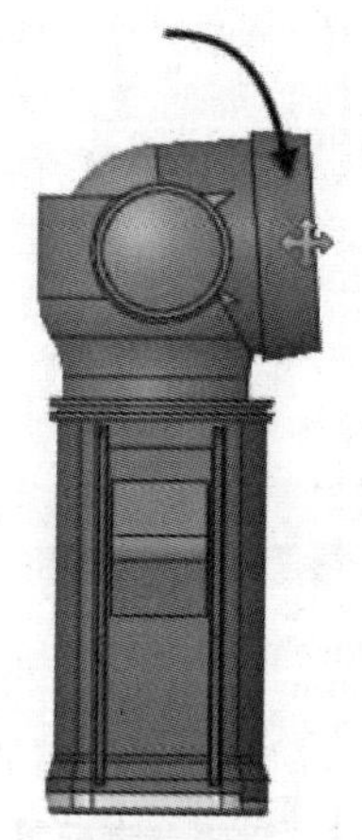

图6-42 移动零部件

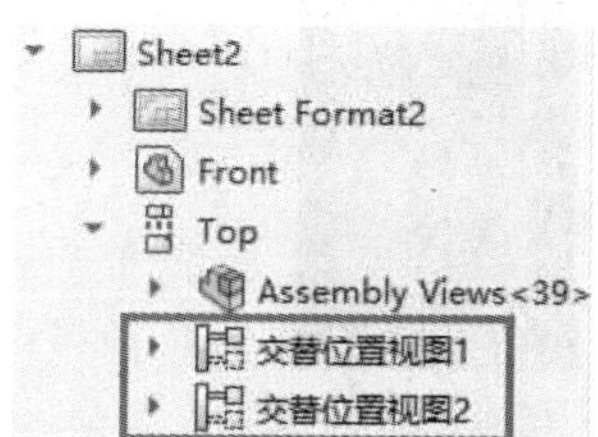

图6-43 访问交替位置视图

若要修改交替位置视图的设置，需右键单击FeatureManager中的视图，或右键单击视图中的边并选择【属性】。

6.11 使用配置

在工程图视图中使用未完全定义的装配体模型时，请务必注意可能出现的问题。由于工程图视图保留着与装配体模型的链接，因此如果装配体零部件的位置发生变化，则工程图视图将更新以匹配。这可能会创建意外的视图或导致尺寸变为悬空。

为防止这种情况发生，可以考虑在适当的固定位置创建模型中的配置。在工程图视图中使用完全定义的装配体，可以防止因零部件移动而产生不必要的更改。

在本示例中，模型包含完全定义和未完全定义的配置。为了防止对工程图视图产生不必要的更改，需要修改一些参考引用的配置，并完全定义视图所需的配置。

步骤13 查看"Assembly Views"模型中的配置 选择手电筒装配体的一个视图，然后单击【打开装配体】。激活【ConfigurationManager】选项卡。用户可以拆分左窗格以同时查看ConfigurationManager和FeatureManager。激活模型中的每个配置，以进行查看。"Default"和"Head Straight"配置已经完全定义，"Movable"和"Head Down"配置未完全定义。

步骤 14　修改“Movable”配置　激活“Movable”配置，将手电筒的头部移动到新位置，如图 6-44 所示。

步骤 15　重建工程图　切换到“Assembly Views”工程图，参考引用“Movable”配置的工程图视图将更新到新位置。

步骤 16　编辑参考配置　选择俯视图，更改【参考配置】为“Default”，如图 6-45 所示。选择 Isometric 视图，更改【参考配置】为“Default”。

图 6-44　修改“Movable”配置

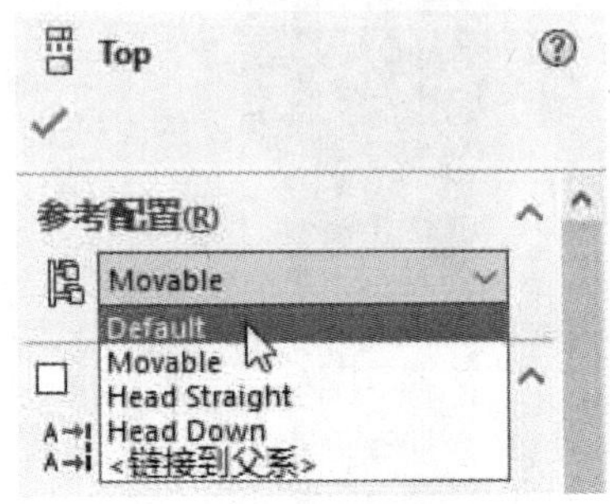

图 6-45　编辑参考配置

步骤 17　完全定义“Head Down”配置　返回模型并激活“Head Down”配置。右键单击手电筒头部件（Assembly Views 002），选择【固定】/【此配置】。

- 使用显示状态　显示状态用于控制模型的视觉属性。它提供了一些配置功能，而没有完整配置的所有信息，这些配置本质上是同一文档中模型的副本。显示状态是突出显示装配体或零件区域的有效方法，可用于工程图视图。

手电筒头部和手电筒外壳组件具有已存在的显示状态，旨在突出显示特定的零部件。下面将使用自定义显示状态和爆炸视图来修改这些模型的工程图视图。

提示　想了解关于创建显示状态的详细信息，请参考《SOLIDWORKS® 高级装配教程（2018 版）》。

步骤 18　返回到“Assembly Views”工程图文档

步骤 19　修改 Head 工程图视图　选择 Head 工程图视图，在 PropertyManager 中勾选【在爆炸或模型断开状态下显示】复选框，选择“Bulb Shaded”作为【显示状态】。如有必要，移动视图，如图 6-46 所示。

图 6-46　修改 Head 工程图视图

步骤 20　修改 Case 工程图视图　选择 Case 工程图视图，在 PropertyManager 中勾选【在爆炸或模型断开状态下显示】复选框，选择“Batteries Shaded”作为【显示状态】。如有必要，移动视图，如图 6-47 所示。

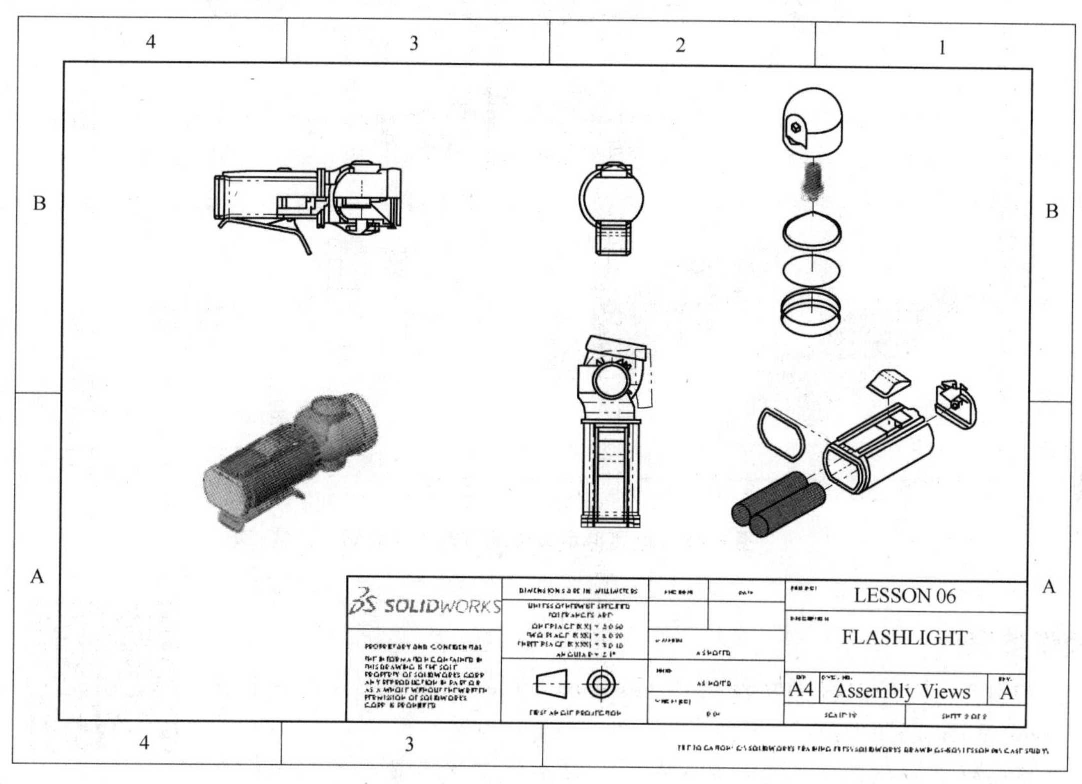

图 6-47　修改 Case 工程图视图

步骤 21　保存并关闭所有文件

6.12　自定义视图方向

某些模型可能需要使用标准视图、投影视图和辅助视图等都无法实现的视图方向。在这种情况下，用户可以创建自定义视图方向。SOLIDWORKS 提供了以下几种创建自定义视图方向的方法：

- 新建视图
- 相对视图
- 3D 工程图视图

下面将使用这些方法完成图 6-48 所示的工程图。

扫码看 3D

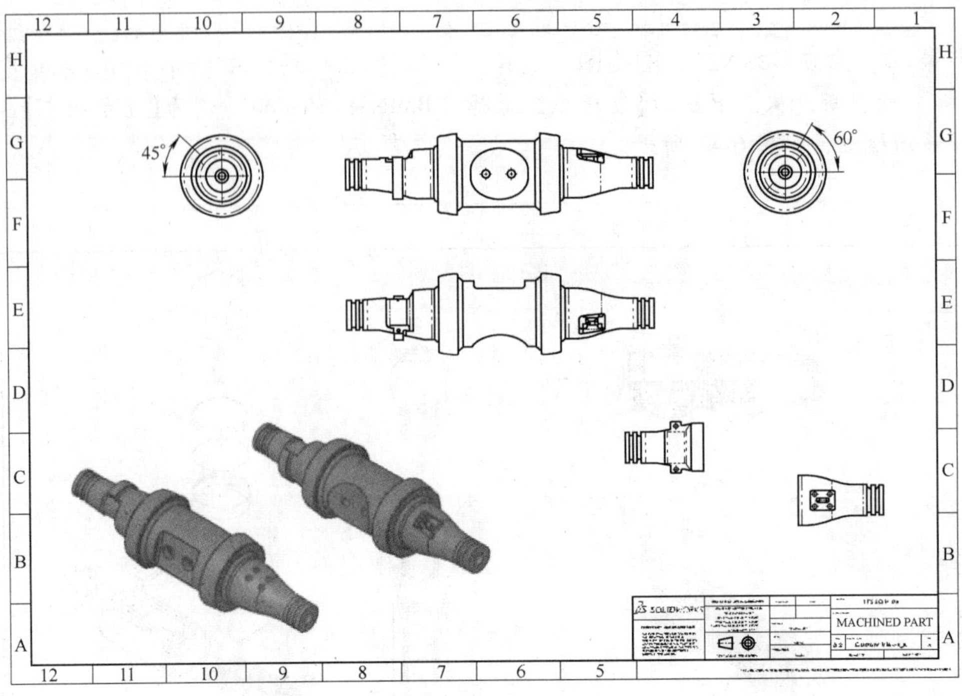

图 6-48　使用自定义视图方向的工程图

操作步骤

步骤 1　打开工程图文件　从 Lesson06 \ Case Study 文件夹内打开“Custom Views. SLDDRW”文件。

扫码看视频

下面将首先创建自定义视图方向，以详细说明用角度尺寸指示的特征。

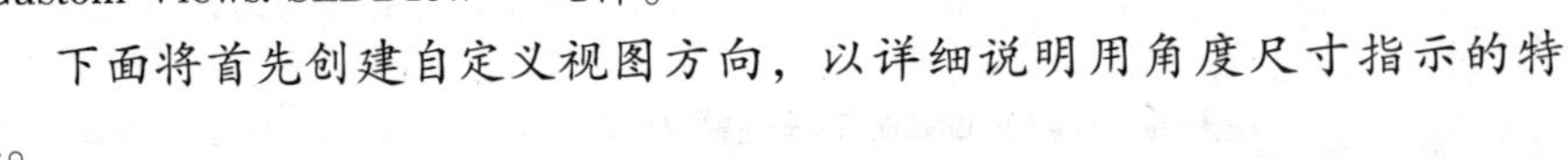

6.13　新建视图

创建自定义视图方向的一种方法是在模型中定义新视图。【新视图】命令可在【方向】对话框或弹出菜单中访问，以将模型的当前方向保存为可以随时访问的新视图方向，如图 6-49 所示。工程图视图也可以使用新视图，其将出现在视图调色板和模型视图的 PropertyManager 中。

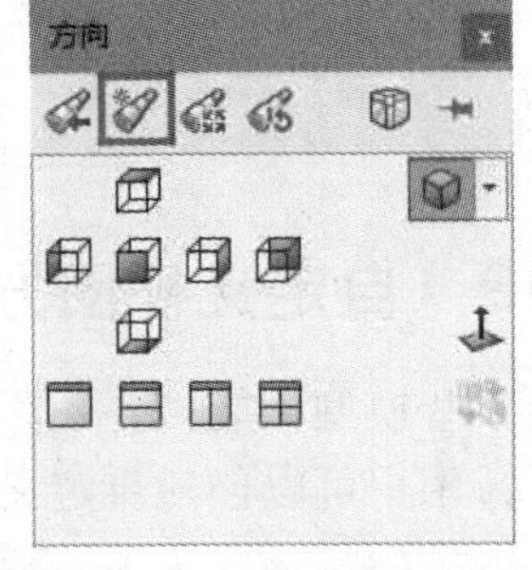

图 6-49　【新视图】命令

技巧　【方向】对话框中的其他命令可用于修改标准视图方向。想了解有关视图方向的更多信息，请参考“练习 6-6　壳体”。

知识卡片	新视图	• 前导工具栏：单击【视图定向】/【新视图】。 • 快捷菜单：按空格键，单击【新视图】。

步骤 2　打开零件　选择一个工程图视图，单击【打开零件】。

步骤 3　定向模型　选择图 6-50 所示的面，单击【正视于】。

步骤 4　定义新视图　按空格键，单击【新视图】，将其命名为“Cover Mtg Holes”，如图 6-51 所示。单击【确定】。

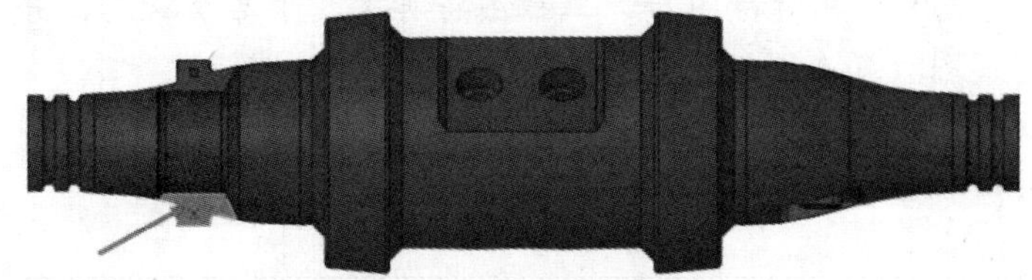

图 6-50　定向模型

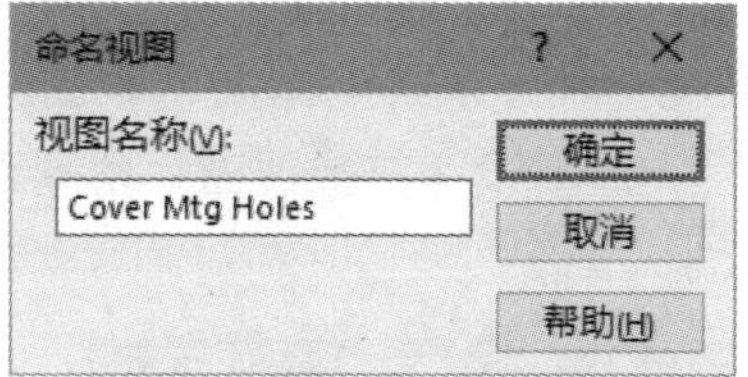

图 6-51　定义新视图

步骤 5　添加新工程图视图　返回到工程图文档，单击【视图调色板】，单击【刷新】。将“Cover Mtg Holes”视图拖放到图纸上，如图 6-52 所示。

步骤 6　剪裁视图　绘制图 6-53 所示的矩形轮廓，单击【剪裁视图】。

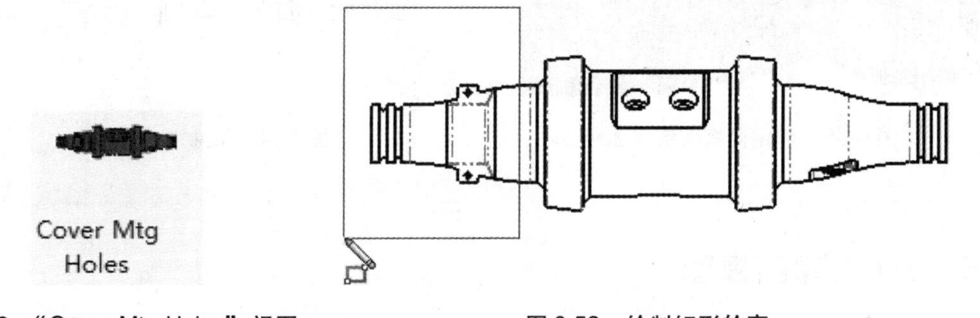

图 6-52　“Cover Mtg Holes”视图　　图 6-53　绘制矩形轮廓

6.14　相对视图

创建自定义视图方向的另一种方法是定义相对视图。【相对视图】命令可从工程图中启动，并会引导用户进入模型以选择面或平面，进而在所选方向上定向，如图 6-54 所示。

默认情况下，【视图布局】工具栏中不提供【相对视图】命令，用户可以从【插入】菜单或工程视图快捷菜单中访问该命令。

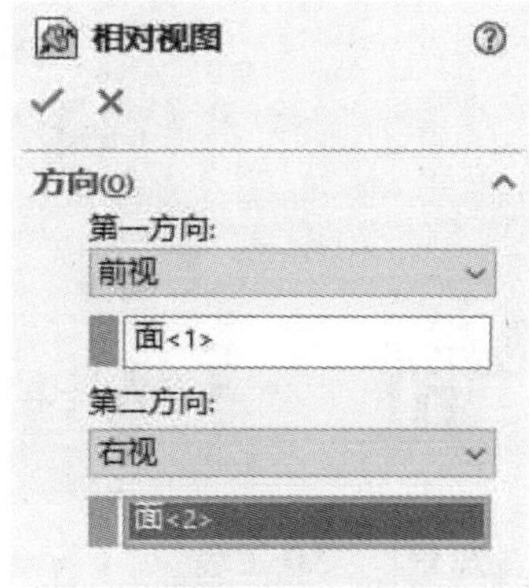

图 6-54　【相对视图】命令

知识卡片	相对视图	• 菜单：【插入】/【工程图视图】/【相对视图】。 • 快捷菜单：右键单击工程图视图或图纸，然后选择【工程视图】/【相对视图】。

步骤 7　激活【相对视图】命令　在图纸空白处单击右键，选择【工程视图】/【相对视图】。

步骤 8　为定向视图选择面　选择图 6-55 所示的面作为【前视】和【右视】，单击【确定】✔。

步骤 9　在图纸上放置视图　完成定义相对视图后，工程图将再次处于活动状态，并且视图将附着到光标上。单击以将视图放置在图纸上。

步骤 10　剪裁视图　绘制图 6-56 所示的矩形轮廓，单击【剪裁视图】。

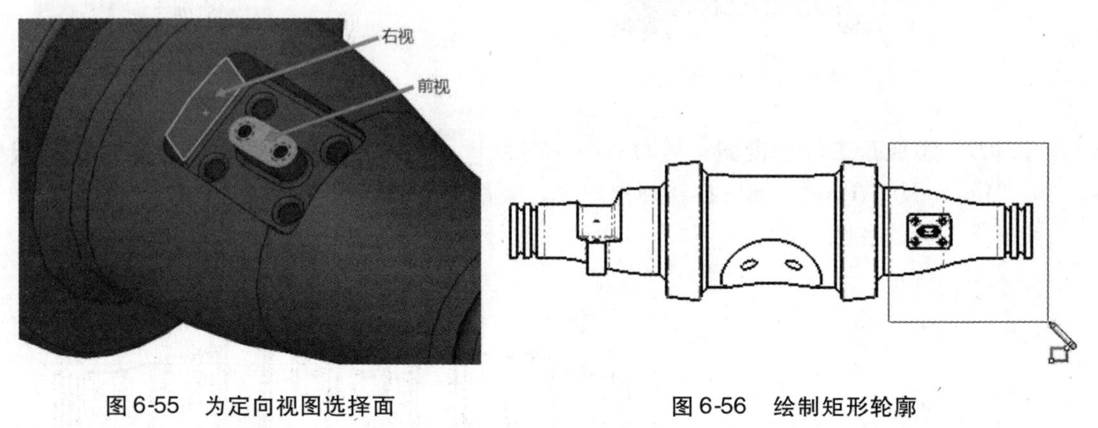

图 6-55　为定向视图选择面　　图 6-56　绘制矩形轮廓

6.15　3D 工程图视图

用户还可以在工程图中使用【3D 工程图视图】命令旋转现有视图，以动态定义新的视图方向。与【3D 工程图视图】命令关联的工具栏允许用户在模型中接受（【确定】✔）、取消（【退出】✕）或保存（【保存视图】）新方向作为新视图，如图 6-57 所示。

图 6-57　【3D 工程图视图】命令工具栏

技巧：此工具栏上用于缩放和平移视图的其他选项可帮助为注解选择视图边线。

知识卡片	3D 工程图视图	• 前导工具栏：【3D 工程图视图】。 • 菜单：【视图】/【修改】/【3D 工程图视图】。

步骤 11　复制 Isometric 视图　在图纸中复制上色的 Isometric 视图，粘贴到图纸的左下角，如图 6-58 所示。

步骤 12　激活【3D 工程图视图】　选择复制的视图，单击【3D 工程图视图】。

步骤 13　旋转视图　【旋转】命令默认处于激活状态，按图 6-59 所示旋转视图。

图 6-58　复制 Isometric 视图

图 6-59　旋转视图

步骤 14　接受新视图方向　单击【确定】✔。

步骤 15　查看结果　修改后的视图方向保存在视图中，如图 6-60 所示。

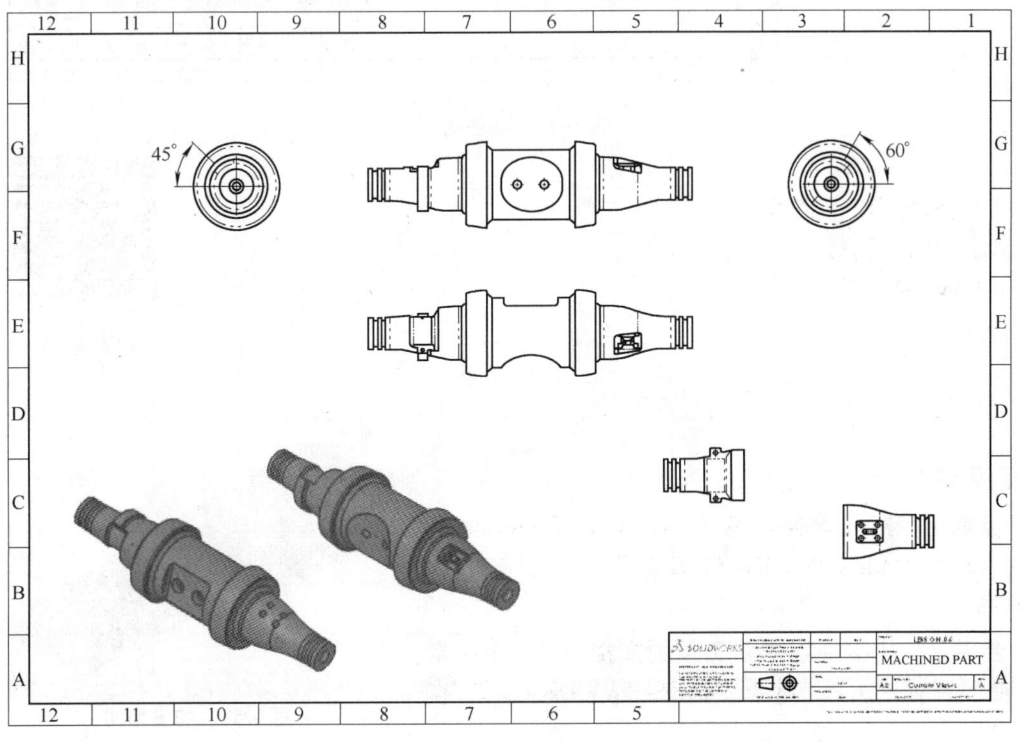

图 6-60　查看结果

步骤 16　保存并关闭所有文件

练习 6-1　视图练习

为了练习本章中介绍的某些视图类型和选项，需要创建图 6-61 所示的工程图。有关练习的详细说明，请参考操作步骤。

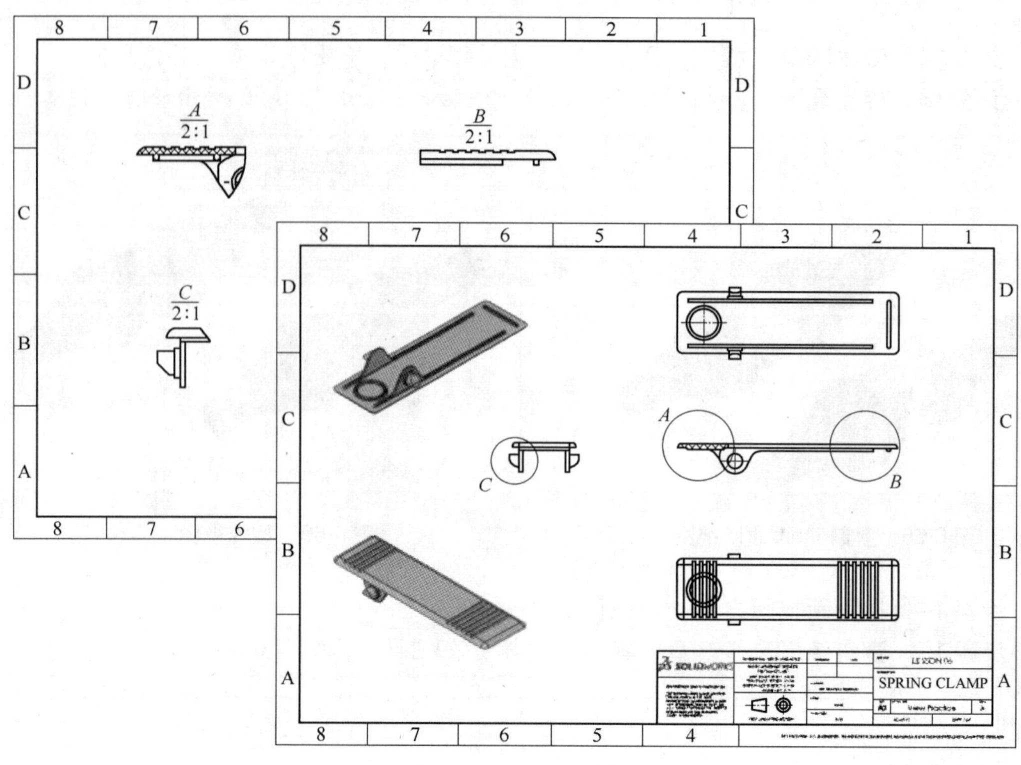

图 6-61　视图练习

本练习将使用以下技术：

- 显示隐藏的边线。
- 断开的剖视图。
- 新视图。

扫码看 3D

操作步骤

步骤 1　打开零件　从 Lesson06\ Exercises 文件夹内打开“View Practice. SLDPRT”文件，如图 6-62 所示。

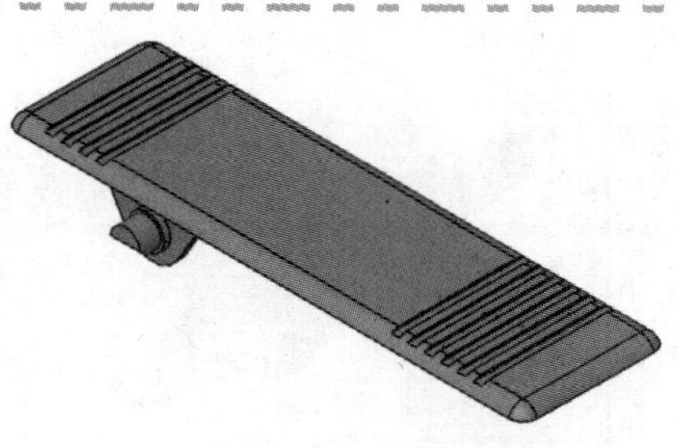

图 6-62　打开零件

步骤 2　从零件创建新工程图文档　单击【从零件/装配体制作工程图】，选择“A3 Drawing”模板，单击【确定】。

步骤 3　创建标准视图　创建模型的前视图（Front），并投影出右视图（Right）、俯视图（Top）和下视图（Bottom），所有视图均参考“Simplified”配置。创建等轴测图，更改其【显示样式】为【带边线上色】，【参考配置】为“Default”。图纸和视图的【比例】为 1∶1，如图 6-63 所示。

步骤 4　重命名视图（可选步骤）　重命名 FeatureManager 设计树中的视图，如图 6-64 所示。

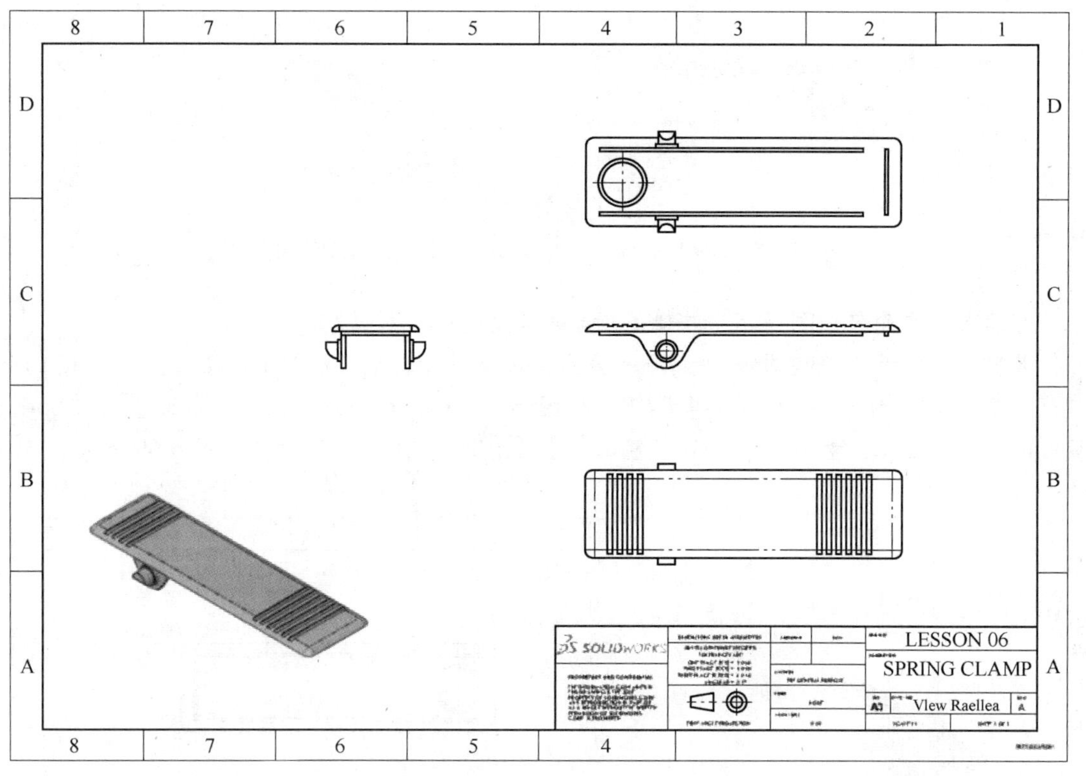

图6-63　创建标准视图

步骤5　定位模型　返回到模型文档，更改视图方向为【等轴测】，按住＜Shift＞键并按↑键两次，将视图翻转180°，如图6-65所示。

步骤6　定义新视图　按空格键，单击【新视图】，将视图命名为“翻转等轴测”，如图6-66所示，单击【确定】。

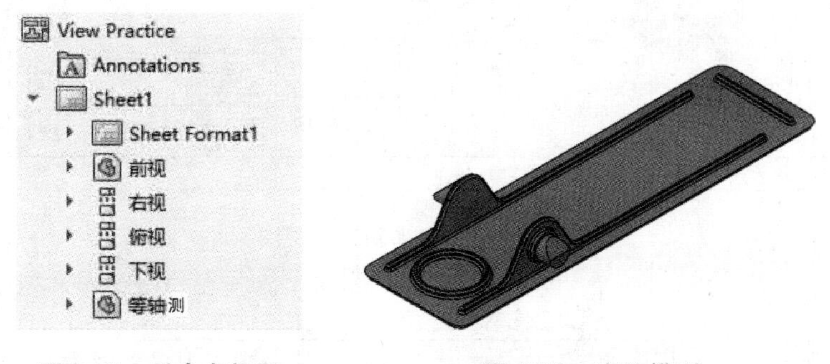

图6-64　重命名视图　　　　图6-65　定位模型

步骤7　添加新工程视图　返回到工程图文档，单击【视图调色板】和【刷新】，拖动“翻转等轴测”视图到图纸，如图6-67所示。在【参考配置】中选择“Default”，在【显示样式】中选择【带边线上色】，结果如图6-68所示。

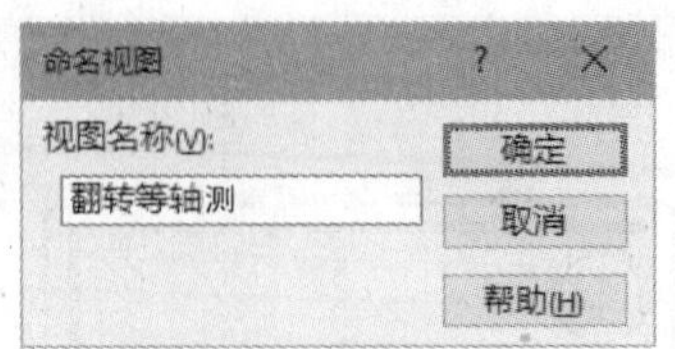

图 6-66　定义新视图

图 6-67　选择“翻转等轴测”视图

步骤 8　重命名视图（可选步骤）　重命名视图为“翻转”。

步骤 9　显示隐藏的边线　在俯视图中，希望显示“Spring Mount Ring”特征的隐藏边线。在 FeatureManager 设计树中展开俯视图和“View Practice”零件。右键单击“Spring Mount Ring”特征，然后选择【显示/隐藏】/【显示隐藏的边线】，结果如图 6-69 所示。

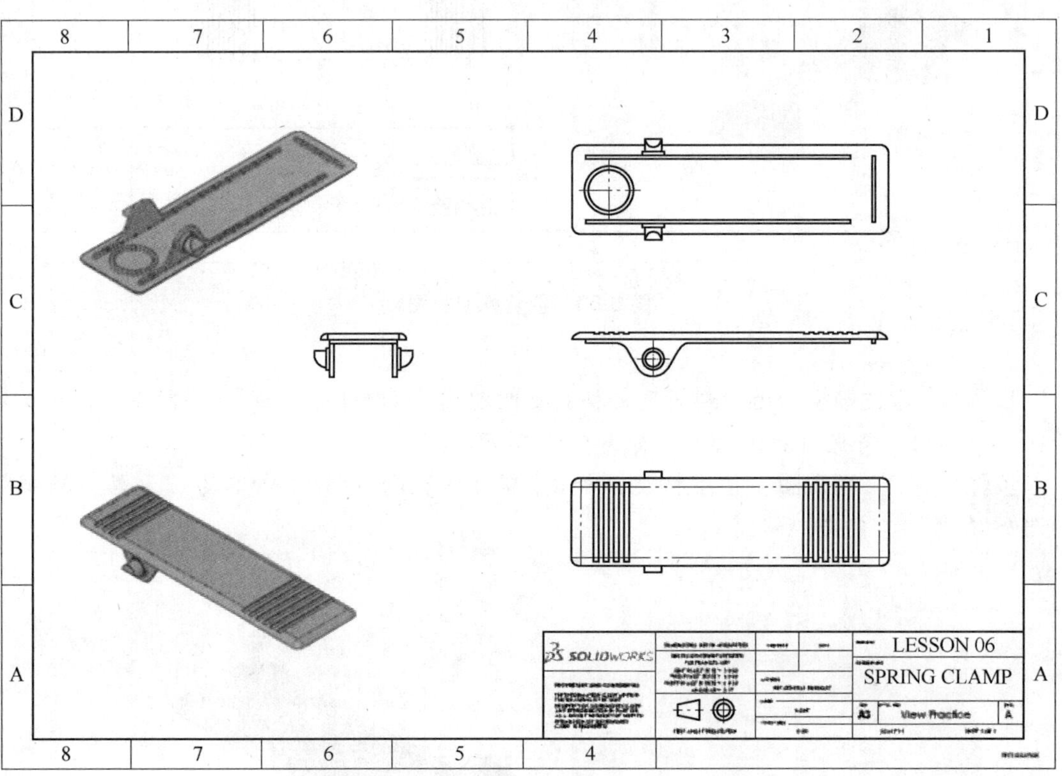

图 6-68　添加新工程视图

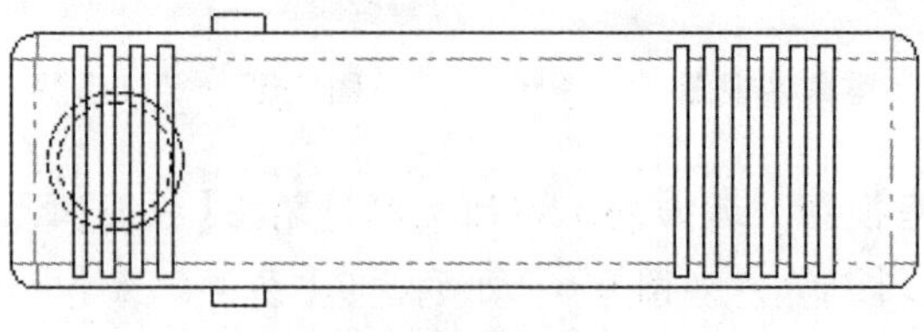

图 6-69　显示隐藏的边线

技巧　在完成选择后，用户可以通过右键单击 FeatureManager 窗格并从快捷菜单中选择【折叠项目】的方法，自动折叠树项目。

步骤 10　创建断开的剖视图　在前视图中，添加断开的剖视图来显示“Spring Mount Ring”特征。单击【断开的剖视图】，绘制如图 6-70 所示的封闭样条曲线。

技巧　在绘制草图时为了防止自动添加关系，可以按住 <Ctrl> 键。

通过从俯视图或下视图中选择“Spring Mount Ring”特征的圆形边线来定义剖切的【深度】，在完成命令之前勾选【预览】复选框以查看视图，单击【确定】✔，如图 6-71 所示。

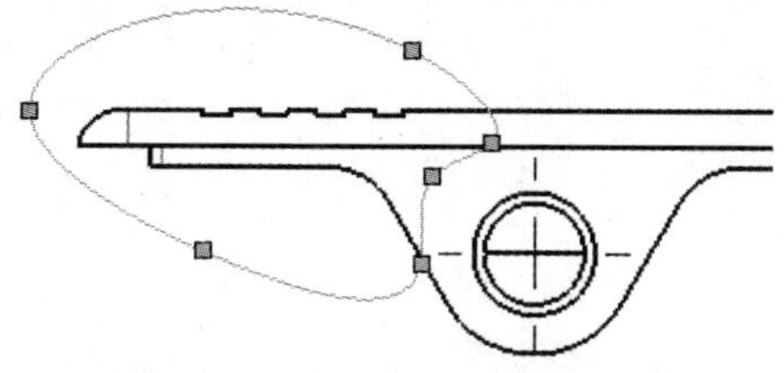

图 6-70　绘制封闭的样条曲线

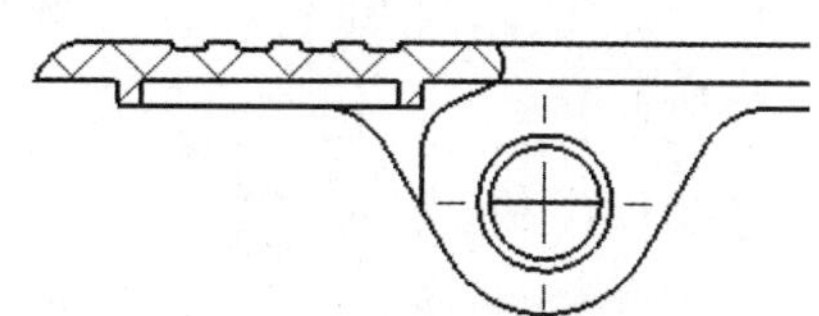

图 6-71　创建断开的剖视图

步骤 11　创建局部视图　创建局部视图 *A*、*B* 和 *C*，如图 6-72 所示。将视图暂时放置在图纸的一侧，在后续步骤中再将其移动到新图纸中。

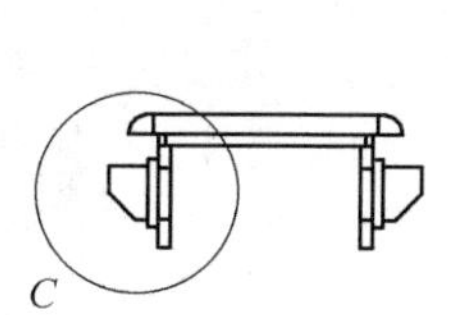

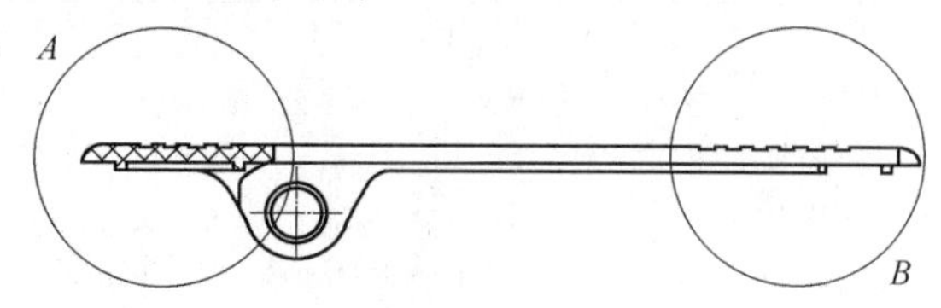

图 6-72　创建局部视图

步骤 12　添加新图纸　单击【添加图纸】，在工程图中添加第二张图纸。

步骤 13　激活 Sheet1 图纸　必须激活视图存在的图纸才能够移动该视图。

步骤 14　将局部视图移动到第二张图纸上　按住 <Ctrl> 键，选择三个局部视图，然后将其拖放到第二张图纸上，如图 6-73 所示。

步骤 15　【重建】工程图

步骤 16　激活第二张图纸

步骤 17　排列视图　将局部视图移动到工程图图纸的适当位置，如图 6-74 所示。

步骤 18　保存并关闭所有文件

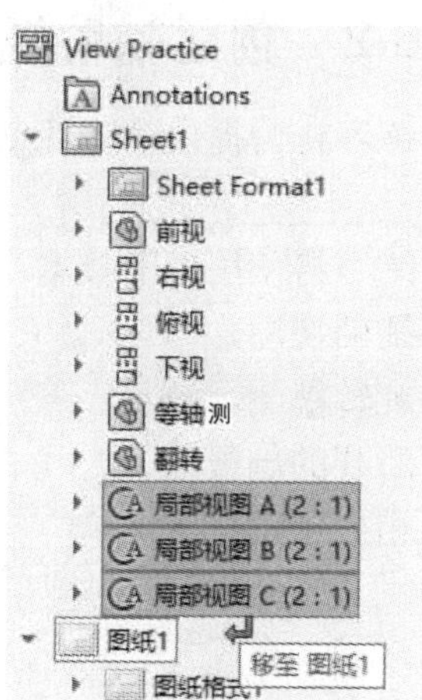

图 6-73　将局部视图移动到第二张图纸上

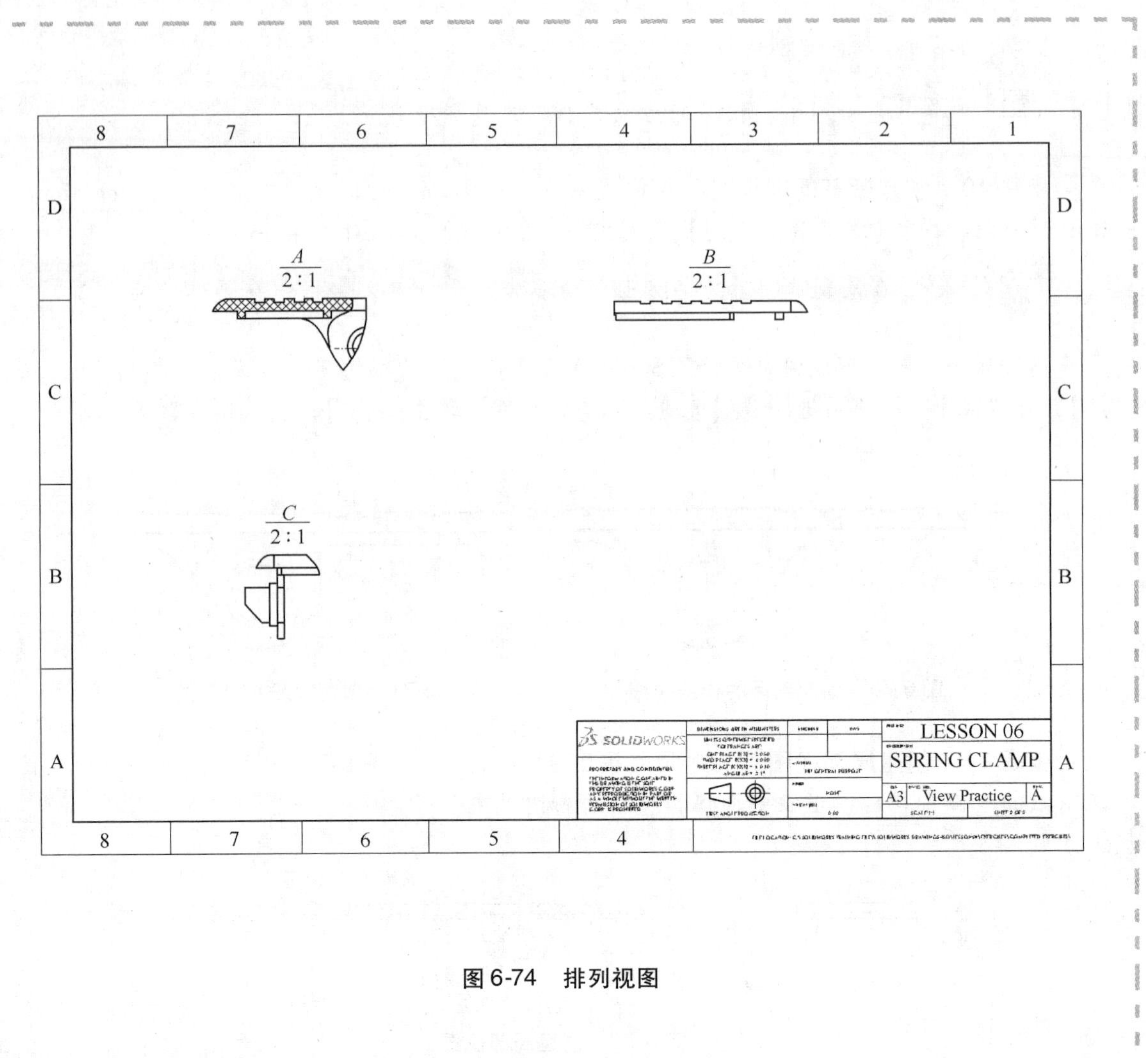

图 6-74　排列视图

练习 6-2　创建辅助视图

本练习将为提供的零件创建辅助视图，如图 6-75 所示。有关练习的详细说明，请参考操作步骤。

本练习将使用以下技术：

- 辅助视图。
- 旋转视图。
- 断开的剖视图。
- 相对视图。

扫码看 3D

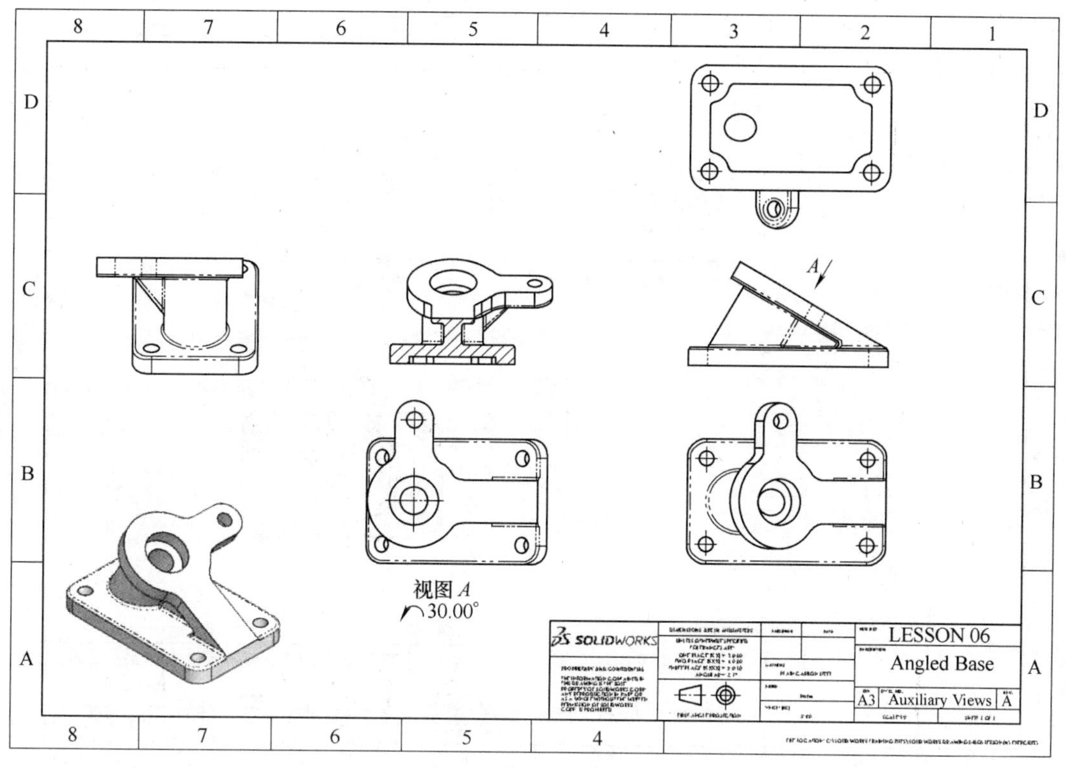

图6-75 辅助视图

操作步骤

步骤1 打开零件 从 Lesson06 \ Exercises 文件夹内打开"Auxiliary Views. SLDPRT"文件。

步骤2 创建工程图和视图 使用"A3 Drawing"模板，创建图6-76所示的视图。

步骤3 激活【辅助视图】命令 单击【辅助视图】。

步骤4 选择参考边线 在前视图中选择顶部倾斜的边线作为参考边，如图6-77所示。

步骤5 放置视图 为避免视图与父视图保持对齐关系，在将视图放置在图纸上时需要按住<Ctrl>键，如图6-77所示。

步骤6 修改父视图中的标签 将参考边线的标签拖动到更靠近前视图的位置，如图6-78所示。

步骤7 旋转工程图视图 在视图 *A* 边界框内单击右键，选择【对齐工程图视图】/【逆时针水平对齐图纸】，如图6-79所示。

步骤8 修改中心符号线 在视图 *A* 中选择中心符号线并查看其属性，添加的中心符号线【角度】已经设置为 -60°。将角度更改为0°，使其在图纸上显示为水平。对视图中的另一个中心符号线执行重复操作，结果如图6-80所示。

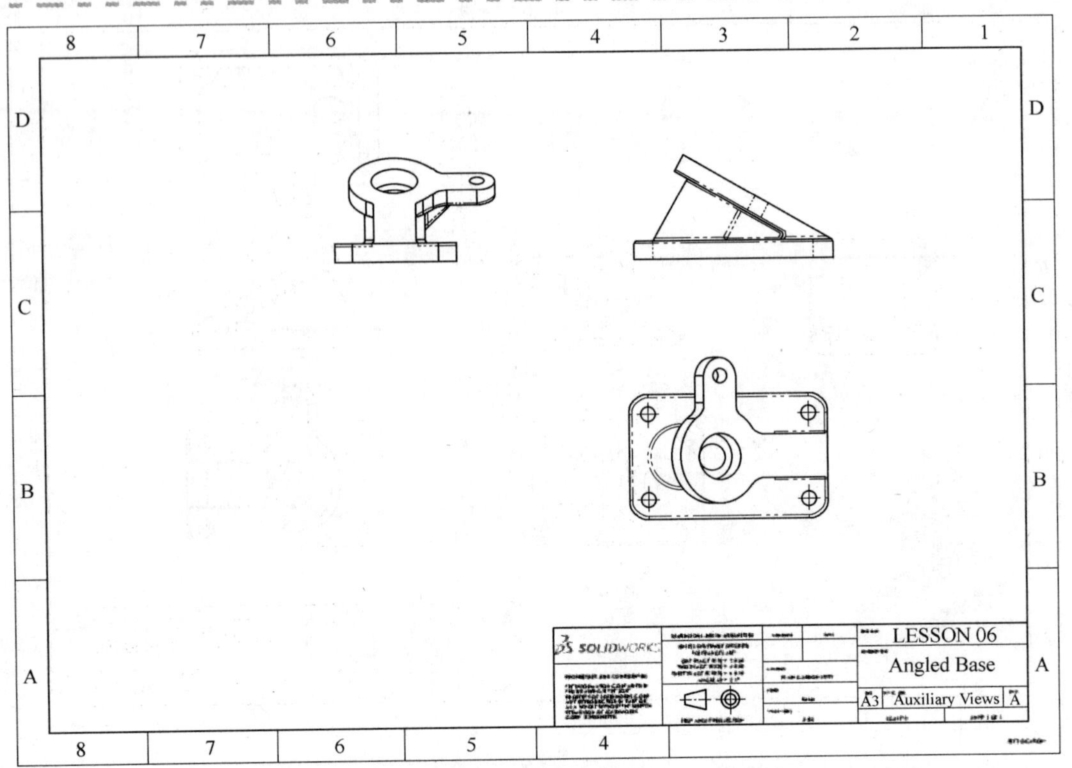

图 6-76　创建工程图和视图

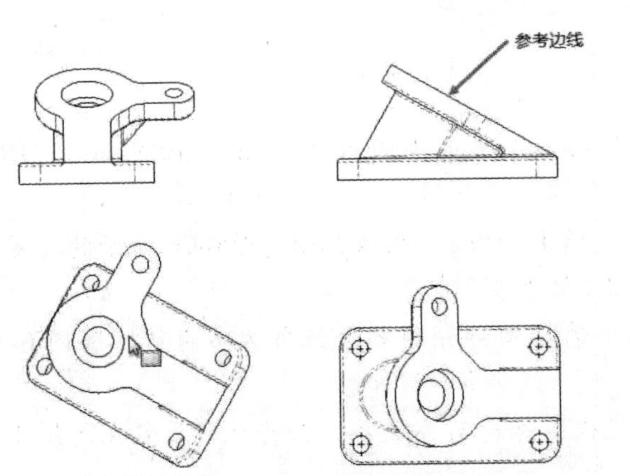

图 6-77　选择参考边线和放置视图

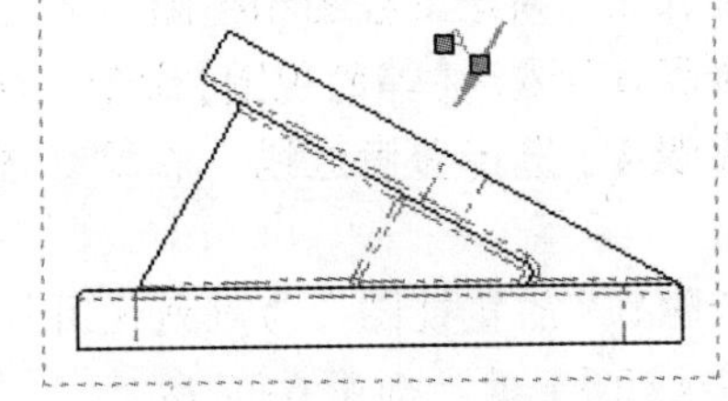

图 6-78　修改父视图中的标签

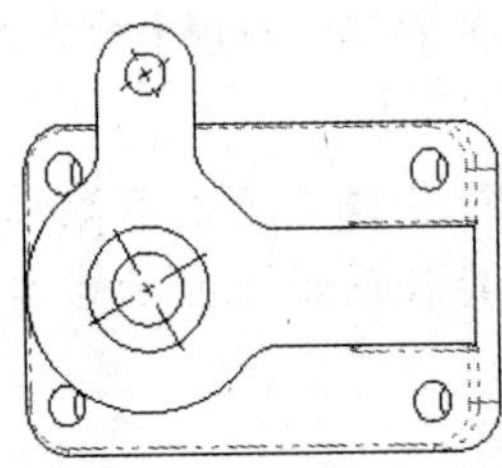

图 6-79　旋转工程图视图

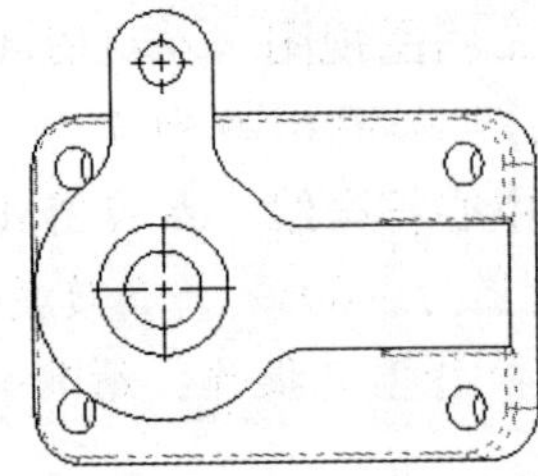

图 6-80　修改中心符号线

步骤9　添加其他视图　添加带边线上色的等轴测图和投影下视图，根据需要移动视图，如图6-81所示。

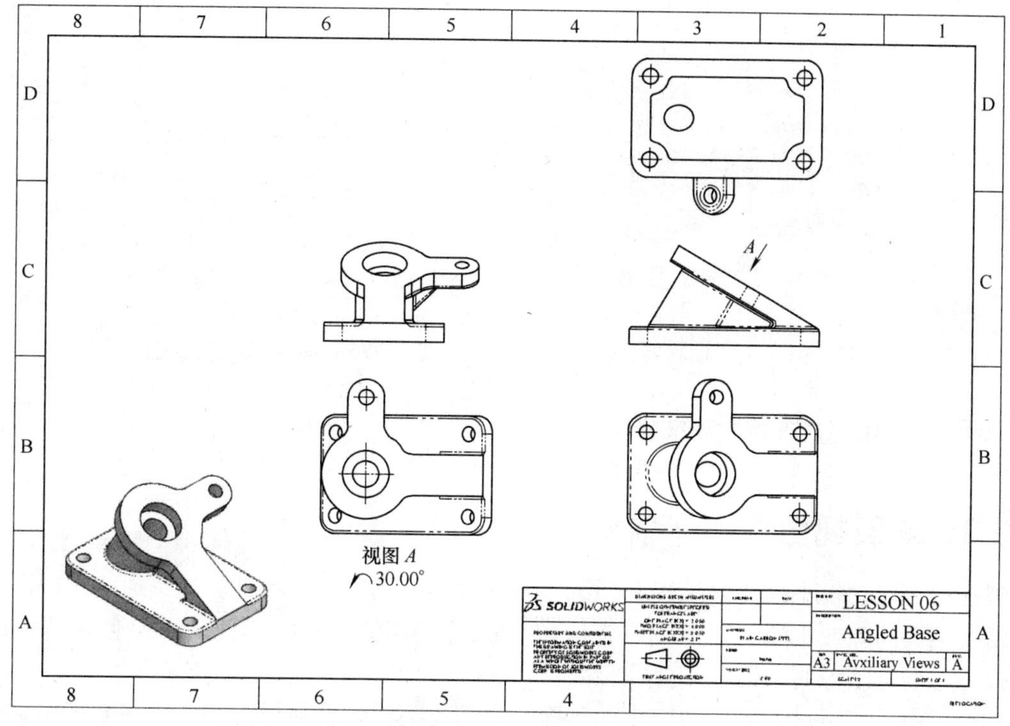

图6-81　添加其他视图

步骤10　为断开的剖视图创建自定义视图　绘制图6-82所示的矩形，确保草图与右视图相关联。

步骤11　创建断开的剖视图　选中矩形，单击【断开的剖视图】，设置【深度】为60mm。勾选【预览】复选框以预览结果，单击【确定】✔，结果如图6-83所示。

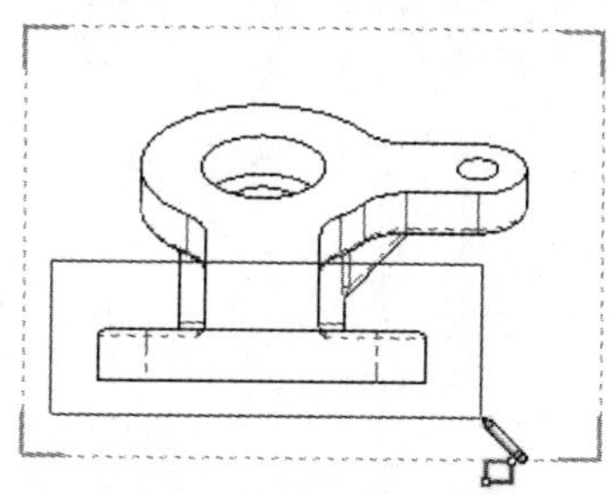

图6-82　绘制矩形

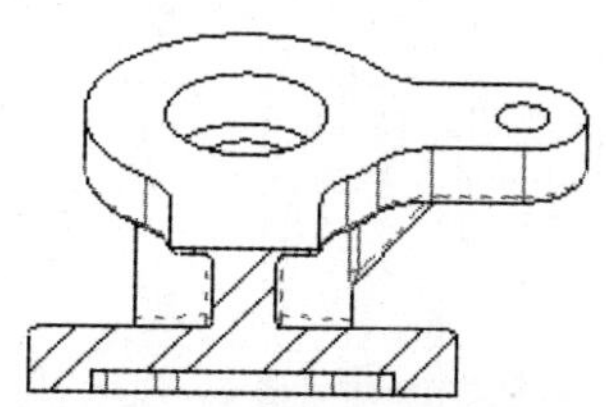

图6-83　创建断开的剖视图

步骤12　创建相对视图　创建一个与“Rib for Tab”特征垂直的视图。在图纸上右键单击任一工程图视图，选择【工程视图】/【相对视图】。

步骤13　为定向视图选择面　在【第一方向】中，从下拉菜单中选择【前视】，然后单击图6-84所示的面。在【第二方向】中，从下拉菜单中选择【左视】，然后单击图6-84所示的面，单击【确定】✔。

步骤 14　在图纸上放置视图　完成定义相对视图后，工程图将再次处于活动状态，并且视图将附着在光标上，如图 6-85 所示。单击以将视图放置在图纸上，结果如图 6-75 所示。

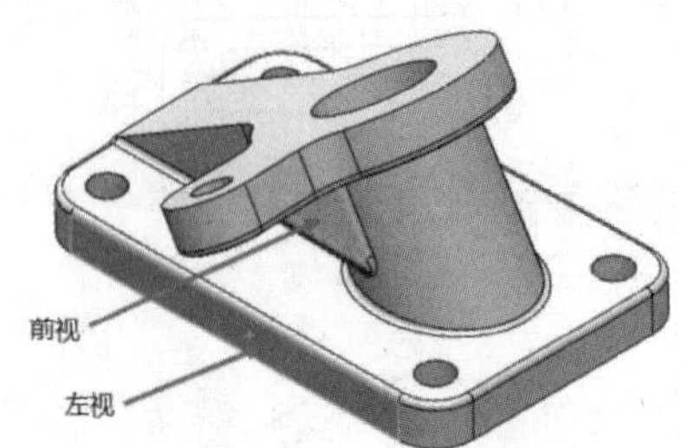

图 6-84　为定向视图选择面

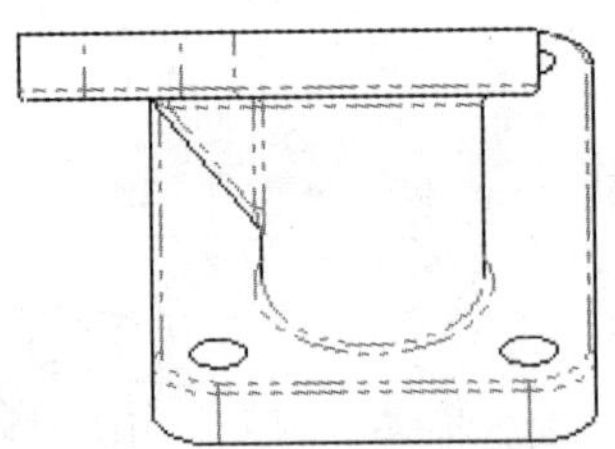

图 6-85　生成相对视图

步骤 15　保存并关闭所有文件

练习 6-3　断裂视图

断裂视图可以在较小尺寸的工程图图纸上以较大的比例显示长零件。这是通过在视图中使用一对折断线创建间隙或中断来完成的。将【断裂视图】与其他工具组合使用可以创建特定的工程图。有关练习的详细说明，请参考操作步骤。

在本练习中，将通过断开父视图中的剖面线来创建旋转的剖面视图，然后在断裂间隙内移动剖面视图，如图 6-86 所示。

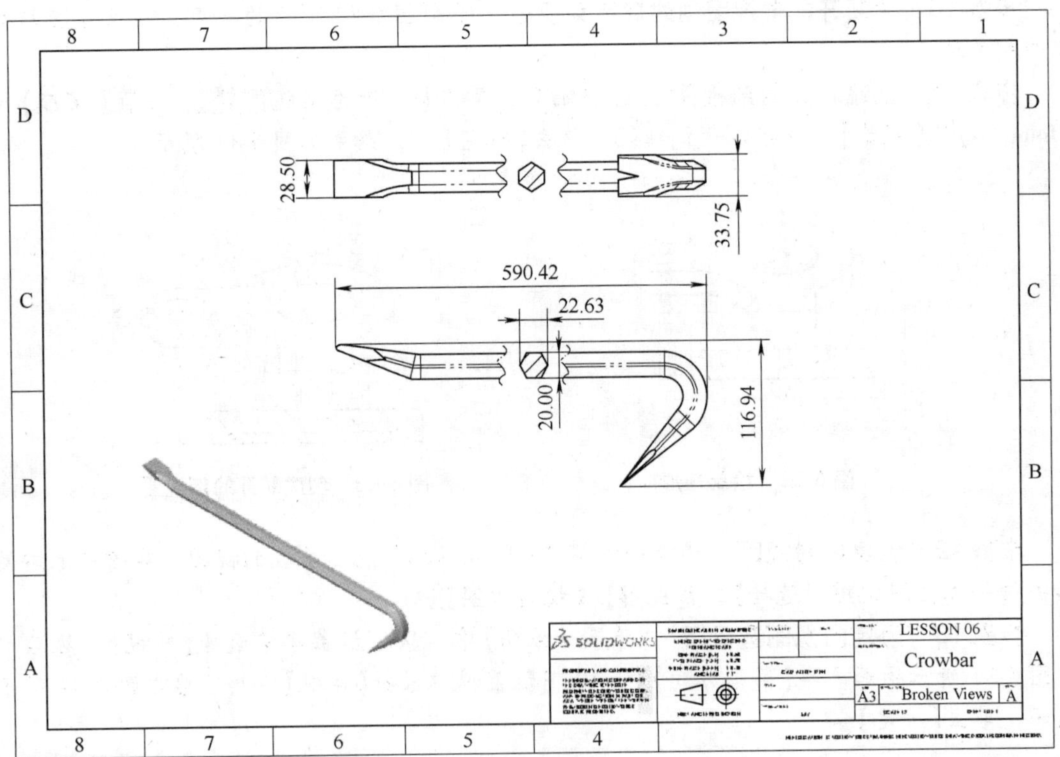

图 6-86　断裂视图

本练习将使用以下技术：

- 断裂视图。
- 旋转剖面视图。

扫码看3D

操作步骤

步骤1 打开零件 从Lesson06\Exercises文件夹内打开“Broken Views.SLDPRT”文件。

步骤2 创建工程图和视图 使用“A3 Drawing”工程图模板，创建图6-87所示的视图。

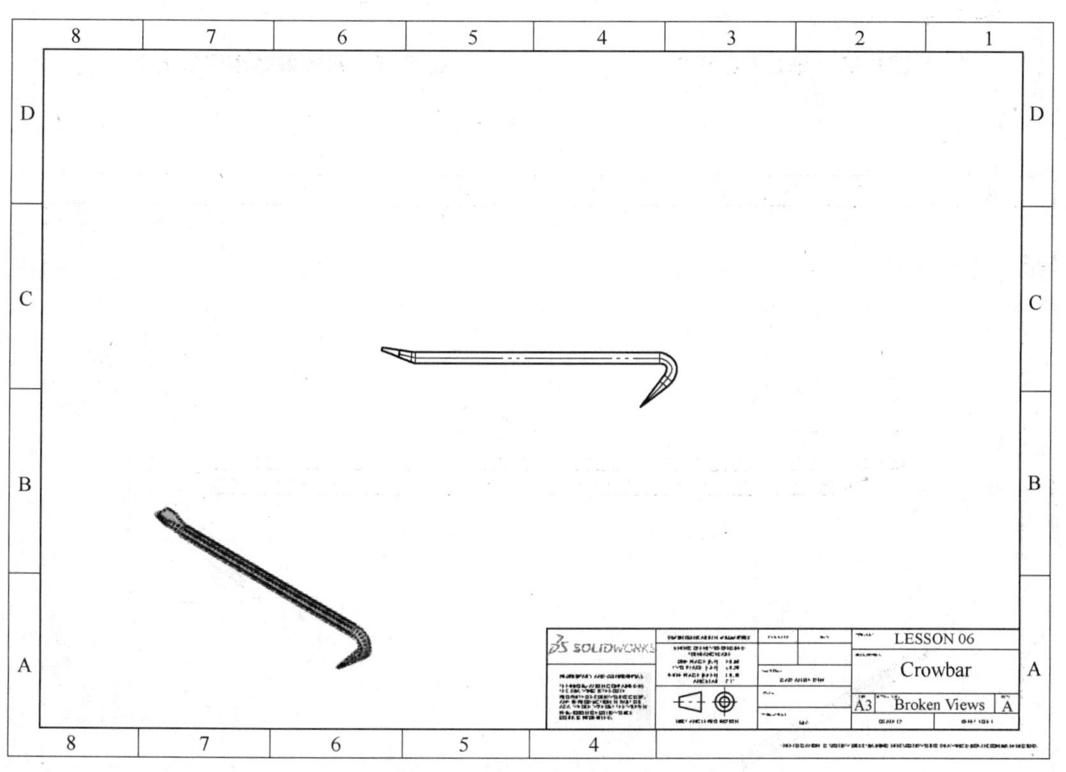

图6-87 创建工程图和视图

步骤3 修改图纸比例 使用状态栏中的菜单（在SOLIDWORKS窗口右下角）将图纸比例设置为1:2，如图6-88所示。

步骤4 修改等轴测图的比例 选择等轴测图，修改【比例】为【使用自定义比例】，从下拉菜单中选择【用户定义】，输入1:4，如图6-89所示。

步骤5 在前视图中添加全局尺寸 使用【智能尺寸】工具将尺寸添加到前视图中，如图6-90所示。

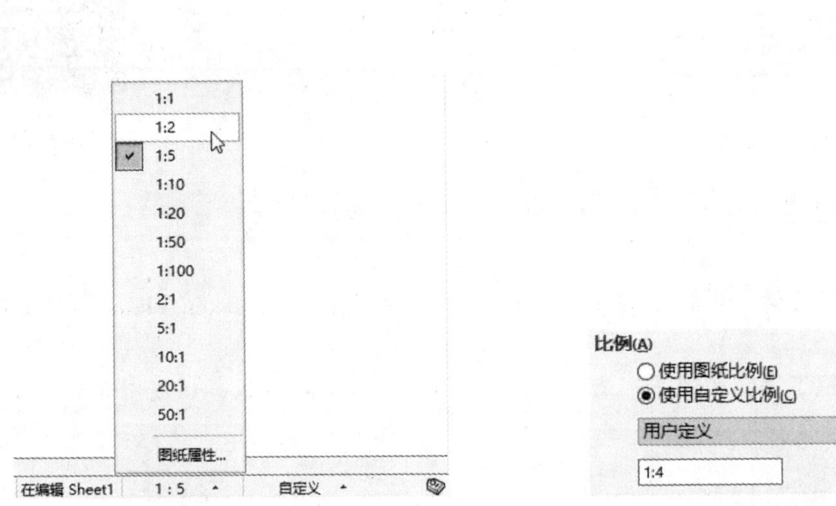

图 6-88　修改图纸比例　　　　图 6-89　修改等轴测图的比例

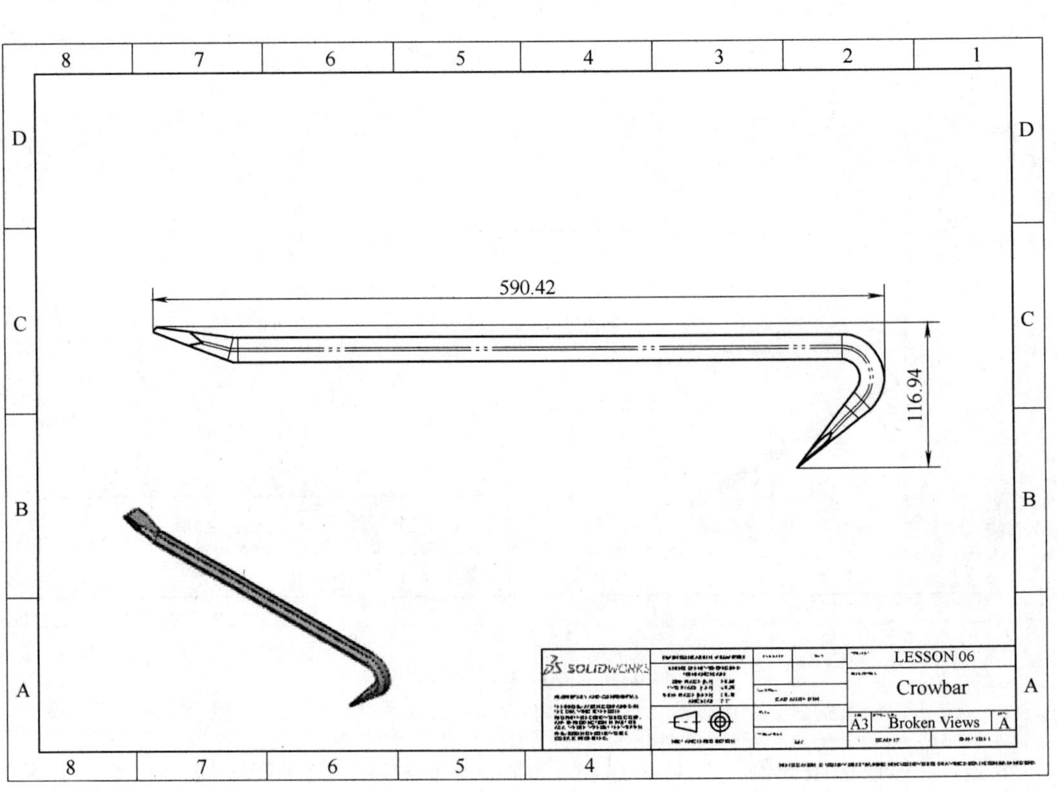

图 6-90　在前视图中添加全局尺寸

选择【最大】为【圆弧条件】。该设置位于尺寸 PropertyManager 的【引线】选项卡上，如图 6-91 所示。或者在标注圆弧的尺寸时按住〈Shift〉键再选择最接近的圆弧条件。

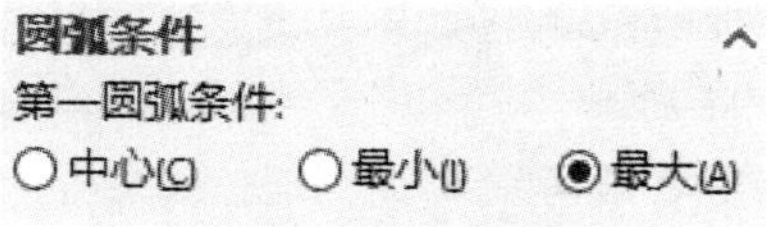

圆弧条件
第一圆弧条件:
○中心(C)　○最小(I)　◉最大(A)

图 6-91　圆弧条件设置

知识卡片

断裂视图	通过在现有工程图视图上放置断裂线来定义断裂视图。用户可以调整断裂视图的属性以定义切除后的缝隙大小和折断线样式。 若要修改现有的断裂视图，可选择折断线以访问断裂视图的 PropertyManager 或拖动折断线以重新将其定位。用户还可以从快捷菜单中临时取消断裂视图。
操作方法	• CommandManager：【视图布局】/【断裂视图】。 • 菜单：【插入】/【工程图视图】/【断裂视图】。 • 快捷菜单：右键单击工程图视图或图纸，选择【工程视图】/【断裂视图】。

步骤 6　断裂前视图　单击【断裂视图】，选择前视图。在【切除方向】中选择【添加竖直折断线】，在【缝隙大小】中输入 25mm，如图 6-92 所示。单击以放置折断线，如图 6-93 所示，单击【确定】✔。

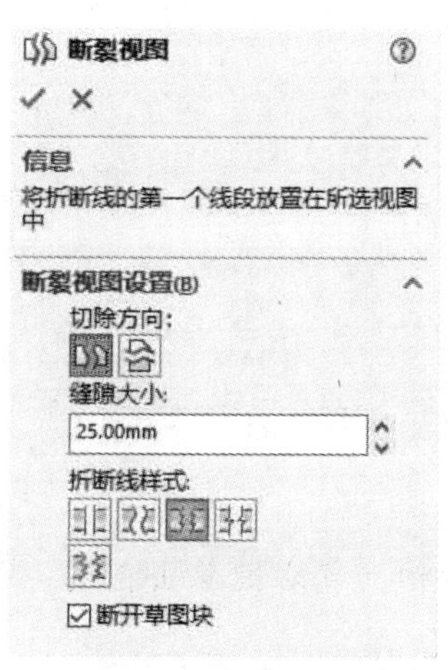

图 6-92　设置参数

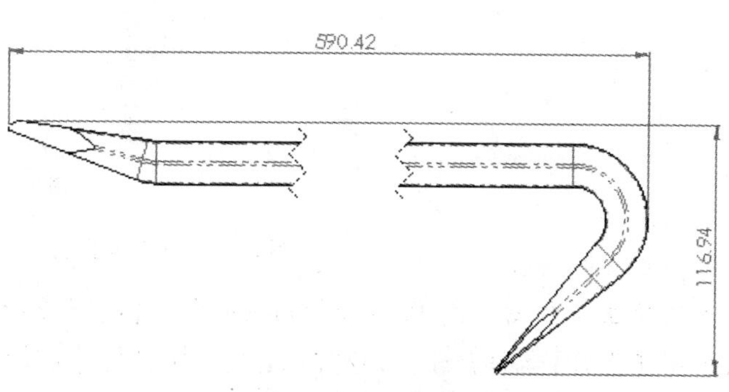

图 6-93　放置折断线

水平尺寸保留着正确的数值，并显示为断裂的尺寸。

步骤 7　添加投影视图　单击【投影视图】，选择前视图作为父视图，向上移动光标并单击以放置投影的下视图。

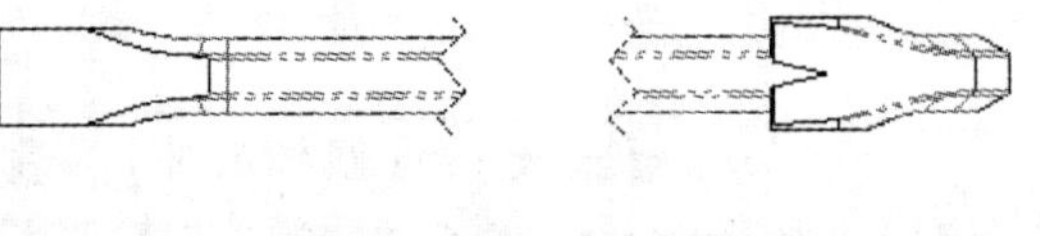

步骤 8　查看结果　放置视图后，投影视图使用与父视图相同的折断线属性和位置来断裂视图，如图 6-94 所示。

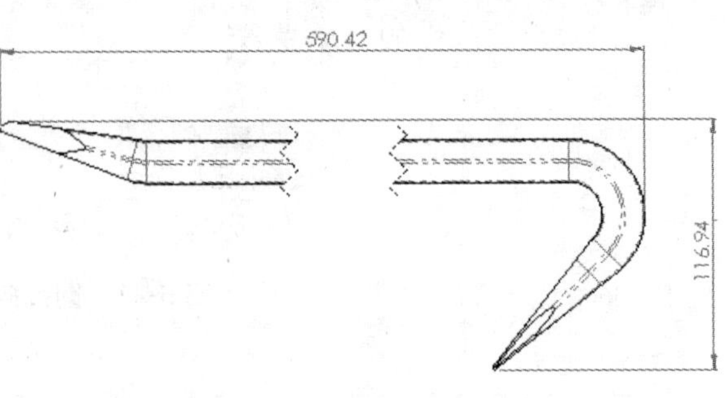

图 6-94　查看结果

● 对齐折断线　在断裂视图之后再添加投影视图，折断线会自动复制并与父视图对齐。如果将断裂视图添加到现有的父视图和子视图中，可以使用【工程视图属性】对话框对齐它们的折断线，如图 6-95 所示。

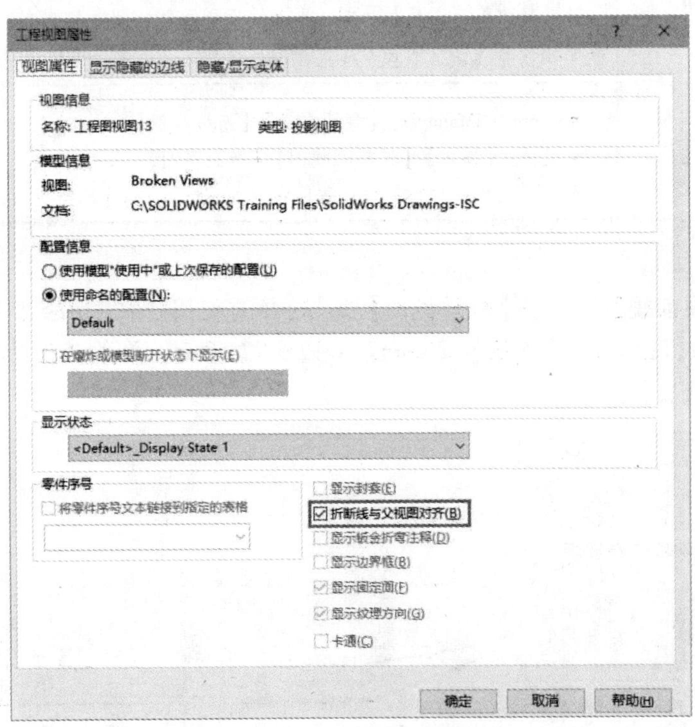

图 6-95　对齐折断线

通过单击工程图视图 PropertyManager 中的【更多属性】按钮，或右键单击视图，并从快捷菜单中选择【属性】，可以访问【工程视图属性】对话框。

步骤 9　添加尺寸　添加尺寸以显示撬棍的两端宽度，如图 6-96 所示。

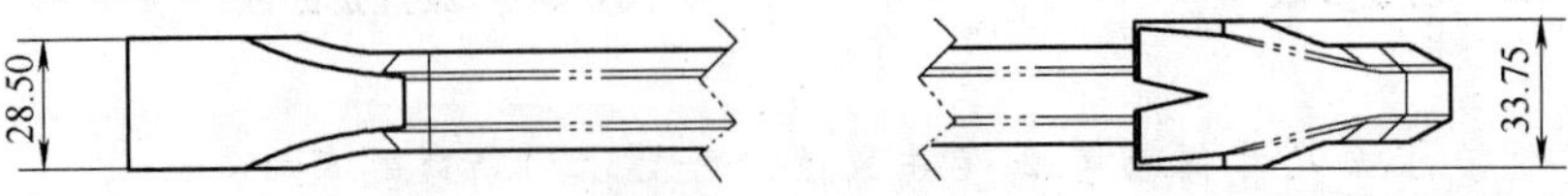

图 6-96　添加尺寸

● 旋转剖面视图　断裂视图可以与剖面视图组合以创建旋转的剖面视图。为了完成此工程图，将在两个视图的间隔缝隙中添加旋转的剖面视图。实现此目的的一种方法是暂时【撤消断裂视图】，向断开的部分添加剖面线，然后再次断开视图。剖面线将被隐藏，生成的剖面视图可以在缝隙之间移动。

步骤10　在前视图上撤消断裂视图　在前视图边界框内单击右键，选择【撤消断裂视图】，如图6-97所示。

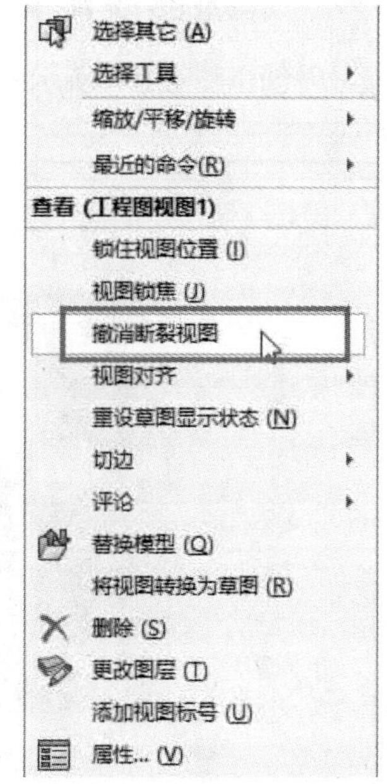

图6-97　撤消断裂视图

步骤11　创建剖面视图　单击【剖面视图】，在折断线之间添加垂直的剖面线，将剖面视图放置在工程图图纸上。

步骤12　修改剖面视图　使用剖面视图的PropertyManager定义该剖面视图为【横截剖面】，右键单击视图标签后选择【隐藏】。在剖面视图中添加相关尺寸，如图6-98所示。

步骤13　在前视图中恢复断裂视图　在前视图边界框内单击右键，选择【断裂视图】。

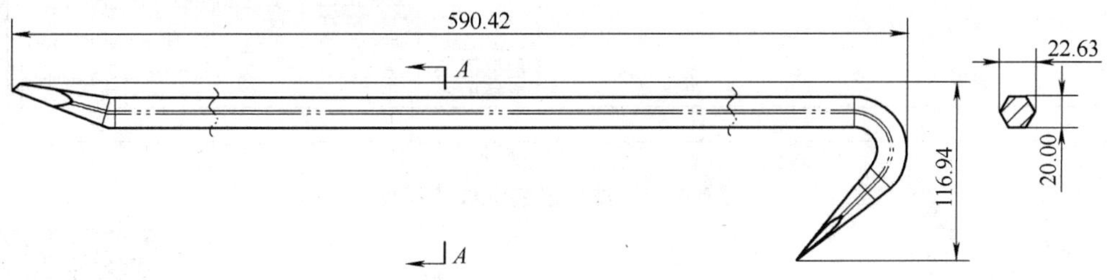

图6-98　修改剖面视图

步骤14　移动剖面视图　拖动剖面视图边界框或按住〈Alt〉键拖动视图中的任何位置，将剖面视图放置在前视图的折断间隙之间，如图6-99所示。

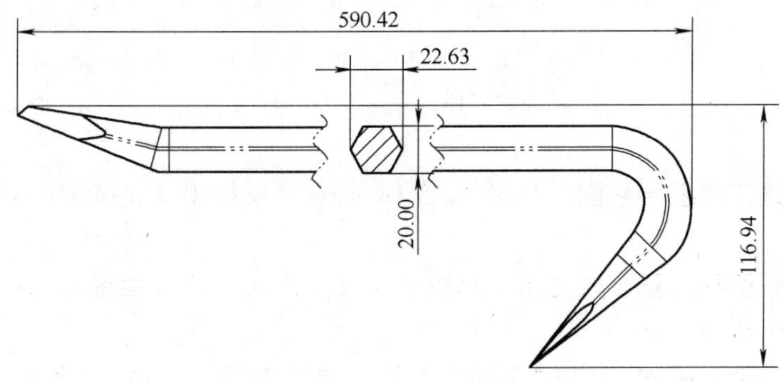

图6-99　移动剖面视图

步骤15　在下视图中添加旋转的剖面　重复上述步骤，将旋转剖面添加到下视图中。

步骤16　保存并关闭所有文件　完成的工程图如图6-86所示。

练习 6-4　加热器装配体

本练习将创建图 6-100 所示的加热器装配体工程图。有关练习的详细说明，请参考操作步骤。

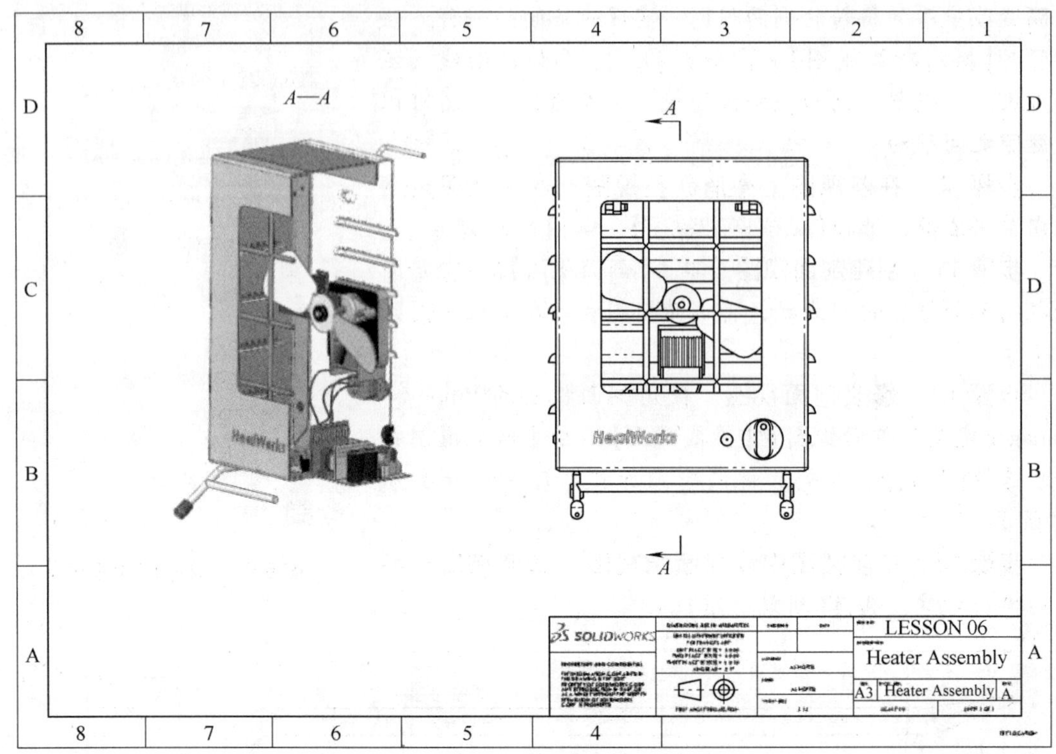

图 6-100　加热器装配体工程图

本练习将使用以下技术：

- 剖面范围。
- 3D 工程图视图。

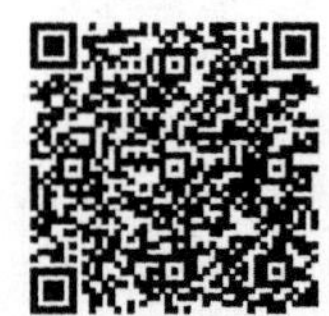

扫码看 3D

操作步骤

步骤 1　打开装配体　从 Lesson06 \ Exercises 文件夹内打开 “Heater Assembly. SLDASM” 文件。

步骤 2　创建工程图和视图　使用 “A3 Drawing” 模板创建工程图，并创建装配体的前视图。

步骤 3　设置图纸比例　设置图纸比例为 1∶2，并确保将工程图属性设置为使用图纸比例，如图 6-101 所示。

步骤 4　创建剖面视图　单击【剖面视图】，在模型的中心添加【竖直】的切割线，如图 6-102 所示。

步骤 5　定义剖面范围　对于装配体模型，用户可以使用附加的对话框来定义【剖面范围】。单击加热器风扇的面以将其从剖面切割中排除，如图 6-103 所示。单击【确定】。

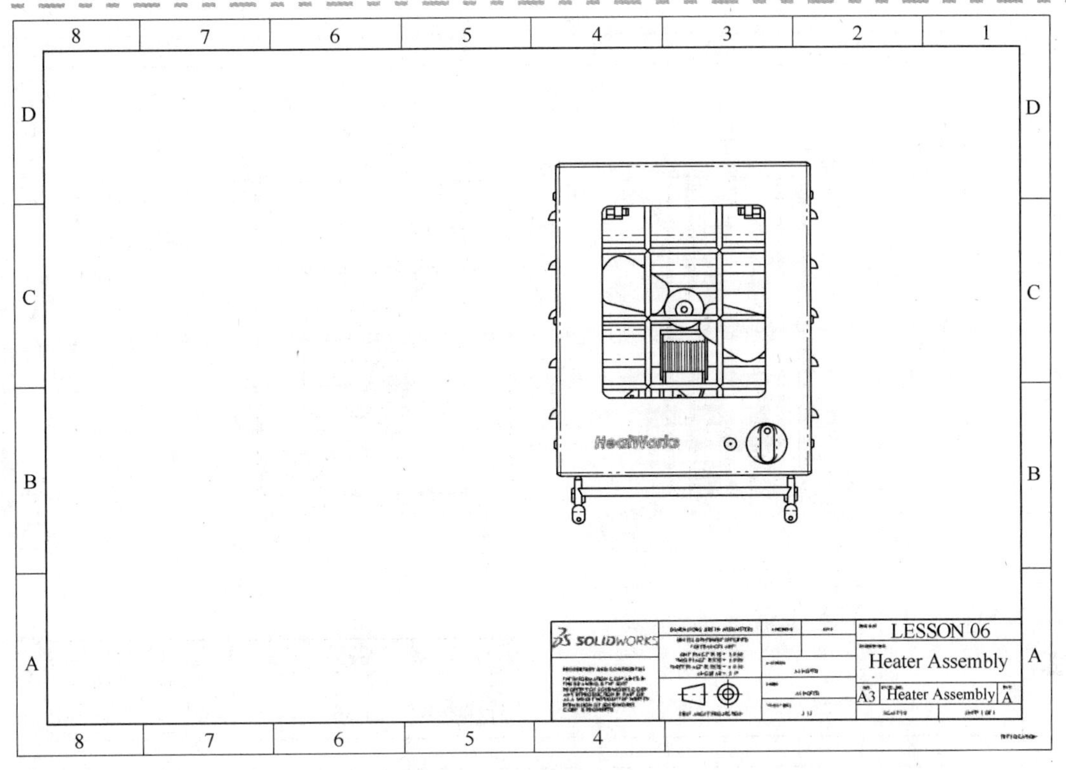

图 6-101　设置图纸比例

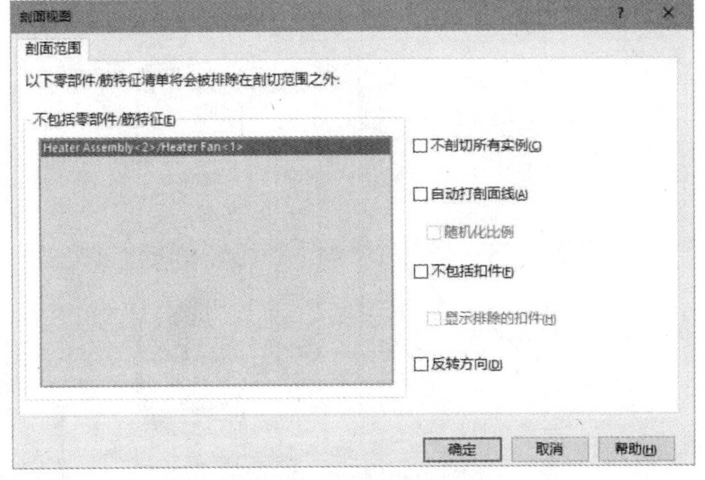

图 6-102　添加【竖直】的切割线

图 6-103　定义剖面范围

步骤 6　将视图放置在图纸上　单击以将剖面视图放置在图纸上，如图 6-104 所示。

步骤 7　修改视图方向　从前导工具栏中单击【3D 工程图视图】，旋转视图，如图 6-105 所示，单击【确定】✔。

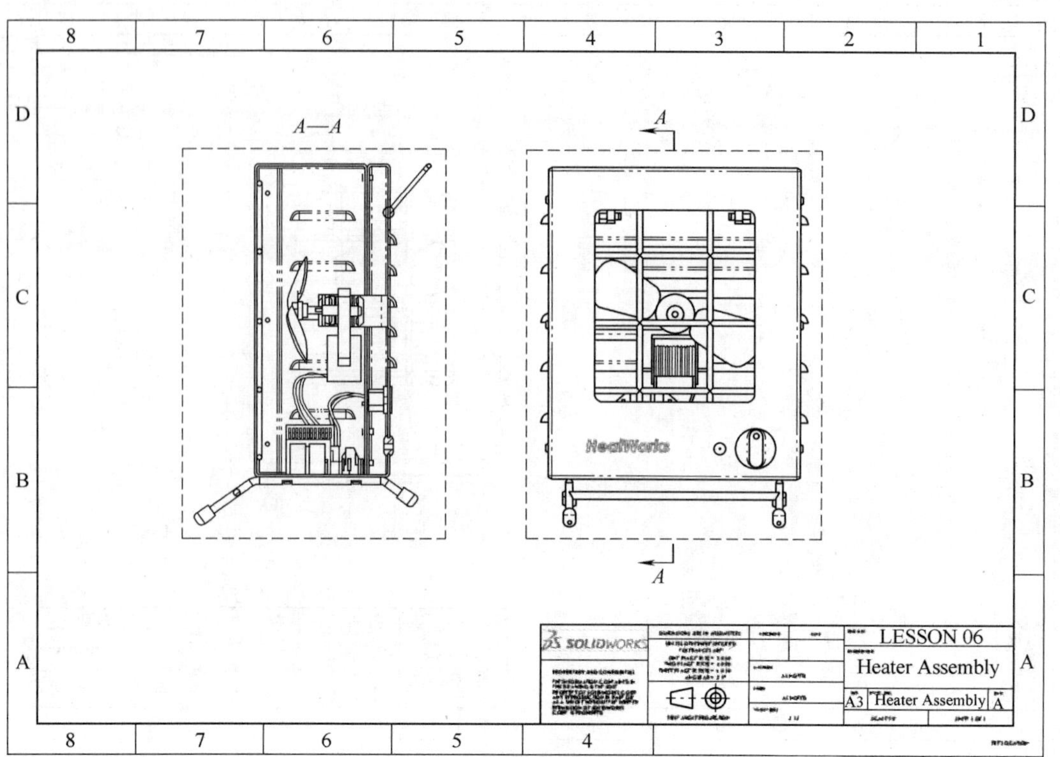

图 6-104 将视图放置在图纸上

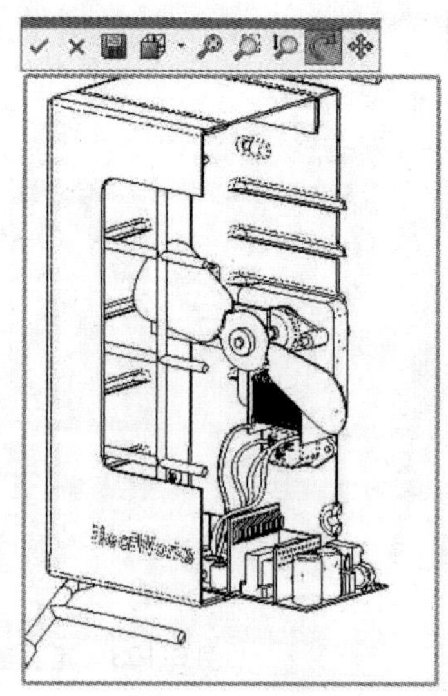

图 6-105 修改视图方向

步骤 8 修改视图属性 选择剖面视图，更改视图的【显示样式】为【带边线上色】，如图 6-100 所示。

步骤 9 保存并关闭所有文件

练习 6-5　滚轴输送机

本练习将创建图 6-106 所示的滚轴输送机装配体工程图。有关练习的详细说明，请参考操作步骤。

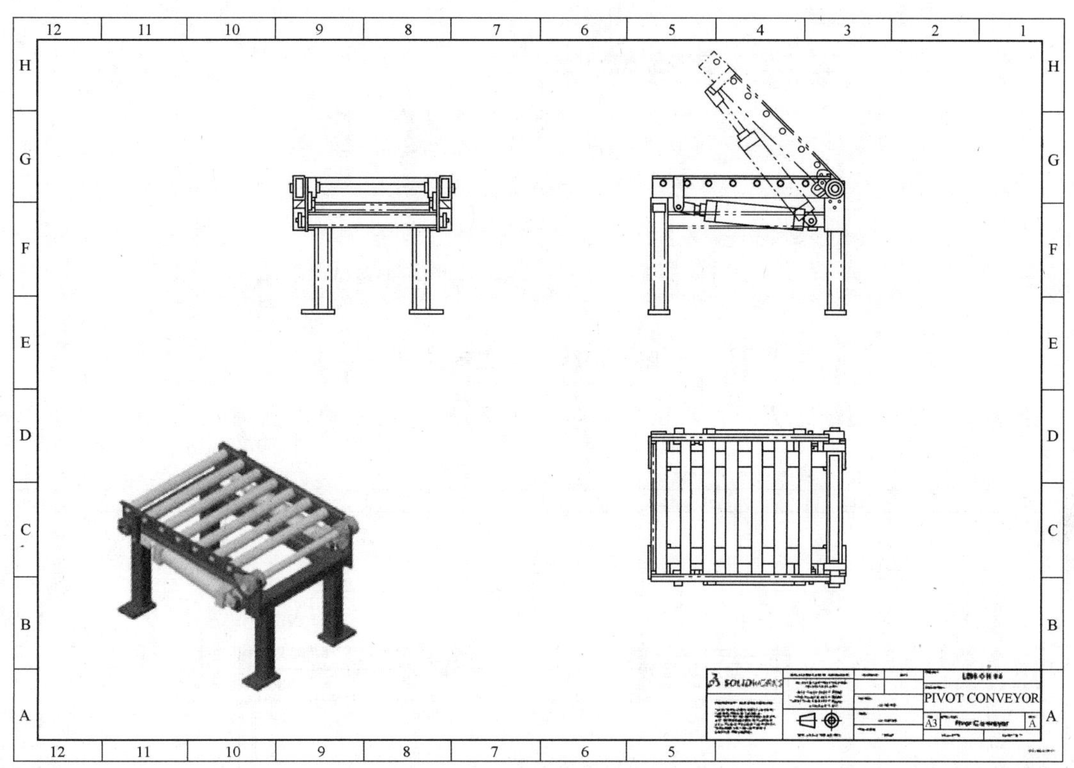

图 6-106　滚轴输送机装配体工程图

扫码看 3D

本练习将使用以下技术：

- 交替位置视图。
- 使用配置。

操作步骤

步骤 1　打开装配体　从 Lesson06\Exercises 文件夹内打开"Pivot Conveyor. SLDASM"文件。

步骤 2　创建工程图　单击【从零件/装配体制作工程图】，选择"Standard Drawing"模板，在【图纸格式/大小】对话框中选择"SW A2-Landscape"图纸格式，如图 6-107 所示。单击【确定】。

步骤 3　创建标准视图　创建前视图，并投影右视图和俯视图。创建等轴测图，并更改【显示样式】为【上色】。

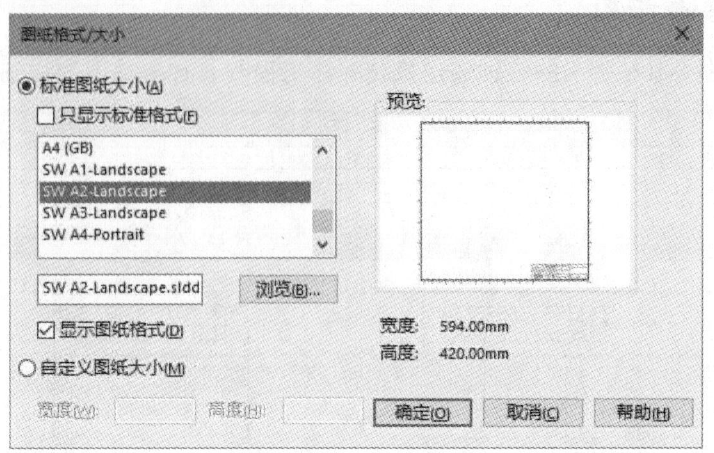

图 6-107　创建工程图

步骤 4　修改图纸比例　更改图纸比例为 1∶8，所有视图均设置为该比例，如图 6-108 所示。

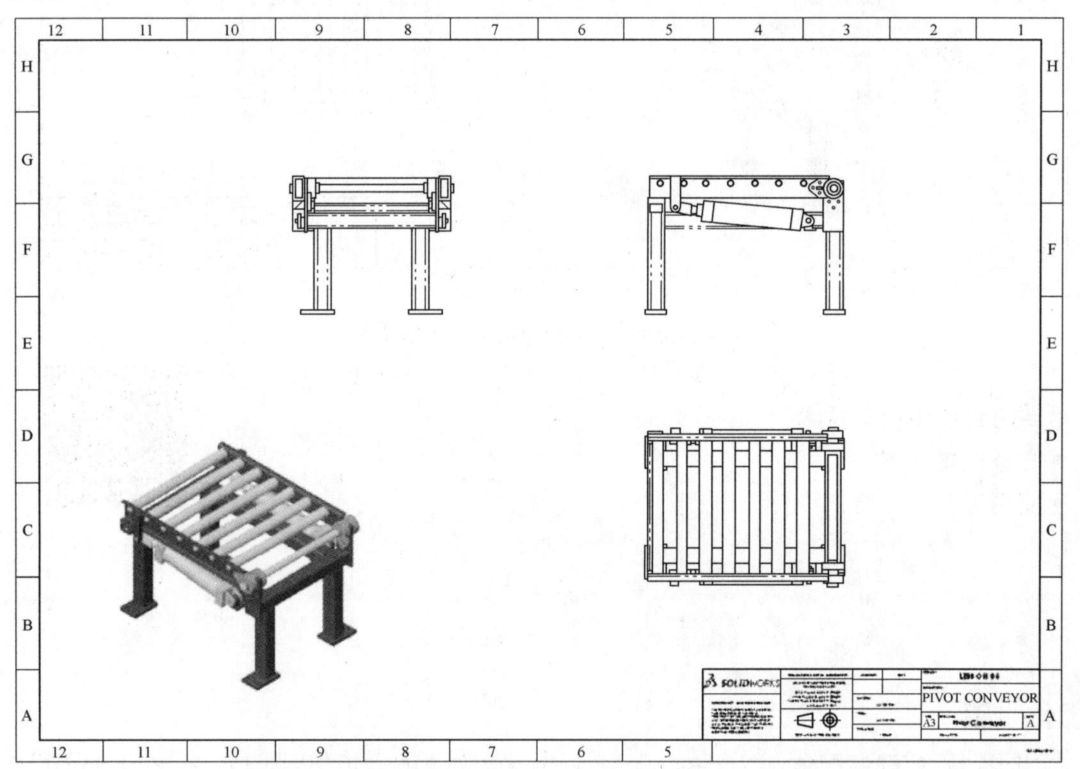

图 6-108　修改图纸比例

技巧

状态栏中的菜单提供了修改图纸比例的快捷方式。如果用户需要的比例在此菜单中不存在，可以使用【图纸属性】选项来修改其中的比例，如图 6-109 所示。

步骤5 创建交替位置视图 选择前视图，单击【交替位置视图】。

步骤6 创建新配置 现有的模型配置中并不包括需要的新位置。单击【新配置】，将名称命名为“Upper Position”，如图6-110所示。单击【确定】✔。

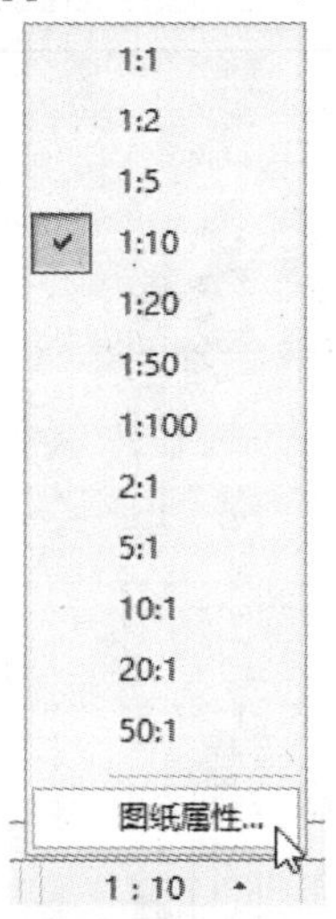

图6-109 使用【图纸属性】选项修改图纸比例

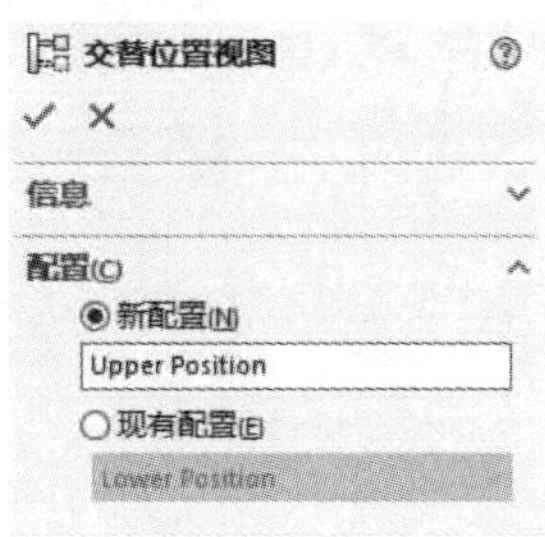

图6-110 创建新配置

步骤7 移动零部件 装配体文件被打开，【移动零部件】命令处于激活状态。将滚轴输送机的顶部向上拖动直至最上方位置，如图6-111所示。单击【确定】✔。

步骤8 查看结果 在新位置创建了新的“Upper Position”配置并应用于【交替位置视图】，如图6-112所示。

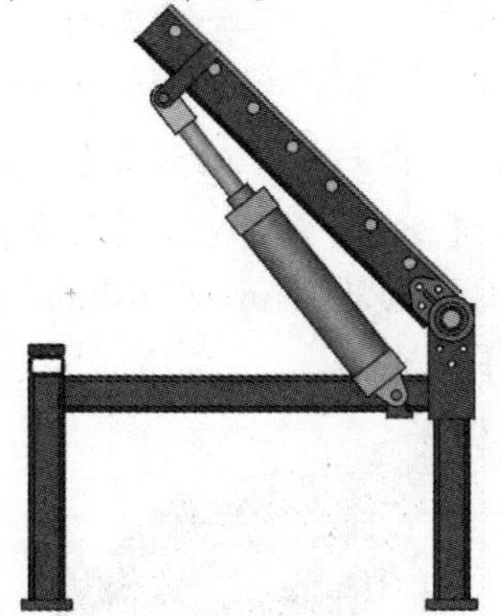

图6-111 移动零部件

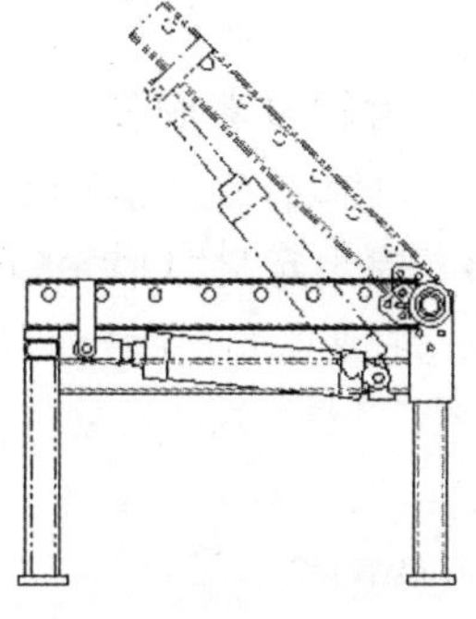

图6-112 查看结果

步骤9 查看模型中的配置 选择任一工程图视图，然后单击【打开装配体】。激活【ConfigurationManager】选项卡。用户可以拆分左窗格以同时查看ConfigurationManager和FeatureManager。激活模型中的每个配置，以进行查看。“Lower Position”配置已经完全定义，“Free”和“Upper Position”配置未完全定义。

步骤10 修改“Free”配置 激活“Free”配置，将滚轴输送机的顶部移动到新位置，如图6-113所示。

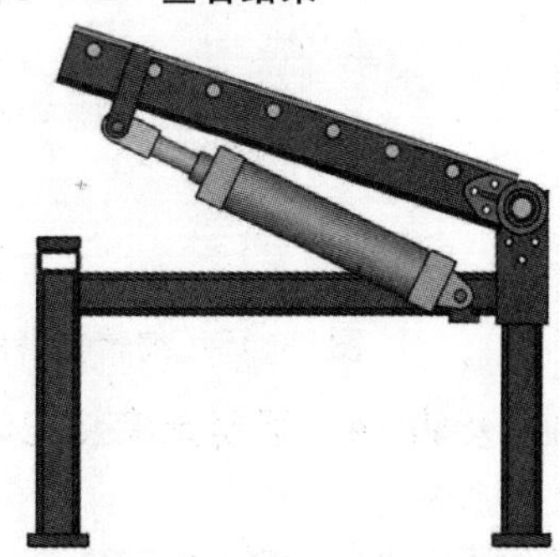

图6-113 修改“Free”配置

步骤 11　重建工程图　切换到工程图文档，工程图视图参考引用的“Free”配置更新到了新位置，如图 6-114 所示。为了防止工程图发生意外更改，下面将在工程图视图中参考引用完全定义的配置。

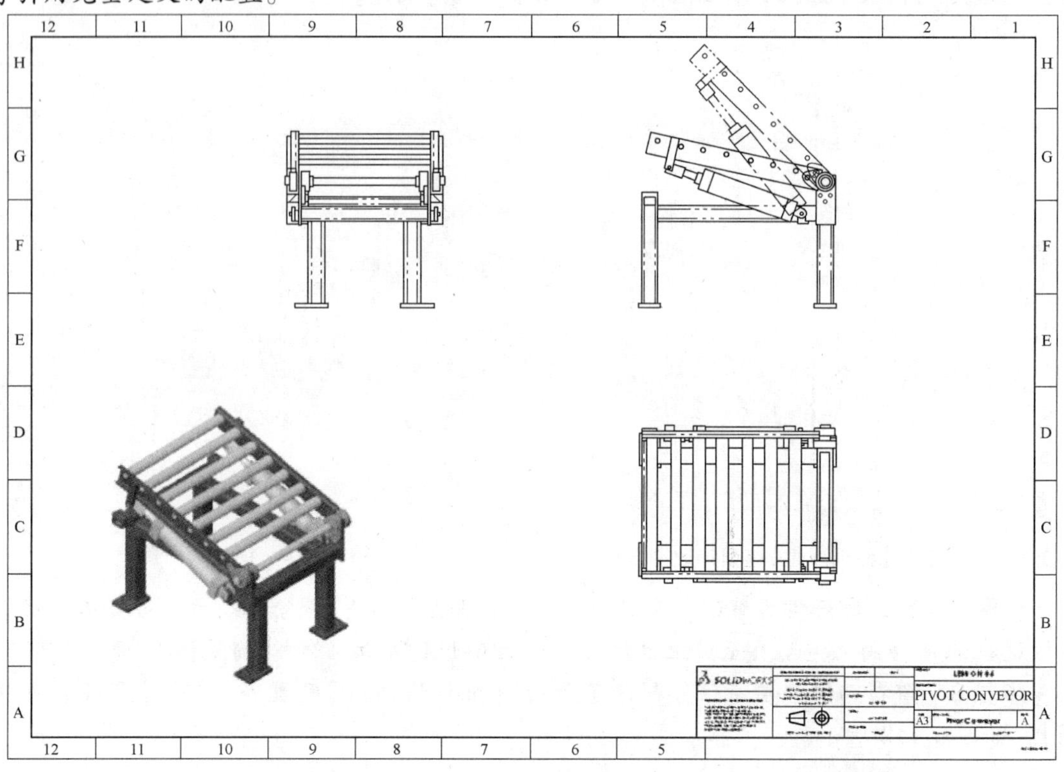

图 6-114　重建工程图

步骤 12　编辑参考配置　选择前视图和等轴测图，更改【参考配置】为“Lower Position”，如图 6-115 所示。选择俯视图和右视图，更改【参考配置】为【链接到父系】。

步骤 13　完全定义“Upper Position”配置　返回模型并激活“Upper Position”配置，单击【配合】，在图 6-116 所示的面之间添加 45°的【角度】配合。

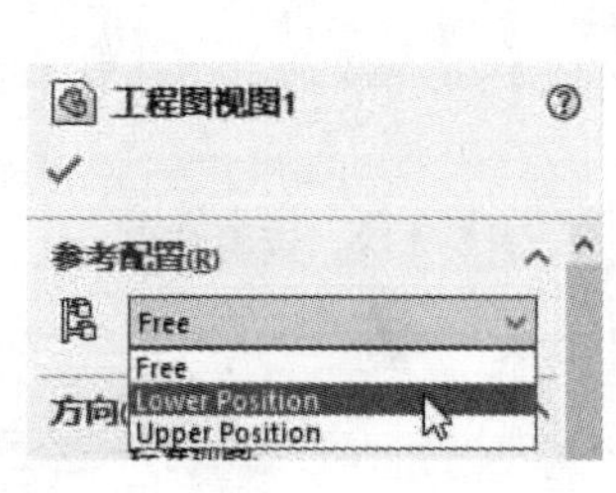

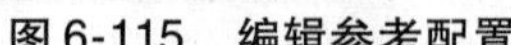

图 6-115　编辑参考配置

图 6-116　完全定义“Upper Position”配置

步骤 14　强制重建装配体　按〈Ctrl + Q〉键，【强制重建】装配体，现在已经完全定义了所有零部件。

步骤 15　重命名配合　为了完成对模型的更改，下面将重命名新的配合，并对其进行配置设置，使其仅在“Upper Position”配置中处于活动状态。在FeatureManager设计树中，展开“Mates”文件夹。滚动到底部并将新角度配合重命名为“Upper Position Angle”，如图6-117所示。

步骤16　配置配合　右键单击“Upper Position Angle”配合，选择【配置特征】，使用该对话框压缩“Free”和“Lower Position”配置中的配合，如图6-118所示。单击【确定】。

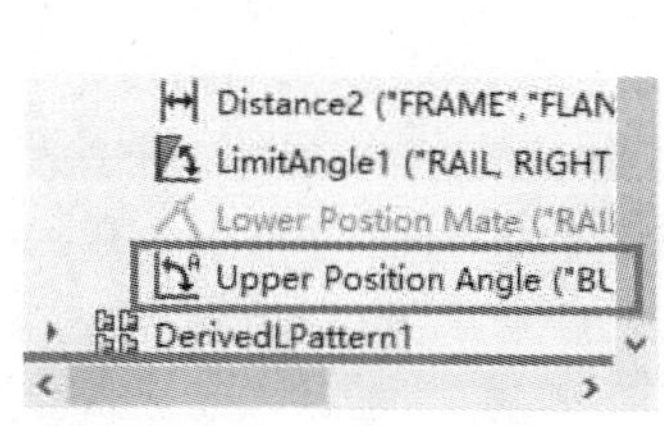

图6-117　重命名配合

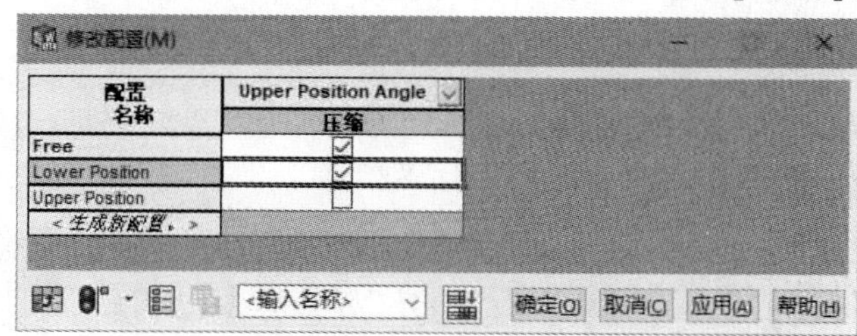

图6-118　配置配合

步骤17　查看配置　激活每个配置并验证其特性是否符合预期，“Lower Position”和“Upper Position”配置应完全定义，“Free”配置应可以在输送机的运动范围内移动。

步骤18　查看工程图　返回到工程图文档并确认所有工程图视图是否正确显示，如图6-106所示。

步骤19　保存并关闭所有文件

练习6-6　壳体

本练习将创建图6-119所示的壳体工程图。有关练习的详细说明，请参考操作步骤。

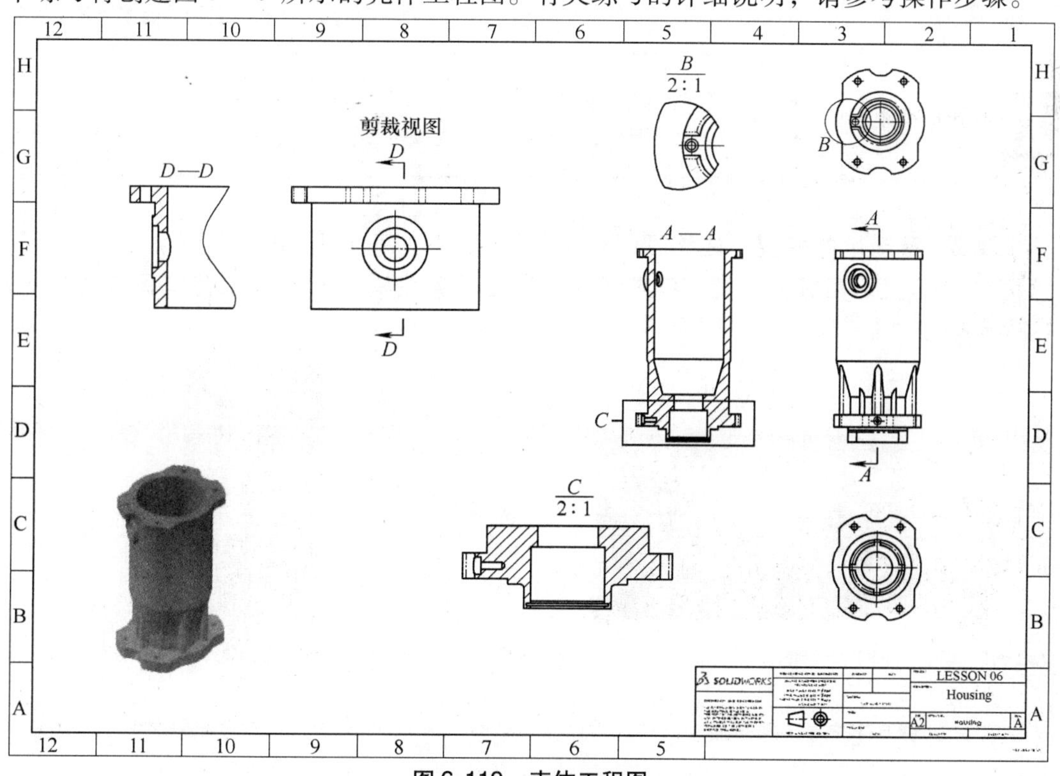

图6-119　壳体工程图

本练习将使用以下技术：

- 更新标准视图。
- 相对视图。
- 剪裁视图。
- 视图焦点。

扫码看3D

操作步骤

步骤1　打开装配体　从Lesson06\Exercises文件夹内打开“Housing. SLDPRT”文件。

提示　修改此导入零件的方向，以便将默认的等轴测图更改为如图6-120所示。下面将使用【更新标准视图】命令重新定义模型中的标准视图方向。

图6-120　更新标准视图方向

- 更新标准视图　【更新标准视图】命令可以在【方向】对话框中找到，如图6-121所示。使用该命令的方法是：首先将模型定向到所需的标准视图（如前视图或俯视图），然后单击【更新标准视图】，并在对话框中选择想要重新定义为当前模型视图的新视图图标。如果用户需要重置标准视图，则可以使用【方向】对话框中的【重设标准视图】命令。

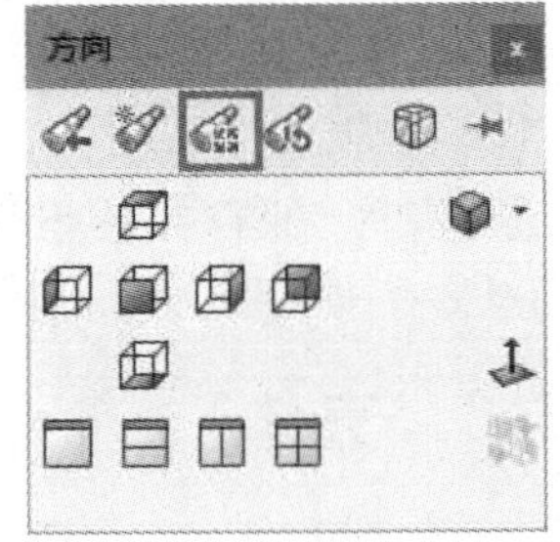

图6-121　【更新标准视图】命令

知识卡片	更新标准视图	• 菜单：【视图】/【修改】/【视图定向】/【更新标准视图】。 • 快捷键：按空格键，再单击【更新标准视图】。

步骤2　重新定向模型　选择图6-122所示的表面，并单击【正视于】。

按住〈Alt〉键的同时按→键可将模型旋转垂直。按〈Alt + →〉键6次将零件定向到如图6-123所示。

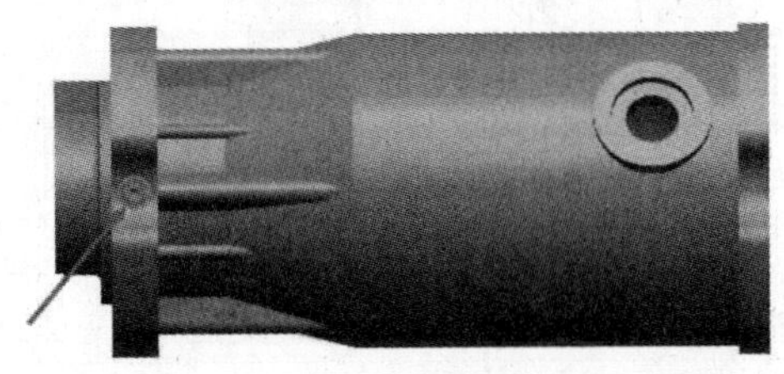

图6-122　选择表面

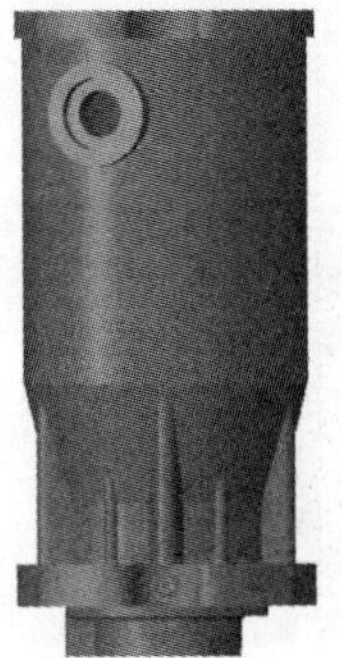

图6-123　重新定向模型

步骤3　更新标准视图　按空格键，在【方向】对话框中单击【更新标准视图】，如图6-124所示。单击【前视】图标，出现更改标准视图及其关联视图的消息框，单击【是】以确认更改。

步骤4　测试视图方向　选择其他的默认视图方向，以测试模型方向是否为用户所期望的。等轴测图如图6-125所示。

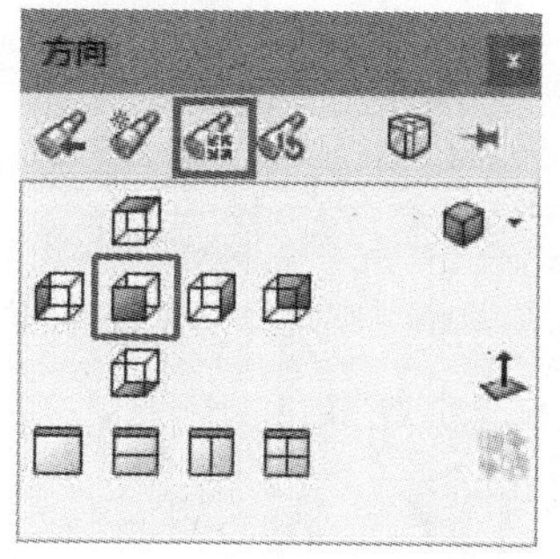

图6-124　更新标准视图

图6-125　模型的等轴测图

步骤5　保存该零件

步骤6　创建工程图　使用“Standard Drawing”模板和“SW A2-Landscape”图纸格式创建工程图。

步骤7　添加模型和投影视图　添加模型和投影视图，如图6-126所示。所有视图均使用1:2的图纸比例。

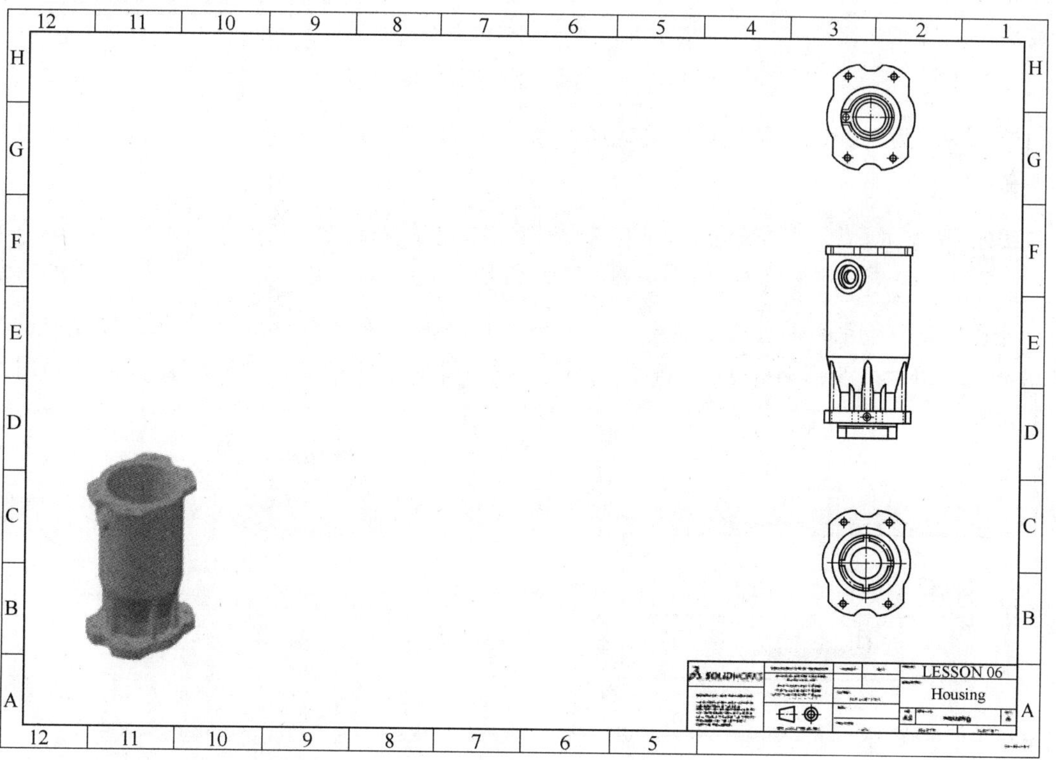

图6-126　添加模型和投影视图

步骤8　添加剖面视图和局部视图　添加剖面视图 *A—A* 和局部视图 *B*，如图6-127所示。

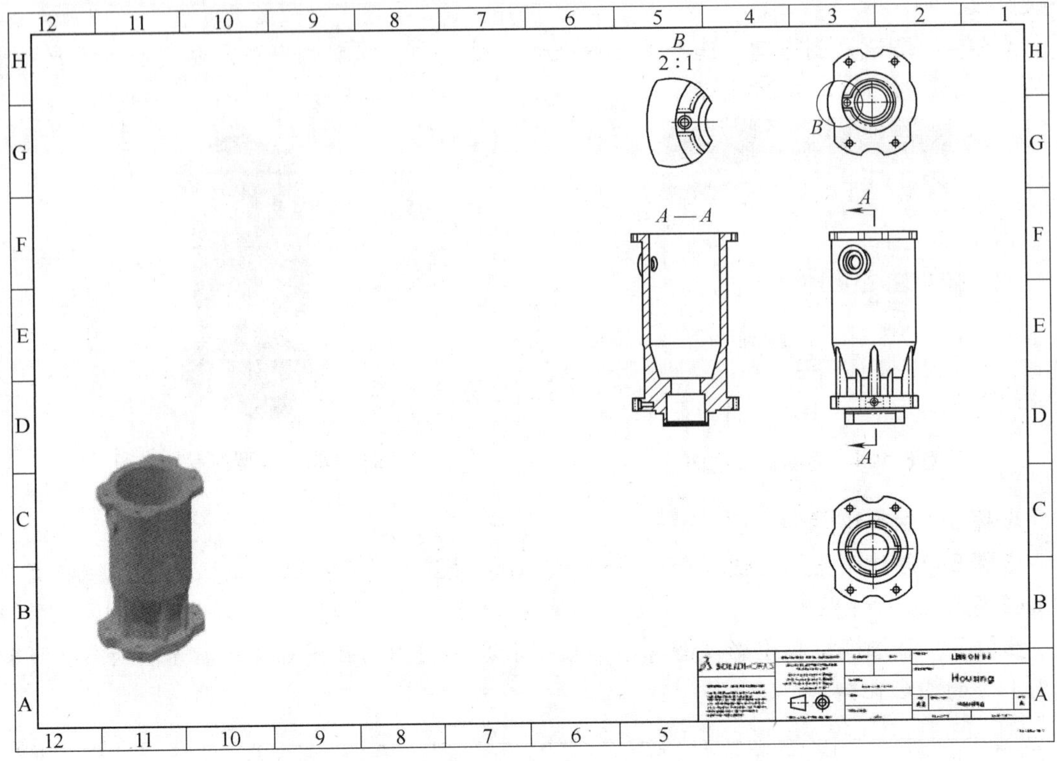

图6-127　添加剖面视图和局部视图

步骤9　为局部视图创建自定义轮廓　绘制与剖面视图 *A—A* 相关的矩形，如图6-128所示。

技巧　为了将草图与视图相关联，请注意开始绘制草图时"焦点"的位置。当视图边界框显示为实心边角时，视图焦点将被锁定。

步骤10　使用轮廓创建局部视图　选择矩形草图，单击【局部视图】。将视图放置在图纸上并修改视图属性，如图6-129所示。根据需要移动视图和视图标签，结果如图6-130所示。

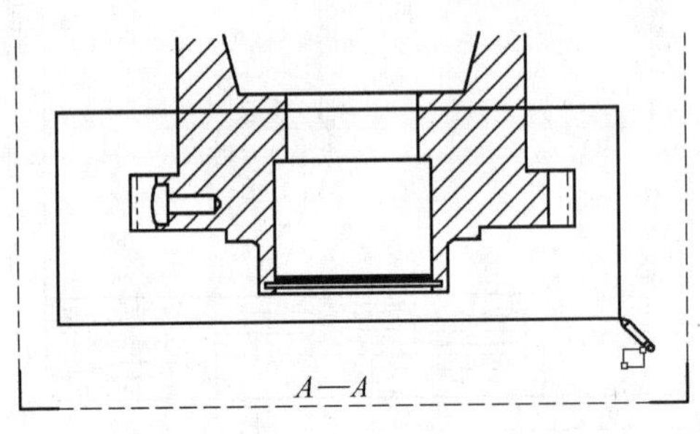

图6-128　为局部视图创建自定义轮廓

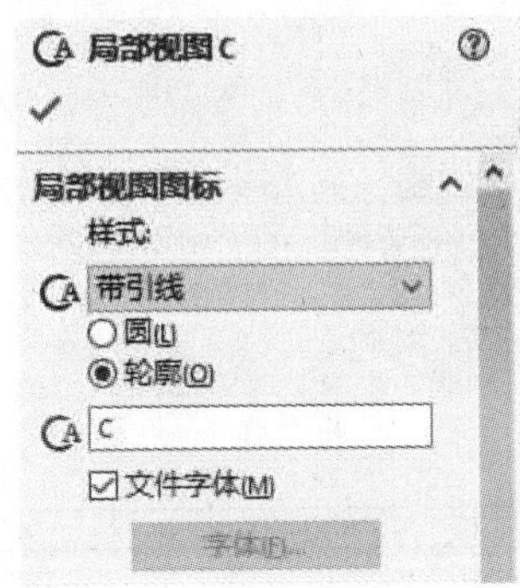

图6-129　修改视图属性

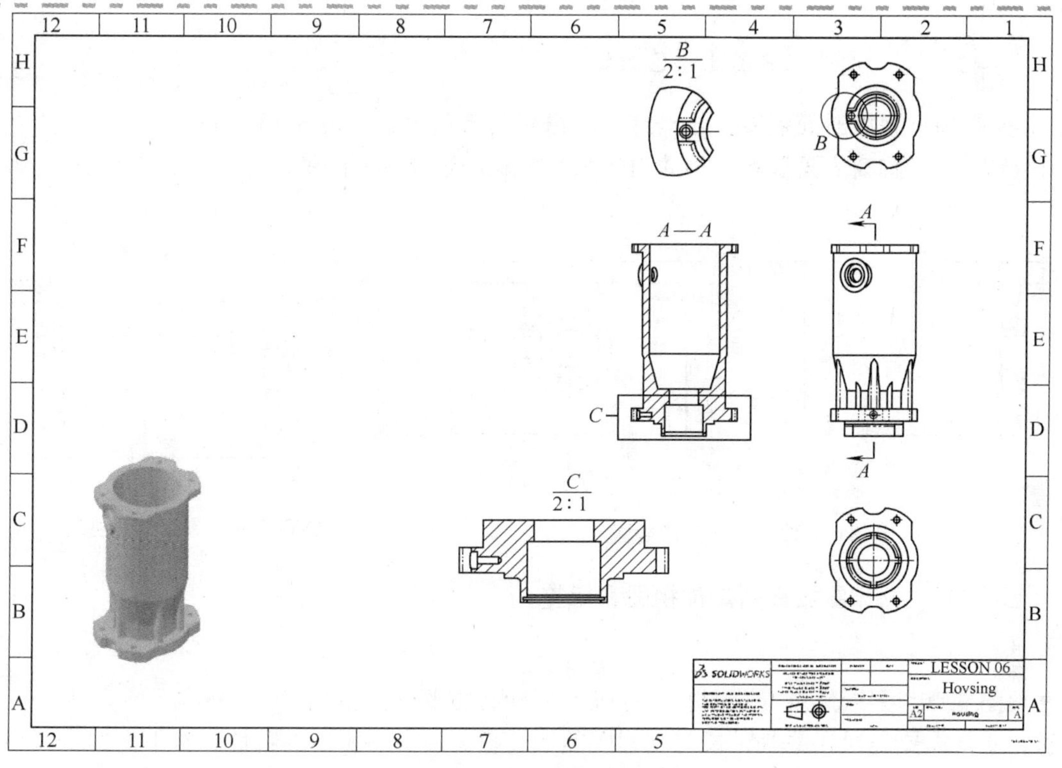

图 6-130　创建局部视图

步骤 11　创建相对视图　创建与壳体侧面的大端口垂直的视图，用户可以使用【相对视图】命令创建需要的视图方向。在图纸上右键单击任一工程图视图，选择【工程视图】/【相对视图】。

步骤 12　为定向视图选择面　选择图 6-131 所示的面作为【前视】和【俯视】，单击【确定】。

步骤 13　在图纸上放置视图　单击以将视图放置在图纸上。

步骤 14　修改视图比例　修改此视图的【比例】为 1:1。

步骤 15　剪裁视图　绘制图 6-132 所示的矩形轮廓，单击【剪裁视图】。

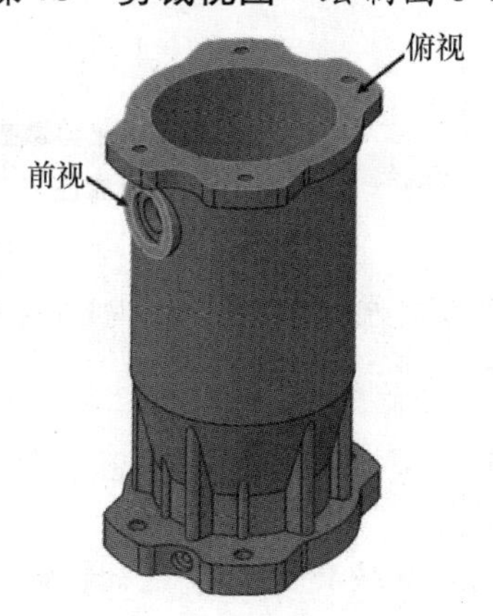

图 6-131　为定向视图选择面

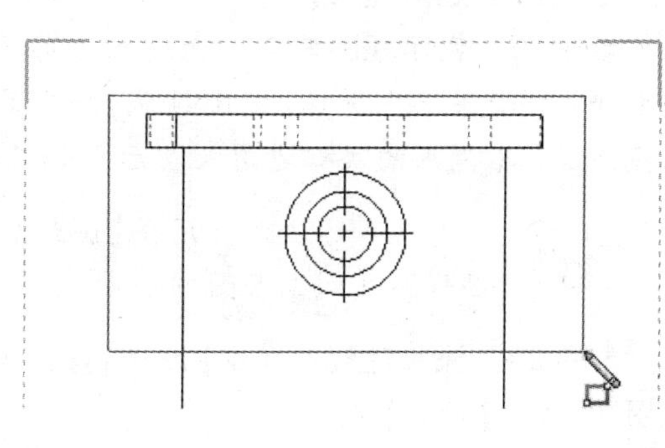

图 6-132　绘制矩形轮廓

技巧 请确保视图焦点已锁定。

步骤 16　添加剖面视图　添加剪裁视图的剖面视图，如图 6-133 所示。

步骤 17　剪裁剖面视图　创建图 6-134 所示的封闭样条曲线，并剪裁剖面视图 *D—D*。

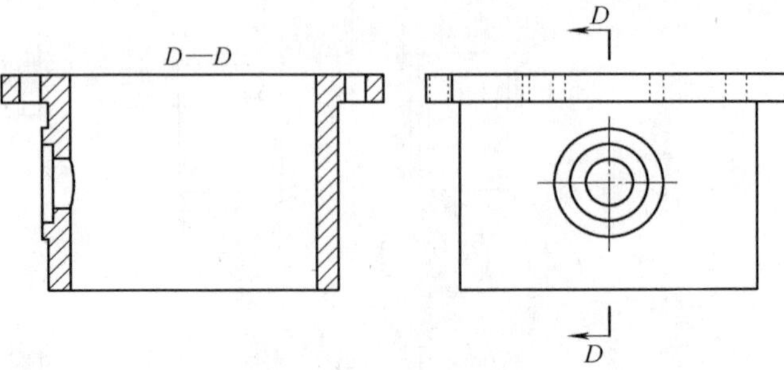

图 6-133　添加剖面视图

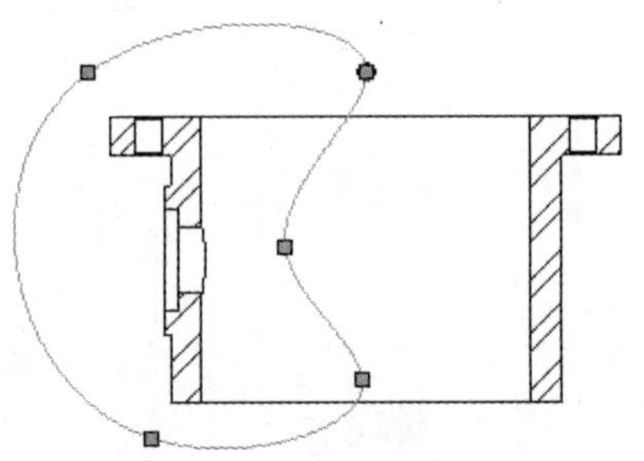

图 6-134　剪裁剖面视图

步骤 18　根据需要重新定位视图和标签

• 视图焦点与图纸焦点　草图并不是唯一一种需要重点关注的工程图元素，注释也是一种常见项目，通常需要与视图关联，或与工程图图纸关联，以实现所需的特性。在下面的步骤中，将添加一个放置在视图边界框外但需要与视图关联的注释。

步骤 19　激活【注释】命令

步骤 20　在剪裁视图下面添加注释　单击以放置注释，如图 6-135 所示。输入“剪裁视图”，单击【确定】。

步骤 21　移动工程图视图　拖动剪裁视图的边界框，由于注释在创建时位于边界框之外，因此注释与工程图图纸相关联，而不是与工程图视图相关联。为了将注释与视图相关联，即使放置在边界框之外，用户也可以在创建注释之前先锁定视图焦点。

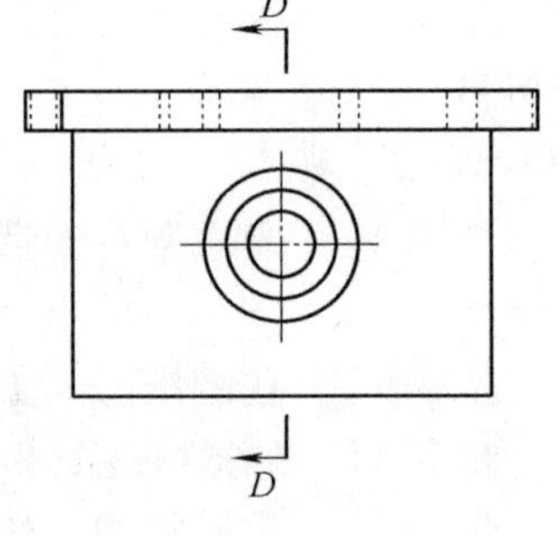

图 6-135　在剪裁视图下面添加注释

步骤 22　删除注释

步骤 23　锁定视图焦点　通过双击剪裁视图或右键单击视图并从快捷菜单中选择【视图锁焦】来锁定视图焦点。焦点由视图边界框周围的实心边角来表示，如图 6-136 所示。

技巧 这种方法也可用于【图纸锁焦】，这可帮助用户将不希望与视图关联的注释添加到工程图图纸中。

步骤 24　添加注释　单击【注释】，单击以放置注释，如图 6-137 所示。输入“剪裁视图”，单击【确定】。

步骤 25　解除视图锁焦　通过双击或右键单击视图并从快捷菜单中选择【解除视图锁焦】来解除视图焦点。

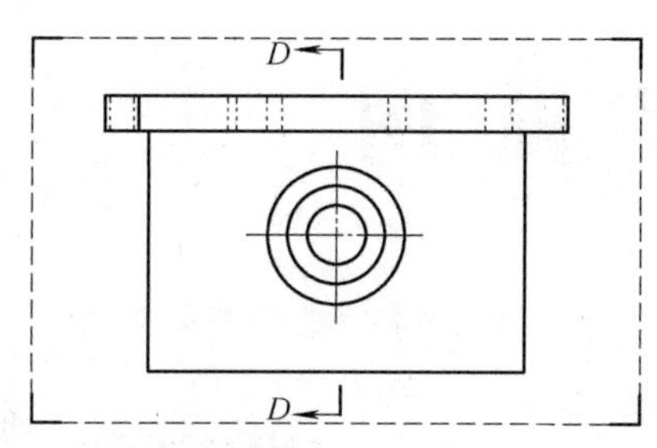

图 6-136　锁定视图焦点

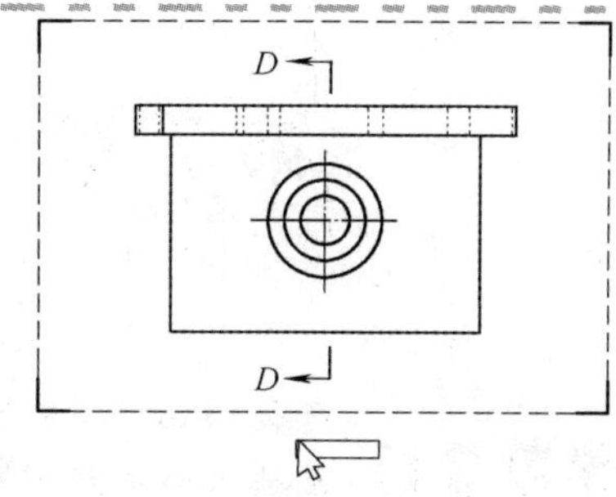

图 6-137　添加注释

步骤 26　移动工程图视图　拖动剪裁视图的边界框，即使将注释放在视图边界框之外，该注释也与视图相关联。完成的工程图如图 6-119 所示。

步骤 27　保存并关闭所有文件

第7章 注解视图

学习目标

- 在模型中显示和激活注解视图
- 插入新注解视图
- 编辑已存在的注解视图
- 将尺寸分配到现有注解视图
- 了解如何将注解视图导入到工程图视图中

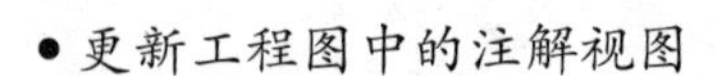

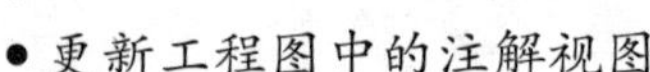

- 更新工程图中的注解视图

扫码看视频

7.1 概述

图7-1中显示的“Shaft Yoke”模型是在SOLIDWORKS中设计的，并使用了导入的草图和特征尺寸来详细说明零件。下面将使用此示例来讲解注解视图，以及如何使用注解视图将某些尺寸导入到指定的工程图视图中。

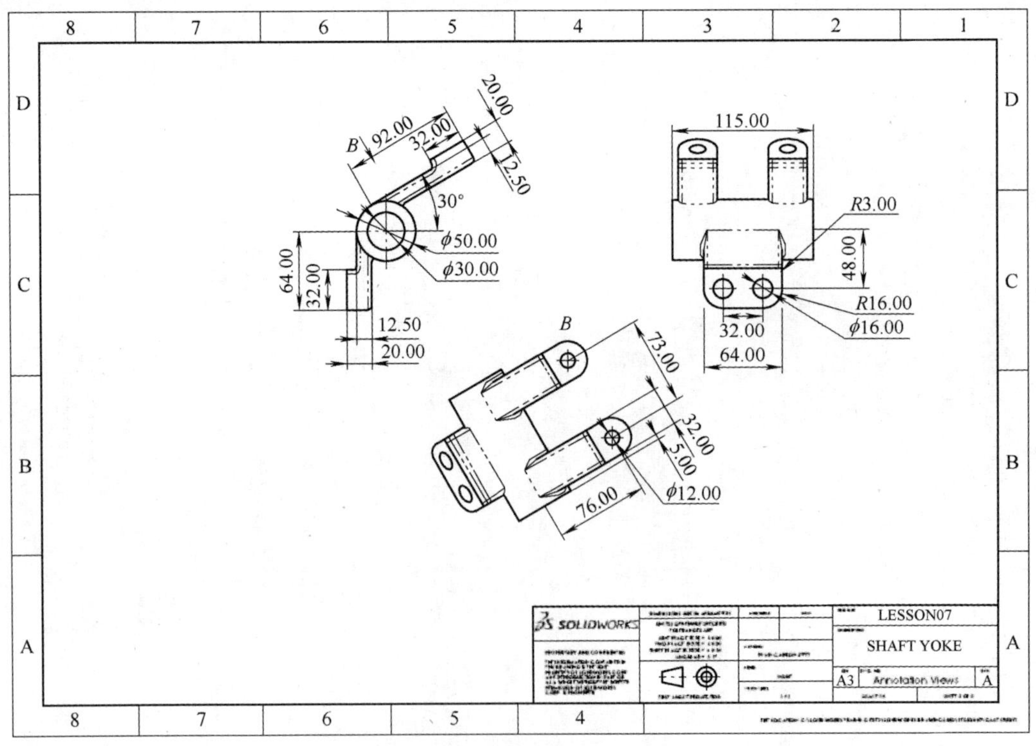

图7-1 示例工程图

操作步骤

步骤1 打开文件 从Lesson07\Case Study文件夹内打开“Annotation Views. SLDPRT”文

件，如图7-2所示。

步骤2 从零件制作工程图 单击【从零件/装配体制作工程图】，选择“A3 Drawing”模板，单击【确定】。

步骤3 查看视图调色板 在视图调色板中模型的Front(前视图)、Top(俯视图)和Right(右视图)名称前的“(A)”表示视图中存在与视图相关联的注释。

步骤4 调整选项 在视图调色板的【选项】中，勾选【输入注解】和【设计注解】复选框，如图7-3所示。

扫码看3D

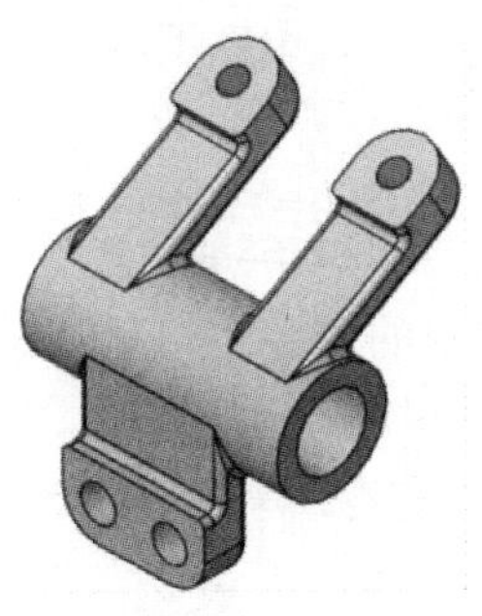

图7-2 打开文件

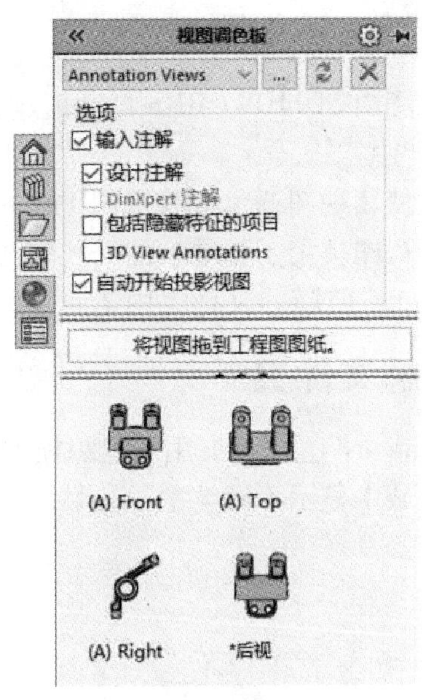

图7-3 调整选项

步骤5 创建标准视图 在工程图图纸中添加前视图(Front)，然后投影添加俯视图(Top)和右视图(Right)。

步骤6 创建辅助视图 单击【辅助视图】，在右视图中选择“Angled Boss”特征的边线，如图7-4所示。

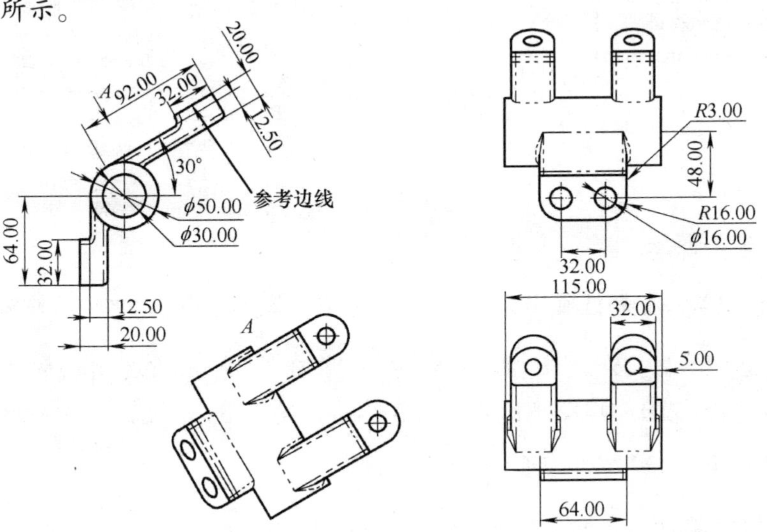

图7-4 创建辅助视图

7.2　注解的特性

正如以上所示，标有“(A)”的标准视图可以自动导入设计注解，而辅助视图则没有。此时，可以通过移动尺寸和添加其他【模型项目】来完成工程图。

但是，用户需要了解注解导入的原因以及 SOLIDWORKS 如何以某种方式将这些设计注解添加到工程图视图中，进而更好地掌握工程图视图注解的创建方式。在下面的内容中，将讲解有关注解视图的知识。

7.3　理解注解视图

注解视图由 SOLIDWORKS 自动创建，并跟随着草图和特征添加到模型中，用于为特定方向指定尺寸和注解。

当用户使用视图调色板或视图 PropertyManager 中的【输入注解】选项时，如图 7-5 所示，模型中的注解视图决定了要导入的尺寸和注解。用户可以从零件或装配体 FeatureManager 设计树中的“Annotations”(注解)文件夹内访问注解视图。

7.4　注解文件夹

“Annotations”文件夹用于组织模型中的注解。右键单击“Annotations”文件夹，用户可以选择在图形区域中显示不同类型的注解，如图 7-6 所示。此菜单中的命令也可用于创建新的注解视图。

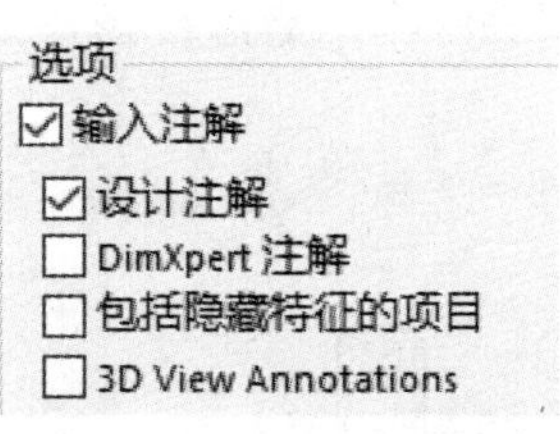

图 7-5　【输入注解】选项

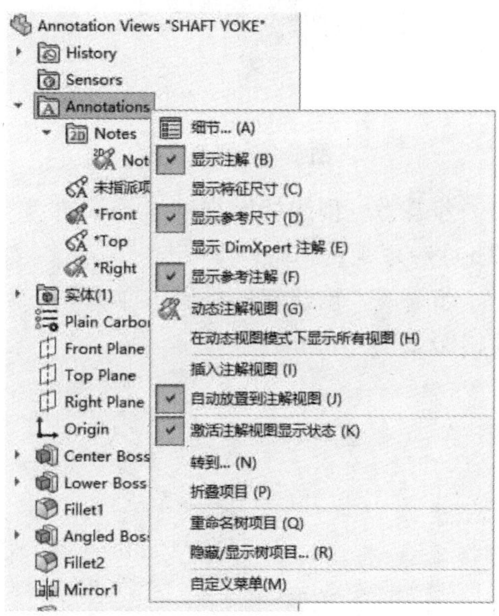

图 7-6　Annotations 文件夹的快捷菜单

提示：注解视图广泛用于 SOLIDWORKS MBD。想了解有关该内容的更多信息，请参考《SOLIDWORKS® MBD 与 Inspection 教程(2017 版)》。

下面将讲解“Shaft Yoke”零件模型中的注解视图。

步骤 7　打开零件　返回到“Annotation Views”零件文档窗口，或选择任一工程图视图，单击【打开零件】。

步骤8 查看注解文件夹 展开“Annotations”文件夹和“Notes”子文件夹，如图7-7所示。模型中存在*Front、*Top和*Right注解视图，这些是用户在工程图中看到的具有关联注解的视图方向。

步骤9 显示特征尺寸 用户要在图形区域中查看注解视图，必须启用【显示特征尺寸】选项。右键单击“Annotations”文件夹，然后选择【显示特征尺寸】。*Front注解视图在图形区域中显示，如图7-8所示。

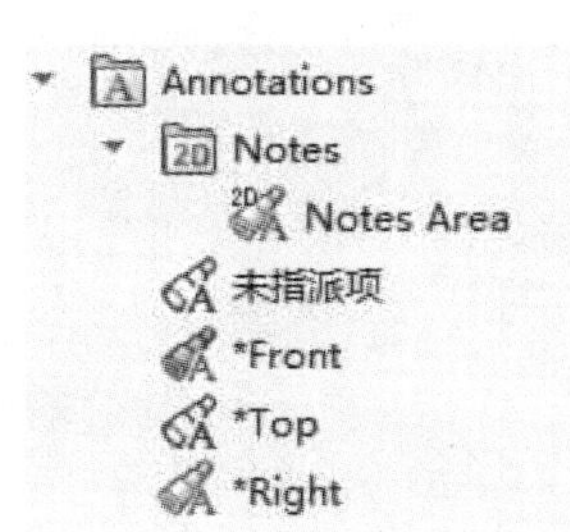

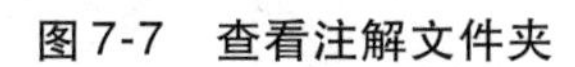

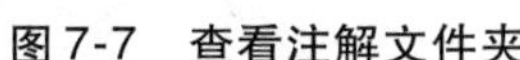
图7-7 查看注解文件夹

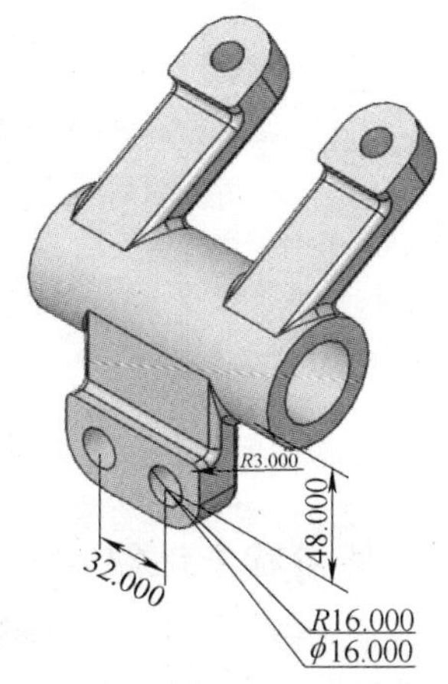

图7-8 显示特征尺寸

7.5 默认注解视图

SOLIDWORKS将自动分配注解到与零件的默认方向关联的视图上。例如，如果在前视基准面或与该平面平行的平面上创建草图，则草图尺寸通常将分配给*Front注解视图。视图名称前面的星号“*”表示这是默认的注解视图。

默认情况下，用户还可以使用未指派项注释视图。这为与默认视图方向无关的尺寸提供了一个放置位置。

默认情况下，“Notes”(注释)文件夹内包含一个名为“Notes Area”(注释区域)的注释视图。即使旋转模型，此视图也始终会平展地显示在屏幕上。

新零件文档将仅会以未指派项和注释区域两个注释视图为开始。

7.6 注解视图的可视性

注解视图的可视性由【隐藏/显示】和【激活】选项来控制。用户可以通过双击或单击右键并使用快捷菜单中的选项来【激活】注解视图。激活的注解视图显示为蓝色图标，并自动设置为在图形区域中显示。

如果需要，用户可以同时显示多个注解视图。显示的注解视图在注解文件夹中用彩色图标表示，而隐藏的注解视图用线框图标表示，如图7-9所示。

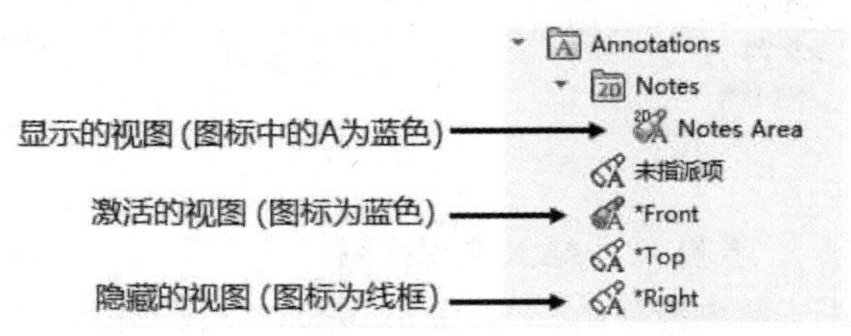

图7-9 显示、激活和隐藏的注解视图

• 注解视图的快捷菜单　在注解视图快捷菜单中除了具有隐藏/显示和激活注解视图的选项外，还有编辑、定向和删除视图的选项，如图 7-10 所示。

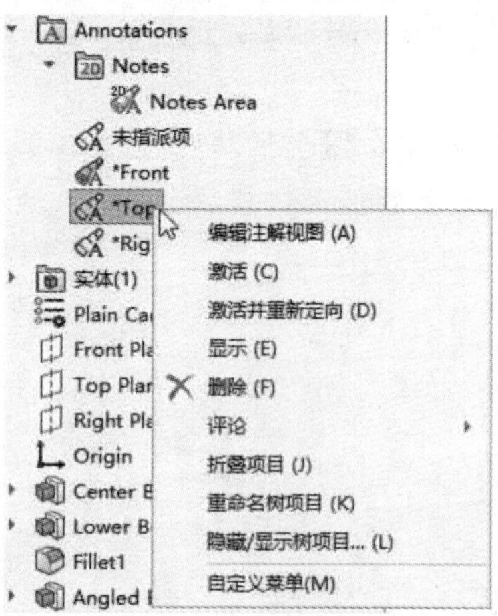

图 7-10　注解视图快捷菜单

步骤 10　查看标准注解视图　双击以激活模型中的 * Top 和 * Right 注解视图，每个视图中的注解对应于导入这些工程图视图方向的注解。

步骤 11　激活未指派项视图　双击未指派项注解视图，如图 7-11 所示，由于这些尺寸与零件中的任何默认视图方向都不对齐，因此这些尺寸未被分配，也不会导入到任何工程图视图中。

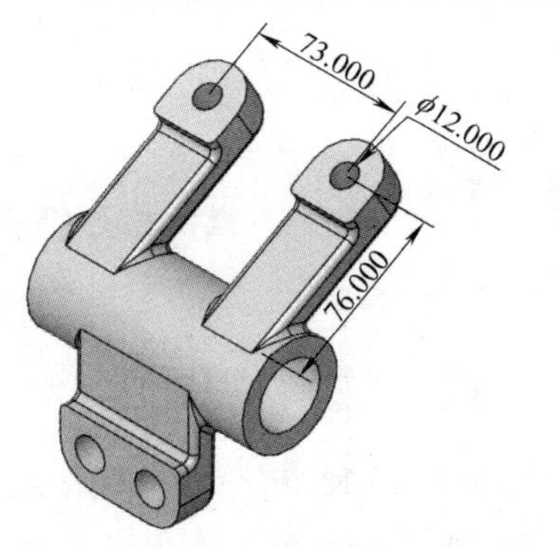

图 7-11　激活未指派项视图

7.7　插入注解视图

为确保将“Upper Holes”特征的尺寸导入到零件的工程图视图中，下面将添加注解视图并为其指派特征尺寸。

右键单击“Annotations”文件夹并使用【插入注解视图】命令可以创建新的注解视图。用户可以通过选择默认方向或在模型中选择面或平面来定义新视图。PropertyManager 中的第二页允许用户为新视图选择注解。

知识卡片	插入注解视图	• 快捷菜单：右键单击“Annotations”文件夹，选择【插入注解视图】。

步骤 12　插入注解视图　右键单击“Annotations”文件夹，选择【插入注解视图】。在【注解观阅方向】中单击【选择】，然后选择图 7-12 所示的面。

步骤 13 选择要移动的注解 单击【下一步】，勾选【隐藏所有与观阅方向不平行的注解】复选框。通过在图形区域中单击或者单击【选择所有与观阅方向平行的注解】来选择剩余尺寸，单击【确定】。

提示 如果出现图 7-13 所示的提示消息框，单击【否】。

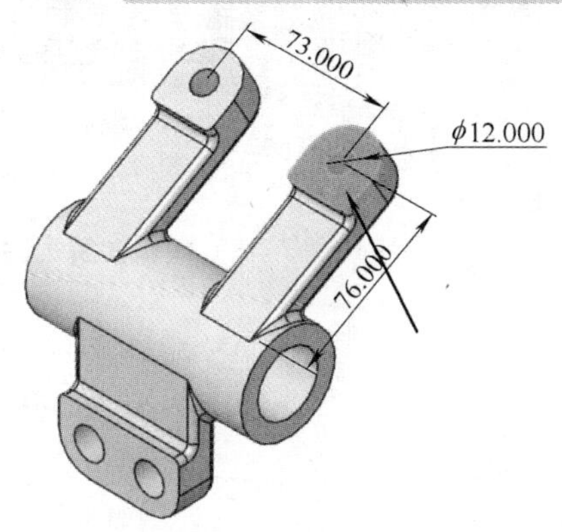

图 7-12 选择模型面

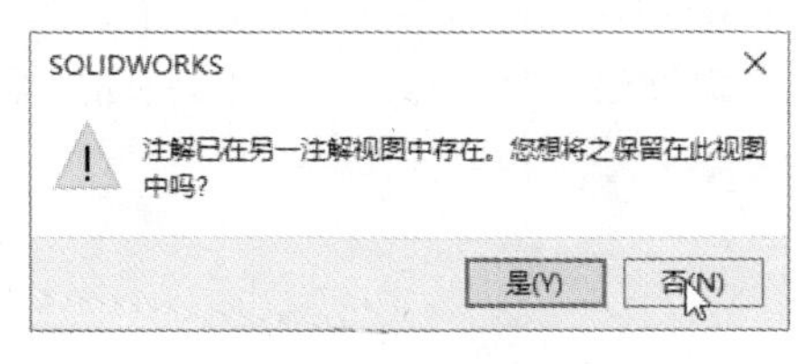

图 7-13 提示消息框

步骤 14 查看结果 “注解视图 1”生成，如图 7-14 所示，“Upper Holes”的尺寸已经指派到新视图中。新视图也成为激活的视图，并显示在图形区域中。

提示 用户可能需要【重建】才能查看到尺寸。

步骤 15 重命名注解视图 将“注解视图 1”重命名为“Aux”。

步骤 16 激活并重新定向到 *Top 视图 右键单击 *Top 视图，选择【激活并重新定向】，结果如图 7-15 所示。

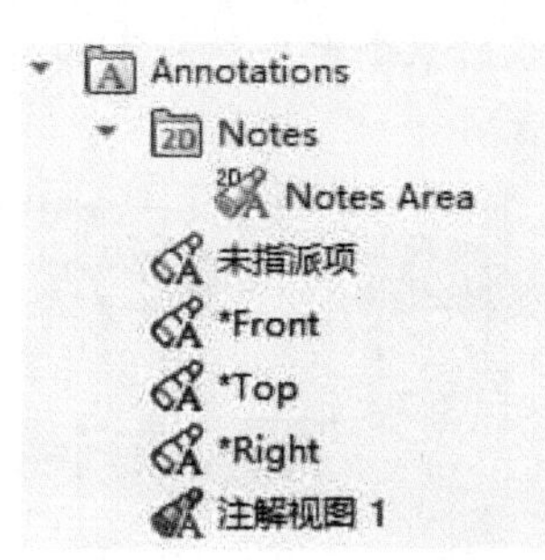

图 7-14 查看结果

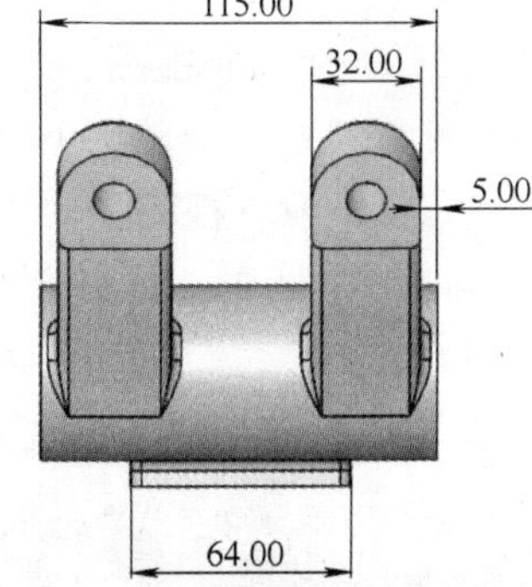

图 7-15 激活并重新定向到 *Top 视图

7.8 编辑注解视图

在审查该零件时，发现当前分配给 *Top 注解视图的尺寸在其他视图中会表示得更清晰。为了出详图，需要更好地组织模型，下面将重新分配尺寸到 *Front 和 Aux 视图。

用户可以通过将尺寸从一个视图移动到另一个视图来修改注解视图。这可以通过使用编辑注解视图 PropertyManager 来实现，或通过右键单击尺寸并选择新的注解视图来将其指定到另一个视图中。

步骤 17　编辑注解视图　右键单击 Aux 视图，选择【编辑注解视图】，此时出现了与创建新视图时相同的 PropertyManager。从图形区域中选择尺寸 32mm 和 5mm，如图 7-16 所示，单击【确定】✔。

图 7-16　编辑注解视图

> 提示　如果用户看到图 7-13 所示的提示消息框，单击【否】。

步骤 18　重新分配尺寸　双击 *Top 视图以再次激活该视图。右键单击其余尺寸中的一个，选择【选择注解视图】，如图 7-17 所示。从列表中单击 *Front 视图，如图 7-18 所示。对另一尺寸应用相同的操作。

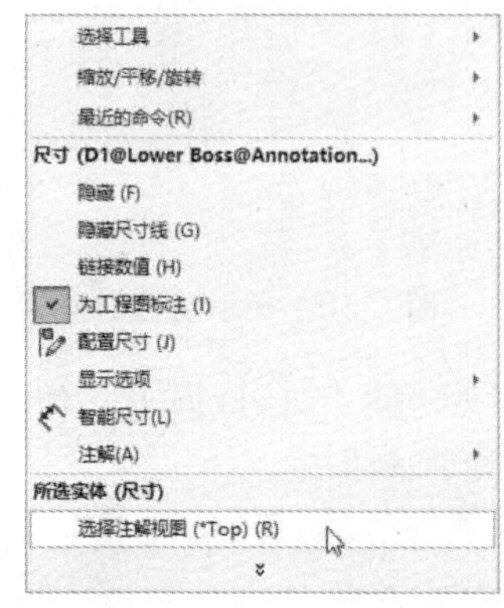

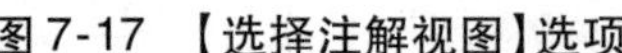

图 7-17　【选择注解视图】选项

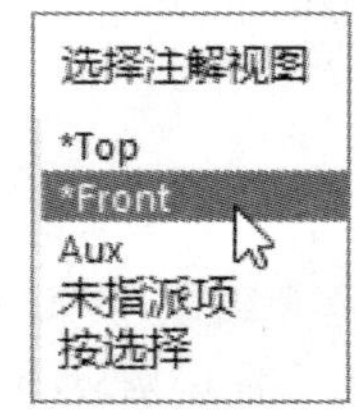

图 7-18　选择 *Front 视图

> 提示　列表中仅显示有效的选项。

步骤 19　预览 *Front 视图　右键单击 *Front 视图，选择【激活并重新定向】，根据需要移动注解以整理视图，如图 7-19 所示。

步骤 20　删除 *Top 视图　由于不再需要 *Top 视图来表示注解，因此可以将其删除。右键单击 *Top 视图，然后选择【删除】✕。

> 技巧　用户无法删除激活的注解视图。如果删除的注解视图中含有已分配的注解，则系统会将这些注解移动到未指派项视图中。

步骤 21　关闭特征尺寸的显示(可选步骤)　右键单击“Annotations”文件夹，然后选择【显示特征尺寸】以切换到关闭状态。

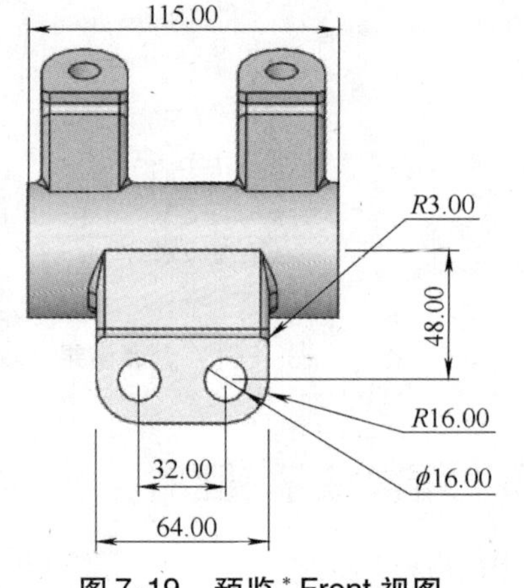

图 7-19　预览 *Front 视图

步骤 22　保存零件

下面将在工程图中对比零件修改后的注解特性。

步骤 23　激活工程图文档　返回到为此零件创建的工程图中。

步骤 24　添加图纸　单击【添加图纸】，在工程图中添加第二张图纸。

步骤25 刷新视图调色板 在任务窗格中访问【视图调色板】，单击【刷新】，如图7-20所示。

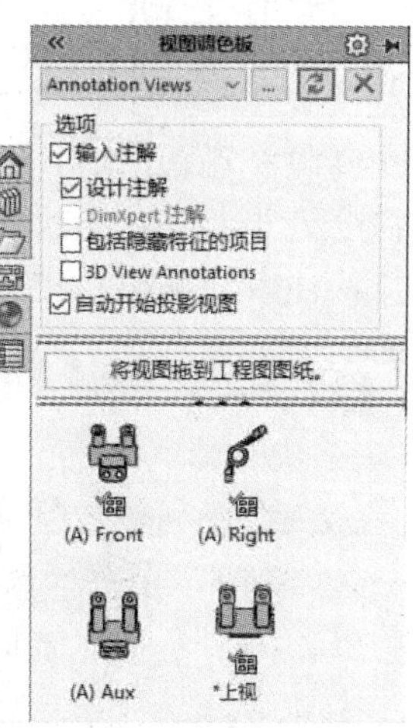

图7-20 刷新视图调色板

> **提示** 上视图不再显示“(A)”符号，表示此视图内不再具有与该视图相关联的注解。Aux视图显示出来，如果需要，用户可以将其作为模型视图添加到工程图中。

步骤26 添加前视图 拖放前视图到工程图图纸中。

步骤27 添加投影的右视图 在工程图图纸中放置投影右视图，如图7-21所示。

步骤28 添加辅助视图 使用与Sheet1图纸相同的参考边线(见图7-4)创建【辅助视图】。

步骤29 查看结果 与每个视图方向相关联的尺寸自动填充到视图中(如有必要，可排列尺寸)，结果如图7-22所示。

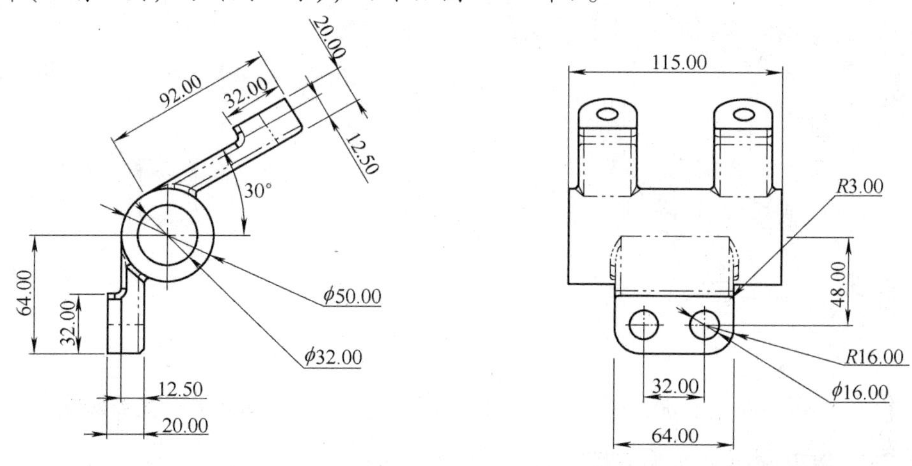

图7-21 添加视图

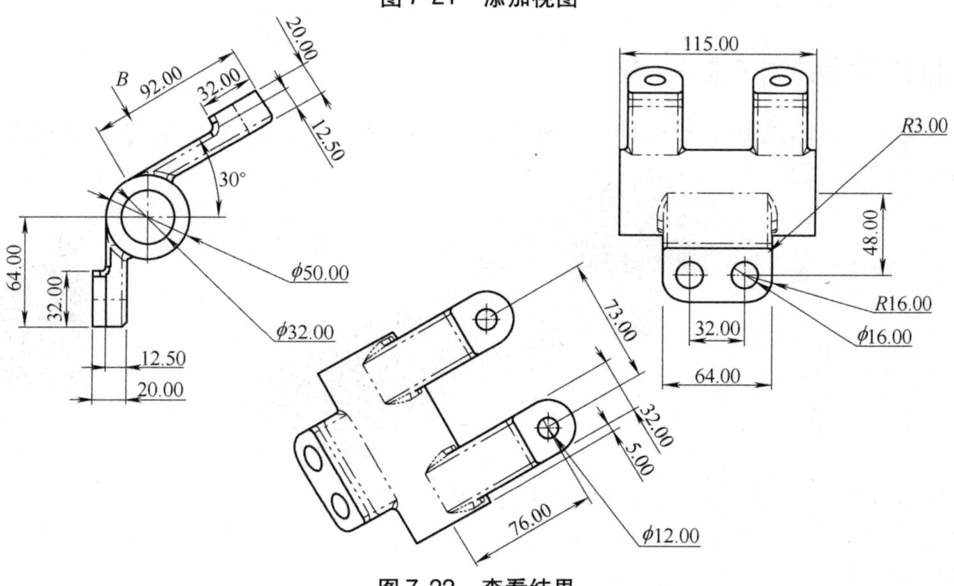

图7-22 查看结果

7.9 注解更新

若用户在模型中修改了注解视图，也可以更新到现有的工程图视图中。

在修改注解视图后，第一次【重建】工程图或【刷新】视图调色板将启动【注解更新】命令。当此命令处于活动状态时，先前隐藏的注解和修改的注解将在现有工程图视图中显示为灰色。要显示这些注解，可以在工程图图纸上右键单击这些注解。

技巧 使用【隐藏/显示注解】命令可以随时访问这些隐藏的尺寸。

步骤 30 激活 Sheet1 图纸 单击 Sheet1 图纸。

步骤 31 更新注解 【注解更新】命令已经在 PropertyManager 中激活，右键单击图 7-23 中显示的“Upper Holes”特征尺寸后，单击【确定】。

技巧 请注意光标反馈显示的鼠标左键(移动)和鼠标右键(隐藏/显示)的功能，如图 7-24 所示。

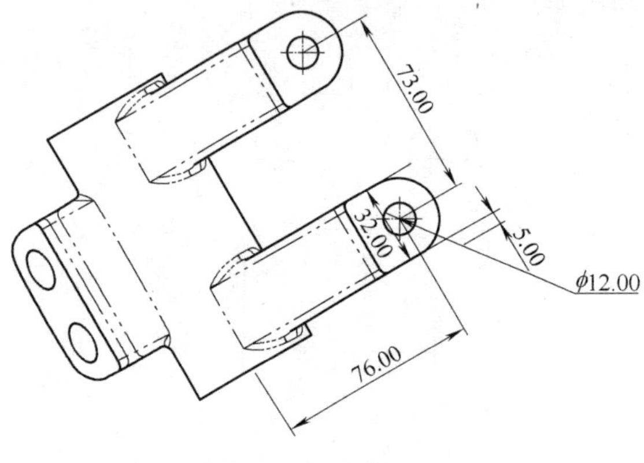

图 7-23 更新注解

图 7-24 光标反馈

步骤 32 保存并关闭所有文件

练习 创建和修改注解视图

在本练习中，将在提供的模型中创建和修改注解视图，以准备进行出详图，如图 7-25 所示。

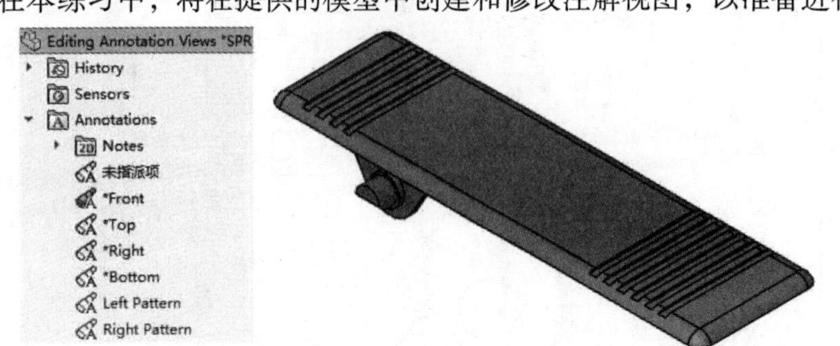

扫码看 3D

图 7-25 创建和修改注解视图

本练习将使用以下技术：

- 注解文件夹。
- 注解视图的可视性。

- 插入注解视图。
- 编辑注解视图。

操作步骤

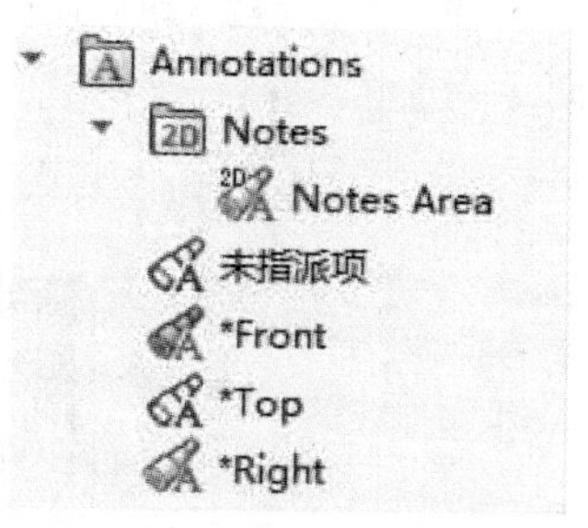

图7-26　查看注解文件夹

步骤1　打开文件　从Lesson07\Exercises文件夹内打开"Editing Annotation Views. SLDPRT"文件。

步骤2　查看注解文件夹　展开"Annotations"文件夹和"Notes"子文件夹，如图7-26所示。模型中存在*Front、*Top和*Right注解视图。

步骤3　显示特征尺寸　右键单击"Annotations"文件夹，然后选择【显示特征尺寸】。

步骤4　激活并定向到*Front视图　右键单击*Front注解视图，选择【定向】，如图7-27所示。

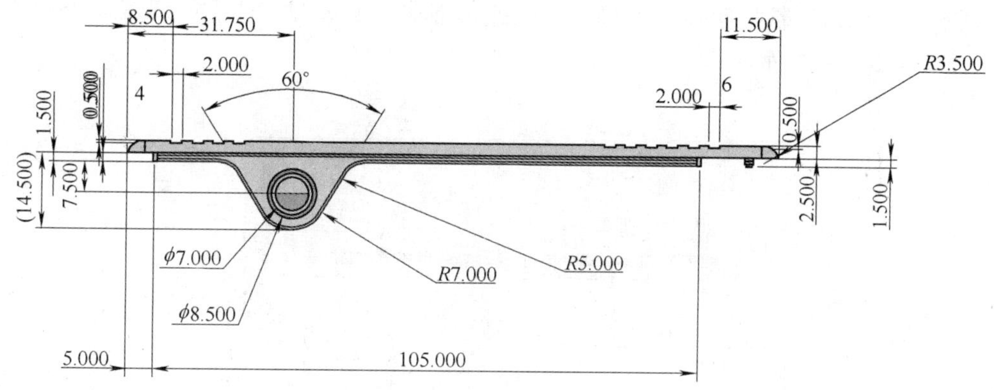

图7-27　激活并定向到*Front视图

步骤5　插入注解视图　右键单击"Annotations"文件夹，选择【插入注解视图】。在【注解观阅方向】中选择【*前视】，单击【下一步】。

步骤6　选择要移动的注解　在【要移动的注解】中选择图7-28所示的尺寸，单击【确定】。

步骤7　重命名注解视图　将新的"*前视"重命名为"Left Pattern"，根据需要排列尺寸。

步骤8　创建"Right Pattern"注解视图　为图7-29中的尺寸创建另一注解视图，将视图重命名为"Right Pattern"，根据需要排列尺寸。

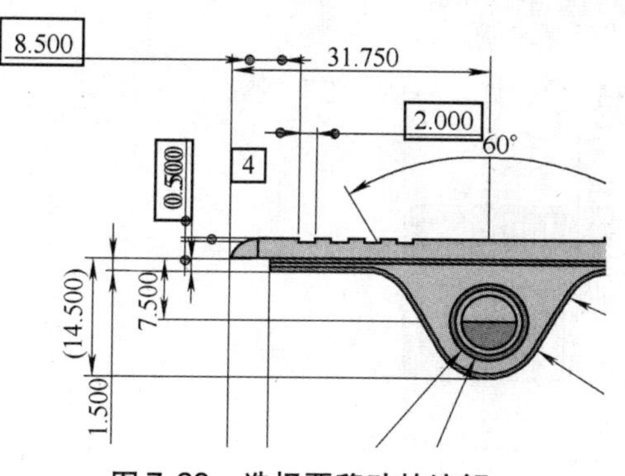

图7-28　选择要移动的注解

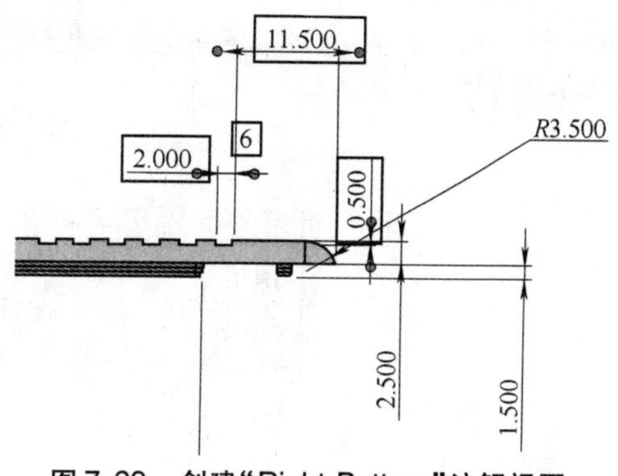

图7-29　创建"Right Pattern"注解视图

步骤 9　激活并定向到 * Top 视图　右键单击 * Top 注解视图，选择【激活并重新定向】。

步骤 10　创建 * Bottom 注解视图　为图 7-30 中的尺寸创建另一注解视图，在【注解视阅方向】中选择【 * 下视】，将视图重命名为“ * Bottom”，根据需要排列尺寸。

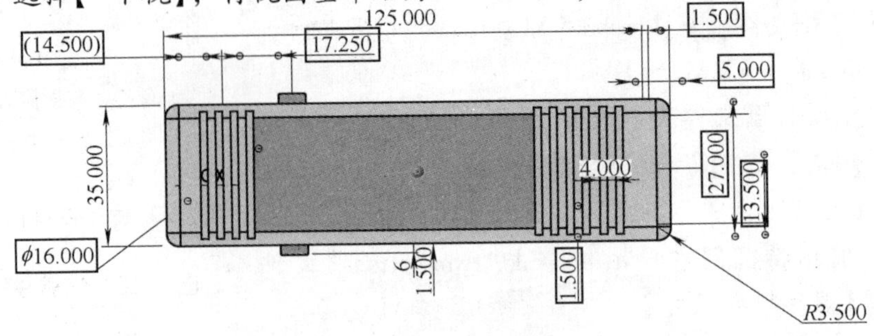

图 7-30　创建“ * Bottom”注解视图

步骤 11　定向到新视图并排列尺寸　右键单击“ * Bottom”视图，并选择【定向】，重新排列尺寸，如图 7-31 所示。

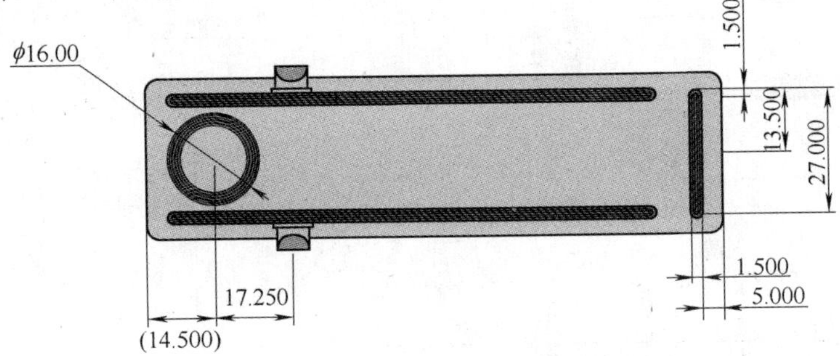

图 7-31　定向到新视图并排列尺寸

步骤 12　激活并重新定向到 * Top 视图　右键单击“ * Top”视图，选择【激活并重新定向】。

步骤 13　重新分配尺寸　右键单击右侧的尺寸 4.000(D3@ Groove Right Pattern)，从快捷菜单中选择【选择注解视图】，从对话框中选择“Right Pattern”视图，如图 7-32 所示。

图 7-32　重新分配尺寸

步骤 14　重新分配其他尺寸　将另一个尺寸 4.000(D3@ Groove Left Pattern)分配到“Left Pattern”注解视图中。将尺寸 6.500 和 1.500 (D1@ Pivot Lug 和 D1@ Pivot Spacer)分配到“ * Right”注解视图中。

步骤 15　排列尺寸　排列“ * Top”视图中的剩余尺寸，如图 7-33 所示。

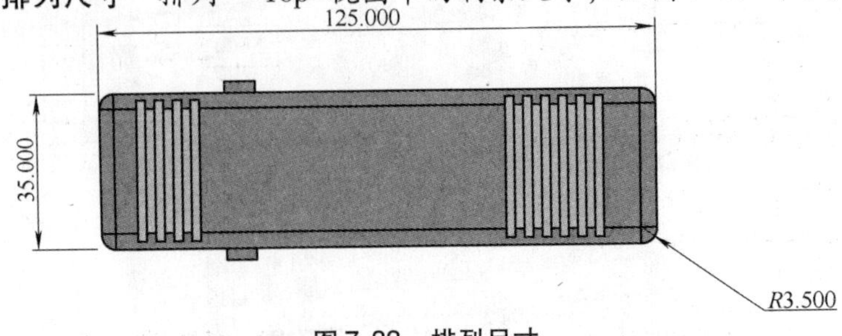

图 7-33　排列尺寸

步骤 16 修改“ * Right”注解视图 右键单击“ * Right”视图，选择【激活并重新定向】，根据要求排列和分配尺寸，如图 7-34 所示。

步骤 17 重新排列视图(可选步骤) 在 Annotations 文件夹内，拖动“ * Bottom”视图到“ * Right”视图之下，如图 7-35 所示。

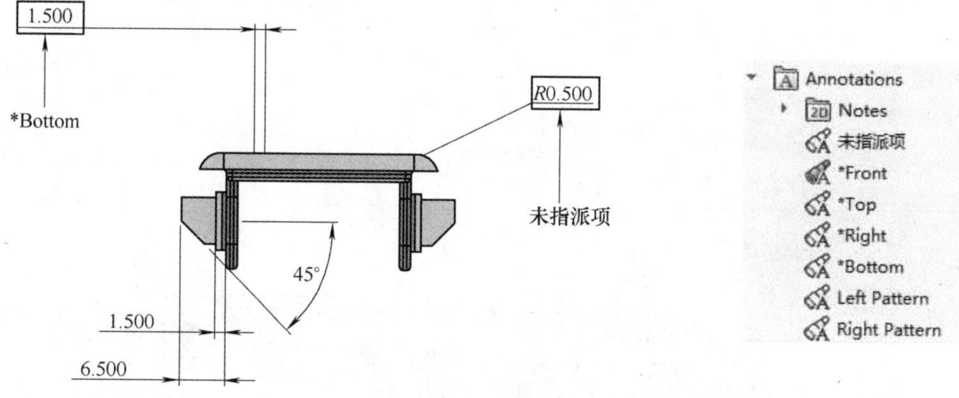

图 7-34 修改“ * Right”注解视图

图 7-35 重新排列视图

步骤 18 完成视图 激活并重新定向各个注解视图，并根据需要排列尺寸。结果如表 7-1 所示。

表 7-1 完成的各个注解视图

注解视图名称	模型的注解视图
* Front	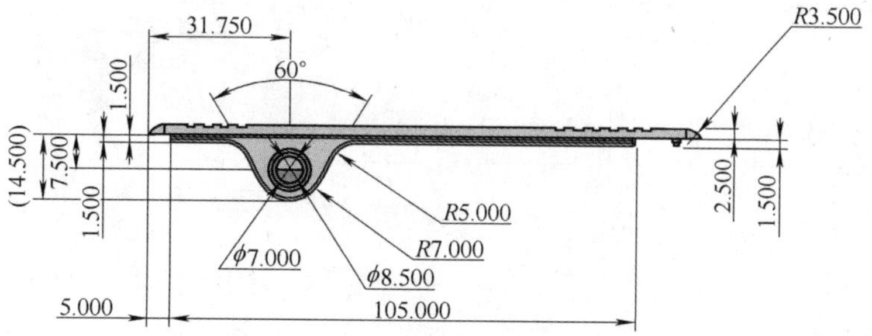
* Top	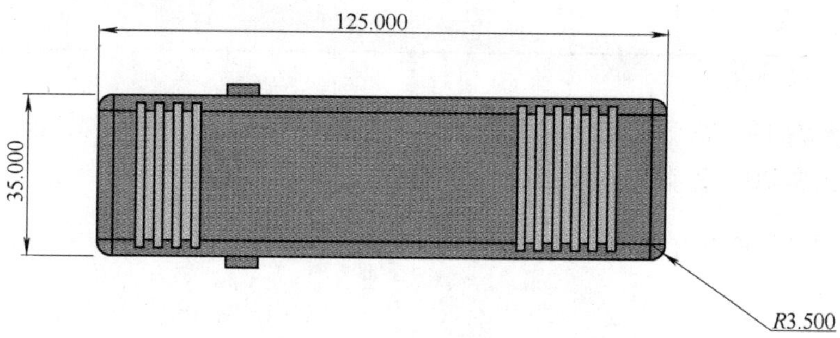

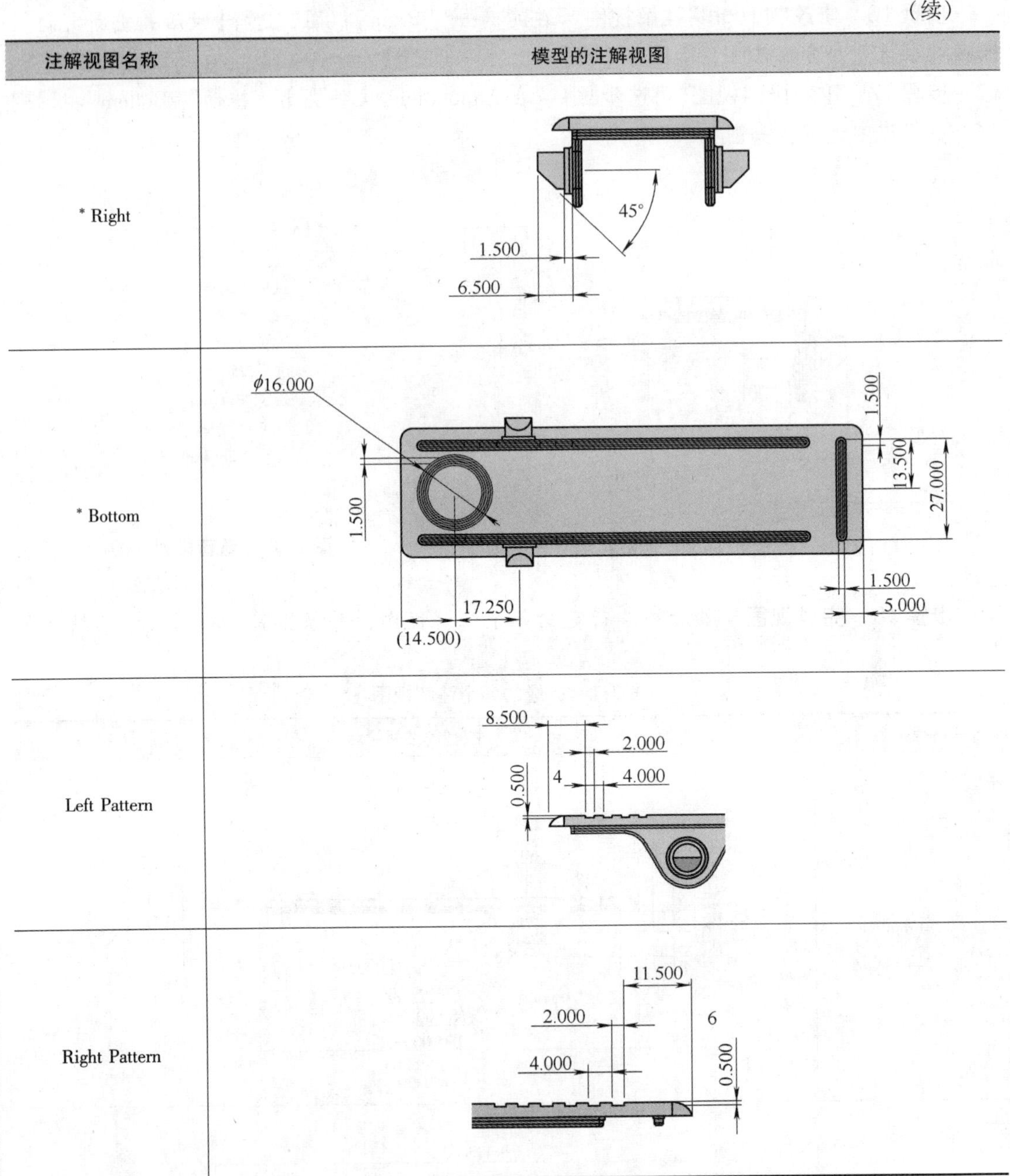

（续）

注解视图名称	模型的注解视图
* Right	
* Bottom	
Left Pattern	
Right Pattern	

步骤 19　隐藏特征尺寸　右键单击“Annotations”文件夹，然后清除【显示特征尺寸】。

步骤 20　保存并关闭所有文件

第 8 章　高级出详图工具

学习目标

- 理解输入注解视图和使用【模型项目】命令之间的区别
- 创建参数化注释
- 创建不同的尺寸类型，如倒角尺寸、尺寸链和基准尺寸等
- 使用尺寸对齐工具
- 自动重复使用尺寸属性
- 为父视图和子视图创建位置标签

8.1　出详图工具

SOLIDWORKS 提供了多种可以帮助用户完成出详图任务的高级工具。在下面的示例中，将完成“Spring Clamp”的工程图(见图 8-1)，以讲解以下知识：

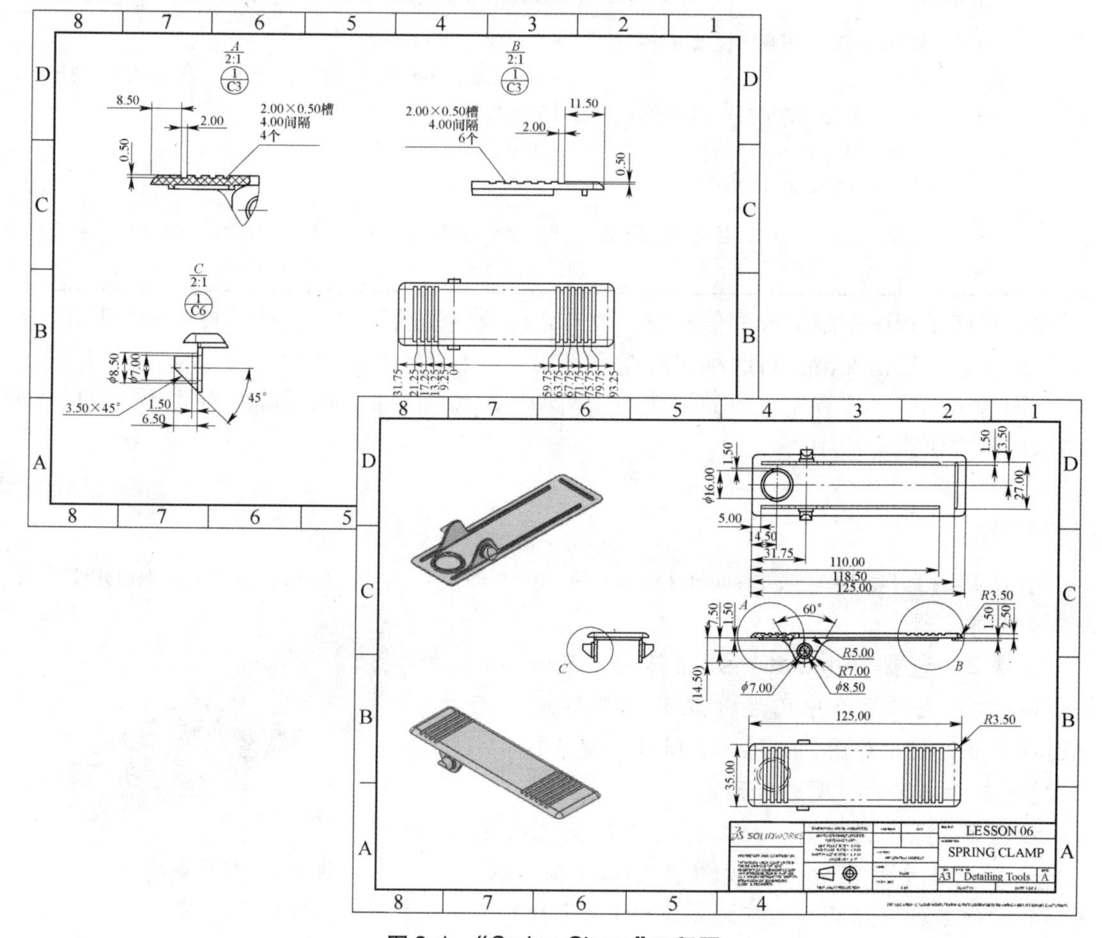

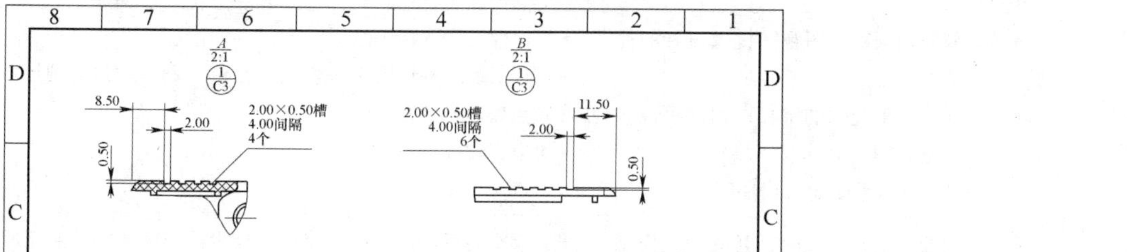

图 8-1　“Spring Clamp”工程图

- 注解视图与模型项目对比
- 参数化注释
- 尺寸类型
- 排列尺寸
- 尺寸样式
- 位置标签

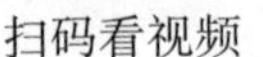

扫码看视频

扫码看 3D

8.2 注解视图与模型项目

前面已经讲解了注解视图以及其是如何为输入注解而服务的。下面将介绍注解视图和【模型项目】命令是如何关联的。两者都用于从模型添加注解到工程图视图，但两者之间也具有明显不同的功能。表 8-1 列出了两者之间的对比。

表 8-1 注解视图与模型项目对比

	注解视图	模型项目
如何使用	修改模型"Annotations"文件夹中的注解视图，然后使用视图调色板中的【输入注解】选项或模型工程图中的视图 PropertyManager	激活【模型项目】命令并调整选项
功能	将模型中存在的尺寸和注解导入到特定的视图方向中	具有用于指定导入的尺寸和注解类型的选项以及要将其导入哪个视图的选项。结果是基于所选的选项，而不是现有的注解视图
优点	• 为注解添加到工程图视图提供更好的控制方式 • 保留了与注解视图的链接，因此可以自动更新工程图视图注解 • 适用于基于模型的定义(MBD)	• 可以仅为所选特征添加尺寸 • 可以添加注解视图无法识别的注解，例如阵列实例计数、毛虫和端点处理 • 可以自动孔标注 • 可以导入参考几何体
缺点	自定义过程可能较为耗时，且必须在模型中完成	导入整个模型的尺寸时，仅提供较少的对注解添加到工程图视图的控制方式

通常，在向工程图中添加模型信息时，没有正确或错误的方法。选择哪种方法应基于用户的偏好和易用性。一般情况下，将两种方法组合运用是最有效的方法。

在下面的示例中，将首先比较如何使用这两种方法添加"Spring Clamp"的尺寸，然后再介绍如何将这两种方法组合使用。

操作步骤

步骤 1 打开零件 从 Lesson08\Case Study 文件夹内打开"Detailing Tools. SLDPRT"文件，如图 8-2 所示。

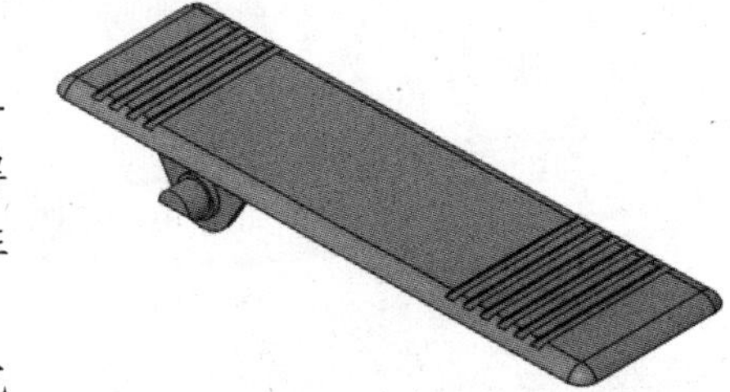

图 8-2 打开零件

步骤 2 查看"Annotations"文件夹 展开 Annotations 文件夹，示例中已经存在了此模型的注解视图以准备进行出详图，如图 8-3 所示。显示【特征尺寸】并激活不同的视图进行预览。

步骤 3 打开工程图 此零件的工程图已经完成一部分，若要访问它，右键单击 FeatureManager 顶部的零件名称，然后在上下文菜单中单击【打开工程图】，如图 8-4 所示。

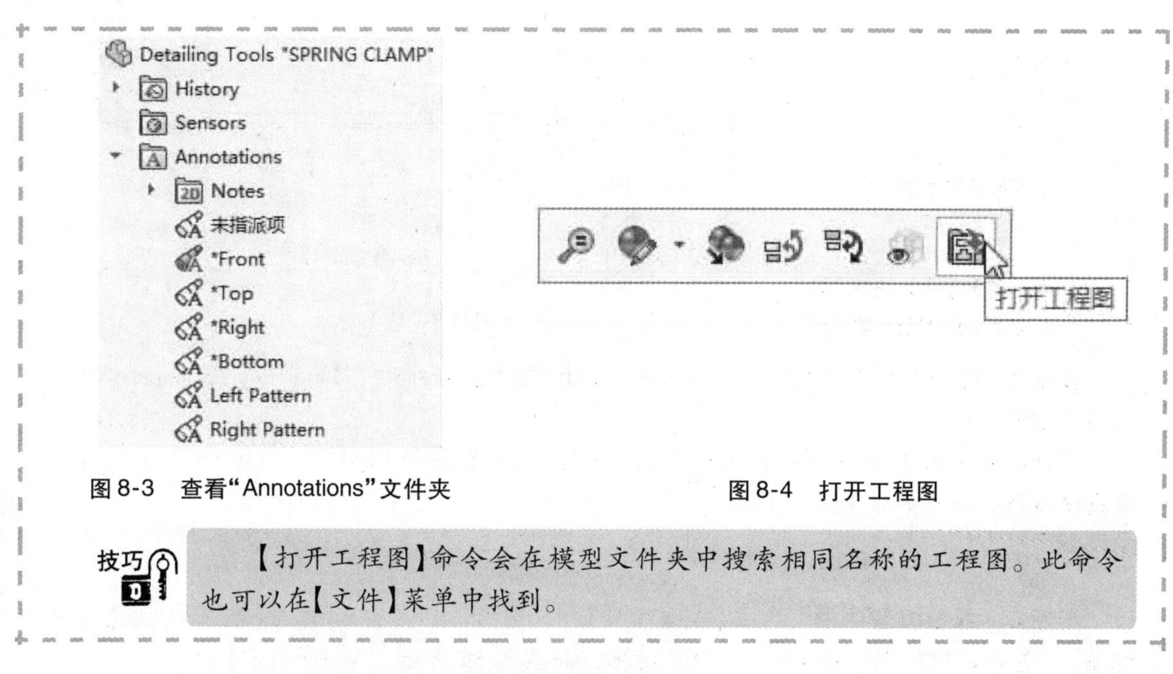

图 8-3　查看“Annotations”文件夹

图 8-4　打开工程图

技巧　【打开工程图】命令会在模型文件夹中搜索相同名称的工程图。此命令也可以在【文件】菜单中找到。

8.2.1　在已存在的工程图视图中使用注解视图

下面将使用自定义注解视图将尺寸导入工程图，然后再使用此工程图的副本来与使用【模型项目】方式进行比较。

要将注解视图导入到现有工程图视图，可以使用视图 PropertyManager。【模型视图】包括【输入选项】选项组，其中包含可导入注解的复选框，如图 8-5 所示。其他视图类型包括【选项】选项组，其中列出了现有视图的有效注解视图，如图 8-6 所示。

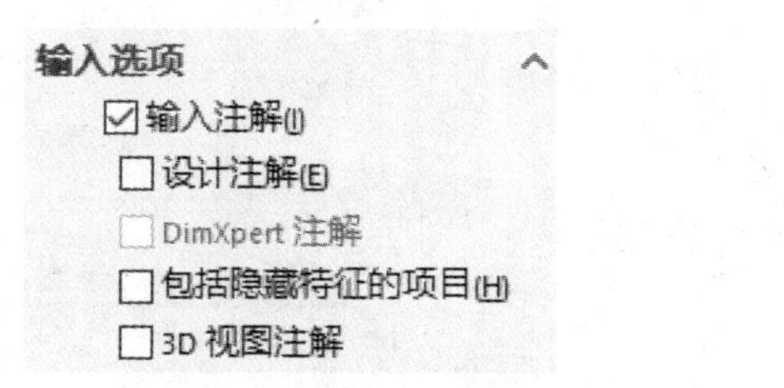

图 8-5　模型视图的【输入选项】选项组

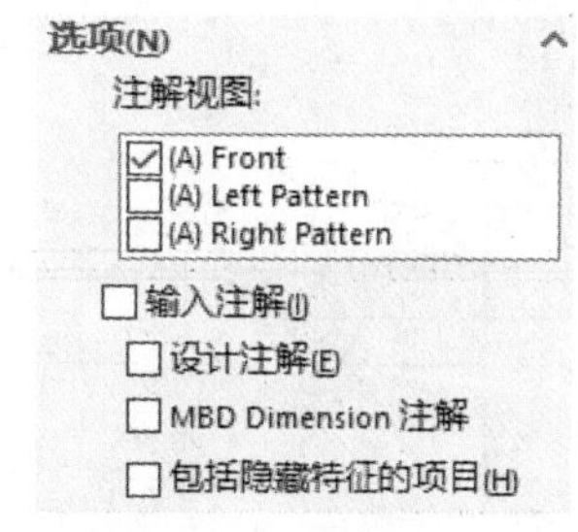

图 8-6　其他视图类型的【选项】选项组

提示　【3D 视图注解】和【DimXpert 注解】是常用于基于模型定义(MBD)的备用出详图技术。想了解关于这些注解技术的更多信息，请参考《SOLIDWORKS® MBD 与 Inspection 教程(2017 版)》。

步骤 4　输入注解到 FRONT 视图　在图纸中选择 FRONT 视图，在视图 PropertyManager 中勾选【输入注解】和【设计注解】复选框，单击【确定】✔，如图 8-7 所示。

步骤 5　查看结果　在工程图视图中输入了 *Front 注解视图，如图 8-8 所示。

步骤 6　输入注解到 TOP 和 BOTTOM 视图　在图纸中选择 TOP 视图，在视图 PropertyManager 中勾选【输入注解】和【设计注解】复选框，单击【确定】✔。对 BOTTOM 视图重复相同操作，如图 8-9 所示。

输入选项
☑输入注解(I)
☑设计注解(E)
☐DimXpert 注解
☐包括隐藏特征的项目(H)
☐3D 视图注解

图 8-7　勾选【输入注解】和【设计注解】复选框

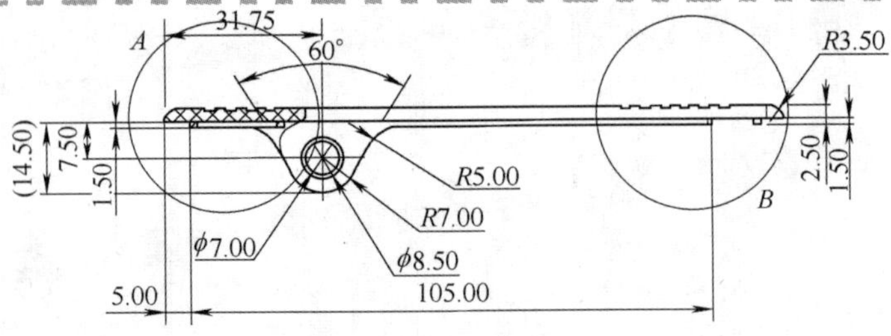

图 8-8　查看结果

步骤 7　打开工程图　从 Lesson08\Case Study 文件夹内打开 “Model Items Compare. SLDDRW” 文件。

下面将使用此工程图的副本来与使用【模型项目】方法向 FRONT、TOP 和 BOTTOM 工程图视图添加注解的结果进行比较。

> 提示　此工程图参考相同的“Detailing Tools”零件模型。

步骤 8　添加模型项目　单击【模型项目】，选择【整个模型】作为【来源】，在【目标视图】中选择 BOTTOM、FRONT 和 TOP 视图，如图 8-10 所示，单击【确定】。

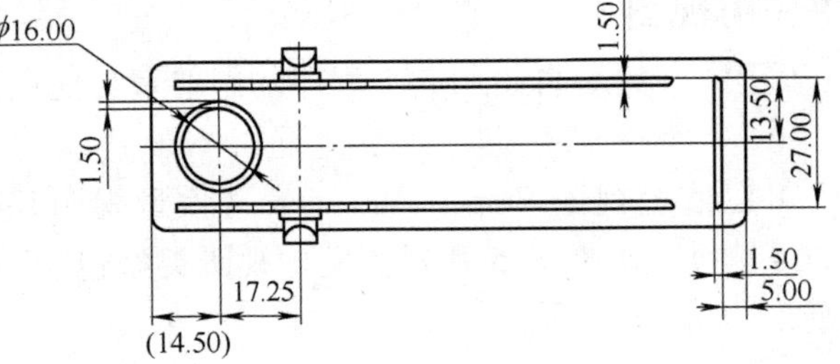

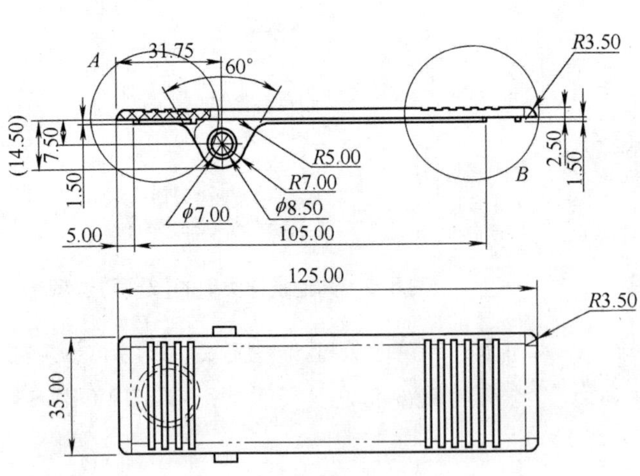

图 8-9　输入注解到 TOP 和 BOTTOM 视图

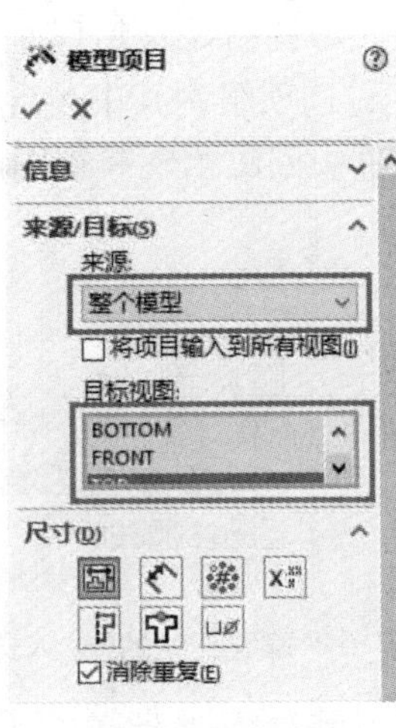

图 8-10　添加模型项目

> 提示　选择视图的顺序将影响尺寸的插入方式。

步骤 9　查看结果　模型尺寸将添加到视图中，但放置位置是不可预测的。尺寸的位置不是基于模型中现有的注解视图，如图 8-11 所示。

步骤 10　关闭工程图　不保存“Model Items Compare”工程图，并将其关闭。

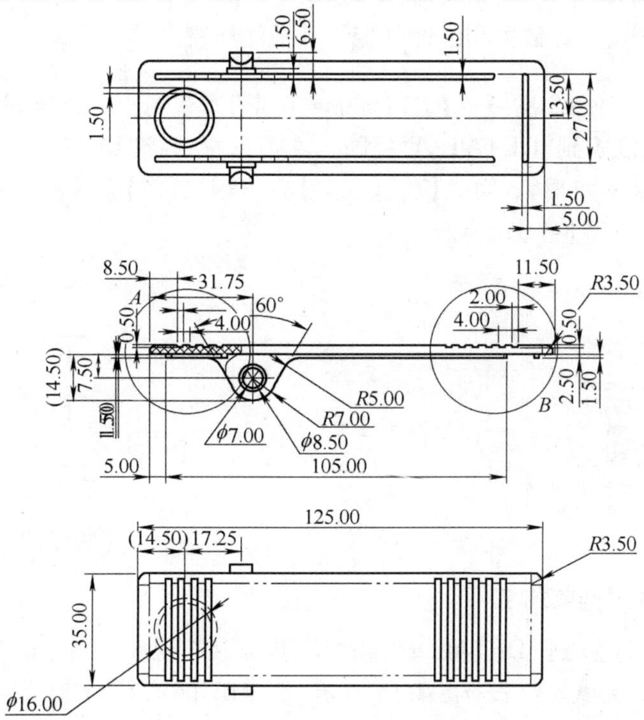

图 8-11　查看结果

8.2.2　注解视图与模型项目组合

对于 Sheet2 图纸中的出详图设计，将组合使用注解视图和模型项目，如图 8-12 所示。

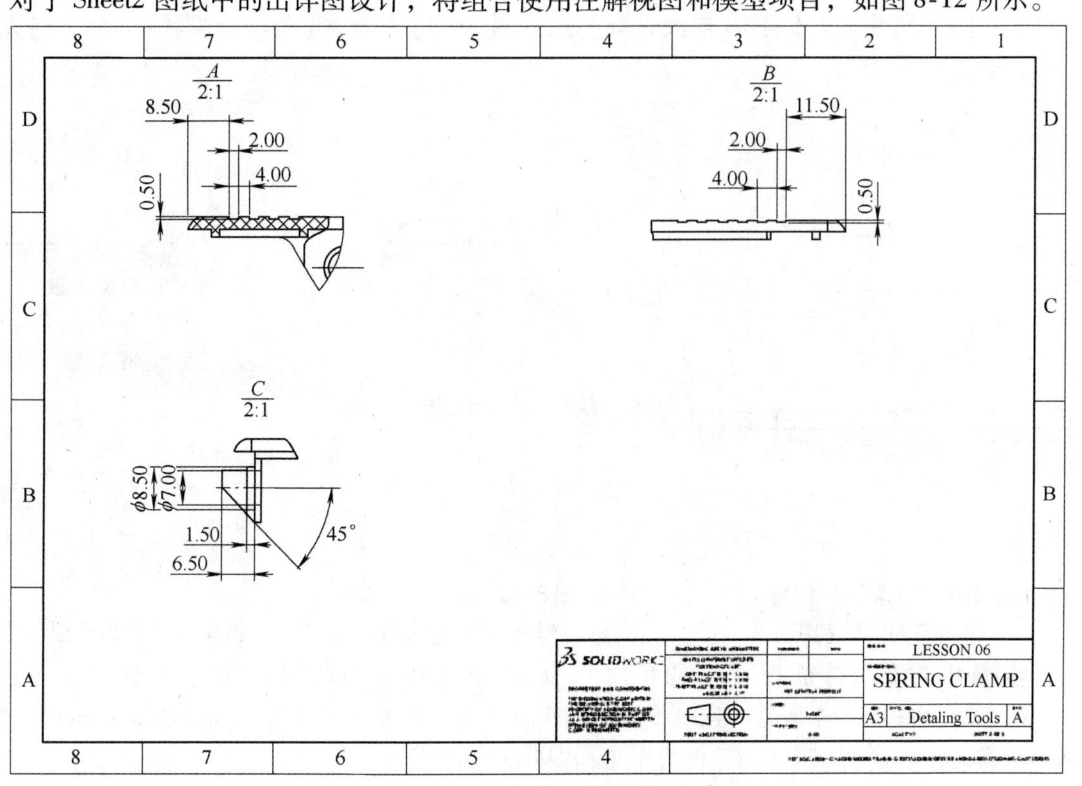

图 8-12　注解视图与模型项目组合

在 Sheet2 图纸中将使用为特定特征创建的“Left Pattern”和“Right Pattern”注解视图。但要添加所有需要的信息，如实例计数值和已经分配给其他注解视图的尺寸，还需要使用【模型项目】。

步骤 11　激活 Sheet2 图纸　在“Detailing Tools”工程图中，激活 Sheet2 图纸。

步骤 12　输入注解到“DETAIL *A*”视图　在图纸中选择“DETAIL *A*”视图，选择“(A) Left Pattern”作为【注解视图】，勾选【输入注解】和【设计注解】复选框，如图 8-13 所示。单击【确定】✔，结果如图 8-14 所示。

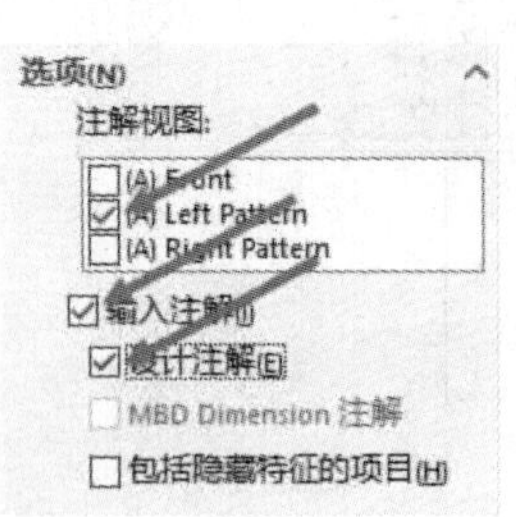

图 8-13　【选项】设置

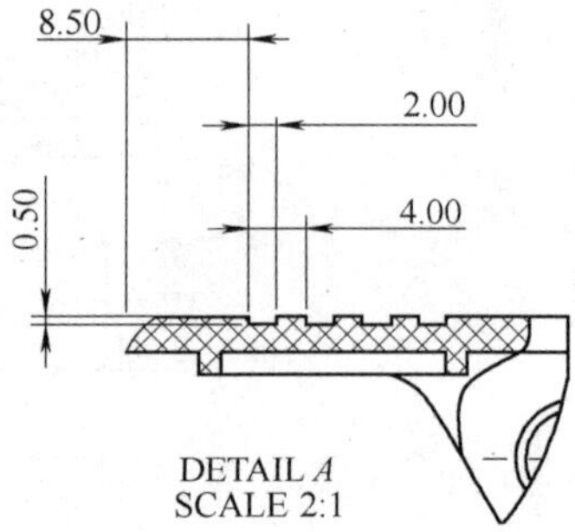

图 8-14　查看结果

步骤 13　输入注解到“DETAIL *B*”和“DETAIL *C*”视图　为“DETAIL *B*”视图输入“(A) Right Pattern”注解，结果如图 8-15 所示。为“DETAIL *C*”视图输入“(A) Right”注解，结果如图 8-16 所示。

步骤 14　添加模型项目　为了向局部视图添加其他注解，如实例计数值和已经分配给其他注解视图的尺寸，则需要使用【模型项目】命令。

单击【模型项目】，选择【所选特征】作为【来源】，勾选【将项目输入到所有视图】复选框。在【尺寸】中打开【实例/圈数计数】，在【选项】中勾选【包括隐藏特征的项目】复选框，如图 8-17 所示。

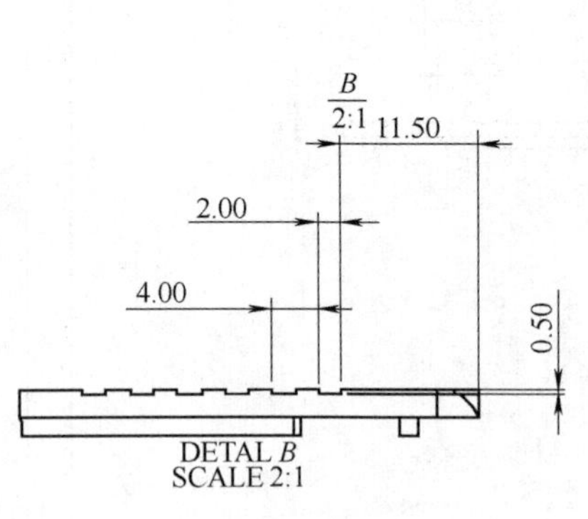

图 8-15　输入注解到“DETAIL *B*”视图

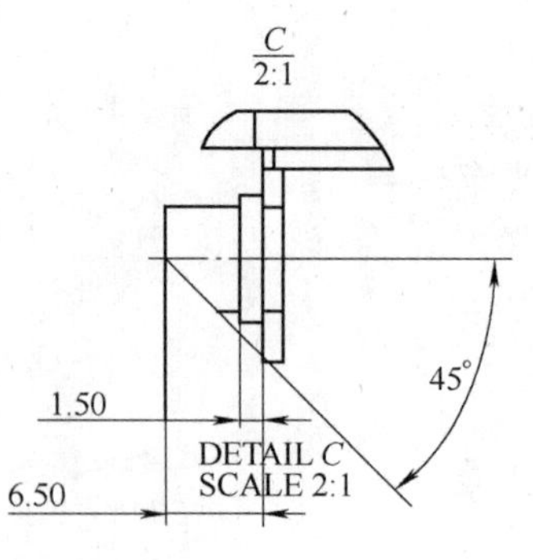

图 8-16　输入注解到“DETAIL *C*”视图

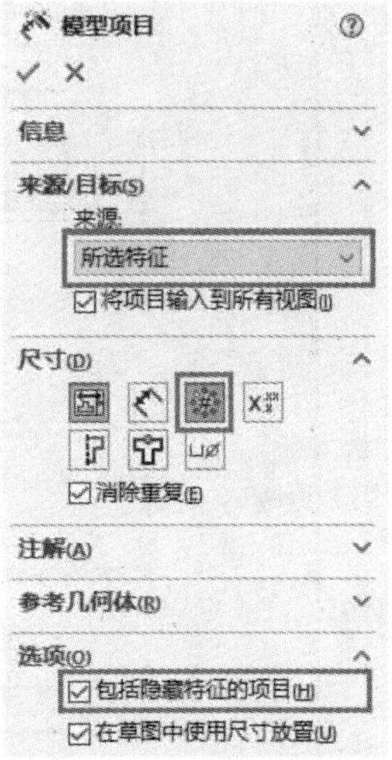

图 8-17　添加模型项目

步骤 15　添加特征尺寸　选择图 8-18 所示的特征。在“DETAIL *A*”视图中选择“Groove Left Pattern”特征的一条边线，在“DETAIL *B*”视图中选择“Groove Right Pattern”特征的一条边线，在“DETAIL *C*”视图中选择“Pivot Lug”特征的一个面。

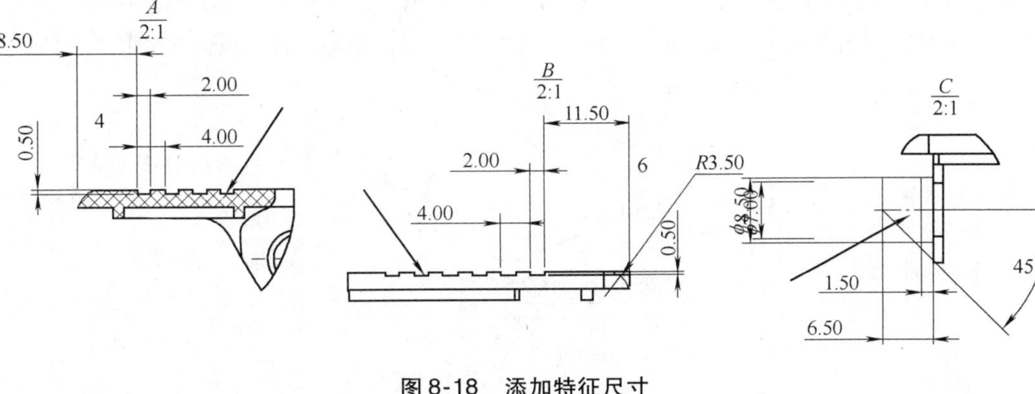

图 8-18　添加特征尺寸

步骤 16　移动和隐藏尺寸　当【模型项目】命令激活时，鼠标左键可以移动注解，鼠标右键可以隐藏注解，如图 8-19 所示。隐藏“DETAIL *B*”视图中的尺寸 *R*3.50，移动“DETAIL *C*”中的直径尺寸和视图标签，使其不发生重叠，如图 8-20 所示。单击【确定】✔。

图 8-19　【模型项目】激活时的鼠标状态

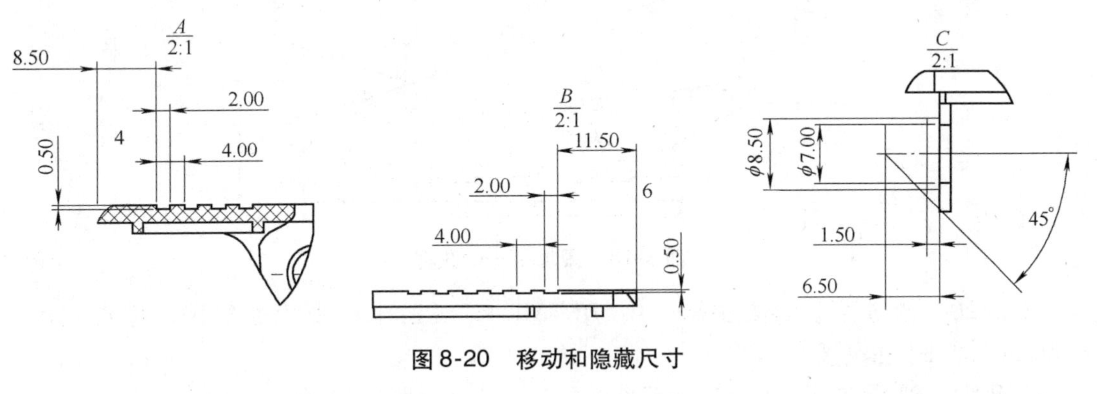

图 8-20　移动和隐藏尺寸

8.3　参数化注释

将实例计数值输入到工程图视图的优点是能够在参数化注释中使用它们。用户可以通过将注释链接到模型中的参数来使注释参数化。这可以包括实例计数、尺寸或其他诸如零件序号和修订符号的注解。通过创建参数化注释，用户可以确保当模型信息发生更改时，注释将相应更新。

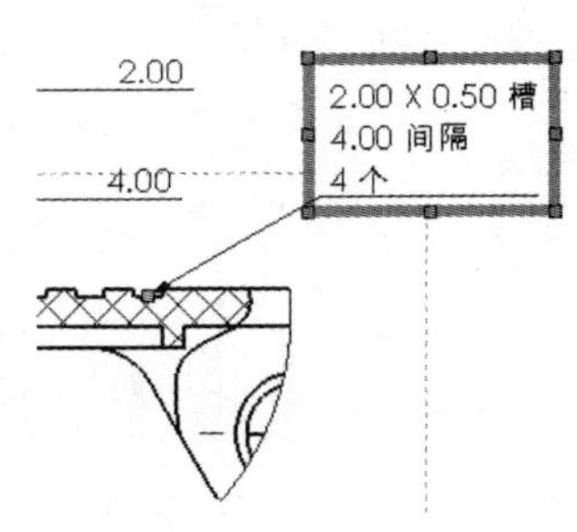

图 8-21　参数化注释

要将注解链接到注释，只需在编辑注释文本时单击注解即可。为了了解其如何工作，下面将向“DETAIL *A*”和“DETAIL *B*”视图中添加描述“Groove Pattern”特征的注释，如图 8-21 所示。

步骤 17　创建注释　单击【注释】**A**，在“DETAIL *A*”视图中，选择“Groove Left Pattern”的边线以定位注释的箭头，再次单击以放置注释。

步骤18　添加参数和文本　在视图中单击尺寸2.00，将其添加到注释中。输入“×”，再单击尺寸0.50，以将其也添加到注释中。按照图8-22所示，创建其他注释。单击【确定】✔。

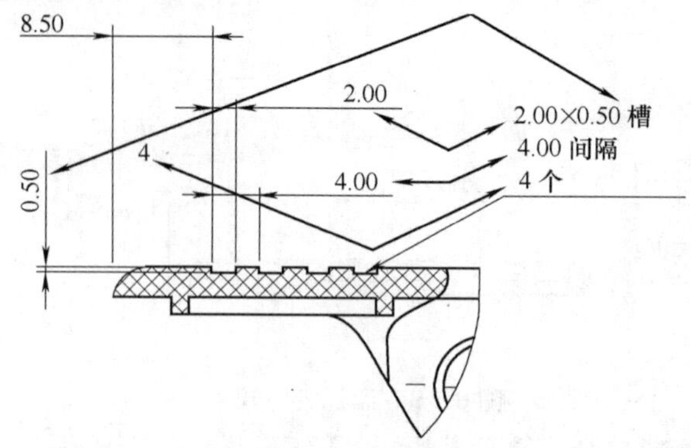

图8-22　添加参数和文本

步骤19　添加另一个注释　在“DETAIL *B*”视图中为“Groove Right Pattern”特征创建相似的注释，将格式设置为【右对齐】，如图8-23所示。

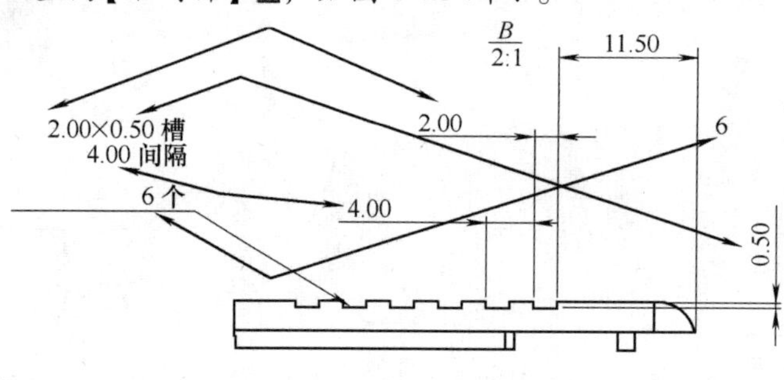

图8-23　添加另一个注释

步骤20　通过更改测试注释　在“DETAIL *B*”视图中双击尺寸0.50，将其更改为1.00mm，单击【重建】。

步骤21　查看结果　注释将使用新值自动更新，如图8-24所示。

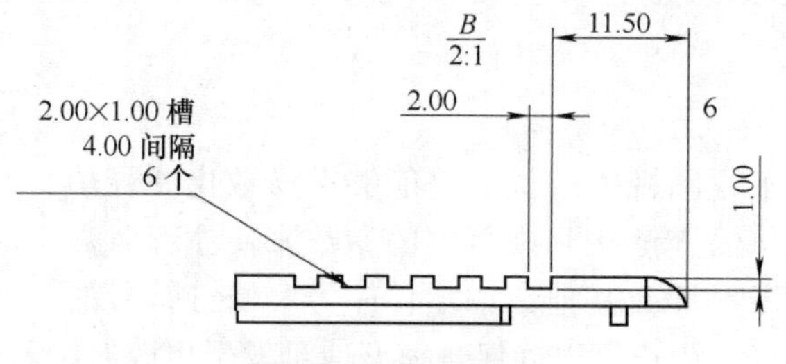

图8-24　查看结果

步骤22　撤销更改　单击【撤销】或重新将尺寸修改为0.50mm后再单击【重建】。

步骤23　隐藏实例计数值　参数化注释中使用的尺寸可以在工程图中隐藏，同时保留注释中的链接。右键单击“DETAIL *A*”和“DETAIL *B*”视图中的实例计数值，然后选择【隐藏】。

如有必要，可以使用【隐藏/显示注解】命令再次显示这些数值。

8.4　尺寸类型

尺寸是工程图中最常用的注解。SOLIDWORKS 提供了多种尺寸类型和选项，以用于协助出详图任务。

在【智能尺寸】菜单中，用户可以访问工程图文档中可用的不同尺寸类型，如图 8-25 所示。

其中一些尺寸类型旨在提供将尺寸对齐的更多控制，例如【水平尺寸】和【竖直尺寸】；其他的则旨在满足自动化常见尺寸的需求，例如【基准尺寸】、【倒角尺寸】和【路径长度尺寸】。【尺寸链】和【角度运行尺寸】命令旨在创建无法使用【智能尺寸】工具创建的交替尺寸方案。

其中的许多尺寸类型也可应用于草图中。

8.4.1　倒角尺寸

使用倒角特征打断的模型边线在工程图中通常使用注释进行注解。若要自动添加此注解，可以使用【倒角尺寸】命令。可通过首先选择倒角边线，然后选择应测量角度或距离值的相邻边线来创建倒角尺寸。

技巧：未使用倒角特征创建的打断边线也可以使用【倒角尺寸】命令。

倒角尺寸的默认格式显示为“距离 × 角度”，用户也可以在【选项】/【文档属性】/【尺寸】/【倒角】中对其进行修改。图 8-26 显示的是 ISO 绘图标准的默认格式。

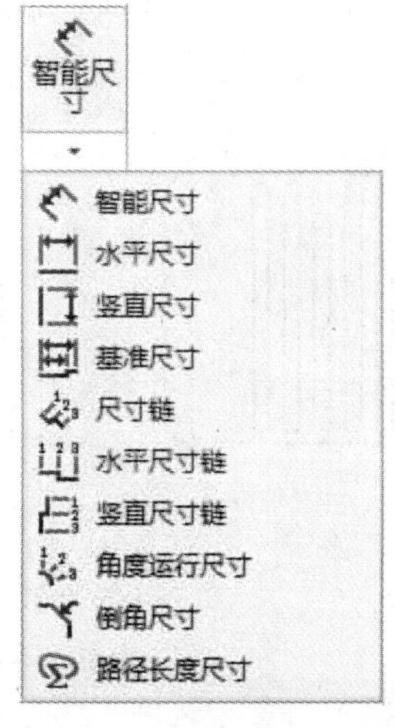

图 8-25　不同的尺寸类型

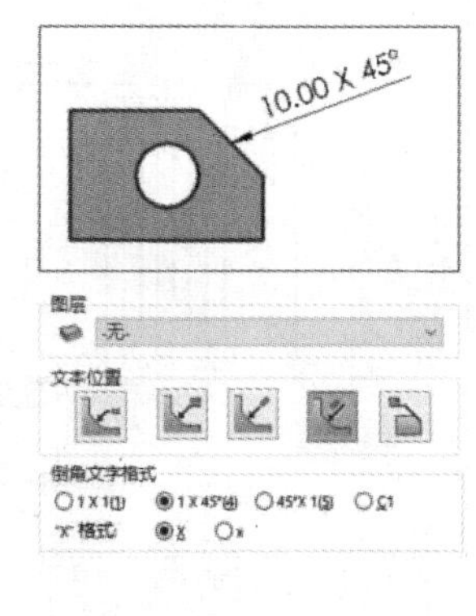

图 8-26　倒角尺寸的格式

提示：用户可以使用模板来保存文档属性以定义默认设置

知识卡片	倒角尺寸	• CommandManager：【注解】/【智能尺寸】/【倒角尺寸】。 • 菜单：【工具】/【尺寸】/【倒角尺寸】。 • 快捷菜单：右键单击工程图图纸，然后选择【更多尺寸】/【倒角尺寸】。

为了演示如何使用【倒角尺寸】，下面将在“DETAIL *C*”视图中的“Pivot Lug”边线上添加倒角尺寸。即使此边线是使用切除特征创建的，也可以使用【倒角尺寸】对其进行标注。

步骤24　激活【倒角尺寸】命令　单击【智能尺寸】/【倒角尺寸】。

步骤25　选择边线　在“DETAIL *C*”视图中单击倾斜的边线，然后单击“Pivot Lug”特征的相邻垂直边线，如图8-27所示。

步骤26　放置尺寸　在图纸上单击，以放置倒角尺寸。

步骤27　退出命令　单击【确定】或按〈Esc〉键退出该命令。

步骤28　隐藏角度尺寸　右键单击尺寸45°，选择【隐藏】，结果如图8-28所示。

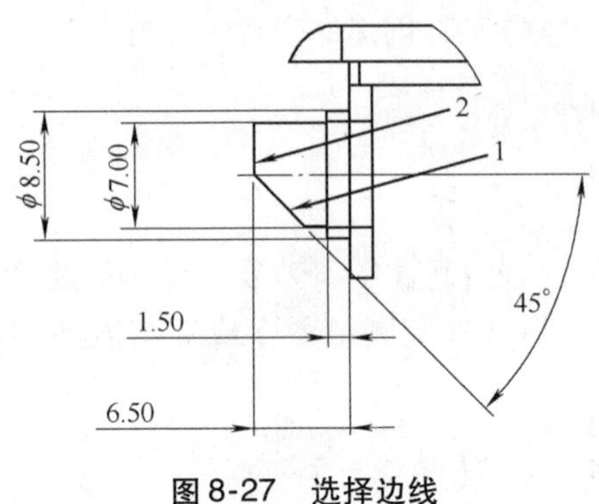

图8-27　选择边线

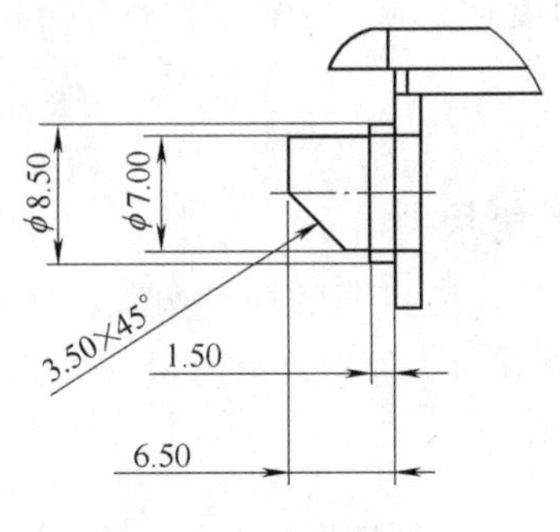

图8-28　隐藏角度尺寸

8.4.2　尺寸链

首先选择“0”尺寸的位置来创建尺寸链方案，然后选择视图中的其他项目以向该方案中添加其他的尺寸链，如图8-29所示。

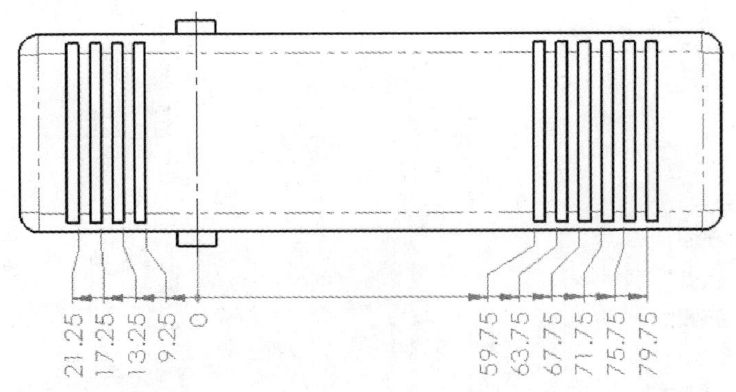

图8-29　尺寸链

技巧

如果需要创建水平或竖直的尺寸链方案，可以选择【水平尺寸链】或【竖直尺寸链】命令。如有需要，用户可以在视图中创建草图几何体，以协助对齐其他尺寸链方案。

知识卡片

尺寸链	• CommandManager：【注解】/【智能尺寸】/【尺寸链】。 • 菜单：【工具】/【尺寸】/【尺寸链】。 • 快捷菜单：右键单击工程图图纸，然后选择【更多尺寸】/【尺寸链】。

下面将在Sheet2图纸中添加新视图，并添加尺寸链以确定凹槽特征的位置。

步骤 29　创建俯视图　使用【模型视图】命令或视图调色板在 Sheet2 图纸中创建俯视图，不勾选【输入注解】和【自动开始投影视图】复选框。

步骤 30　添加中心线　单击【中心线】，在新视图中，单击“Pivot Lug”特征的面以添加中心线。选择中心线并拖动端点以使其延伸并穿过零件，如图 8-30 所示。单击【确定】✔。

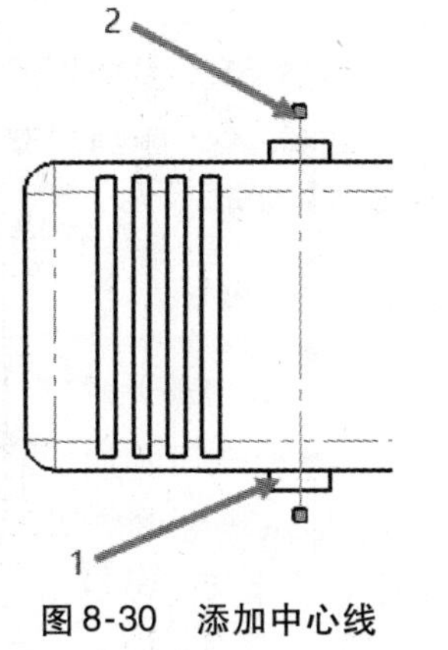

图 8-30　添加中心线

下面将使用此中心线作为尺寸链方案的基准。

步骤 31　激活水平尺寸链命令　单击【智能尺寸】/【水平尺寸链】。

步骤 32　添加“0”尺寸　单击中心线，再次单击以将“0”尺寸放置在视图的下方。

步骤 33　添加尺寸链　单击凹槽边线以创建图 8-31 所示的尺寸链方案。

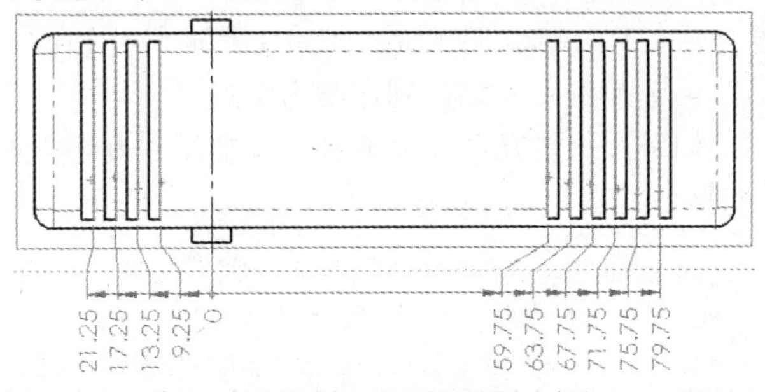

图 8-31　添加尺寸链

步骤 34　完成尺寸链命令　单击【确定】✔或按〈Esc〉键以完成该命令。

8.4.3　尺寸链选项

右键单击尺寸链，可看到其快捷菜单中包含一些特殊的选项，如图 8-32 所示。

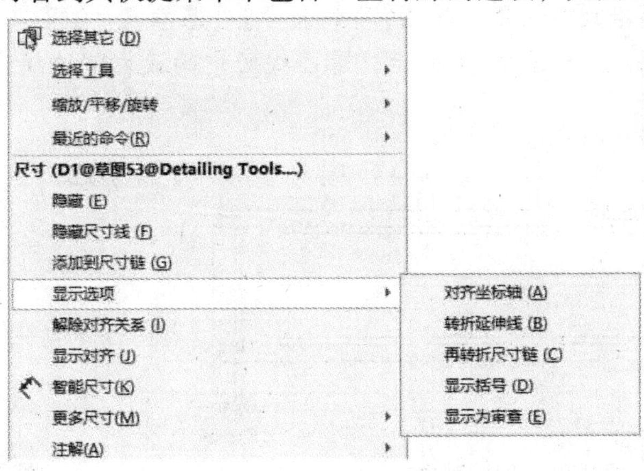

图 8-32　尺寸链的快捷菜单

此处的选项允许用户向现有方案添加尺寸、调整尺寸对齐以及更改尺寸线转折。

步骤 35　添加到尺寸链　右键单击一个尺寸链，选择【添加到尺寸链】。

步骤 36　添加尺寸　单击视图中每端的垂直边线，将尺寸添加到尺寸链方案中，如图 8-33 所示。

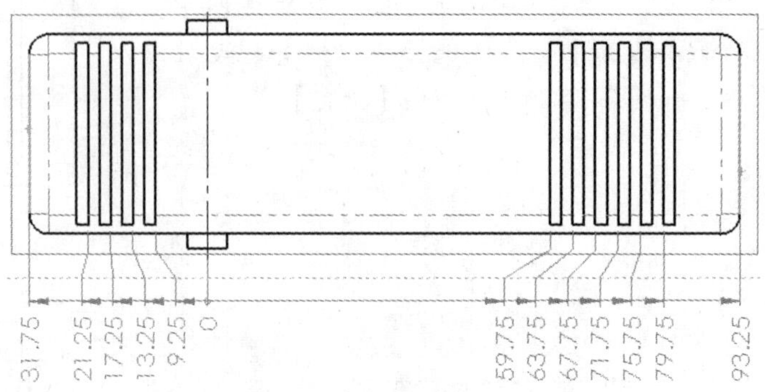

图 8-33　添加尺寸

步骤 37　完成命令　单击【确定】✔或按〈Esc〉键以完成该命令。

8.4.4　基准尺寸

基准尺寸方案的创建方式与尺寸链大致相同。使用【基准尺寸】命令时，首先选择的应该是所有尺寸起始的基准，然后再选择将尺寸添加到方案的位置。

此外，与尺寸链相同，如果用户要在命令完成后向基准尺寸方案中添加更多尺寸，可以从快捷菜单中使用【添加到基准】命令。

知识卡片	基准尺寸	• CommandManager：【注解】/【智能尺寸】/【基准尺寸】。 • 菜单：【工具】/【尺寸】/【基准尺寸】。 • 快捷菜单：右键单击工程图图纸，然后选择【更多尺寸】/【基准尺寸】。

下面将返回到 Sheet1 图纸，并使用基准尺寸替换 BOTTOM 视图中的一些尺寸。

步骤 38　激活 Sheet1 图纸

步骤 39　隐藏尺寸　在 BOTTOM 视图中，选择图 8-34 所示的所有尺寸。右键单击尺寸，从快捷菜单中选择【隐藏】。

步骤 40　激活基准尺寸命令　单击【智能尺寸】/【基准尺寸】。

步骤 41　选择基准　如图 8-35 所示，单击视图中的最左侧边线作为基准，这是所有尺寸起始的位置。

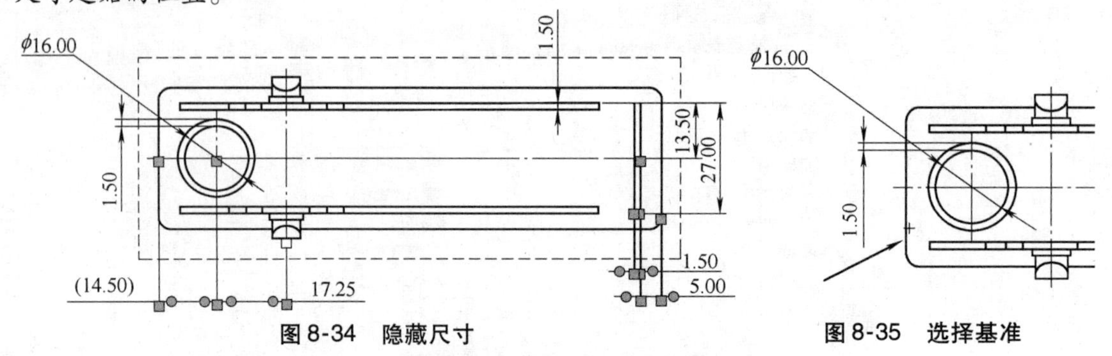

图 8-34　隐藏尺寸

图 8-35　选择基准

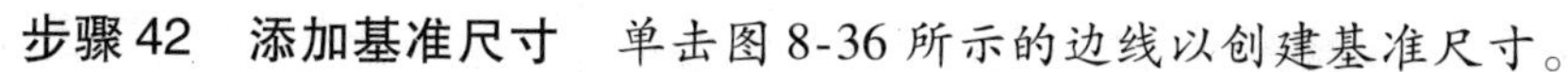

步骤 42　添加基准尺寸　单击图 8-36 所示的边线以创建基准尺寸。

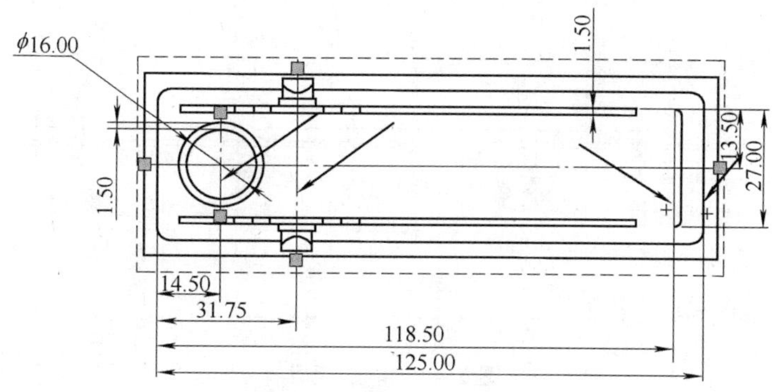

图 8-36　添加基准尺寸

步骤 43　完成基准尺寸命令　单击【确定】✔或按〈Esc〉键以完成该命令。

步骤 44　添加到基准　右键单击其中一个基准尺寸，然后选择【添加到基准】。单击“Mirror1”特征两端的半径以添加尺寸，如图 8-37 所示。

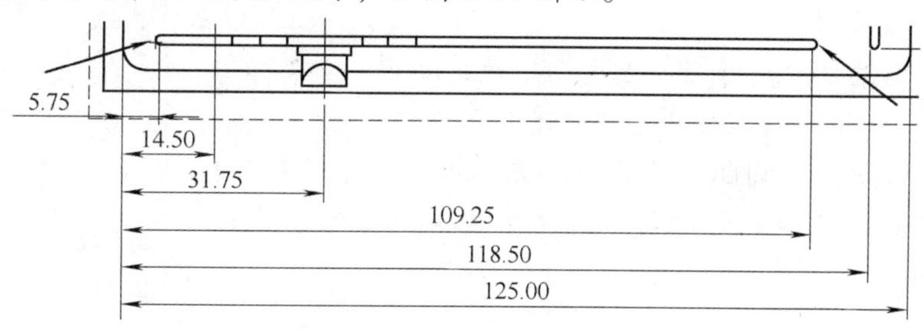

图 8-37　添加到基准

步骤 45　完成命令　单击【确定】✔或按〈Esc〉键完成该命令。

步骤 46　修改尺寸圆弧条件　使用基准尺寸时，将自动选择中心圆弧条件。要更改为最小或最大圆弧条件，可以调整 PropertyManager 中的圆弧条件设置。选择尺寸 5.75，在 PropertyManager 中单击【引线】选项卡。在【圆弧条件】选项组中，选择【最小】，如图 8-38 所示。选择尺寸 109.25，将【圆弧条件】更改为【最大】，如图 8-39 所示。结果如图 8-40 所示。

图 8-38　设置【圆弧条件】为【最小】　　图 8-39　设置【圆弧条件】为【最大】

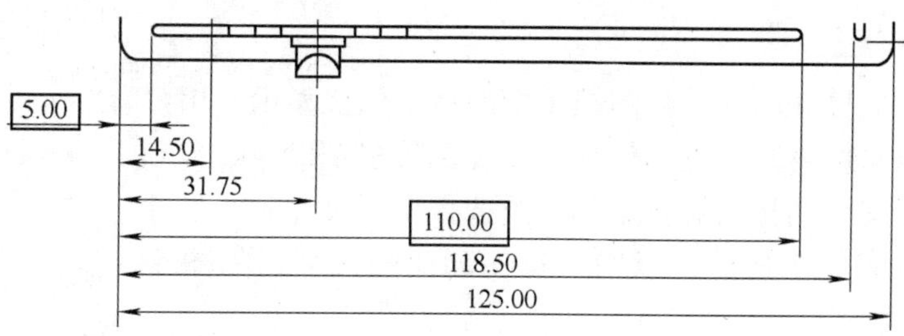

图 8-40　修改圆弧条件后的结果

步骤 47　隐藏尺寸　在 FRONT 视图中，隐藏尺寸 5.00、105.00 和 31.75，如图 8-41 所示。

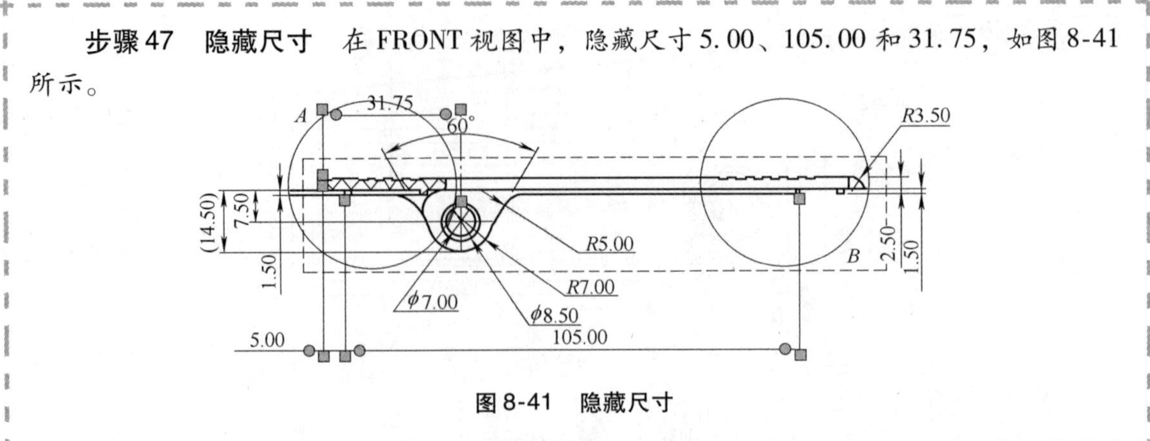

图 8-41　隐藏尺寸

8.4.5　基准尺寸对齐

基准尺寸以等间距创建。除非用户从快捷菜单中选择断开对齐，否则方案中的尺寸将保留此间距。如果要调整尺寸之间的间距，可以使用尺寸调色板。

步骤 48　移动基准尺寸　向上或向下拖动其中一个基准尺寸。基准尺寸方案中的所有尺寸都将移动并保持相等的间距。

步骤 49　调整尺寸间距　选择一个基准尺寸，展开【尺寸调色板】，修改调色板底部的数字或使用滚轮调整尺寸间距，如图 8-42 所示。

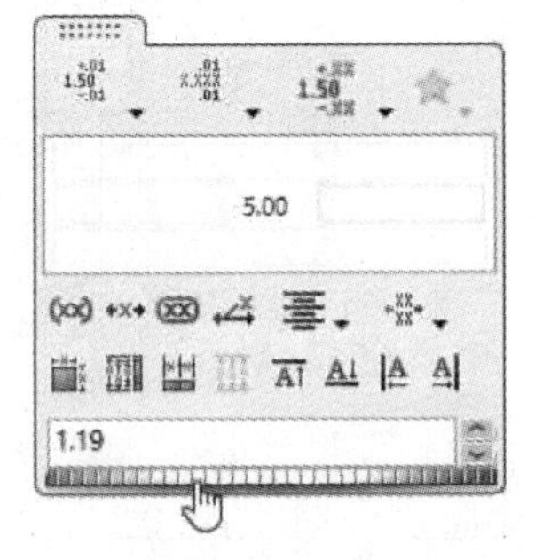

图 8-42　调整尺寸间距

8.4.6　自动标注尺寸

通过使用智能尺寸 PropertyManager 中的特殊功能，用户可以在工程图中自动执行尺寸链和基准尺寸方案。在工程图文档中使用【智能尺寸】命令时，PropertyManager 中包含【自动标注尺寸】选项卡，其功能与模型中的【完全定义草图】工具非常相似。链尺寸也可以在此选项卡自动执行。想了解有关在工程图中使用自动标注尺寸的更多信息，请参考“练习 8-2　不同的尺寸类型”。

8.5　排列尺寸

用户通常需要移动尺寸以在工程图视图中的适当位置显示。用户可以拖动各个尺寸以重新将其定位，但是当需要调整多个尺寸时，则需要使用基准尺寸方案中的相同对齐工具。当选择多个尺寸时，尺寸调色板中将显示对齐和等距选项，以用于排列和间隔尺寸，如图 8-43 所示。

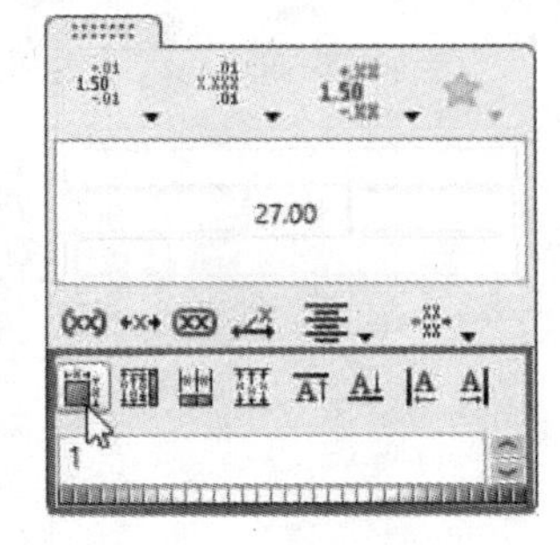

图 8-43　尺寸调色板中的对齐和等距选项

这些选项的说明汇总见表 8-2。

表8-2　尺寸调色板中的对齐和等距选项汇总表

选项名称	图标	说明
自动排列尺寸		SOLIDWORKS将使用【文档属性】/【尺寸】中定义的【等距距离】来从最小到最大排列选定尺寸，避免重叠
线性/径向均匀等距		等间距排列选定的尺寸。距离零件最近和最远的尺寸将保持不变
共线对齐		水平、垂直或径向对齐选定的尺寸。选择的第一个尺寸将保持不动
交错对齐		交错排列选定线性尺寸的尺寸文本
上对齐尺寸文字		将尺寸文本对齐到“上”“下”“左”或“右”
下对齐尺寸文字		
左对齐尺寸文字		
右对齐尺寸文字		
调整间距		使用缩放系数调整间距。例如，1表示当前间距，2表示将间距加倍

步骤50　在BOTTOM视图中选择尺寸　在BOTTOM视图中选择输入的尺寸，如图8-44所示。

步骤51　自动排列尺寸　展开【尺寸调色板】，单击【自动排列尺寸】，如图8-45所示。修改调色板底部的数字调整尺寸间距。结果如图8-46所示。

步骤52　在FRONT和TOP视图中自动排列尺寸　在FRONT视图中选择图8-47所示的尺寸，使用【尺寸调色板】进行【自动排列尺寸】，结果如图8-48所示。

在TOP视图中选择图8-49所示的尺寸，使用【尺寸调色板】进行【自动排列尺寸】，结果如图8-50所示。

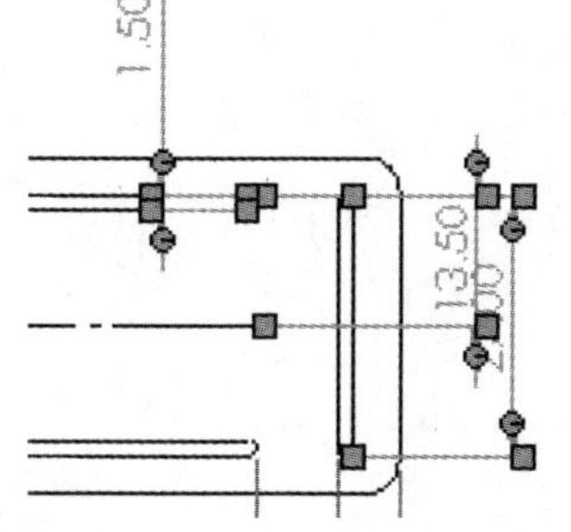

图8-44　在BOTTOM视图中选择尺寸

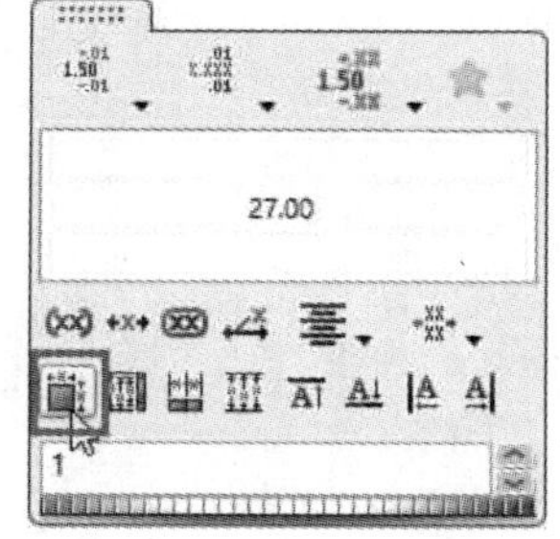

图8-45　自动排列尺寸

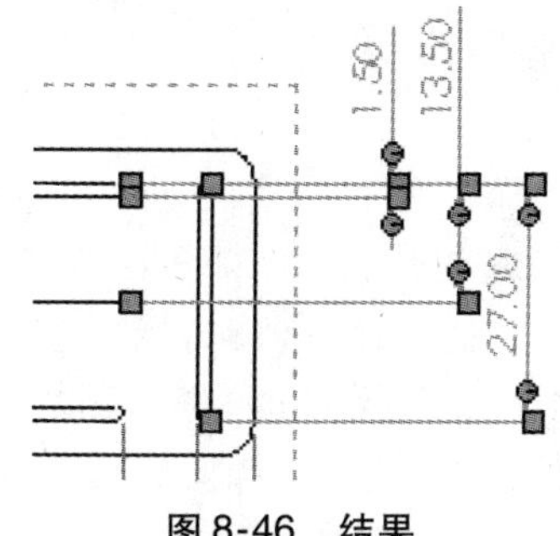

图8-46　结果

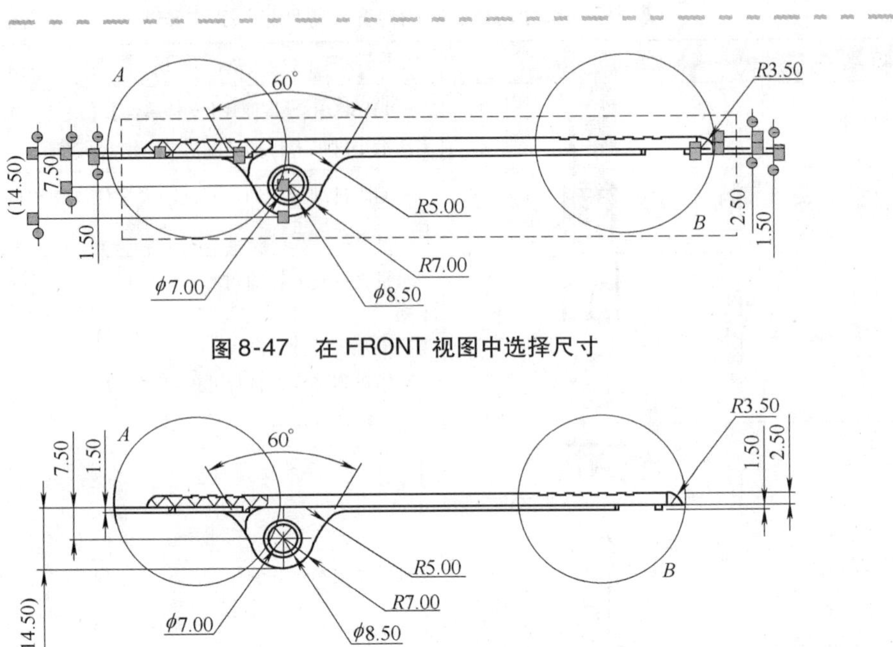

图 8-47　在 FRONT 视图中选择尺寸

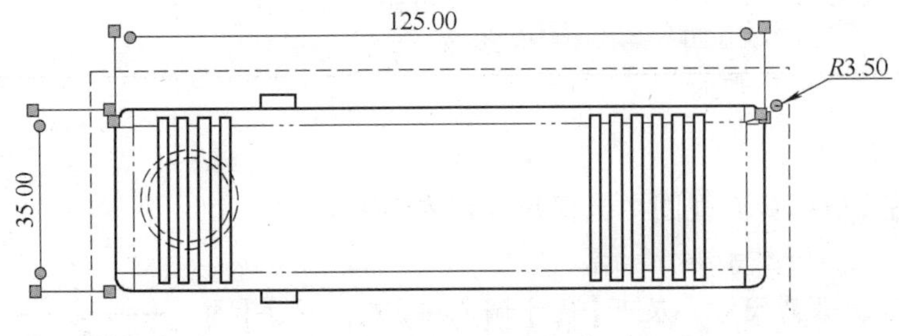

图 8-48　结果

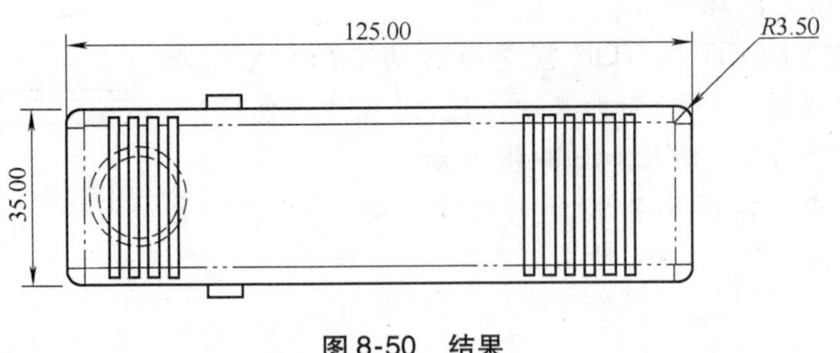

图 8-49　在 TOP 视图中选择尺寸

125.00

R3.50

35.00

图 8-50　结果

• 对齐线性直径尺寸　如果需要，用户可以修改直径尺寸以显示为线性尺寸。当进行此更改时，通常需要进行一些其他修改以适当地对齐尺寸。线性直径尺寸具有独特的拖动控标，可用于旋转尺寸的对齐方式。此控标显示在尺寸值的上方，如图 8-51 所示。

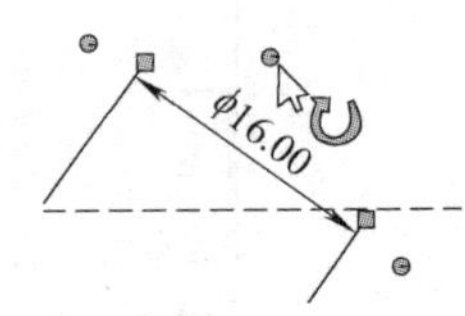

图 8-51　旋转尺寸控标

下面将修改 BOTTOM 视图中的直径尺寸，以演示如何对齐线性直径尺寸。

步骤53　修改直径尺寸为线性尺寸　在BOTTOM视图中右键单击尺寸ϕ16.00，在快捷菜单中选择【显示选项】/【显示成线性尺寸】。

技巧　用户也可以通过PropertyManager中的【引线】选项卡访问这些设置，如图8-52所示。

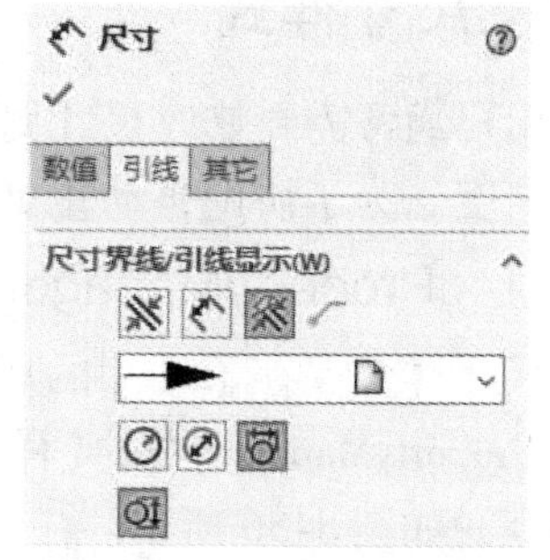

图8-52　PropertyManager中的【引线】选项卡

步骤54　移动尺寸　移动尺寸，使其在延伸线之间居中。

步骤55　旋转尺寸　拖动图8-53所示的控标以旋转尺寸，根据需要重新定位尺寸1.50，结果如图8-54所示。

步骤56　保存工程图　保存工程图，如图8-55所示。

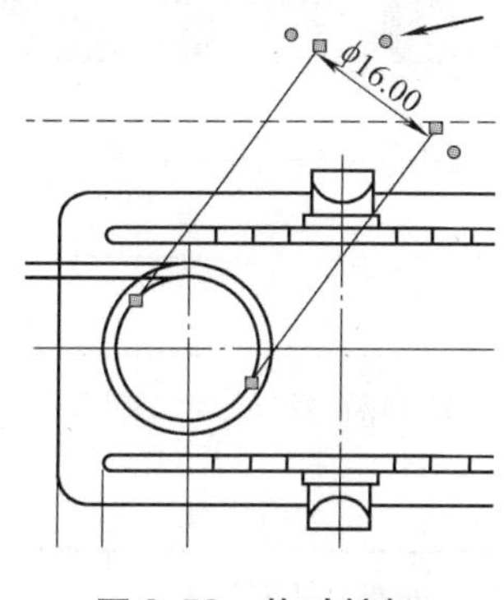

图8-53　拖动控标

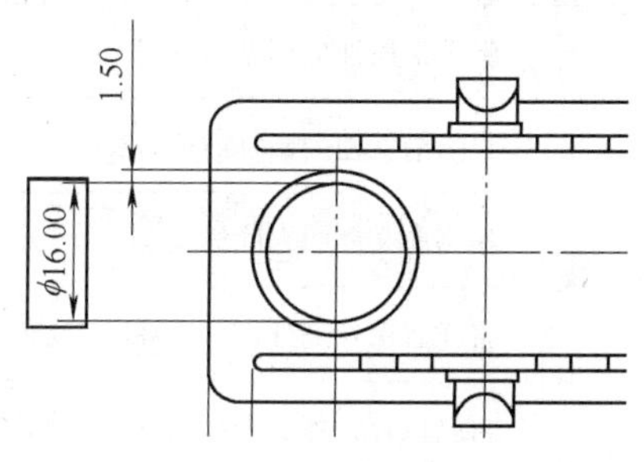

图8-54　旋转尺寸结果

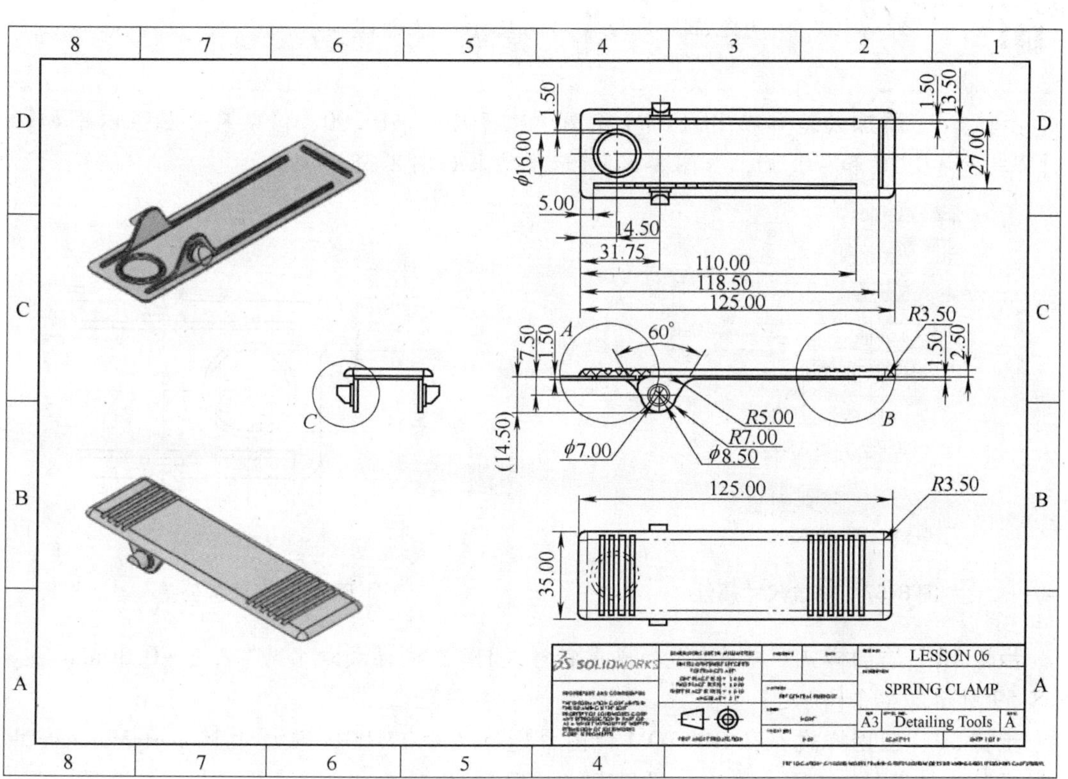

图8-55　保存工程图

8.6 尺寸样式

用户通常需要修改尺寸属性以传达出详图信息。常见的更改包括添加文本、定义公差和修改尺寸精度。为了协助自动化更改尺寸属性，可以使用尺寸样式。

8.6.1 PropertyManager 中的样式

尺寸样式保存了尺寸的属性设置，以方便应用于其他尺寸。尺寸 PropertyManager 中的【样式】选项组包含一些处理尺寸样式的命令，如图 8-56 所示。

图 8-56　尺寸 PropertyManager 的【样式】选项组

这些命令汇总见表 8-3。

表 8-3　处理尺寸样式的命令

图　标	说　明
	将默认属性应用到所选尺寸
	在当前文档中添加或更新样式
	在当前文档中删除样式
	将样式保存到外部“＊.sldstl”文件。用户可以加载外部样式文件以在多个文档中使用
	将已保存在外部的样式加载到当前文档中

选项组中的下拉菜单将列出已在当前文档中添加或加载的所有可用样式。

技巧　外部保存样式允许用户为常用的尺寸属性创建库。

步骤 57　添加公差　在 BOTTOM 视图中选择尺寸 ϕ16.00，修改尺寸属性以添加【双边】公差：+0.30 和 -0.00，如图 8-57 所示。结果如图 8-58 所示。

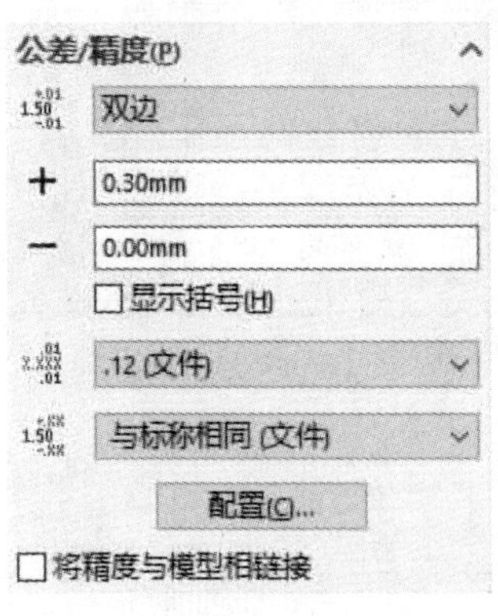

图 8-57　修改尺寸属性

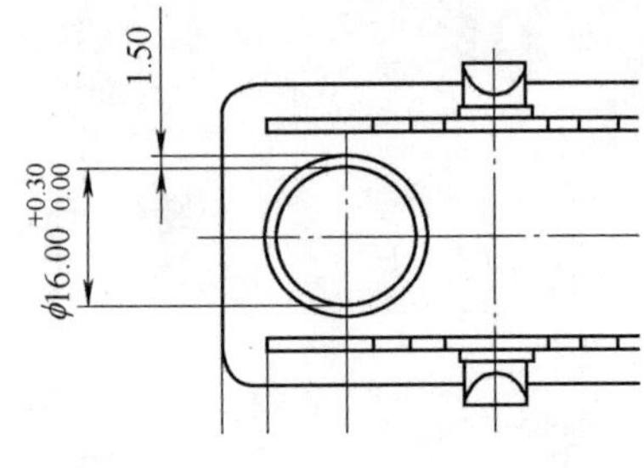

图 8-58　添加公差

步骤 58　添加样式　单击【添加或更新样式】，将样式命名为“双边 +0.30mm”，如图 8-59 所示。单击【确定】。

步骤 59　应用样式　在 BOTTOM 视图中选择尺寸 27.00，在尺寸 PropertyManager 中，使用下拉菜单选择“双边 +0.30mm”样式，如图 8-60 所示。单击【确定】，结果如图 8-61 所示。

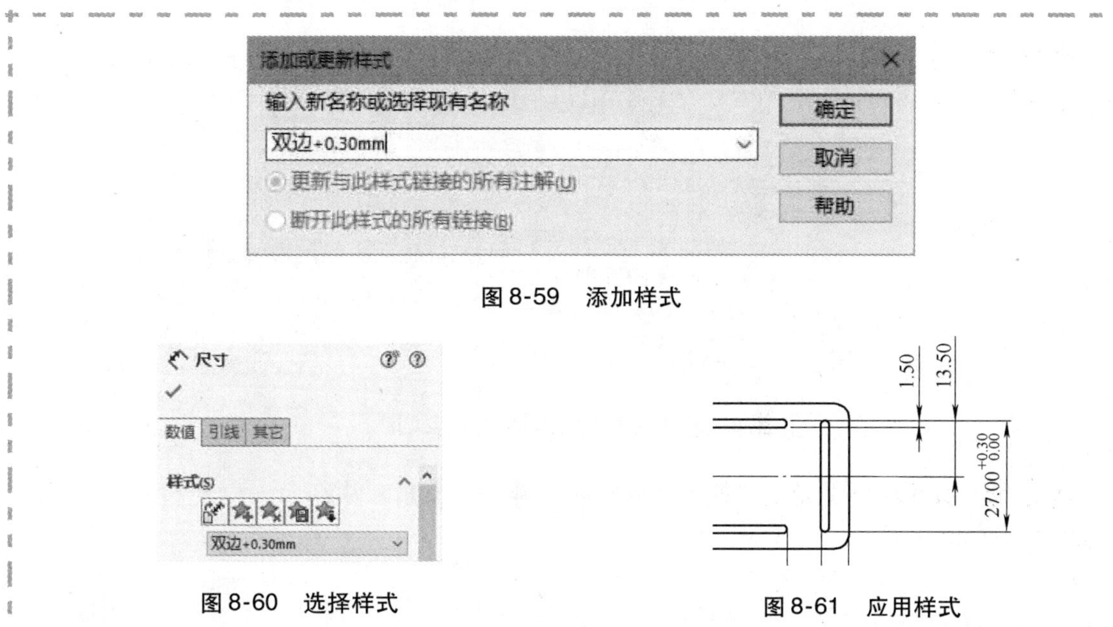

图 8-59　添加样式

图 8-60　选择样式

图 8-61　应用样式

8.6.2　尺寸调色板中的样式

也可以从尺寸调色板中访问已在当前文档中添加或加载的样式。此外，调色板会跟踪尺寸属性的最新更改，并允许将相同的更改应用于所选尺寸，而无需创建样式，如图 8-62 所示。

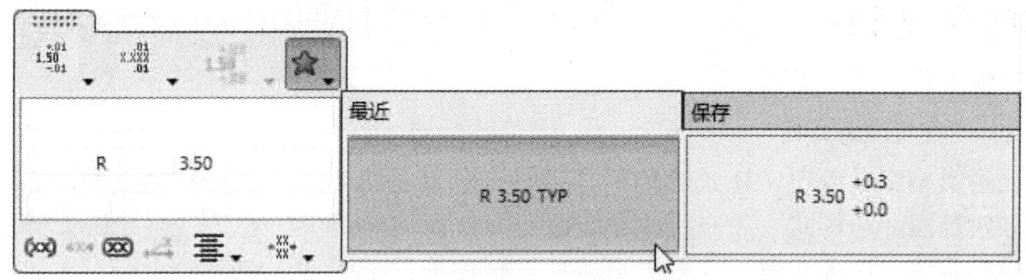

图 8-62　尺寸调色板中的样式

步骤 60　为尺寸添加文本　在 BOTTOM 视图中选择右侧的尺寸 1.50，在尺寸值的后面添加“TYP”文本，如图 8-63 所示。结果如图 8-64 所示。

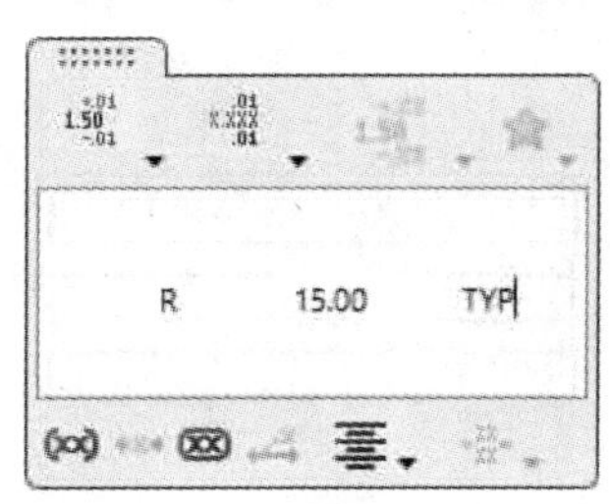

图 8-63　为尺寸添加文本

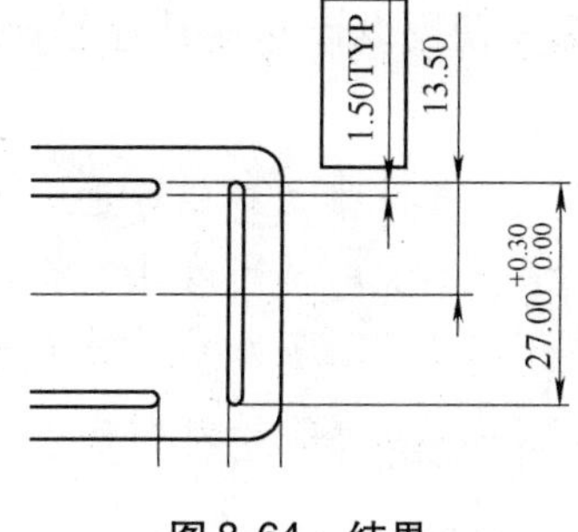

图 8-64　结果

步骤 61　应用最近的属性更改　在 TOP 视图中选择尺寸 *R*3.50，展开【尺寸调色板】，单击【样式】，如图 8-65 所示。从【最近】选项卡中单击 *R*3.50TYP，结果如图 8-66 所示。

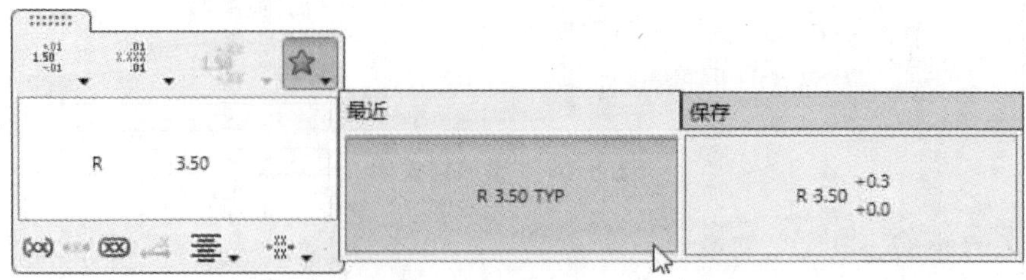

图 8-65　【尺寸调色板】中的【样式】

步骤 62　为 FRONT 视图中的尺寸添加最近样式　使用尺寸调色板，为 FRONT 视图中的尺寸添加最近样式，结果如图 8-67 所示。

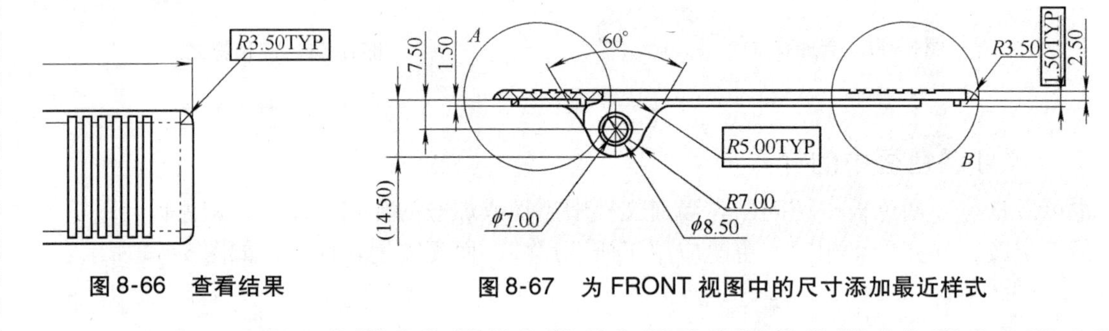

图 8-66　查看结果　　图 8-67　为 FRONT 视图中的尺寸添加最近样式

8.6.3　设计库中的注解

许多注解类型都具有定义样式的选项，以便可以重复使用属性。为了方便访问注解样式，用户可以创建自定义注解库并将其添加到设计库位置。许多注解样式可以直接从设计库拖放到工程图视图中。

可以从设计库添加的注解类型的一些示例，请查看默认的 Design Library/annotations 文件夹，如图 8-68 所示。此处列举的许多注解都需要多个步骤来定义，因此将它们保存以便重复使用可以提高工作效率。

想了解有关使用设计库进行注解的更多信息，请参考“练习 8-3　其他工具”。

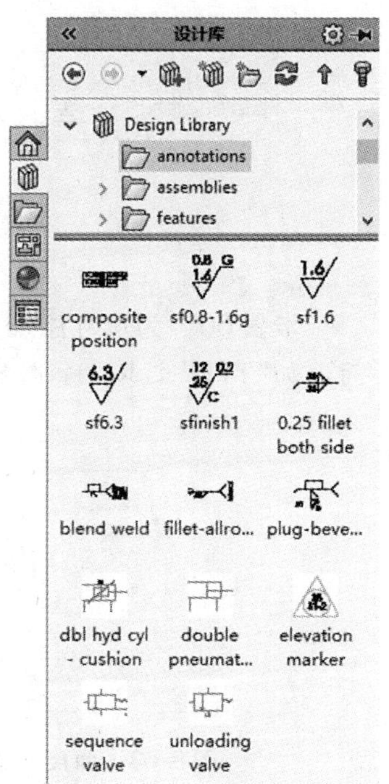

图 8-68　设计库中的注解

> **提示**　尺寸样式的独特之处在于其无法直接从设计库中添加。这是因为许多尺寸属性是由它们所附着的几何体类型定义的。对库有效的注解样式类型是那些可以拖放到工程图图纸上的完整符号。

8.7　位置标签

下面将向 Sheet1 和 Sheet2 图纸中添加位置标签，以进一步完成“Spring Clamp”工程图。位置标签用于指示子视图(例如局部视图)的位置，也可以在子视图附近使用，以指示父视图所在的位置。

位置标签的形成方式与零件序号注解相同。位置标签的默认样式是圆形分割线，其中图纸编号显示在上半部分，区域显示在下半部分。

位置标签通过选择切割线、细节圆或视图箭头等方式添加到工程图的父视图中。若要向子视图添加位置标签，需选择剖面视图、局部视图或辅助视图。

知识卡片	位置标签	• 菜单：【插入】/【注解】/【位置标签】。 • 快捷菜单：右键单击工程图图纸，然后选择【注解】/【位置标签】。

步骤 63　激活【位置标签】命令　单击【位置标签】。

步骤 64　为“DETAIL *A*”视图添加位置标签　单击“DETAIL *A*”视图的局部视图图标。

步骤 65　查看结果　视图中已添加了标签，以指示局部视图位于 Sheet2 图纸上的 C7 区域中，如图 8-69 所示。

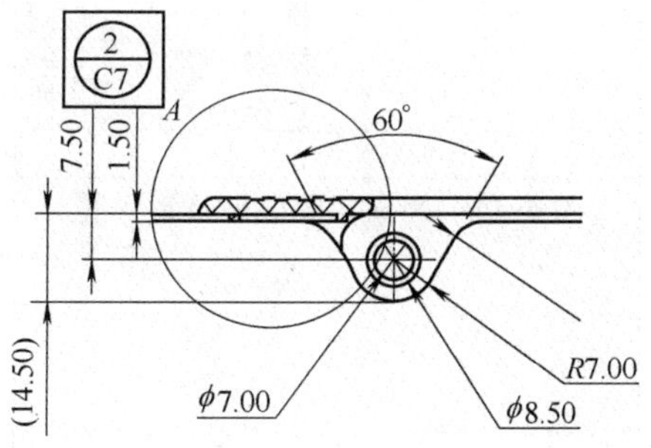

图 8-69　查看结果

步骤 66　为“DETAIL *B*”和“DETAIL *C*”视图添加位置标签　单击“DETAIL *B*”和“DETAIL *C*”视图的局部视图图标，以添加位置标签。单击【确定】，如图 8-70 所示。

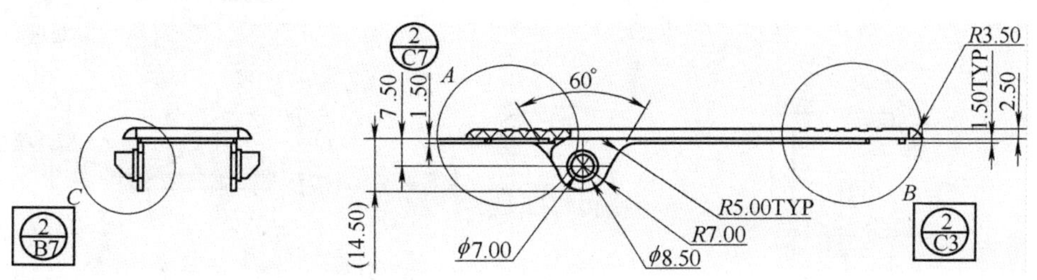

图 8-70　为“DETAIL *B* 和“DETAIL *C*”添加位置标签

步骤 67　激活 Sheet2 图纸

步骤 68　为父视图添加位置标签　单击【位置标签】。为“DETAIL *A*”“DETAIL *B*”和“DETAIL *C*”局部视图的父视图添加位置标签。单击【确定】，如图 8-71 所示。

步骤 69　保存并关闭所有文件

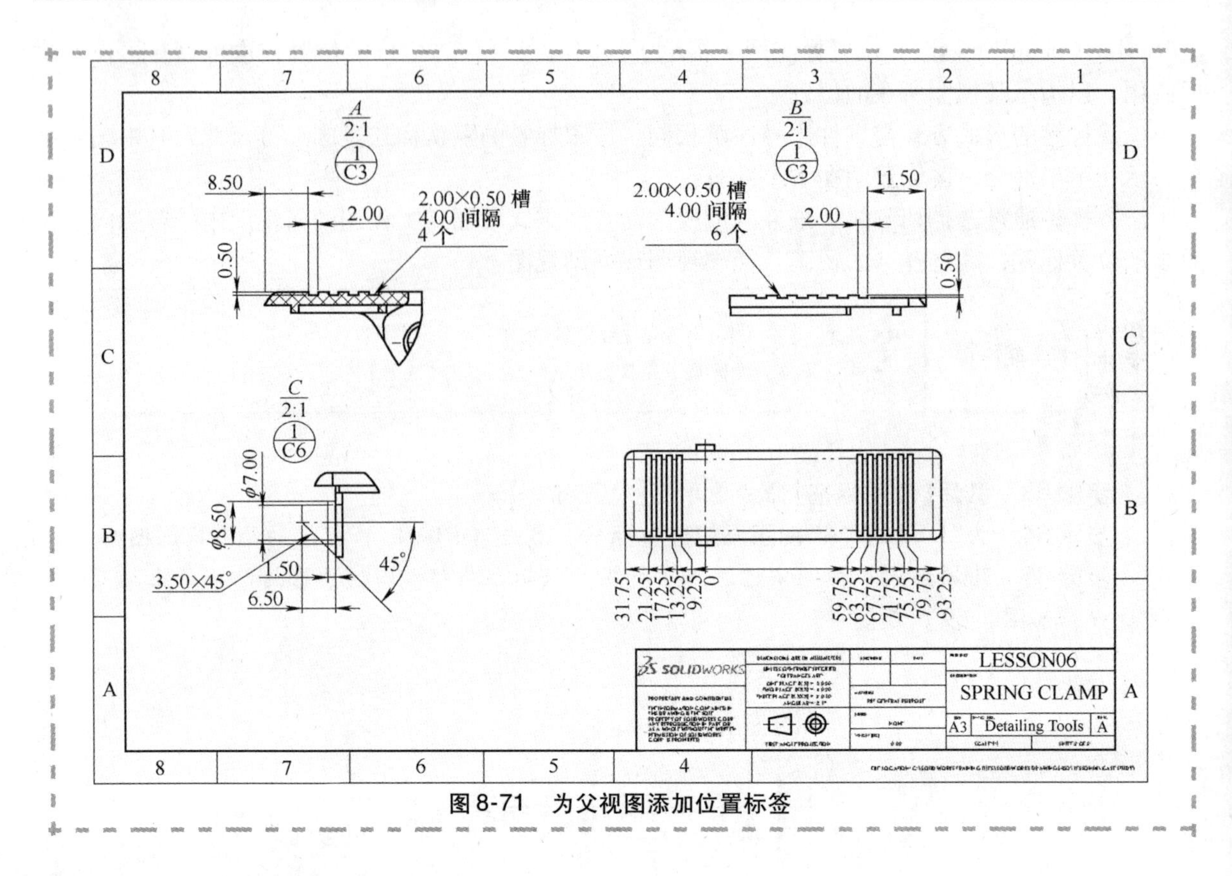

图 8-71　为父视图添加位置标签

练习 8-1　出详图练习

本练习将创建图 8-72 所示的模型工程图。有关练习的详细说明，请参考操作步骤。

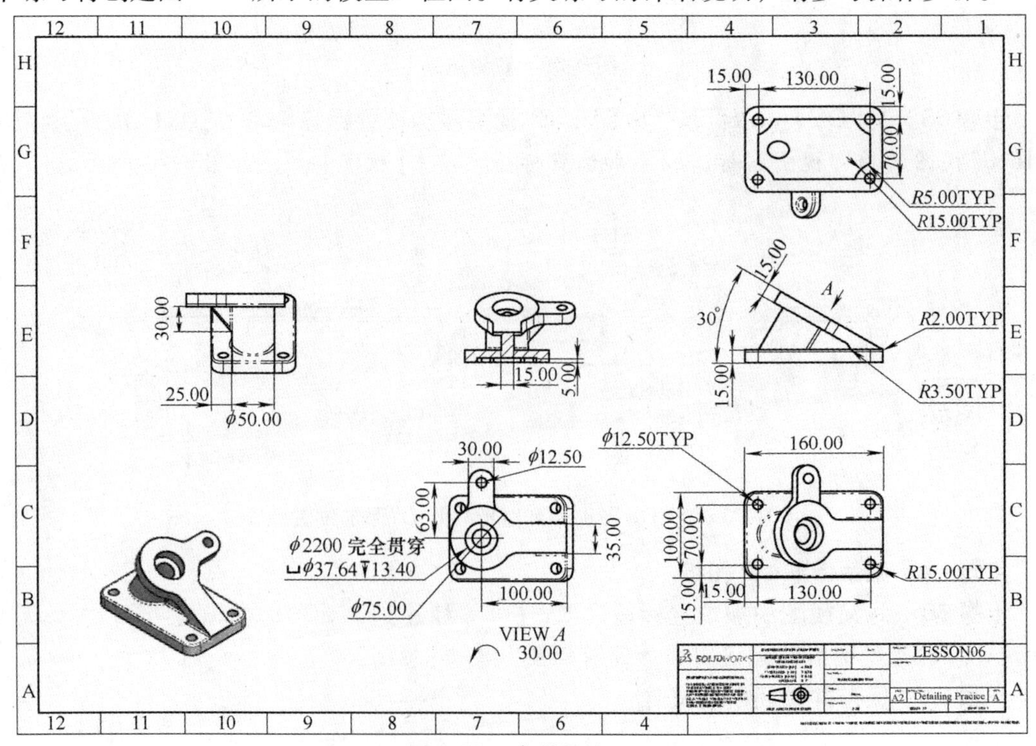

图 8-72　出详图练习

提示　使用输入注解视图、插入模型项目和添加智能尺寸的组合来完成相关注解。

本练习将使用以下技术：

- 在已有的工程图视图中使用注解视图。
- 注解视图与模型项目组合。
- 尺寸样式。
- 尺寸调色板中的样式。

扫码看 3D

操作步骤

步骤 1　打开工程图　从 Lesson08\Exercises 文件夹内打开“Detailing Practice. SLDDRW”文件。

步骤 2　查看视图调色板　在任务窗格中单击【视图调色板】，如图 8-73 所示。在工程图中已经使用的视图上标有工程图图标。俯视图（Top）和前视图（Front）用“(A)”标记，代表视图中具有与之关联的注解视图。下面将导入这些视图的注解视图，然后使用【模型项目】和【智能尺寸】来完成工程图中的其他视图。

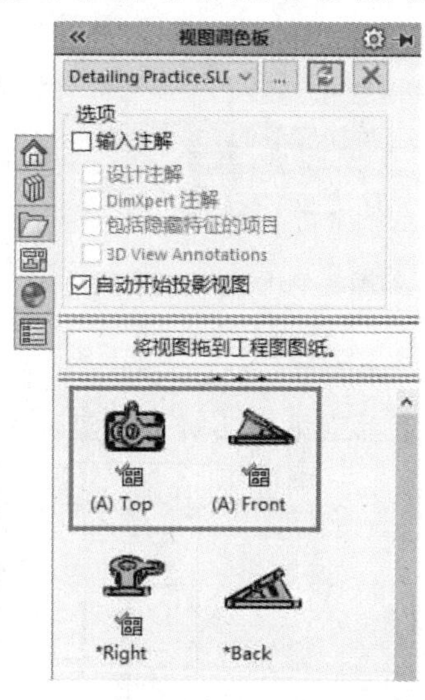

图 8-73　查看视图调色板

步骤 3　为前视图输入注解　在工程图图纸中选择前视图，在 PropertyManager 中勾选【输入注解】和【设计注解】复选框。根据需要重新排列尺寸，如图 8-74 所示。

步骤 4　为俯视图输入注解　重复步骤 3 中的操作，为俯视图输入注解，如图 8-75 所示。

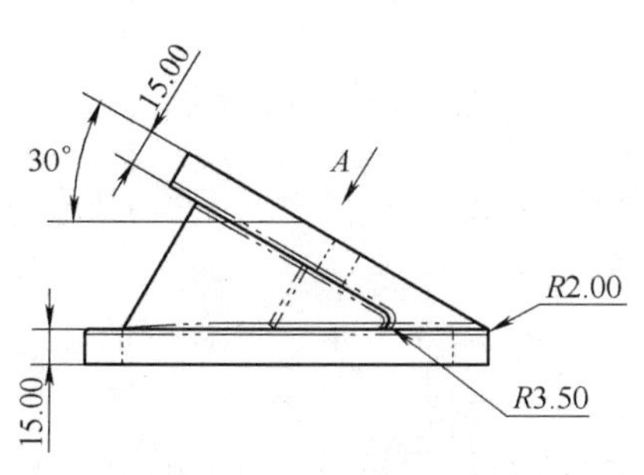

图 8-74　为前视图输入注解

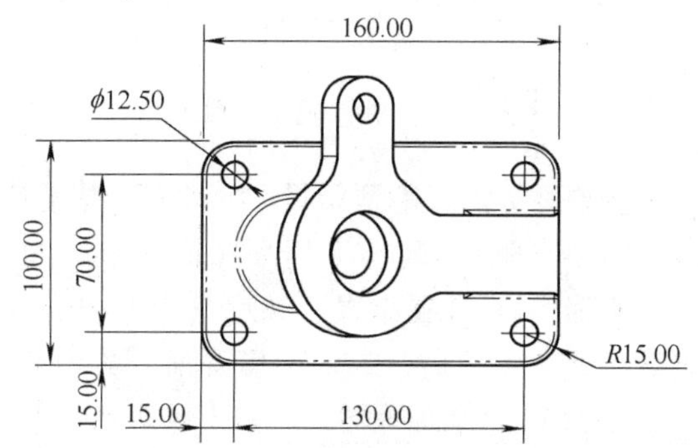

图 8-75　为俯视图输入注解

步骤 5　输入模型项目　单击【模型项目】，选择【所选特征】作为【来源】，在【目标视图】中选择“View A”视图，在【尺寸】中选择【为工程图标注】和【孔标注】，如图 8-76 所示。

步骤 6　选择特征　选择面和边线，为“Angled Boss”“Angled Tab”“CBORE”和“Tab Hole”特征导入尺寸，并适当地排列注解，如图 8-77 所示，单击【确定】✔。

技巧　使用工具提示识别与面相关的元素。

步骤 7　输入模型项目　使用【模型项目】命令为相对视图中的“Rib for Tab”和“Angled Support”特征添加尺寸，并适当地排列注解，如图 8-78 所示。

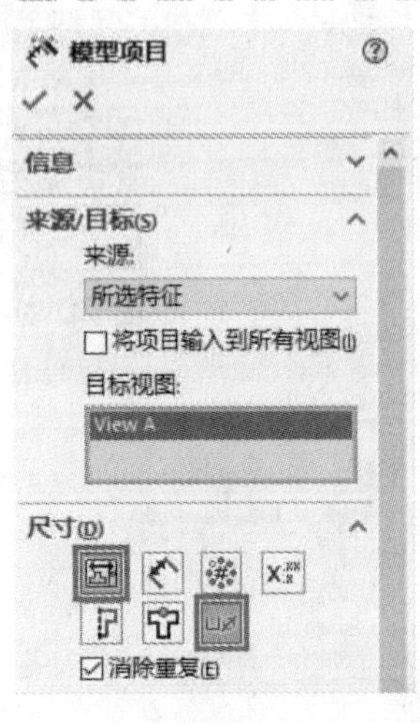

图 8-76　输入模型项目

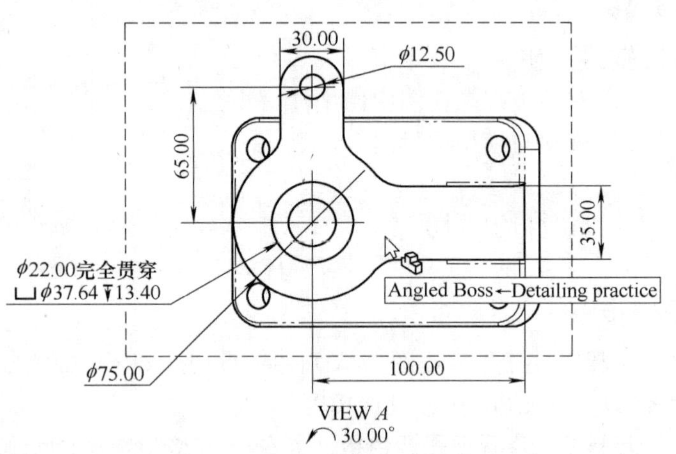

图 8-77　选择特征

步骤 8　移动尺寸　按住〈Shift〉键，将尺寸 15.00 从相对视图移动到右视图（Right），并适当地排列注解，如图 8-79 所示。

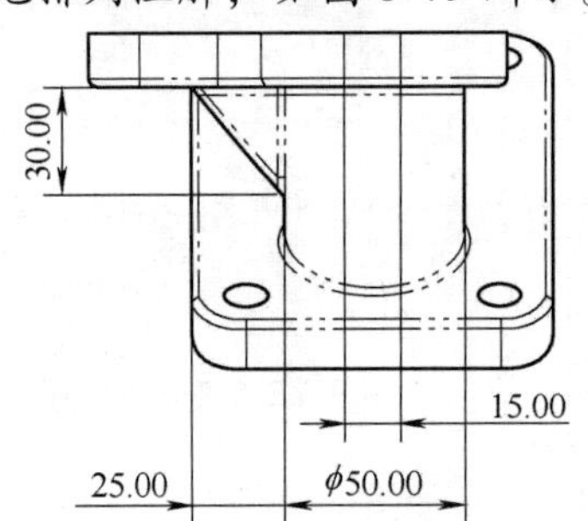

图 8-78　输入模型项目

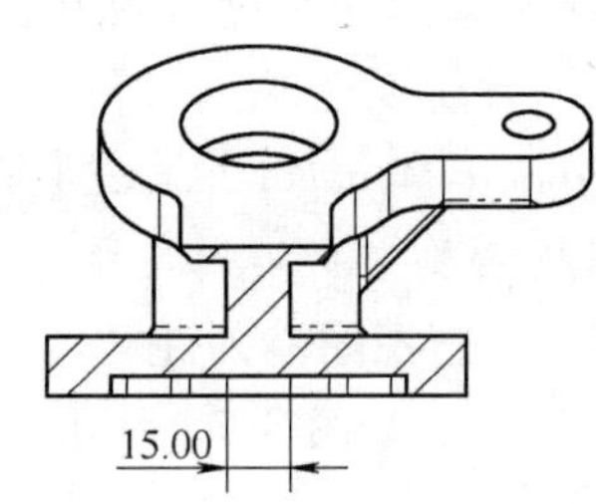

图 8-79　移动尺寸

步骤 9　输入模型项目　使用【模型项目】命令中的【所选特征】选项，并勾选【将项目输入到所有视图】复选框，为“Underside Cut”特征添加尺寸。

步骤 10　查看结果　深度尺寸添加到右视图中，如图 8-80 所示。该特征的轮廓是使用草图关系定义的，因此不需要插入其他尺寸。

步骤 11　添加尺寸　单击【智能尺寸】，将尺寸添加到下视图（Bottom）中，以详细说明“Underside Cut”特征，如图 8-81 所示。

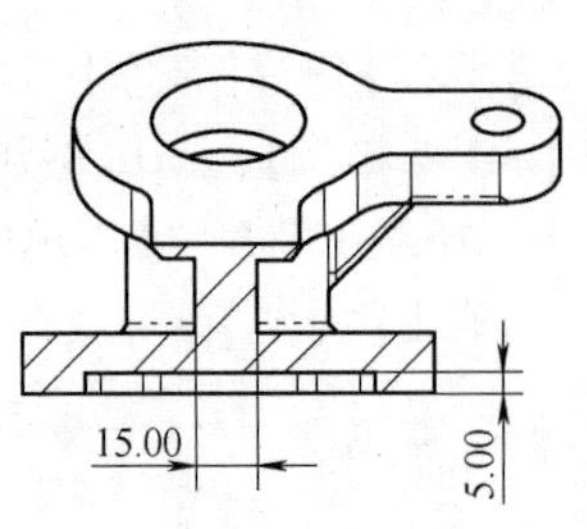

图 8-80　查看结果

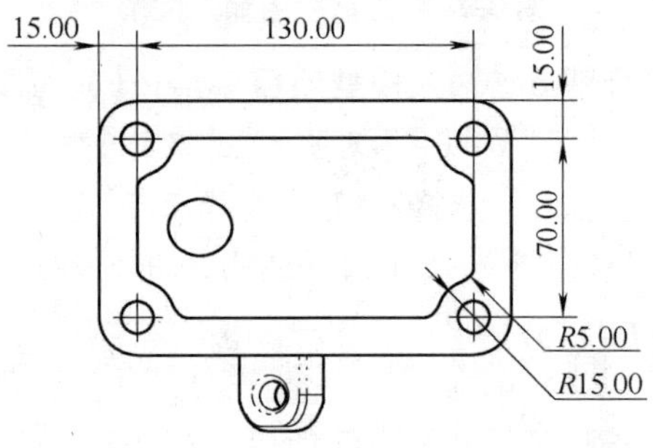

图 8-81　添加尺寸

步骤 12　添加角度尺寸　使用【智能尺寸】更好地表示前视图中的角度尺寸。【隐藏】模型项目尺寸，如图 8-82 所示。

步骤 13　添加“TYP”注释　在下视图中选择尺寸 *R*15.00，使用【尺寸调色板】或尺寸 PropertyManager，在尺寸中添加“TYP”文本，如图 8-83 所示。

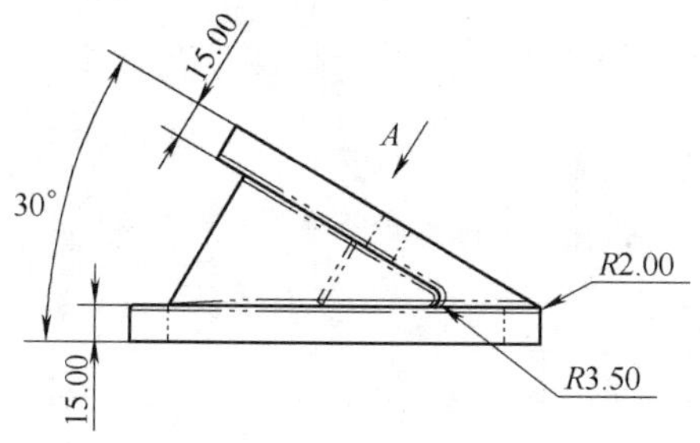

图 8-82　添加角度尺寸

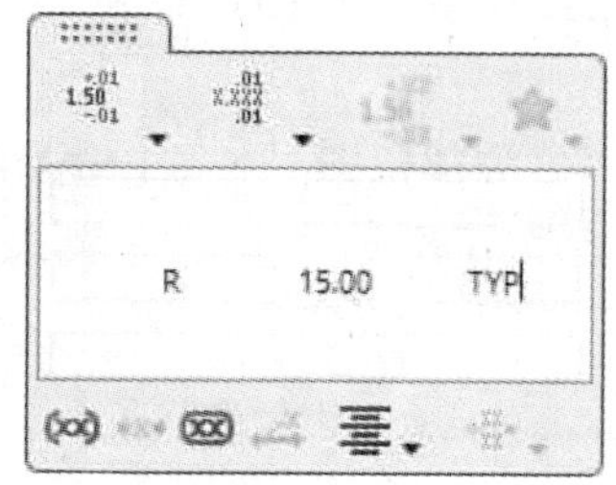

图 8-83　添加“TYP”注释

步骤 14　应用最近的样式　在下视图中选择尺寸 *R*5.00，展开【尺寸调色板】，单击【样式】，从【最近】选项卡中单击 *R*5.00TYP，如图 8-84 所示。

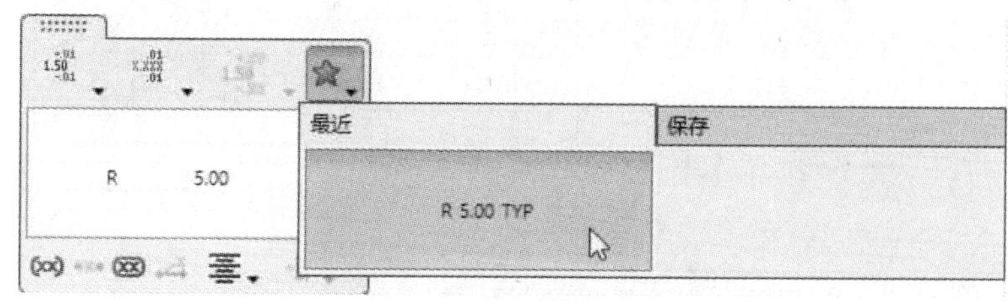

图 8-84　应用最近的样式

步骤 15　重复操作　重复步骤 14，将相同的注释应用到前视图和俯视图中的尺寸上，结果如图 8-72 所示。

步骤 16　保存并关闭所有文件

练习 8-2　不同的尺寸类型

在本练习中将创建图 8-85 所示模型的工程图。为了添加所需要的尺寸，用户需要创建尺寸链并使用自动标注尺寸功能。本工程图还包括链接到大孔尺寸和实例计数的参数化注释。

本练习将使用以下技术：

- 在已有的工程图视图中使用注解视图。
- 排列尺寸。
- 参数化注释。
- 尺寸类型。
- 尺寸链。
- 尺寸链选项。

扫码看 3D

图 8-85　练习模型

操作步骤

步骤 1　打开零件　从 Lesson08\Exercises 文件夹内打开“Dimension Types. SLDPRT”文件。

步骤2　查看“Annotations”文件夹　展开“Annotations”文件夹，如图8-86所示。此模型中已经创建了注解视图以准备进行出详图，单击【显示特征尺寸】并激活每个不同的视图以进行预览。

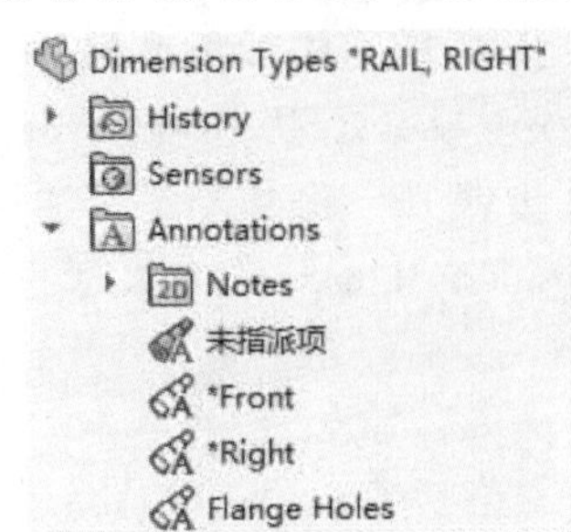

图8-86　查看“Annotations”文件夹

步骤3　创建工程图　使用“A3 Drawing”模板创建工程图。

步骤4　添加视图　勾选【输入注解】和【设计注解】复选框，创建带有尺寸的前视图和投影右视图，如图8-87所示。

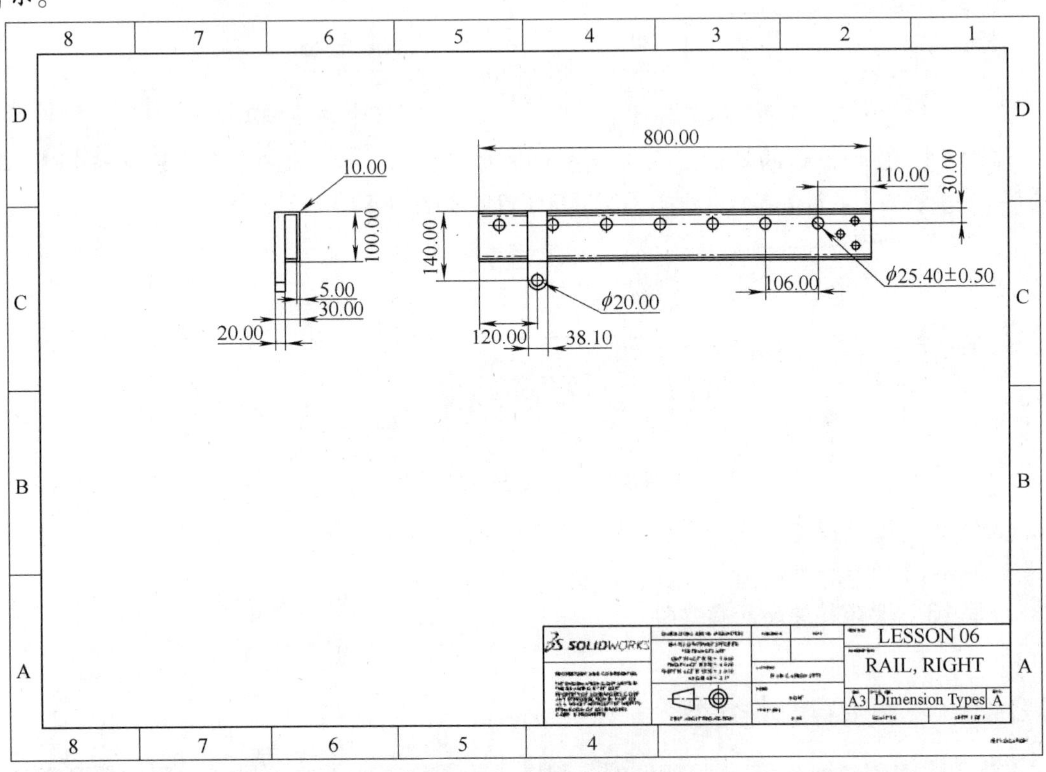

图8-87　添加视图

步骤5　创建局部视图　创建【局部视图】，使用PropertyManager输入“Flange Holes”注解视图中的注解，如图8-88所示。

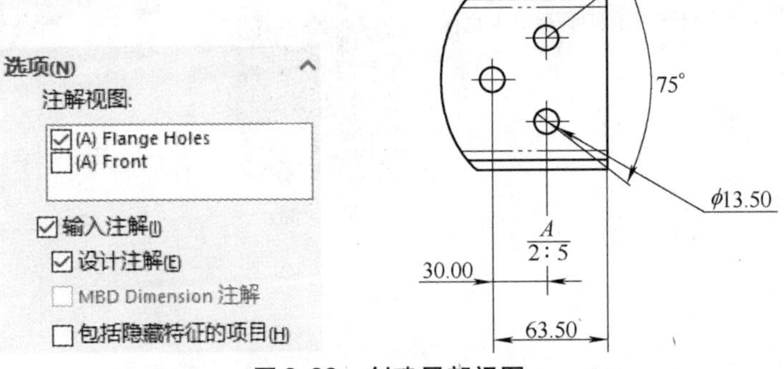

图8-88　创建局部视图

步骤 6　自动排列尺寸　按住〈Ctrl〉键选择尺寸或框选图 8-89 所示的尺寸。展开【尺寸调色板】，单击【自动排列尺寸】，如图 8-90 所示。根据需要移动视图标签，结果如图 8-91 所示。

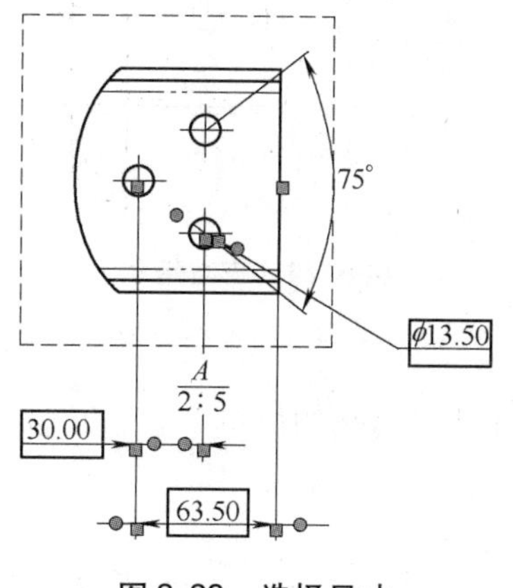

图 8-89　选择尺寸

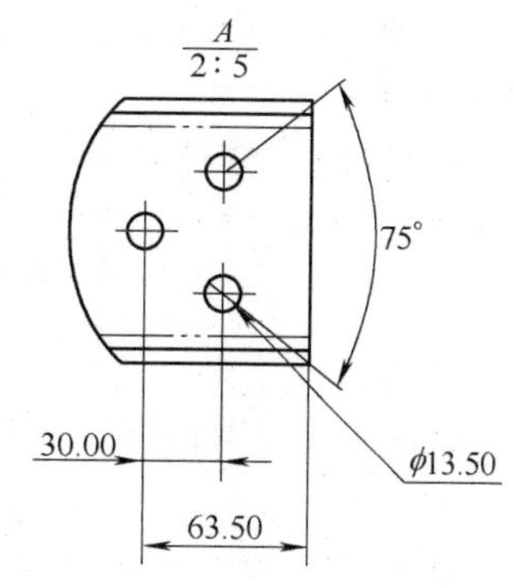

图 8-90　自动排列尺寸

图 8-91　移动视图标签

技巧　如果在不展开尺寸调色板的情况下离开了尺寸调色板，用户可以按〈Ctrl〉键使其再次显示在工程图图纸上。

步骤 7　输入模型项目　下面将添加链接到大孔阵列的参数化注释。要访问阵列中的实例计数，可以使用【模型项目】命令。单击【模型项目】，选择【所选特征】作为【来源】，勾选【将项目输入到所有视图】复选框，在【尺寸】中选择【实例/圈数计数】，如图 8-92 所示。选择与"LPattern1"特征关联的边线，单击【确定】。

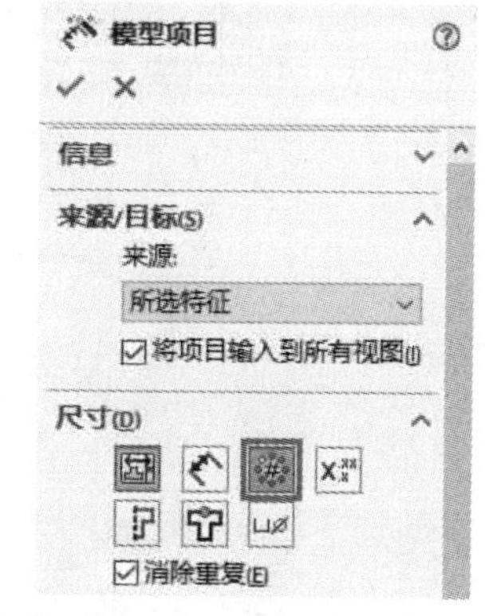

图 8-92　输入模型项目

步骤 8　创建注释　单击【注释】，在前视图中，选择孔的边线以定位注释的箭头，再次单击以放置注释。

步骤 9　添加参数和文本　在视图中单击尺寸 ϕ25.40，将其添加到注释中。按〈Enter〉键后单击实例计数值 7 以将其添加到注释中，最后输入"PLACES"，如图 8-93 所示。

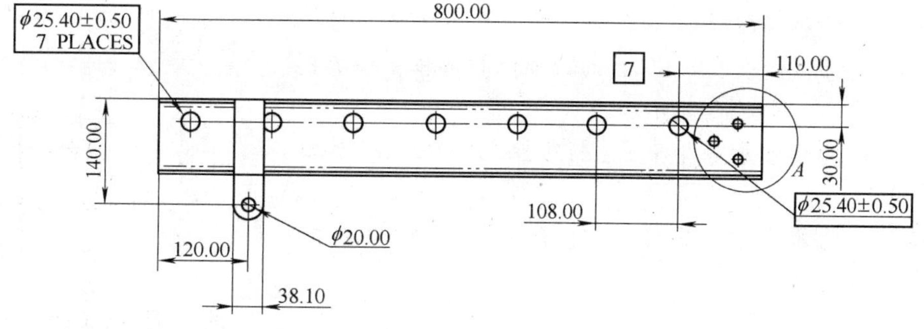

图 8-93　添加参数和文本

步骤 10　格式化注释　将注释的格式设置为【右对齐】。

步骤 11　测试注释　双击尺寸 ϕ25.40，将其修改为 25，【重建】工程图。

步骤 12　查看结果　注解将使用新值自动更新，如图 8-94 所示。

步骤 13　隐藏尺寸　右键单击注释中使用的尺寸，从快捷菜单中选择【隐藏】。

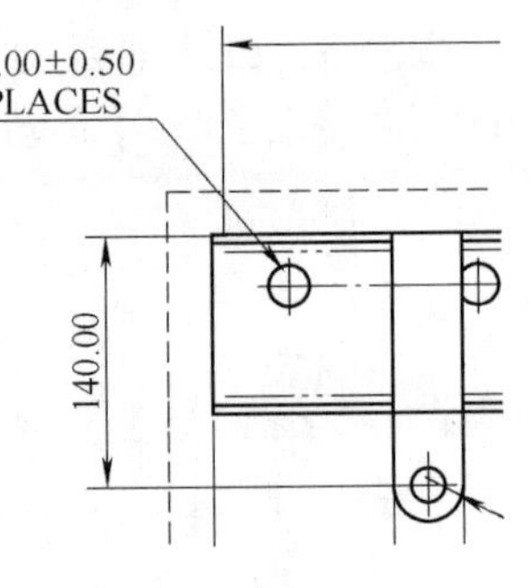

图 8-94　查看结果

- 添加尺寸　下面将使用尺寸链替换一些设计注解，以更好地显示孔的位置。

步骤 14　激活【水平尺寸链】命令　单击【水平尺寸链】。

步骤 15　添加"0"尺寸　在前视图中，单击最右侧的垂直边线，再次单击以将"0"尺寸放置在视图的上方。

步骤 16　添加尺寸链　单击图中指示的边线以创建图 8-95 所示的尺寸链方案。

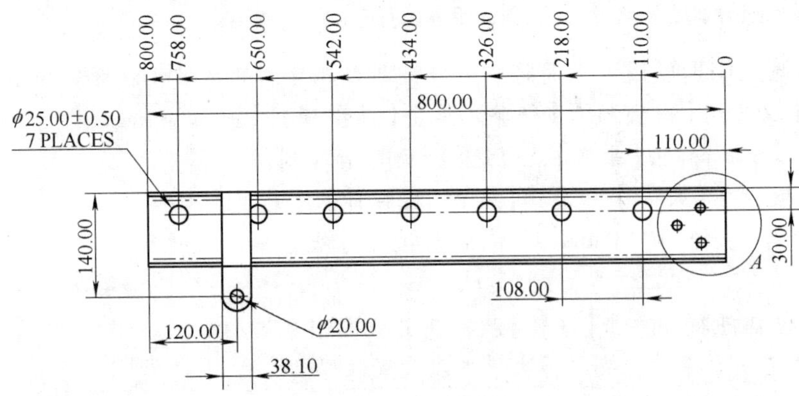

图 8-95　添加尺寸链

步骤 17　完成尺寸链命令　单击【确定】或按〈Esc〉键以完成该命令。

步骤 18　添加到尺寸链　右键单击一个尺寸链，选择【添加到尺寸链】。单击 ϕ20.00 孔的边线以将其位置添加到尺寸链方案中，如图 8-96 所示。

步骤 19　完成该命令　单击【确定】或按〈Esc〉键以完成该命令。

步骤 20　隐藏尺寸　从视图中【隐藏】不必要的尺寸，如图 8-97 所示。

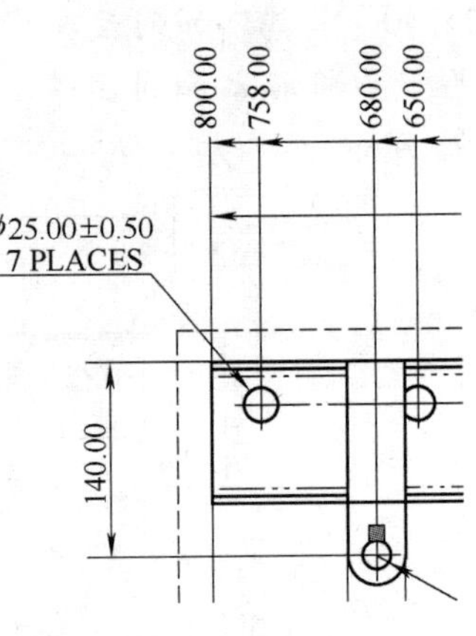

图 8-96　添加到尺寸链

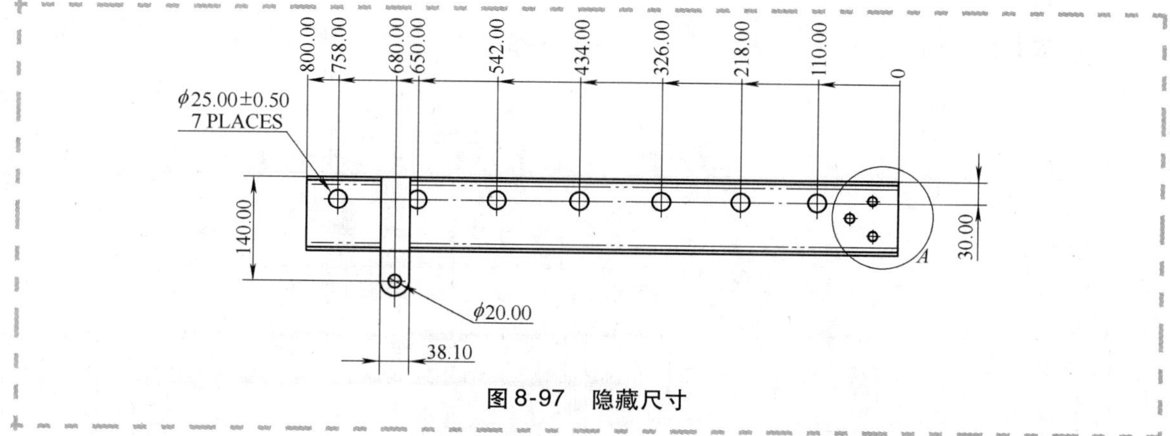

图 8-97　隐藏尺寸

• 自动标注尺寸　在工程图中，【智能尺寸】工具包括自动创建链、基准和尺寸链方案的选项，类似于模型文档中的【完全定义草图】工具。要访问这些选项，用户需在智能尺寸 PropertyManager 中选择【自动标注尺寸】选项卡。在下面的步骤中，将使用【自动标注尺寸】功能在局部视图 *A* 中应用尺寸链。

步骤 21　访问【自动标注尺寸】　选择局部视图 *A*，单击【智能尺寸】，在 PropertyManager 中单击【自动标注尺寸】选项卡。

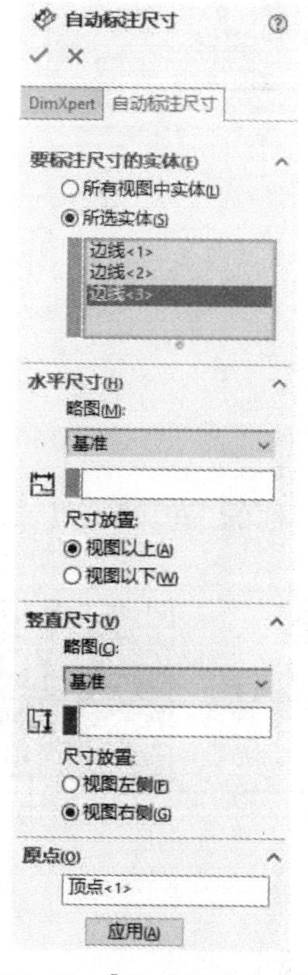

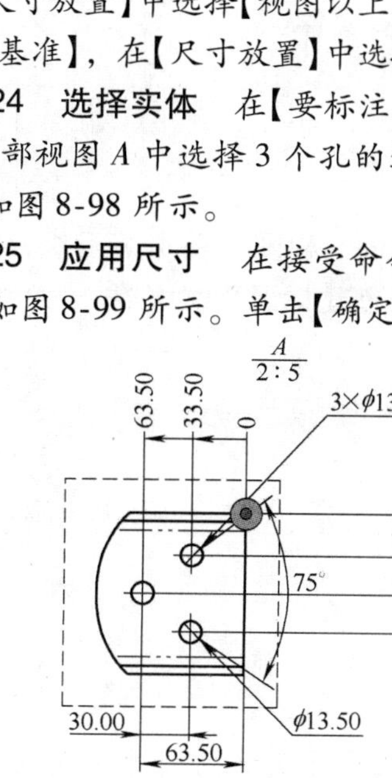

图 8-98　【自动标注尺寸】选项卡的设置

步骤 22　定义原点　激活【原点】选择框并在局部视图 *A* 中选择右上角的顶点。

提示　如果需要，用户可以为水平和竖直尺寸定义单独的边线或顶点。

步骤 23　定义方案　在水平尺寸【略图】下拉菜单中选择【基准】，在【尺寸放置】中选择【视图以上】。在竖直尺寸【略图】下拉菜单中选择【基准】，在【尺寸放置】中选择【视图右侧】。

步骤 24　选择实体　在【要标注尺寸的实体】中选择【所选实体】，在局部视图 *A* 中选择 3 个孔的边线。【自动标注尺寸】选项卡的设置如图 8-98 所示。

步骤 25　应用尺寸　在接受命令之前可以预览尺寸，单击【应用】，如图 8-99 所示。单击【确定】以接受。

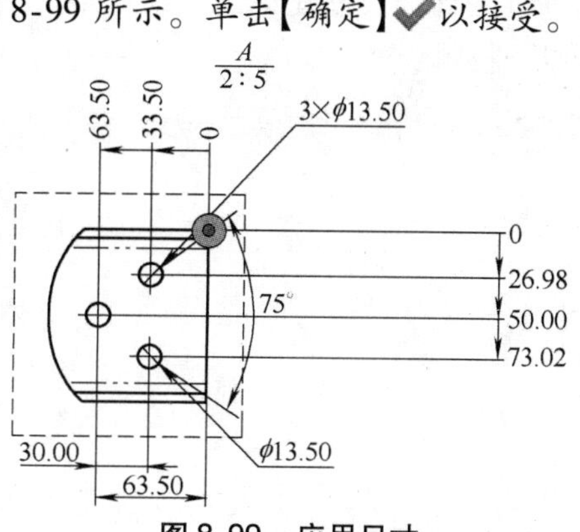

图 8-99　应用尺寸

步骤 26　完成视图　隐藏无关的尺寸并修改部分尺寸位置以完成视图，结果如图 8-100 所示。

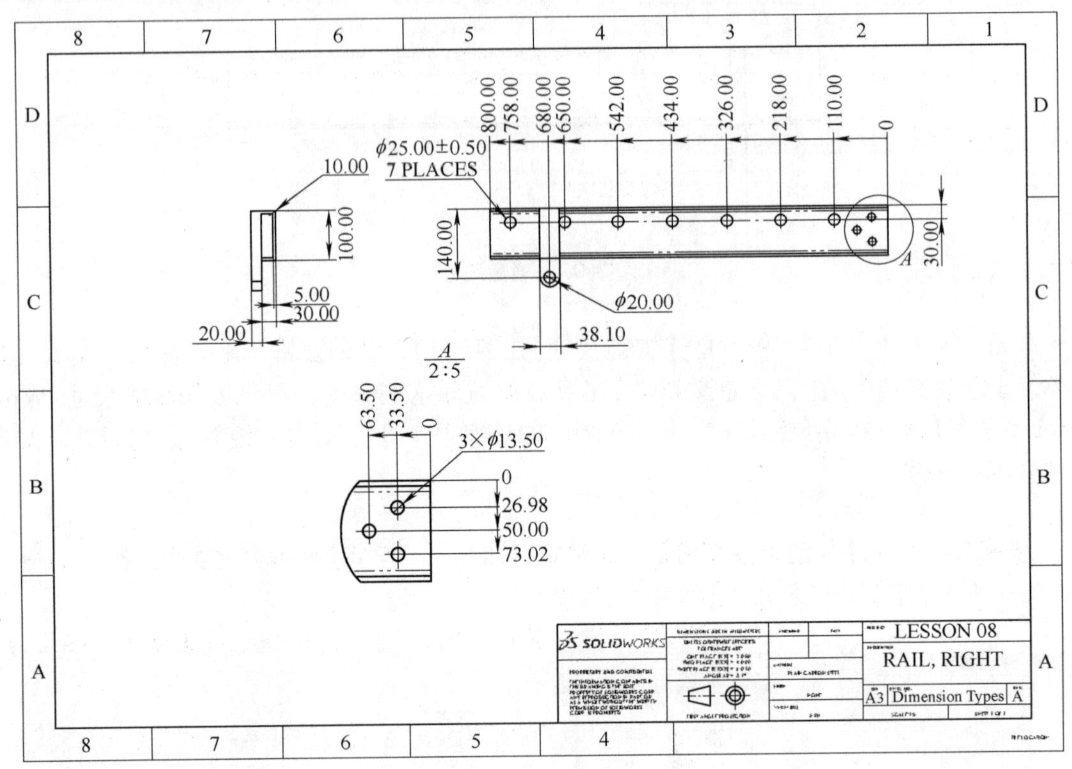

图 8-100　完成视图

步骤 27　保存并关闭所有文件

练习 8-3　其他工具

本练习将完成图 8-101 所示的工程图。在本练习中，将介绍一些其他的工程图工具，例如，使用图层和设计库进行注解以及创建标识注解库等。

本练习将使用以下技术：

- 排列尺寸。
- 倒角尺寸。
- 对齐线性直径尺寸。
- 使用图层。
- 设计库中的注解。
- 标识注解库。

扫码看 3D

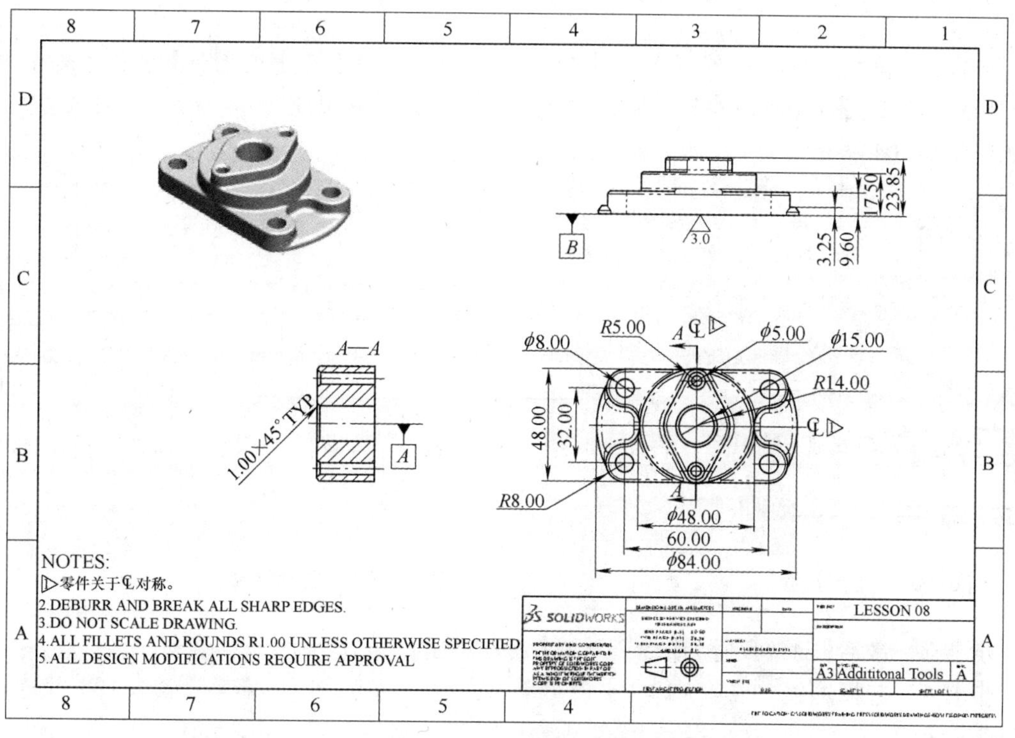

图 8-101 其他工具

操作步骤

步骤 1 打开工程图 从 Lesson08\Exercises 文件夹内打开“Additional Tools. SLDDRW”文件，如图 8-102 所示。完成此工程图的第一步是排列现有的一些尺寸并创建其他参考尺寸。

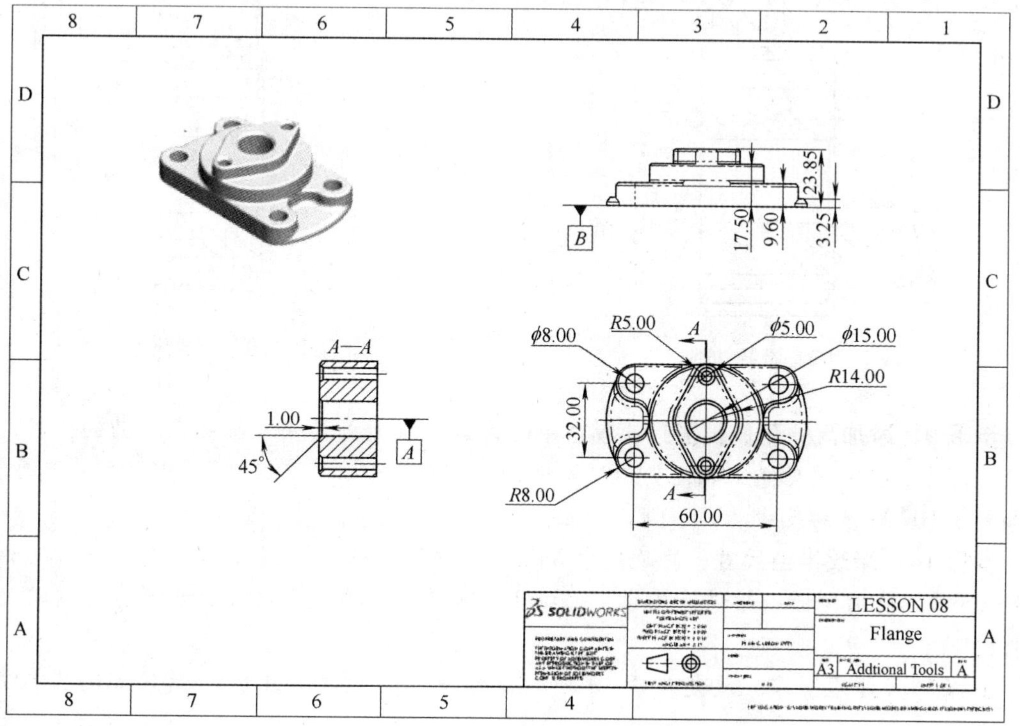

图 8-102 打开工程图

步骤2　排列尺寸　选择前视图中的所有尺寸，使用【尺寸调色板】来将尺寸应用【自动排列尺寸】和【线性/径向均匀等距】命令，如图8-103所示。根据需要调整间距，结果如图8-104所示。

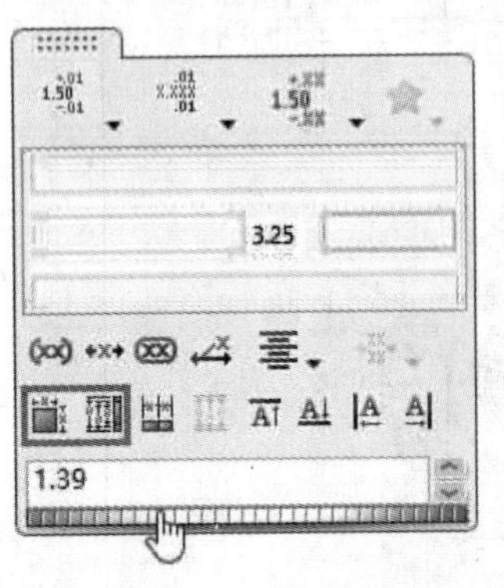

图8-103　排列尺寸

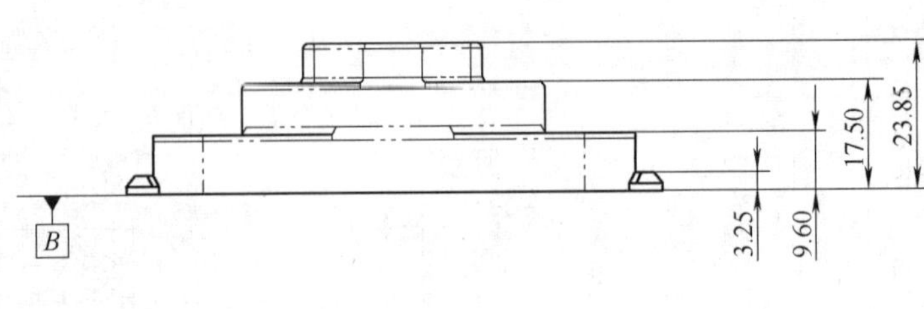

图8-104　查看结果

步骤3　激活【倒角尺寸】命令　单击【倒角尺寸】。

步骤4　选择边线　在剖面*A—A*视图中单击倾斜的边线，然后单击图8-105所示的垂直边线1和2。

步骤5　放置尺寸　在图纸上单击，以放置倒角尺寸。

步骤6　退出命令　单击【确定】或按〈Esc〉键退出该命令。

步骤7　添加文本　在尺寸中添加"TYP"注释。

步骤8　隐藏尺寸　右键单击尺寸1.00和45°，选择【隐藏】，结果如图8-106所示。

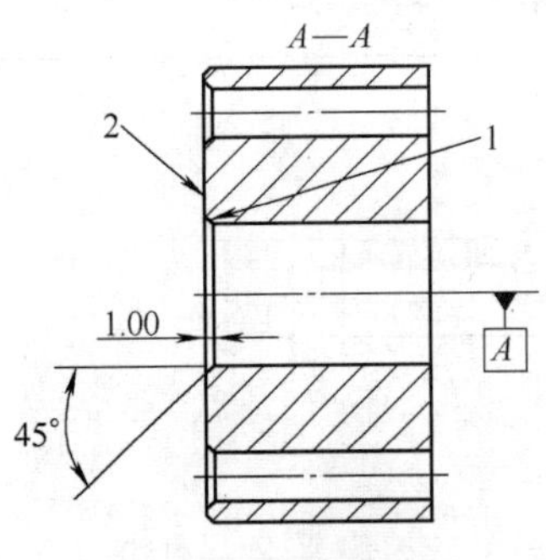

图8-105　选择边线

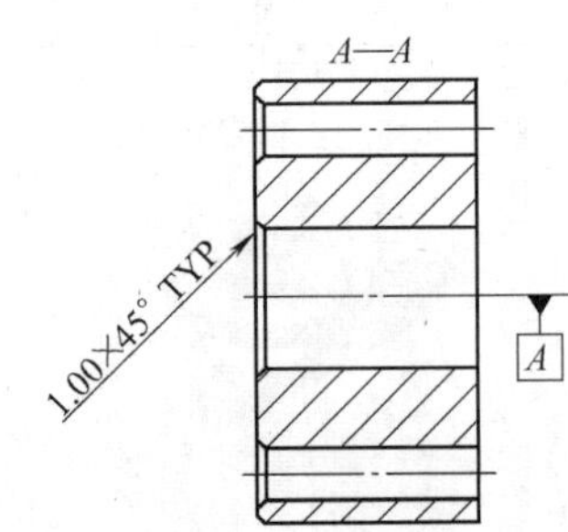

图8-106　隐藏尺寸

步骤9　添加尺寸到俯视图　此模型中的许多特征都是使用草图关系定义的，因此无需输入尺寸。为了将信息正确地传达给制造者，下面将添加参考尺寸。使用【智能尺寸】添加图8-107所示的尺寸。

步骤10　修改半径尺寸　修改尺寸*R*42.00的【显示选项】为【显示成直径】和【显示成线性尺寸】。使用控标旋转移动尺寸，如图8-108所示。将尺寸旋转为水平，并将其放置在视图下方。

步骤11　重复操作　重复步骤10中的操作以修改尺寸*R*24.00，结果如图8-109所示。

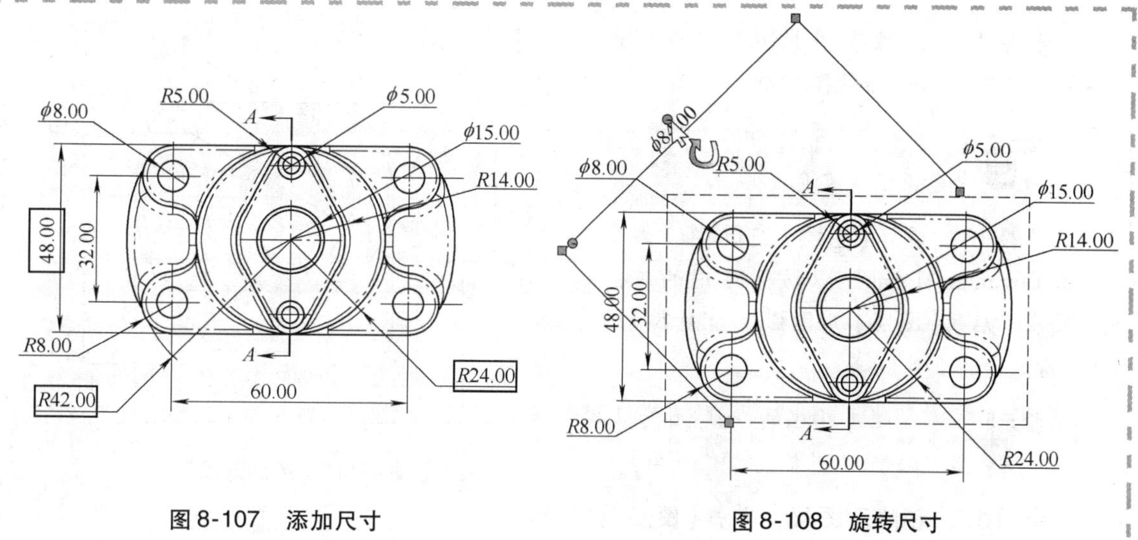

图 8-107 添加尺寸　　图 8-108 旋转尺寸

步骤 12 添加中心线 为了表现零件的对称信息，将在俯视图中添加中心线，并在注释中引用该中心线。单击【中心线】，单击视图的顶部和底部边线以添加水平中心线，然后调整其大小，如图 8-110 所示。单击【确定】。

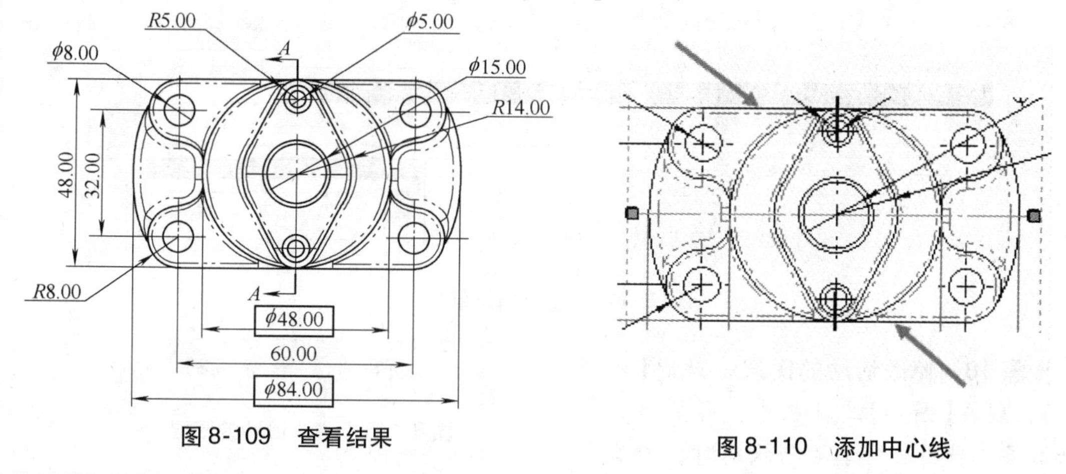

图 8-109 查看结果　　图 8-110 添加中心线

• 使用图层 下面将在俯视图中添加竖直的中心线。若使用【中心线】工具创建该中心线，则没有合适的边线或圆柱面可以选择。为了手动添加中心线，下面将绘制一条线，然后将其指定到中心线图层。

图层有利于将不同的线型应用于工程图元素以及控制其可见性，图层也可用于控制是否打印工程图元素。

工程图注解的 PropertyManager 中包括将注解指定给某个图层的选项，或者用户可以修改文档属性以根据注解类型自动分配给指定的图层。

为了创建和修改图层，需要启用【图层】工具栏并使用【图层属性】命令。

步骤 13 视图锁焦 在绘制直线之前，双击俯视图以锁定视图焦点。

步骤 14 绘制直线 绘制类似于图 8-111 所示的竖直直线，该直线与零件中间的孔中心重合。

步骤 15 解除视图锁焦 在视图边界框外部双击以解除视图锁焦。

提示 视图未激活时，草图直线显示为灰色。

步骤 16 显示【图层】工具栏 右键单击 CommandManager 以访问可用的工具栏菜单，启用【图层】工具栏，如图 8-112 所示。

提示 此工具栏的默认位置位于应用程序窗口的左下角。

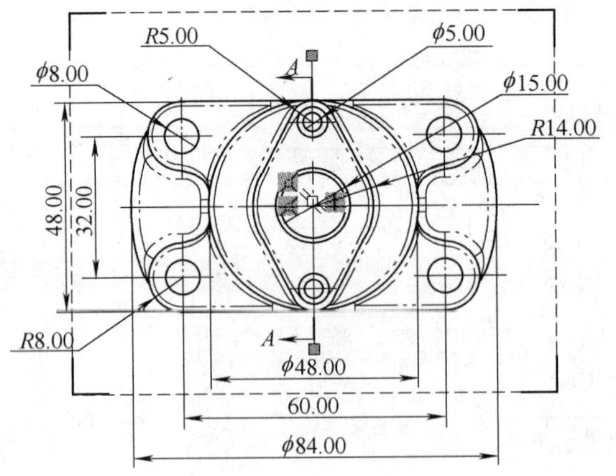

图 8-111 绘制直线

步骤 17 创建新图层 单击【图层属性】，单击【新建】，在【名称】中输入"中心线"。在【样式】中选择【Chain】，如图 8-113 所示。单击【确定】。

图 8-112 显示【图层】工具栏

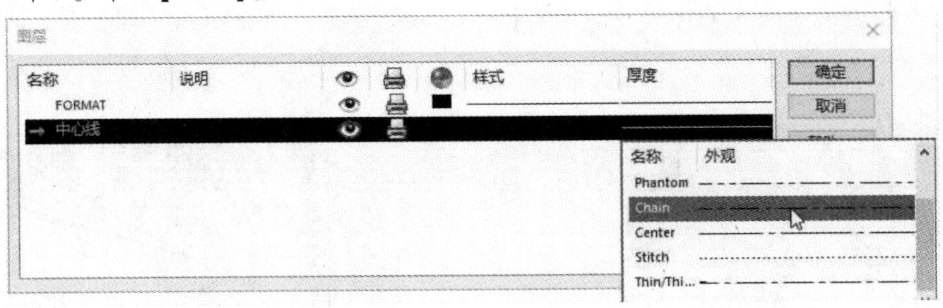

图 8-113 创建新图层

步骤 18 修改活动的图层 此时【中心线】出现在【图层】工具栏中，并显示为活动图层。当图层处于活动状态时，所有创建的新元素都将分配给该图层。使用下拉菜单将活动图层更改为【-无-】，如图 8-114 所示。

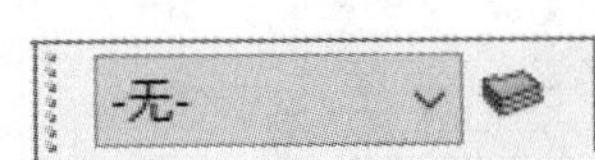

图 8-114 修改活动的图层

步骤 19 更改草图直线的图层 双击俯视图以访问草图直线。选择草图直线，在【选项】中选择【中心线】图层，单击【确定】。

步骤 20 查看结果 现在草图直线显示为相应的颜色和线型，如图 8-115 所示。

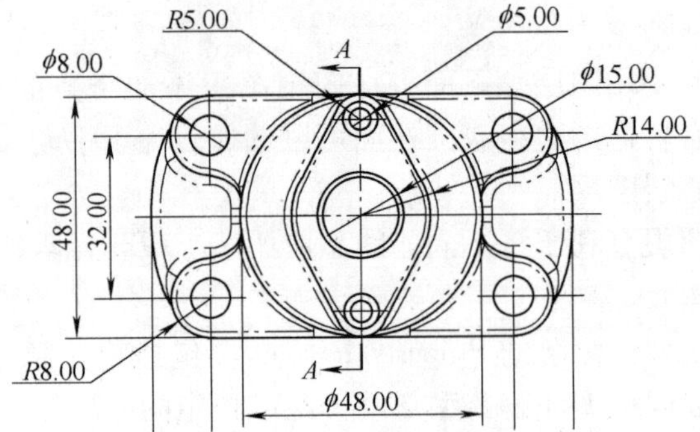

图 8-115 查看结果

步骤 21 添加注释到俯视图 下面将使用【注释】命令为每个中心线添加中心线符号。双击俯视图以锁定视图焦点。单击【注释】，单击【添加符号】并选择【中心线】符号，如图 8-116 所示。单击以将注释放到中心线的一端。

步骤 22　添加其他注释　单击注释文本框外部以完成文本编辑。单击以在另一条中心线的一端放置另一个注释，如图 8-117 所示。单击【确定】✔以完成注释命令。

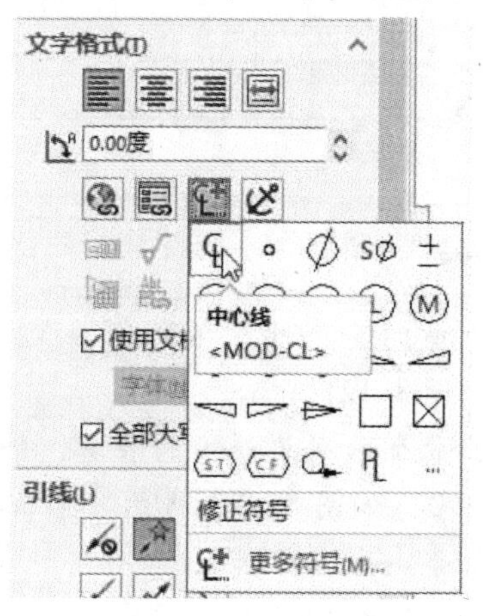

图 8-116　添加【中心线】符号

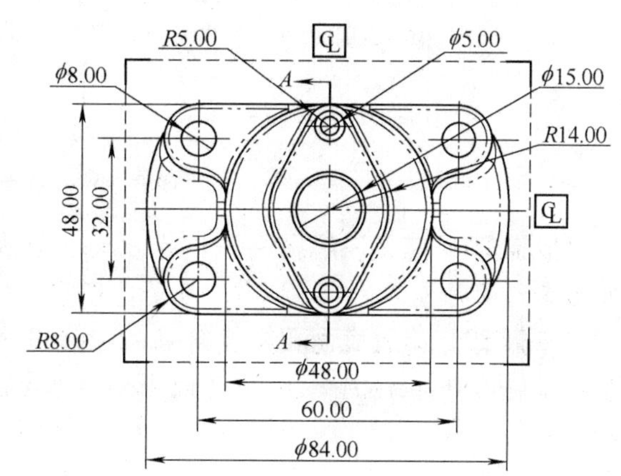

图 8-117　添加其他注释

步骤 23　解除视图锁焦　在视图边界框外部双击以解除视图锁焦。

步骤 24　移动俯视图(可选步骤)　通过移动视图来测试注释与俯视图是否相关联，注释应始终保持与中心线对齐。

注释：
1.　零件关于℄对称。

图 8-118　添加编号注释

步骤 25　添加编号注释　下面将添加一般注释块，此注释应与工程图图纸相关联，因此请确保在创建注释时焦点未锁定在任何工程图视图上。单击【注释】**A**，将注释放在图纸的左下角附近。输入“注释:”并按〈Enter〉键。从【格式】工具栏中，将【数字】格式添加到注释的第二行，输入文本并添加符号，如图 8-118 所示。单击【确定】✔完成注释命令。

• 设计库中的注解　如果用户创建的注释会在许多工程图中使用，则可以将注释样式保存到库中，以便轻松地重复使用它们。创建注解库可以提高出详图效率。

SOLIDWORKS 默认设计库中包含一些可以从【设计库】窗格中访问的注解示例。在下面的步骤中，将查看默认的设计库，然后添加自定义库位置以访问自定义注解。

步骤 26　查看默认的设计库　在任务窗格中单击【设计库】选项卡，展开“Design Library”并选择“annotations”文件夹，如图 8-119 所示。

步骤 27　从库中添加注解　使用拖放方式将注解添加到工程图中，确保前视图在图形区域中可见。从库中拖出表面粗糙度符号(sf6.3)并将其放置到边线上，如图 8-120 所示。

技巧　放置注解后，可其将重新定向。

步骤 28　取消【插入注解】命令

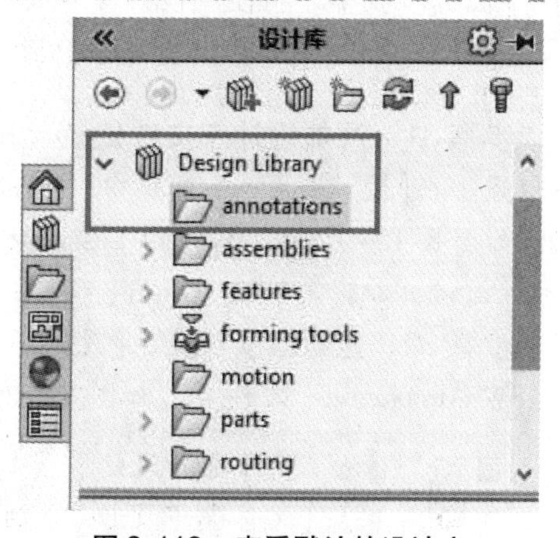

图 8-119　查看默认的设计库

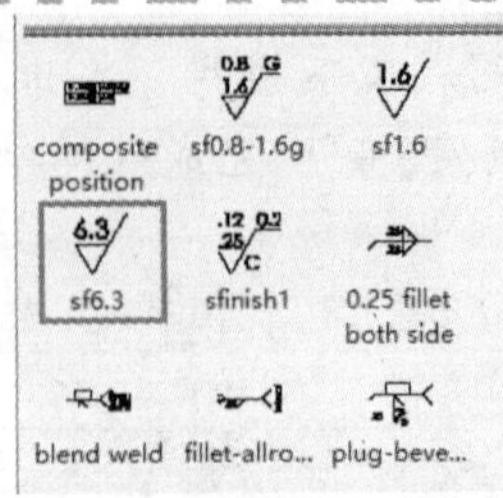

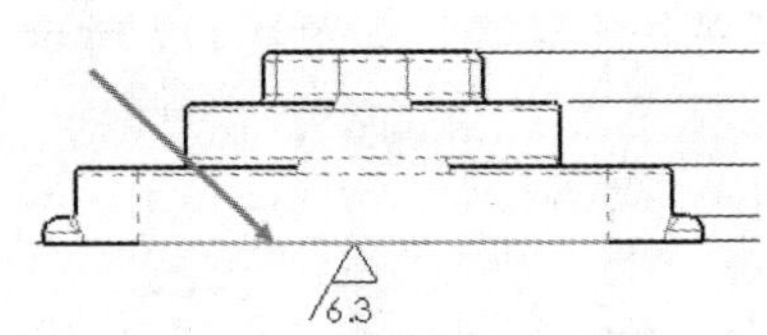

图 8-120 从库中添加注解

步骤 29 查看注解属性 选择表面粗糙度符号以访问其属性。在 PropertyManager 中可查看到此符号名为“SF6.3”，且是已保存的样式，如图 8-121 所示。

步骤 30 修改表面粗糙度符号 即使用户使用了带有预定义属性的注解，仍可将其修改。使用 PropertyManager 将【最小粗糙度】修改为 3.0，如图 8-122 所示。单击【确定】✔。

图 8-121 查看注解属性

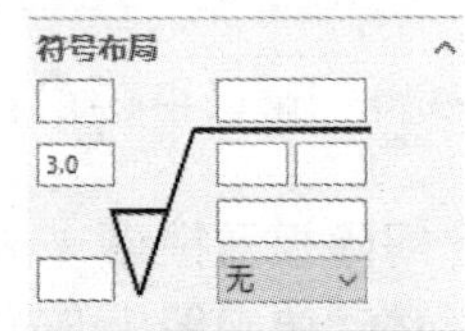

图 8-122 修改表面粗糙度符号

- 设计库快捷方式 用户可以使用注解 PropertyManager 中的样式命令或【设计库】窗格中提供的快捷方式来创建注解的自定义库，如图 8-123 所示。

图 8-123 设计库快捷方式

为了将样式手动添加到外部文件夹，可以使用【添加样式】和【保存样式】命令，如在“8.6.1 PropertyManager 中的样式”中所述的示例。或者将样式保存到设计库位置，【设计库】窗格中的【添加到库】命令可创建样式并将其保存到指定的库文件夹内。

设计库还包括【添加文件位置】和【生成新文件夹】的快捷方式。使用这些快捷方式，用户可以直接在【设计库】窗格中完成相关操作，而无需访问【选项】中的【文件位置】或使用 Windows 文件资源管理器创建新文件夹。

在下面的步骤中，将使用设计库中的快捷方式将现有的文件夹添加为新的设计库文件位置。然后从工程图中添加注解到自定义库位置，以方便地重复使用这些注解。

步骤 31 添加设计库文件位置 Exercises 目录中的现有文件夹将被添加为新的设计库位置。在【设计库】任务窗格中，单击【添加文件位置】，如图 8-124 所示。浏览到 Lesson08\Exercises 并选择“SW Annotations”文件夹，单击【确定】。

图 8-124 添加设计库文件位置

步骤 32 查看结果 现在【设计库】任务窗格中出现了“SW Annotations”文件夹，如图 8-125 所示。

提示 使用【添加文件位置】命令可将指定的文件夹添加到【选项】/【系统选项】/【文件夹位置】/【设计库】。

步骤 33　查看"SW Annotations"库　选择"SW Annotations"库，查看已保存到此文件夹的自定义注解，此处创建了一些注释、几何公差、表面处理和草图块等，如图 8-126 所示。

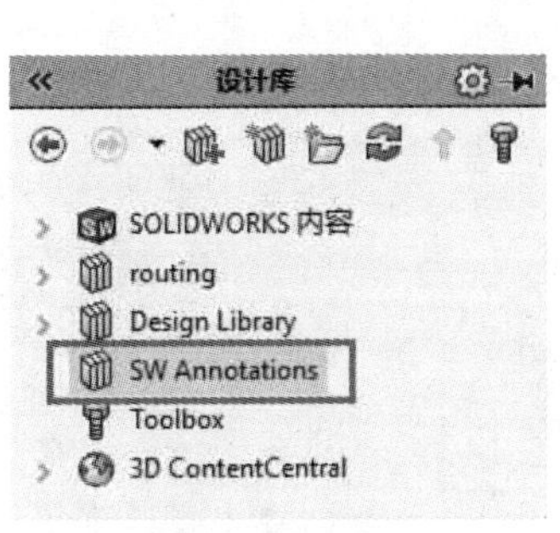

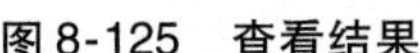

图 8-125　查看结果

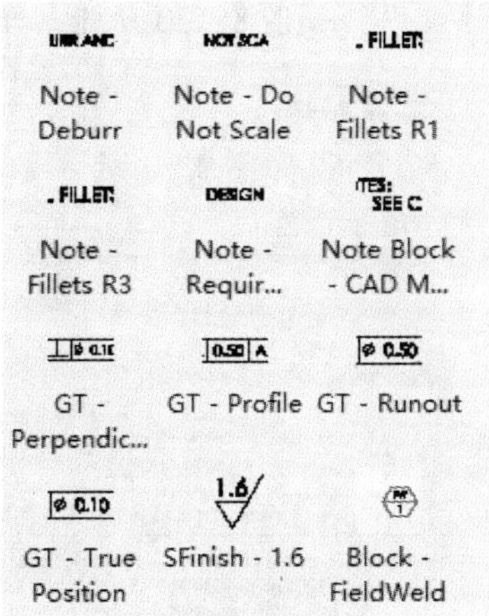

图 8-126　查看"SW Annotations"库

步骤 34　向库中添加表面粗糙度符号　为了将修改后的表面粗糙度符号保存到自定义库位置，需在工程图中选中符号，然后单击【添加到库】，如图 8-127 所示。

步骤 35　完成 PropertyManager

使用添加到库 PropertyManager，将【文件名称】更改为"SFinish-3.0"。确保选择的【设计库文件夹】为"SW Annotations"，注意到【文件类型】为"Style (*.sldsfstl)"，如图 8-128 所示。单击【确定】✔。

步骤 36　查看结果　注解已经添加到库中，用户可以使用拖放的方式重用该注解，如图 8-129 所示。

图 8-127　【添加到库】快捷方式

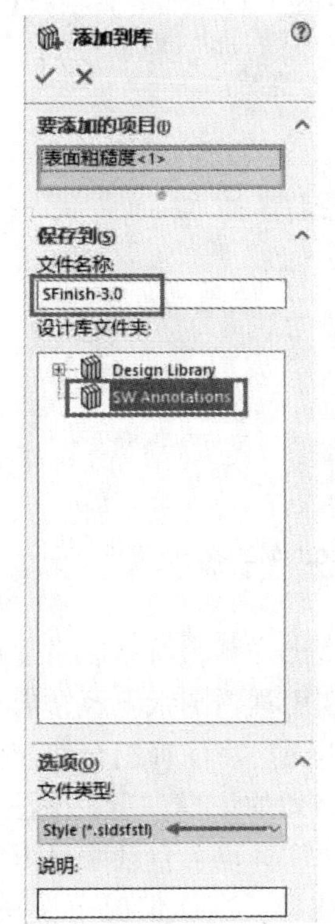

图 8-128　完成 PropertyManager

图 8-129　查看结果

步骤 37　向“SW Annotations”库中添加注释　在工程图图纸上选择中心线符号℄注释，然后单击【添加到库】，将文件名称定义为“Note-CL”，并将其保存到“SW Annotations”文件夹内，如图 8-130 所示。单击【确定】✔，结果如图 8-131 所示。

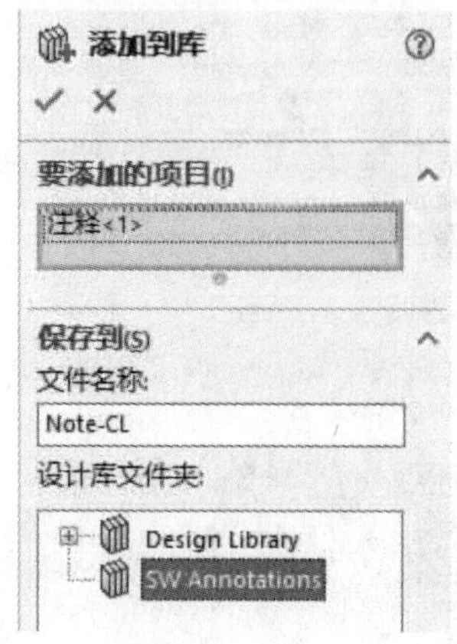

图 8-130　设置 PropertyManager

℄
Note-CL

图 8-131　查看结果

步骤 38　向“SW Annotations”库中添加注释块　在工程图图纸上选择“注释:”注解，然后单击【添加到库】，将文件名称定义为“Note Block-Symmetrical”，并将其保存到“SW Annotations”文件夹内，如图 8-132 所示。单击【确定】✔，结果如图 8-133 所示。

图 8-132　设置 PropertyManager

Note
Block-Sym
metrical

图 8-133　查看结果

现在如果要为相似的模型出详图，就可以重复使用这些注释了。

• 创建自定义注释块　在工程图图纸上经常遇到具有多个编号注释的注释块。通过将单个注释保存到设计库中，用户可以通过将注释组合快速创建自定义注释块。这种方法有以下要求：

1）创建或放置包含数字格式的注释。当一个注释包含数字格式时，就像步骤 38 中保存到库中的注释块一样，添加的其他注释也会自动编号。

2）修改设置以允许组合注释。默认情况下，在 SOLIDWORKS 选项中勾选了【在拖动时禁用注释合并】复选框。用户可以取消勾选此复选框以启用注释合并，该复选框在【选项】/【系统选项】/【工程图】中可以找到。

在本练习中，将讲解如何通过调整 SOLIDWORKS 选项中的设置来创建自定义注释块，然后将库中的注释添加到工程图图纸上的注释块中。

步骤 39　修改合并注释的设置　单击【选项】⚙/【系统选项】/【工程图】，取消勾选【在拖动时禁用注释合并】复选框，如图 8-134 所示，单击【确定】。

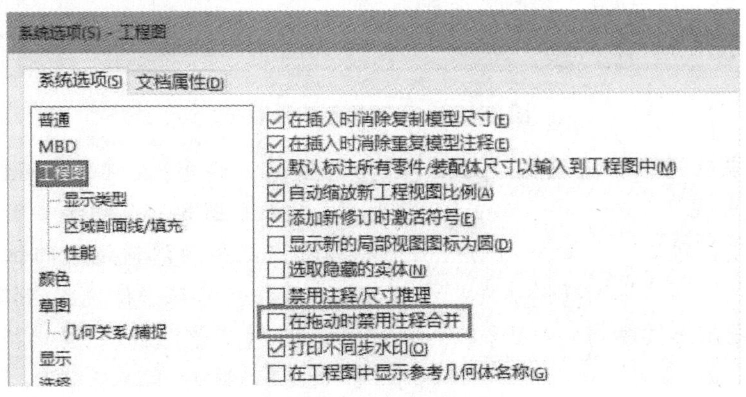

图 8-134　修改合并注释的设置

步骤 40　拖动注释以将其添加到注释块中　从“SW Annotations”库文件夹内拖动“Note-Deburr”注释，并将其放到工程图图纸上的编号注释块中，如图 8-135 所示。

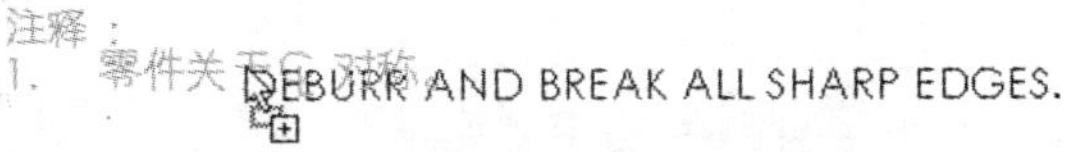

注释：
1.　零件关于℄对称
DEBURR AND BREAK ALL SHARP EDGES.

图 8-135　拖动注释以将其添加到注释块中

步骤 41　查看结果　库中的注释将成为注释块中的新编号注释，如图 8-136 所示。

注释：
1.　零件关于℄对称。
2.　DEBURR AND BREAK ALL SHARP EDGES.

图 8-136　查看结果

步骤 42　取消【插入注解】命令　由于其他实例不需要此注释，单击【取消】✕。

步骤 43　重复操作　重复步骤 40 ~ 步骤 42，将“Note-Do Not Scale”“Note-Fillets R1”和“Note-Require Approval”注释从库中添加到注释块中，如图 8-137 所示。

注释：
1.　零件关于℄对称。
2.　DEBURR AND BREAK ALL SHARP EDGES.
3.　DO NOT SCALE DRAWING.
4.　ALL FILLETS AND ROUNDS R1.00 UNLESS OTHERWISE SPECIFIED.
5.　ALL DESIGN MODIFICATIONS REQUIRE APPROVAL.

图 8-137　添加其他注释

- 标识注解库　带编号的注释可以储存在标识注解库中，以便于其他注释引用其注释编号。标识注解库保留了指向注释编号的链接，如果其发生了改变，则引用它的其他注释也将自动更新。

为了创建标识注解库，需要编辑带数字格式的注释。选择注释编号，然后勾选 PropertyManager 中的【添加到标识注解库】复选框。这样就可以在零件序号注解中使用标识注解库中的数字来标记注释所适用的工程图区域。

在本练习中，将把注释块中的第一个注释添加到标记注解库，以便于标记工程图中的中心线符号。

步骤 44　编辑注释块　双击注释块以编辑文本。

步骤 45　高亮显示注释编号　单击编号“1.”，使其在注释中高亮显示，如图 8-138 所示。

注释：
1. 零件关于℄对称。
2. DEBURR AND BREAK ALL SHARP EDGES.
3. DO NOT SCALE DRAWING.
4. ALL FILLETS AND ROUNDS R1.00 UNLESS OTHERWISE SPECIFIED.
5. ALL DESIGN MODIFICATIONS REQUIRE APPROVAL.

图 8-138 高亮显示注释编号

步骤 46 添加到标识注解库 勾选【添加到标识注解库】复选框，在【边界】中选择【旗形-三角】，如图 8-139 所示，单击【确定】✔，结果如图 8-140 所示。

步骤 47 视图锁焦 下面将向俯视图中添加标识以指示注释适用的位置，这将使用【零件序号】完成注解。为了确保零件序号与视图相关联，需双击俯视图以锁定视图焦点。

步骤 48 添加零件序号 单击【零件序号】，勾选【标识注解库】复选框并在表格中选择编号 1，如图 8-141 所示。在中心线符号注释旁边放置一个标识注解的零件序号，如图 8-142 所示。在另一个中心线符号注释旁边放置第二个标识注解序号，如图 8-143 所示。单击【确定】✔。

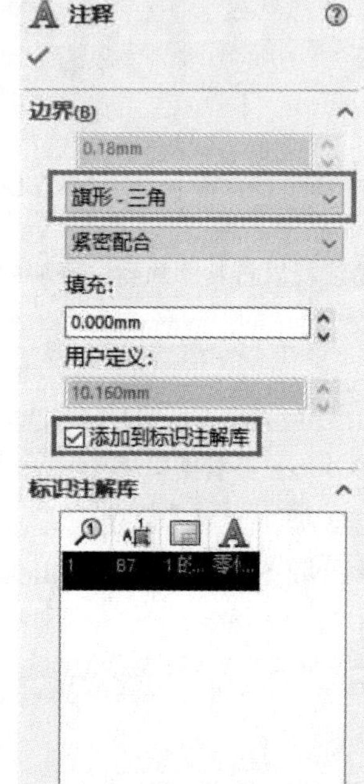

图 8-139 添加到标识注解库设置

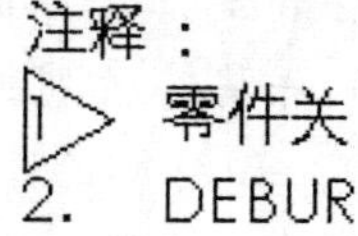

图 8-140 查看结果

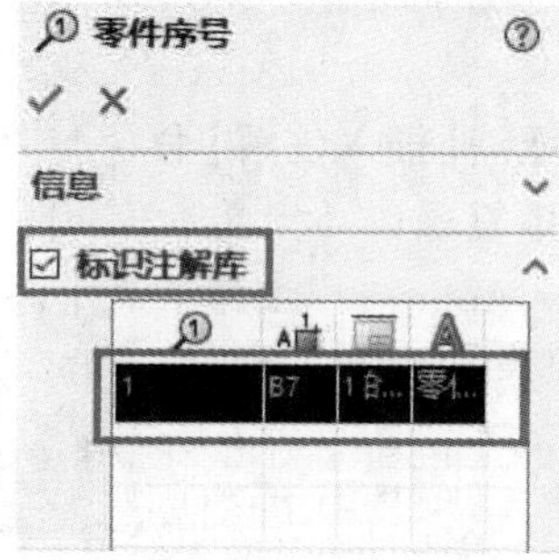

图 8-141 【零件序号】设置

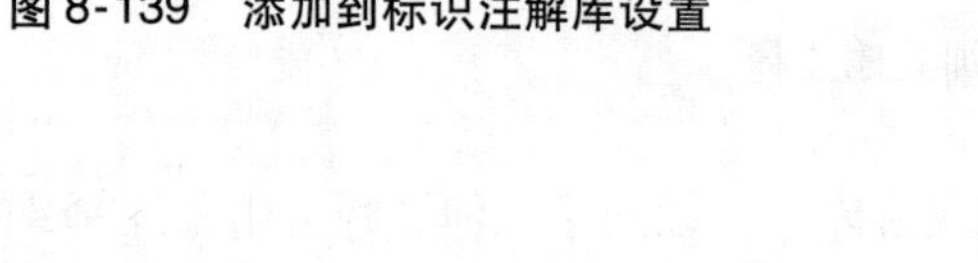
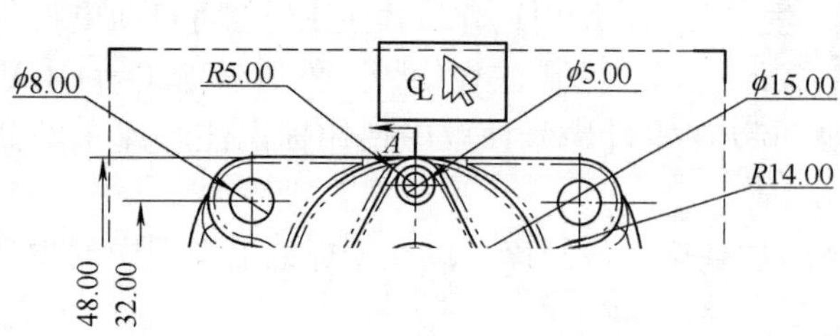

图 8-142 添加标识注解序号

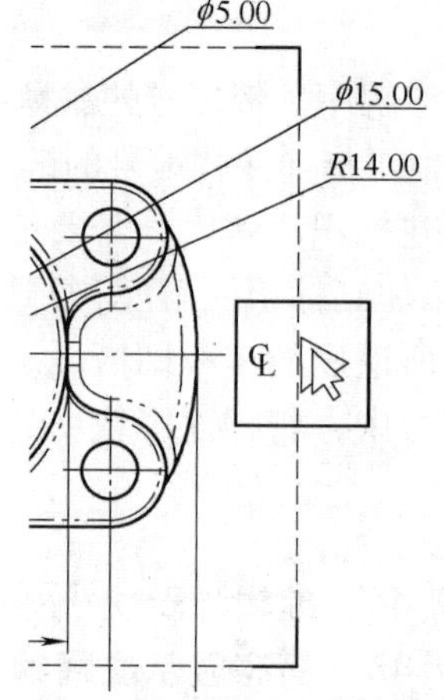

图 8-143 添加第二个标识注解序号

技巧　如有需要，在放置标识注解序号时按住〈Alt〉键以防止捕捉到其他注解。

提示　在锁定视图焦点的情况下，用户可以将注解放在视图边界框之外，此时标识注解序号仍然与视图相关联。

步骤 49　解除视图锁焦　在视图边界框外部双击以解除视图锁焦。

步骤 50　查看注释　将光标移到标识注解序号上以查看相关注释的文本内容，如图 8-144 所示。

步骤 51　保存并关闭所有文件

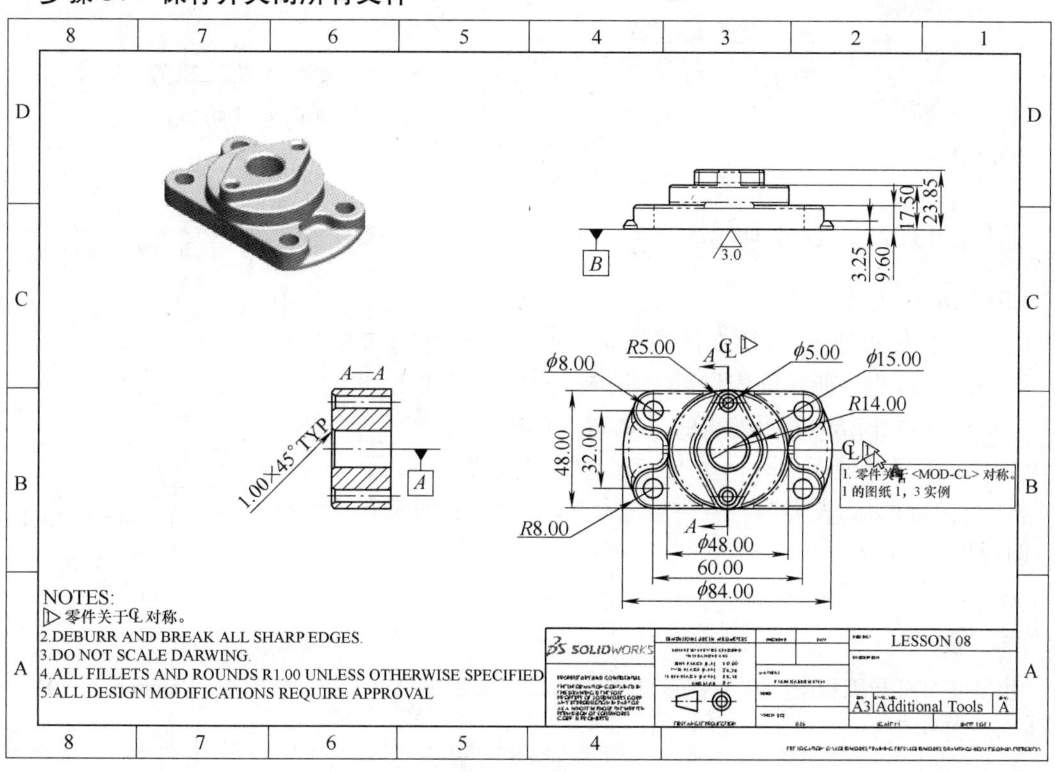

图 8-144　查看注释

第 9 章　材料明细表高级选项

学习目标

- 了解不同的材料明细表类型
- 显示和修改材料明细表中的装配体结构
- 在材料明细表中添加和定义列
- 创建表格模板
- 了解为材料明细表定义零件序号和其他零部件选项的方法
- 了解查找附加零件序号注解的材料明细表项目的方法

9.1　SOLIDWORKS 中的表格

SOLIDWORKS 包含许多用于传递有关模型信息的表格类型，如图 9-1 所示。虽然每种表格类型旨在传达不同的信息，但所有表格都具有相似的特征，这些特征允许用户对表格进行修改和格式化。

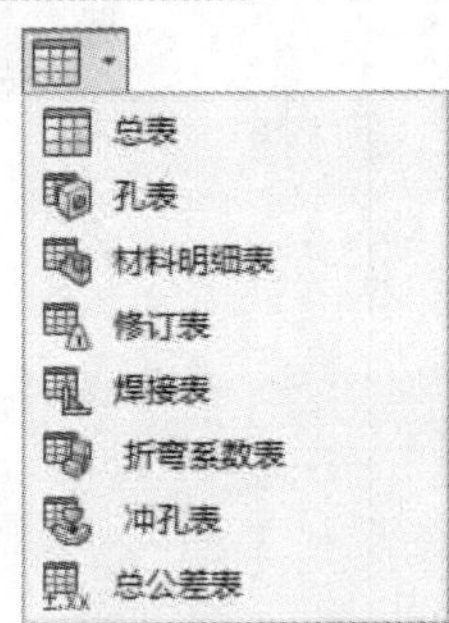

图 9-1　SOLIDWORKS 中的表格

在本章中，将介绍材料明细表的一些高级选项。材料明细表是在 SOLIDWORKS 中经常使用的表格类型，它具有较多的选项。下面将首先介绍不同的材料明细表类型，并讲解一些修改材料明细表和控制显示信息的选项。

操作步骤

步骤 1　打开工程图　从 Lesson09\Case Study 文件夹内打开"BOM Table Practice. SLDDRW"文件，如图 9-2 所示。

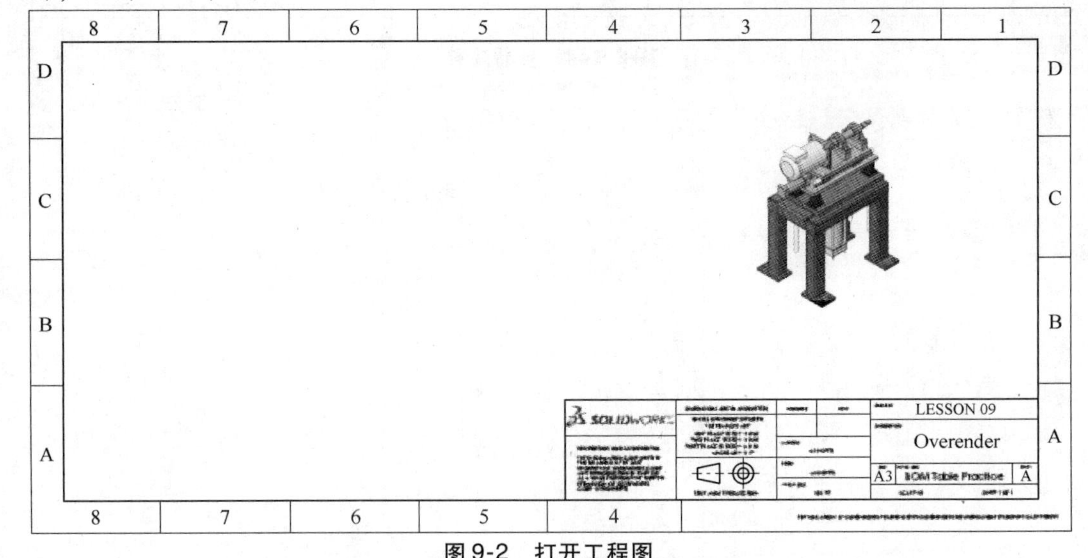

图 9-2　打开工程图

步骤 2　访问材料明细表属性　单击【表格】/【材料明细表】，从工程图图纸中选择模型视图。

9.2　材料明细表属性

扫码看视频

材料明细表 PropertyManager 中包含了用于定义表格特征和特性的选项。其中一些可用且需要注意的选项包括：

- 表格模板　表格模板控制着列、设置和格式。SOLIDWORKS 包含多个材料明细表示例模板，用户也可以创建自定义模板。
- 表格位置　在插入时，用户可以将表格附加到图纸格式的定位点上，如图 9-3 所示。在插入后，用户可以修改这些设置以定义附加表格的边角，如图 9-4 所示。

图 9-3　将表格附加到定位点　　　图 9-4　修改附加表格的边角

- 材料明细表类型　用户可以使用可用的材料明细表类型以不同的方式创建材料明细表。表 9-1 汇总了三种材料明细表类型以及每种类型所具有的独特功能。

表 9-1　不同的材料明细表类型

材料明细表类型	说　明	独特功能
仅限顶层	列出作为参考装配体顶层零部件的零件和子装配体	在表格中可以表示多个配置。使用此选项时，将为每个配置添加【数量】列
仅限零部件	子装配体被视为解散状态，只有零部件被列为项目编号	
缩进	顶层部件与子装配体部件或焊件实体一起以缩进层级的方式列出。用户可以设置缩进项目的编号方式以及焊接切割清单项目的显示方式	在表格中可以显示焊件模型的详细切割清单 用户可以在表中控制材料明细表的结构而无须修改装配体。例如，展开、折叠或解散子装配体，并可以组合多个子装配体中使用的相同部件

• 配置　选择要在表格中表示的配置。系统将首先使用所选工程图视图参考的配置。对于仅限顶层的表格类型，用户可以选择多个配置，如图 9-5 和图 9-6 所示。

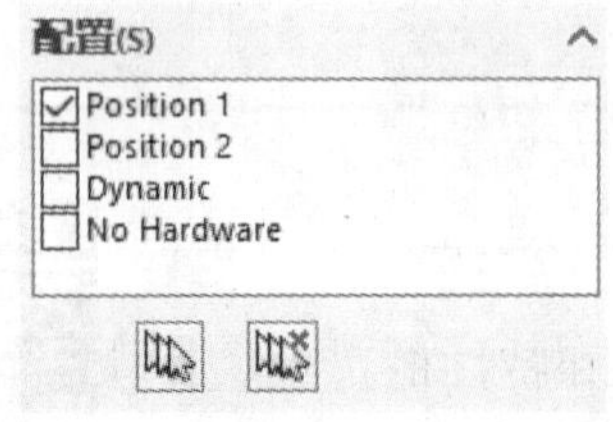

图 9-5　仅限顶层表格类型的配置选项

图 9-6　仅限零件和缩进表格类型的配置选项

• 零件配置分组　此设置可控制不同配置的相同零件在表格中的显示方式。【显示为一个项目号】选项仅用于在仅限顶层表格类型中显示多个配置。如果表格中显示的装配体配置使用了某个零部件的不同配置，则默认显示为单独的行项目，但使用相同的项目编号。

• 保留遗失项目/行　此设置用于控制在材料明细表中处置替换的零部件的方式。

• 项目号　此设置用于定义要起始于的项目编号和后续行项目的增量，如图 9-7 所示。插入表格后，此处会显示【依照装配体顺序】复选框，如图 9-8 所示。

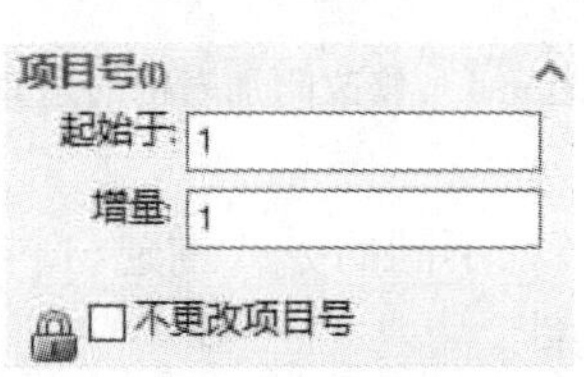

图 9-7　插入表格时的项目号

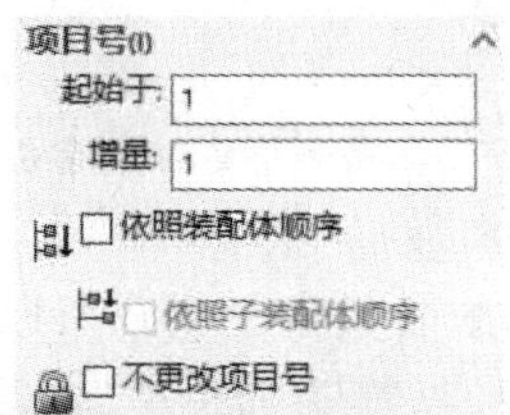

图 9-8　插入表格后的项目号

在本示例中，将介绍不同的材料明细表类型并查看材料明细表的装配体结构。

步骤 3　在图纸中添加仅限顶层的材料明细表　在材料明细表 PropertyManager 中选择图 9-9 所示的选项，单击【确定】✔。

扫码看 3D

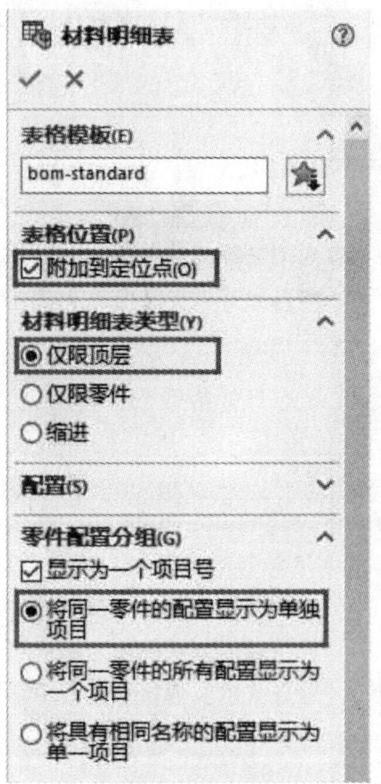

图 9-9　在图纸中添加仅限顶层的材料明细表

步骤 4　查看结果　表格添加到图纸的左上角，如图 9-10 所示。

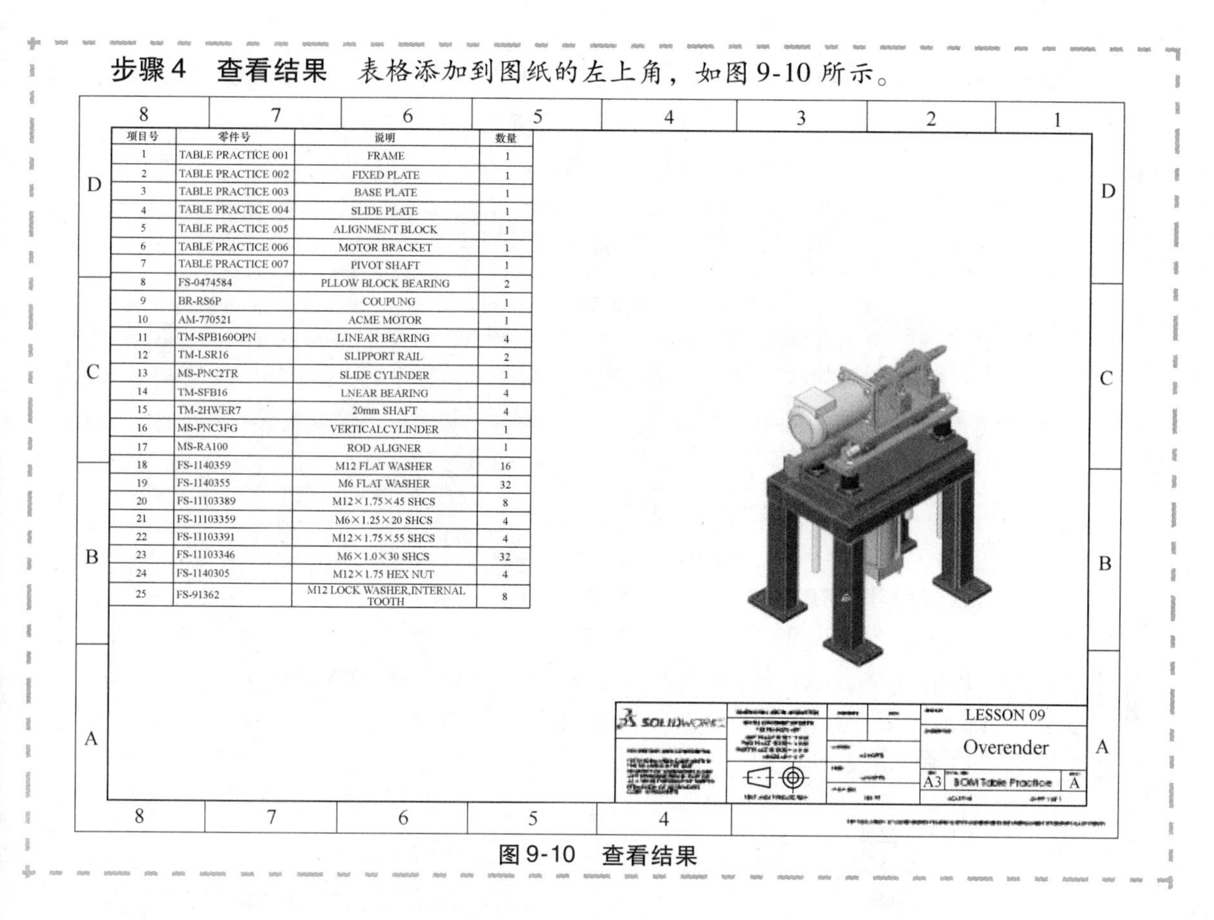

项目号	零件号	说明	数量
1	TABLE PRACTICE 001	FRAME	1
2	TABLE PRACTICE 002	FIXED PLATE	1
3	TABLE PRACTICE 003	BASE PLATE	1
4	TABLE PRACTICE 004	SLIDE PLATE	1
5	TABLE PRACTICE 005	ALIGNMENT BLOCK	1
6	TABLE PRACTICE 006	MOTOR BRACKET	1
7	TABLE PRACTICE 007	PIVOT SHAFT	1
8	FS-0474584	PLLOW BLOCK BEARING	2
9	BR-RS6P	COUPUNG	1
10	AM-770521	ACME MOTOR	1
11	TM-SPB160OPN	LINEAR BEARING	4
12	TM-LSR16	SLIPPORT RAIL	2
13	MS-PNC2TR	SLIDE CYLINDER	1
14	TM-SFB16	LNEAR BEARING	4
15	TM-2HWER7	20mm SHAFT	4
16	MS-PNC3FG	VERTICALCYLINDER	1
17	MS-RA100	ROD ALIGNER	1
18	FS-1140359	M12 FLAT WASHER	16
19	FS-1140355	M6 FLAT WASHER	32
20	FS-11103389	M12×1.75×45 SHCS	8
21	FS-11103359	M6×1.25×20 SHCS	4
22	FS-11103391	M12×1.75×55 SHCS	4
23	FS-11103346	M6×1.0×30 SHCS	32
24	FS-1140305	M12×1.75 HEX NUT	4
25	FS-91362	M12 LOCK WASHER,INTERNAL TOOTH	8

LESSON 09　Overender　A3　BOM Table Practice　A

图 9-10　查看结果

9.3　显示材料明细表中的装配体结构

为了查看在材料明细表中显示的装配体结构，用户可以展开左侧的一些附加列。侧面展开列仅在表格处于激活状态时可见，就像表格的行标题和列标题一样。

显示装配体结构的列会显示代表每个行项目模型类型的图标。该列还具有以下几个功能：

- 将光标悬停在图标上时会显示零部件的缩略图预览，如图 9-11 所示。
- 单击该图标会在工程图视图中突出显示该零部件。
- 右键单击该图标可访问一些控制零部件材料明细表属性的选项。
- 对于缩进的材料明细表，此列可用于将其重组。

若要显示表格中的附加列，需单击左侧的侧面展开标签，如图 9-12 所示。

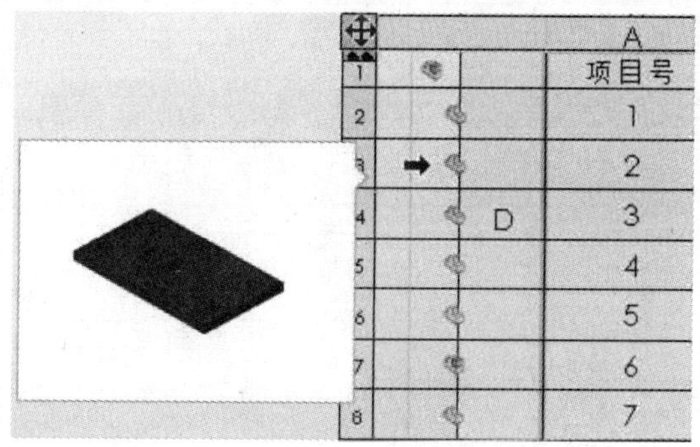

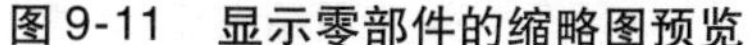

图 9-11　显示零部件的缩略图预览

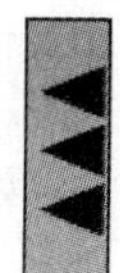

图 9-12　侧面展开标签

步骤 5　查看装配体结构　将光标移到表格上将其激活。单击左侧的侧面展开标签，代表零件和装配体组件的图标在表格中显示。注意项目号 6 的“MOTOR BRACKET”是一个装配体零部件。将光标放在该零部件图标上查看对应的缩略图预览，如图 9-13 所示。

	A	B	C	D
1	项目号	零件号	说明	数量
2	1	TABLE PRACTICE 001	FRAME	1
3	2	TABLE PRACTICE 002	FIXED PLATE	1
4	3	TABLE PRACTICE 003	BASE PLATE	1
5	4	TABLE PRACTICE 004	SLIDE PLATE	1
6	5	TABLE PRACTICE 005	ALIGNMENT BLOCK	1
7	6	TABLE PRACTICE 006	MOTOR BRACKET	1
8	7	TABLE PRACTICE 007	PIVOT SHAFT	1
9	8	FS-0474584	PILLOW BLOCK BEARING	2
10	9	BR-RS6P	COUPLING	1
11	10	AM-770521	ACME MOTOR	1

图 9-13　查看装配体结构

步骤 6　访问材料明细表 PropertyManager　仅限顶层的材料明细表类型的特别之处是可以显示多个配置的【数量】列。为了讲解该内容，下面将修改此材料明细表。要访问材料明细表的 PropertyManager，请单击表格左上角的图标，如图 9-14 所示。

步骤 7　添加“No Hardware”配置　展开【配置】选项组，勾选“No Hardware”配置复选框，如图 9-15 所示。

图 9-14　访问材料明细表 PropertyManager 的图标

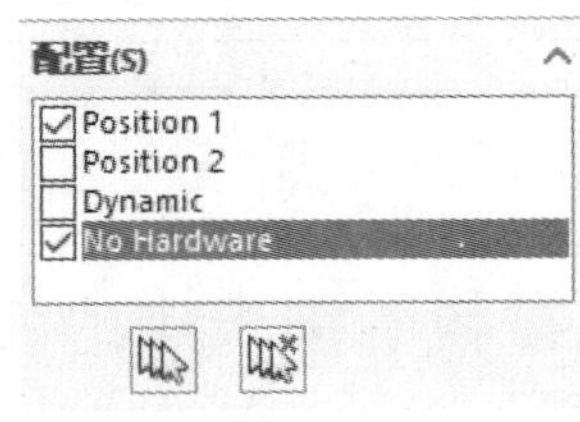

图 9-15　添加“No Hardware”配置

步骤 8　查看结果　在表格中添加了额外的【数量】列，其中包含相关配置的信息，如图 9-16 所示。

> **提示**　用户可以调整文档属性以修改此类材料明细表中【数量】列标题和零值数量的显示方式。这些设置可以在【选项】/【文档属性】/【表格】/【材料明细表】中找到，如图 9-17 所示。

项目号	零件号	说明	数量	数量
1	TABLE PRACTICE 001	FRAME	1	1
2	TABLE PRACTICE 002	FIXED PLATE	1	1
3	TABLE PRACTICE 003	BASE PLATE	1	1
4	TABLE PRACTICE 004	SLIDE PLATE	1	1
5	TABLE PRACTICE 005	ALIGNMENT BLOCK	1	1
6	TABLE PRACTICE 006	MOTOR BRACKET	1	1
7	TABLE PRACTICE 007	PIVOT SHAFT	1	1
8	FS-0474584	PILLOW BLOCK BEARING	2	2
9	BR-RS6P	COUPLING	1	1
10	AM-770521	ACME MOTOR	1	1
11	TM-SPB16OOPN	LINEAR BEARING	4	4
12	TM-LSR16	SUPPORT RAIL	2	2
13	MS-PNC2TR	SLIDE CYLINDER	1	1
14	TM-SFB16	LINEAR BEARING	4	4
15	TM-2HWR7	20mm SHAFT	4	4
16	MS-PNC3FG	VERTICAL CYLINDER	1	1
17	MS-RA100	ROD ALIGNER	1	1
18	FS-1140359	M12 FLAT WASHER	16	-
19	FS-1140355	M6 FLAT WASHER	32	-
20	FS-11103389	M12 X 1.75 X 45 SHCS	8	-
21	FS-11103359	M8 X 1.25 X 20 SHCS	4	-
22	FS-11103391	M12 X 1.75 X 55 SHCS	4	-
23	FS-11103346	M6 X 1.0 X 30 SHCS	32	-
24	FS-1140305	M12 X 1.75 HEX NUT	4	-
25	FS-91362	M12 LOCK WASHER, INTERNAL TOOTH	8	-

图 9-16　查看结果

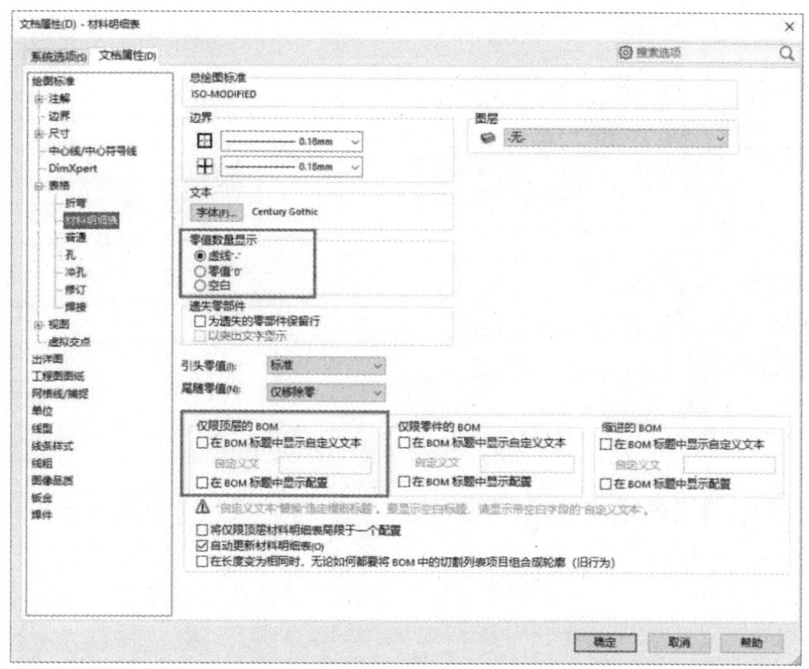

图 9-17　修改材料明细表中的显示方式

步骤 9　修改表格为仅限零件　在材料明细表 PropertyManager 中，修改【材料明细表类型】为【仅限零件】，如图 9-18 所示。

材料明细表类型(Y)
○ 仅限顶层
◉ 仅限零件
○ 缩进

图 9-18　修改表格为仅限零件

步骤 10　查看材料明细表中的装配体结构　在侧面展开列中，用户只能看到零件被列为行项目。例如，"TABLE PRACTICE 006"装配体部件被视为解散，表中仅列出了其包含的零件，如图 9-19 所示。

项目号	零件号	说明	数量
1	TABLE PRACTICE 001	FRAME	1
2	TABLE PRACTICE 002	FIXED PLATE	1
3	TABLE PRACTICE 003	BASE PLATE	1
4	TABLE PRACTICE 004	SLIDE PLATE	1
5	TABLE PRACTICE 005	ALIGNMENT BLOCK	1
6	TABLE PRACTICE 006A	MOTOR BRACKET PLATE	1
7	TABLE PRACTICE 006B	MOTOR BRACKET MOUNTING PLATE	1
8	TABLE PRACTICE 006C	MOTOR BRACKET GUSSET	2
9	TABLE PRACTICE 007	PIVOT SHAFT	1
10	FS-0474584	PILLOW BLOCK BEARING	2
11	BR-RS6P	COUPLING	1

图 9-19　查看材料明细表中的装配体结构

步骤 11　修改表格为缩进　再次访问材料明细表的 PropertyManager，修改【材料明细表类型】为【缩进】，如图 9-20 所示。

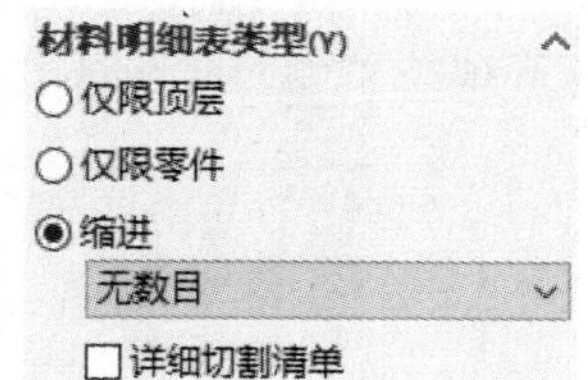

图 9-20　修改表格为缩进

步骤 12　查看材料明细表中的装配体结构　使用此表格类型，焊件和装配体将展开并显示为零部件，如图 9-21 所示。

		A	B	C	D
1		项目号	零件号	说明	数量
2		1	TABLE PRACTICE 001	FRAME	1
3				TUBE, SQUARE 80.00 X 80.00 X 5.00	3260
4				FOOT PAD, 20mm PLATE	4
5				END CAP, 5mm PLATE	4
6		2	TABLE PRACTICE 002	FIXED PLATE	1
7		3	TABLE PRACTICE 003	BASE PLATE	1
8				PLATE	1
9				ROUND BAR STOCK	4
10		4	TABLE PRACTICE 004	SLIDE PLATE	1
11				BAR STOCK	2
12				PLATE	1
13		5	TABLE PRACTICE 005	ALIGNMENT BLOCK	1
14	C	6	TABLE PRACTICE 006	MOTOR BRACKET	1
15			TABLE PRACTICE 006A	MOTOR BRACKET PLATE	1
16			TABLE PRACTICE 006B	MOTOR BRACKET MOUNTING PLATE	1
17			TABLE PRACTICE 006C	MOTOR BRACKET GUSSET	2

图 9-21　查看材料明细表中的装配体结构

步骤 13　修改缩进表格属性(可选步骤)　使用材料明细表的 PropertyManager，修改编号为【详细编号】和【简单编号】，查看这些选项对表格的影响。取消勾选【详细切割清单】复选框，结果如图 9-22 所示。勾选【详细切割清单】复选框，结果如图 9-23 所示。

	A	B	C	D
1	项目号	零件号	说明	数量
2	1	TABLE PRACTICE 001	FRAME	1
3			TUBE, SQUARE 80.00 X 80.00 X 5.00	3260
4			FOOT PAD, 20mm PLATE	4
5			END CAP, 5mm PLATE	4
6	2	TABLE PRACTICE 002	FIXED PLATE	1

图 9-22　取消勾选【详细切割清单】复选框的结果

	A	B	C	D
1	项目号	零件号	说明	数量
2	1	TABLE PRACTICE 001	FRAME	1
3			TUBE, SQUARE 80.00 X 80.00 X 5.00	2
4			FOOT PAD, 20mm PLATE	4
5			END CAP, 5mm PLATE	4
6			TUBE, SQUARE 80.00 X 80.00 X 5.00	1
7			TUBE, SQUARE 80.00 X 80.00 X 5.00	4
8			TUBE, SQUARE 80.00 X 80.00 X 5.00	1

图 9-23　勾选【详细切割清单】复选框的结果

提示

勾选此复选框，焊件结构构件切割清单项目列为单独的行项目(见图 9-23)。不勾选此复选框，系统会将具有相同截面轮廓的结构件列为单个行项目，并使用总长度作为行项目数量(见图 9-22)。

步骤 14　调整材料明细表装配体结构(可选步骤)　通过单击减号，用户可以根据需要从装配体结构列折叠展开的子装配体，如图 9-24 所示。

27	13	MS-PNC2TR	SLIDE CYLINDER
28	14	TM-SFB16	LINEAR BEARING
29	15	TM-2HWR7	20mm SHAFT
30	16	MS-PNC3FG	VERTICAL CYLINDER

图 9-24　调整材料明细表装配体结构

> **技巧**　用户可以从快捷菜单中访问用于调整缩进类型材料明细表结构的其他选项，如解散和组合相同零部件等，如图 9-25 所示。想了解关于调整材料明细表结构的更多信息，请参考 SOLIDWORKS 帮助。

步骤 15　修改表格为【仅限顶层】　使用材料明细表 PropertyManager 将表格重新设置为【仅限顶层】类型，在【配置】中仅选择“Position1”配置，如图 9-26 所示。单击【确定】✔。

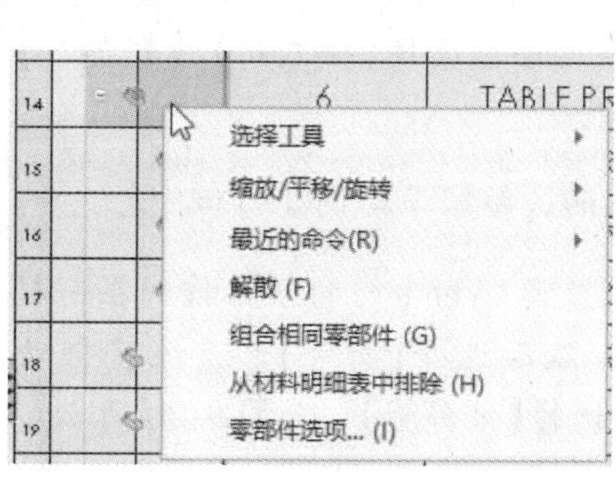

图 9-25　快捷菜单选项

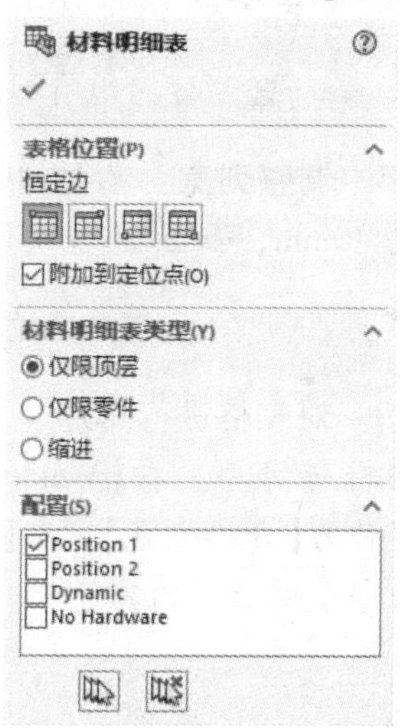

图 9-26　修改表格为【仅限顶层】

9.4　修改表格

确定了表格属性后，用户就可以使用快捷菜单来进一步修改它。对于材料明细表，快捷菜单中提供了打开零部件、插入列和行、格式化表格和排序等选项，如图 9-27 所示。

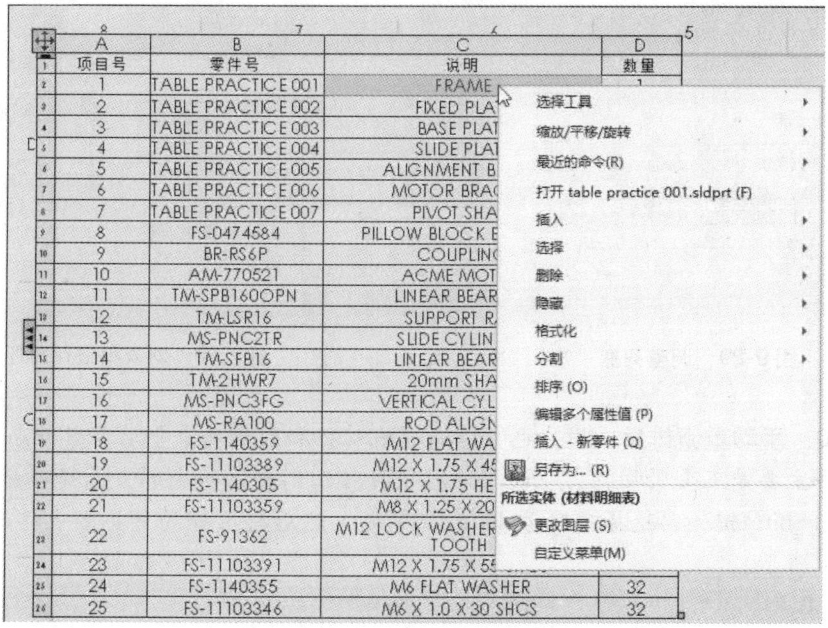

图 9-27　材料明细表快捷菜单

对于本示例，下面将向材料明细表中添加新列，并使用自定义属性填充该列，然后对表格进行排序，并将其保存为表格模板。

步骤 16　添加列　右键单击【说明】列里的单元格，从快捷菜单中选择【插入】/【右列】。

步骤 17　选择【Vendor】自定义属性　使用列上方的对话框选择【Vendor】自定义属性来填充该列，如图 9-28 所示。

技巧　若要访问现有列的此对话框，可双击该列的标题。

步骤 18　调整列宽　右键单击【Vendor】列的单元格，选择【格式化】/【列宽度】，设置【列宽】为 40mm，如图 9-29 所示。

技巧　用户也可以通过拖动表格中单元格的边框来手动调整列和行的宽度。

步骤 19　对表格进行排序　为了将来自相同供应商(Vendor)的项目排列在一起，则需要对表格进行排序。在【Vendor】列中单击右键，然后选择【排序】。系统将自动选择【Vendor】列作为【分排方式】。在【然后以此方式】中选择【零件号】，如图 9-30 所示。这将按顺序列出每个供应商的零件号。单击【确定】。

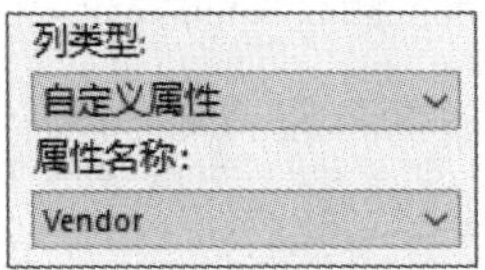

图 9-28　选择【Vendor】自定义属性

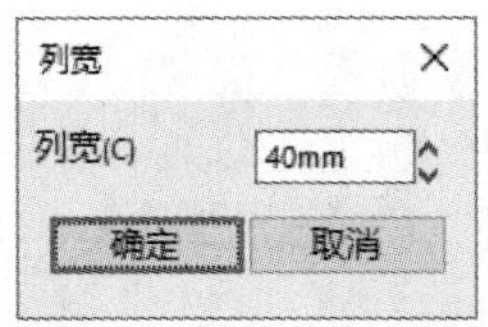

图 9-29　调整列宽

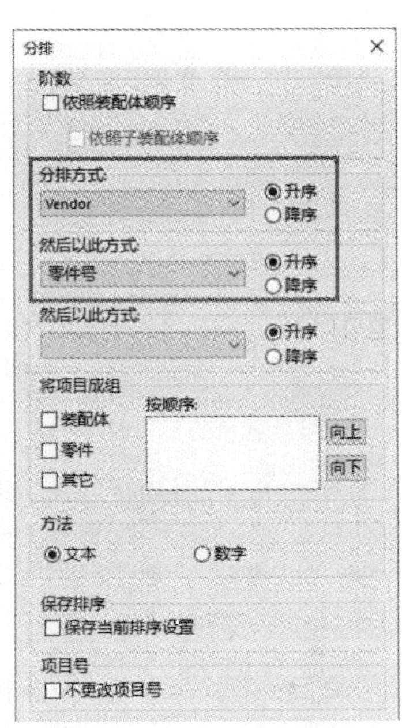

图 9-30　对表格进行排序

步骤 20　手动重新排序　用户也可以通过拖动行和列标题来手动重新排序。“FASTENAL”零部件主要是五金紧固件，下面将这些项目移动到表格的底部。选择项目号 10 的行标题，按住〈Shift〉键，再选择项目号 18 的行标题，然后将选择的行拖到表格的底部。结果如图 9-31 所示。

项目号	零件号	说明	VENDOR	数量
1	TABLE PRACTICE 001	FRAME		1
2	TABLE PRACTICE 002	FIXED PLATE		1
3	TABLE PRACTICE 003	BASE PLATE		1
4	TABLE PRACTICE 004	SLIDE PLATE		1
5	TABLE PRACTICE 005	ALIGNMENT BLOCK		1
6	TABLE PRACTICE 006	MOTOR BRACKET		1
7	TABLE PRACTICE 007	PIVOT SHAFT		1
8	AM-770521	ACME MOTOR	ACME	1
9	BR-RS6P	COUPLING	BROWNING	1
10	MS-PNC2TR	SLIDE CYLINDER	MOSIER	1
11	MS-PNC3FG	VERTICAL CYLINDER	MOSIER	1
12	MS-RA100	ROD ALIGNER	MOSIER	1
13	TM-2HWR7	20mm SHAFT	THOMSON	4
14	TM-LSR16	SUPPORT RAIL	THOMSON	2
15	TM-SFB16	LINEAR BEARING	THOMSON	4
16	TM-SPB16OOPN	LINEAR BEARING	THOMSON	4
17	FS-0474584	PILLOW BLOCK BEARING	FASTENAL	2
18	FS-11103346	M6 X 1.0 X 30 SHCS	FASTENAL	32
19	FS-11103359	M8 X 1.25 X 20 SHCS	FASTENAL	4
20	FS-11103389	M12 X 1.75 X 45 SHCS	FASTENAL	8
21	FS-11103391	M12 X 1.75 X 55 SHCS	FASTENAL	4
22	FS-1140305	M12 X 1.75 HEX NUT	FASTENAL	4
23	FS-1140355	M6 FLAT WASHER	FASTENAL	32
24	FS-1140359	M12 FLAT WASHER	FASTENAL	16
25	FS-91362	M12 LOCK WASHER, INTERNAL TOOTH	FASTENAL	8

图 9-31　手动重新排序

9.5　保存表格模板

若要保存表格的设置以便可以在其他文档中快速重复使用，用户可以创建表格模板。为了保存表格模板，需使用表格快捷菜单中的【另存为】选项。

与其他模板一样，表格模板应储存在自定义的文件夹位置，该位置需要添加到【选项】/【系统选项】/【文件位置】内。

技巧　用户可以为任何表格类型创建模板。

步骤 21　另存为表格模板　在表格内单击右键，选择【另存为】。

步骤 22　新建文件夹　浏览到 Custom Templates 文件夹，单击右键后选择【新建】/【文件夹】，并将其命名为“Table Templates”，如图 9-32 所示。

步骤 23　命名模板　在新建的“Table Templates”文件夹中，将材料明细表模板另存为“SW BOM with Vendor”。

步骤 24　在【选项】中添加新文件位置　单击【选项】/【系统选项】/【文件位置】，在【显示下项的文件夹】中选择【材料明细表模板】，【添加】新建的“Table Templates”文件夹，如图 9-33 所示。单击【确定】。

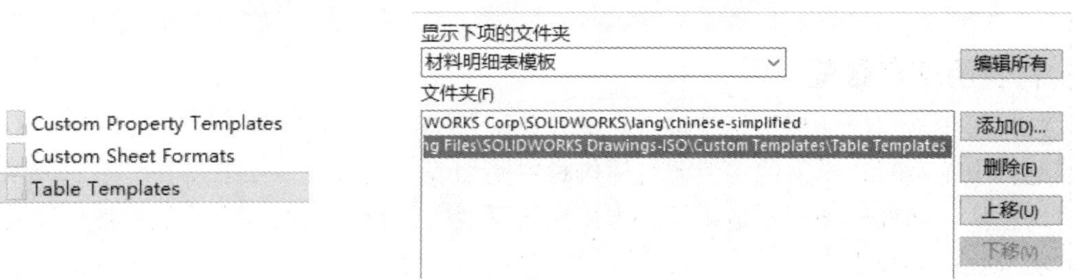

图 9-32　新建文件夹

图 9-33　在【选项】中添加新文件位置

9.6 材料明细表中的属性

系统将使用来自参考模型的信息自动填充材料明细表。对于显示自定义属性信息的列，系统将保留链接到属性的信息，以便在模型信息发生更改时表格可自动更新。此外，如果用户修改了表格中的单元格，则也可以相应地更新零部件中的属性。

为了验证上述内容，下面将修改材料明细表中零部件的说明信息。

步骤25　编辑单元格　在项目号16中，双击【说明】列中的单元格“LINEAR BEARING”。

步骤26　保持到属性的链接　系统将提示有关属性链接的警告消息，如图9-34所示，单击【保持链接】。

步骤27　修改属性数值　将说明修改为“LINEAR BEARING，OPEN”，按〈Enter〉键完成单元格的编辑。

步骤28　打开零部件　右键单击项目号16，选择【打开tm-spb160open.sldprt】，如图9-35所示。

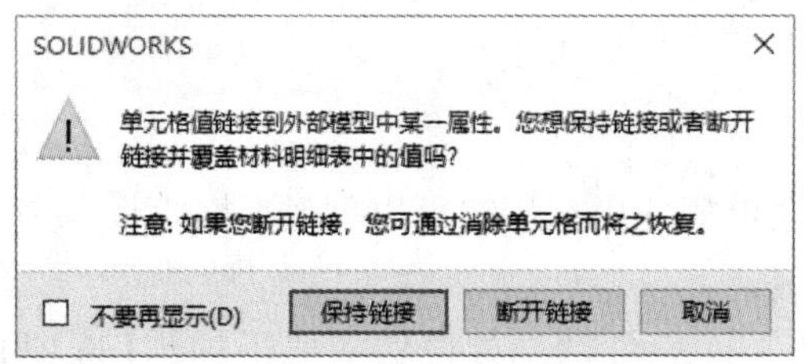

图9-34　保持到属性的链接

图9-35　打开零部件

步骤29　查看文件属性　单击【文件属性】，“Description”属性已使用新的文本进行了更新，如图9-36所示。

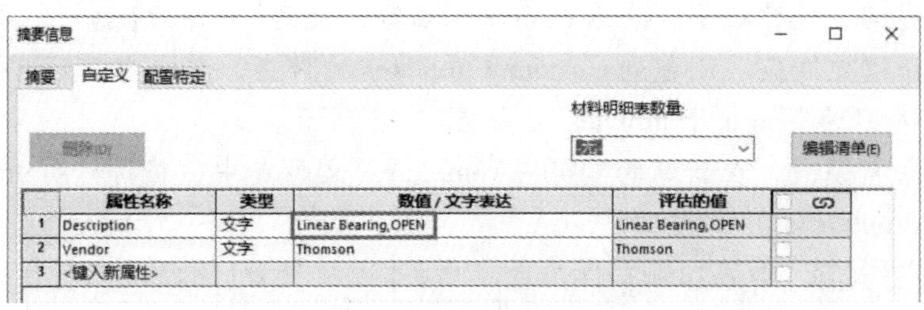

图9-36　查看文件属性

9.6.1 材料明细表数量

请注意，图9-36右上角有一项【材料明细表数量】内容。默认情况下该项设置为【-无-】，这表示在装配体中使用时，模型的实例数将用作材料明细表中的数量。如果需要，用户可以修改此项内容为属性值，例如长度或质量属性。当使用该属性时，材料明细表中的数量将计算为属性值与零部件实例数的乘积。

步骤30　关闭对话框　单击【确定】，关闭对话框。

9.6.2 材料明细表零件号

材料明细表中默认的【零件号】(【PART NUMBER】)列非常特别。此列基于零部件配置的属性进行填充。默认的设置是使用零部件的文档名称作为材料明细表零件号，但也可以使用【配置名称】或【用户指定的名称】。

技巧 配置的属性还可用于设置特定于配置的说明以在材料明细表中使用。

“Table Practice”装配体中的大多数零部件都设置为使用【文档名称】作为材料明细表零件号，但是五金紧固件的配置零件设置为使用【用户指定的名称】作为零件号。下面将比较“Linear Bearing”和“Socket Head Cap Screw”零件，来讲解相关知识。

步骤 31 访问 ConfigurationManager 在左侧窗格中单击【ConfigurationManager】。

步骤 32 访问 ConfigurationManager 属性 右键单击“Default”配置，选择【属性】，如图 9-37 所示。

步骤 33 查看配置属性 该零件使用默认设置作为【材料明细表选项】，即零件号使用【文档名称】，如图 9-38 所示。

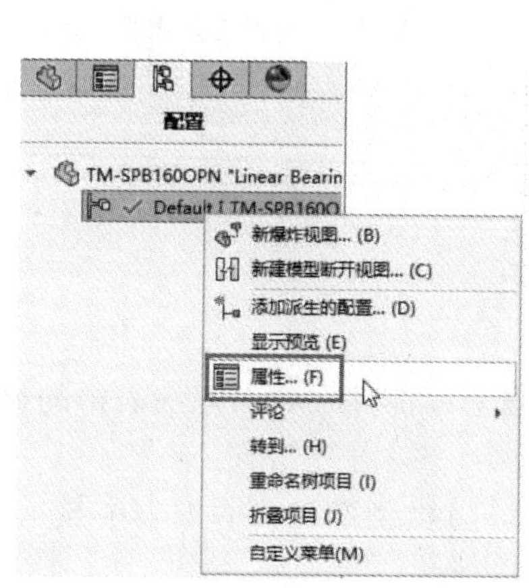

图 9-37 访问 ConfigurationManager 属性

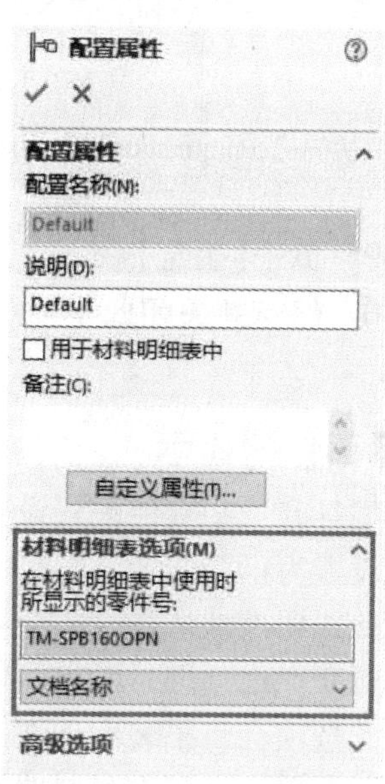

图 9-38 查看配置属性

步骤 34 单击【确定】

步骤 35 保存并关闭此零件

步骤 36 打开“Socket Head Cap Screw”零件 在装配体工程图的材料明细表中，右键单击项目号 18，选择【打开 socket head cap screw. sldprt】，如图 9-39 所示。

图 9-39 打开“Socket Head Cap Screw”零件

步骤 37 访问 ConfigurationManager 属性 单击【ConfigurationManager】，右键单击激活的配置，选择【属性】，如图 9-40 所示。

步骤 38　查看配置属性　此零件的每个配置都具有在材料明细表中使用的用户指定的零件号。此外，在【说明】中勾选了【用于材料明细表中】复选框，如图 9-41 所示。该复选框提供了一种使用配置名称作为零件说明的简便方法。勾选此复选框后，该字段中的说明将覆盖任何自定义或配置特定的属性。

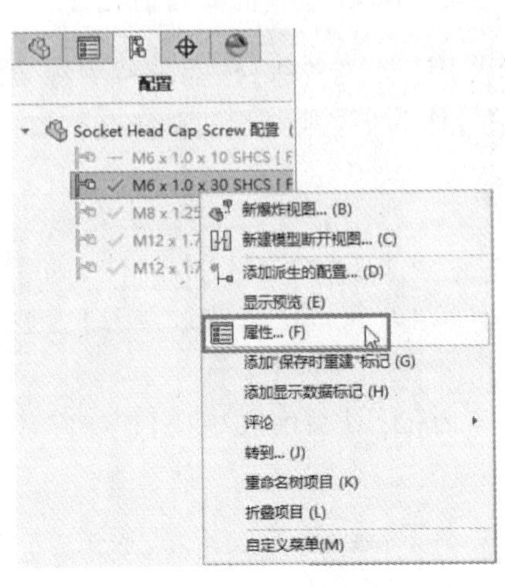

图 9-40　访问 ConfigurationManager 属性

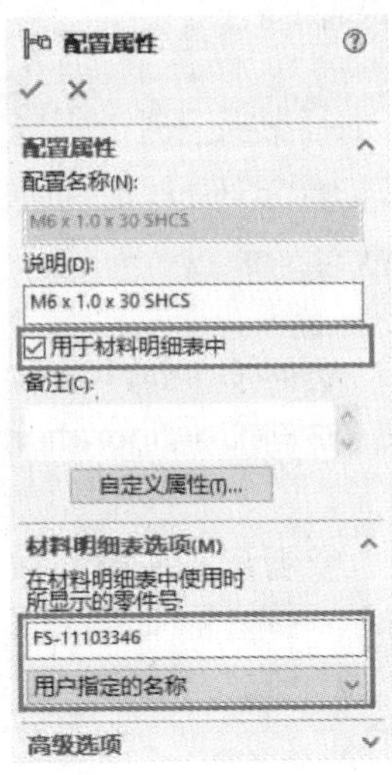

图 9-41　查看配置属性

步骤 39　单击【确定】✔

步骤 40　保存并关闭此零件

9.6.3　子零部件的显示

装配体模型具有一些其他配置设置，这些设置会影响子零部件在材料明细表中的显示方式。子零部件可以设置为：

- 显示　此选项是默认特性，会在【仅限零件】和【缩进】类型的材料明细表中显示装配体子零部件。
- 隐藏　此选项会将子装配体在所有材料明细表类型中视为零件部件，且不显示子零部件。
- 提升　此选项会在所有材料明细表类型中把子零部件视为分解。

在本示例中，希望在材料明细表中始终隐藏“Slide Cylinder”子装配体的零部件，所以需要修改配置属性。

步骤 41　打开“SLIDE CYLINDER”装配体　在装配体工程图的材料明细表中，右键单击项目号 10，选择【打开 ms-pnc2tr. sldasm】，如图 9-42 所示。

步骤 42　访问 ConfigurationManager 属性　单击【ConfigurationManager】，右键单击激活的配置，选择【属性】。

步骤 43　设置子零部件显示为隐藏　在【在使用为子装配体时子零部件的显示】选项中选择【隐藏】，如图 9-43 所示。

步骤 44　单击【确定】✔

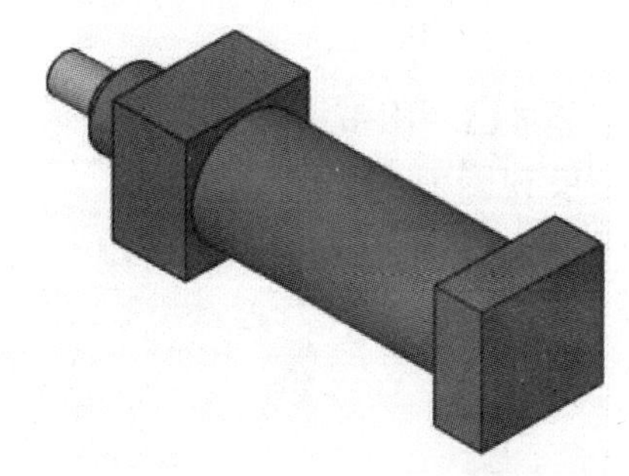

图 9-42　打开“SLIDE CYLINDER”装配体

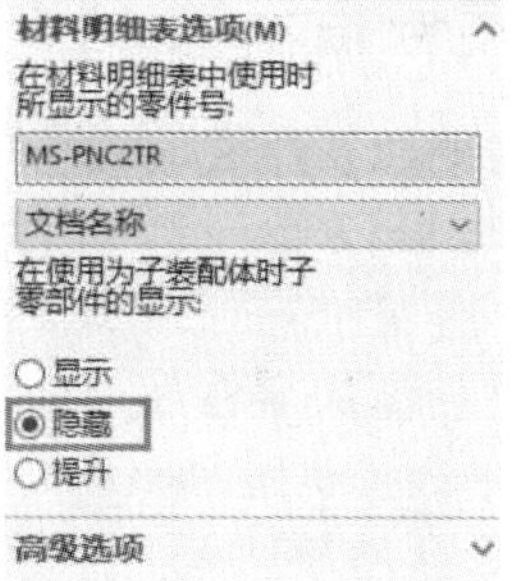

图 9-43　设置为隐藏

步骤 45　修改其他配置（可选步骤）　修改此模型中的其他配置以隐藏子零部件。

步骤 46　保存并关闭此装配体

9.7　材料明细表中的零部件选项

材料明细表数量、零件号和子零部件显示等设置也可以直接从材料明细表中访问。用户可以从装配体结构列的快捷菜单中访问具有这些设置的【零部件选项】对话框，如图 9-44 所示。

下面将使用此对话框修改其他气缸子装配体的子零部件显示设置。

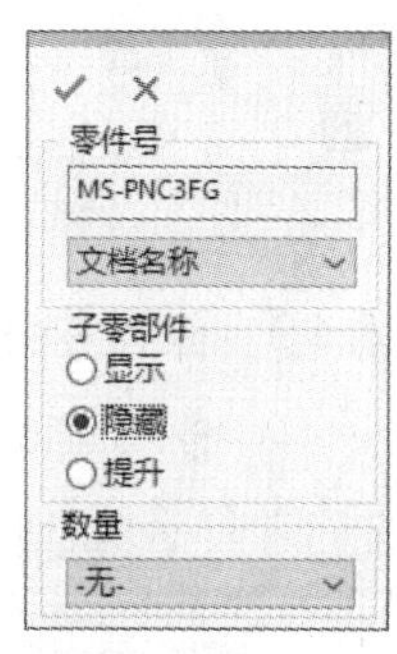

图 9-44　【零部件选项】对话框

步骤 47　访问“VERTICAL CYLINDER”的零部件选项　在装配体结构列中右键单击项目号 11“VERTICAL CYLINDER”的图标，选择【零部件选项】，如图 9-45 所示。

步骤 48　修改子零部件设置为隐藏　在【子零部件】中单击【隐藏】，如图 9-46 所示。单击【确定】✔。

11		10	MS-PNC2TR	SLIDE CYLINDER
12		11	MS-PNC3FG	VERTICAL CYLINDER
13			100	ROD ALIGNER
14			VR7	20mm SHAFT
15			216	SUPPORT RAIL
16			16	LINEAR BEARING
17			OOPN	LINEAR BEARING,OPEN
18			584	PILLOW BLOCK BEARING
19		18	FS-11103346	M6 X 1.0 X 30 SHCS

选择工具
缩放/平移/旋转
最近的命令(R)
从材料明细表中排除 (F)
零部件选项... (G)

图 9-45　访问“VERTICAL CYLINDER”的零部件选项

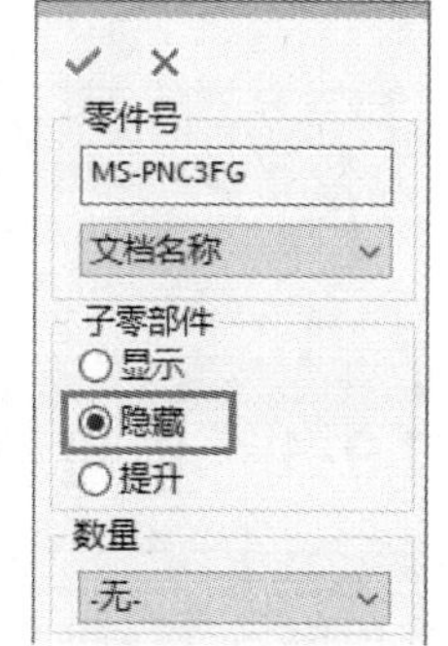

图 9-46　修改子零部件设置为隐藏

步骤 49　查看结果　现在气缸子装配体在装配体结构中的图标显示为零件。

9.8 零件序号指示器

材料明细表侧面展开区域的另外一列用于指示哪些零部件已经附带了零件序号注解。下面将使用【自动零件序号】命令将零件序号添加到装配体工程图视图中。

步骤 50 添加零件序号 单击【自动零件序号】，从图纸中选择视图，如图 9-47 所示。用户可以根据需要排列零件序号，单击【确定】✔。

步骤 51 查看零件序号指示器 将光标移到材料明细表以查看侧面展开区域，最左侧的列中显示了零件序号，以指示哪些零部件附带有零件序号注解，如图 9-48 所示。

> **提示** 某些五金紧固件零部件是缺少零件序号注解的，这是因为在工程图视图中没有任何该零件的可见实例。用户需要添加其他工程图视图来调出这些项目。

步骤 52 保存并关闭此零件

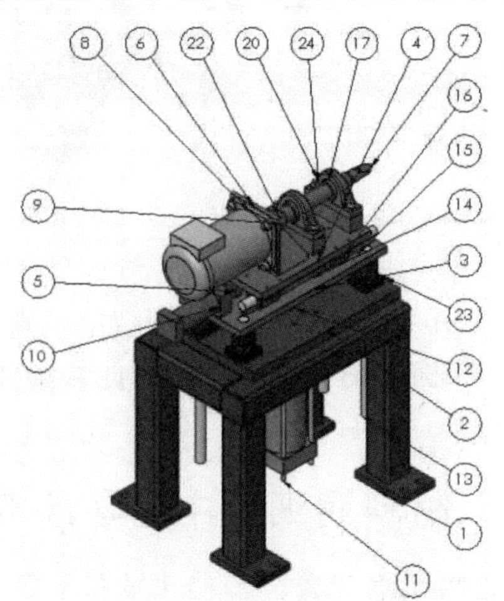

图 9-47 添加零件序号

		A	B	C	D	E
1		项目号	零件号	说明	VENDOR	数量
2		1	TABLE PRACTICE 001	FRAME		1
3		2	TABLE PRACTICE 002	FIXED PLATE		1
4		3	TABLE PRACTICE 003	BASE PLATE		1
5	D	4	TABLE PRACTICE 004	SLIDE PLATE		1
6		5	TABLE PRACTICE 005	ALIGNMENT BLOCK		1
7		6	TABLE PRACTICE 006	MOTOR BRACKET		1
8		7	TABLE PRACTICE 007	PIVOT SHAFT		1
9		8	AM-770521	ACME MOTOR	ACME	1
10		9	BR-RS6P	COUPLING	BROWNING	1
11		10	MS-PNC2TR	SLIDE CYLINDER	MOSIER	1
12		11	MS-PNC3FG	VERTICAL CYLINDER	MOSIER	1
13		12	MS-RA100	ROD ALIGNER	MOSIER	1
14		13	TM-2HWR7	20mm SHAFT	THOMSON	4
15		14	TM-LSR16	SUPPORT RAIL	THOMSON	2
16		15	TM-SFB16	LINEAR BEARING	THOMSON	4
17		16	TM-SPB160OPN	LINEAR BEARING,OPEN	THOMSON	4
18	C	17	FS-0474584	PILLOW BLOCK BEARING	FASTENAL	2
19		18	FS-11103346	M6X1.0X30 SHCS	FASTENAL	32
20		19	FS-11103359	M8X1.25X20 SHCS	FASTENAL	4
21		20	FS-11103389	M12X1.75X45 SHCS	FASTENAL	8
22		21	FS-11103391	M12X1.75X55 SHCS	FASTENAL	4
23		22	FS-1140305	M12X1.75 HEX NUT	FASTENAL	4
24		23	FS-1140355	M6 FLAT WASHER	FASTENAL	32
25		24	FS-1140359	M12 FLAT WASHER	FASTENAL	16
26		25	FS-91362	M12 LOCK WASHER, INTERNAL TOOTH	FASTENAL	8

图 9-48 查看零件序号指示器

练习 9-1 创建材料明细表

在本练习中，将通过添加材料明细表和零件序号注解来完成滚轴输送机的工程图，如图 9-49 所示。在此过程中，将讲解不同的材料明细表类型、材料明细表零部件选项和材料明细表零件号设置等。本练习也将介绍如何创建成组的零件序号注解。

本练习将使用以下技术：

- 材料明细表属性。
- 显示材料明细表中的装配体结构。
- 材料明细表零件号。

扫码看 3D

- 子零部件的显示。
- 成组的零件序号。

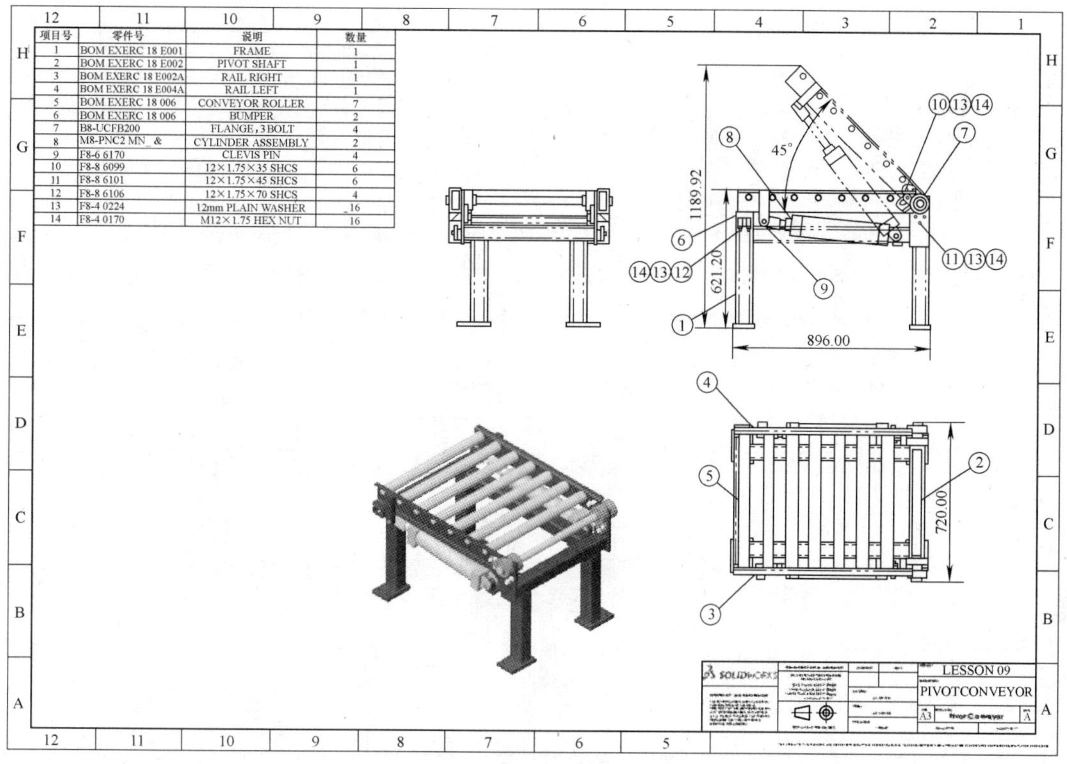

项目号	零件号	说明	数量
1	BOM EXERC 18 E001	FRAME	1
2	BOM EXERC 18 E002	PIVOT SHAFT	1
3	BOM EXERC 18 E002A	RAIL RIGHT	1
4	BOM EXERC 18 E004A	RAIL LEFT	1
5	BOM EXERC 18 006	CONVEYOR ROLLER	7
6	BOM EXERC 18 006	BUMPER	2
7	B8-UCFB200	FLANGE, 3 BOLT	4
8	M8-PNC2 MN_ &	CYLINDER ASSEMBLY	2
9	F8-6 6170	CLEVIS PIN	4
10	F8-8 6099	12×1.75×35 SHCS	6
11	F8-8 6101	12×1.75×45 SHCS	6
12	F8-8 6106	12×1.75×70 SHCS	4
13	F8-4 0224	12mm PLAIN WASHER	16
14	F8-4 0170	M12×1.75 HEX NUT	16

图 9-49　滚轴输送机的工程图

操作步骤

步骤 1　打开工程图　从 Lesson09\Exercises 文件夹内打开“BOM Exercise. SLDDRW”文件。

步骤 2　添加材料明细表　单击【表格】/【材料明细表】，从工程图图纸中选择任一视图。在 PropertyManager 中选择图 9-50 所示的选项，单击【确定】✔。

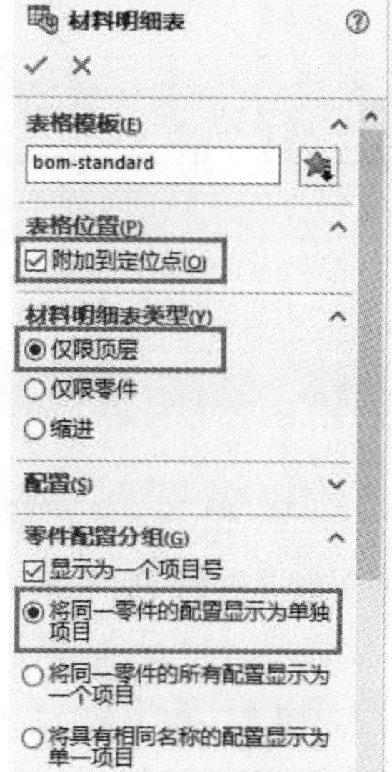

图 9-50　添加材料明细表

步骤3　查看结果　表格添加到图纸的左上角，如图 9-51 所示。

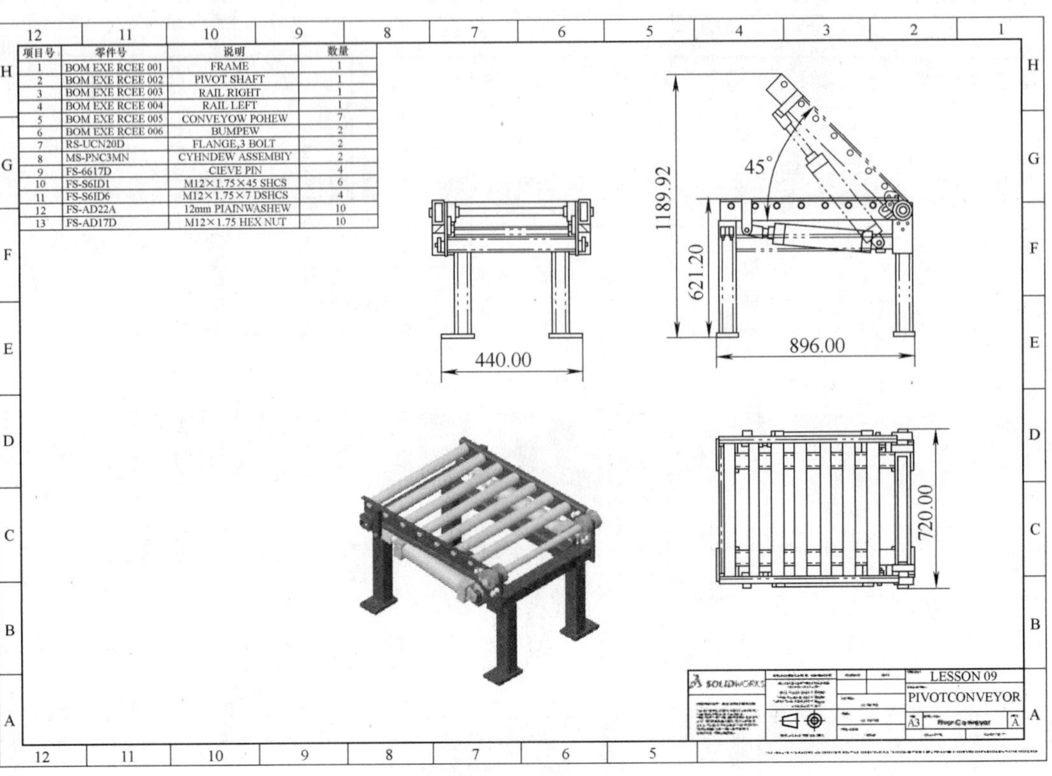

项目号 零件号 说明 数量
1 BOM EXE RCEE 001 FRAME 1
2 BOM EXE RCEE 002 PIVOT SHAFT 1
3 BOM EXE RCEE 003 RAIL RIGHT 1
4 BOM EXE RCEE 004 RAIL LEFT 1
5 BOM EXE RCEE 005 CONVEYOW POHEW 7
6 BOM EXE RCEE 006 BUMPEW 2
7 RS-UCN20D FLANGE,3 BOLT 2
8 MS-PNC3MN CYHNDEW ASSEMBIY 2
9 FS-6617D CIEVE PIN 4
10 FS-S6ID1 M12×1.75×45 SHCS 6
11 FS-S6ID6 M12×1.75×7 DSHCS 4
12 FS-AD22A 12mm PIAINWASHEW 10
13 FS-AD17D M12×1.75 HEX NUT 10
1189.92
45°
621.20
440.00
896.00
720.00
LESSON 09
PIVOTCONVEYOR
A3
A

图 9-51　查看结果

步骤4　查看装配体结构　将光标移到表格上以将其激活。单击左侧的侧面展开标签，表示零件和装配体组件的图标在表格中显示(项目号 3、4 和 8 是装配体零部件)。将光标放在零部件图标上查看对应的缩略图预览，如图 9-52 所示。

A 项目号	B 零件号	C 说明	D 数量
1	BOM EXERCISE 001	FRAME	1
2	BOM EXERCISE 002	PIVOT SHAFT	1
3	BOM EXERCISE 003	RAIL RIGHT ASSEMBLY	1
4	BOM EXERCISE 004	RAIL LEFT ASSEMBLY	1
5	BOM EXERCISE 005	CONVEYOR ROLLER	7
6	BOM EXERCISE 006	BUMPER	2
7	BS-UCFB200	FLANGE, 3 BOLT	2
8	MS-PNC3MN	CYLINDER ASSEMBLY	2
9	FS-66170	CLEVIS PIN	4
10	FS-86101	12 X 1.75 X 45 SHCS	6
11	FS-86106	12 X 1.75 X 70 SHCS	4
12	FS-40224	12 mm PLAIN WASHER	10
13	FS-40170	M12 X 1.75 HEX NUT	10

图 9-52　查看装配体结构

- 通用零部件　“RAIL RIGHT ASSEMBLY”和“RAIL LEFT ASSEMBLY”子装配体中包括一些可以在顶层装配体中找到的相同零部件，如图 9-53 所示。两个子装配体都使用“FLANGE，3 BOLT”和常用的紧固件零部件。

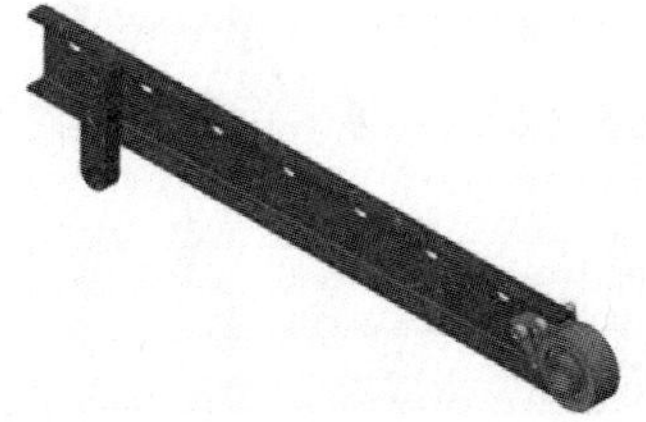
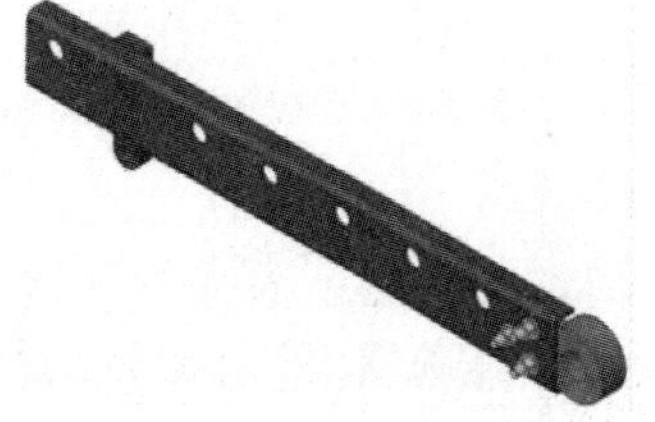

图 9-53　“RAIL RIGHT ASSEMBLY”和“RAIL LEFT ASSEMBLY”子装配体

下面将更改材料明细表类型以查看其如何影响这些零部件在表格中的显示方式。

步骤 5　访问材料明细表的 PropertyManager　单击表格左上角的图标，打开材料明细表的 PropertyManager。查看仅限顶层的材料明细表类型，该表显示了 2 个“FLANGE，3 BOLT”零件、10 个 SHCS(内六角螺钉)、10 个垫圈和 10 个六角螺母，如图 9-54 所示。

项目号	零件号	说明	数量
1	BOM EXERCISE 001	FRAME	1
2	BOM EXERCISE 002	PIVOT SHAFT	1
3	BOM EXERCISE 003	RAIL, RIGHT ASSEMBLY	1
4	BOM EXERCISE 004	RAIL, LEFT ASSEMBLY	1
5	BOM EXERCISE 005	CONVEYOR ROLLER	7
6	BOM EXERCISE 006	BUMPER	2
7	BS-UCFB200	FLANGE, 3 BOLT	2
8	MS-PNC3MN	CYLINDER ASSEMBLY	2
9	FS-66170	CLEVIS PIN	4
10	FS-86101	12 X 1.75 X 45 SHCS	6
11	FS-86106	12 X 1.75 X 70 SHCS	4
12	FS-40224	12 mm PLAIN WASHER	10
13	FS-40170	M12 X 1.75 HEX NUT	10

图 9-54　查看材料明细表中零部件的数量

步骤 6　修改表格为仅限零件　在材料明细表 PropertyManager 中，修改【材料明细表类型】为【仅限零件】，如图 9-55 所示。

材料明细表类型(Y)
○仅限顶层
◉仅限零件
○缩进

图 9-55　修改表格为仅限零件

步骤 7　查看材料明细表中的装配体结构　在侧面展开列中，用户只能看到零件被列为行项目。导轨子装配体中的常用零部件已与顶层中的零部件合并使用，如图 9-56 所示。

项目号	零件号	说明	数量
1	BOM EXERCISE 001	FRAME	1
2	BOM EXERCISE 002	PIVOT SHAFT	1
3	BOM EXERCISE 003A	RAIL, RIGHT	1
4	BS-UCFB200	FLANGE, 3 BOLT	4
5	FS-86101	12 X 1.75 X 45 SHCS	12
6	FS-40224	12 mm PLAIN WASHER	16
7	FS-40170	M12 X 1.75 HEX NUT	16
8	BOM EXERCISE 004A	RAIL, LEFT	1
9	BOM EXERCISE 005	CONVEYOR ROLLER	7
10	BOM EXERCISE 006	BUMPER	2
11	MS-PNC3MN-001	CYLINDER BODY	2
12	MS-PNC3MN-002	CYLINDER ROD	2
13	MS-PNC3MN-003	CLEVIS, CYLINDER ROD	2
14	FS-66170	CLEVIS PIN	4
15	FS-86106	12 X 1.75 X 70 SHCS	4

图 9-56　查看材料明细表中的装配体结构

• 重新构建材料明细表　如果用户想让导轨子装配体看起来像是解散的（显示所有内部零件），但是希望其他子装配体（例如气缸装配体）在表格中仅显示为单行项目（显示为顶层），有两种方法可以实现该目的：

1）使用【缩进】的材料明细表类型并重新构建材料明细表。

2）调整【子零部件】选项以【隐藏】/或【提升】子零部件。

表9-2汇总了这两种方法之间的差异：

表9-2　两种方法之间的差异

	重建【缩进】的材料明细表	调整【子零部件】选项 子零部件 ○显示 ○隐藏 ◉提升
使用方法	指定【缩进】的材料明细表类型。使用装配体结构列展开和折叠装配体零部件。在装配体结构列中单击右键以【解散】装配体	在装配体结构列中，右键单击装配体零部件，然后选择【零部件选项】。选择【子零部件】的显示方式。这些选项也可以在装配体配置的属性中使用
功能差异	• 只有当前的材料明细表受更改影响 • 其他材料明细表类型（仅限顶层、仅限零件）不能反映更改	• 装配体零部件的属性已经更改。因此，该装配体的每个材料明细表都会受到影响 • 在参考引用该零部件的所有工程图的所有材料明细表类型（仅限顶层、仅限零件）中均能看到更改

提示　如果需要，可以组合使用这两种方法。

在本练习中，将调整材料明细表零部件选项以【隐藏】和【提升】不同装配体的子零部件。

步骤8　修改表格为仅限顶层　在材料明细表PropertyManager中，修改【材料明细表类型】为【仅限顶层】。

步骤9　访问“CYLINDER ASSEMBLY”的零部件选项　在装配体结构列中右键单击项目号8“CYLINDER ASSEMBLY”的图标，选择【零部件选项】，如图9-57所示。

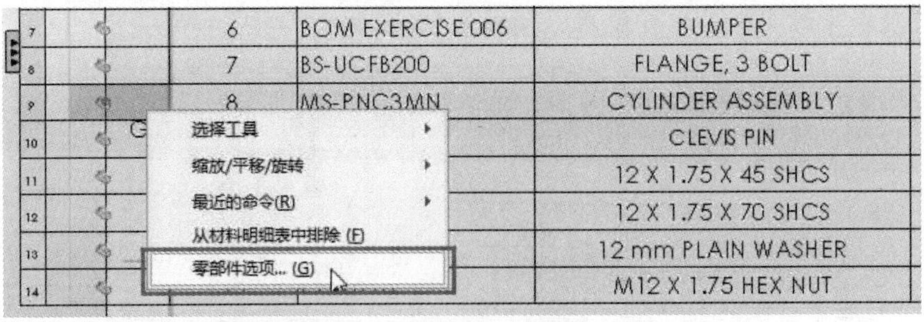

7	6	BOM EXERCISE 006	BUMPER
8	7	BS-UCFB200	FLANGE, 3 BOLT
9	8	MS-PNC3MN	CYLINDER ASSEMBLY
10			CLEVIS PIN
11			12 X 1.75 X 45 SHCS
12			12 X 1.75 X 70 SHCS
13			12 mm PLAIN WASHER
14			M12 X 1.75 HEX NUT

选择工具
缩放/平移/旋转
最近的命令(R)
从材料明细表中排除(F)
零部件选项...(G)

图9-57　访问“CYLINDER ASSEMBLY”的零部件选项

步骤10　修改【子零部件】为【隐藏】　在【子零部件】中单击【隐藏】，如图9-58所示。单击【确定】✔。

步骤11　查看结果　现在气缸子装配体在装配体结构中的图标显示为零件，即此子装配体零部件将在引用它的所有材料明细表类型和材料明细表中始终显示为顶层部件。

步骤 12　访问"RAIL，RIGHT ASSEMBLY"的零部件选项　在装配体结构列中右键单击项目号 3"RAIL，RIGHT ASSEMBLY"的图标，选择【零部件选项】。

步骤 13　修改【子零部件】为【提升】　在【子零部件】中单击【提升】，如图 9-59 所示。单击【确定】✔。在弹出的对话框中单击【确定】。

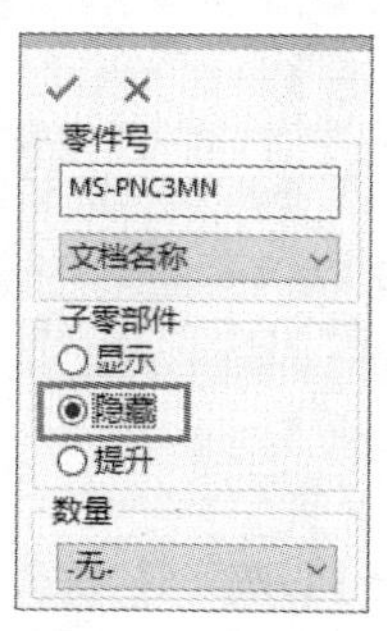

图 9-58　修改【子零部件】为【隐藏】

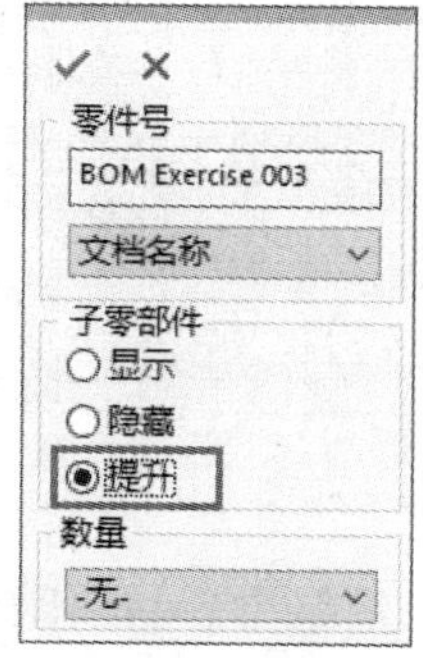

图 9-59　修改【子零部件】为【提升】

提示　此对话框将提示用户如何恢复装配体结构。

步骤 14　查看结果　现在装配体零部件在表格中显示为已解散，即其将始终仅作为多个零件显示在引用该装配体的所有材料明细表类型和材料明细表中。

步骤 15　打开"bom exercise 004. sldasm"装配体　对于其他导轨装配体，将使用替代技术来访问子零部件选项。右键单击"RAIL，LEFT ASSEMBLY"行的任一单元格，选择【打开 bom exercise 004. sldasm】，如图 9-60 所示。

步骤 16　访问配置属性　单击【ConfigurationManager】，右键单击"Default"配置，选择【属性】。

步骤 17　设置子零部件显示为提升　在【在使用为子装配体时子零部件的显示】选项中选择【提升】，如图 9-61 所示。单击【确定】✔。

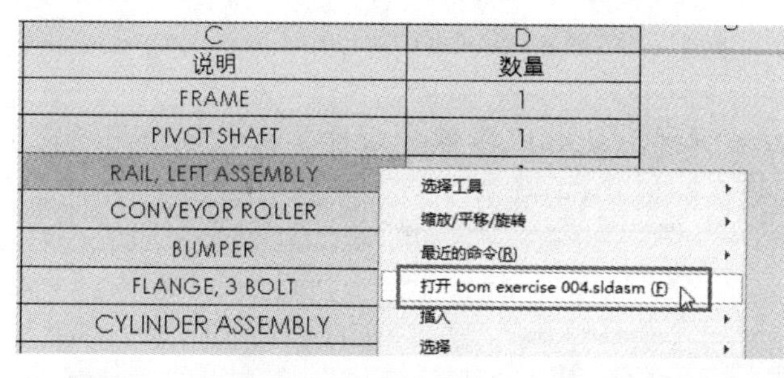

图 9-60　打开"bom exercise 004. sldasm"装配体

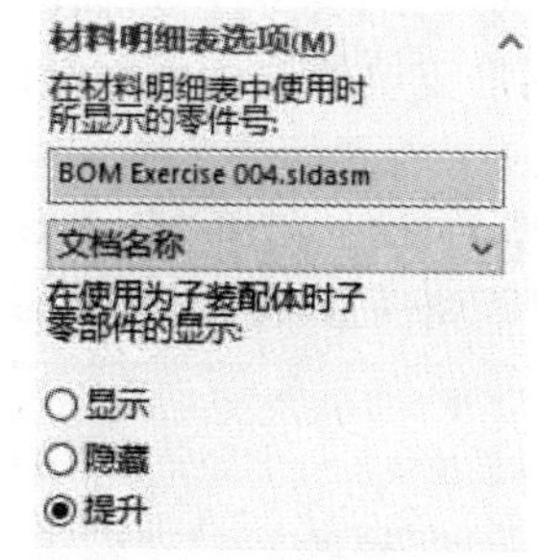

图 9-61　设置子零部件显示为提升

步骤 18　保存并关闭此装配体

步骤 19　查看结果　结果与从材料明细表中访问子零部件选项的结果一致，如图 9-62 所示。

步骤 20　查看其他材料明细表类型中的结果（可选步骤）　使用材料明细表的 PropertyManager 选择【仅限零件】和【缩进】的材料明细表类型，以查看子零部件设置如何影响每种表格类型。查看完成后，选择【仅限顶层】材料明细表类型。

A	B	C	D
项目号	零件号	说明	数量
1	BOM EXERCISE 001	FRAME	1
2	BOM EXERCISE 002	PIVOT SHAFT	1
3	BOM EXERCISE 005	CONVEYOR ROLLER	7
4	BOM EXERCISE 006	BUMPER	2
5	BS-UCFB200	FLANGE, 3 BOLT	4
6	MS-PNC3MN	CYLINDER ASSEMBLY	2
7	FS-66170	CLEVIS PIN	4
8	FS-86101	12 X 1.75 X 45 SHCS	12
9	FS-86106	12 X 1.75 X 70 SHCS	4
10	FS-40224	12 mm PLAIN WASHER	16
11	FS-40170	M12 X 1.75 HEX NUT	16
12	BOM EXERCISE 003A	RAIL, RIGHT	1
13	BOM EXERCISE 004A	RAIL, LEFT	1

图 9-62　查看结果

步骤 21　重新排列材料明细表项目　通过选择行标题并拖动来移动表格中的行，如图 9-63 所示。

项目号	零件号	说明	数量
1	BOM EXERCISE 001	FRAME	1
2	BOM EXERCISE 002	PIVOT SHAFT	1
3	BOM EXERCISE 003A	RAIL, RIGHT	1
4	BOM EXERCISE 004A	RAIL, LEFT	1
5	BOM EXERCISE 005	CONVEYOR ROLLER	7
6	BOM EXERCISE 006	BUMPER	2
7	BS-UCFB200	FLANGE, 3 BOLT	4
8	MS-PNC3MN	CYLINDER ASSEMBLY	2
9	FS-66170	CLEVIS PIN	4
10	FS-86101	12 X 1.75 X 45 SHCS	12
11	FS-86106	12 X 1.75 X 70 SHCS	4
12	FS-40224	12 mm PLAIN WASHER	16
13	FS-40170	M12 X 1.75 HEX NUT	16

图 9-63　重新排列材料明细表项目

- 材料明细表零件号　在下面的步骤中将创建内六角螺钉零部件的新配置，以用于导轨装配体中。用户需要修改配置属性以在材料明细表中正确显示零件号。

步骤 22　打开“Cap Screw，Socket Head. sldprt”零件　右键单击表格中的单元格，选择【打开 cap screw，socket head. sldprt】，如图 9-64 所示。

	说明	数量
	CLEVIS PIN	4
	12 X 1.75 X 45 SHCS	
	12 X 1.75 X 70 SHCS	
	12 mm PLAIN WASHER	
	M12 X 1.75 HEX NUT	

选择工具
缩放/平移/旋转
最近的命令(R)
打开 cap screw, socket head.sldprt (F)
插入

图 9-64　打开“cap screw，socket head. sldprt”零件

步骤 23　复制激活的配置　单击【ConfigurationManager】，选择激活的配置并按〈Ctrl + C〉键进行复制，然后按〈Ctrl + V〉键进行粘贴。

步骤 24　查看结果　创建了配置的副本。配置名称后面方括号中的文本表示该配置的零件号在材料明细表中的显示方式，如图 9-65 所示。

步骤25　修改配置属性　右键单击复制的配置，选择【属性】，按以下要求修改配置：

- 【配置名称】：输入“12 ×1. 75 ×35 SHCS”。
- 【说明】：输入“12 ×1. 75 ×35 SHCS”，勾选【用于材料明细表中】复选框。
- 【材料明细表选项】：选择【用户指定的名称】，并输入“FS-86099”。

如图9-66所示，单击【确定】✔。

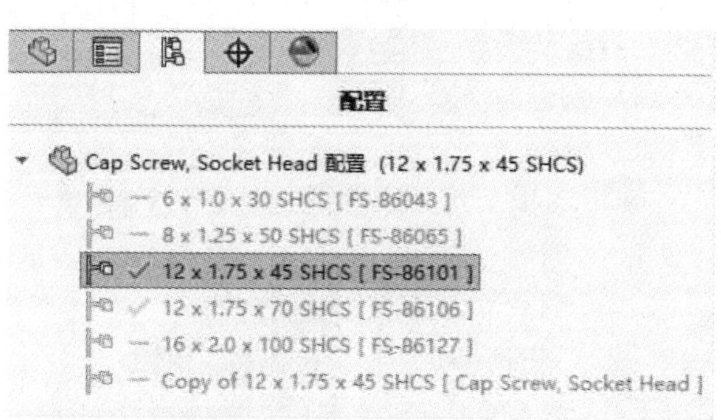

图9-65　查看结果

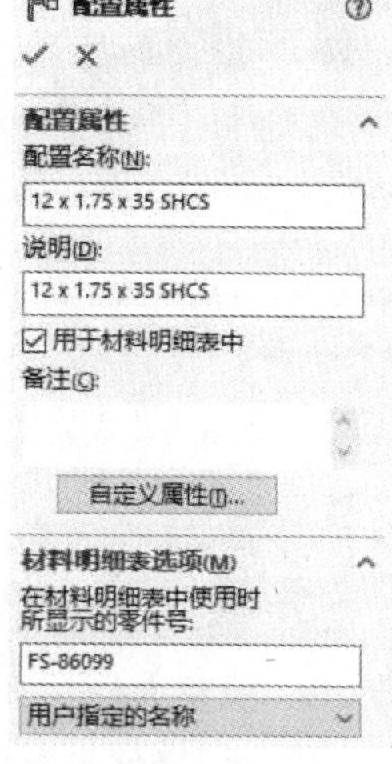

图9-66　修改配置属性

提示　现在ConfigurationManager中会显示新配置的正确零件号。

步骤26　重新排列配置　右键单击ConfigurationManager顶部的零件名称，选择【树顺序】/【数字】以重新排列配置，如图9-67所示。

技巧　用户也可以通过手动拖动重新排列配置。

步骤27　修改配置　双击新配置以使其处于激活状态。双击零件的面以访问特征尺寸，如图6-68所示，双击指示的尺寸并将其值更改为35。【重建】并单击【确定】✔。保存并关闭此零件。

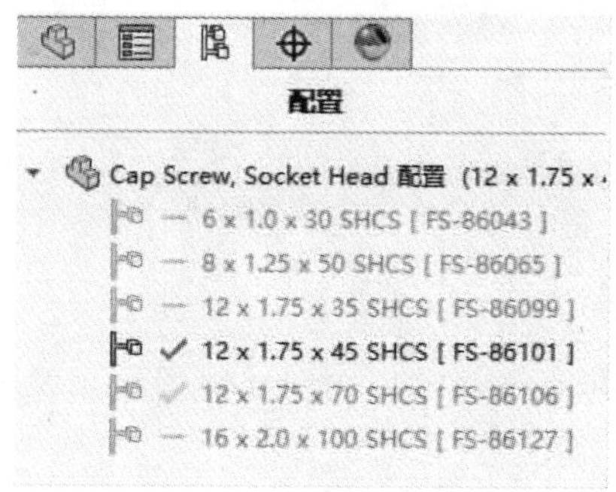

图9-67　重新排列配置

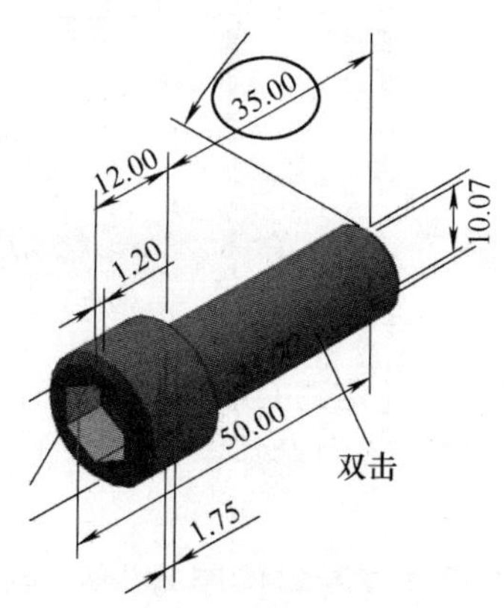

图9-68　修改配置

步骤 28　在导轨装配体中使用新配置　从 Lesson09\Exercises\Components- BOM Exercise 文件夹内打开“BOM Exercise 003. sldasm”文件，如图 9-69 所示。在 FeatureManager 设计树中，按住〈Ctrl〉键选择 3 个“Cap Screw，Socket Head”零部件。在上下文工具栏中选择“12 × 1. 75 × 35 SHCS”配置，如图 9-70 所示，单击【确定】✔。保存并关闭此装配体。

图 9-69　打开装配体

12 x 1.75 x 45 SHCS
6 x 1.0 x 30 SHCS
8 x 1.25 x 50 SHCS
12 x 1.75 x 35 SHCS
12 x 1.75 x 45 SHCS
12 x 1.75 x 70 SHCS
16 x 2.0 x 100 SHCS

图 9-70　在上下文工具栏中选择配置

技巧　选择零部件完成后，上下文工具栏会出现在光标附近。用户也可以在快捷菜单(右键单击)的顶部访问上下文工具栏。

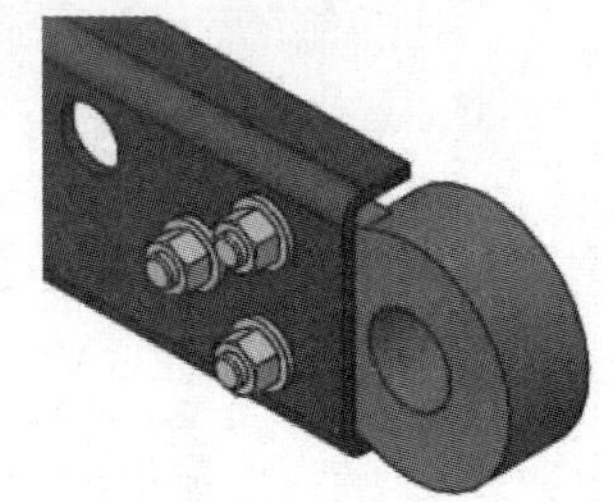

图 9-71　重复操作

步骤 29　重复操作　重复步骤 28 中的操作，在“BOM Exercise 004. sldasm”中使用新配置，如图 9-71 所示。

步骤 30　查看并重新排列材料明细表　访问工程图文档并查看材料明细表，表中显示了长为 35mm 的 SHCS 新项目号，拖动行标题以重新排列该项目号，如图 9-72 所示。

A 项目号	B 零件号	C 说明	D 数量
1	BOM EXERCISE 001	FRAME	1
2	BOM EXERCISE 002	PIVOT SHAFT	1
3	BOM EXERCISE 003A	RAIL, RIGHT	1
4	BOM EXERCISE 004A	RAIL, LEFT	1
5	BOM EXERCISE 005	CONVEYOR ROLLER	7
6	BOM EXERCISE 006	BUMPER	2
7	BS-UCFB200	FLANGE, 3 BOLT	4
8	MS-PNC3MN	CYLINDER ASSEMBLY	2
9	FS-66170	CLEVIS PIN	4
10	FS-86099	12 X 1.75 X 35 SHCS	6
11	FS-86101	12 X 1.75 X 45 SHCS	6
12	FS-86106	12 X 1.75 X 70 SHCS	4
13	FS-40224	12 mm PLAIN WASHER	16
14	FS-40170	M12 X 1.75 HEX NUT	16

图 9-72　查看并重新排列材料明细表

技巧　为了将零件的配置列为单独的行项目，必须在材料明细表设置中选择正确的【零件配置分组】(参考本练习的步骤 2)。

步骤 31　【重建】并保存该工程图

步骤 32　添加零件序号　单击【零件序号】，将零件序号添加到前视图和俯视图中，如图 9-73 所示。

步骤 33　查看零件序号指示器列　通过检查材料明细表中的零件序号指示器列，确认零件序号已添加到项目 1 ~ 9 中，如图 9-74 所示。

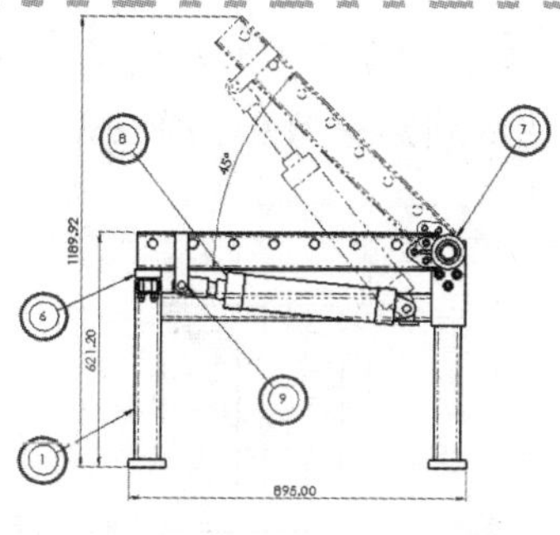

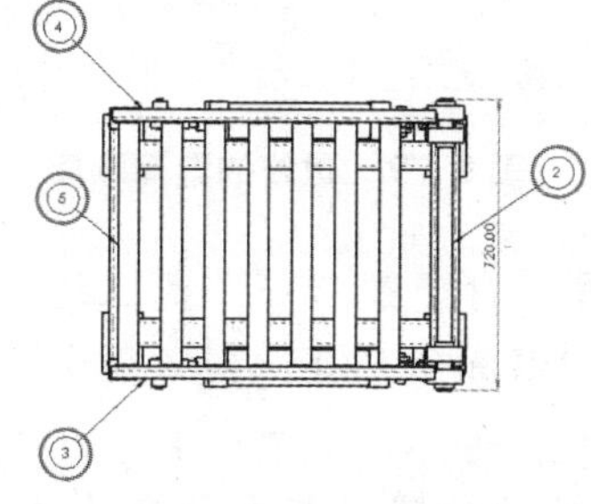

图 9-73　添加零件序号

项目号	零件号
1	BOM EXERCISE 001
2	BOM EXERCISE 002
3	BOM EXERCISE 003A
4	BOM EXERCISE 004A
5	BOM EXERCISE 005
6	BOM EXERCISE 006
7	BS-UCFB200
8	MS-PNC3MN
9	FS-66170
10	FS-86099
11	FS-86101
12	FS-86106
13	FS-40224
14	FS-40170

图 9-74　查看零件序号指示器列

● 成组的零件序号　为了显示装配体中的紧固件，需要使用成组的零件序号，如图 9-75 所示。通过激活【成组的零件序号】命令，然后选择要包含在层叠中的零部件，来添加一组层叠的零件序号。

如果在命令完成后需要将其他项目添加到层叠中，可右键单击成组的零件序号，然后选择【添加到层状的零件序号】。如果需要删除某个项目，可在组中选择该零件序号，然后按〈Delete〉键。

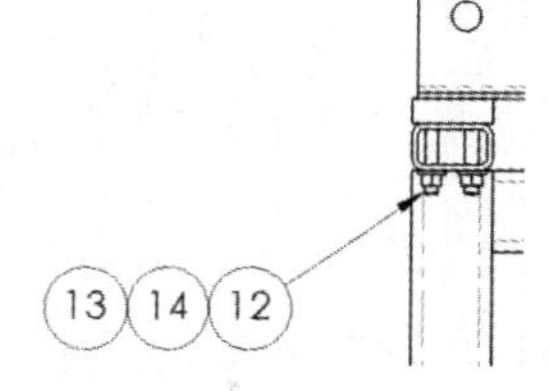

图 9-75　成组的零件序号

知识卡片	成组的零件序号	● 菜单：【插入】/【注解】/【成组的零件序号】。 ● 快捷菜单：右键单击工程图图纸或视图，然后选择【注解】/【成组的零件序号】。

技巧　用户可以将任何零件序号注解转换为成组的零件序号，即右键单击零件序号并选择【添加到层状的零件序号】。

步骤 34　添加成组的零件序号　单击【添加成组的零件序号】。在前视图中，选择 SHCS 的边线并将零件序号放置在图纸上，然后选择垫圈的边线和螺母以生成图 9-76 所示的成组零件序号。边线的选择顺序如图 9-77 所示。

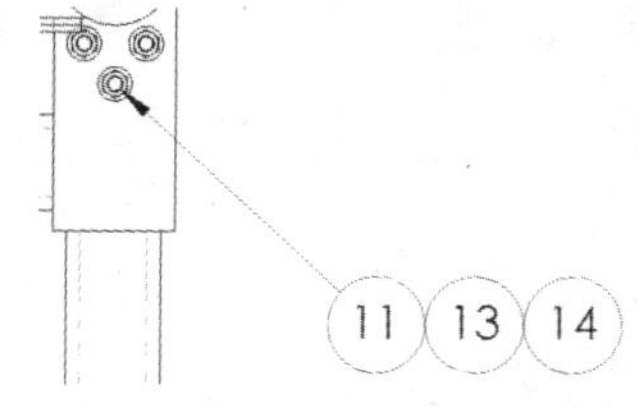

图 9-76　添加成组的零件序号

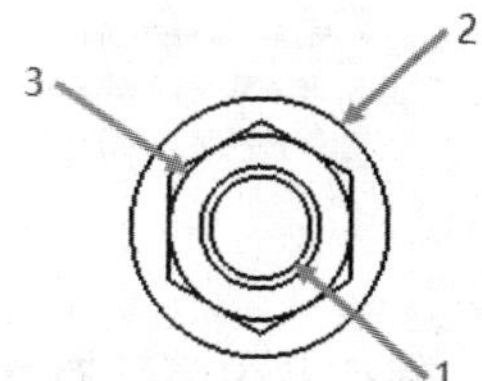

图 9-77　边线的选择顺序

步骤 35　添加成组的零件序号　单击【添加成组的零件序号】，添加图 9-78 所示的成组零件序号，修改零件序号为【向左层叠】。边线的选择顺序如图 9-79 所示。单击【确定】✔。

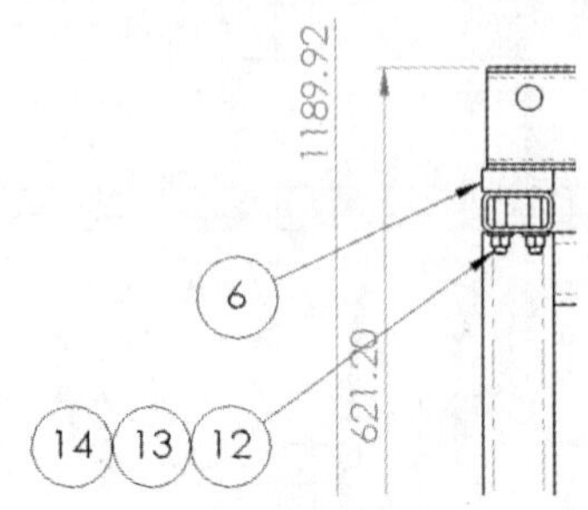

图 9-78　添加成组的零件序号

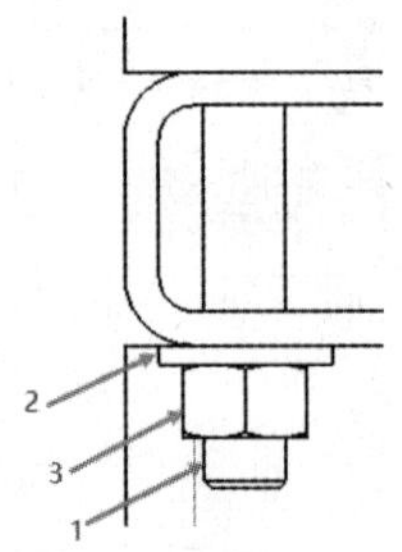

图 9-79　边线的选择顺序

步骤 36　使用【选择其他】来添加成组的零件序号　对于最后一个成组的零件序号，垫圈和六角螺母是隐藏的，不能直接选择。为了将它们添加到层叠中，必须使用【选择其他】命令。

单击【添加成组的零件序号】，选择 SHCS 零部件的边线并将零件序号放置在图纸上，如图 9-80 所示。为了选择隐藏的零部件，需要缩放到 SHCS 零部件，右键单击后面隐藏了零部件的螺钉头部，然后选择【选择其他】，如图 9-81 所示。使用【选择其他】对话框和动态预览来识别并单击垫圈的面，如图 9-82 所示。重复操作以选择螺母的面。

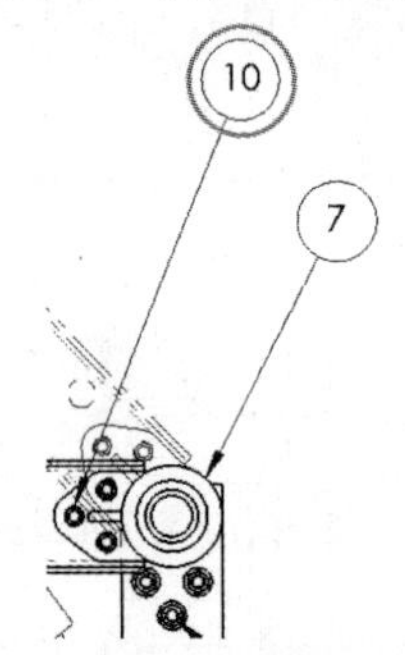

图 9-80　放置成组的零件序号

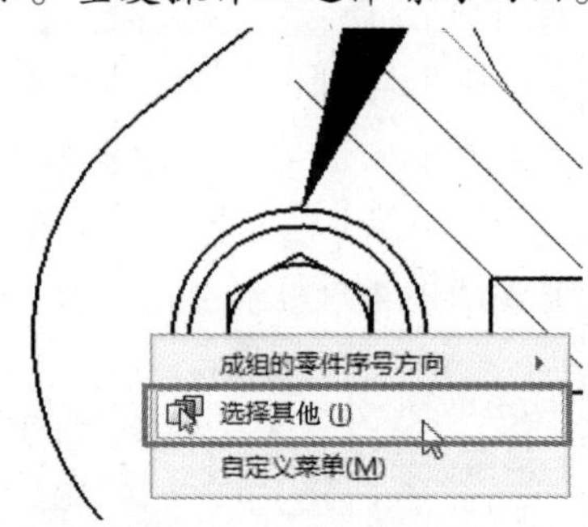

图 9-81　【选择其他】命令

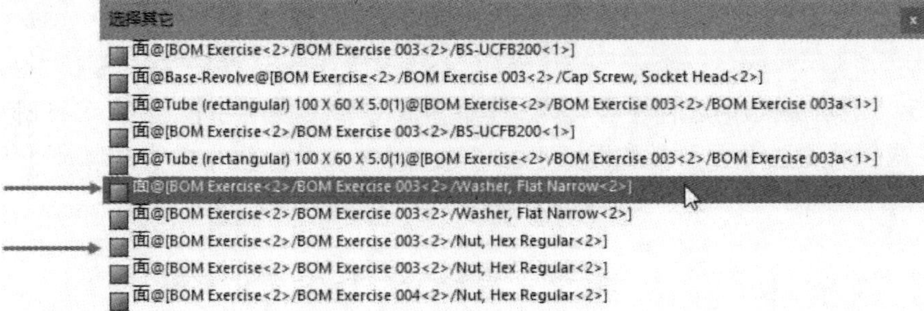

图 9-82　选择垫圈的面

步骤 37　保存并关闭所有文件　完成的工程图如图 9-49 所示。

练习 9-2　磁力线

在本练习中，将讲解如何使用磁力线来组织零件序号，如图 9-83 所示。

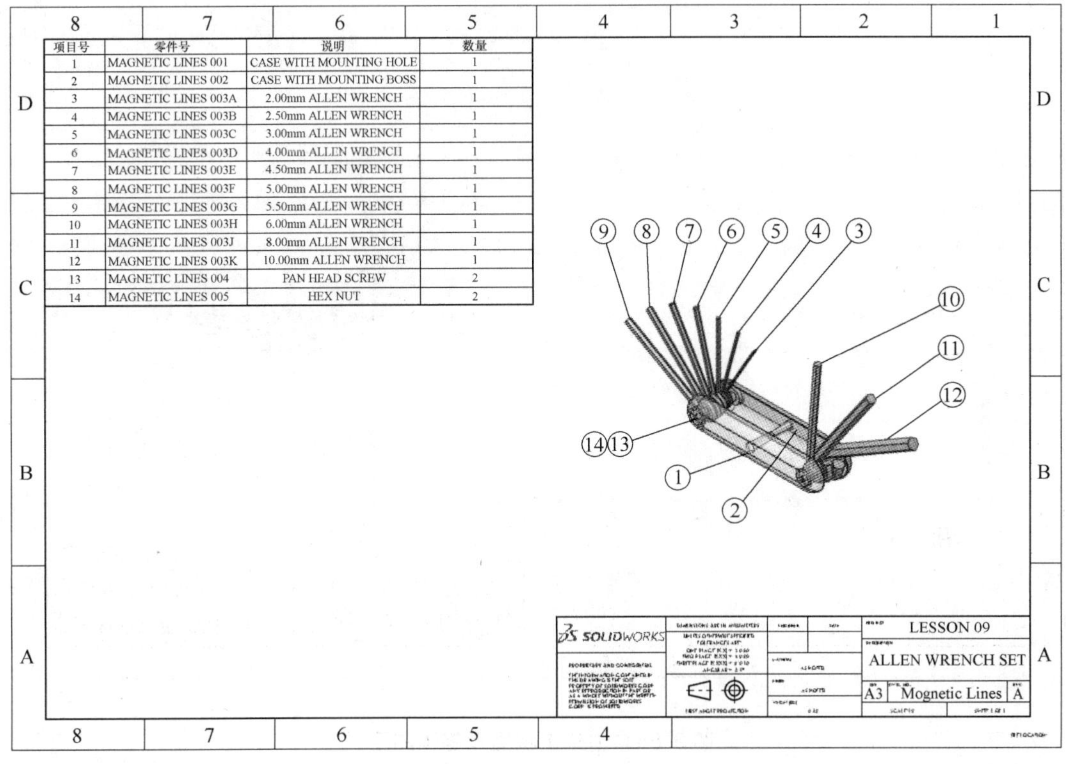

项目号	零件号	说明	数量
1	MAGNETIC LINES 001	CASE WITH MOUNTING HOLE	1
2	MAGNETIC LINES 002	CASE WITH MOUNTING BOSS	1
3	MAGNETIC LINES 003A	2.00mm ALLEN WRENCH	1
4	MAGNETIC LINES 003B	2.50mm ALLEN WRENCH	1
5	MAGNETIC LINES 003C	3.00mm ALLEN WRENCH	1
6	MAGNETIC LINES 003D	4.00mm ALLEN WRENCH	1
7	MAGNETIC LINES 003E	4.50mm ALLEN WRENCH	1
8	MAGNETIC LINES 003F	5.00mm ALLEN WRENCH	1
9	MAGNETIC LINES 003G	5.50mm ALLEN WRENCH	1
10	MAGNETIC LINES 003H	6.00mm ALLEN WRENCH	1
11	MAGNETIC LINES 003J	8.00mm ALLEN WRENCH	1
12	MAGNETIC LINES 003K	10.00mm ALLEN WRENCH	1
13	MAGNETIC LINES 004	PAN HEAD SCREW	2
14	MAGNETIC LINES 005	HEX NUT	2

图 9-83　磁力线

本练习将使用以下技术：

- 磁力线。
- 成组的零件序号。

扫码看 3D

操作步骤

步骤 1　打开装配体　从 Lesson09 \ Exercises 文件夹内打开“Magnetic Lines. SLDASM”文件，如图 9-84 所示。

步骤 2　创建工程图和等轴测图　使用“A3 Drawing”模板创建工程图，添加“OPEN”配置的等轴测图，将【显示样式】设置为【带边线上色】，将【显示状态】更改为【Transparent Case】，如图 9-85 所示。

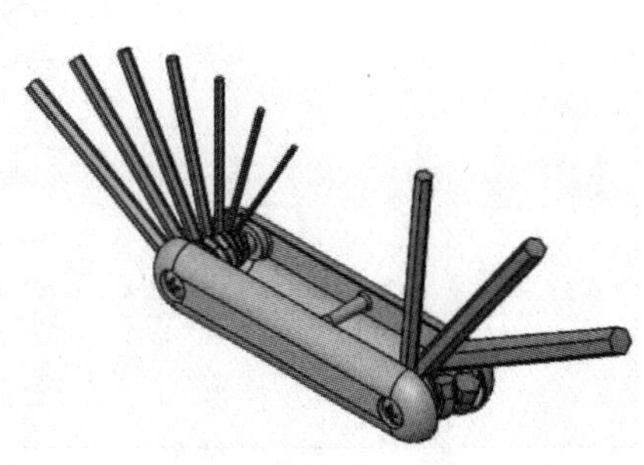

图 9-84　打开装配体

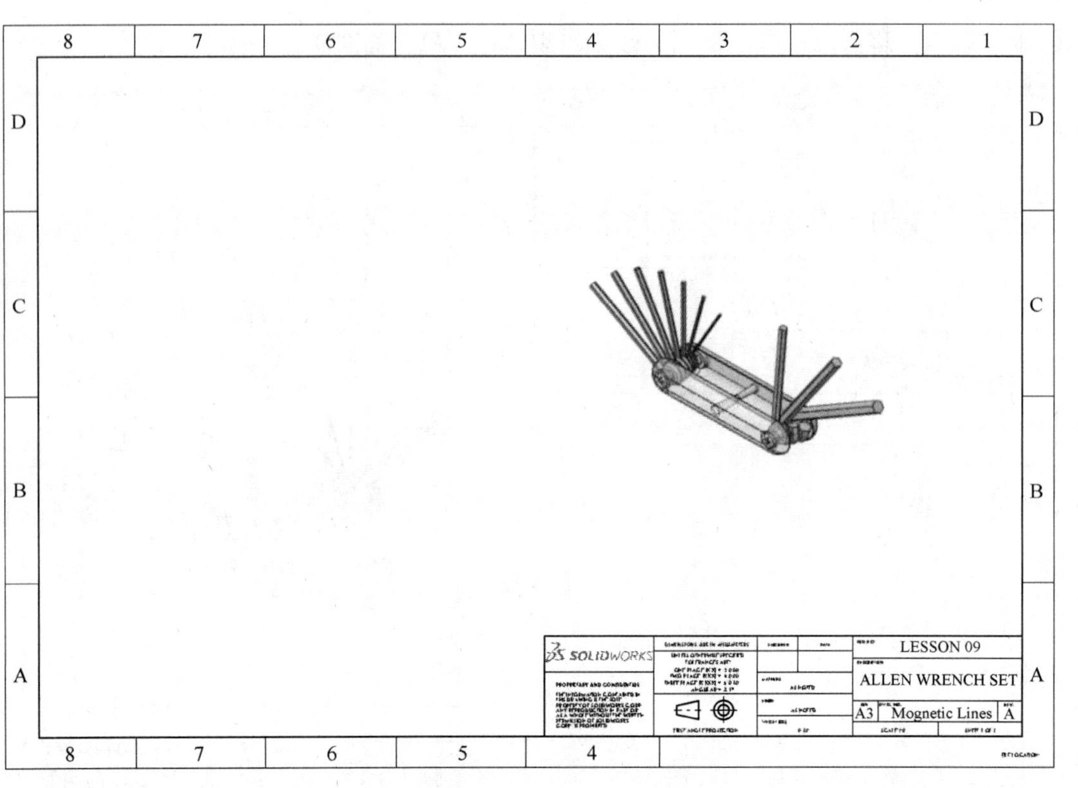

图 9-85　创建工程图和等轴测图

步骤 3　添加材料明细表　单击【表格】/【材料明细表】，从工程图图纸中选择视图。在 PropertyManager 中选择图 9-86 所示的选项，然后单击【确定】✔。结果如图 9-87 所示。

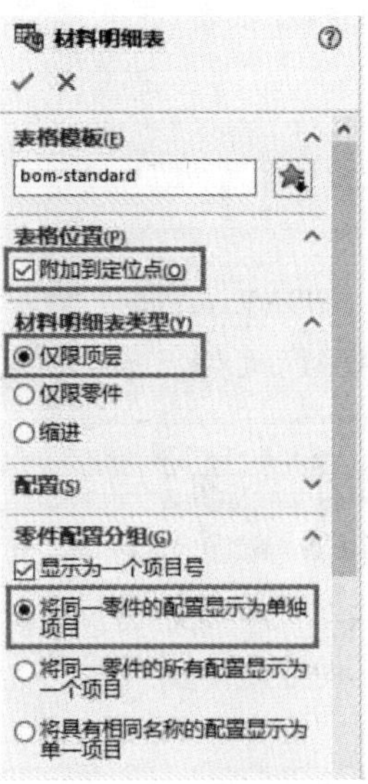

图 9-86　添加材料明细表

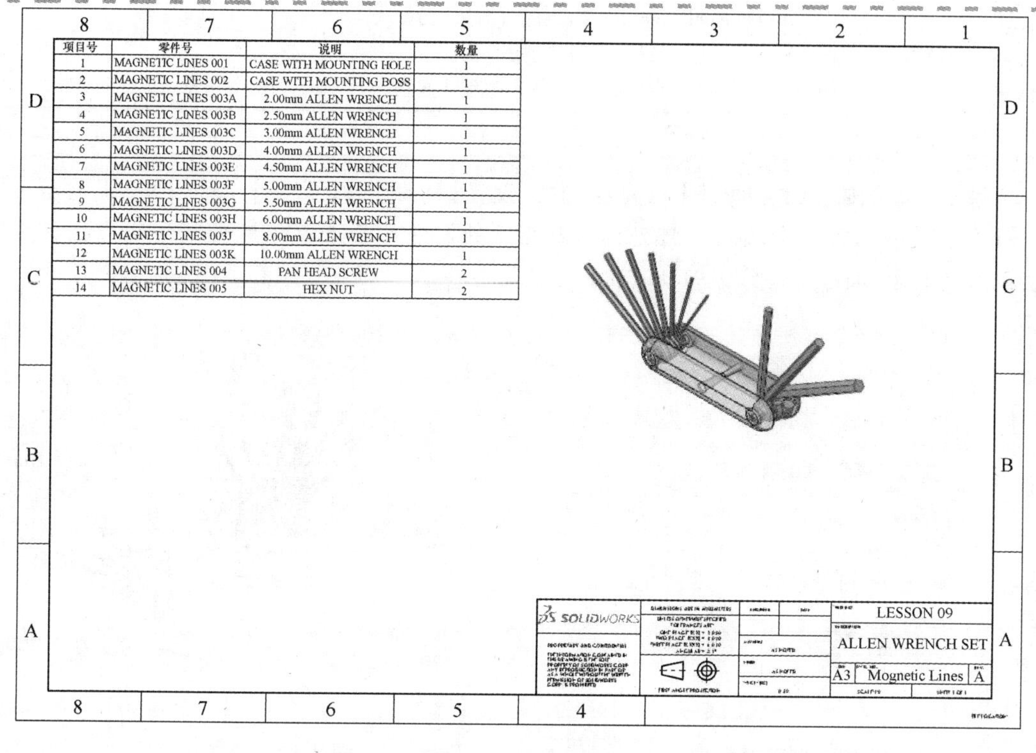

项目号	零件号	说明	数量
1	MAGNETIC LINES 001	CASE WITH MOUNTING HOLE	1
2	MAGNETIC LINES 002	CASE WITH MOUNTING BOSS	1
3	MAGNETIC LINES 003A	2.00mm ALLEN WRENCH	1
4	MAGNETIC LINES 003B	2.50mm ALLEN WRENCH	1
5	MAGNETIC LINES 003C	3.00mm ALLEN WRENCH	1
6	MAGNETIC LINES 003D	4.00mm ALLEN WRENCH	1
7	MAGNETIC LINES 003E	4.50mm ALLEN WRENCH	1
8	MAGNETIC LINES 003F	5.00mm ALLEN WRENCH	1
9	MAGNETIC LINES 003G	5.50mm ALLEN WRENCH	1
10	MAGNETIC LINES 003H	6.00mm ALLEN WRENCH	1
11	MAGNETIC LINES 003J	8.00mm ALLEN WRENCH	1
12	MAGNETIC LINES 003K	10.00mm ALLEN WRENCH	1
13	MAGNETIC LINES 004	PAN HEAD SCREW	2
14	MAGNETIC LINES 005	HEX NUT	2

图 9-87　查看结果

步骤 4　添加零件序号　添加图 9-88 所示的【零件序号】注解。

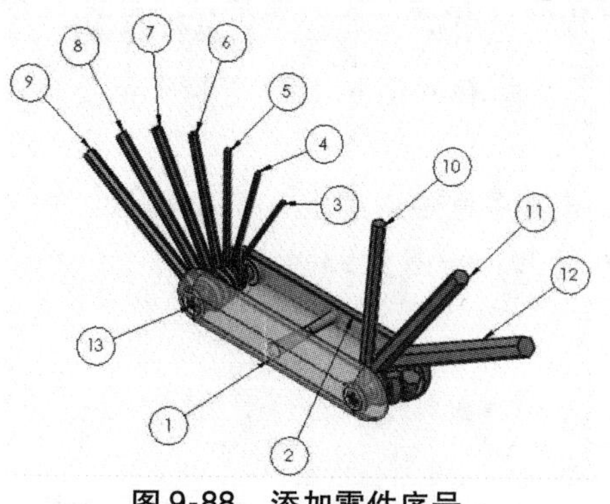

图 9-88　添加零件序号

- 磁力线　为了对齐零件序号，下面将在工程图中添加【磁力线】。【磁力线】用于组织零件序号。用户可以将零件序号附着到磁力线上以使零件序号保持对齐，并且可以设置选项以沿着磁力线等间距地隔开零件序号，如图 9-89 所示。

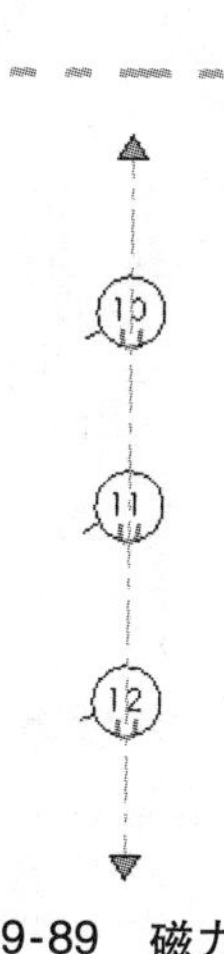

图 9-89　磁力线

【自动零件序号】命令默认使用磁力线，用户也可以手动添加磁力线。在绘制磁力线时，可将光标移到零件序号上以自动吸附零件序号，或者将零件序号拖到现有的磁力线上以便被吸附。

与磁力线相关的零件序号上会显示红色的磁铁图标，仅当用户选择了零件序号注解时，磁力线和相关图标才会可见。若要编辑磁力线，可拖动直线以将其重新定位或拖动直线的端点以更改其长度或旋转磁力线。

知识卡片	磁力线	• CommandManager：【注解】/【磁力线】。 • 菜单：【插入】/【注解】/【磁力线】。 • 快捷菜单：右键单击工程图图纸或视图，然后选择【注解】/【磁力线】。

步骤 5　添加磁力线　单击【磁力线】，设置【间距】为【等距】，如图 9-90 所示。单击以放置磁力线的第一个端点，将光标移到指示的零件序号上以将其吸附到磁力线，再次单击以结束该磁力线，如图 9-91 所示。

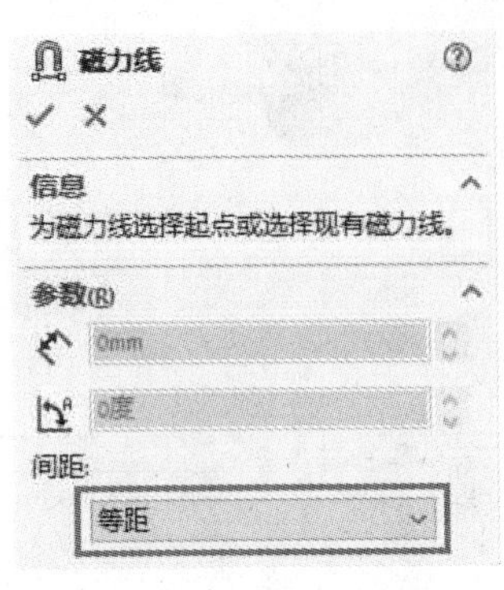

图 9-90　设置磁力线

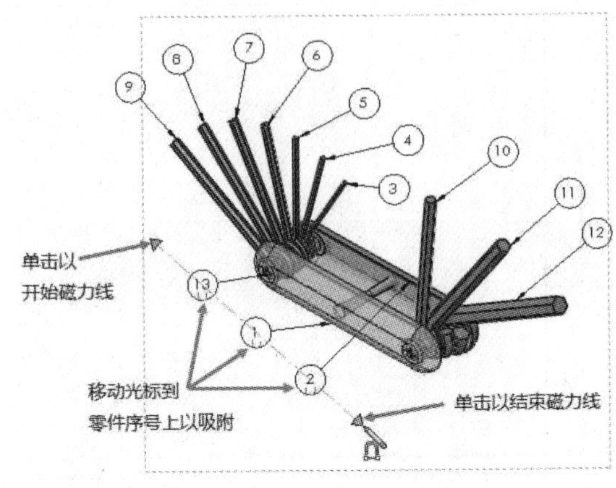

图 9-91　添加磁力线

提示　【等距】设置将沿着磁力线的长度以相等间距的方式隔开零件序号。

步骤 6　添加空磁力线　在工程图图纸上创建水平和竖直磁力线，如图 9-92 所示。单击【确定】✔。

步骤 7　将零件序号吸附到竖直磁力线上　单击图纸上的零件序号以访问磁力线，将零件序号拖放到竖直的磁力线上，如图 9-93 所示。

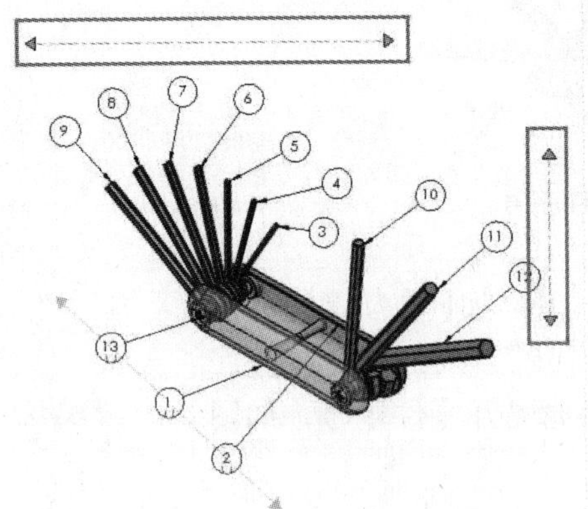

图 9-92　添加空磁力线

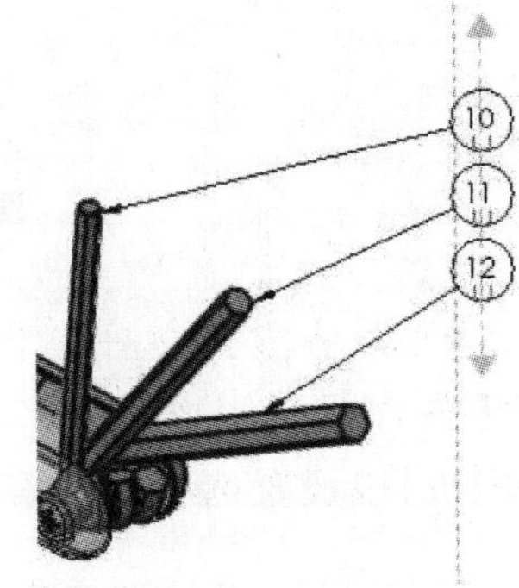

图 9-93　将零件序号吸附到竖直磁力线上

步骤 8　修改竖直磁力线　拖动直线的端点以调整其长度，并拖动该直线以根据需要将其重新定位。

步骤 9 修改水平磁力线属性 如果将磁力线属性设置为【自由拖动】，则用户可以按照所需的顺序附着零件序号。选择水平磁力线，将【间距】设置为【自由拖动】，如图 9-94 所示。此设置允许用户自定义零件序号之间的距离。

步骤 10 将零件序号吸附到水平磁力线上 将零件序号拖放到水平的磁力线上，如图 9-95 所示。

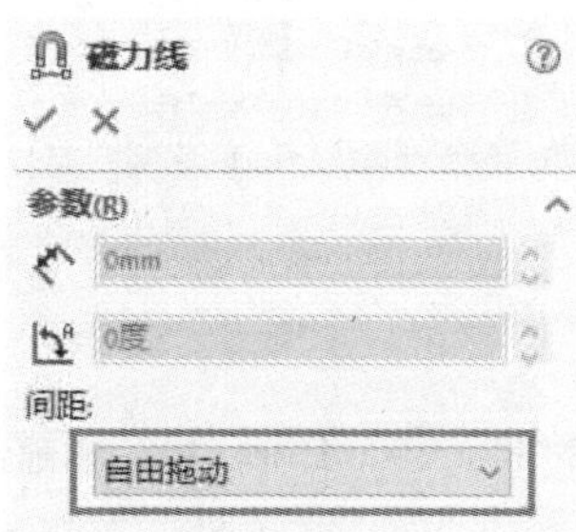

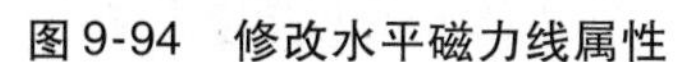

图 9-94 修改水平磁力线属性

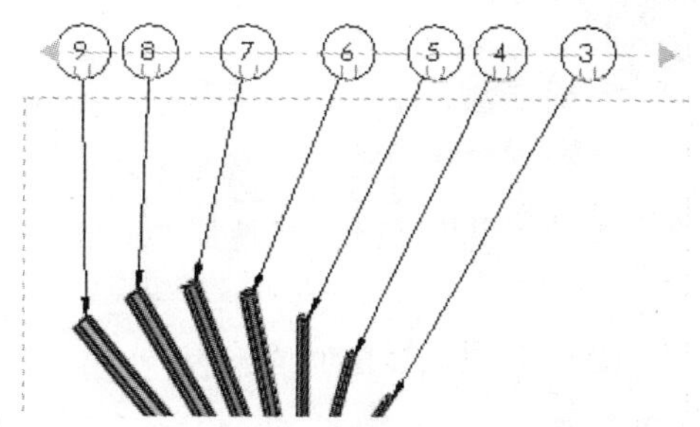

图 9-95 将零件序号吸附到水平磁力线上

步骤 11 修改水平磁力线属性 再次选择水平磁力线并将【间距】更改为【等距】。拖动直线的端点以调整其长度，并拖动该直线以根据需要将其重新定位。

步骤 12 定义磁力线的长度和角度 单击倾斜的磁力线，使用 PropertyManager 修改直线的【长度】为“100mm”，修改【角度】为“150 度”，如图 9-96 所示。单击【确定】✔。结果如图 9-97 所示。

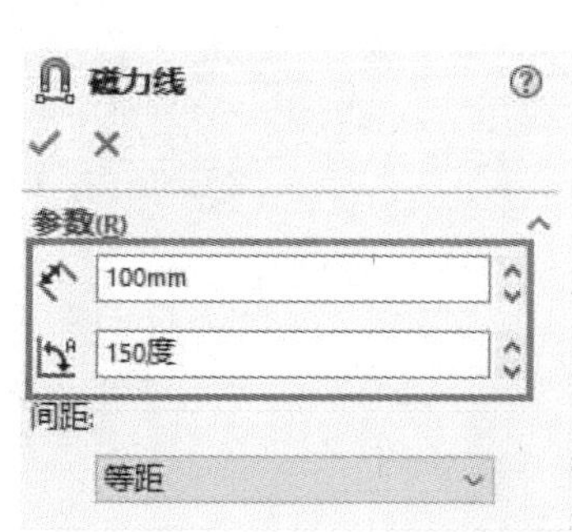

图 9-96 定义磁力线的长度和角度

图 9-97 查看结果

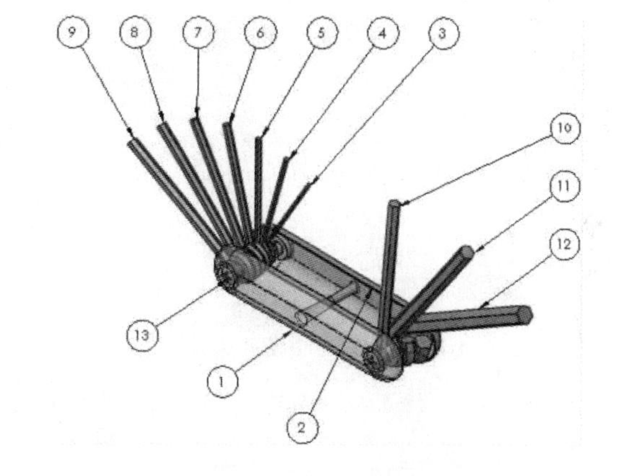

步骤 13 查看零件序号指示器列 零件序号指示器列显示项目 14(六角螺母)没有零件序号，如图 9-98 所示。下面将此零件序号与第 13 项平头螺钉的零件序号层叠组合在一起。

步骤 14 添加到层叠 右键单击 13 号零件序号注解，选择【添加到层状的零件序号】。在图 9-99 所示的表面单击右键，选择【选择其他】。使用【选择其他】对话框和动态预览来选择“Magnetic Lines 005”零部件的一个面，如图 9-100 所示。修改零件序号属性为【向左层叠】，单击【确定】✔。

行				项目号
8				7
9				8
10				9
11				10
12				11
13			C	12
14				13
15				14

图 9-98 查看零件序号指示器列

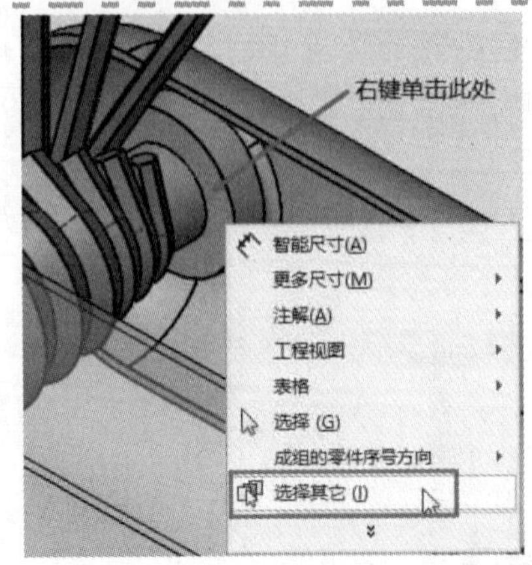

图 9-99　【选择其他】命令

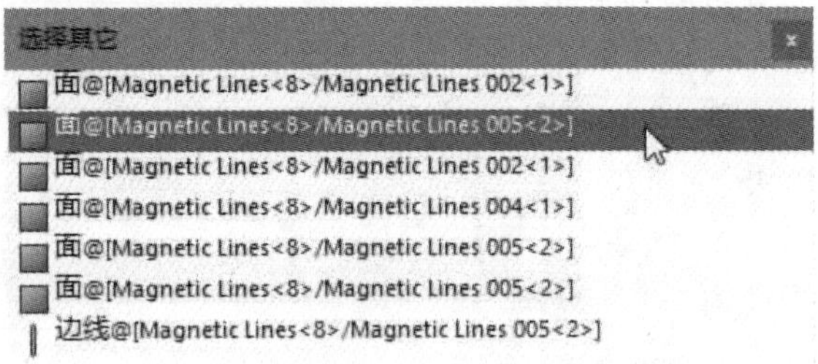

选择其它

面@[Magnetic Lines<8>/Magnetic Lines 002<1>]
面@[Magnetic Lines<8>/Magnetic Lines 005<2>]
面@[Magnetic Lines<8>/Magnetic Lines 002<1>]
面@[Magnetic Lines<8>/Magnetic Lines 004<1>]
面@[Magnetic Lines<8>/Magnetic Lines 005<2>]
面@[Magnetic Lines<8>/Magnetic Lines 005<2>]
边线@[Magnetic Lines<8>/Magnetic Lines 005<2>]

图 9-100　选择“Magnetic Lines 005”零部件的面

步骤 15　保存并关闭所有文件

第 10 章　其他 SOLIDWORKS 表格

学习目标

- 创建和修改孔表
- 分割表格
- 了解如何修改表格的标题、边框和定位点等设置
- 使用修订表并添加修订符号
- 使用引线注解选项，如添加箭头、插入新分支和添加转折点等
- 在工程图中使用系列零件设计表

10.1　概述

扫码看视频

在本章中，将介绍一些其他表格类型以及相关的注解和选项。首先将从孔表的示例开始，然后讲解如何使用修订表和使用零件序号注解时可用的一些高级选项。

此外还有几种特定于钣金和焊件模型的表格类型，将在《SOLIDWORKS® 钣金件与焊件教程（2019 版）》中进行详细介绍。

10.2　插入孔表

孔表是指用表格的形式指示孔尺寸和位置，是轻松传达加工信息的有效方式，如图 10-1 所示。若要创建孔表，必须先在工程图视图中选择基准点，此基准点将是表中 X 和 Y 值的原点位置。用户若要将孔添加到表格中，需选择单个孔的边线或在工程图视图中选择一个面，以包括面中的所有孔。

标签	X 位置	Y 位置	大小
A1	15	47.50	Ø 5.00 完全贯穿 M6x1.0 - 6H 完全贯穿
A2	15	102.50	Ø 5.00 完全贯穿 M6x1.0 - 6H 完全贯穿
B1	42.50	75	Ø35.00 贯穿
B2	42.50	225	Ø35.00 贯穿
B3	467.50	75	Ø35.00 贯穿
B4	467.50	225	Ø35.00 贯穿
C1	217.50	75	Ø 10.20 完全贯穿 M12x1.75 - 6H 完全贯穿
C2	217.50	225	Ø 10.20 完全贯穿 M12x1.75 - 6H 完全贯穿

图 10-1　孔表

技巧　如果用户希望在表格中包含多个工程图视图中的孔，可以使用 PropertyManager 中的【下一视图】按钮从另一视图中设置其他基准点和选择边或面。

当完成选择并将孔表添加到工程图图纸后，可通过 PropertyManager 中的其他选项来调整表格的结构和显示状态。

知识卡片	孔表	• CommandManager：【注解】/【表格】/【孔表】。 • 菜单：【插入】/【表格】/【孔表】。 • 快捷菜单：右键单击工程图图纸或视图，然后选择【表格】/【孔表】。

操作步骤

步骤 1　打开文件　从 Lesson10\Case Study 文件夹内打开“Hole Table Practice. SLDDRW”文件，如图 10-2 所示。

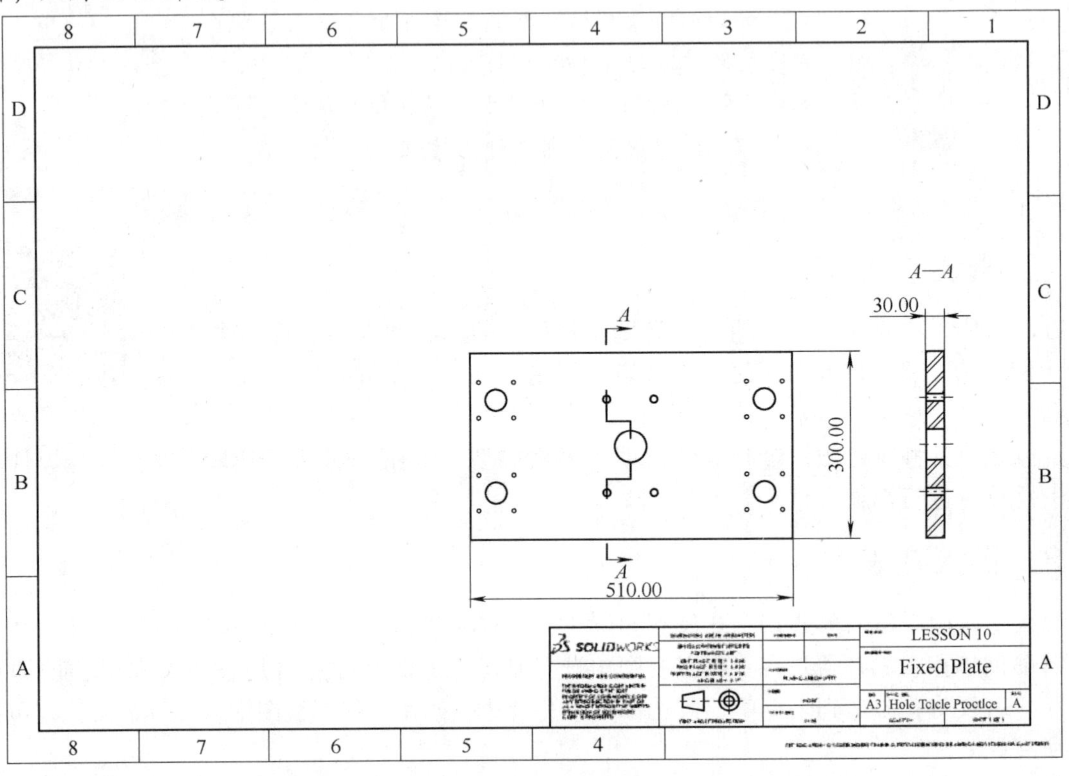

图 10-2　打开文件

步骤 2　访问孔表命令　单击【表格】/【孔表】。

步骤 3　定义孔表设置　在【表格位置】中，勾选【附加到定位点】复选框。在【基准点】中使用【原点】选项，并选择工程图视图的左下角，在【边线/面】中选择图 10-3 所示表面。

步骤 4　单击【确定】✔以添加表格

步骤 5　查看结果　孔表已添加到图纸中，标签也被添加到工程图视图中以指示表格参考引用的孔，如图 10-4 所示。

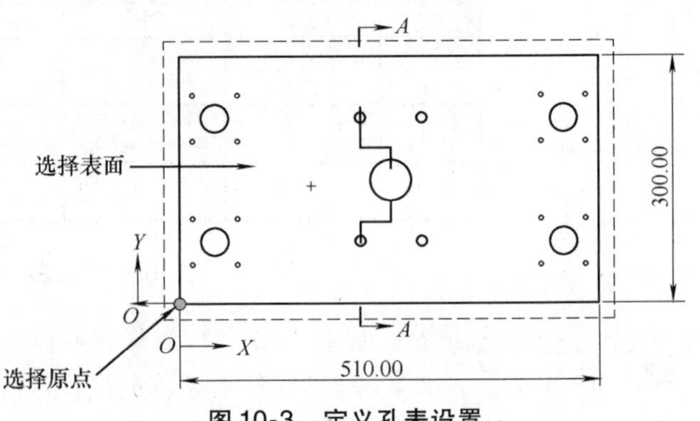

图 10-3　定义孔表设置

标签	X位置	Y位置	大小
A1	15	47.50	φ5.00完全贯穿 M6×1.0-6H完全贯穿
A2	15	102.50	φ5.00完全贯穿 M6×1.0-6H完全贯穿
A3	15	197.50	φ5.00完全贯穿 M6×1.0-6H完全贯穿
A4	15	252.50	φ5.00完全贯穿 M6×1.0-6H完全贯穿
A5	70	47.50	φ5.00完全贯穿 M6×1.0-6H完全贯穿
A6	70	102.50	φ5.00完全贯穿 M6×1.0-6H完全贯穿
A7	70	197.50	φ5.00完全贯穿 M6×1.0-6H完全贯穿
A8	70	252.50	φ5.00完全贯穿 M6×1.0-6H完全贯穿
A9	440	47.50	φ5.00完全贯穿 M6×1.0-6H完全贯穿
A10	440	102.50	φ5.00完全贯穿 M6×1.0-6H完全贯穿
A11	440	197.50	φ5.00完全贯穿 M6×1.0-6H完全贯穿
A12	440	252.50	φ5.00完全贯穿 M6×1.0-6H完全贯穿
A13	495	47.50	φ5.00完全贯穿 M6×1.0-6H完全贯穿
A14	495	102.50	φ5.00完全贯穿 M6×1.0-6H完全贯穿
A15	495	197.50	φ5.00完全贯穿 M6×1.0-6H完全贯穿
A16	495	252.50	φ5.00完全贯穿 M6×1.0-6H完全贯穿
B1	42.50	75	φ35.00贯穿
B2	42.50	225	φ35.00贯穿
B3	467.50	75	φ35.00贯穿
B4	467.50	225	φ35.00贯穿
C1	217.50	75	φ10.20完全贯穿 M12×1.75-6H完全贯穿
C2	217.50	225	φ10.20完全贯穿 M12×1.75-6H完全贯穿
C3	292.50	75	φ10.20完全贯穿 M12×1.75-6H完全贯穿
C4	292.50	225	φ10.20完全贯穿 M12×1.75-6H完全贯穿
D1	2.55	150	φ50.80贯穿

图 10-4　查看结果

• 调整孔表设置　创建表格后，孔表的 PropertyManager中提供了一些其他选项用于调整表格的设置，如图 10-5 所示。

1）标记顺序。此选项控制孔标签在模型表面的排序方式。

2）标记类型。默认标记类型为“字母-数字”，相同的孔类型使用相同的字母前缀。用户也可以使用简单数字或【手动】创建前缀。

3）略图。此选项可以调整信息在表格中的显示方式。

4）孔位置精度。用户可以使用与普通尺寸注解相同的方式调整表格中孔位置尺寸的精度。

5）显示状态。此选项控制工程图视图中各项目的可见性。

技巧 上述选项也可从孔表的快捷菜单中访问。

用户也可以修改与孔表相关联的各个项目，如单元格、孔标记和基准点等。只需选择单元格、孔标记或基准点即可访问具有相关选项的 PropertyManager。

下面将修改表格略图以组合相同大小的孔，然后讲解如何更改孔表的基准点及调整标记顺序。

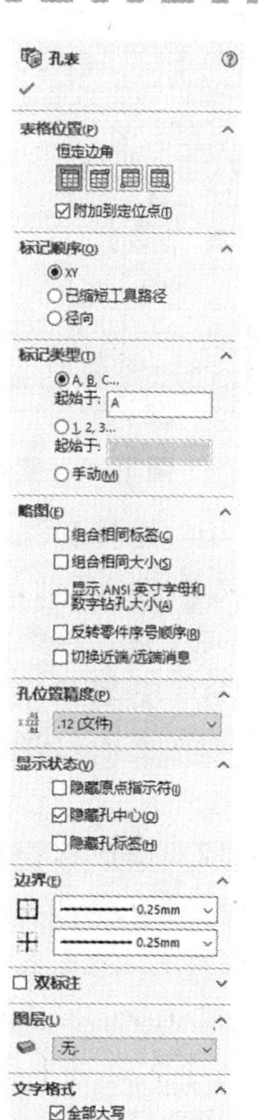

图 10-5　孔表的 PropertyManager

步骤 6　修改孔表以组合相同大小的孔　选择孔表左上角的图标以访问孔表的 PropertyManager。在【略图】中勾选【组合相同大小】复选框。

步骤 7　查看结果　【大小】列中的单元格已经合并，如图 10-6 所示。

步骤 8　选择孔表的基准点　通过单击工程图视图中靠近所选顶点的符号来选择孔表的基准点。

技巧　注意光标反馈以确定何时选择基准符号，如图 10-7 所示。

步骤 9　编辑基准定义　在 PropertyManager 中单击【编辑基准定义】，如图 10-8 所示。

标签	X 位置	Y 位置	大小
A1	15	47.50	Ø 5.00 完全贯穿 M6x1.0 - 6H 完全贯穿
A2	15	102.50	
A3	15	197.50	
A4	15	252.50	
A5	70	47.50	
A6	70	102.50	
A7	70	197.50	
A8	70	252.50	
A9	440	47.50	
A10	440	102.50	
A11	440	197.50	
A12	440	252.50	
A13	495	47.50	
A14	495	102.50	
A15	495	197.50	
A16	495	252.50	
B1	42.50	75	Ø35.00 贯穿
B2	42.50	225	
B3	467.50	75	
B4	467.50	225	
C1	217.50	75	Ø 10.20 完全贯穿 M12x1.75 - 6H 完全贯穿
C2	217.50	225	
C3	292.50	75	
C4	292.50	225	
D1	255	150	Ø50.80 贯穿

图 10-6　查看结果

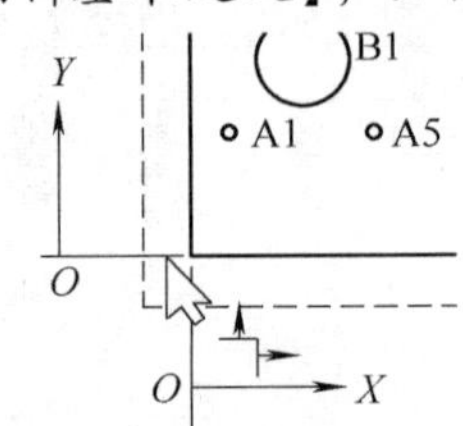

图 10-7　光标反馈

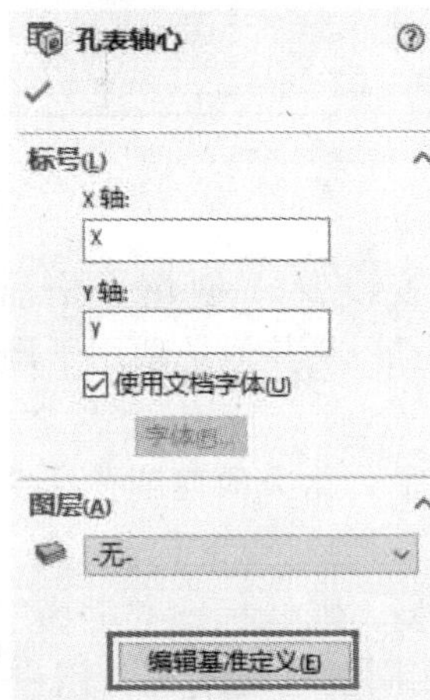

图 10-8　编辑基准定义

步骤 10　选择新基准点　在工程图视图中选择中心孔的边线，如图 10-9 所示。单击【确定】✔。

步骤 11　查看结果　表格中的 *X* 和 *Y* 位置已经更新以显示与新基准点的距离。

步骤 12　修改标记顺序　为了改善工程图视图中标记孔的方式，将修改【标记顺序】。单击孔表左上角的图标以访问孔表的 PropertyManager。在【标记顺序】中选择【已缩短工具路径】，单击【确定】✔。

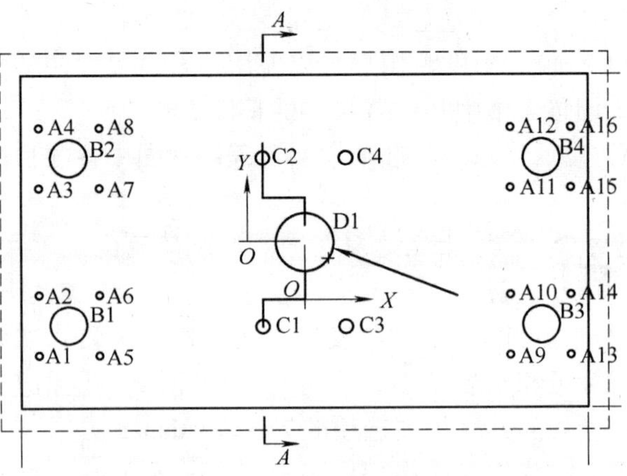

图 10-9　选择新基准点

步骤 13　查看结果　表格中的孔标记和行项目已经更新，如图 10-10 所示。

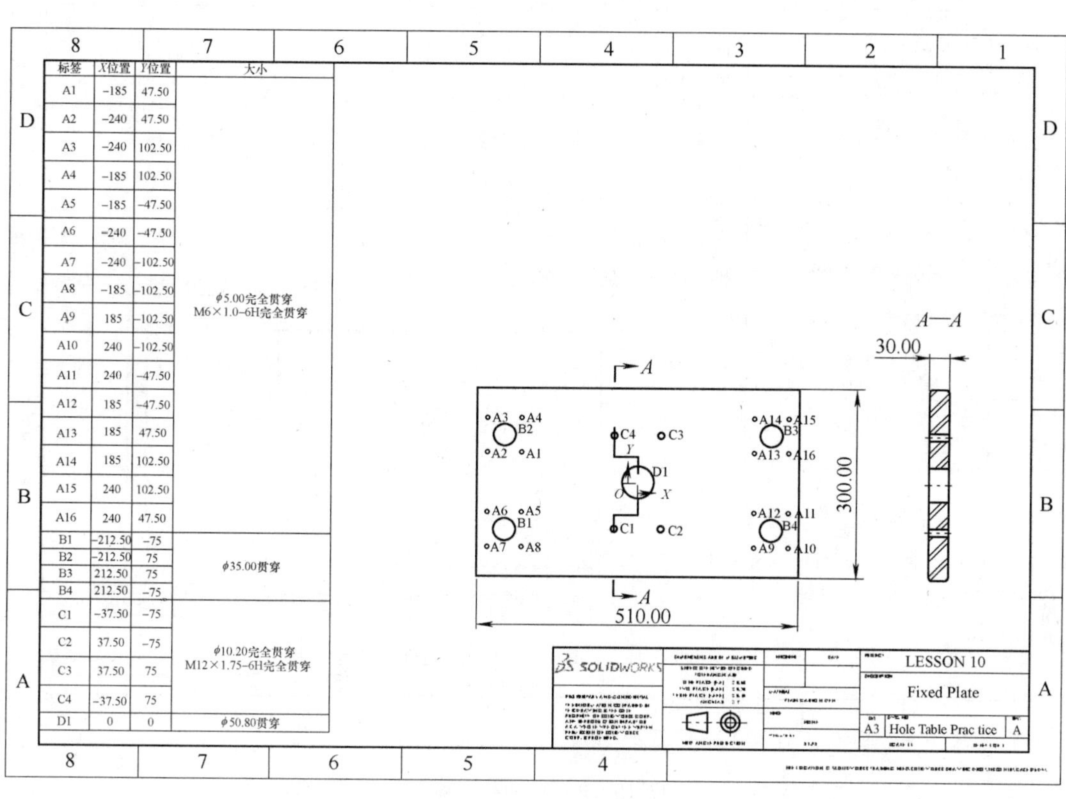

标签	X位置	Y位置	大小
A1	-185	47.50	φ5.00完全贯穿 M6×1.0-6H完全贯穿
A2	-240	47.50	
A3	-240	102.50	
A4	-185	102.50	
A5	-185	-47.50	
A6	-240	-47.50	
A7	-240	-102.50	
A8	-185	-102.50	
A9	185	-102.50	
A10	240	-102.50	
A11	240	-47.50	
A12	185	-47.50	
A13	185	47.50	
A14	185	102.50	
A15	240	102.50	
A16	240	47.50	
B1	-212.50	-75	φ35.00贯穿
B2	-212.50	75	
B3	212.50	75	
B4	212.50	-75	
C1	-37.50	-75	φ10.20完全贯穿 M12×1.75-6H完全贯穿
C2	37.50	-75	
C3	37.50	75	
C4	-37.50	75	
D1	0	0	φ50.80贯穿

图 10-10　查看结果

步骤 14　格式化行高度　为了使表格中的所有行具有相同的高度，需要格式化行高度。选择第一行标题，然后按住〈Shift〉键选择最后一行标题以选择所有行。单击右键并从快捷菜单中选择【格式化】/【行高度】，修改【行高度】为 11mm，如图 10-11 所示。单击【确定】。

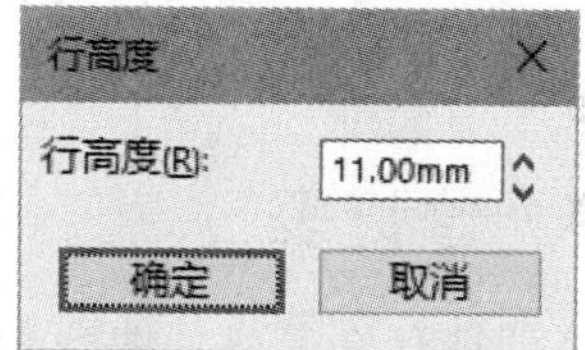

图 10-11　格式化行高度

10.3　分割表格

如果某个表格太大而无法完全放在工程图图纸上，例如本示例中的孔表，则可以将其分割。表格快捷菜单中提供了分割表格的选项。

技巧　如果表格已分割，则快捷菜单中还会提供合并表格的选项。

步骤 15　访问表格快捷菜单　右键单击表格【标签】列中的“B1”单元格。

步骤 16　分割表格　单击【分割】/【横向上】。

步骤 17　移动分割表格　拖动分割的表格，将其重新定位，如图 10-12 所示。

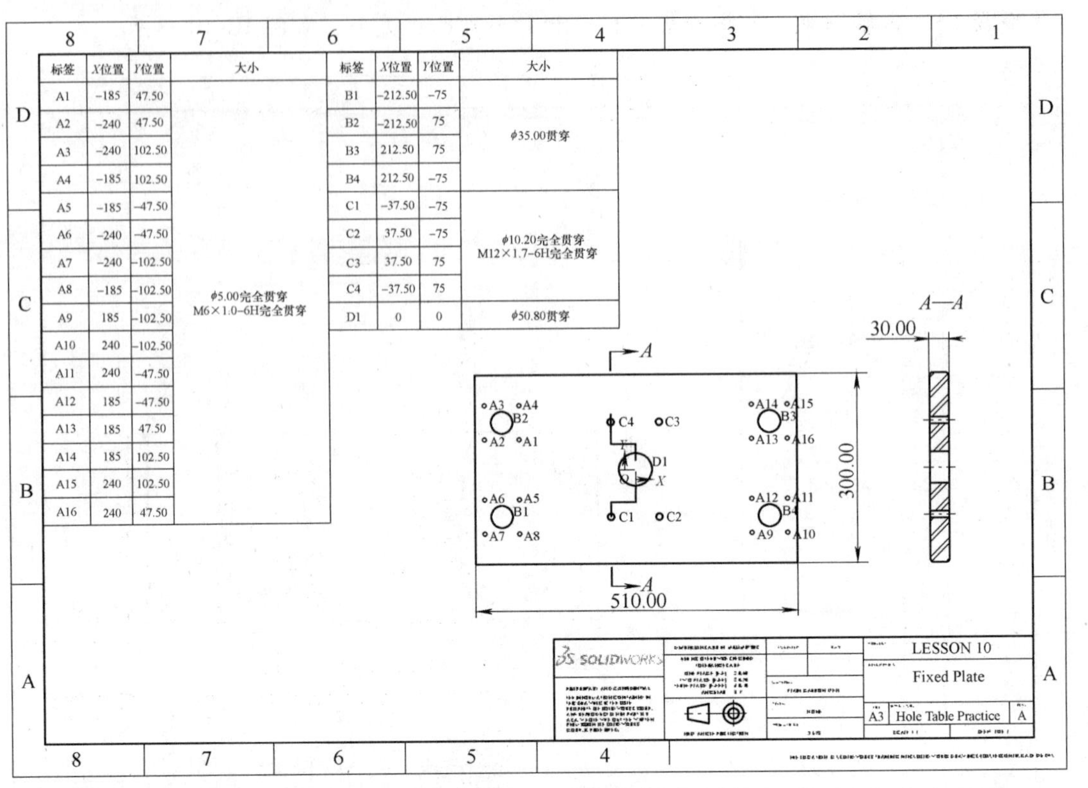

图 10-12 移动分割表格

步骤 18 保存并关闭所有文件

10.4 修订表

修订表有许多与其他 SOLIDWORKS 表格相同的特性。在下面的示例中，将打开一张已有修订表的工程图，查看该表的一些属性并介绍一些其他表格选项，例如如何控制表头的位置和修改单元格的边框等。此外，还将添加新修订表和相关注解。

操作步骤

步骤 1 打开文件 从 Lesson10\Case Study 文件夹内打开“Revision Table Practice. SLDDRW”文件，如图 10-13 所示。

步骤 2 访问修订表的 PropertyManager 单击表格左上角的图标，查看修订表的 PropertyManager。

步骤 3 查看表格位置 注意到勾选了【附加到定位点】复选框，【恒定边角】设置为右下角，如图 10-14 所示。这些是在此模板中定位该表格的合适选项。

步骤 4 修改表格标题 表格的标题行位于底部，新添加的行位于顶部。用户可以通过格式工具栏上的【表格标题】按钮来完成切换，如图 10-15 所示。

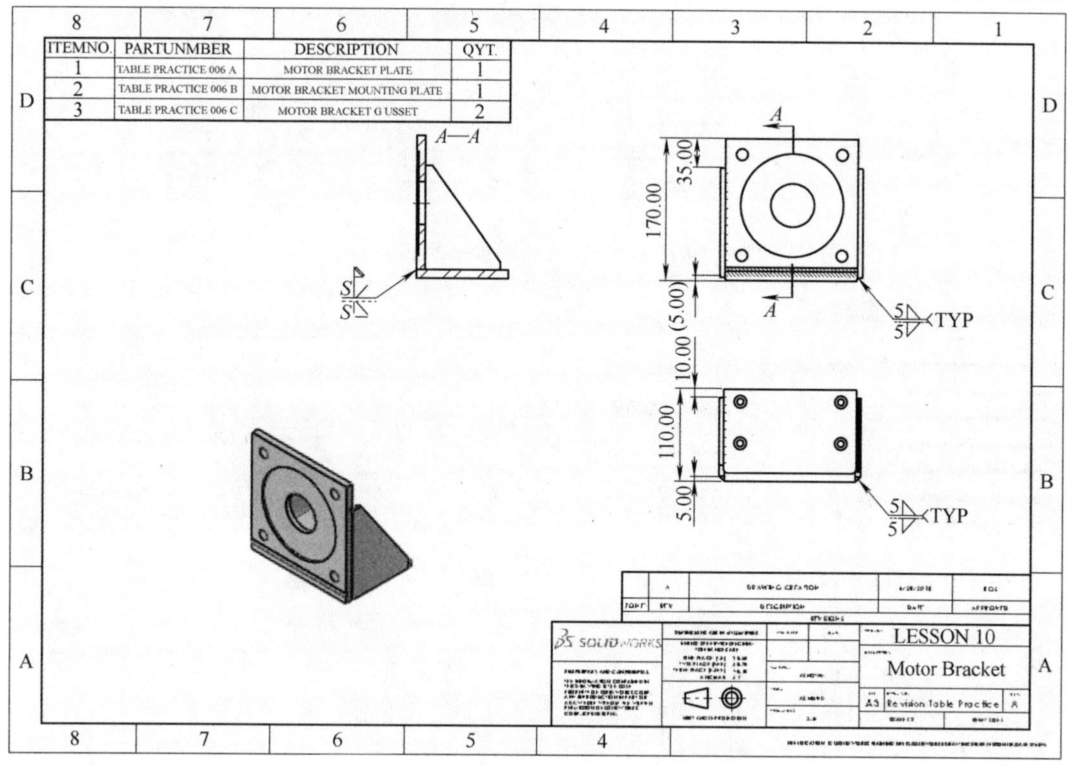

图 10-13　打开文件

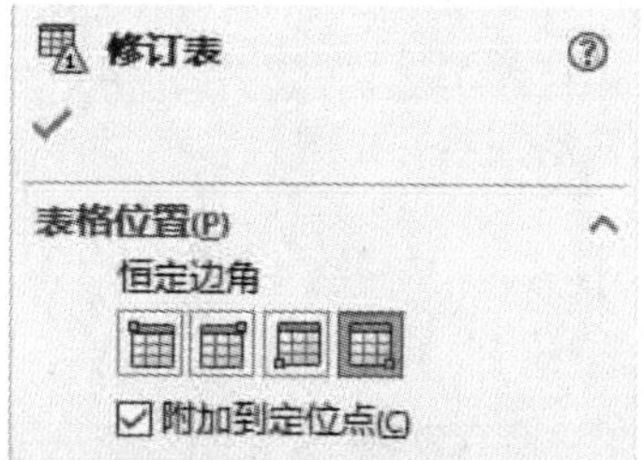

图 10-14　查看表格位置

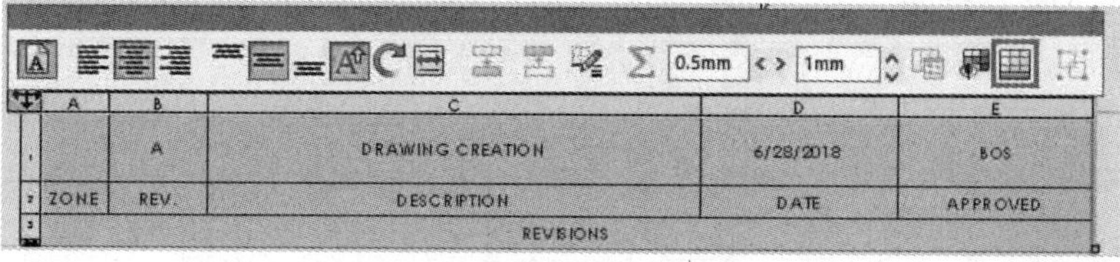

图 10-15　修改表格标题

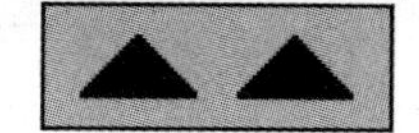

图 10-16　双展开箭头图标

步骤 5　查看表格标题行　修订表包含指示表类型的标题行。用户可以使用标题行上方的双展开箭头图标，展开或折叠任何表格类型的标题行，如图 10-16 所示。

步骤 6　修改单元格边框　用户可以从表格的 PropertyManager 中调整整个表格的边框。若要修改单个单元格的边框，则需在格式工具栏上激活【边界编辑】按钮。单击【边界编辑】，选择表格底部的边框，如图 10-17 所示。从菜单中选择【无】，如图 10-18 所示。在表格之外单击以结束编辑，结果如图 10-19 所示。

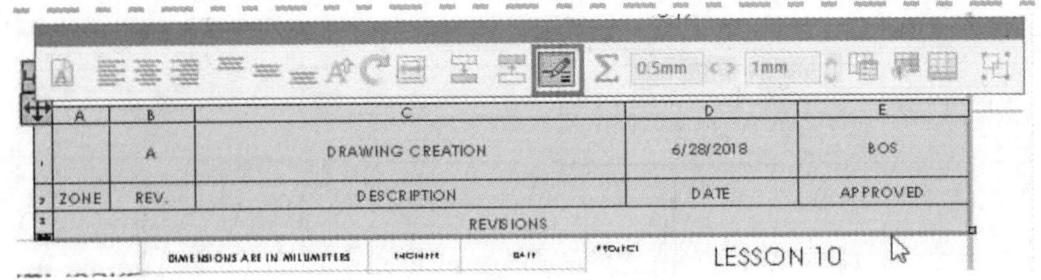

图 10-17　选择表格底部的边框

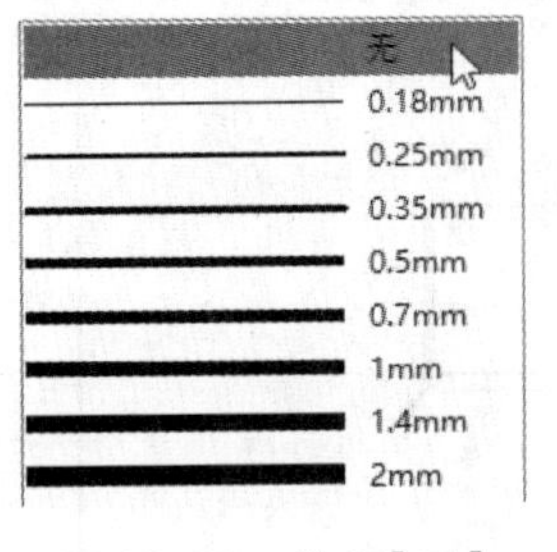

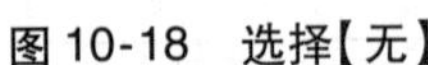
图 10-18　选择【无】

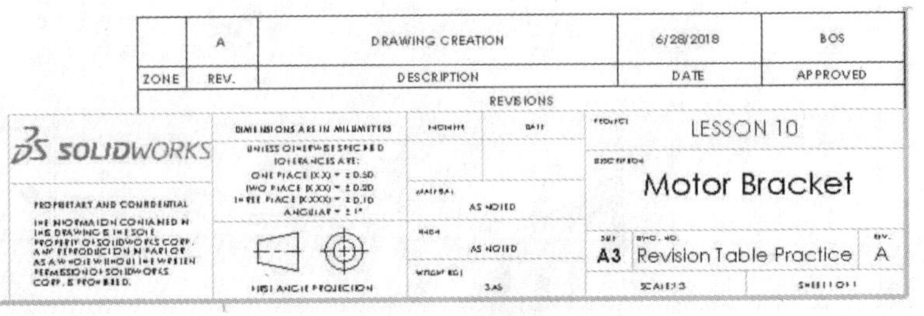

图 10-19　查看结果

图 10-20　修订符号

• 添加修订　此工程图缺少零件序号注解。下面将添加零件序号，然后向表格中添加修订。当表格处于激活状态时，使用【添加修订】按钮可以将修订添加到表格中。

默认情况下，一旦将修订添加到表格中，【修订符号】命令将自动变为激活状态，如图 10-20 所示。这些符号用于标记工程图中发生更改的位置，符号所在的区域将填充到修订表中。

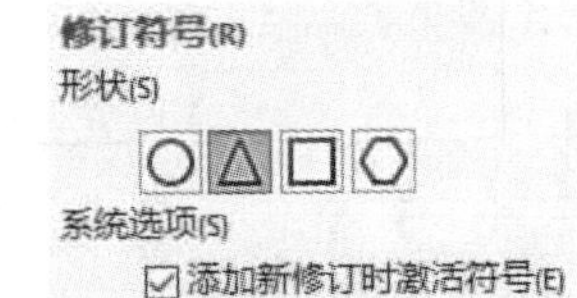

知识卡片	修订符号	• CommandManager：【注解】/【修订符号】。 • 菜单：【插入】/【注解】/【修订符号】。

步骤 7　添加零件序号　使用【零件序号】工具添加注解到工程图，如图 10-21 所示。

步骤 8　添加修订　将光标移至修订表查看行标题和列标题，单击【添加修订】。

步骤 9　添加修订符号　在工程图图纸上将修订符号放在零件序号附近，如图 10-22 所示，单击【确定】。

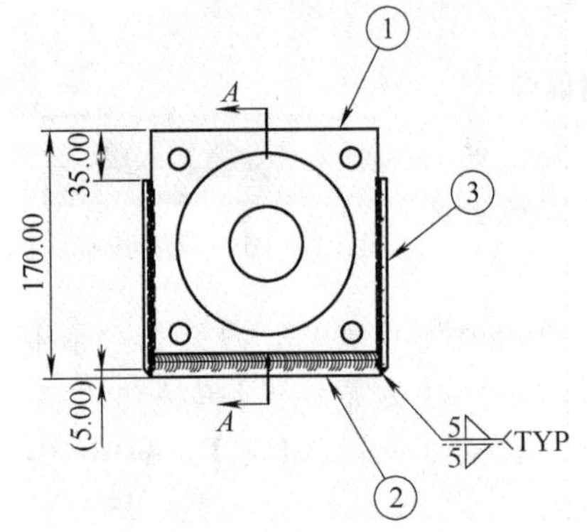

图 10-21　添加零件序号

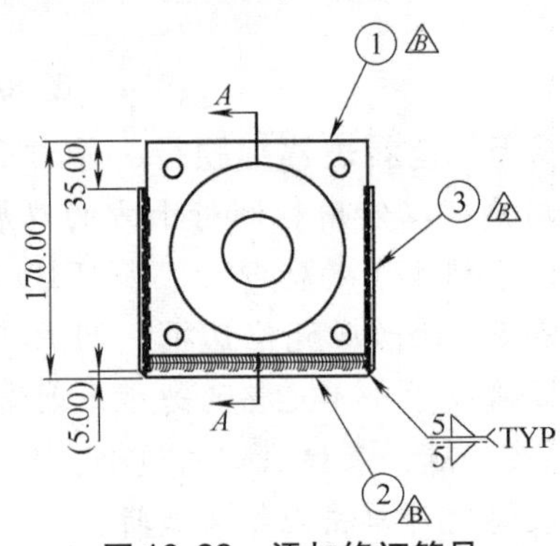

图 10-22　添加修订符号

步骤 10　添加修订说明　双击新添加修订的“DESCRIPTION”单元格，输入“添加零件序号”并按〈Enter〉键。

步骤 11　【重建】工程图

步骤 12　查看结果　修订表中的新增行内包括了当前日期和添加修订符号的区域，如图 10-23 所示。此外，工程图文档的“Revision”自定义属性已经自动更新，以匹配表格中的最新修订。

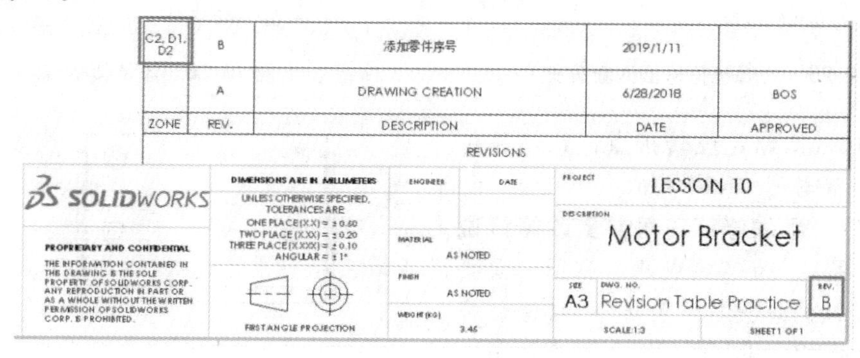

ZONE	REV.	DESCRIPTION	DATE	APPROVED
C2, D1, D2	B	添加零件序号	2019/1/11	
	A	DRAWING CREATION	6/28/2018	BOS

REVISIONS

图 10-23　查看结果

10.5　引线注解选项

许多注解(例如零件序号、焊接符号等)使用引线来指示注解引用的位置。引线注解有一些独特的选项，以允许用户进行以下操作：

- 添加其他引线　按住〈Ctrl〉键，拖动引线箭头处的控标以向注解添加其他引线。
- 插入新的分支　右键单击引线，然后从快捷菜单中选择【插入新的分支】，这将从引线的中点添加一个分支。
- 添加转折点　右键单击引线上要添加转折点的位置，然后选择【添加转折点】。

下面将通过在零件序号注解中添加引线来介绍这些选项，然后为焊接符号插入新的分支和转折点。

步骤 13　为零件序号添加其他引线　选择项目号为 3 的零件序号。按住〈Ctrl〉键，拖动引线箭头处的控标。将新的引线放到另一个角撑板部件的边线上，如图 10-24 所示。

步骤 14　为焊接符号插入新分支　在俯视图中，右键单击焊接符号的引线，选择【插入新的分支】，再单击以将新分支放置在视图的另一角，如图 10-25 所示。

步骤 15　添加转折点　右键单击引线并选择【添加转折点】，将转折点添加到新分支中，如图 10-26 所示。

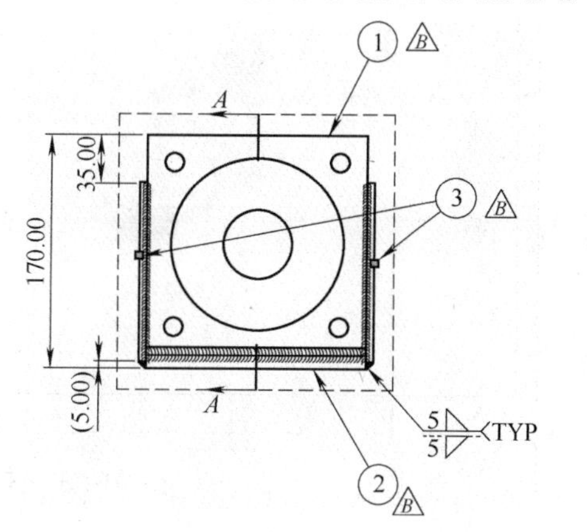

图 10-24　为零件序号添加其他引线

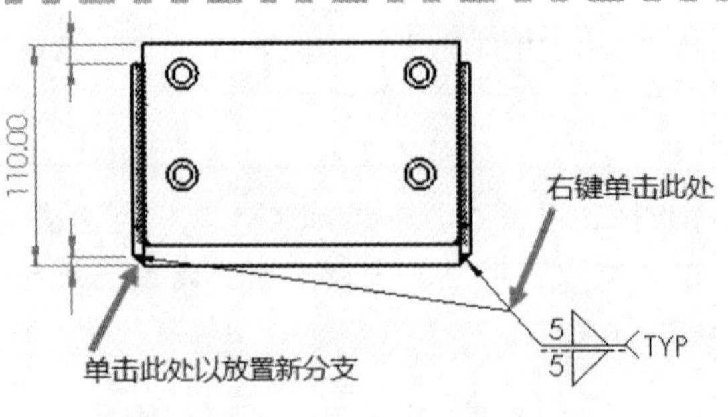

图 10-25　为焊接符号插入新分支

图 10-26　添加转折点

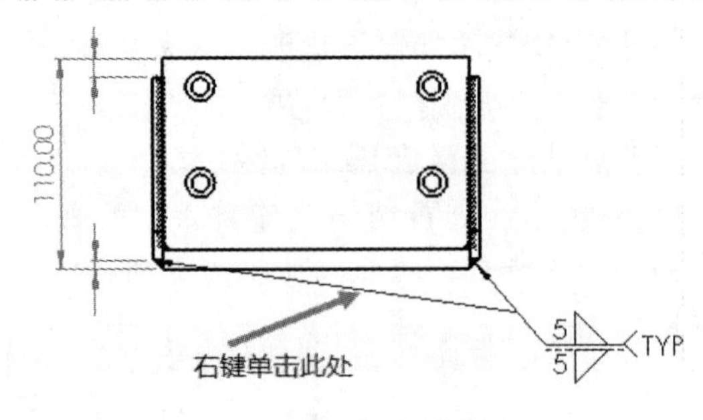

步骤 16　重新定位转折点　拖动转折点，使其位置与图 10-27 相似。

步骤 17　添加修订符号并更改修订说明(可选步骤)　为了完成此工程图，需要在图纸中修改的焊接符号附近添加【修订符号】△。此时“ZONE”单元格也因修订而进行了更新。双击修订表中的“DESCRIPTION”单元格，然后添加文本“并添加焊接符号引线”，如图 10-28 所示。

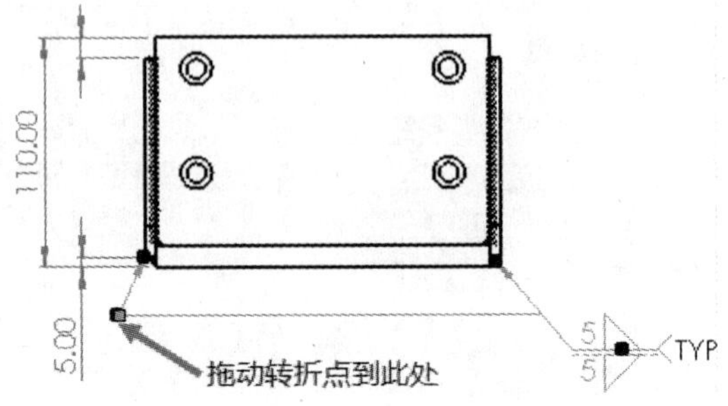

图 10-27　重新定位转折点

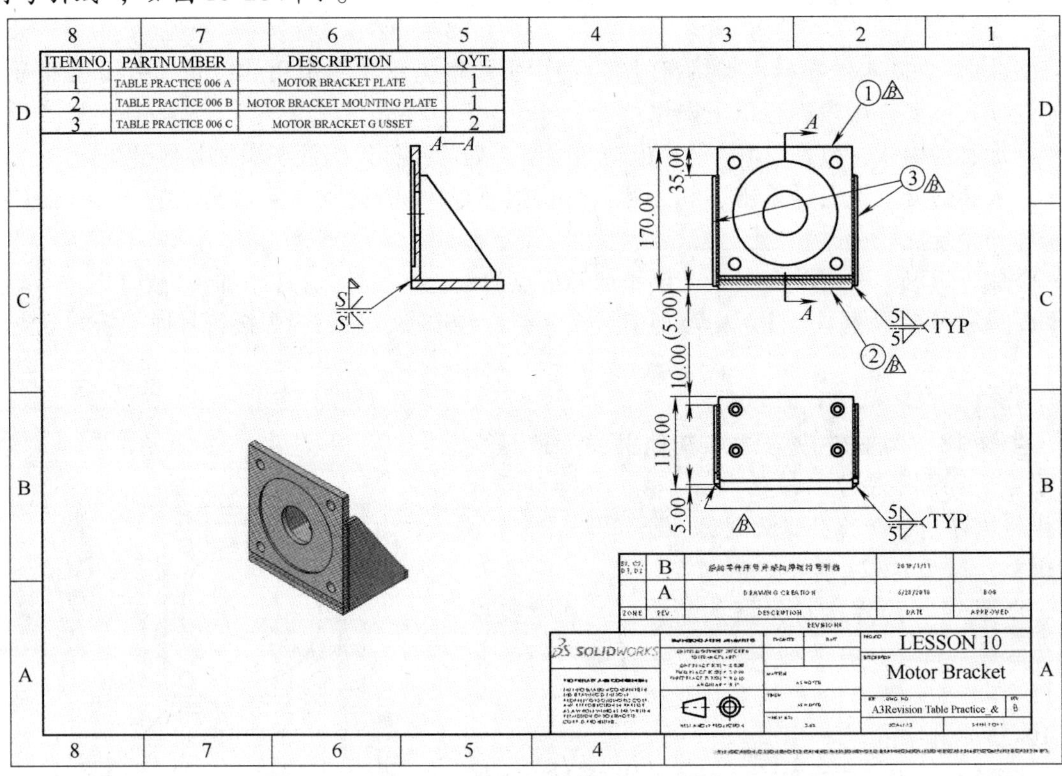

图 10-28　添加修订符号并更改修订说明

步骤 18　保存并关闭所有文件

10.6　工程图中的系列零件设计表

系列零件设计表是用于配置 SOLIDWORKS 模型的 Excel 电子表格。现有的系列零件设计表可以像任何其他表格类型一样在工程图中显示，但它们的特性有较大差异。当将系列零件设计表添加到工程图图纸时，Excel 电子表格显示的内容会与模型中表格的内容完全相同。因此，若要修改工程图图纸上系列零件设计表的外观，用户必须在模型文档中修改该系列零件设计表，包括隐藏行和列、调整边框和格式化文本等。

想了解有关工程图中系列零件设计表的更多信息，请参考“练习 10-2　修订表和系列零件设计表”。

练习 10-1　创建孔表

本练习将创建图 10-29 所示的工程图和孔表。有关本练习的详细说明，请参考操作步骤。

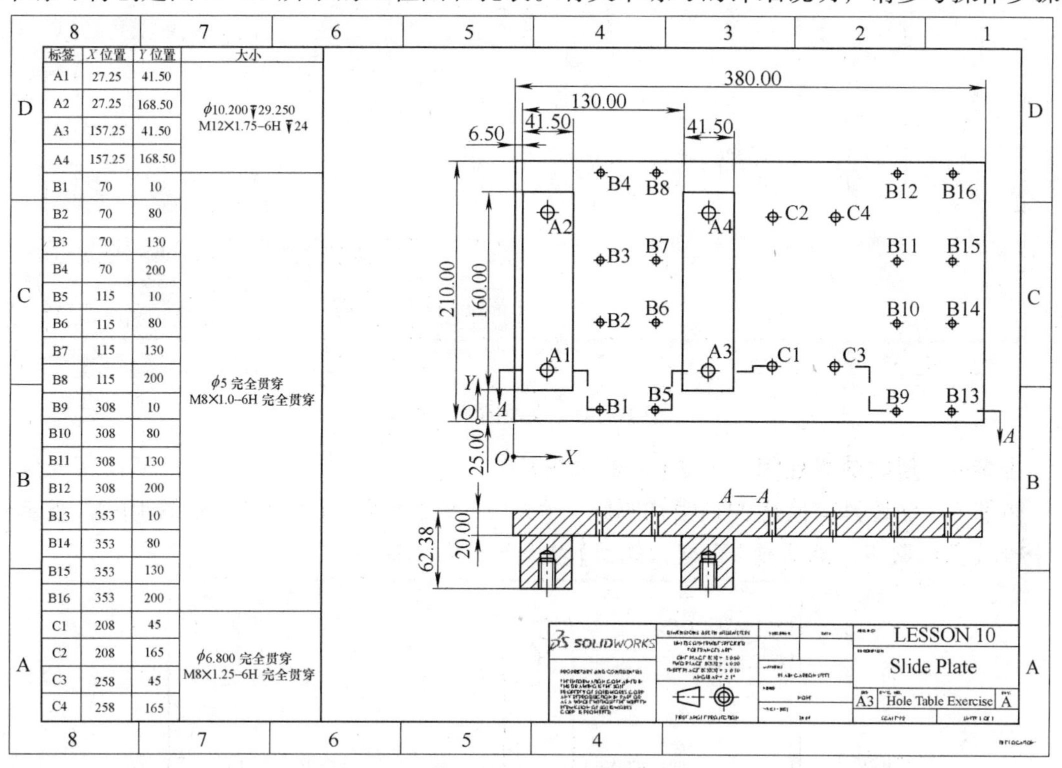

标签	X 位置	Y 位置	大小
A1	27.25	41.50	ϕ10.200 ▼29.250 M12X1.75-6H ▼24
A2	27.25	168.50	
A3	157.25	41.50	
A4	157.25	168.50	
B1	70	10	ϕ5 完全贯穿 M8X1.0-6H 完全贯穿
B2	70	80	
B3	70	130	
B4	70	200	
B5	115	10	
B6	115	80	
B7	115	130	
B8	115	200	
B9	308	10	
B10	308	80	
B11	308	130	
B12	308	200	
B13	353	10	
B14	353	80	
B15	353	130	
B16	353	200	
C1	208	45	ϕ6.800 完全贯穿 M8X1.25-6H 完全贯穿
C2	208	165	
C3	258	45	
C4	258	165	

图 10-29　创建工程图和孔表

本练习将使用以下技术：

- 创建偏移。
- 插入孔表。
- 调整孔表设置。

操作步骤

步骤 1　打开零件　从 Lesson10\Exercises 文件夹内打开“Hole Table Exercise. SLDPRT”文件。

步骤 2　创建工程图和俯视图　使用“A3 Drawing”模板创建新工程图，并在图纸上添加俯视图。

步骤 3　修改图纸比例　使用【图纸属性】对话框或状态栏中的快捷方式将图纸比例修改为 1:2，如图 10-30 所示。

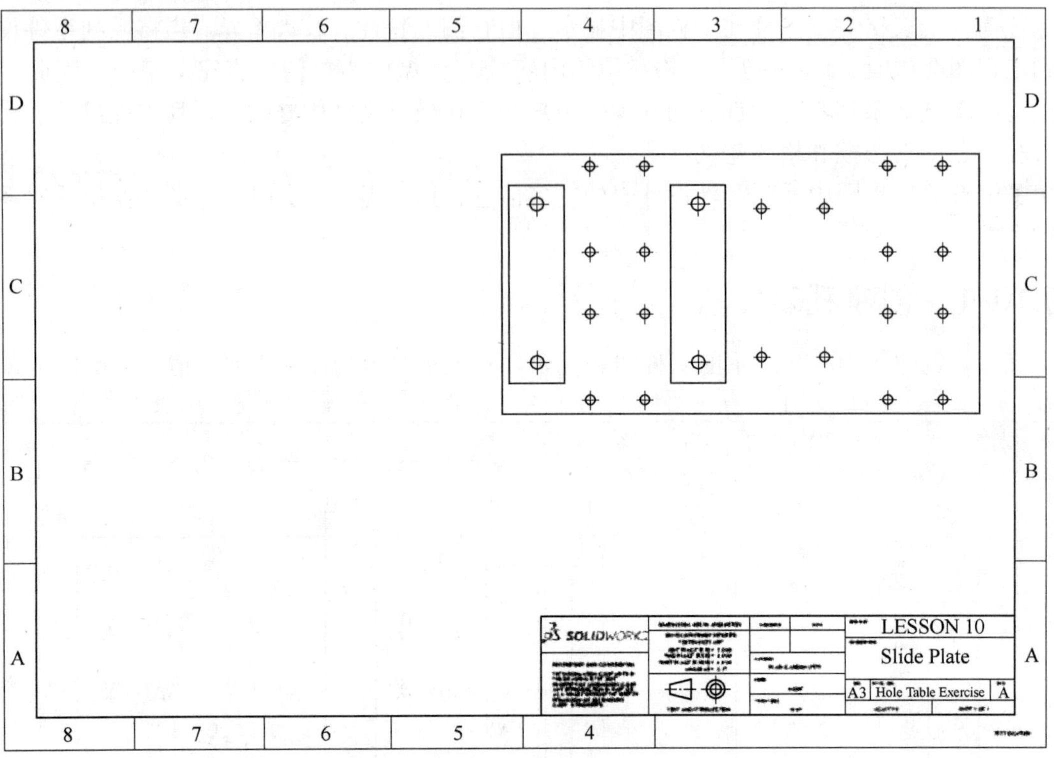

图 10-30　修改图纸比例

步骤 4　创建剖面视图　单击【剖面视图】。

步骤 5　创建具有偏移的剖面切割线　在【切割线】中单击【水平】，在图 10-31 所示的孔中心放置切割线，然后使用【剖面视图】弹出菜单定义偏移。

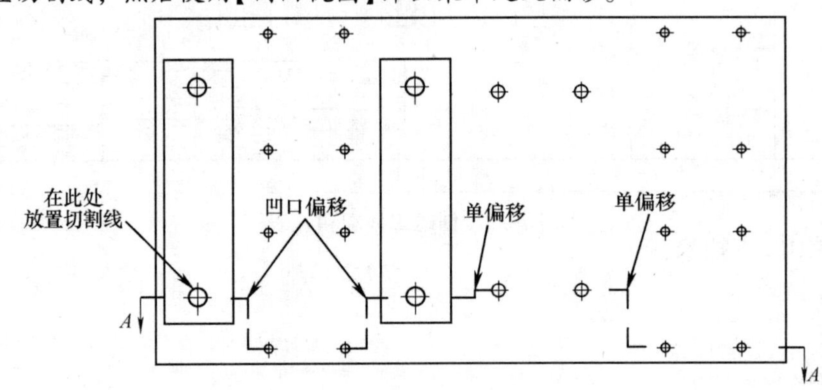

图 10-31　创建具有偏移的剖面切割线

步骤 6　放置剖面视图　偏移定义完毕后，在弹出菜单上单击【确定】，如图 10-32 所示。

技巧 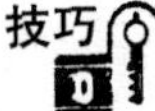　用户可以通过拖动线段的端点来缩短剖面切割线。

步骤 7 在视图中添加中心线 单击【中心线】，在 PropertyManager 中单击【选择视图】，在剖面视图边界框内单击以向视图添加中心线，单击【确定】✔。结果如图 10-33 所示。

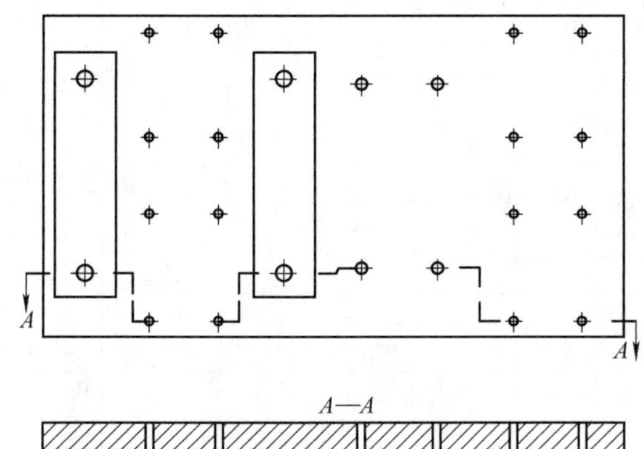

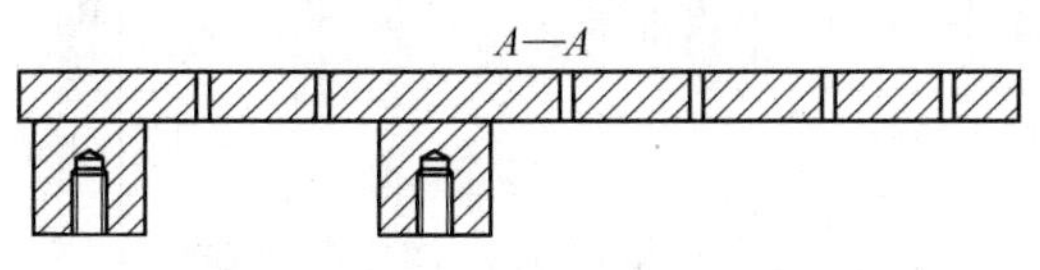

图 10-32 放置剖面视图

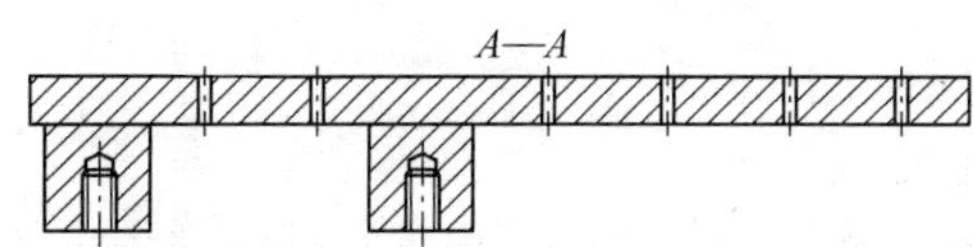

图 10-33 在视图中添加中心线

步骤 8 访问孔表命令 单击【表格】/【孔表】。

步骤 9 定义孔表设置 在【表格位置】中，勾选【附加到定位点】复选框。在【基准点】中使用【原点】选项，并选择工程图视图的左下角，在【边线/面】中选择图 10-34 所示表面。

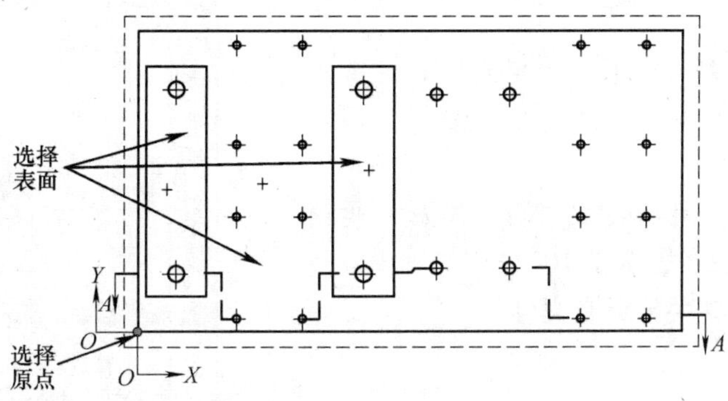

图 10-34 定义孔表设置

步骤 10 单击【确定】✔以添加表格

步骤 11 查看结果 现在已经将孔表添加到图纸中，标签也被添加到工程图视图中以表示表格所参考引用的孔，如图 10-35 所示。

步骤 12 修改孔表属性 选择孔表左上角的图标以访问孔表的 PropertyManager。在【略图】中勾选【组合相同标签】复选框。

步骤 13 查看结果 标签已经组合，以便于简化地列出孔的大小和数量，如图 10-36 所示。这种类型的表格可以与工程图视图中的尺寸组合以对孔进行定位。

步骤 14 修改孔表属性 选择孔表左上角的图标以访问孔表的 PropertyManager。在【略图】中取消勾选【组合相同标签】复选框，并勾选【组合相同大小】复选框。

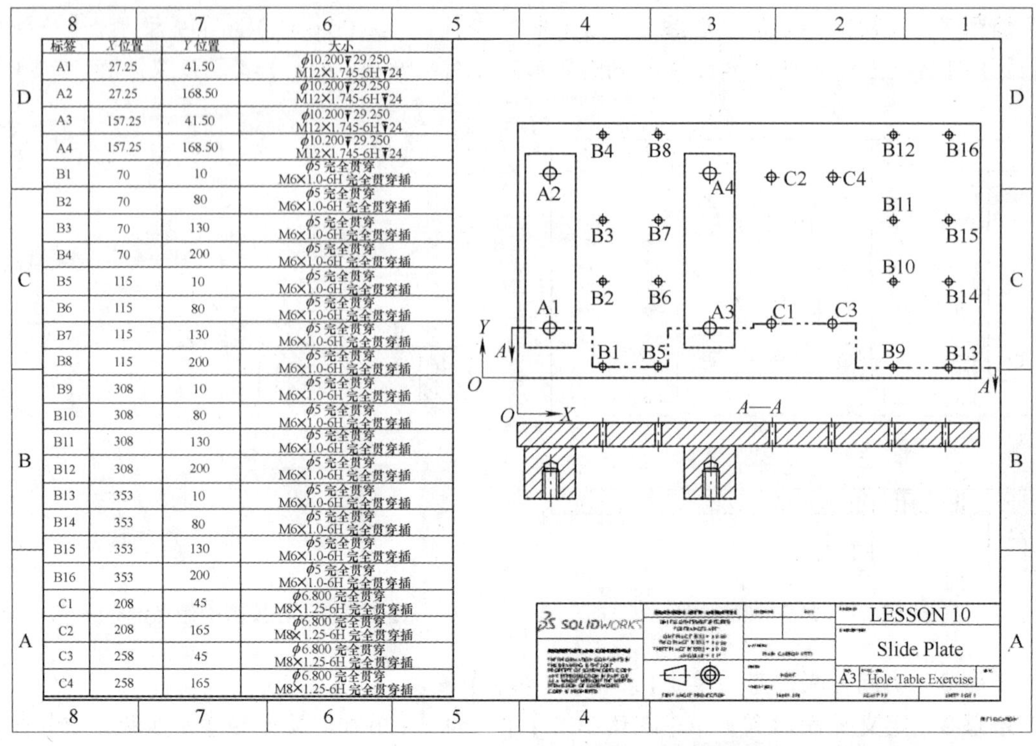

标签	X 位置	Y 位置	大小
A1	27.25	41.50	φ10.200 ↧ 29.250 M12×1.745-6H ↧ 24
A2	27.25	168.50	φ10.200 ↧ 29.250 M12×1.745-6H ↧ 24
A3	157.25	41.50	φ10.200 ↧ 29.250 M12×1.745-6H ↧ 24
A4	157.25	168.50	φ10.200 ↧ 29.250 M12×1.745-6H ↧ 24
B1	70	10	φ5 完全贯穿 M6×1.0-6H 完全贯穿插
B2	70	80	φ5 完全贯穿 M6×1.0-6H 完全贯穿插
B3	70	130	φ5 完全贯穿 M6×1.0-6H 完全贯穿插
B4	70	200	φ5 完全贯穿 M6×1.0-6H 完全贯穿插
B5	115	10	φ5 完全贯穿 M6×1.0-6H 完全贯穿插
B6	115	80	φ5 完全贯穿 M6×1.0-6H 完全贯穿插
B7	115	130	φ5 完全贯穿 M6×1.0-6H 完全贯穿插
B8	115	200	φ5 完全贯穿 M6×1.0-6H 完全贯穿插
B9	308	10	φ5 完全贯穿 M6×1.0-6H 完全贯穿插
B10	308	80	φ5 完全贯穿 M6×1.0-6H 完全贯穿插
B11	308	130	φ5 完全贯穿 M6×1.0-6H 完全贯穿插
B12	308	200	φ5 完全贯穿 M6×1.0-6H 完全贯穿插
B13	353	10	φ5 完全贯穿 M6×1.0-6H 完全贯穿插
B14	353	80	φ5 完全贯穿 M6×1.0-6H 完全贯穿插
B15	353	130	φ5 完全贯穿 M6×1.0-6H 完全贯穿插
B16	353	200	φ5 完全贯穿 M6×1.0-6H 完全贯穿插
C1	208	45	φ6.800 完全贯穿 M8×1.25-6H 完全贯穿插
C2	208	165	φ6.800 完全贯穿 M8×1.25-6H 完全贯穿插
C3	258	45	φ6.800 完全贯穿 M8×1.25-6H 完全贯穿插
C4	258	165	φ6.800 完全贯穿 M8×1.25-6H 完全贯穿插

图 10-35　查看结果

步骤 15　查看结果　具有相同大小孔标注的单元格被合并。

步骤 16　调整表格大小　使用表格右下角的控标来调整表格的大小，使其适合于图纸，如图 10-37 所示。

步骤 17　添加尺寸(可选步骤)　添加一些相关尺寸即可完成工程图，如图 10-29 所示。

步骤 18　保存并关闭所有文件

标签	大小	数量
A	φ10.200 ↧ 29.250 M12x1.75 - 6H ↧ 24	4
B	φ5 完全贯穿 M6x1.0 - 6H 完全贯穿	16
C	φ6.800 完全贯穿 M8x1.25 - 6H 完全贯穿	4

图 10-36　查看结果

标签	X 位置	Y 位置	大小
A1	27.25	41.50	φ10.200 ↧ 29.250 M12x1.75 - 6H ↧ 24
A2	27.25	168.50	
A3	157.25	41.50	
A4	157.25	168.50	
B1	70	10	φ5 完全贯穿 M6x1.0 - 6H 完全贯穿
B2	70	80	
B3	70	130	
B4	70	200	
B5	115	10	
B6	115	80	
B7	115	130	
B8	115	200	
B9	308	10	
B10	308	80	
B11	308	130	
B12	308	200	
B13	353	10	
B14	353	80	
B15	353	130	
B16	353	200	
C1	208	45	φ6.800 完全贯穿 M8x1.25 - 6H 完全贯穿
C2	208	165	
C3	258	45	
C4	258	165	

图 10-37　调整表格大小

练习 10-2　修订表和系列零件设计表

在本练习中，将创建图 10-38 所示“Fork”模型的工程图，并添加修订表以及系列零件设计表以表达配置信息。

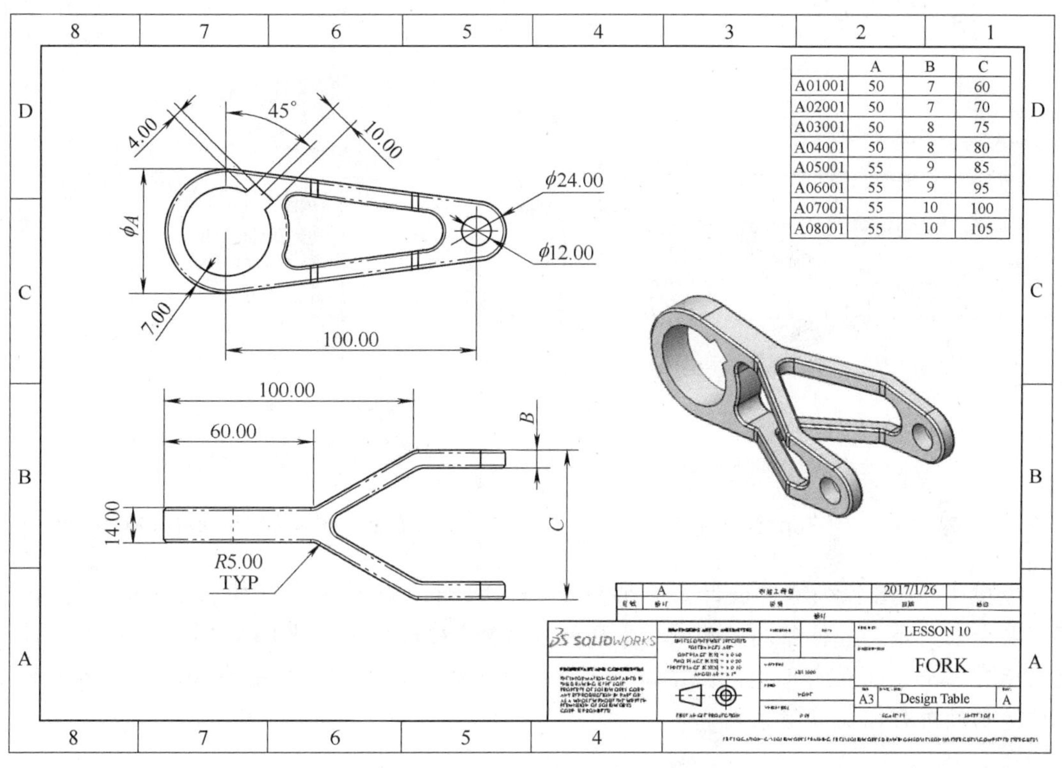

	A	B	C
A01001	50	7	60
A02001	50	7	70
A03001	50	8	75
A04001	50	8	80
A05001	55	9	85
A06001	55	9	95
A07001	55	10	100
A08001	55	10	105

图 10-38　“Fork”模型的工程图

本练习将使用以下技术：

- 修订表。
- 添加修订。
- 工程图中的系列零件设计表。
- 添加系列零件设计表。

扫码看 3D

操作步骤

步骤 1　打开零件　从 Lesson10\Exercises 文件夹内打开“Design Table. SLDPRT”文件。

步骤 2　查看模型的注解视图　工程图中已经创建了该零件的自定义注解视图。展开“Annotations”文件夹。右键单击“Annotations”文件夹，然后选择【显示特征尺寸】。【激活并重新定向】“ * Front”和“ * Top”注解视图以进行预览，如图 10-39 和 10-40 所示。粉红色尺寸(方框中的尺寸)是使用系列零件设计表配置的尺寸。右键单击“Annotations”文件夹，关闭【显示特征尺寸】。

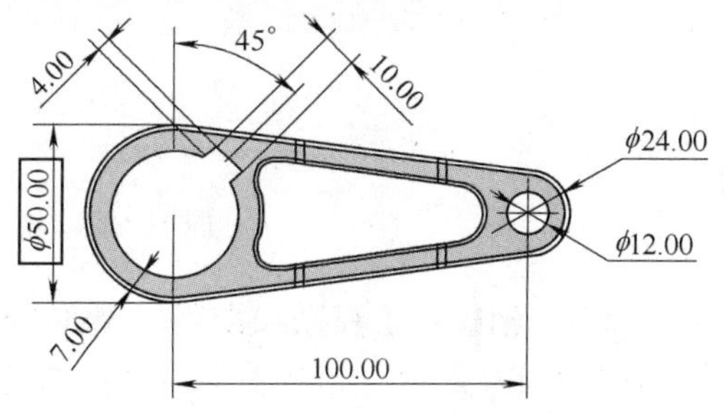

图 10-39　“ * Front”注解视图

步骤 3　查看 ConfigurationManager　单击【ConfigurationManager】，展开“表格”文件夹，如图 10-41 所示。配置名称旁边的符号表示这些配置是由系列零件设计表控制的。用户可以在“表格”文件夹中访问“Design Table”（系列零件设计表）电子表格。

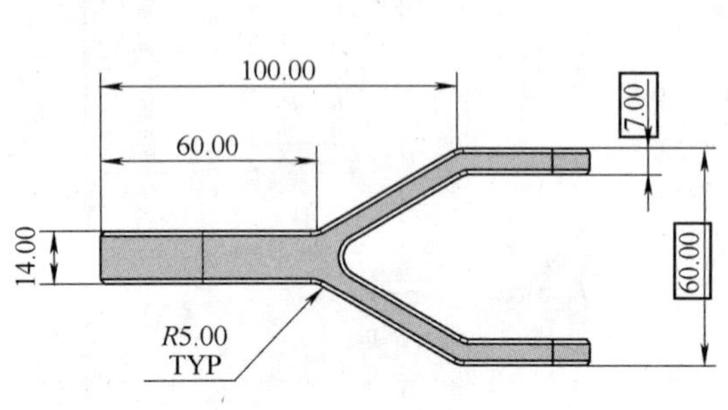

图 10-40　“ * Top”注解视图

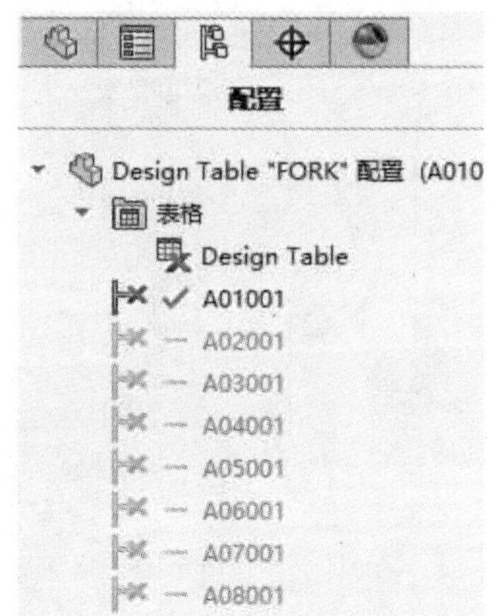

图 10-41　查看 ConfigurationManager

步骤 4　查看系列零件设计表　右键单击“Design Table”并选择【编辑表格】。由于不需要向表中添加其他信息，因此在【添加行和列】对话框中单击【确定】。此零件的设计表显示有 3 个已配置的尺寸，并显示了每个配置中各个尺寸的值，如图 10-42 所示。单击表格边框的外部以关闭该表格。

	A	B	C	D	E	F	G	H
1	Design Table							
2		A@Front Profile Sketch	B@Top Profile Sketch	C@Front Profile				
3	A01001	50	7	60				
4	A02001	50	7	70				
5	A03001	50	8	75				
6	A04001	50	8	80				
7	A05001	55	9	85				
8	A06001	55	9	95				
9	A07001	55	10	100				
10	A08001	55	10	105				
11								
12								
13								

Sheet1

图 10-42　查看系列零件设计表

步骤 5　创建新工程图和视图　使用“A3 Drawing”模板创建工程图，勾选【输入注解】和【设计注解】复选框，创建图 10-43 所示的视图和尺寸。

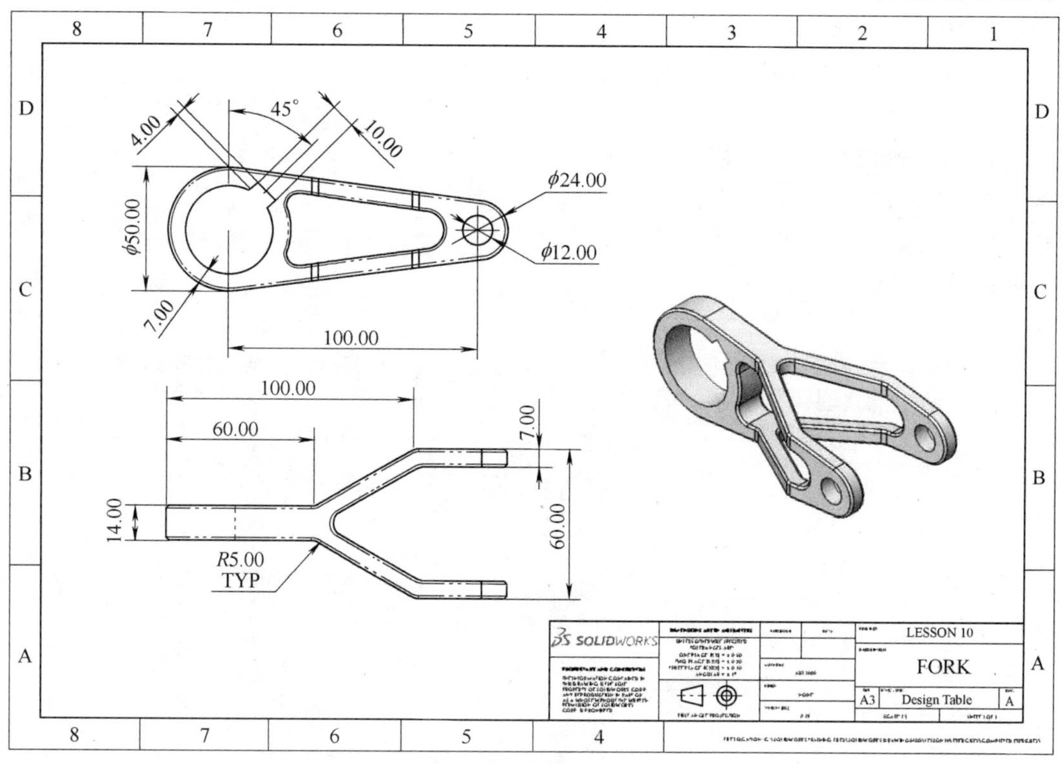

图 10-43　创建新工程图和视图

步骤 6　添加修订表　单击【表格】/【修订表】，勾选【附加到定位点】复选框。此工程图不需要修订符号，因此不勾选【添加新修订时激活符号】复选框，如图 10-44 所示。单击【确定】✔。

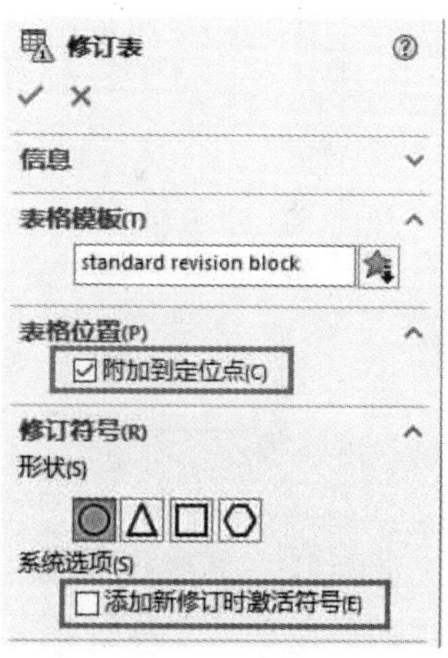

图 10-44　添加修订表

步骤 7　查看结果　该表格目前与标题栏重叠，如图 10-45 所示。用户需要调整表格的某些属性。

步骤 8　访问修订表的 PropertyManager　单击表格左上角的图标查看修订表的 PropertyManager。

步骤 9　修改恒定边角　在【恒定边角】中单击【右下】，如图 10-46 所示。

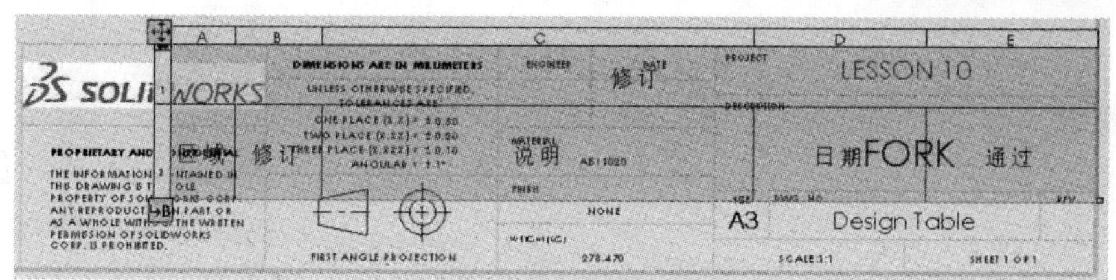

图 10-45　查看结果

步骤10　修改表格标题　使用【格式】工具栏上的【表格标题】按钮将表格标题调整到底部，如图10-47所示。

步骤11　修改单元格边框　单击修订表的标题单元格，在【格式】工具栏中单击【边界编辑】。选择单元格底部的边框，从菜单中选择【无】，如图10-48所示。单击【确定】✔。

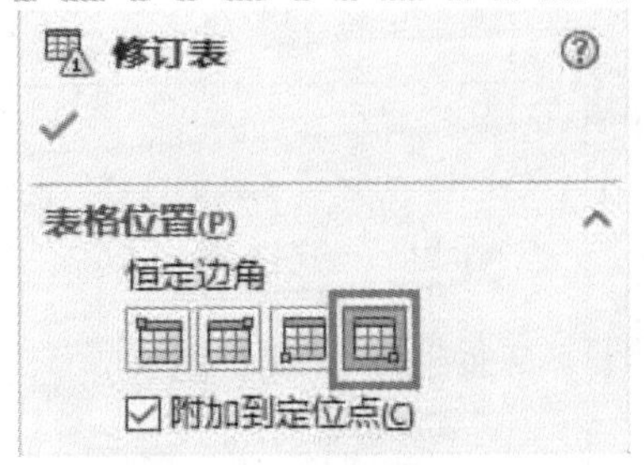

图10-46　修改恒定边角

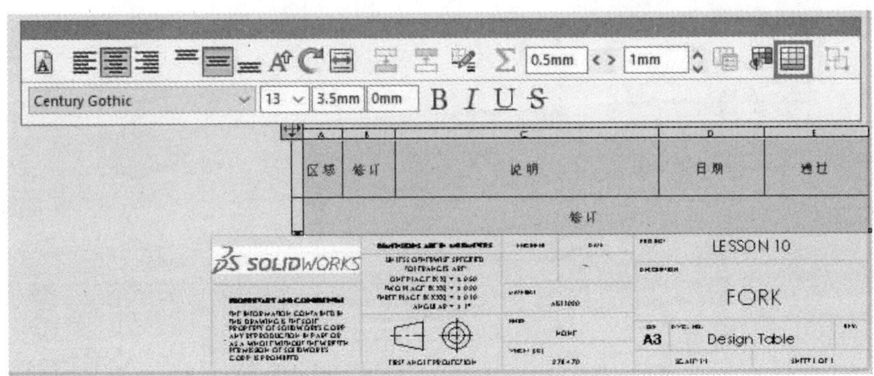

图10-47　修改表格标题

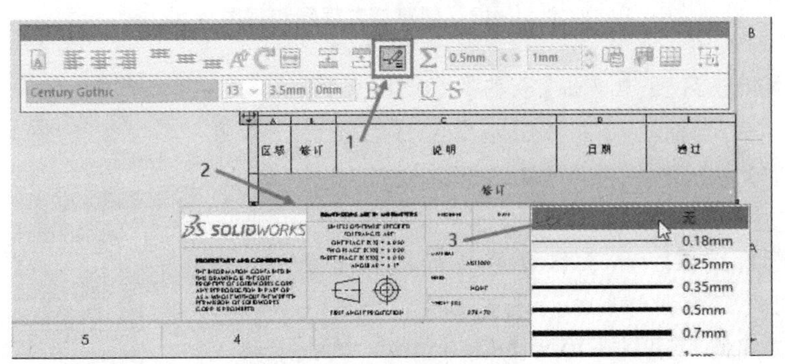

图10-48　修改单元格边框

步骤12　修改行高度　按住〈Ctrl〉键选择表格中的两行，单击右键并从快捷菜单中选择【格式化】/【行高度】，修改【行高度】为5mm，如图10-49所示。单击【确定】。

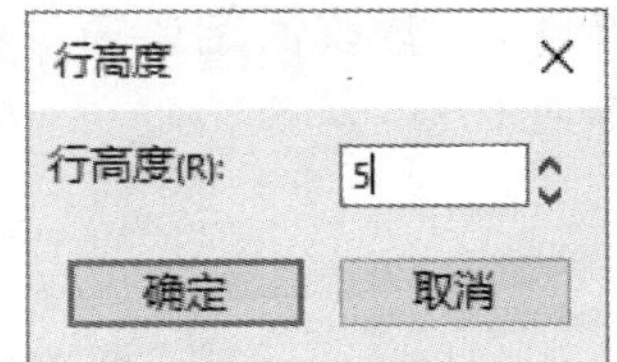

图10-49　修改行高度

步骤13　另存为模板　为了保存修改后的表格设置以便在其他工程图中重复使用，下面将创建表格模板。表格模板的位置也必须添加到【选项】中。在表格中单击右键，然后选择【另存为】。

步骤14　创建新文件夹　浏览到Custom Templates文件夹。单击右键后选择【新建】/【文件夹】，将文件夹命名为"Table Templates"，如图10-50所示。

Custom Property Templates
Custom Sheet Formats
Table Templates

图10-50　创建新文件夹

步骤 15　另存为“SW Rev Table”　在新建的“Table Templates”文件夹内，将修订表模板另存为“SW Rev Table”。

步骤 16　在选项中添加新的文件位置　单击【选项】/【系统选项】/【文件位置】，在【显示下项的文件夹】中选择【材料明细表模板】，【添加】新建的“Table Templates”文件夹，如图 10-51 所示。单击【确定】。

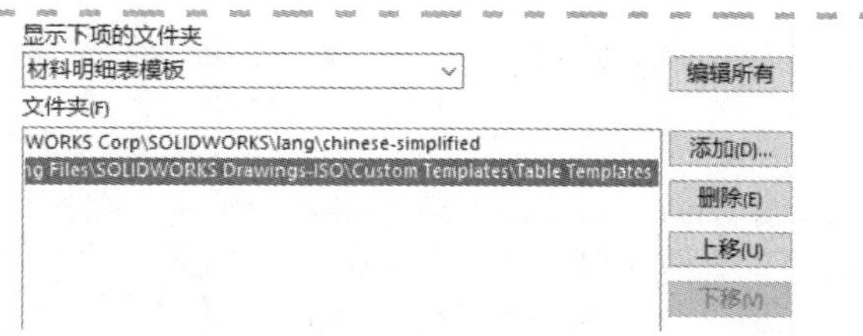

图 10-51　添加新的文件位置

步骤 17　添加修订　将光标移到修订表查看行标题和列标题，单击【添加修订】。在“说明”单元格内输入“创建工程图”，按〈Enter〉键。结果如图 10-52 所示。

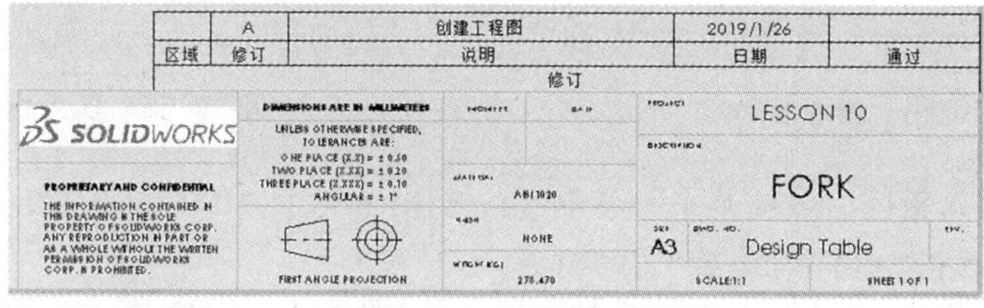

图 10-52　添加修订

步骤 18　重建并保存工程图

● 添加系列零件设计表　此工程图是用来表示零件所有配置的。为此，需要将系列零件设计表添加到工程图中，并修改配置的尺寸以对其进行汇总说明。

要插入系列零件设计表，必须在工程图中预先选择包含设计表的模型。设计表的显示方式与嵌入式电子表格中的显示方式完全相同。因此，若要修改工程图中表格的显示，必须修改模型中的电子表格。用户可以通过双击从工程图中访问系列零件设计表。

步骤 19　插入系列零件设计表　选择工程图中的任一视图，单击【表格】/【系列零件设计表】。

步骤 20　移动表格　表格插入到工程图图纸的外部，缩小窗口以查看表格。单击表格将其激活，并将其拖动到工程图图纸内，如图 10-53 所示。

步骤 21　编辑表格　双击表格以对其进行编辑。

步骤 22　查看结果　模型被打开，嵌入式电子表格也被打开以进行编辑，如图 10-54 所示。单击表格外部可将其关闭，用户可以从 ConfigurationManager 中再次打开它。

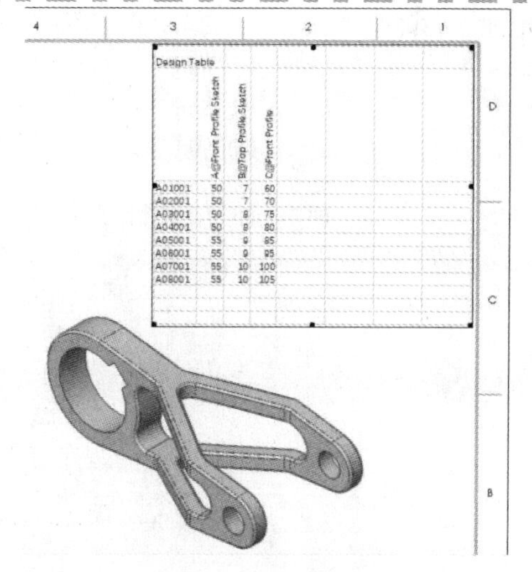

图 10-53　移动表格

技巧　用户可以拖动表格边框以在图形区域中移动表格。

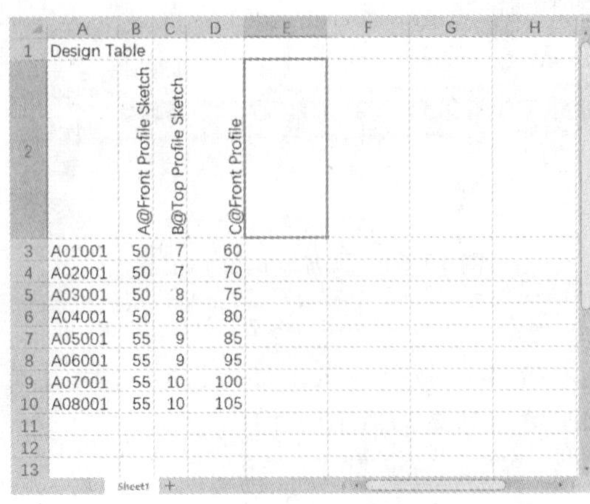

Design Table			
	A@Front Profile Sketch	B@Top Profile Sketch	C@Front Profile
A01001	50	7	60
A02001	50	7	70
A03001	50	8	75
A04001	50	8	80
A05001	55	9	85
A06001	55	9	95
A07001	55	10	100
A08001	55	10	105

图 10-54　查看结果

Design Table			
	A	B	C
	A@Front Profile Sketch	B@Top Profile Sketch	C@Front Profile
A01001	50	7	60
A02001	50	7	70

图 10-55　插入新行

步骤 23　插入新行　右键单击行标题 2，选择【插入】。在新行中添加图 10-55 所示文本，并将其设置为【加粗】B 和【居中】≡对齐。

步骤 24　隐藏行　右键单击行标题 1，选择【隐藏】。右键单击行标题 3，选择【隐藏】。结果如图 10-56 所示。

步骤 25　添加框线　选择 A2 到 D11 的单元格区域，添加【所有框线】⊞并应用【粗匣框线】⊡，结果如图 10-57 所示。

步骤 26　调整列宽　选中 A～D 列，拖动竖直列边框调整列的宽度，如图 10-58 所示。

	A	B	C
A01001	50	7	60
A02001	50	7	70
A03001	50	8	75
A04001	50	8	80
A05001	55	9	85
A06001	55	9	95
A07001	55	10	100
A08001	55	10	105

图 10-56　隐藏行

	A	B	C
A01001	50	7	60
A02001	50	7	70
A03001	50	8	75
A04001	50	8	80
A05001	55	9	85
A06001	55	9	95
A07001	55	10	100
A08001	55	10	105

图 10-57　添加框线

	A	B	C
A01001	50	7	60
A02001	50	7	70
A03001	50	8	75
A04001	50	8	80
A05001	55	9	85
A06001	55	9	95
A07001	55	10	100
A08001	55	10	105

图 10-58　调整列宽

步骤 27　调整文本格式　选择 A4～A11 的单元格，调整文本格式为【加粗】B。

步骤 28　调整表格边框的大小　使用右下方的控标调整边框大小，使其仅包围含有文本的单元格，如图 10-59 所示。

步骤 29　退出表格　单击表格窗口的外部以退出编辑表格。

步骤 30　保存并关闭该零件

步骤 31　强制重建工程图文档　按〈Ctrl + Q〉键【强制重建】工程图文档。

步骤 32　查看结果　工程图中的表格随着系列零件设计表的更改而更新，如图 10-60 所示。

	A	B	C	D
2		A	B	C
4	A01001	50	7	60
5	A02001	50	7	70
6	A03001	50	8	75
7	A04001	50	8	80
8	A05001	55	9	85
9	A06001	55	9	95
10	A07001	55	10	100
11	A08001	55	10	105

图 10-59　调整表格边框的大小

	A	B	C
A01001	50	7	60
A02001	50	7	70
A03001	50	8	75
A04001	50	8	80
A05001	55	9	85
A06001	55	9	95
A07001	55	10	100
A08001	55	10	105

图 10-60　查看结果

步骤 33　重新定位和调整表格大小　单击表格以将其激活，拖动表格以根据需要重新定位，使用表格周围的控标调整其大小，如图 10-61 所示。

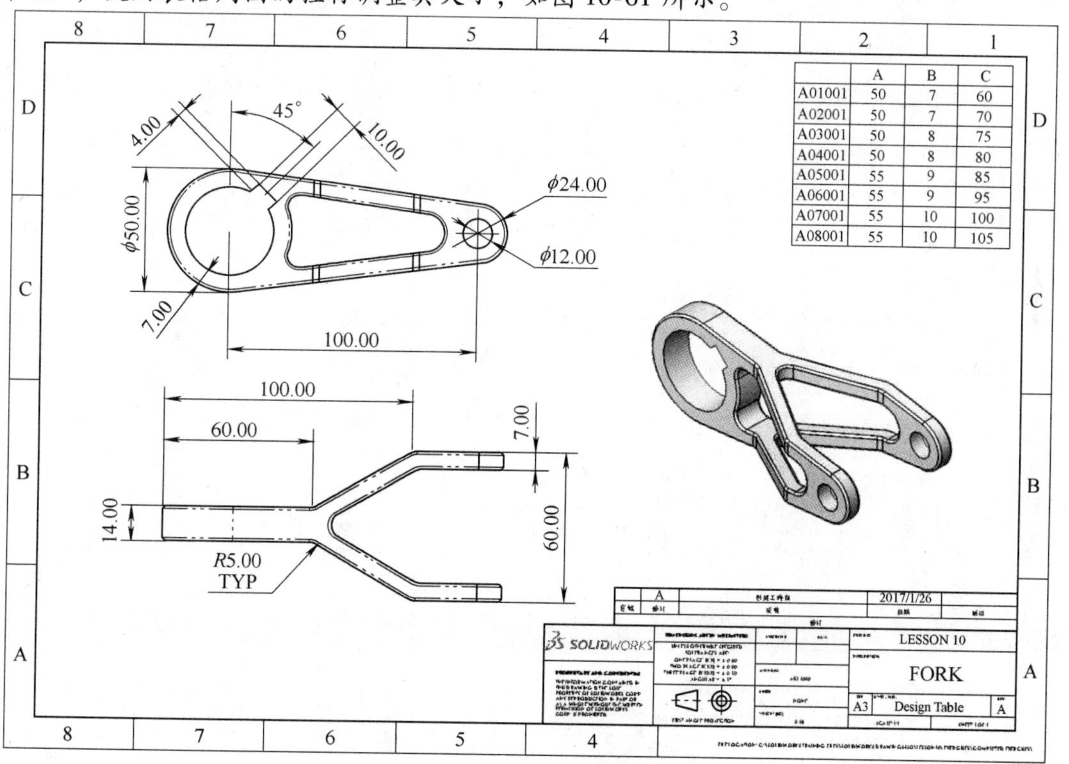

图 10-61　重新定位和调整表格大小

步骤 34　修改尺寸值　为了完成此工程图，需要修改尺寸以表示表格所引用的 A、B 和 C 尺寸的位置。在前视图中选择尺寸 φ50.00 以访问其属性，在【主要值】选项组中，该尺寸的名称显示为 A。勾选【覆盖数值】复选框，然后在文本框中输入“A”，如图 10-62 所示。

步骤 35　修改尺寸字体　为了使尺寸更加明显，下面将修改其字体。在尺寸 PropertyManager 中单击【其他】选项卡。取消勾选【使用文档字体】复选框，单击【字体】按钮。在【字体样式】中选择【粗体】，在【高度】中选择 14 点，如图 10-63 所示。单击【确定】。

图 10-62　修改尺寸值

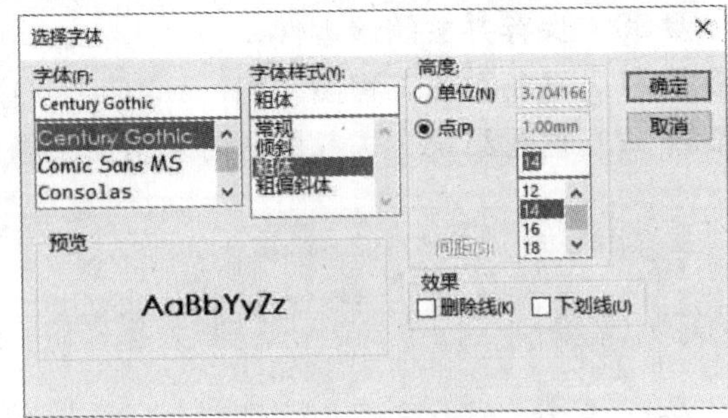

图 10-63　修改尺寸字体

步骤 36　重复操作　重复步骤 34 和步骤 35 中的操作，修改俯视图中的 B 和 C 尺寸。完成的工程图如图 10-38 所示。

步骤 37　保存并关闭所有文件

第 11 章　其他工程图工具

学习目标

- 使用新参考模型打开工程图
- 在同一步操作中保存工程图副本和参考的模型

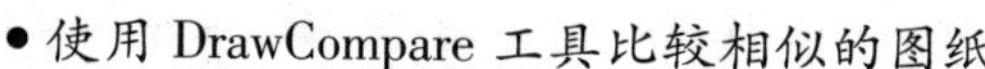

- 使用 DrawCompare 工具比较相似的图纸

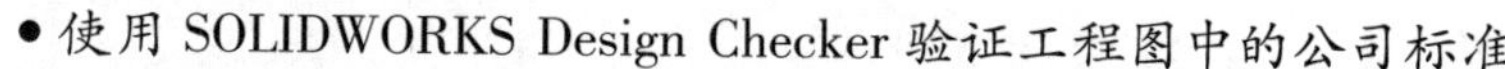

- 使用 SOLIDWORKS Design Checker 验证工程图中的公司标准
- 使用 SOLIDWORKS Task Scheduler 对工程图执行批处理操作

11.1　重用工程图

通常情况下，设计项目中的模型可能是相似的，或者新项目可以使用现有设计中的元素。为了帮助用户利用已经完成的工作内容，SOLIDWORKS 提供了以下几种重用现有工程图的方法：

- 使用新的参考打开　通过使用新的参考打开工程图，可以将已完成的工程图重用于相似的模型。打开文档后，执行【另存为】操作并使用新文件名保存工程图。当模型相似时，许多尺寸和注释将保持不变，从而使用户不必重复出详图操作。
- 带参考另存为　如果用户认为现有的模型和工程图适用于所需的新设计或类似设计，则可以将工程图和其参考的模型文件一起在【另存为】对话框中保存起来。
- Pack and Go　与使用“带参考另存为”相似的另一种方法是使用 Pack and Go 实用程序。Pack and Go 提供了比简单保存工程图和参考模型更多的选项。Pack and Go 中包含一些其他数据，如参考零部件的工程图、模拟分析结果以及与贴图和外观相关的文件等。另外，用户可以选择将新文件保存为 Zip 压缩文件以便于传输。可以从【文件】菜单访问【Pack and Go】选项。

11.1.1　使用新的参考打开

在本章的示例中，将介绍为一些相似模型重用完成的工程图的方法。首先打开完成的工程图并查看可以使用的文件。

操作步骤

扫码看视频

步骤 1　打开工程图　从 Lesson11\Case Study 文件夹内打开 “Hanger 001. SLDDRW” 文件，如图 11-1 所示。

步骤 2　查看工程图和参考　该工程图有两张图纸。第一张是成形的钣金零件图纸，第二张是平板型式的出详图图纸。单击【文件】/【查找相关文件】，该工程图参考引用了同一文件夹内相同名称的零件模型，如图 11-2 所示。单击【关闭】。

步骤 3　打开零件　从 Lesson11\Case Study 文件夹内打开“Hanger 002. SLDPRT” 文件，如图 11-3 所示。

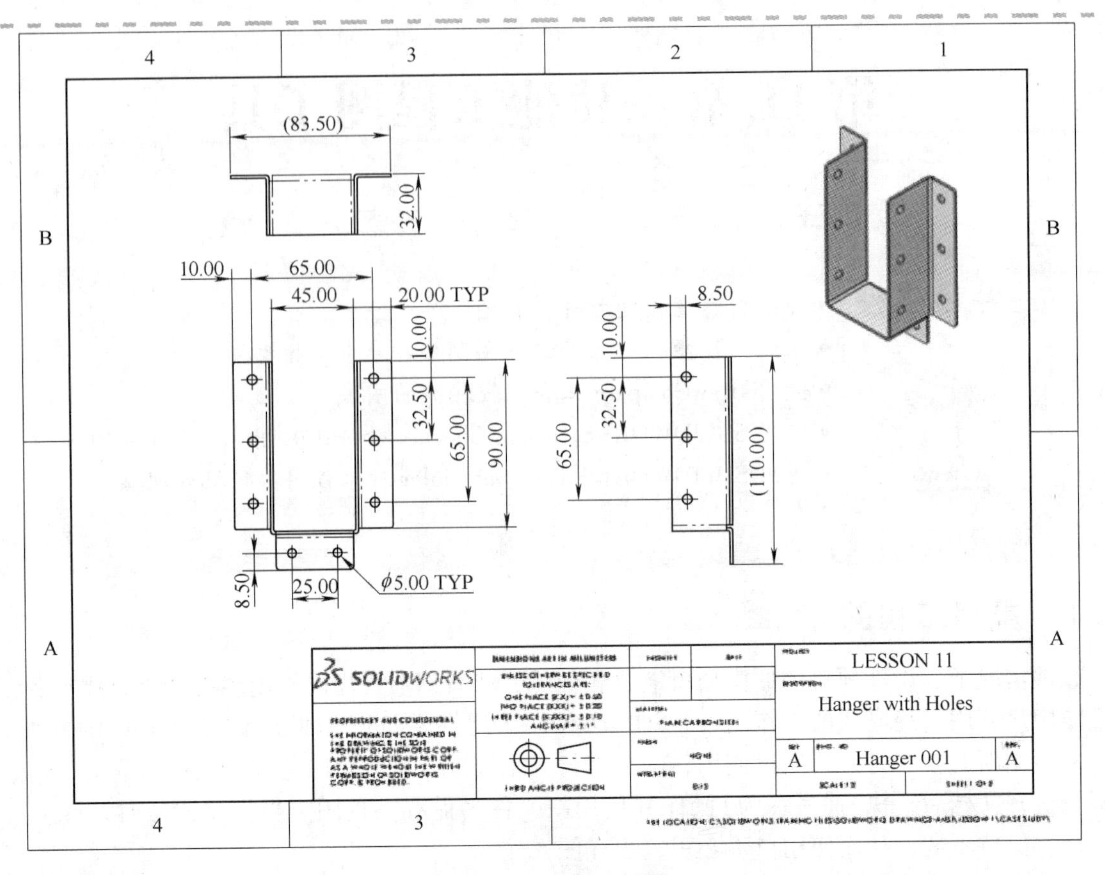

图 11-1 打开工程图

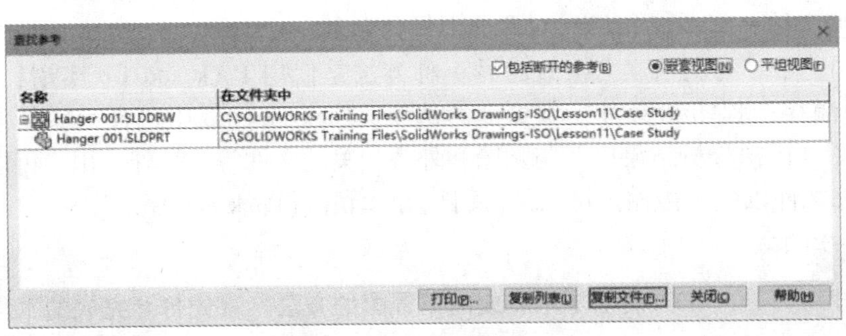

图 11-2 查看工程图和参考

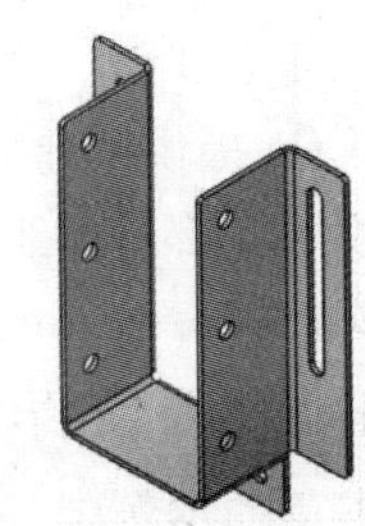

图 11-3 打开零件

步骤 4 查看零件 当已存在的零件与完成的工程图所参考的模型相似时，用户可以使用“使用新的参考打开”工程图的方法。该零件是通过复制“Hanger 001”并进行修改而创建的。以这种方式相关联的模型最适合使用“使用新的参考打开”方法。

步骤 5 关闭所有文件 单击【窗口】/【关闭所有】，关闭所有打开的文档。

步骤 6 访问【打开】对话框 单击【打开】。

步骤 7 选择要参考的工程图文件 在对话框中选择“Hanger 001. SLDDRW”文件，然后单击【参考】，如图 11-4 所示。

步骤 8 修改参考 双击【名称】单元格，浏览到新的参考模型，然后双击“Hanger 002”，绿色文本表示此位置已更改，如图 11-5 所示。单击【确定】。

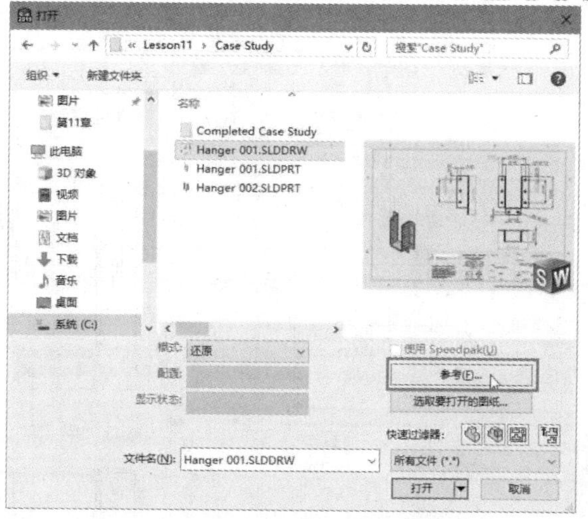

图 11-4　选择要参考的工程图文件

图 11-5　修改参考

步骤 9　打开工程图　在【打开】对话框中，单击【打开】。

步骤 10　删除悬空尺寸　出现【悬空细节项目】对话框，显示有一个模型尺寸已与新参考的模型悬空。勾选【删除】列的复选框以从工程图中删除该尺寸，如图 11-6 所示。单击【确定】。

步骤 11　查看结果　工程图视图已经更新以显示新参考的模型，如图 11-7 所示。

步骤 12　查看参考　单击【文件】/【查找相关文件】，如图 11-8 所示。此时的工程图文件“Hanger 001”正在参考引用模型“Hanger 002”，在进行其他更改之前，需要先使用新文件名保存该工程图。单击【关闭】。

步骤 13　另存为新工程图文件　单击【另存为】，在消息对话框中，单击【是，保存前更新视图】，将工程图保存为“Hanger 002”。

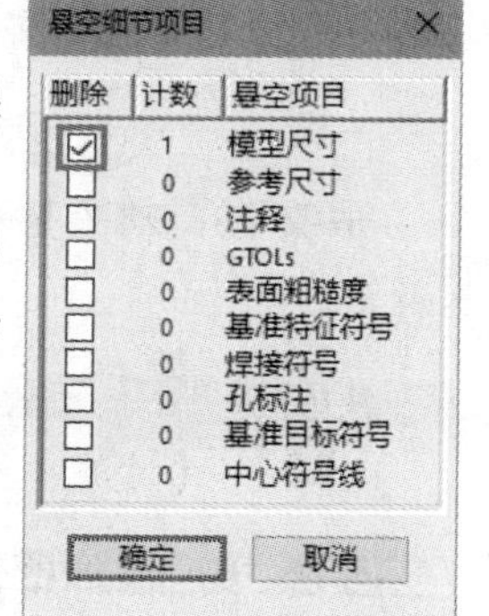

图 11-6　删除悬空尺寸

步骤 14　查看工程图　对比两张工程图图纸，确定需要更改的内容。

提示　Sheet2 图纸上显示钣金属性的注释是参数化注释，并使用新模型中的信息进行了更新。想了解有关创建钣金注释的更多信息，请参考《SOLIDWORKS® 钣金件与焊件教程(2019 版)》。

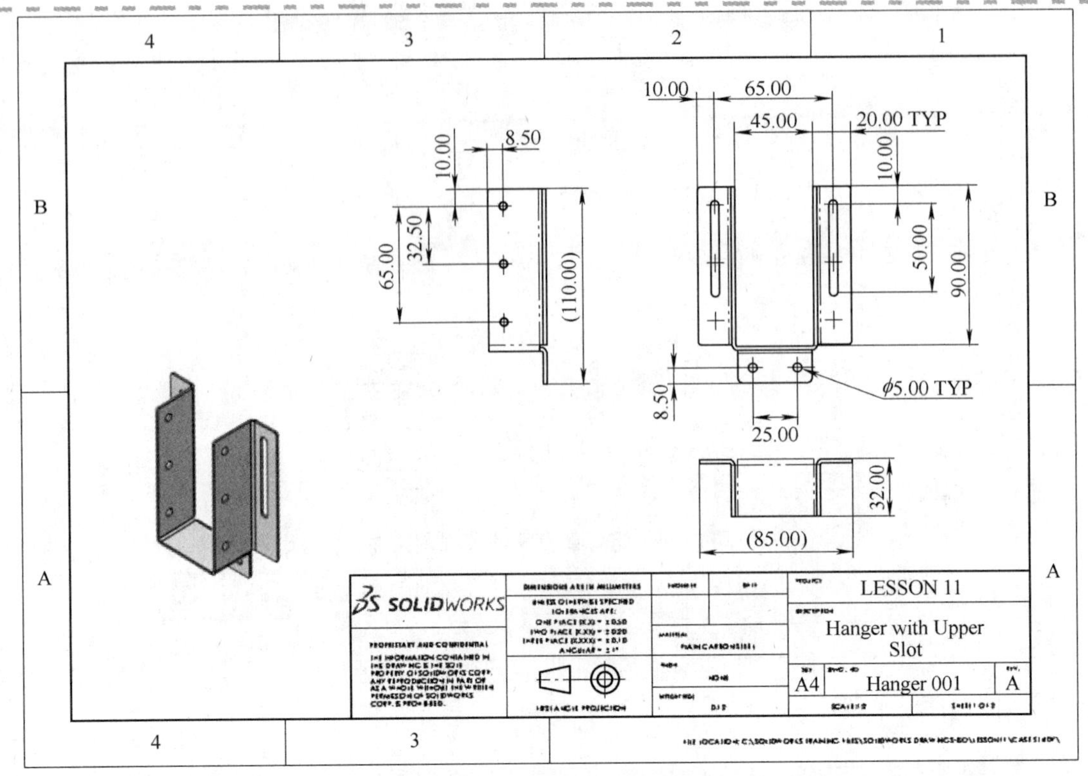

图 11-7　查看结果

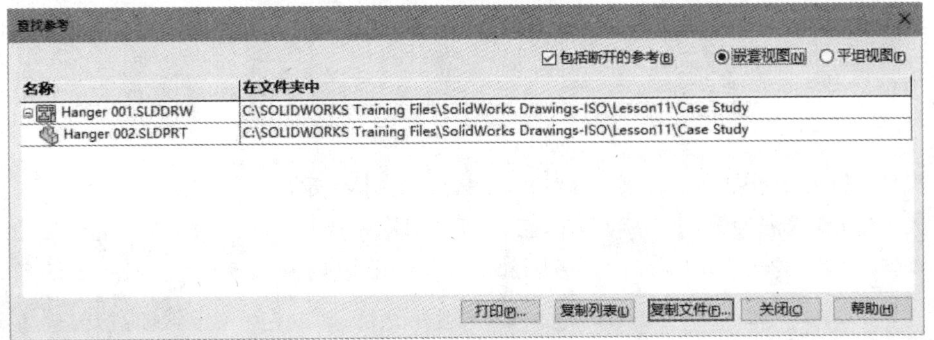

图 11-8　查看参考

步骤 15　移除悬空的实体　在 Sheet1 图纸中，【删除】悬空的中心符号线，如图 11-9 所示。

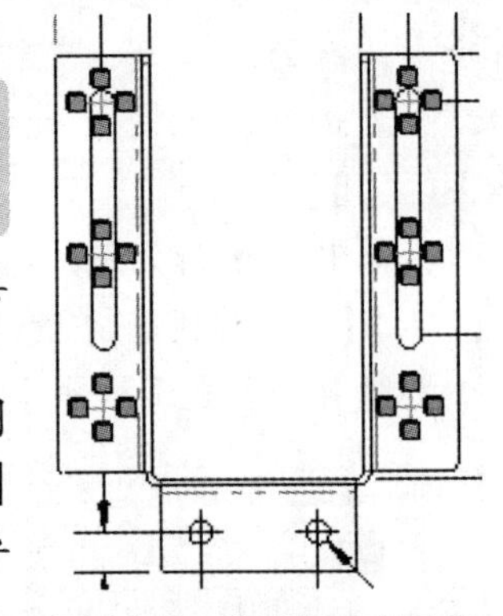

图 11-9　移除悬空的实体

技巧　可使用【选择过滤器】(〈F5〉键)工具栏中的【过滤中心符号线】选项。

步骤 16　添加槽口中心符号线　使用【中心符号线】工具为槽口特征添加中心符号线，如图 11-10 所示。

步骤 17　刷新导入的注解　选择前视图，在工程图视图 PropertyManager 的【输入选项】选项组中，取消勾选【设计注解】复选框后再重新勾选，如图 11-11 所示。这将在视图中刷新导入的注解。根据需要定位新的"5.00"尺寸，如图 11-12 所示。

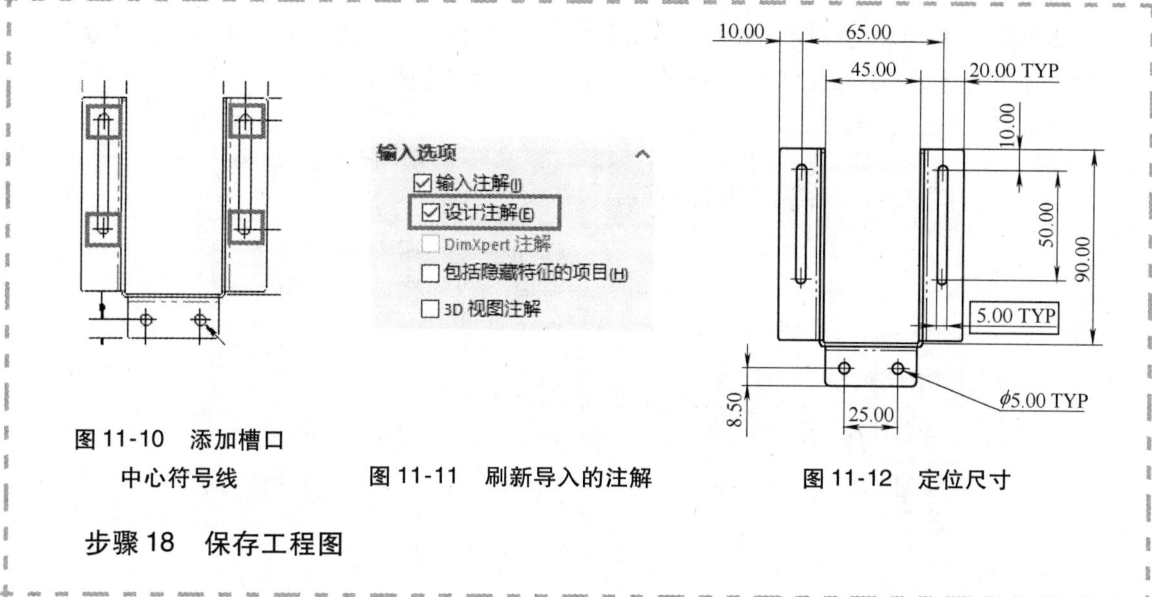

图 11-10　添加槽口中心符号线　　图 11-11　刷新导入的注解　　图 11-12　定位尺寸

步骤 18　保存工程图

11.1.2　带参考另存为

如果用户需要的相似模型尚不存在，则应考虑使用其他方法来重用工程图。

在下面的示例中，将创建一个类似于现有“Hanger 002”模型的“Hanger 003”模型。为了使用已经为相似模型完成的出详图工作，下面将保存工程图和参考模型的副本，然后对新文件进行修改。

步骤 19　访问【另存为】对话框　单击【另存为】。

步骤 20　选择包括所有参考的零部件　在【另存为】对话框中，勾选【包括所有参考的零部件】复选框，单击【高级】，如图 11-13 所示。

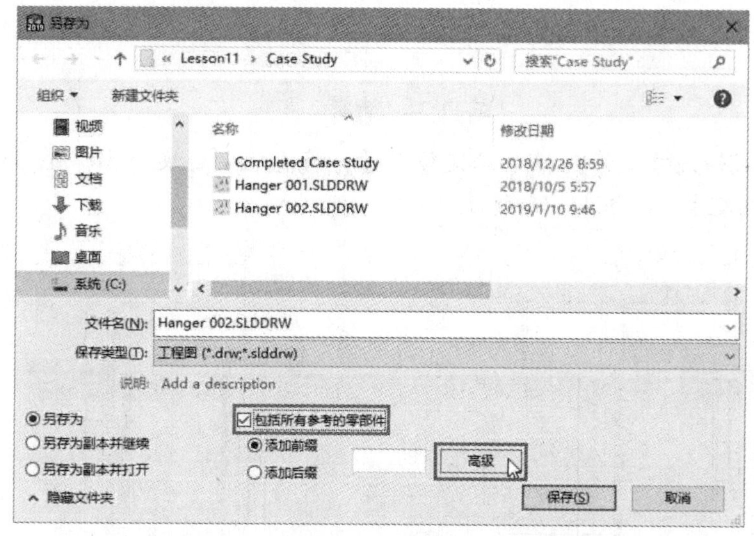

图 11-13　选择包括所有参考的零部件

提示　如果用户只想为新文件添加前缀或后缀，则可以直接在【另存为】对话框中执行此操作。但如果要定义新文件名，则必须使用【高级】选项。

步骤 21　重命名工程图和模型　双击【名称】单元格以编辑文本或使用【查找/替换】选项将文件名更改为“Hanger 003”，如图 11-14 所示。单击【保存所有】。

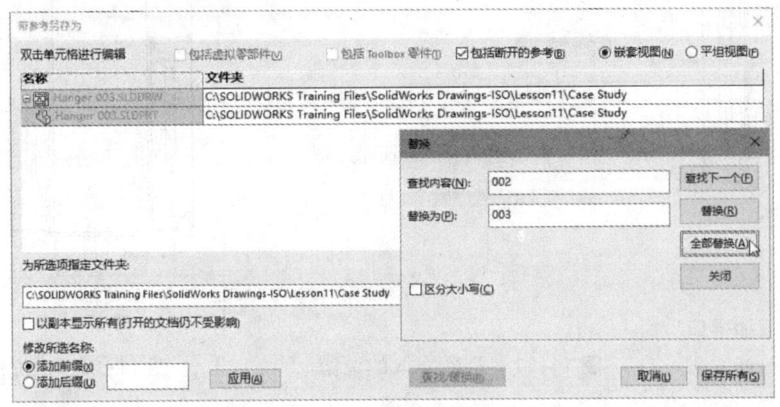

图 11-14　重命名工程图和模型

步骤 22　查看结果　现在当前的文档是新创建的“Hanger 003”工程图。单击【文件】/【查找相关文件】，结果如图 11-15 所示。该工程图参考引用了新创建的“Hanger 003”模型。为了完成设计，下面将对“Hanger 003”零件做一些设计更改。单击【关闭】。

图 11-15　查看结果

步骤 23　编辑尺寸　修改槽口的定位尺寸，将 10.00 更改为 30.00，单击【重建】。适当地重新定位尺寸，如图 11-16 所示。

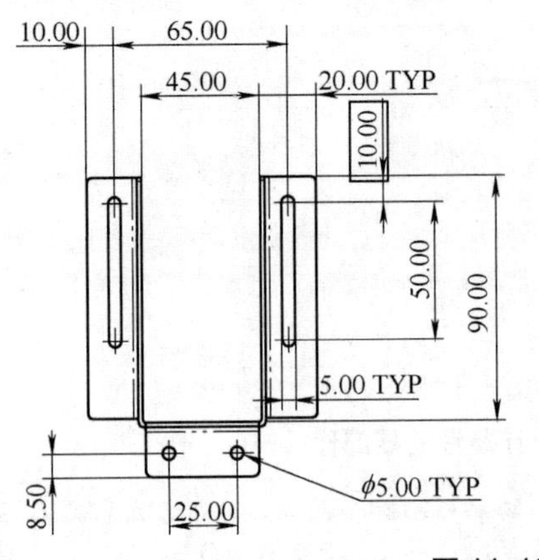

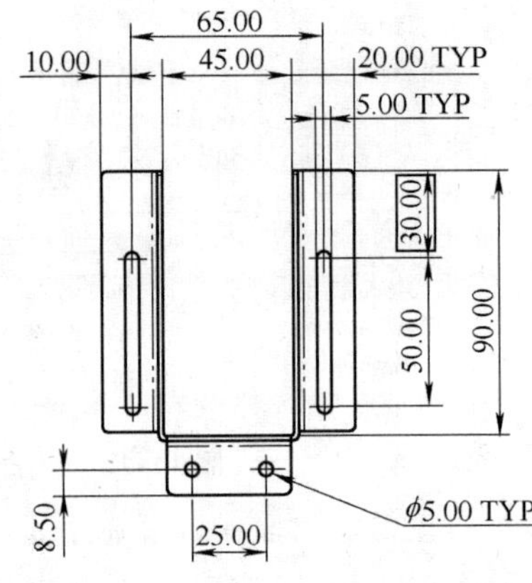

图 11-16　编辑尺寸

步骤 24　修改零件说明　在标题栏表格热点中双击，将零件的【Description】修改为“Hanger with Lower Slot”，如图 11-17 所示。单击【确定】✔。

步骤 25　保存并关闭所有文件

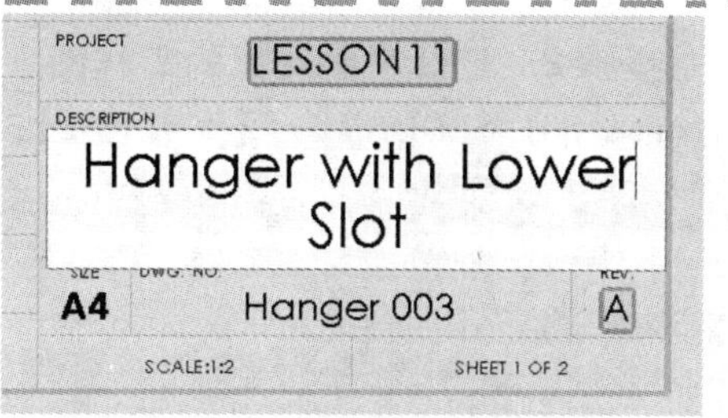

图 11-17　修改零件说明

11.1.3　Pack and Go

Pack and Go 实用程序具有与“带参考另存为”相似的界面和选项，但【Pack and Go】对话框中有显示原始文件名和位置的列以及用于保存其他文件的复选框，如图 11-18 所示。

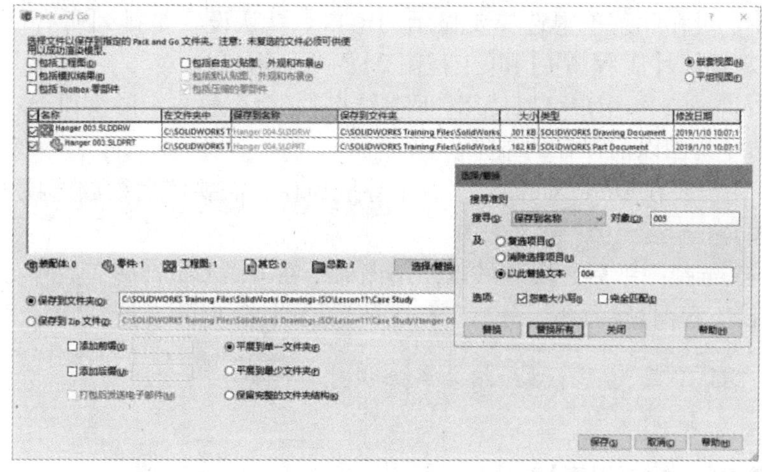

图 11-18　【Pack and Go】对话框

Pack and Go 的另一个显著特征是，创建的新文件不会成为 SOLIDWORKS 中的活动文档。它们将作为副本保存到选定的文件夹或 zip 格式文件中。想了解有关使用 Pack and Go 的更多信息，请参考“练习 11-3　使用 Pack and Go 重用工程图”。

11.2　DrawCompare

为了比较相似的工程图或工程图的修订，可以使用 DrawCompare 工具。此工具允许用户选择 2 个单独的工程图文件，并会突出显示它们之间的差异。为了介绍该工具，下面将对“Hanger 001”与“Hanger 003”工程图进行比较。

扫码看视频

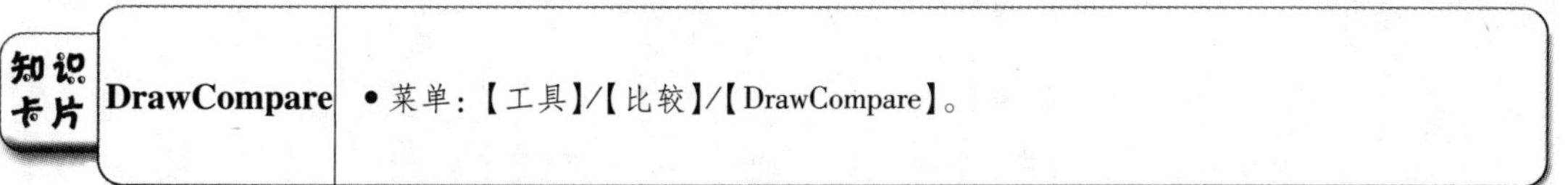

知识卡片	DrawCompare	• 菜单：【工具】/【比较】/【DrawCompare】。

操作步骤

步骤 1　访问 DrawCompare 工具　单击【工具】/【比较】/【DrawCompare】，此工具将打开一个独立的窗口。

步骤 2　选择需要对比的工程图　使用【浏览】按钮打开工程图。将【工程图 1】设置为“Hanger 001. SLDDRW”，【工程图 2】设置为“Hanger 003. SLDDRW”，如图 11-19 所示。

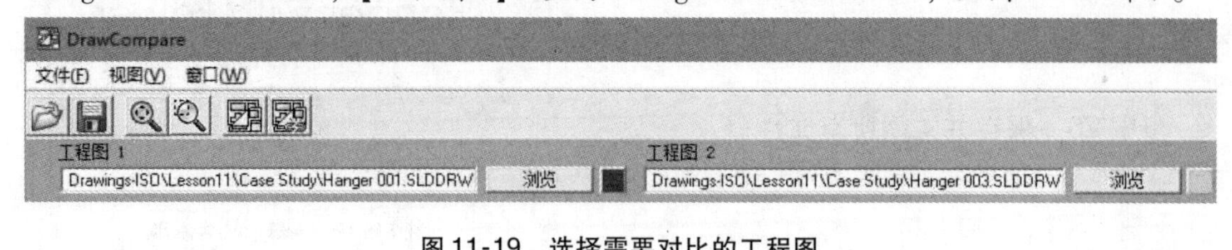

图 11-19　选择需要对比的工程图

DrawCompare 工具包括以下菜单和命令：

- 【文件】菜单　此菜单提供了一些命令，用于浏览和比较文档，以及打开和保存结果。
- 【视图】菜单　此菜单提供了有关缩放的命令和设置图像分辨率的选项。
- 【窗口】菜单　可在此菜单中选择要显示的窗口。默认设置是排列所有可用的窗口，但用户可以选择显示【差异】、【工程图 1】和【工程图 2】的单独窗口。
- 打开/保存结果命令　用户可以使用【保存结果】命令将显示的窗口保存为位图图像，使用【打开结果】命令访问以前保存的结果。
- 缩放命令　用户要在 DrawCompare 工具中导航窗口，需要使用缩放选项来将窗口【整屏显示】或【局部放大】。
- 比较命令　在选择图纸后，用户可以使用该命令在 DrawCompare 工具中分析比较结果。标准工程图使用【比较工程图】命令，分离工程图使用【比较分离的工程图】命令。

提示　在第 12 章中将详细介绍分离工程图。

步骤 3　单击【比较工程图】

步骤 4　局部放大　单击【局部放大】。在【差异】窗口中，拖动光标以定义与图 11-20 所示类似的区域。所有窗口都会更新以缩放到相同区域。

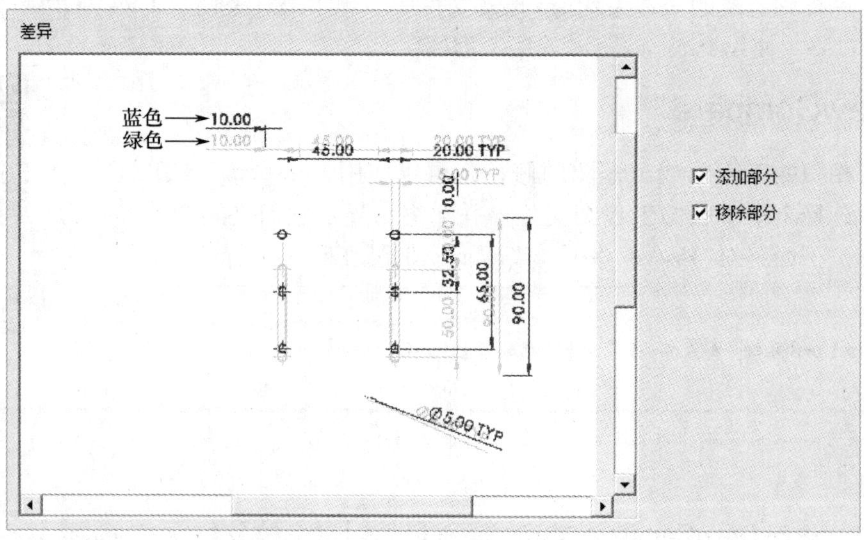

图 11-20　局部放大

用户得到的结果可能与图 11-20 中显示的结果存在差异，这取决于修改“Hanger 003”工程图的方式。

步骤 5　仅查看【差异】窗口　单击【窗口】/【差异】，现在用户可以近距离查看两张图纸之间的差异。蓝色显示的元素属于工程图 1，绿色显示的元素属于工程图 2。

步骤 6　关闭 DrawCompare 工具

11.3　SOLIDWORKS Design Checker

工程图也可以与标准文件进行比较，以确保其符合公司要求。创建标准文件并使用它来检查文档的工具称为 SOLIDWORKS Design Checker。标准文件可以检查【文档属性】的设置(如绘图标准、单位和字体等)，也可以检查正确的图纸格式和首选的出详图实践。

想了解有关使用 SOLIDWORKS Design Checker 的更多信息，请参考“练习 11-5　SOLIDWORKS Design Checker 功能介绍”。

11.4　SOLIDWORKS Task Schedule

SOLIDWORKS Task Schedule 程序是另一种处理工程图的有效工具。该工具中包含的许多任务可以执行与工程图相关的常用批处理操作，包括：

- 打印文件。
- 输出文件。
- 更新自定义属性。
- 生成工程图。
- 转换到高品质视图。
- 生成 eDrawings。
- Design Checker。

所有任务都允许用户选择单个文件或在所选文件夹中指定某种类型的文件。用户还可以选择立即运行任务或在排定的时间运行任务。

知识卡片	SOLIDWORKS Task Schedule	• Windows【开始】菜单：【SOLIDWORKS 工具 2019】/【SOLIDWORKS Task Scheduler 2019】。

技巧　要快速找到此工具，可以使用【开始】菜单或任务栏中的 Windows 搜索功能，如图 11-21 所示。

目前所有“Hanger”零件模型中的“Project”属性值均为“LESSON11”，如图 11-22 所示。下面将使用自动化任务将此值更改为“SW TRAINING”。

图 11-21　Windows 搜索

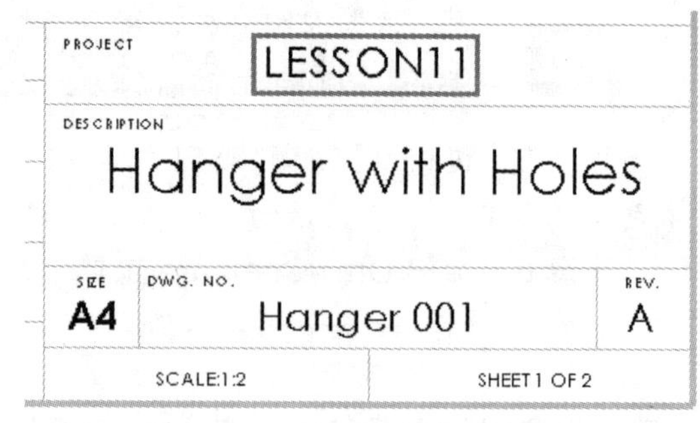

图 11-22　"Hanger"零件模型中的"Project"属性值

操作步骤

步骤 1　启动 SOLIDWORKS Task Scheduler　通过 Windows【开始】菜单打开【SOLIDWORKS Task Scheduler 2019】工具。

步骤 2　选择【更新自定义属性】任务　从左侧的可用任务列表中单击【更新自定义属性】。

步骤 3　添加文件夹　单击【添加文件夹】，选择"Lesson11 \ Case Study"文件夹。不勾选【包括子文件夹】复选框。

步骤 4　修改需要更新的文件类型　由于"Project"自定义属性存储在模型文件中，因此需要更新的文件类型仅为零件文件。在【文件名称或类型】单元格中单击以激活下拉列表，从中选择【*. prt, *. sldprt】，如图 11-23 所示。

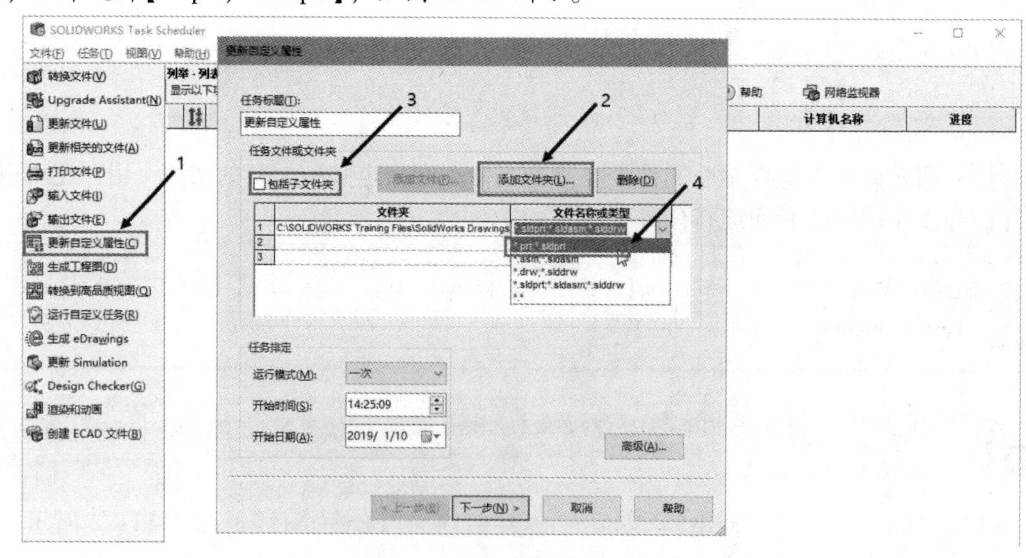

图 11-23　修改需要更新的文件类型

提示　如果用户需要更新此文件夹中的装配体文件，则可以添加第二行项目并从列表中选择【*. asm, *. sldasm】。

步骤 5　查看任务排定　当前时间会自动列在对话框的【任务排定】区域中，如果用户想安排此任务在以后运行，则可以在此处进行调整。

步骤 6　单击【下一步】

步骤 7　为“Project”自定义属性设置新数值　在【自定义属性】对话框中，在【名称】单元格中输入“Project”，在【类型】字段的下拉菜单中选择【文本】，在【数值】单元格中输入“SW TRAINING”，如图 11-24 所示。

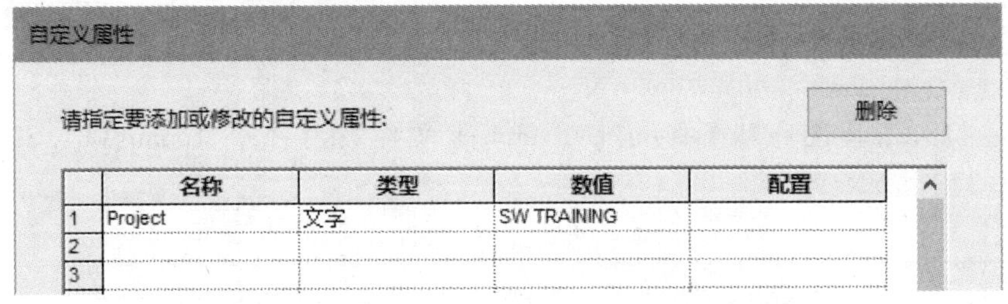

图 11-24　为“Project”自定义属性设置新数值

步骤 8　运行任务　在对话框中单击【完成】，以排定并运行任务。

步骤 9　刷新排定任务　在窗口中单击【刷新】以更新任务状态。

步骤 10　展开任务以查看状态、结果和报告　展开任务以查看子任务的状态。任务完成后，用户可以单击【标题】和【状态】列中的项目以查看所执行相关操作的报告，如图 11-25 所示。

图 11-25　展开任务以查看状态、结果和报告

步骤 11　查看结果　在 SOLIDWORKS 中，打开工程图“Hanger 001. SLDDRW”，“Project”现在显示更新后的自定义属性信息，如图 11-26 所示。

图 11-26　查看结果

步骤 12　保存并关闭所有文件

练习 11-1　使用新的参考打开工程图

在本练习中，将练习使用新的参考打开现有的工程图。当已经存在相似模型时，此方法对重用工程图非常有效。

扫码看 3D

本练习将使用以下技术：

- 重用工程图。
- 使用新的参考打开。

操作步骤

步骤 1　打开工程图　从 Lesson11\Exercises 文件夹内打开“Clamp 001. SLDDRW”文件，如图 11-27 所示。

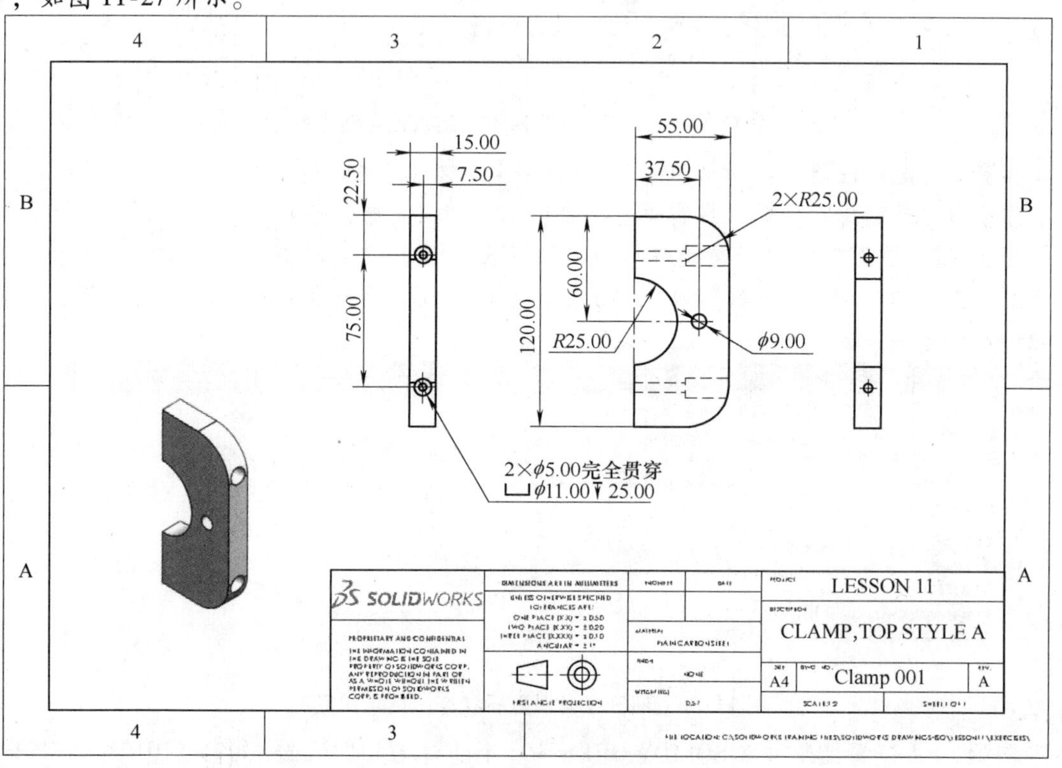

图 11-27　打开工程图

步骤 2　查看工程图和参考　单击【文件】/【查找相关文件】，该工程图参考引用了同一文件夹内相同名称的零件模型，如图 11-28 所示。单击【关闭】。

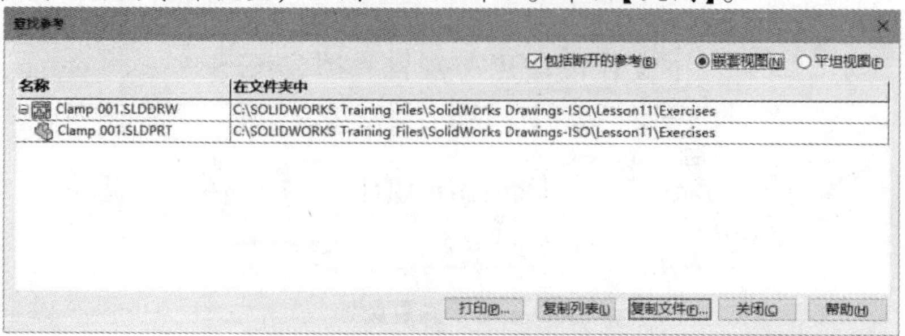

图 11-28　查看工程图和参考

步骤 3　打开零件　从 Lesson11\Exercises 文件夹内打开“Clamp 002. SLDPRT”文件，如图 11-29 所示。

步骤 4　查看零件　该零件是通过复制“Clamp 001”并进行修改而创建的。

步骤 5　关闭所有文件　单击【窗口】/【关闭所有】，关闭所有打开的文档。

步骤 6　访问【打开】对话框　单击【打开】。

步骤 7　选择要参考的工程图文件　在对话框中选择“Clamp 001. SLDDRW”文件，然后单击【参考】，如图 11-30 所示。

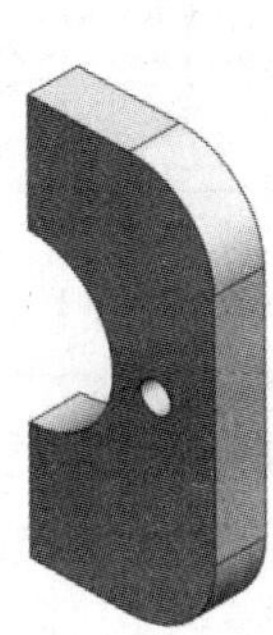

图 11-29　打开零件

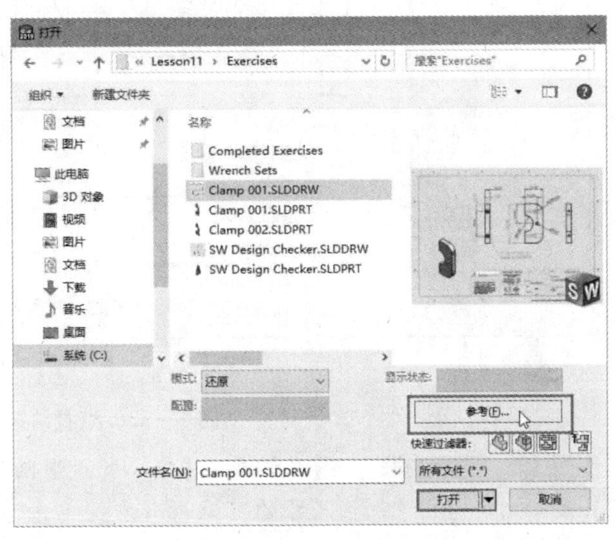

图 11-30　选择要参考的工程图文件

步骤 8　修改参考　双击【名称】单元格，浏览到新的参考模型，然后双击“Clamp 002”，绿色文本表示此位置已更改，如图 11-31 所示。单击【确定】。

步骤 9　打开工程图　在【打开】对话框中，单击【打开】。

步骤 10　查看悬空项目　此时出现一个对话框，显示没有与新参考模型形成悬空的尺寸，如图 11-32 所示。单击【确定】。

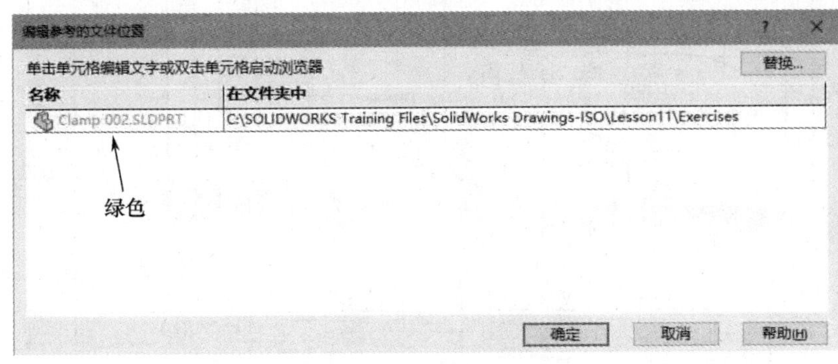

图 11-31　修改参考

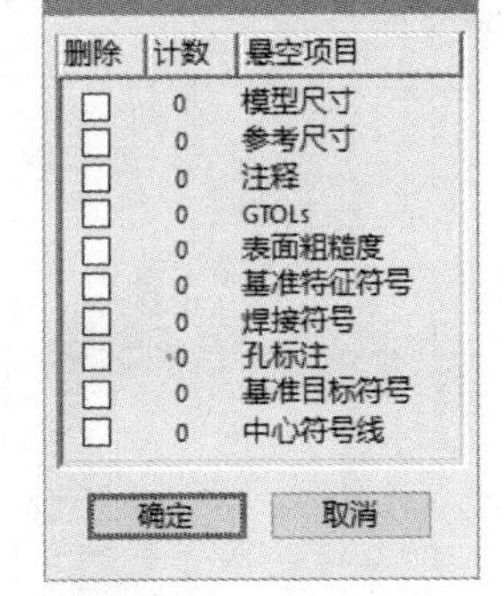

图 11-32　【悬空细节项目】对话框

步骤 11　查看结果　工程图视图已经更新以显示新参考的模型，如图 11-33 所示。对于此工程图，还会启动【注解更新】命令，这是因为在新参考引用模型中的注解视图发生了更改。

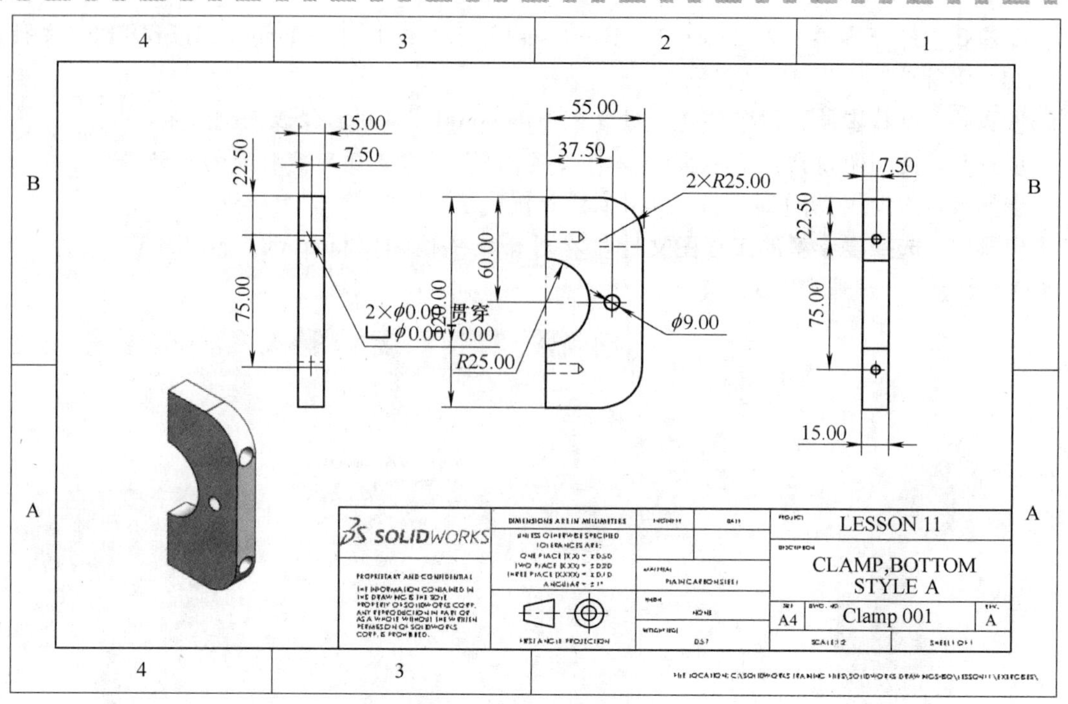

图 11-33　查看结果

步骤 12　更新注解　当【注解更新】命令处于激活状态时，当前隐藏的尺寸显示为浅灰色，且鼠标右键可用于切换尺寸的可见性。右键单击图 11-34 中所指示的注解以切换隐藏/显示状态(椭圆内的注解是需要隐藏的，方框内的注解是需要显示的)，单击【确定】✔。如有需要，重新排列尺寸。

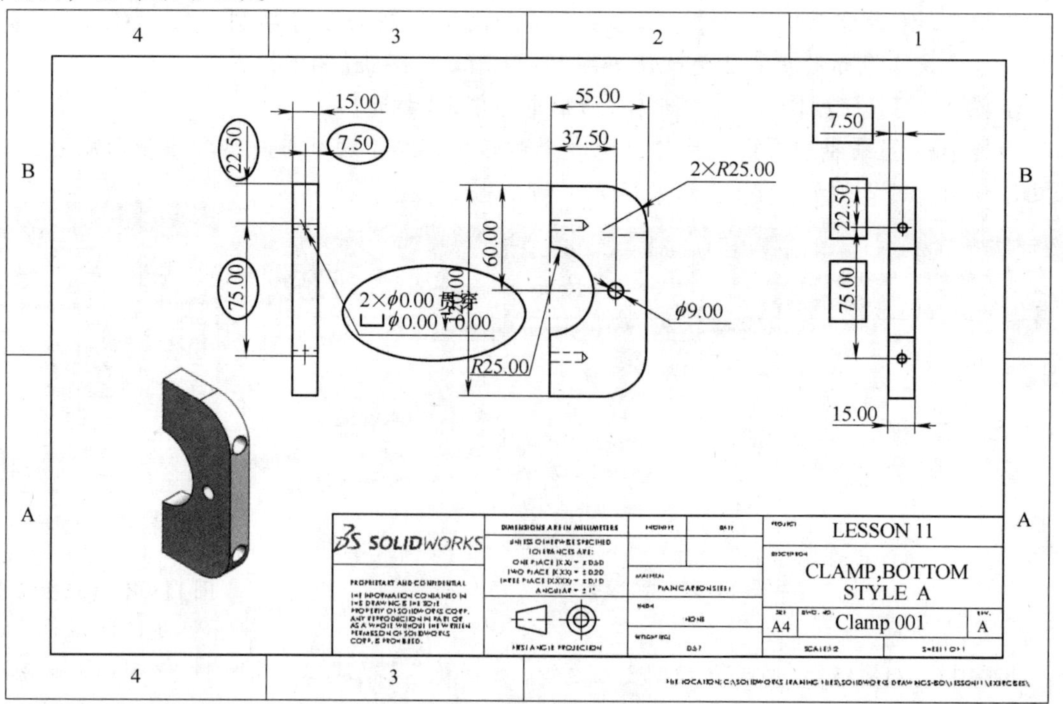

图 11-34　隐藏/显示注解

步骤13 查看参考 单击【文件】/【查找相关文件】，如图11-35所示。此时的工程图文件“Clamp 001”正在参考引用模型“Clamp 002”，在进行其他更改之前，需要先使用新文件名保存该工程图。单击【关闭】。

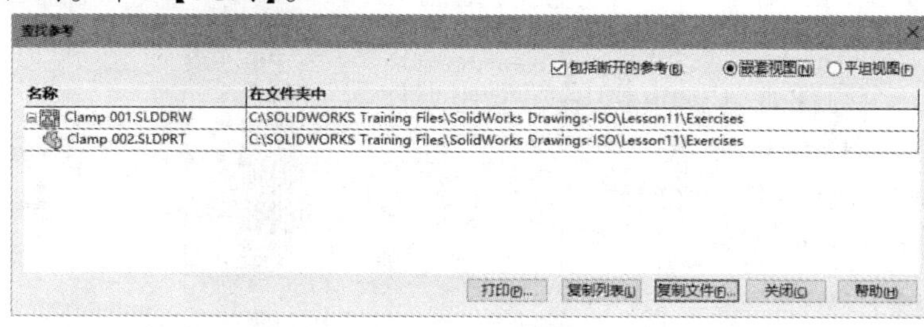

图11-35 查看参考

步骤14 另存为新工程图文件 单击【另存为】，将工程图保存为“Clamp 002”。

步骤15 移除悬空的实体 【删除】悬空的中心符号线，如图11-36所示。

步骤16 添加中心符号线 使用【中心符号线】工具为左视图中的孔添加中心符号线。

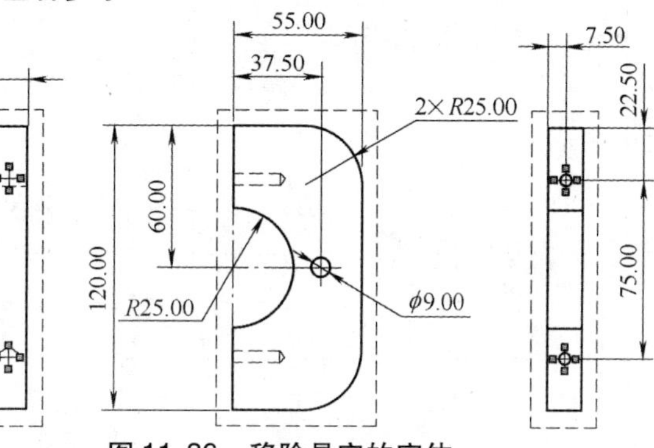

图11-36 移除悬空的实体

步骤17 添加孔标注 在左视图中添加【孔标注】，完成的工程图如图11-37所示。

图11-37 完成的工程图

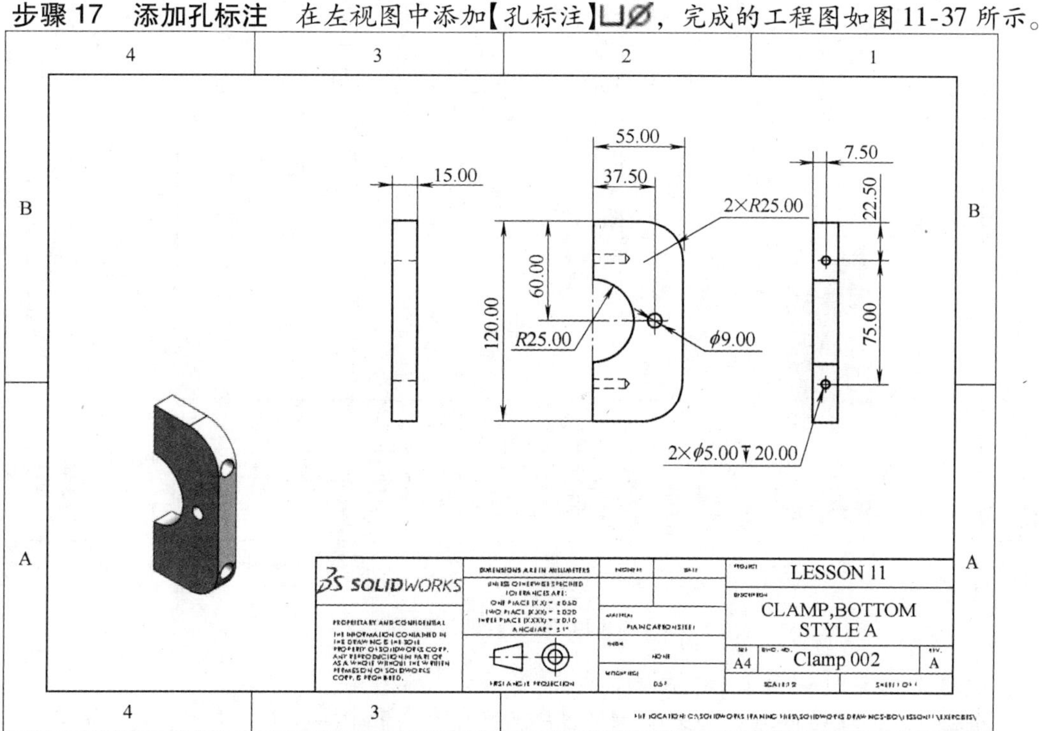

步骤18 保存并关闭所有文件

练习 11-2　使用带参考另存为重用工程图

在本练习中，将练习保存新工程图和参考引用的模型。当所需的相似模型尚不存在时，此方法对重用工程图会非常有效。

本练习将创建一个与现有“Clamp 001”模型相类似的“Clamp 003”模型，如图 11-38 所示。为了利用已经为相似模型完成的出详图工作，下面将保存工程图和参考模型的副本，然后对新文件进行修改。

本练习将使用以下技术：

- 重用工程图。
- 带参考另存为。

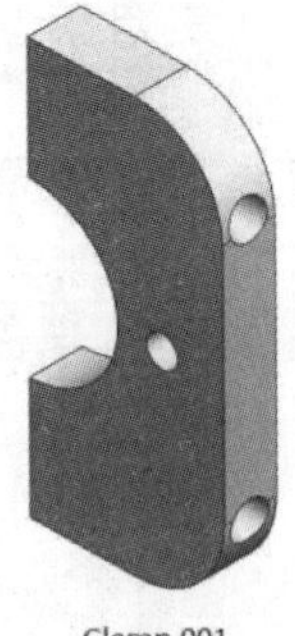

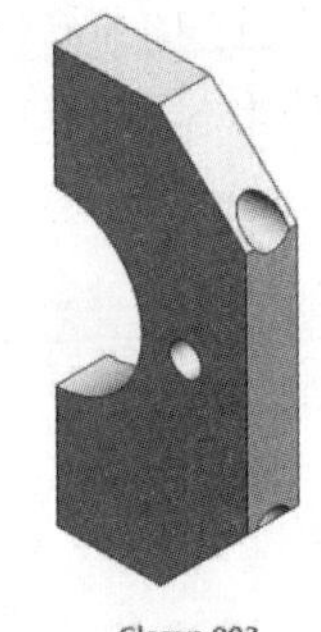

图 11-38　相似模型

操作步骤

步骤 1　打开工程图　从 Lesson11\Exercises 文件夹内打开“Clamp 001. SLDDRW”文件，如图 11-39 所示。

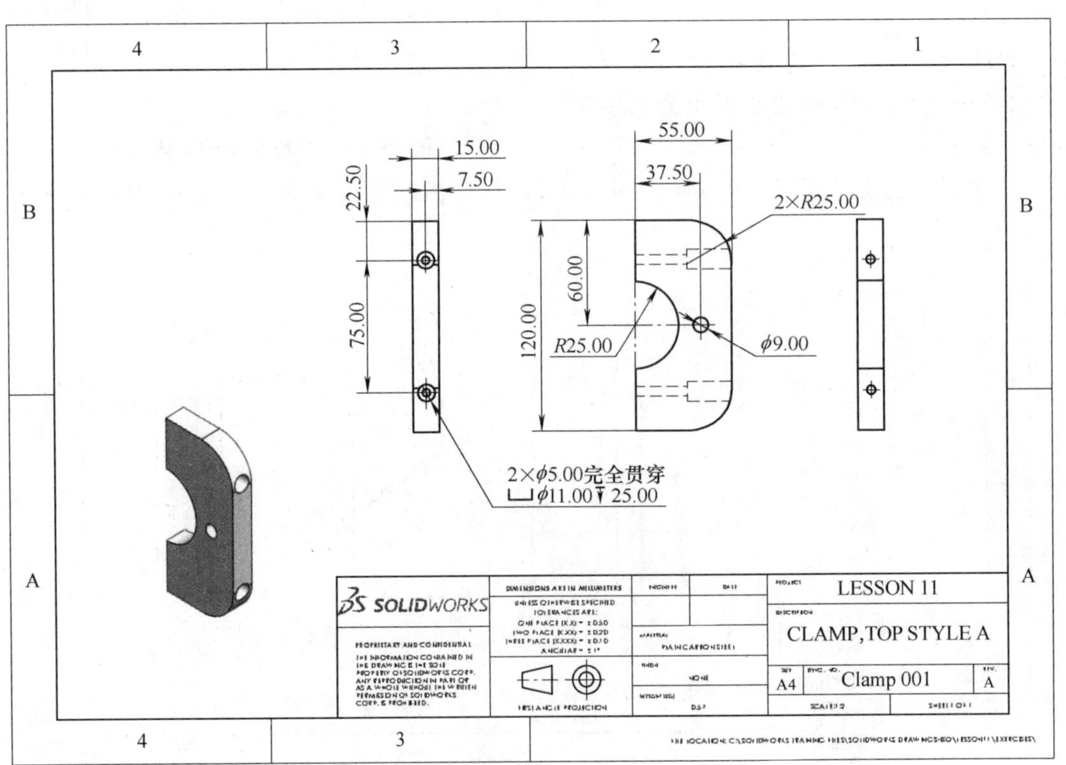

图 11-39　打开工程图

步骤 2　访问【另存为】对话框　单击【另存为】。

步骤 3　选择包括所有参考的零部件　在【另存为】对话框中，勾选【包括所有参考的零部件】复选框，单击【高级】，如图 11-40 所示。

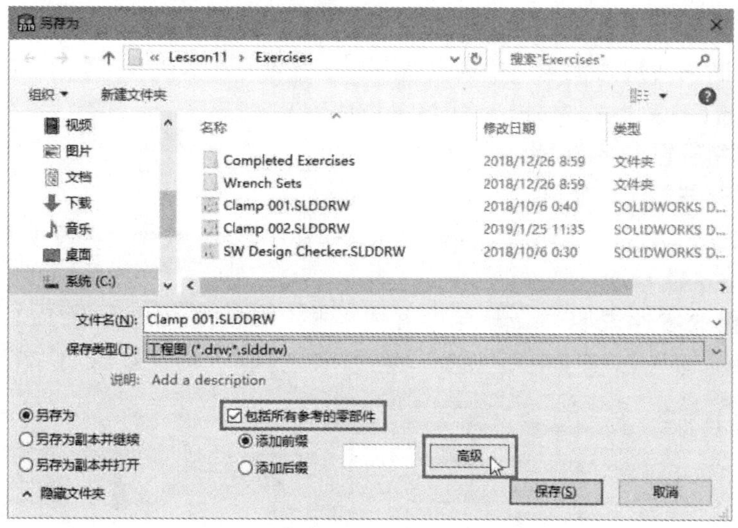

图 11-40　包括所有参考的零部件

步骤 4　重命名工程图和模型　双击【名称】单元格以编辑文本或使用【查找/替换】选项将文件名更改为"Clamp 003"，如图 11-41 所示。单击【保存所有】。

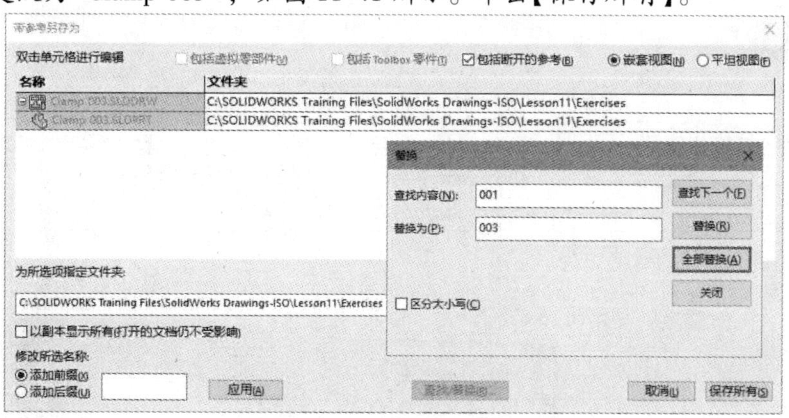

图 11-41　重命名工程图和模型

步骤 5　查看结果　现在当前的文档是新创建的"Clamp 003"工程图。单击【文件】/【查找相关文件】，结果如图 11-42 所示。该工程图参考引用了新创建的"Clamp 003"模型。为了完成该设计，下面将对"Clamp 003"零件做一些设计更改。单击【关闭】。

图 11-42　查看结果

步骤6　打开零件　选择任一工程图，并单击【打开零件】。

步骤7　将圆角转换为倒角　右键单击“Fillet1”特征，从快捷菜单中选择【将圆角转换为倒角】，单击【确定】，结果如图11-43所示。

步骤8　将特征重命名为“倒角”（可选步骤）

步骤9　保存并关闭该零件

步骤10　更新工程图　【删除】悬空的半径尺寸，添加【倒角尺寸】并输入文本“2×”，结果如图11-44所示。

步骤11　修改零件说明　在标题栏表格热点中双击，将零件的“Description”修改为“Clamp，Top Style B”，如图11-45所示。单击【确定】，结果如图11-46所示。

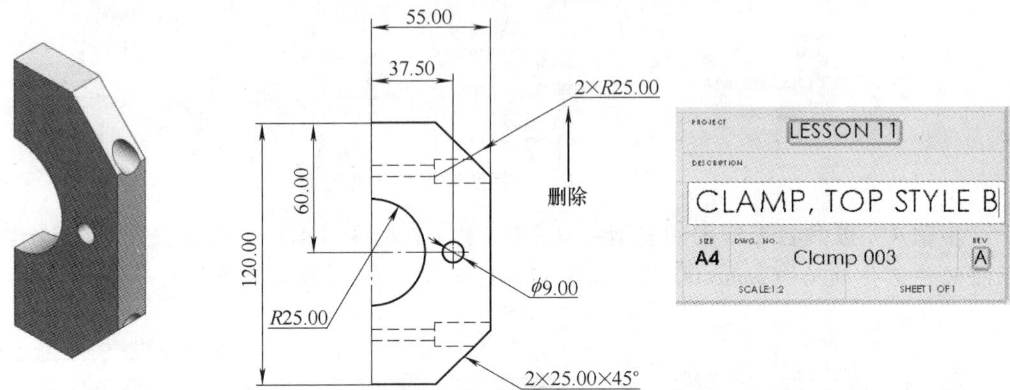

图11-43　将圆角转换为倒角　　图11-44　更新工程图　　图11-45　修改零件说明

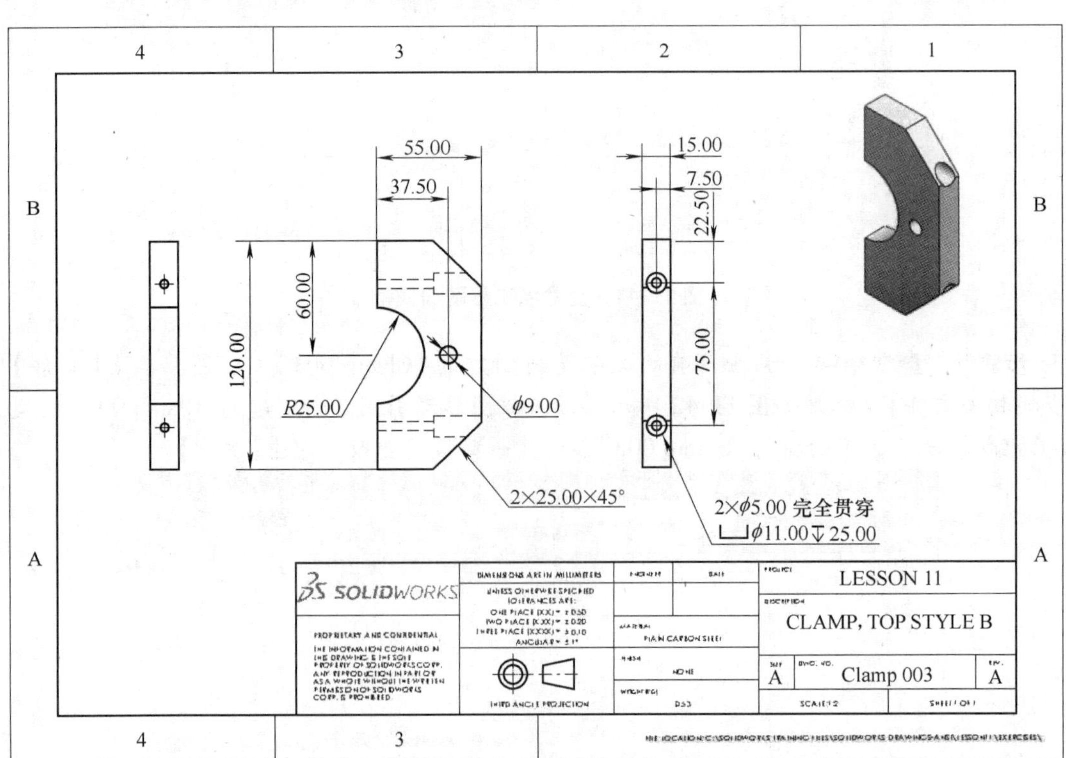

图11-46　完成的工程图

步骤 12　保存并关闭所有文件

步骤 13　创建“Clamp 004”（可选步骤）　使用现有的“Clamp 002”文件创建“Style B Bottom Clamp”模型和工程图，如图 11-47 所示。

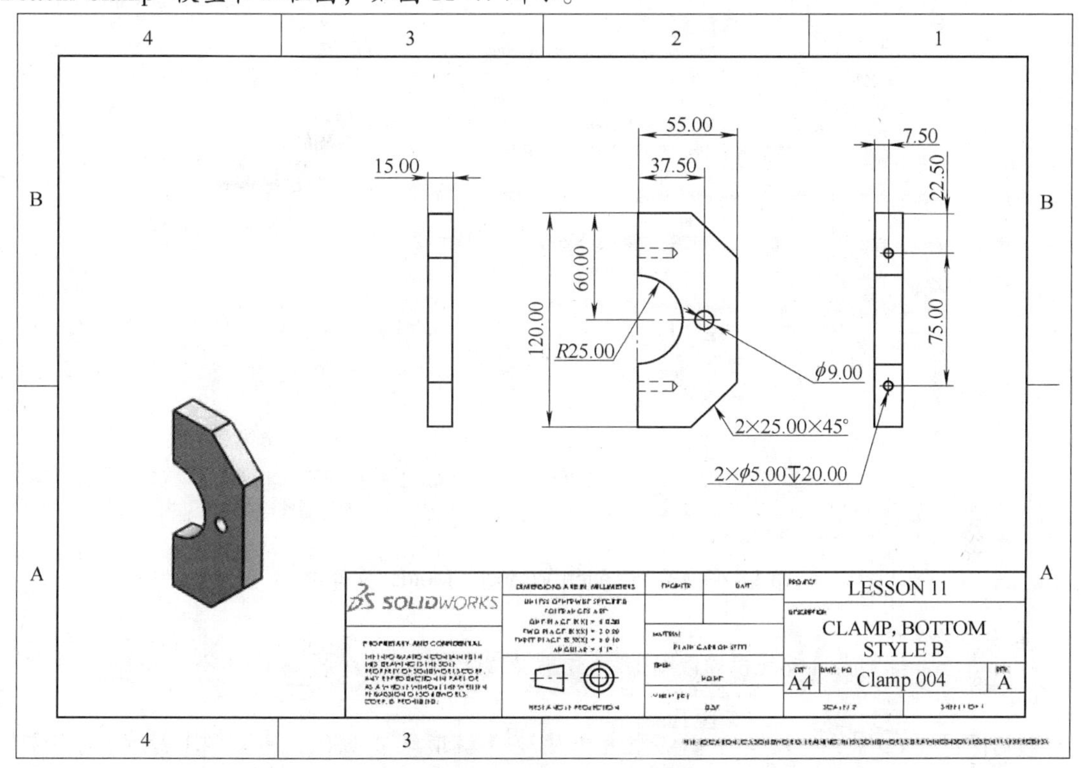

图 11-47　创建“Clamp 004”

练习 11-3　使用 Pack and Go 重用工程图

在本练习中，将使用 Pack and Go 将整个项目复制到一个新文件夹中。“Wrench Set”模型如图 11-48 所示。

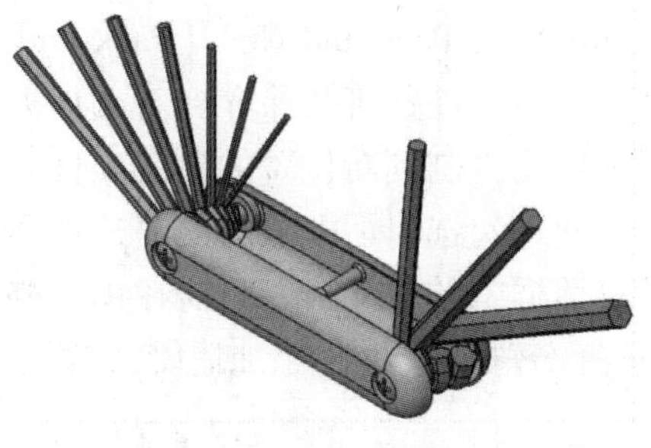
图 11-48　“Wrench Set”模型

通过使用 Pack and Go，用户可以复制和重命名项目中的所有文件类型，例如，复制和重命名“toolbox”零部件及其工程图，且同时保留文件之间的参考引用。

本练习将使用以下技术：

- 重用工程图。
- Pack and Go。

扫码看 3D

操作步骤

步骤 1　查看“Allen Wrench，Metric”文件夹　单击【打开】，并浏览到 Lesson11\Exercises\Wrench Sets\Allen Wrench，Metric 文件夹，如图 11-49 所示。

步骤 2　打开顶级装配体　打开顶级装配体“Allen Wrench，Metric. SLDASM”。

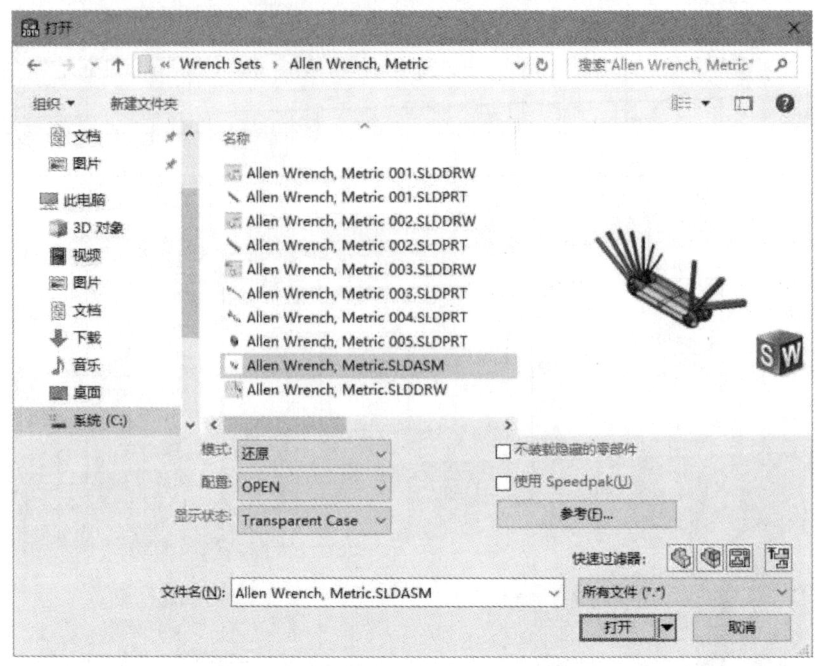

图 11-49　查看“Allen Wrench，Metric”文件夹

提示

Pack and Go 可以从顶级装配体或工程图中启动。

技巧

为了在大型项目文件夹中快速查找顶级装配体，可以在【打开】对话框中使用【快速过滤器】中的【过滤器顶级装配体】。

• 使用 Pack and Go　【Pack and Go】对话框中汇总了模型或工程图参考引用的文件，用户可以重命名文件并将其保存到新文件夹或 zip 文件中。用户可以通过勾选对话框表格中每行的复选框选择要复制到新位置的参考文件。如果未勾选该行的复选框，则将保留原始文件的参考引用。

通过勾选对话框顶部的复选框，用户可以将与模型相关联的不同文件类型包括在内。若要编辑对话框中的单元格，只需在单元格内双击即可。也可使用表格下方的选项来修改多个单元格以【选择/替换】文本、添加后缀或前缀以及调整文件夹位置和结构。

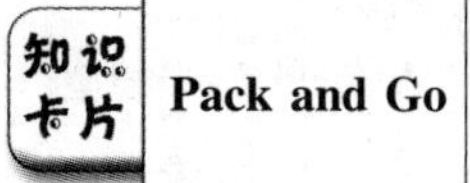

知识卡片 Pack and Go	• 菜单：【文件】/【Pack and Go】。 • Windows 资源管理器：右键单击任一 SOLIDWORKS 文件，然后选择【Pack and Go】。

步骤 3　启动 Pack and Go　单击【文件】/【Pack and Go】。

步骤 4　选择【包括工程图】　在左上角勾选【包括工程图】复选框，如图 11-50 所示。

步骤 5　创建要保存到的新文件夹　选择【保存到文件夹】后单击【浏览】，浏览到 Lesson11 \ Exercises \ Wrench Sets 文件夹。单击右键并选择【新建】/【文件夹】，将文件夹命名为“Allen Wrench，Inch”，然后单击【选择文件夹】，如图 11-51 所示。

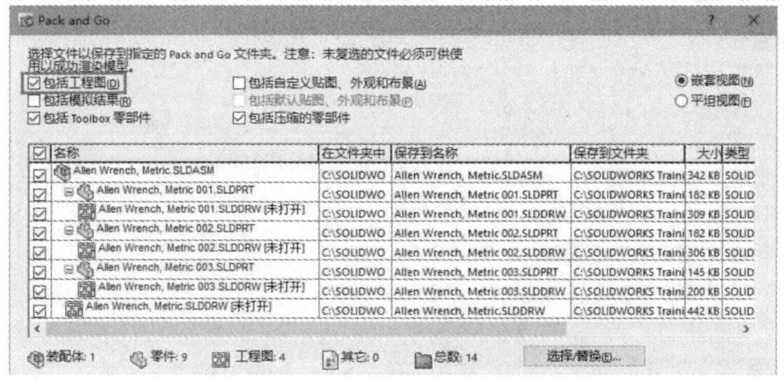

图 11-50　【包括工程图】选项

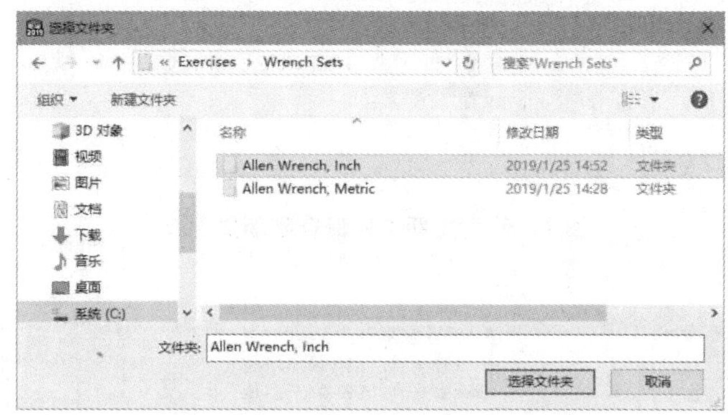

图 11-51　创建要保存到的新文件夹

步骤 6　使用【选择/替换】重命名文件　单击【选择/替换】，修改【选择/替换】对话框中的选项，如图 11-52 所示。单击【替换所有】，然后单击【关闭】。

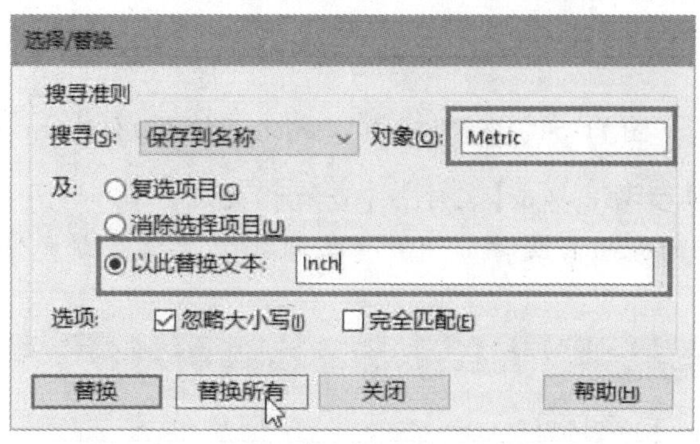

图 11-52　【选择/替换】对话框设置

步骤 7　将新文件保存到新文件夹　单击【保存】，如图 11-53 所示。

步骤 8　关闭“Allen Wrench，Metric”装配体

步骤 9　查看“Allen Wrench，Inch”文件夹　单击【打开】，并浏览到 Lesson11\Exercises\Wrench Sets\Allen Wrench，Inch 文件夹，该文件夹中的文件是指定了新文件名称的 Metric 项目文件的副本，如图 11-54 所示。

步骤 10　打开顶级装配体或工程图　打开名为“Allen Wrench，Inch”的顶级装配体或工程图。

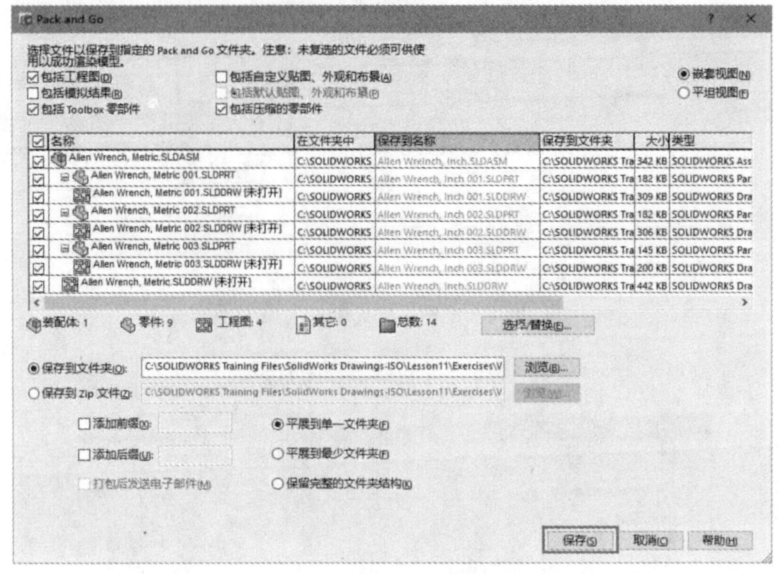

图 11-53 将新文件保存到新文件夹

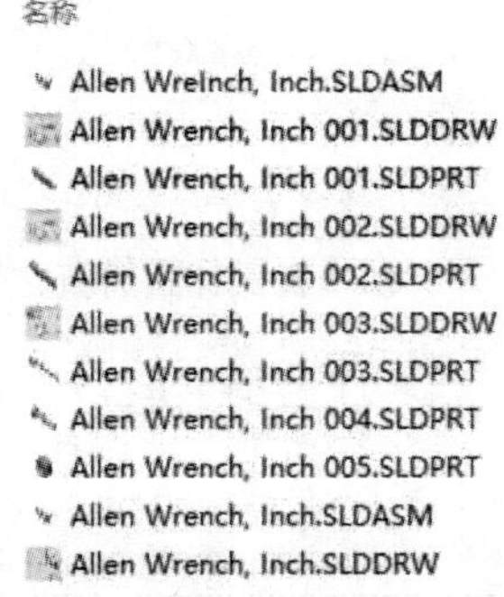

图 11-54 查看“Allen Wrench，Inch”文件夹

步骤 11 查看文件参考 单击【文件】/【查找相关文件】，如图 11-55 所示。顶级文件正确地引用了已经创建的新项目文件。用户可以根据需要修改新文件来完成该项目。单击【关闭】。

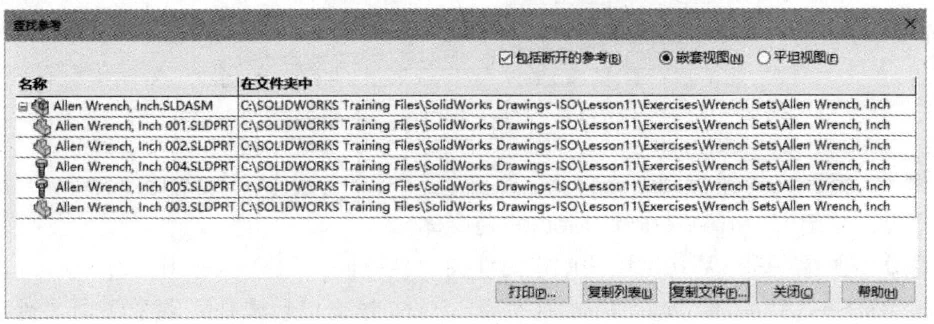

图 11-55 查看文件参考

步骤 12 保存并关闭所有文件

练习 11-4　练习使用 SOLIDWORKS Task Schedule

为了练习使用 SOLIDWORKS Task Schedule，下面将把“Wrench Sets”文件夹中的所有工程图文件保存为新文件夹内的 PDF 文件。

本练习将使用以下技术：

- SOLIDWORKS Task Schedule。

操作步骤

步骤 1　启动 SOLIDWORKS Task Scheduler　打开 Windows【开始】菜单中的【SOLIDWORKS Task Scheduler 2019】工具。

步骤 2　选择【输出文件】任务　从左侧的可用任务列表中单击【输出文件】。

步骤 3　更改输出文件类型　更改【输出文件类型】为【Adobe 便携式文档格式(*.pdf)】。

步骤 4　添加文件夹　单击【添加文件夹】，然后选择“Lesson11\Exercises\Wrench Sets”文件夹，如图 11-56。

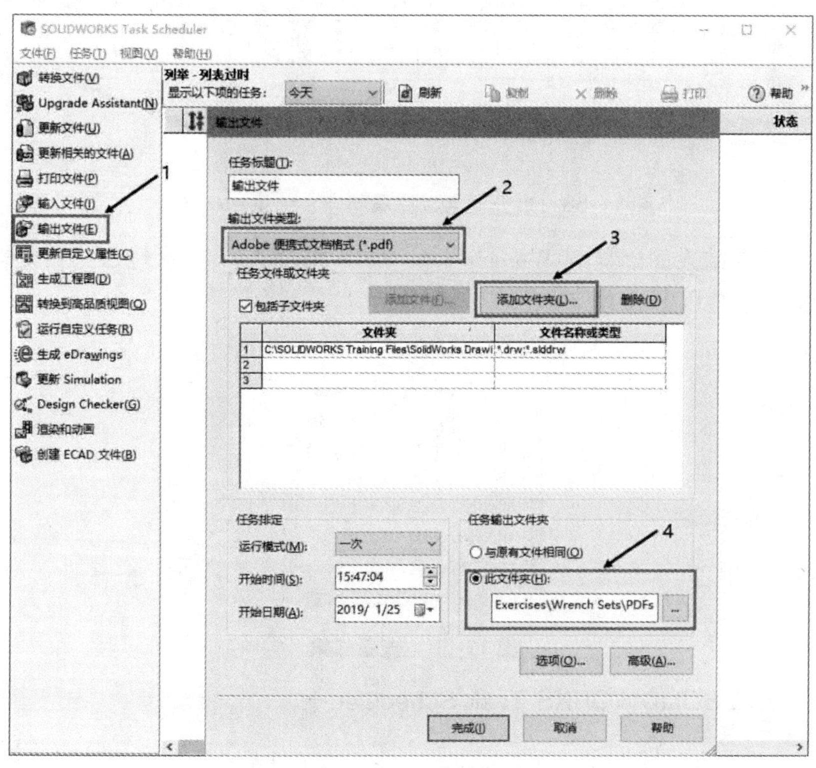

图 11-56　添加文件夹

步骤 5　指定新的输出文件夹　在【任务输出文件夹】中选择【此文件夹】，并单击【…】。浏览到“Wrench Sets”文件夹后创建名为“PDFs”的新文件夹，如图 11-57 所示。选择此文件夹作为输出文件夹。

步骤 6　查看任务排定　当前时间会自动列在对话框的【任务排定】区域中，如果用户想安排此任务在以后运行，则可以在此处进行调整。

步骤 7　运行任务　在对话框中单击【完成】，以排定并运行任务。

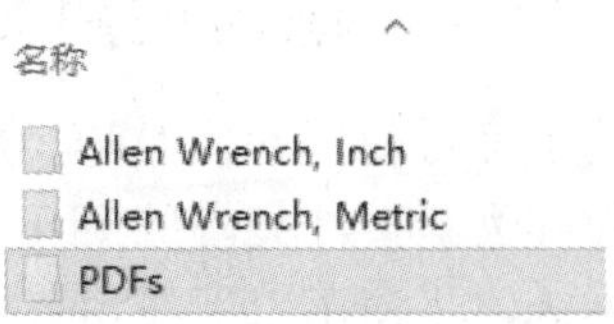

名称

Allen Wrench, Inch

Allen Wrench, Metric

PDFs

图 11-57　指定新的输出文件夹

步骤 8　刷新排定任务　单击【刷新】以更新任务状态。

步骤 9　展开任务以查看状态、结果和报告　展开任务以查看子任务的状态。任务完成后，用户可以单击【标题】和【状态】列中的项目以查看所执行相关操作的报告，如图 11-58 所示。

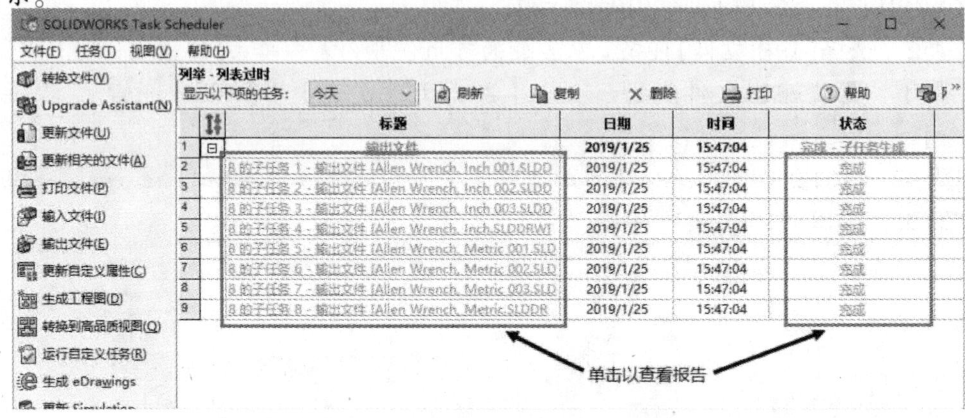

图 11-58　展开任务以查看状态、结果和报告

步骤 10　查看结果　浏览到 Wrench Sets\PDFs 文件夹，可看到已为指定路径中的所有工程图文件创建了 PDF 文件，如图 11-59 所示。

名称

Allen Wrench, Inch 001.pdf

Allen Wrench, Inch 002.pdf

Allen Wrench, Inch 003.pdf

Allen Wrench, Inch.pdf

Allen Wrench, Metric 001.pdf

Allen Wrench, Metric 002.pdf

Allen Wrench, Metric 003.pdf

Allen Wrench, Metric.pdf

图 11-59　查看结果

步骤 11　关闭 SOLIDWORKS Task Scheduler

练习 11-5　SOLIDWORKS Design Checker 功能介绍

在本练习中，将介绍 SOLIDWORKS Design Checker 的一些功能。本练习的目的是修改使用旧工程图模板创建的工程图，并确保其与当前模板中使用的重要设置相匹配。

扫码看 3D

本练习将使用以下技术：

- SOLIDWORKS Design Checker。

操作步骤

步骤 1　打开工程图　从 Lesson11\Exercises 文件夹内打开“SW Design Checker. SLDDRW”文件，如图 11-60 所示。此工程图是使用旧的工程图模板和图纸格式创建的。下面将使用用户设计的自定义图纸格式更新它，并确保相关设置与现在使用的工程图模板相匹配。

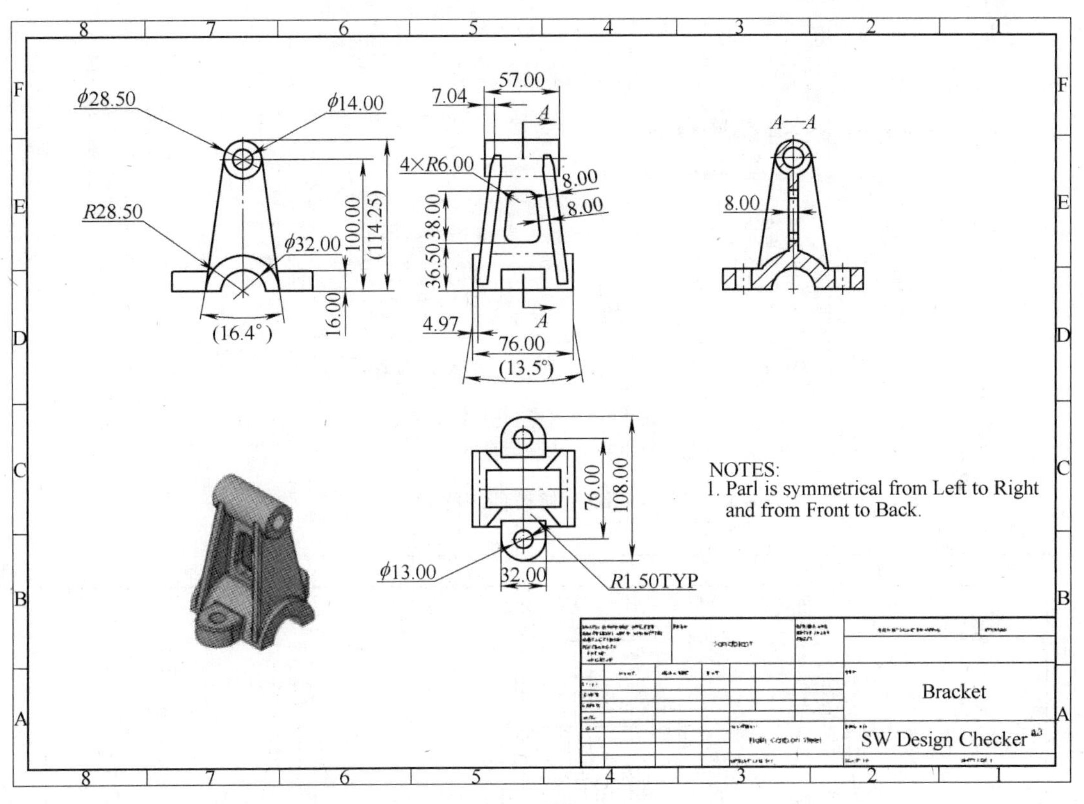

图 11-60　打开工程图

步骤 2　修改图纸格式　首先替换图纸格式。右键单击“Sheet1”图纸并选择【属性】，如图 11-61 所示。在【图纸格式/大小】区域中，选择“SW A3-Landscape”图纸格式，如图 11-62 所示。单击【应用更改】，结果如图 11-63 所示。

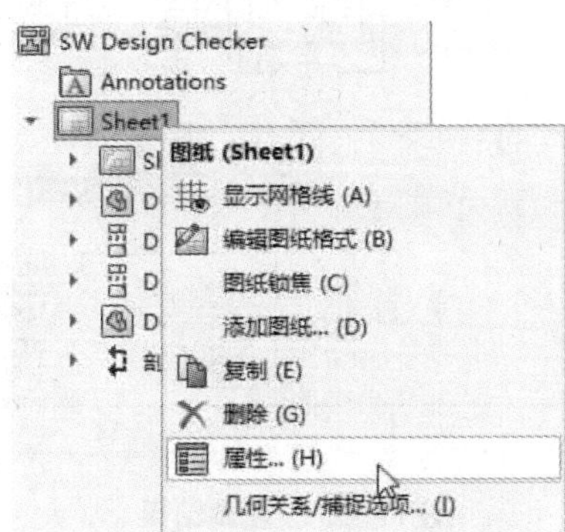

图 11-61　访问图纸属性

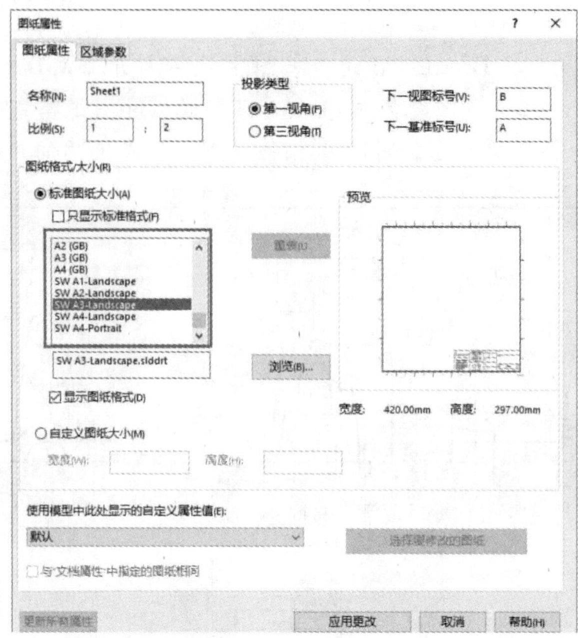
图纸属性
图纸属性 区域参数
名称(N): Sheet1
比例(S): 1 : 2
投影类型
第一视角(F)
第三视角(T)
下一视图标号(V): B
下一基准标号(U): A
图纸格式/大小(R)
标准图纸大小(A)
只显示标准格式(F)
A2 (GB)
A3 (GB)
A4 (GB)
SW A1-Landscape
SW A2-Landscape
SW A3-Landscape
SW A4-Landscape
SW A4-Portrait
SW A3-Landscape.slddrt
浏览(B)...
显示图纸格式(D)
预览
宽度: 420.00mm 高度: 297.00mm
自定义图纸大小(M)
使用模型中此处显示的自定义属性值(E):
默认
应用更改 取消 帮助(H)

图 11-62　修改图纸格式

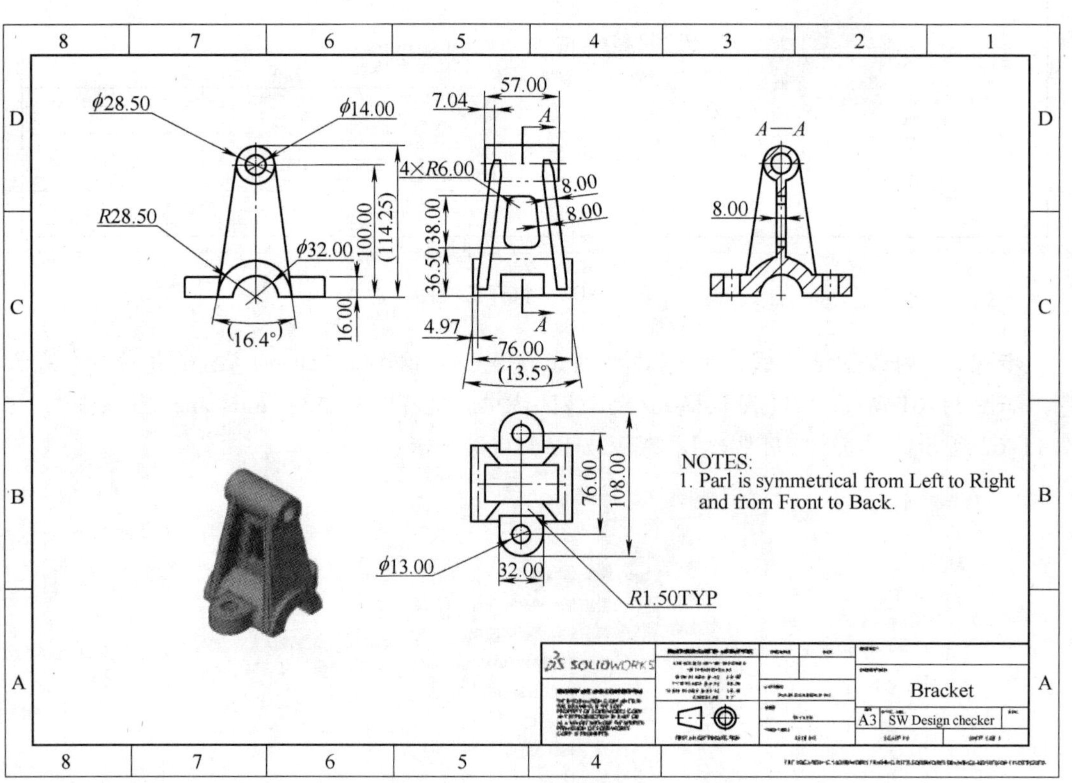
A—A
NOTES:
1. Parl is symmetrical from Left to Right and from Front to Back.
Bracket
A3 SW Design checker

图 11-63　查看结果

步骤 3　【重建】并保存该工程图

● 使用 Design Checker　Design Checker 包含几种不同的工具，如图 11-64 所示。

各种工具详细说明如下：

1）检查活动文档。根据已创建的一组检查来检查当前的文档。

2）对照现有文件进行检查。将当前文档与现有文档进行比较。该工具对特定检查提供较少的控制。

3）编制检查。使用 SOLIDWORKS Design Checker 界面手动编制一组检查，此工具为编制检查提供了大多数选项，但定义所有选项会消耗较多的时间。

4）学用检查向导。使用现有文档编制检查。完成向导后，用户可以使用 SOLIDWORKS Design Checker 界面进一步定义检查。

检查活动文档
对照现有文件进行检查...
编制检查
学用检查向导

图 11-64　Design Checker 包含的工具

知识卡片	Design Checker	• CommandManager：【评估】/【检查活动文档】。 • 菜单：【工具】/【Design Checker】。

在本练习中，将使用【学用检查向导】工具。使用此工具时，用户可以利用现有文件中的设置来编制检查，然后使用 SOLIDWORKS Design Checker 界面进一步优化检查。在后续的步骤中，将打开包含所需设置的现有工程图，然后使用该工程图和【学用检查向导】来编制检查。

步骤 4　打开工程图　从 Lesson11\Exercises 文件夹内打开“Clamp 001. SLDDRW”文件，如图 11-65 所示。

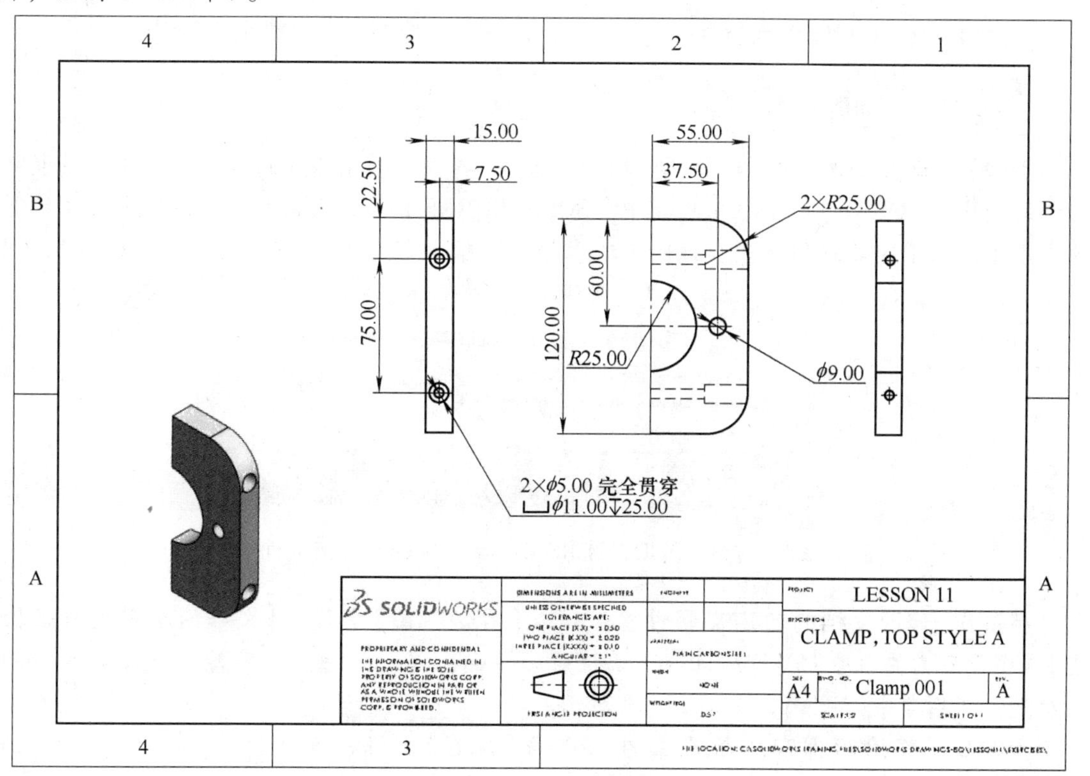

图 11-65　打开工程图

步骤 5　启用【学用检查向导】　单击【学用检查向导】，该向导在任务窗格中变为可用，如图 11-66 所示。用户可以定义几种类型的检查。对于本练习，将在【文档检查】类别中定义多个检查。这些检查项目可以在【选项】/【文档属性】中找到。

步骤 6　选择【文档检查】　展开【文档检查】，勾选前六个复选框，如图 11-67 所示。单击【完毕】✔。

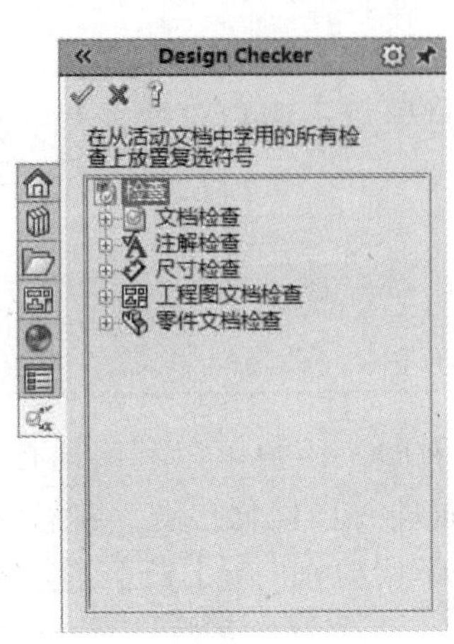

图 11-66　启用【学用检查向导】

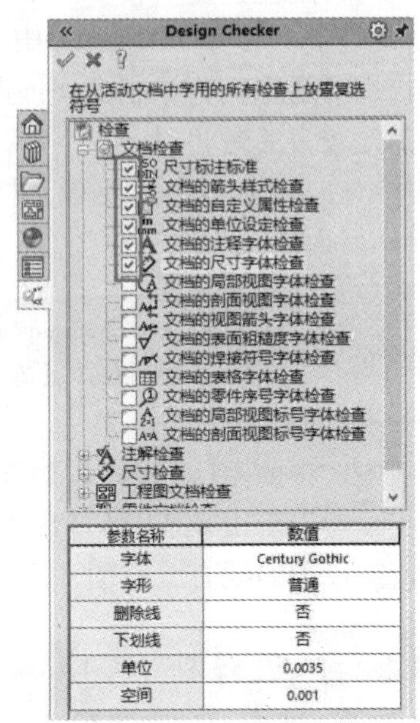

图 11-67　勾选前六个复选框

提示　勾选某项检查后，活动文档中的当前设置将显示在下部窗格中。

步骤 7　查看 SOLIDWORKS Design Checker 界面中的检查　通过向导捕获的设置将转移到 SOLIDWORKS Design Checker 中。SOLIDWORKS Design Checker 左侧窗格上方的选项卡用于访问不同类别的检查。视图区域上方的选项卡用于查看和修改检查，如图 11-68 所示。

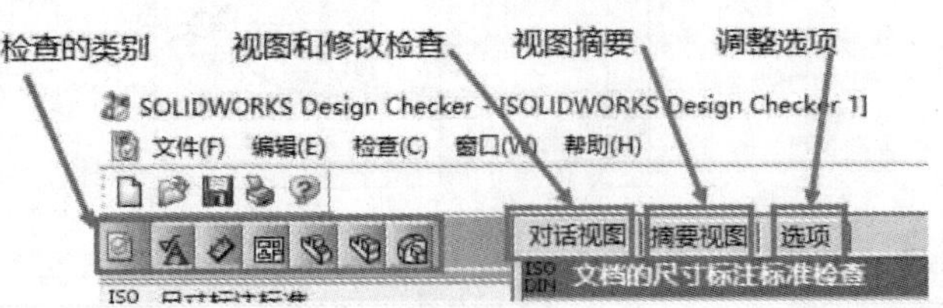

图 11-68　查看 SOLIDWORKS Design Checker 界面中的检查

步骤 8　修改文档的自定义属性检查　在【对话视图】中找到【文档的自定义属性检查】。由于不需要检查“SWFormatSize”属性是否匹配，因此将该属性删除。选择第 4 行的行标题，然后单击【删除】，如图 11-69 所示。

步骤 9　将检查保存为标准文件　单击【保存】，将标准文件命名为“SW Design Checks”，并将其保存到 Lesson11\Exercises 文件夹中，如图 11-70 所示。

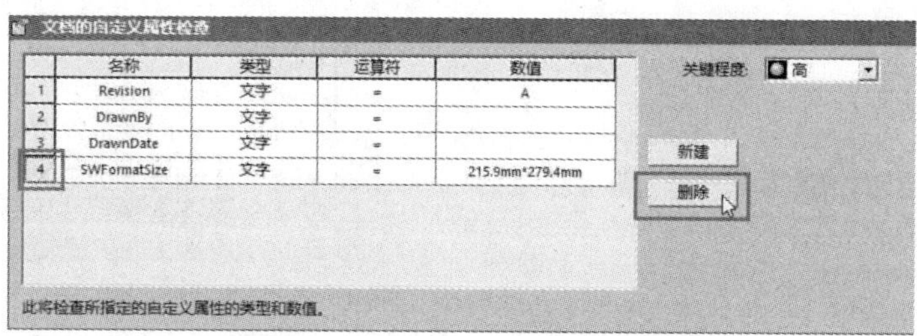

图 11-69　修改文档的自定义属性检查

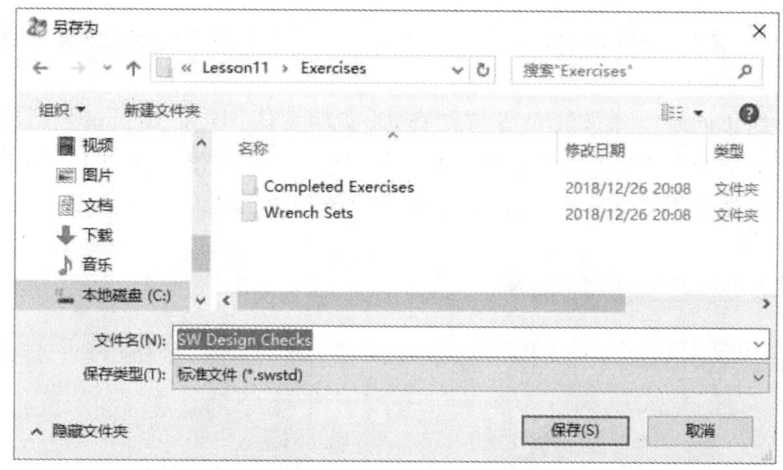

图 11-70　将检查保存为标准文件

技巧

用户也可以在 SOLIDWORKS【选项】/【文档属性】/【绘图标准】中创建和应用标准文件。但在【选项】中创建的标准文件仅包含【文档属性】的设置，而 Design Checker 标准文件可以包含更多的选项。

步骤 10　关闭 SOLIDWORKS Design Checker

步骤 11　关闭"Clamp 001"工程图

步骤 12　检查活动文档　在"SW Design Checker"工程图文档处于活动状态时，单击【检查活动文档】。

步骤 13　添加自定义标准文件　在任务窗格中，单击【添加标准】。从 Lesson11\Exercises 文件夹内选择"SW Design Checks"文件作为标准。

步骤 14　调整标准以进行检查　清除标准文件中默认的所有检查，仅选择"SW Design Checks"标准，如图 11-71 所示。

步骤 15　单击【检查文档】

步骤 16　查看失败的检查　结果显示有一项失败的检查，即【文档的单位设定检查】。展开失败的检查并单击"SW Design Checker-Sheet 1"查看详细信息，如图 11-72 所示。

提示　在失败检查中列出的项目指示了问题所在的位置。

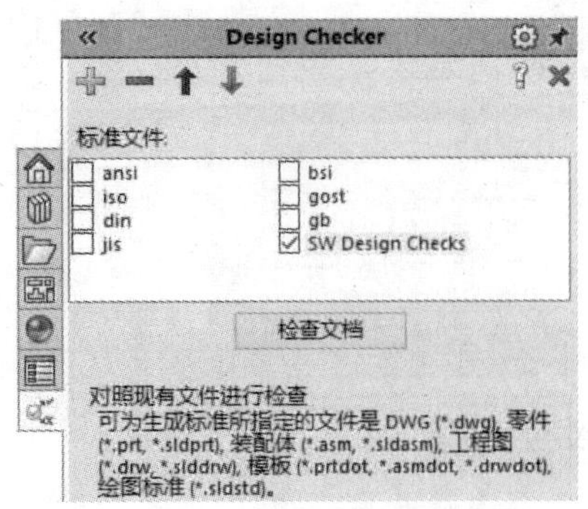

图 11-71　调整标准以进行检查

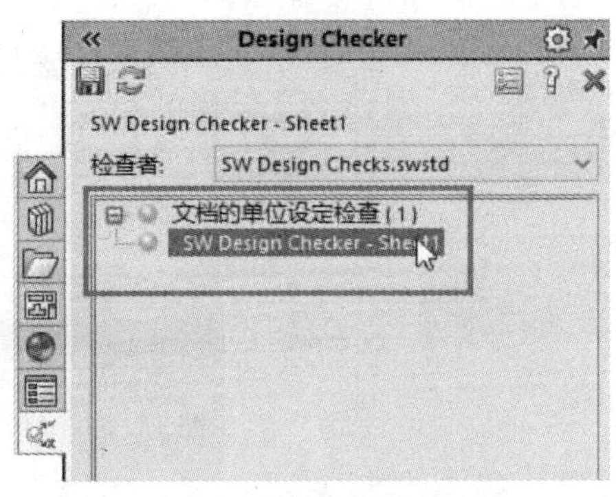

图 11-72　查看失败的检查

步骤 17　纠正问题　结果显示当前文档的【实际数值】与从“Clamp 001”文档中捕获的【优先值】存在差异。单击【自动全部纠正】将设置更改为优先值，如图 11-73 所示。

步骤 18　查看结果　该文档现在符合标准，如图 11-74 所示。在任务窗格中【关闭】Design Checker。

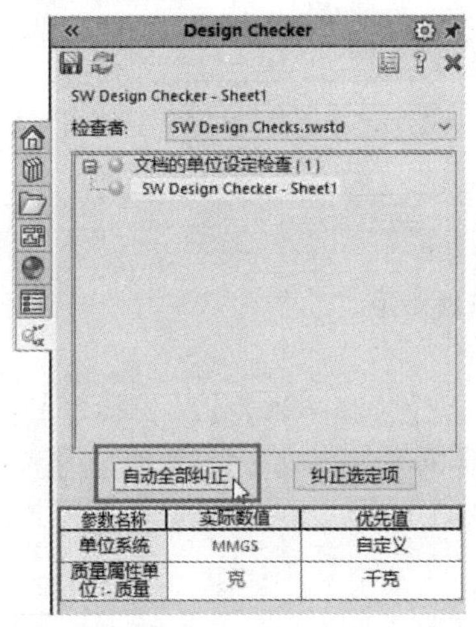

参数名称	实际数值	优先值
单位系统	MMGS	自定义
质量属性单位:-质量	克	千克

图 11-73　纠正问题

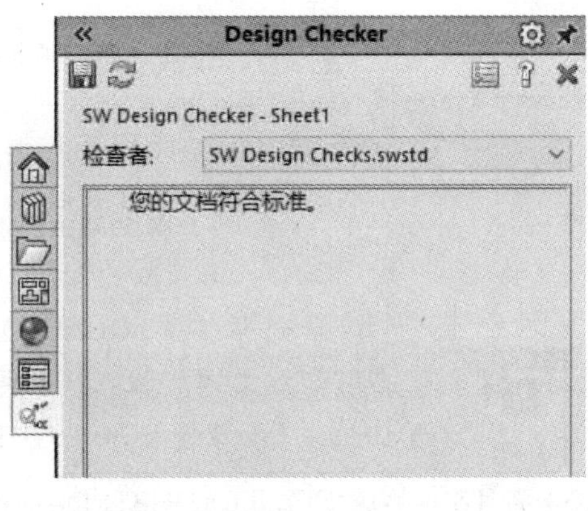

图 11-74　查看结果

> **提示**　如果需要，用户可以编制其他检查以检查零件和装配体文档。

步骤 19　保存并关闭所有文件

第 12 章 管 理 性 能

学习目标

- 使用性能评估工具
- 了解出详图实践和选项如何影响性能
- 使用【打开】对话框中的选项选择打开模式和图纸以提高性能
- 创建分离的工程图
- 确定可以提高性能的硬件、Windows 设置和 SOLIDWORKS 实践

12.1 概述

当用户在 SOLIDWORKS 中工作时，有许多因素会影响性能。为协助管理工程图的性能，SOLIDWORKS 提供了诸多选项，见表 12-1。

表 12-1 管理工程图性能的选项

选　项	图　标	说　明
性能评估		此工具将评估文档，并提供有关影响项目性能的有效建议
出详图实践		如果考虑性能，了解一些出详图设计实践如何影响性能将是十分必要的，例如视图类型和显示样式
系统选项和文档属性		调整【系统选项】和【文档属性】中的某些设置以优化工程图性能
打开选项		许多出详图任务不需要访问所有的模型信息，用户可以用不同模式打开工程图以控制装载的信息。打开选项还可以控制装载哪些工程图图纸
分离工程图		用户可以从引用的模型中分离工程图以完成出详图任务，而无须将模型装载到内存中。如果需要更新工程图视图，则会显示消息并可以使用装载模型的选项

12.2 性能评估

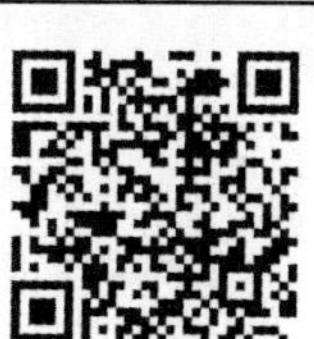

扫码看视频

【性能评估】工具可用于分析工程图的打开和重建时间，并在结果中显示影响性能的因素。该工具还提供工程图统计，统计数据包括工程图视图的数量和类型，以及工程图中注解的数量和类型。

技巧 【性能评估】工具还可用于零件和装配体模型，以帮助识别可能与参考模型相关的性能问题。

知识卡片	性能评估	• CommandManager：【评估】/【性能评估】。 • 菜单：【工具】/【评估】/【性能评估】。

• 打开进度指示器　装载工程图或装配体时会出现【打开进度指示器】，以便为用户提供有关打开过程的信息。当打开文档时间超过 60s 时，指示器将保持打开状态，并提供指向【性能评估】工具的链接，如图 12-1 所示。

在本示例中，将打开装配体工程图，并使用【性能评估】工具了解相关信息，然后讨论如何解决问题，并查看出详图实践和选项如何影响文档的性能。

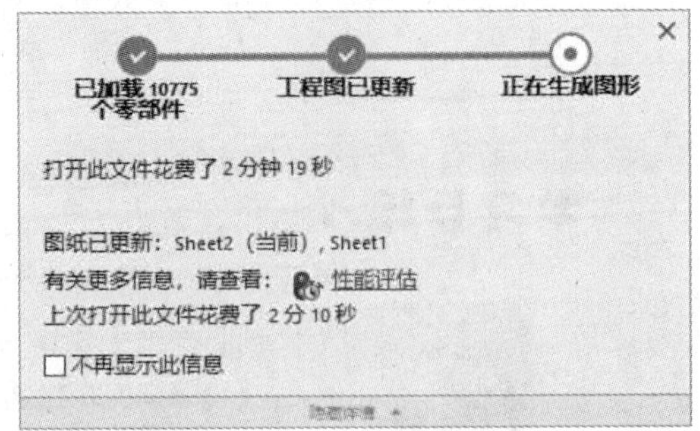

图 12-1　打开进度指示器

操作步骤

步骤 1　打开工程图　从 Lesson12\Case Study 文件夹内打开“Managing Performance. SLDDRW”文件，如图 12-2 所示。

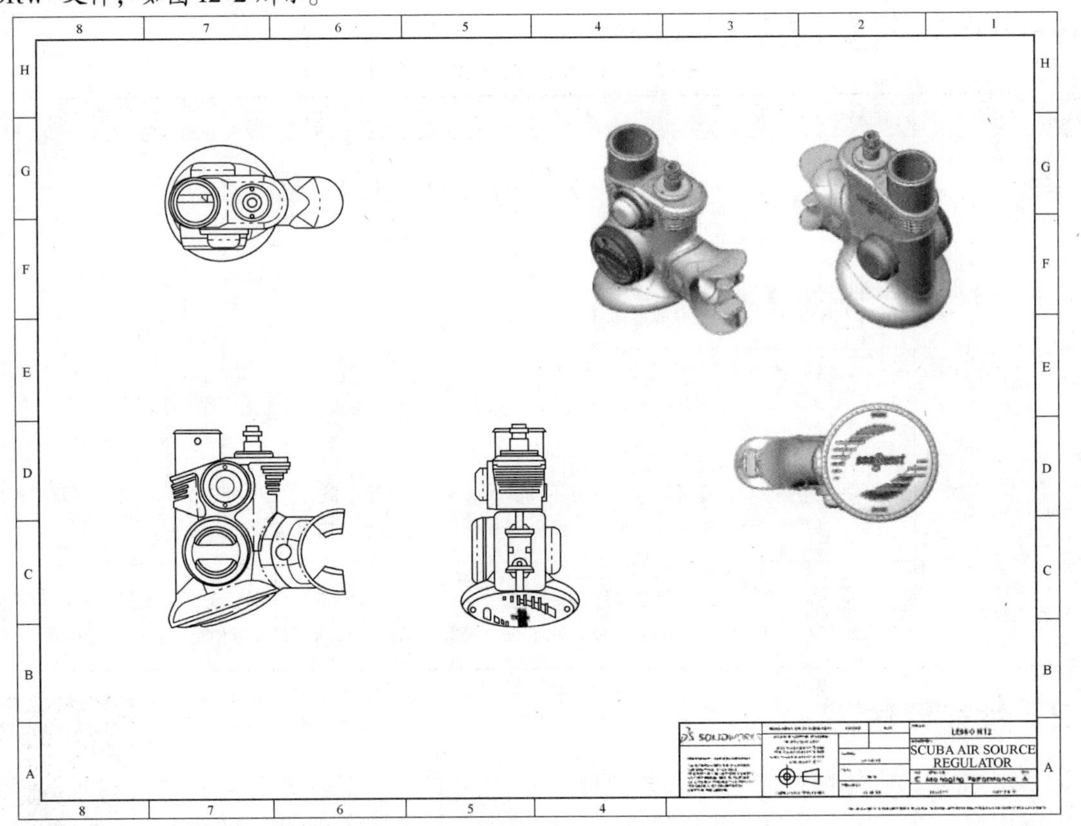

图 12-2　打开工程图

步骤 2　访问【性能评估】工具　单击【性能评估】，在对话框中单击【立即完整重建工程图（推荐）】。

步骤3 查看打开和重建时间 【性能评估】对话框显示了有关文档的打开和重建时间信息，并显示了重建时间的构成因素，如图12-3所示。

扫码看3D

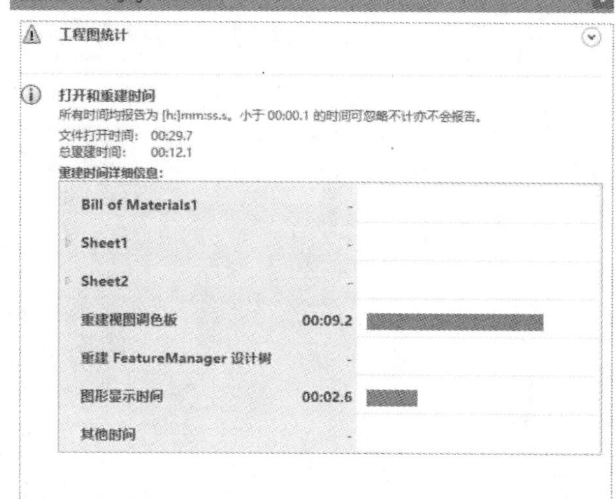

图12-3 查看打开和重建时间

提示 图12-3中显示的各项时间在用户的计算机上可能会有所不同。有许多因素会影响打开和重建时间，包括计算机硬件和其他正在运行的进程等。想了解有关项目的更多信息，请参考“12.7 硬件和性能”。

对于本文档而言，大部分重建时间都来自视图调色板，现在已经为该文档创建了所有的模型视图，下面可以清除视图调色板。

步骤4 关闭【性能评估】工具

步骤5 清除视图调色板 在任务窗格中访问【视图调色板】。每次重建工程图时，调色板中的视图也会重建，从而增加了重建时间。单击顶部的【清除所有】✕以清除视图调色板，如图12-4所示。

技巧 通过使用窗格顶部的下拉菜单或【浏览】按钮，可以将视图重新填充到视图调色板中。

图12-4 清除视图调色板

步骤6 重新打开工程图 下面来查看这一变化如何影响工程图的打开和重建时间。保存并关闭工程图，再次打开“Managing Performance. SLDDRW”工程图。

技巧 按键盘上的〈R〉键，可以访问最近的文件，如图12-5所示。

步骤7 访问【性能评估】工具 单击【性能评估】，在对话框中单击【立即完整重建工程图(推荐)】。

步骤 8　查看打开和重建时间　【性能评估】对话框显示的打开和重建时间已经减少，现在大部分重建时间与图形显示有关，如图 12-6 所示。

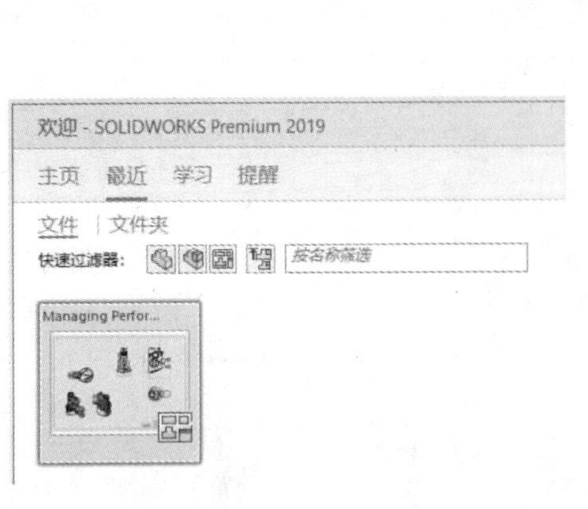

图 12-5　访问最近的文件

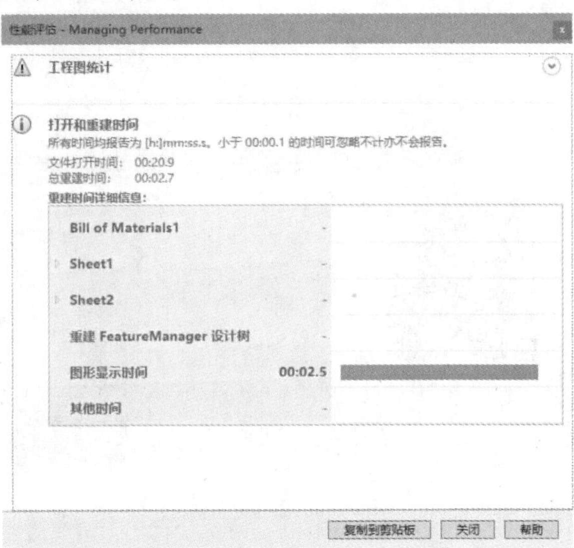

图 12-6　查看打开和重建时间

技巧　用户可以在对话框中展开工程图中的每个图纸，查看该图纸中的各个元素及其重建时间。

步骤 9　查看工程图统计　展开【工程图统计】部分，单击【查看统计】，如图 12-7 所示。

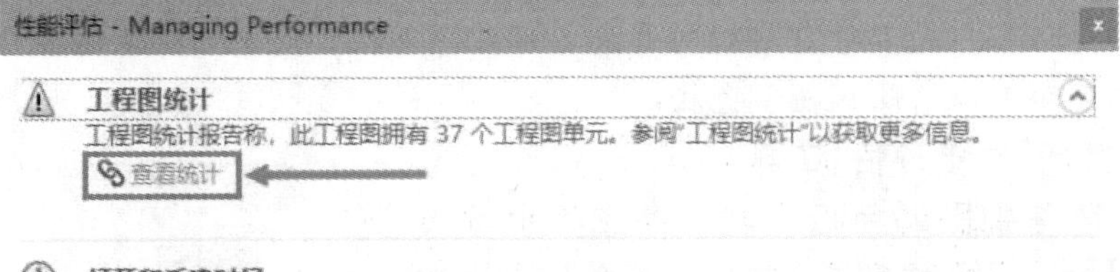

图 12-7　查看统计

【工程图统计】对话框列出了工程图中可能影响性能的不同元素的数量。但并非所有视图类型都列在此对话框中。此处显示的视图类型是对系统资源影响最大且最有可能导致性能降低的视图类型，如图 12-8 所示。单击【确定】。

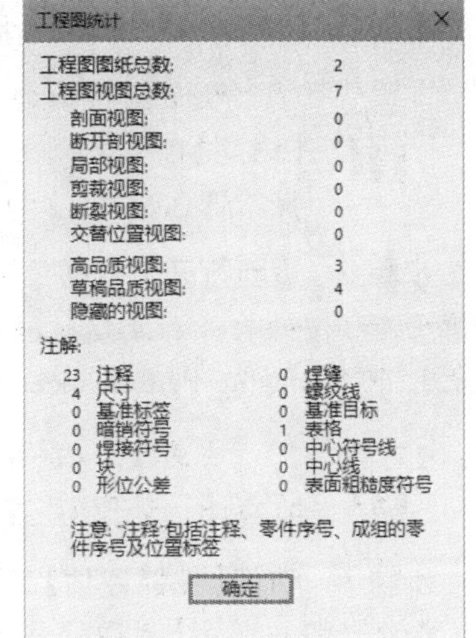

图 12-8　工程图统计

步骤 10　关闭【性能评估】工具

12.3　出详图实践

某些工程图视图类型和属性会比其他视图类型和属性对出详图性能的影响更大。如果要考虑性能，需要了解如何修改出详图实践以便优化工程图的性能。

- 视图类型　需要以某种方式切割模型的视图(例如剖面视图)，需要系统进行大量计算以生成视图的新面和边线。【工程图统计】对话框中列出的视图主要是这种类型的视图，如图 12-9 所示。
- 高品质与草稿品质　草稿品质视图通常会比高品质视图提供更好的性能，如图 12-10 所示。

剖面视图　断开的剖视图　剪裁视图　断裂视图

图 12-9　需要系统进行大量计算生成的视图

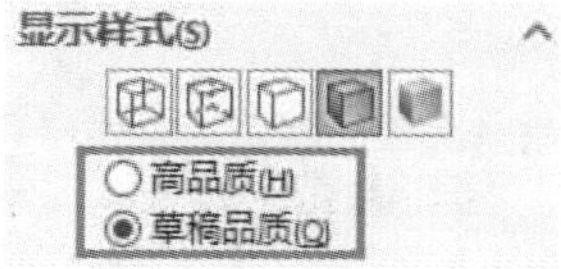

显示样式(S)
高品质(H)
草稿品质(Q)

图 12-10　高品质与草稿品质

以下是关于草稿品质和高品质选项的一些说明：

1)草稿品质视图是模型图形数据的表示，而高品质视图则是实际的实体数据。

2)草稿品质视图已经足以满足出详图操作，但用户可能需要转换为高品质以获得较高的打印质量。

3)用户可以在【选项】中或通过修改工程图视图的属性来控制工程图视图的品质。

4)可使用【SOLIDWORKS Task Scheduler】工具中的任务，将草稿品质视图转换为高品质视图。

- 显示样式　对于性能来说，最佳的显示样式是【上色】，如图 12-11 所示。这是因为在上色视图中没有显示边线，而模型的边线数据是需要花费最多的时间来生成的。

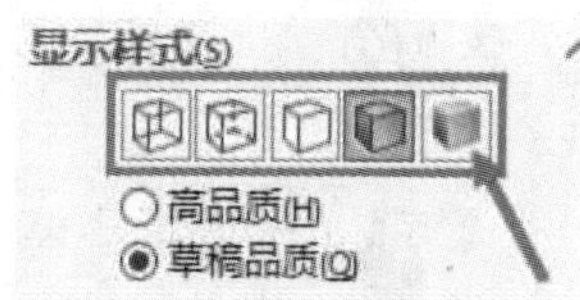

图 12-11　显示样式

技巧　选择【上色】作为模型的显示样式也有助于提高性能。

下面将对工程图视图进行一些修改，以确保打印质量，并在可能的情况下提高性能。

步骤 11　激活 Sheet1 图纸

步骤 12　更改视图为高品质　选择工程图视图。为确保此工程图视图以高品质边线打印，需要在【显示样式】中选择【高品质】，如图 12-12 所示。注意在视图边线显示中的更改，如图 12-13 所示。

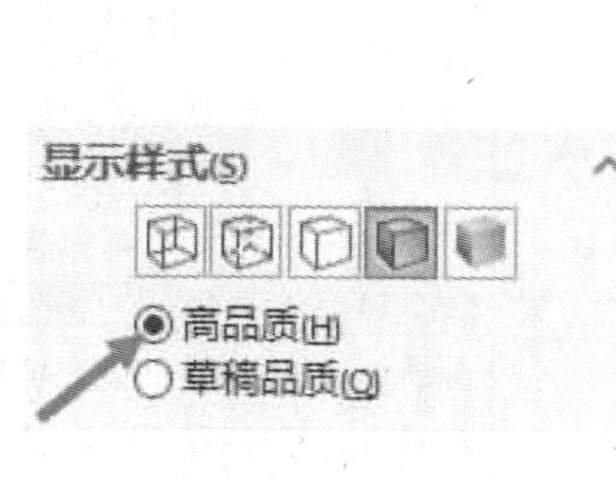

图 12-12　更改视图为高品质

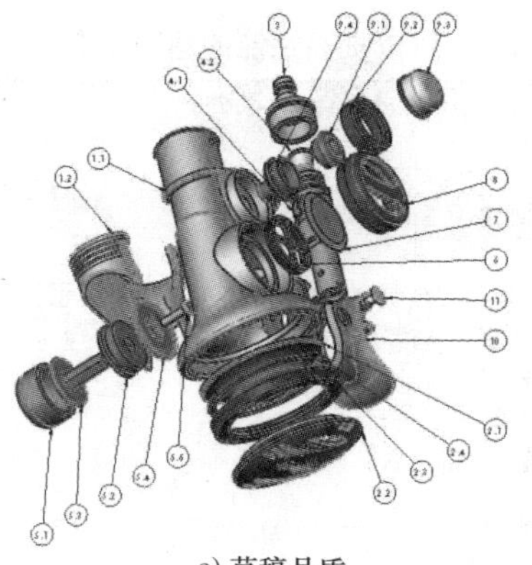

a) 草稿品质

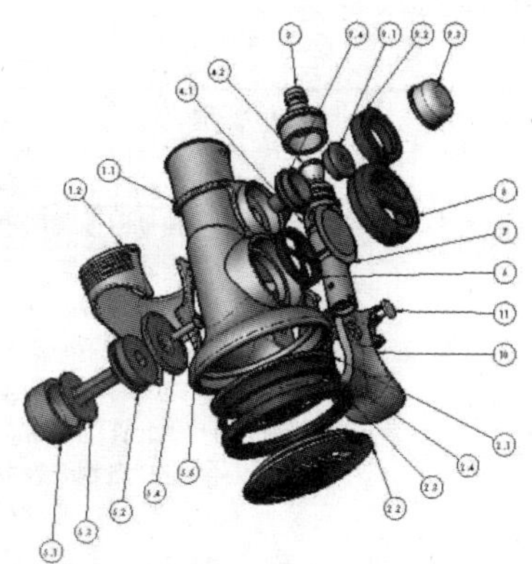

b) 高品质

图 12-13　显示品质对比

步骤 13　激活 Sheet2 图纸

步骤 14　修改显示样式为上色　选择等轴测视图。由于此视图不需要边线，因此将其【显示样式】更改为【上色】以帮助提高性能，如图 12-14 所示。

重复以上操作，更改其他两个视图为上色样式，结果如图 12-15 所示。

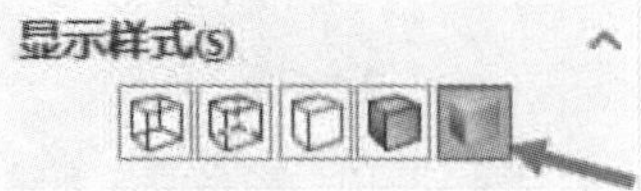

图 12-14　更改【显示样式】

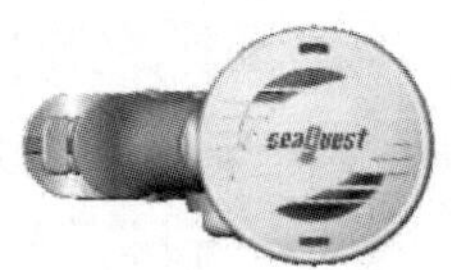

图 12-15　修改视图为上色样式

技巧　用户可以选择多个视图以更改其公共属性。

提示　上色视图始终是草稿品质，因为其仅显示图形数据。因此，使用此显示样式会移除【高品质】和【草稿品质】选项。

步骤 15　查看前视图的品质　选择前视图，视图 PropertyManager 中显示此视图设置为【高品质】。视图的默认品质由【系统选项】中的设置控制。

12.4　系统选项和文档属性

选项对话框中有多个设置可以帮助优化性能。【系统选项】会影响在用户系统上访问的所有文档，而【文档属性】只特定于活动的文档，并随文档一起保存。为提高性能而需要考虑的一些选项汇总见表 12-2。

表 12-2　可以提高性能的选项设置

选　　项	相 关 设 置	说　　明
【系统选项】/【工程图】	☑折断线与投影视图的父视图对齐 ☑自动以视图增殖视图调色板(I) ☐在添加新图纸时显示图纸格式对话(F) ☑在尺寸被删除或编辑(添加或更改公差、文本等...)时减少间距 ☐重新使用所删除的辅助、局部、及剖面视图中的视图字母 ☑启用段落自动编号 ☐不允许创建镜向视图 ☐在材料明细表中覆盖数量列名称 要使用的名称: 局部视图比例: 2 X 用作修订版的自定义属 修订 键盘移动增量: 10mm	装载和重建视图调色板可能会导致性能降低。要防止自动填充视图调色板，可以不勾选此复选框。当使用【从零件/装配体制作工程图】命令时，会自动填充视图调色板

（续）

选　项	相关设置	说　明
【系统选项】/【工程图】/【显示类型】	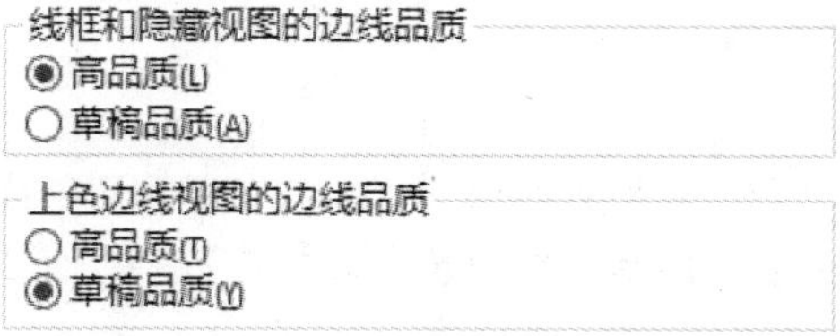 线框和隐藏视图的边线品质 ◉ 高品质(L) ○ 草稿品质(A) 上色边线视图的边线品质 ○ 高品质(I) ◉ 草稿品质(Y)	为了控制创建的新视图品质，可以修改这些设置。创建线框视图时的默认设置是高品质，创建上色边线视图时的默认设置是草稿品质
【系统选项】/【工程图】/【性能】	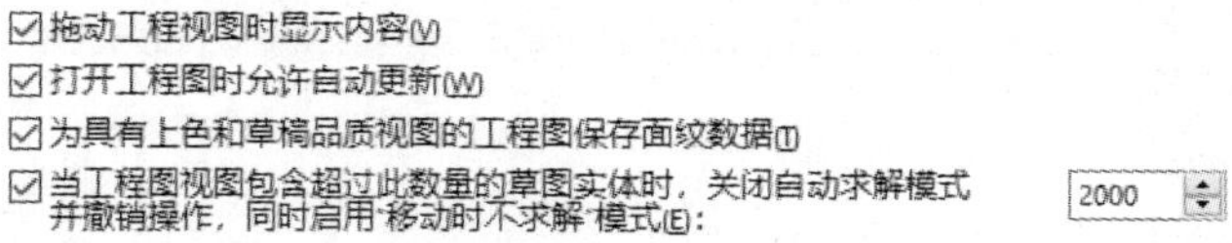 ☑ 拖动工程视图时显示内容(V) ☑ 打开工程图时允许自动更新(W) ☑ 为具有上色和草稿品质视图的工程图保存面纹数据(T) ☑ 当工程图视图包含超过此数量的草图实体时，关闭自动求解模式并撤销操作，同时启用"移动时不求解"模式(E)：2000	用户可以选择性地取消勾选这些复选框以帮助提高性能
【系统选项】/【性能】	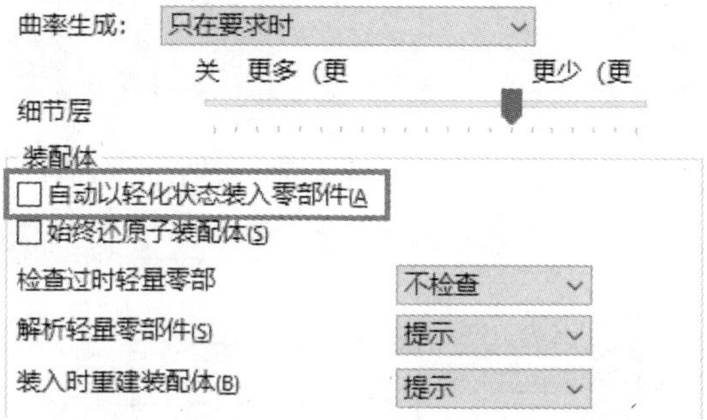 曲率生成：只在要求时 细节层　关　更多（更　更少（更 装配体 ☐ 自动以轻化状态装入零部件(A) ☐ 始终还原子装配体(S) 检查过时轻量零部　不检查 解析轻量零部件(S)　提示 装入时重建装配体(B)　提示	此区域中的多个设置可提高 SOLIDWORKS 性能。特别是选择使用轻化零部件，可以显著加快装配体模型和参考它们的工程图的装载速度。由于大多数出详图操作不需要所有的模型数据，因此装载轻化状态是一种较好的选择
【系统选项】/【装配体】	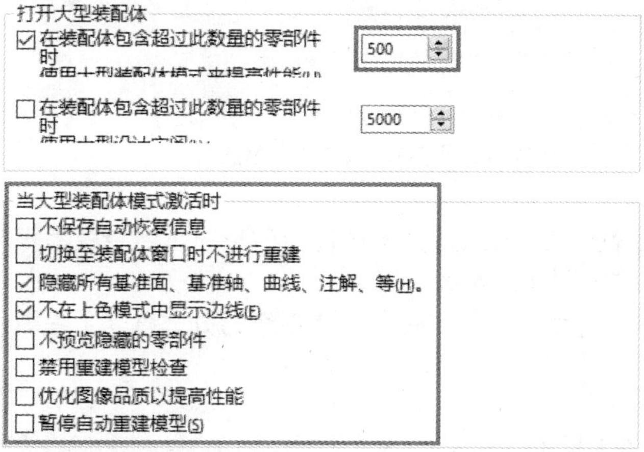 打开大型装配体 ☑ 在装配体包含超过此数量的零部件时 使用大型装配体模式来提高性能　500 ☐ 在装配体包含超过此数量的零部件时 使用大型设计审阅　5000 当大型装配体模式激活时 ☐ 不保存自动恢复信息 ☐ 切换至装配体窗口时不进行重建 ☑ 隐藏所有基准面、基准轴、曲线、注解、等(H)。 ☑ 不在上色模式中显示边线(E) ☐ 不预览隐藏的零部件 ☐ 禁用重建模型检查 ☐ 优化图像品质以提高性能 ☐ 暂停自动重建模型(S)	如果装配体性能下降，参考该装配体模型的工程图性能也会下降。修改装配体设置以在装配体达到指定阈值时自动执行大型装配体模式将有助于缓解性能问题。使用此处的复选框可以在激活大型装配体模式时暂停其他的操作
【文档属性】/【图像品质】	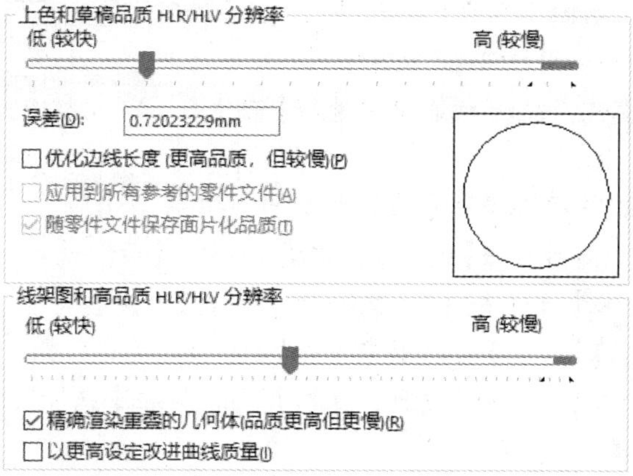 上色和草稿品质 HLR/HLV 分辨率 低（较快）　高（较慢） 误差(D)：0.72023229mm ☐ 优化边线长度（更高品质，但较慢）(P) ☐ 应用到所有参考的零件文件(A) ☑ 随零件文件保存面片化品质(T) 线架图和高品质 HLR/HLV 分辨率 低（较快）　高（较慢） ☑ 精确渲染重叠的几何体(品质更高但更慢)(R) ☐ 以更高设定改进曲线质量(I)	降低图像品质有助于改善较慢的图形性能

想了解有关轻化、大型装配体模式和大型设计审阅的更多信息，请参考《SOLIDWORKS®高级装配教程(2018 版)》。

12.5 打开选项

用户除了可以在【选项】中选择轻化和大型装配体模式，还可以在打开工程图时从【打开】对话框中选择这些模式。此外，【打开】对话框还提供【快速查看】模式，以用于查看和打印工程图，如图 12-16 所示。

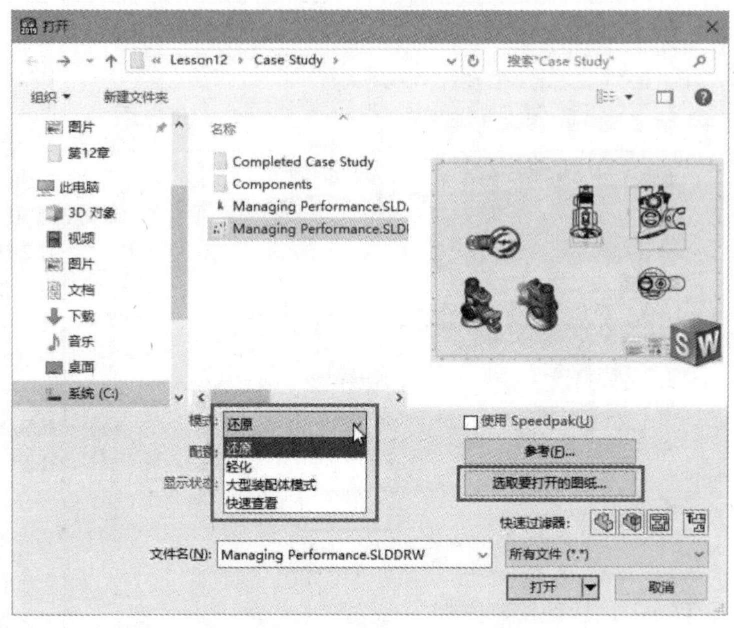

图 12-16 【打开】对话框中的选项

对于拥有多张图纸的工程图，【打开】对话框还包括用于选择要装载哪张图纸的选项，未被选择的其他图纸将作为【快速查看】模式装载。

下面将关闭并重新以【轻化】模式和仅装载 Sheet2 图纸的方式打开工程图，以查看其如何影响性能。

步骤 16 保存并关闭工程图

步骤 17 访问【打开】对话框 单击【打开】，在对话框中选择“Managing Performance. SLDDRW”文档。

步骤 18 选择【轻化】模式 从下拉菜单中选择【轻化】作为【模式】，如图 12-17 所示。

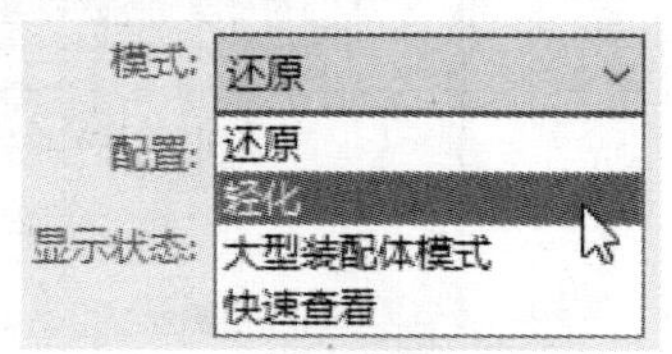

图 12-17 选择【轻化】模式

步骤 19 选取要打开的图纸 单击【选取要打开的图纸】，高亮显示 Sheet2 图纸，然后单击【选定】，如图 12-18 所示。选定的 Sheet2 图纸设置为【装入】，而 Sheet1 图纸将以【快速查看】模式打开。单击【确定】。

步骤 20 打开工程图 在【打开】对话框中单击【打开】。

步骤 21 评估结果 单击【性能评估】，在对话框中单击【立即完整重建工程图(推荐)】。

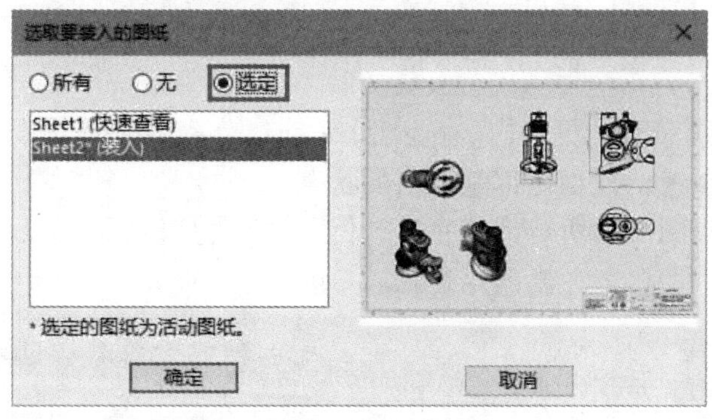

图 12-18 选取要打开的图纸

步骤 22 查看结果 结果显示打开和重建时间已显著缩短，如图 12-19 所示。由于未装载 Sheet1 图纸，因此只有 Sheet2 图纸出现在详细信息中。

步骤 23 查看轻化零部件(可选步骤) 展开 FeatureManager 设计树，查看使用轻化零部件装载的信息，如图 12-20 所示。

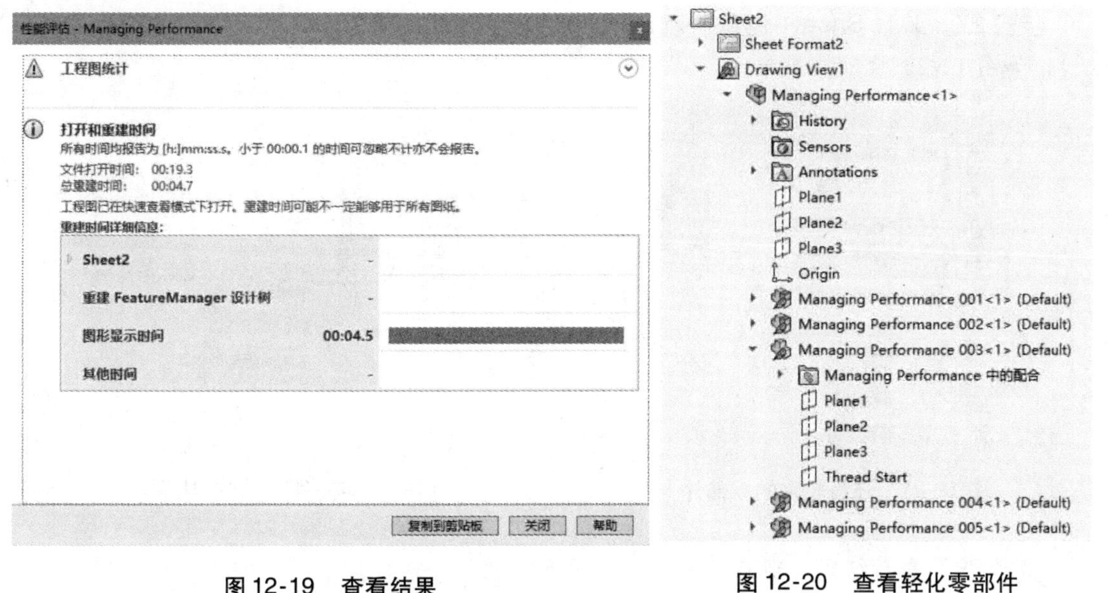

图 12-19 查看结果

图 12-20 查看轻化零部件

步骤 24 查看 Sheet1 图纸(可选步骤) 激活 Sheet1 图纸，此图纸上的信息是可见的，但用户无法选择或修改。

12.6 分离的工程图

分离的工程图允许用户在不装载参考模型的情况下完成出详图操作。即使参考的模型未装载到内存中，也会在打开分离的工程图时验证工程图视图是否是最新的。如果需要更新，系统则会显示消息通知用户。使用分离的工程图时，用户可以随时装载参考的模型。

使用分离的工程图时，某些操作将受到限制，例如创建【模型视图】和插入【模型项目】等。但用户可以在不装载模型的情况下添加许多视图类型和大多数注解。

技巧 有关使用和未使用模型可以完成的操作类型完整对比，请查看 SOLIDWORKS 帮助文档中的“分离工程图操作”。

通过执行【另存为】命令并更改【保存类型】来创建分离的工程图。在保存为分离的工程图之前，应确保工程图和参考的模型全部是最新的状态。

下面将完全装载工程图中的所有信息并执行【强制重建】命令（〈Ctrl + Q〉）以确保工程图是最新的状态，然后再将其保存为分离的工程图。

技巧 【重建】命令（〈Ctrl + B〉）仅重新生成标有重建符号的项目，而【强制重建】命令（〈Ctrl + Q〉）将重新生成所有内容。

步骤 25 还原轻化的零部件 激活 Sheet2 图纸。为了完全装载轻化的零部件，在 FeatureManager 设计树中右键单击 Sheet2 图纸，选择【设定轻化到还原】，如图 12-21 所示。

步骤 26 查看结果 羽化图标将从工程图视图中删除，并且在 FeatureManager 设计树中将提供完整的特征历史记录和模型信息。

步骤 27 装载 Sheet1 图纸 激活 Sheet1 图纸。右键单击 Sheet1 图纸，选择【装载图纸】，如图 12-22 所示。

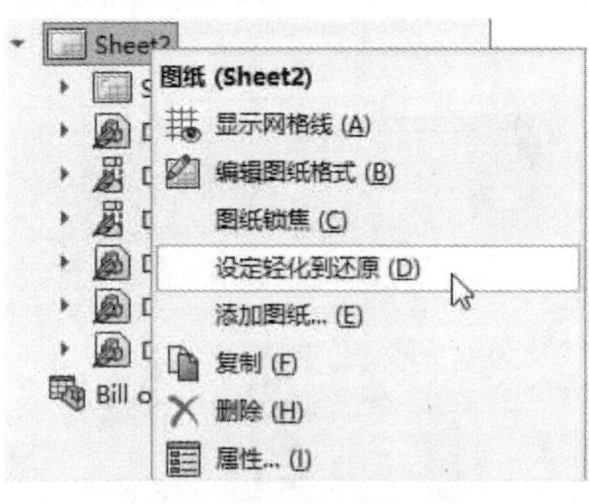

图 12-21 还原轻化的零部件

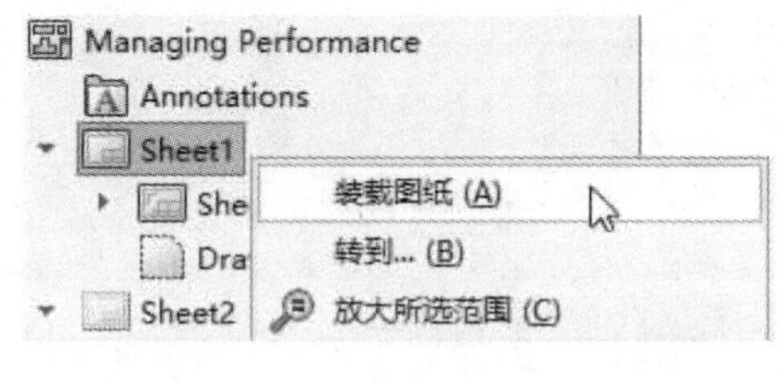

图 12-22 装载 Sheet1 图纸

步骤 28 查看结果 现在用户可以选择和修改模型和注解。

步骤 29 强制重建和保存 按〈Ctrl + Q〉键，执行【强制重建】命令，并保存所有文档。

技巧 对于在 SOLIDWORKS 界面中不易访问的命令，可以使用窗口标题栏中的【命令搜索】区域，如图 12-23 所示。

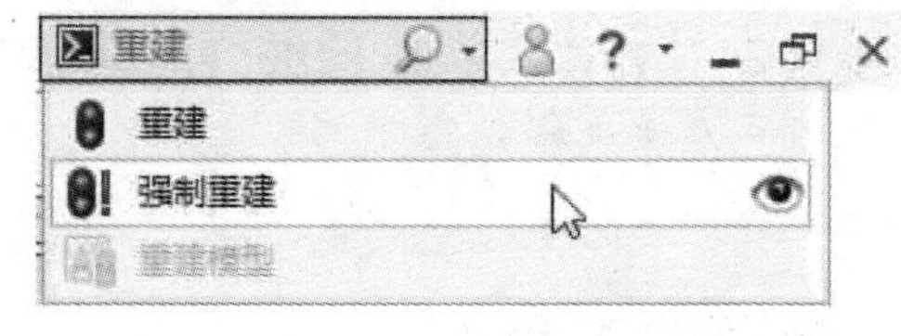

图 12-23 命令搜索

步骤 30 另存为分离的工程图 单击【另存为】，更改【文件名】为“Managing Performance_DETACHED”，在【保存类型】中选择【分离的工程图（*.slddrw）】，如图 12-24 所示。

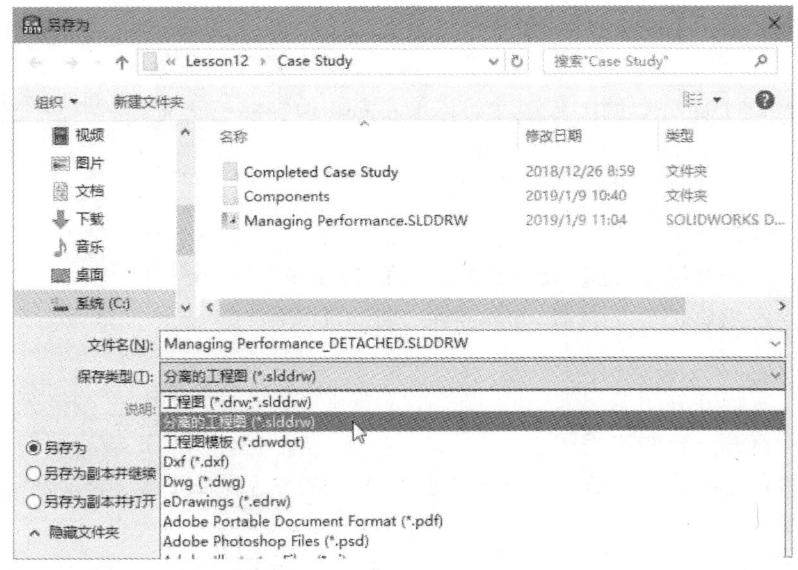

图 12-24　另存为分离的工程图

提示 分离的工程图的文件扩展名与标准 SOLIDWORKS 工程图相同。在生产环节中，许多用户选择使用分离的工程图替换原始工程图。如果需要，一旦完成出详图操作，最好用标准工程图替换分离的工程图。在本示例中，将创建分离工程图作为副本。

技巧 分离的工程图可被其他 SOLIDWORKS 用户共享和打开，而无须访问模型。

步骤 31　另存为副本　由于模型已经装载到内存中，下面将把分离的工程图保存为副本，然后打开它以查看未装载模型的工程图的特性。选择【另存为副本并继续】，单击【保存】，如图 12-25 所示。

步骤 32　关闭工程图　关闭“Managing Performance”工程图文档。

步骤 33　打开分离的工程图　打开“Managing Performance_DETACHED”工程图文档。

步骤 34　查看结果　打开文档的时间较短，与【快速查看】模式下的打开时间相当。但与【快速查看】模式不同，模型边线和注解可以被选择和修改。FeatureManager 设计树通过在工程图图标上显示断开的链接来指示该工程图是分离的工程图。当未装载工程图视图参考的模型时，视图图标会显示相同的断开链接，如图 12-26 所示。

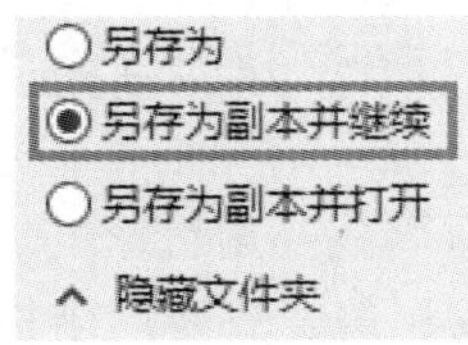

图 12-25　另存为副本

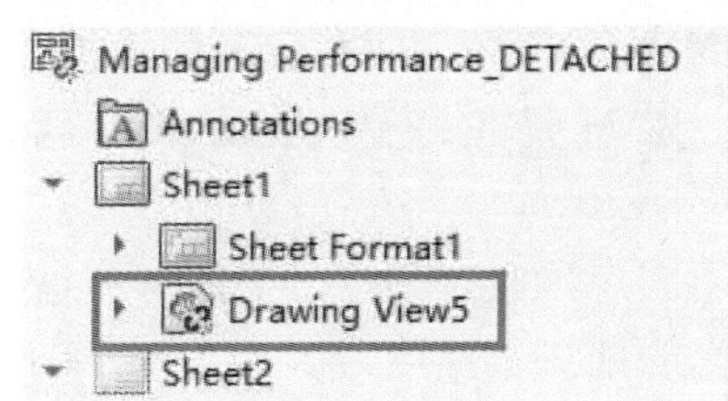

图 12-26　查看结果

• 装入模型　在分离的工程图中，如果需要模型数据以进行出详图操作或更新工程图视图，可以随时装载模型。执行【强制重建】命令将自动装载模型，也可以从工程图视图快捷菜单中选择【装入模型】命令。

在本示例中，将关闭分离的工程图并对模型进行更改，然后再重新打开分离的工程图，查看其是如何变化的。

步骤35　保存并关闭工程图

步骤36　打开装配体模型　打开“Managing Performance”装配体模型。

步骤37　压缩零部件　选择“Managing Performance 003”零件，单击【压缩】，如图12-27所示。

步骤38　保存并关闭装配体

步骤39　打开分离的工程图

步骤40　查看结果　提示信息显示两张图纸都包含过时的工程图视图，如图12-28所示。单击【确定】。

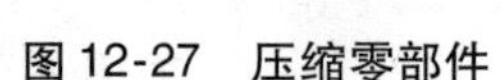

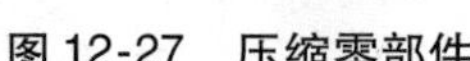

图12-27　压缩零部件

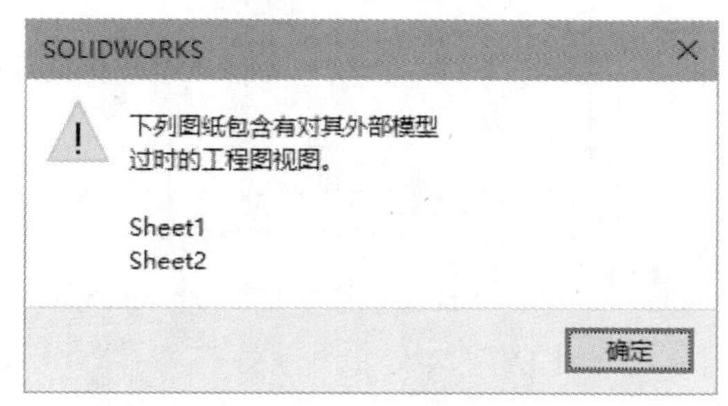

图12-28　查看结果

步骤41　装入模型　右键单击工程图视图，选择【装入模型】，在提示信息对话框中单击【是】。

步骤42　查看结果　视图和材料明细表随步骤37中的更改而更新。

步骤43　保存并关闭所有文件

12.7　硬件和性能

在SOLIDWORKS中优化性能的关键是确保软件安装在具有适当硬件和驱动程序的系统上。用户可以在SOLIDWORKS网站上查看维护和更新硬件的建议，网址是https://www.solidworks.com/sw/support/hardware.html。除此之外，还有以下内容需要注意：

• RAM越多越好　拥有较多的随机存取存储器(RAM)将确保有足够的容量来处理大型和复杂的文件。RAM是在将更改保存到硬盘之前访问和操作已经打开文件的位置。目前的建议是8GB或更多的RAM。

• 使用固态硬盘(SSD)　与标准硬盘相比，固态硬盘可以显著提高运行速度。

• 较高的处理器速度　大多数SOLIDWORKS任务都是单线程的，只使用多核处理器的一个内核。因此处理器的速度应该是SOLIDWORKS工作站的重要考虑因素。

技巧　SOLIDWORKS某些任务可以利用额外的处理器内核，如渲染和模拟分析等。

● 选择经过认证的图形显卡和显卡驱动程序　使用认证的图形显卡和显卡驱动程序至关重要。若要检查显卡信息，可以使用【SOLIDWORKS Rx】工具中的【诊断】选项卡。它将分析用户的系统信息，并提供指向 SOLIDWORKS 网站的直接链接，以获取经过认证的显卡驱动程序。

技巧　用户可以从任务窗格的【SOLIDWORKS 资源】选项卡或 Windows【开始】菜单中访问【SOLIDWORKS Rx】工具。

12.8　影响性能的其他项目

除了拥有适当的硬件之外，一些 Windows 设置和工作习惯也会影响 SOLIDWORKS 的性能。

1. Windows 设置　一些可对 SOLIDWORKS 性能产生积极影响的 Windows 设置包括：

- 高性能电源计划　用户可以在 Windows【控制面板】/【电源选项】中查找此设置。
- 调整视觉效果　自定义 Windows 视觉效果以移除不必要的元素，用户可以在【控制面板】/【系统】/【高级】的【性能】中查找此设置，如图 12-29 所示。

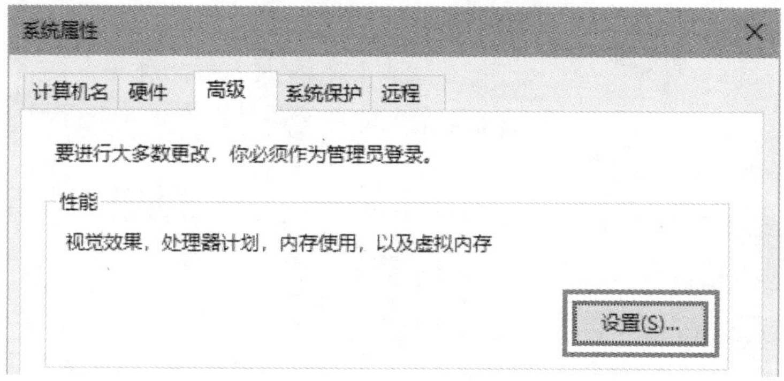

图 12-29　性能设置

2. SOLIDWORKS 设置　通过调整一些 SOLIDWORKS 设置和建模实践，可以显著提高性能。这些建议包括：

- 关闭 SOLIDWORKS 插件。
- 使用轻化。
- 保持顶层配合数最少(使用子装配体)。
- 降低图像品质设置。
- 使用上色显示样式。
- 使用简化配置。

3. 本地化工作　为获得最佳性能，应从本地驱动器而不是服务器位置上打开和操作 SOLIDWORKS 文件。这种操作不需要通过网络传递更改内容。此外，通过网络处理文件是导致文件损坏的首要原因。

技巧　使用 SOLIDWORKS PDM 管理数据，可以允许多个用户同时本地化地工作在同一个项目上。

练习　创建分离的工程图

扫码看 3D

在本练习中，将创建分离的工程图并比较性能评估结果。

本练习将使用以下技术：

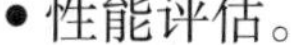

- 性能评估。

• 分离工程图。

操作步骤

步骤 1　打开工程图　从 Lesson12\Exercises 文件夹内打开“Tool Vise. SLDDRW”文件，如图 12-30 所示。

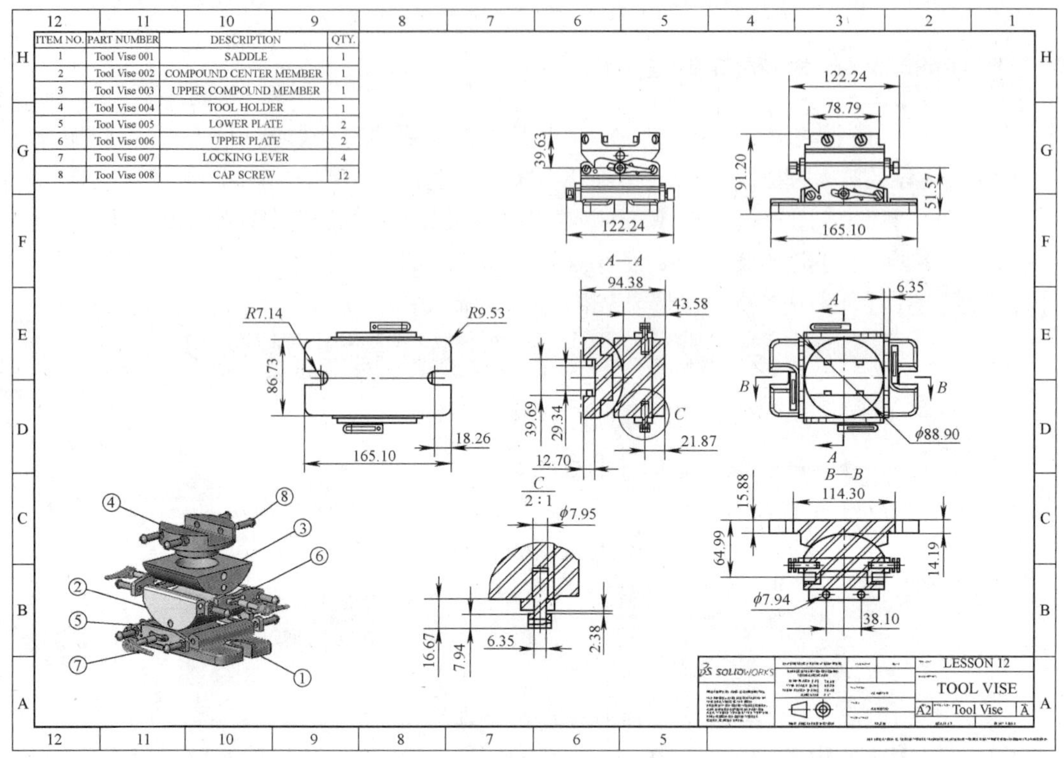

图 12-30　打开工程图

步骤 2　评估性能　在创建分离的工程图之前，使用【性能评估】工具检查当前文档的重建时间。单击【性能评估】，在对话框中单击【立即完整重建工程图(推荐)】。查看工程图的打开和重建时间，如图 12-31 所示。单击【关闭】。

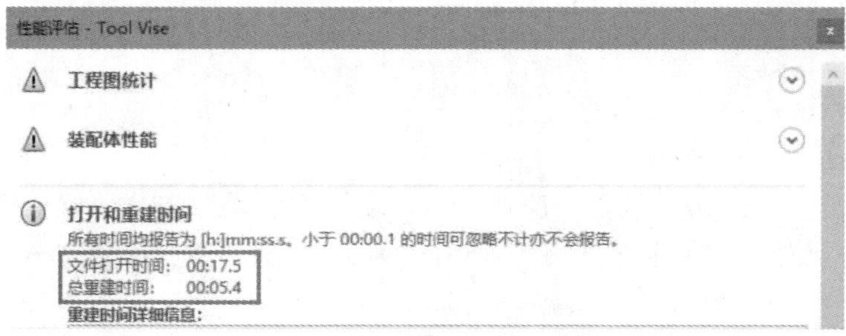

图 12-31　评估性能

> **提示**　性能表现因系统而异。在用户系统上的打开和重建时间可能与图 12-31 中显示的不一致。

步骤 3　强制重建并保存　为了确保工程图全部是最新的，按〈Ctrl + Q〉键以执行【强制重建】，然后保存所有文档。

步骤4　另存为分离的工程图　单击【另存为】，更改【文件名】为“Tool Vise_ DETACHED”，在【保存类型】中选择【分离的工程图(*.slddrw)】，如图12-32所示。

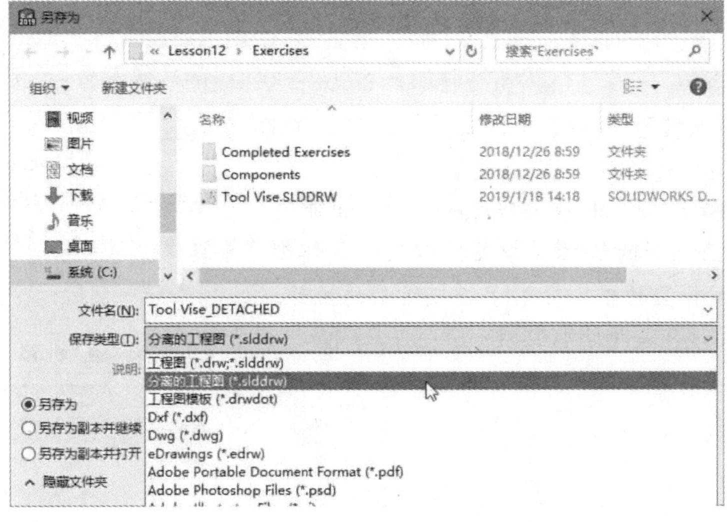

图12-32　另存为分离的工程图

步骤5　另存为副本　由于模型已经装载到内存中，下面将把分离的工程图保存为副本，然后打开它以查看未装载模型的工程图的特性。选择【另存为副本并继续】，单击【保存】，如图12-33所示。

步骤6　关闭工程图　关闭“Managing Performance”工程图文档。

步骤7　打开分离的工程图　打开“Tool Vise_ DETACHED”工程图文档。

步骤8　查看结果　系统以较快的速度打开了工程图，FeatureManager设计树通过在工程图图标上显示断开的链接来指示该工程图是分离的工程图，如图12-34所示。

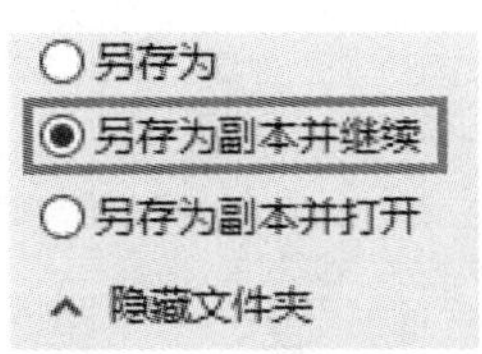

图12-33　另存为副本

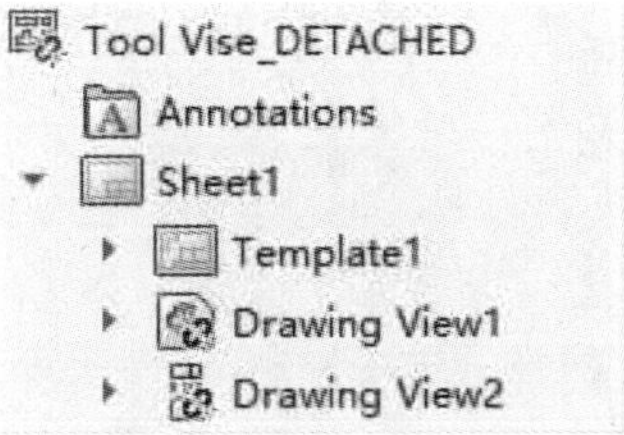

Tool Vise_DETACHED
Annotations
Sheet1
Template1
Drawing View1
Drawing View2

图12-34　查看结果

步骤9　评估性能　为了比较性能结果，单击【性能评估】，在对话框中单击【立即完整重建工程图(推荐)】，打开和重建时间已减少，如图12-35所示。单击【关闭】。

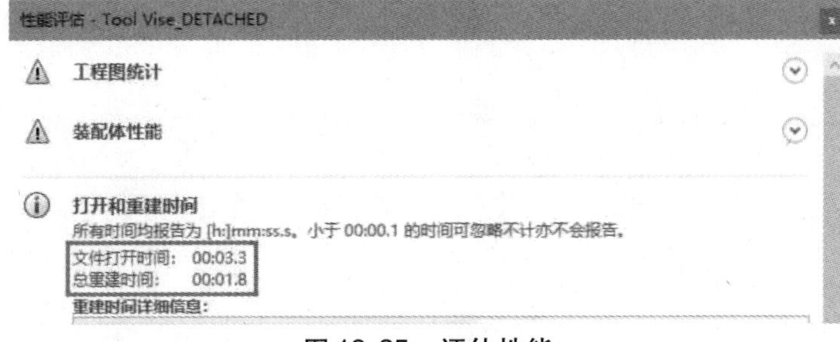

图12-35　评估性能

提示　完全重建分离的工程图将装载模型，此时并不需要这样操作。

技巧　在未装载引用模型的情况下工作时，某些操作会受到限制，如插入【模型项目】。但用户可以随时为需要模型的操作装载模型。

步骤 10　装入模型　右键单击工程图视图，选择【装入模型】，在提示信息对话框中单击【是】。

步骤 11　查看结果　FeatureManager 设计树通过从工程图视图图标中移除断开的链接符号来指示已加载模型，如图 12-36 所示。此时模型的信息可用于任何所需的操作。

Tool Vise_DETACHED
Annotations
Sheet1
Template1
Drawing View1
Drawing View2

图 12-36　查看结果

步骤 12　保存并关闭所有文件